本书受黑龙江省机场管理集团有限公司 2016 年度科技创新项目投资计划（批准号：黑机场集团发［2016］26 号）资助

哈尔滨机场扩建工程建造关键技术研究

高志斌　彭跃军　主编

中国建筑工业出版社

图书在版编目（CIP）数据

哈尔滨机场扩建工程建造关键技术研究 / 高志斌，彭跃军主编．—北京：中国建筑工业出版社，2019.4

ISBN 978-7-112-23601-5

Ⅰ.①哈… Ⅱ.①高… ②彭… Ⅲ.①民用机场-工程技术-研究 Ⅳ.①TU248.6

中国版本图书馆 CIP 数据核字（2019）第 068098 号

本书是根据哈尔滨机场扩建的内容编写。包括 10 章：哈尔滨机场扩建工程概况；航站楼工程施工关键技术；TPO 屋面工程关键技术研究；欧式彩石混凝土饰面工程关键技术研究；绿色机场建设关键技术研究；BIM 信息技术的研究和应用；贴临建设交通导改技术研究；机场飞行区不停航施工关键技术；严寒地区冬期施工关键技术研究；哈尔滨机场 T2 航站楼工程监理规划。

本书可供机场建设、工程设计、建筑施工、工程监理、科研等相关人员学习参考。

责任编辑：张　磊
责任设计：李志立
责任校对：赵　颖

哈尔滨机场扩建工程建造关键技术研究
高志斌　彭跃军　主编

*

中国建筑工业出版社出版、发行（北京海淀三里河路9号）
各地新华书店、建筑书店经销
北京光大印艺文化发展有限公司制版
北京建筑工业印刷厂印刷

*

开本：787×1092毫米　1/16　印张：32¼　字数：805千字
2019年8月第一版　2019年8月第一次印刷
定价：**98.00**元

ISBN 978-7-112-23601-5
（33890）

本书编委会

前　言

哈尔滨太平国际机场扩建工程是中国民航局和黑龙江省双重点工程，在民航局、黑龙江省、首都机场集团以及黑龙江省机场集团各级领导的关怀与支持下，新建 T2 航站楼、高架桥、飞行区及配套工作区工程。经过两年八个月的紧张建设，顺利通过竣工验收，于 2018 年 4 月 30 日正式投入使用，这标志着哈尔滨机场扩建工程第一阶段建设任务已经顺利完成，爱奥尼克柱廊风格的欧式航站楼独具魅力，爱奥尼克柱头高 26.6 米，柱头有一对向下的涡卷装饰，柱身有 24 条凹槽，柱径由上到下由细变粗，她给人一种优雅高贵、纤细秀美的感觉，但她的建设过程充满艰辛和挑战。

2015 年 3 月，T2 航站楼建筑方案由“屋檐挑出式的现代双曲屋面风格”调整为“雨篷全覆盖欧式平屋面建筑风格”，同年 5 月 9 日开工建设。T2 航站楼是国内大型机场中首个采用欧式建筑风格的航站楼，原方案在建筑外维护结构外表面现浇 4 厘米厚的彩石混凝土来实现欧式造型，在严寒条件下，现浇 4 厘米厚的彩石混凝土方案在样板段实施过程中产生了一系列的问题，现浇彩石混凝土板上产生多条裂缝，裂缝进水多次冻融后将造成混凝土脱落，形成安全隐患。为解决安全隐患的问题，成立课题组，开展科研攻关，创新研发了干挂纤维彩石混凝土外装饰板及结构体系，在此感谢机场集团领导的全力支持，尤其感谢课题组的五个骨干成员，韩向阳副总经理在探索中积极推动，彭跃军总监程序与标准的严格把关，陈铁标大师具有工匠精神的当代“鲁班”，赵川执行总对机场项目的全力支持，刘铖项目经理挑战严寒与高效施工的“拼命三郎”，建设团队仅仅用了 5 个月时间就完成了严寒条件下的 6 万平方米欧式航站楼和高架桥外装饰工程，创造了欧式建筑建设史上的惊奇。新建的 T2 航站楼位于正在运行的 T1 航站楼正前方，与 T1 航站楼无缝衔接，采用“贴临建设”方案，如果 T2 航站楼一次整体扩建，T1 航站楼将无法运行，这是国内大型航站楼建设中首次遇到的难题。解决建设和运行两难的方案就是分段建设，将位于 T1 航站楼正前方的 T2 航站楼作为独立的建设单元，从完整的 T2 航站楼中分隔出来。T2 航站楼从中央大厅一分为二，分隔成两段来建设，建筑、结构、给水、排水、供暖、通风、供电、设备、行李系统、信息弱电等各系统分阶段分隔设置，既要保证分隔系统独立运行，又要考虑后续各分隔系统多次融合，最终与 T1 航站楼融合为一体，这是分段建设的难题。

2015 年 5 月 31 日，哈尔滨机场遭遇雷雨及飑风天气，短时最大风速达到 44 米 / 秒，形成内陆罕见的 14 级飑风，造成 T1 航站楼屋顶和其他 13 个建筑物屋顶刮开受损，T2 航站楼施工现场的打桩机倒塌，场内外高压供电断电，飞行区围界倒塌千余米，刮倒、砸伤车辆 36 辆，各类指示牌、广告牌损坏 74 处，树木刮倒、折断近 200 棵。T2 航站楼屋面工程是国内第一个大型轻钢网架结构单层 TPO 防水卷材体系的工程，飑风给屋面体系带来了挑战与警示，课题组研发的屋面结构体系经历了 2016 年和 2017 年两次 11 级暴风的检验。扩建工程从 2015 年 5 月 9 日开工到 2017 年 12 月 22 日竣工，历时仅 2 年 8 个月，中间跨越2个冬季。哈尔滨是我国纬度最高的省会城市，冬季气温低，寒冷漫长，有效施工周期短。在严寒条件下，航站楼主体结构工程建设过程中，提前实现楼内供暖、供水、供电设施的运行，创新采用正式供暖设施为建设中的航站楼供暖，实现了冬季施工和越冬维护。

扩建工程遍布场区，建设运行高度交织，相互制约，相互影响，还需要相互支撑。哈尔滨机场T1航站楼建筑面积6.7万平方米，设计吞吐量666万人次，2017年实现了1881万人次的旅客吞吐量，是设计吞吐量的2.8倍，在资源严重不足、超负荷运行的巨大压力下，T1航站楼早已达到了保障极限。航站楼、高架桥、地下停车库同步开工建设，施工场地狭小，立体交叉作业，施工组织难度巨大，陆侧交通、旅客流程与施工车流相互交织，开展了20余次陆侧“交通导改”；飞行区改扩建工程遍布整个运行区域，在运行资源严重超负荷的情况下，不停航施工持续时间长，安全压力巨大。2017年是工程建设的高峰年，也是国家去产能改革成效显著的一年，钢材、水泥、砂石、人工等价格快速上涨，环保政策严格，道路限运、矿山停产、预制构件工厂停电限产等事件给快速推进的工程建设带来了阵痛。

哈尔滨地处东北亚中心地带，被誉为欧亚大陆桥的明珠，也是中国历史文化名城，欧式风格的航站楼外装饰体现了地域文化特色，内装饰则以“冰凌”为主题的现代装饰风格，通过值机岛的简约欧式造型和明快线条元素进行内外过度，古典与现代有机融合。航站楼二层出发大厅天花采用乳白色冰凌主题组合图形与间隔条板装饰风格，天花背景色为橘红色，代表了热情洋溢的哈尔滨人民欢迎四面八方的宾客。墙面采用节能环保的香槟色蜂窝钢板，当旅客从寒冷的室外步入楼内时给人以温馨的感受。地面采用舒适浅色的橡胶地板，并沿着主流程方向布置丁香花瓣形状的套色橡胶地板，通过丁香花瓣指引人流前行。丁香花、中央大街、冰雪大世界、哈尔滨大剧院、大界江、大湿地、大草原、大农田等地域文化元素在航站楼中都有体现。

哈尔滨机场扩建工程建设环境复杂、工程难点多，很多难题在国内外航站楼建设中首次遇到，工程建设者们团结协作、攻坚克难，用管理创新、技术创新解决了一个又一个建设难题，解决难题的过程也是管理创新、技术进步、风险化解的过程，通过此书记录建设过程中的关键技术，来和读者共同分享。

在此感谢编委会张长安主任、各位编委和机场集团各位领导，是你们统筹规划，大力支持才促使本书成形；感谢各位编写人员，你们在承担繁重工程建设任务的同时，利用有限的个人时间，参与了有关章节的编写；同时感谢关心支持工程建设的每一位领导和专家，每一位工程建设者，是你们用辛勤的汗水浇筑了不朽的扩建工程；在本书中，采用了一些工程图片，没有一一列出图片中建设者的名字，你们为哈尔滨机场的扩建做出重要贡献，谢谢你们。在此也感谢中国建筑工业出版社张磊副主任和各位编辑，你们真情服务、严谨细致、优质高效地完成了本书的出版工作。由于时间和编者水平所限，书稿虽经统一调整、修改和校核，仍难免会有错漏不当之处，敬请读者批评指正。

高志斌
2019年5月9日于哈尔滨群力海富第五大道

目　　录

第一章　哈尔滨机场扩建工程概况

第一节　哈尔滨太平国际机场概况

哈尔滨太平机场始建于 1979 年，原名为阎家岗机场，1998 年改为哈尔滨太平国际机场（以下简称“哈尔滨机场”）。哈尔滨机场是国际枢纽机场，与东北其他三大机场（沈阳、大连、长春）互为备降机场，是东北地区和哈尔滨市重要的对外开放窗口。哈尔滨机场地处我国东北三省航线网络的中心地带，目前已开通国内主要大中城市和旅游城市，同时辐射相关支线机场；哈尔滨机场位于极地航路和北美航路的交汇点，每周有近 300 个航班从机场上空穿越，哈尔滨机场在连接北美及欧洲航线方面，比沈阳、大连、长春等东北地区的其他三大机场更具优势。

自改革开放以来，黑龙江省民航的运输生产和机场建设进入了高速发展的新时期。1979 年 12 月，阎家岗机场建成投入使用时，当年哈尔滨机场旅客吞吐量为 7.14 万人次，1993 年旅客吞吐量首次突破 100 万人次。

哈尔滨机场在 1994~1998 年间进行了扩建，新建了二层式航站楼（T1 航站楼）面积 6.7 万 m^2，新建、扩建站坪和联络道 33 万 m^2，新建航管楼 3771m^2 以及相应的配套设施，硬件设施得到根本改善，航班航线迅速增加，旅客吞吐量和货邮吞吐量大幅度增长。2003 年和 2005 年的旅客吞吐量又先后突破 200 万人和 300 万人大关；2011 年，哈尔滨机场旅客吞吐量达到 784.15 万人次；2013 年，哈尔滨机场旅客吞吐量首次突破 1000 万人次；2017 年，哈尔滨机场旅客吞吐量 1881 万人次；2018 年 12 月 24 日旅客吞吐量突破 2000 万人次，2018 年达 2043 万人次，哈尔滨机场步入大型繁忙机场之列（图 1–1、图 1–2）。

图 1–1　哈尔滨太平国际机场国际航站楼（1979 年原闫家岗机场，今天作为国际航站楼使用）

图 1-2 哈尔滨太平国际机场 T1 航站楼（1994 年至 2018 年 4 月 30 日）

一、哈尔滨机场地理位置及周边机场关系

哈尔滨机场位于哈尔滨市西南道里区太平镇，距哈尔滨火车站 33km 处；距离哈尔滨西站 26.4 km，市区至机场有双向 4 车道机场专用高速公路，长约 25.5km。机场海拔标高为 139m，基准温度为 27.7℃。

哈尔滨管制区内各类机场众多，有哈尔滨 / 太平、齐齐哈尔 / 三家子、牡丹江 / 海浪、佳木斯、黑河、漠河、伊春、大庆、鸡西、加格达奇、抚远、五大莲池、建三江 13 个民航运行的机场，68 个航空护林、农业飞行通用机场。

二、工程地质和水文地质条件

哈尔滨机场位于松花江南岸一级沉积堆积阶地上，地形比较平坦，局部略有起伏。地层为第四系上更新统顾乡屯组冲积物。根据区域地质、地震资料，该建筑场地无活动型断裂，抗震设防烈度为 6 度。根据中国地震动反应谱特征周期区划图、中国地震动峰值加速度区划图进行划分，该地区的反应谱特征周期为 0.45s，峰值加速度为 0.05g。

哈尔滨地区是高纬度季节性冻土分布地区，场区内黏性土中赋存孔隙上层滞水，水位埋深浅，冻深范围内土体含水量高，一般天然含水量 25%~30%，水位低于标准冻深以下不超过 2m，因此，经判定属冻胀—强冻胀土，该层季节性冻土标准冻深 2m。为防止冻害，地基基础底部采用非冻胀填层的粗颗粒成分土，为防止冻切力对基础侧面作用，可在基础两侧回填粗砂、中砂、炉渣等非冻胀性材料。

三、气象条件与机场净空条件

哈尔滨机场地处欧亚大陆中部中高纬度地区，属温带大陆性季风气候。其中，冬季受变性极地大陆气团——西伯利亚冷气团影响，夏季受热带太平洋暖气团影响。主要气候特点是：冬季漫长，夏季次之，春、秋季短暂，四季分明。春季升温快，大风多，空气干燥；夏季较炎热，多阴雨、多雷暴、降水集中；秋季降温快、风较大、能见度较好；冬季严寒而漫长、降水少、晴天多，能见度较差。哈尔滨机场净空条件良好，符合民航运输机场 I

类精密进近跑道的净空限制要求。本次扩建进行Ⅱ类精密进近系统改造。

第二节 现有设施及用地情况

一、飞行区设施

（一）飞行区跑滑系统

机场飞行区指标为4E，现有一条长3200m、宽45m的跑道，两侧各设有7.5m宽的道肩，跑道总宽度为60m，道面为沥青盖被。另有1条等长的平行滑行道，道面宽度为23m，道肩宽10.5m；跑滑间距为188m，跑滑之间设有6条联络道。平滑与站坪间的联络道宽度均大于等于23m，两侧各设有10.5m宽的道肩，道面为水泥混凝土。

（二）站坪、空侧道路、围界与安防系统以及除冰设施

扩建后，近机位有34个，远机位42个，总机位数76个（50C18D8E）。站坪上设有高杆灯塔照明、机务用电及机位标记牌。2003年机场飞行区应急改造工程后，机场机坪照明及机务用电完全达到了4E级标准。

飞行区巡场路为水泥混凝土道面，道面宽度3.5m，总长8890m。机场围界为高2.5m的钢筋网、钢栅栏，总长12km。机场现有围界安防系统采用振动光缆，结合音、视频及灯光报警方式，围界安防控制中心设在机场安全保卫监控室内。

（三）助航灯光系统

进近方向跑道南北端均设长度900m的Ⅰ类精密进近灯光系统，北端进近设顺序闪光灯系统。跑道两端各设置跑道入口灯、跑道末端灯；在跑道南端西侧及跑道北端东侧各设一套坡度灯和T字灯。跑道设有跑道中线灯、跑道边灯，中线灯为2002年跑道加盖工程中增设。跑道两端各设有一座灯光变电站，为现有助航灯光系统提供电源，并兼顾南北两端的通信导航站的负荷用电。

二、航站区设施

（一）航站楼

1994~1998年哈尔滨机场进行了扩建，新建二层式由主楼、半岛和指廊组合成6.7万m^2候机楼（即T1航站楼），新建T2航站楼16.25万m^2，建设完成后，两座航站楼融合为一体，总面积约23万m^2，T2航站楼和T1指廊主要为国内旅客服务，T1航站楼主楼和半岛主要为国际旅客服务。

（二）航站楼前高架桥与停车设施

T1航站楼前设有高架桥，高架桥上下匝道与主桥面由于转弯半径过小且桥面一层底标高太低，目前上桥限速为15km/h，下桥限速为20km/h，一定程度上影响了机场陆侧交通，T2建成后，T1楼前高架桥拆除。T2航站楼前高架桥总面积26144.2m^2，设引桥和主桥。扩建后，设有一号停车场，有2262个停车位，大巴停车场39个停车位，员工停车场281个停车位，贵宾停车场39个停车位，地下停车场905个停车位，总计3526个停车位。

三、机场航管楼

航管楼建筑面积3771m^2，三层塔台高50.8m。航管楼内有雷达终端，区域3席位，塔台1席位；配套建设有雷达“两项告警”设备和1套内话设备。

四、气象设施

气象主要设施位于航管楼内。包括气象自动观测系统、气象雷达设备、气象资料处理系统、卫星云图接收系统、气象传真广播系统、气象情报网络系统等。

五、货运区设施

机场内现有机场货运站和南航货运站。主要货运种类以快件、药品、邮件、服装、鲜活产品为主。机场货运站现有面积约3000m^2，设有国内部、国际部两部分。2009年10月份竣工投产的机场新建货运站（出港库），建筑面积为4570m^2。南航现有货运库约5000m^2。

六、市政及公用设施

（一）供电设施

新建66kV总降压站采用全户内布置方式，主变压器2台，单台容量为25MVA，66kV本期出线2回，电气主接线采用单母线分段方式；10kV本期出线42回，终期出线62回，电气主接线采用单母线分段方式，安装有变电站综合自动化系统。总降压站配有两路独立电源进线，为新建双高线和改造后的西高线，两条进线采用互为备用方式运行，提高了机场供电可靠性。

（二）供水、污水处理和中水、排水处理

机场位于城市西部，离市中心30多km，其附近目前没有市政给水管网，机场所用的水源为地下水源。目前有取水井5座，全部取用地表潜水，平均井深30m。供水站内建有清水池两座，容积分别为700m^{3}和350m^3。场内室外供水管网为生活、消防共用，平时生活供水压力为0.35MPa，消防时供水压力为0.60MPa。

哈尔滨机场内采用雨、污分流的方式，分别设置雨水排放系统和污水排放系统，航站区雨水系统收集后排入农渠。机场内的所有排水经污水处理站处理后排入运粮河，污水排放标准需达到一级排放标准。

新建污水处理厂建筑面积1902.17m^2。地上一层，层高6.5（8.9）m，建筑高度10.45m，地下一层其层高3.75~5.0m，结构形式采用框架结构，污水处理能力为2000m^3/d，中水处理能力为3000m^3/d。处理后排入自然水体中的水质达到中一级A标准。中水水质达到冲厕、绿化、冲洗道路、汽车用水和观赏性景观用水河道类标准。

（三）供冷、供热、供气工程

哈尔滨太平机场地处松嫩平原东部，冬季漫长寒冷，夏季短促，7月较炎热，气候条件属于严寒A区。扩建前，冬、夏季均有供热、供冷设施，主要能源为电能及燃煤，供热方式采用燃煤锅炉，制冷采用电动式冷机。

新建能源站总建筑面积2231.71m^2，地上一层，局部夹层，框架结构，采用天然气分

布式能源方案为机场航站楼供冷、供热及提供部分供电。能源站以供冷、供热为主，利用燃气发电机发电系统的余热通过余热直燃机进行制冷、制热。能源站设两台溴化锂烟气热水型余热直燃机组，单台制冷量为4652kW，两台离心式冷水机组，单台制冷量为4652kW，余热直燃机与燃气内燃发电机一一对应设置，制冷工况余热直燃机补燃，余热直燃机制冷量不足部分由离心式冷水机组作为补充，冷媒温度为6/13℃；能源站设有一台14MW燃气锅炉，两台7MW燃气锅炉，为航站楼冬季供暖提供热源，热媒温度为130/70℃，冬季制热运行时，直燃机不补燃，余热直燃机回收内燃发电机余热并预热燃气锅炉回水；设有两台发电功率为1198kW的燃气内燃发电机组，所发电能送至机场10kV中心变电站，与市政电网并网运行，采用并网不上网方式，实现机场范围内自发自用，同时可作为航站楼一路应急电源，发电机缸套水和高温烟气由余热利用设备进行利用。

七、消防设施

2008年新建应急救援综合楼面积1380m^2，其中车库5个车位，原消防执勤站面积300m^2，设有2个车位的车库。有3台主力泡沫车，在7℃以上需36s加速至80km/h，最大时速可达100km/h。

八、航空食品公司

哈尔滨机场现有两个航空食品公司。机场集团公司的航空食品公司，位于机场内，建筑面积4400m^2，主要供应除南航之外的一些航空公司，拥有配餐车2部；南航航空食品公司，位于基地内，主要给南航哈尔滨基地配餐。

九、行政办公区和生产辅助区

哈尔滨机场由黑龙江省机场管理集团有限公司管理，哈尔滨机场驻场单位有：南航黑龙江分公司、哈尔滨空中交通管理中心、中国航空油料总公司黑龙江省分公司、哈尔滨边防检查站、哈尔滨海关、黑龙江出入境检验检疫局、武警哈尔滨机场警卫中队等。

十、机场信息中心功能

哈尔滨机场本期建设后使机场进入多航站楼运行阶段，为保证整个机场的正常运行、各单位间的协同配合以及未来的发展，建设机场信息中心。信息中心是机场整个网络信息及语音信息的汇集中心，是机场场区的语音通信和机场生产运行的数据处理中心，是机场所有网络节点和数据的备用中心。其网络核心机房和中央主机房将安装集团公司的中央交换设备，T1、T2航站楼信息系统中心，机场信息发布中心、机场运营保障系统、财务，结算、机场业务管理系统，办公自动化系统，机场维护、维修系统主机服务器和数据库，本期信息中心建设项目包括：机场信息管理及集成系统、机场语音自助查询系统、GPS时钟系统等。

十一、现有设施概况总结

目前哈尔滨机场运营中存在的问题是高峰时航站楼拥挤，冬季由于天气原因机场航班延误较多，候机厅造成拥挤，给运行带来严重安全隐患；机场离港和到港的比例不均衡，在机场的运行中出现航站楼拥挤的状况；由于旅客吞吐量的快速增长，现有航站楼使用面积偏小，服务水平已经不能满足标准要求，及时对机场进行改造和扩建，有利于保障航班运行顺畅，为航空公司和旅客提供更好的服务。因此机场扩建工程是适应机场航空业务量快速发展、不断提高机场服务水平的需要。

第三节 哈尔滨机场扩建面临的技术难题

哈尔滨地处严寒地区冬季漫长，建筑方案独特，大风、冰雪天气给航站楼建设施工、运行管理带来了前所未有的挑战。

T2 航站楼建筑方案由屋檐挑出式现代双曲屋面风格调整为雨篷全覆盖欧式平屋面建筑风格，并随后开工，遇到严寒地区欧式建造工艺的难题；新建的 T2 航站楼与 T1 航站楼贴临建设的难题；T2 航站楼分段建设的难题；T2 航站楼轻钢网架结构单层 TPO 防水卷材屋面工程的难题；冬期施工的难题；建设运行高度交织的难题；交通导改的难题；不停航施工的难题。哈尔滨机场扩建工程建设过程环境复杂、工程难点多，很多难题在国内机场改扩建中首次遇到。如何破解这些难题，请继续关注后面章节，会详述哈尔滨机场扩建工程建造关键技术。

第二章　航站楼工程施工关键技术

T2 航站楼总建筑面积 162513.55m^2，在严寒地区、贴临建设、分段建设、欧式建筑建造技术、TPO 平屋面、不停航施工、建设运行一体化等复杂的内外部环境下，主体工程各分部分项施工技术、贴临超宽现浇箱梁技术、严寒地区砂层大直径超长水下灌注桩基技术、高大模板技术、大空间重点部位装饰技术等是航站楼主体工程建设的关键技术。

第一节　T2 航站楼施工组织设计

一、编制依据

（1）《哈尔滨机场扩建工程 T2 航站楼施工总承包工程施工合同》；

（2）勘察报告、施工图纸文件、标准、规范、规程、图集；

（3）企业管理文件及规程。

二、工程概况

（1）工程建设概况见表 2-1。

工程建设概况表　　表 2-1

<table>
<tr><td>工程名称</td><td colspan="2">哈尔滨机场扩建工程 T2 航站楼及高架桥工程</td><td>工程地址</td><td>哈尔滨机场内</td></tr>
<tr><td>建设单位</td><td colspan="2">黑龙江省机场管理集团有限公司</td><td>勘察单位</td><td>黑龙江省建筑设计研究院</td></tr>
<tr><td>设计单位</td><td colspan="2">中国民航机场建设集团有限公司、
黑龙江省建筑设计研究院</td><td>监理单位</td><td>北京华城建设监理有限责任公司</td></tr>
<tr><td>第一阶段
合同工期</td><td colspan="2">工期：845 日历天；
计划开工日期：2015 年 5 月 10 日；
计划竣工日期：2017 年 8 月 31 日</td><td>总包单位</td><td>中建三局集团有限公司</td></tr>
<tr><td>工程主要功能</td><td colspan="4">T2 航站楼建成后，作为国内航线航班的航站楼，原有 T1 航站楼部分改造为国际航站楼，部分用于国内航班。哈尔滨机场定位为国际枢纽机场</td></tr>
<tr><td rowspan="4">项目承包范围
及主要专业承
包工程范围</td><td>土方及地基
工程</td><td colspan="3">桩基础、基础（含登机桥、电梯、扶梯、行李分拣设备、配电设备、发电机组、空调器等设备基础）、基坑开挖及室内外的回填</td></tr>
<tr><td>主体部分</td><td colspan="3">土建主体结构、初装修（包括墙面抹灰、混凝土地面、地面垫层），设备机房装修等</td></tr>
<tr><td>电气工程</td><td colspan="3">T2 航站楼内全部电气工程施工（不含 10kV 进线安装，不含精装修电气工程、机场弱电工程、航站楼工艺流程设备）的设备管线安装</td></tr>
<tr><td>给水排水
工程</td><td colspan="3">给水工程为 T2 航站楼内全部给水（含中水），但不包含卫生间和厨房的给水、中水系统的支管；排水系统工程以航站楼内排水管线至航站楼外出户第一个排水井为界；消防水系统工程以 T2 航站楼外墙进户第一个接口点为界</td></tr>
</table>

续表

项目承包范围及主要专业承包工程范围	采暖和空调工程	采暖和空调系统安装工程内容为T2航站楼内采暖、空调系统工程的全部内容，但不含精密空调
	消防工程	消防工程内容为消防水系统、消防排烟系统、消防电气系统、消防弱电系统（具体包含电源监控、防火门、分布式光纤探测系统、光截面与双波段系统、火灾自动报警、漏电火灾监控等）
	其他工程	根据施工需要分阶段施工需要的其他施工项目
	总承包管理范围	总承包单位做BIM系统管理（包含综合布置管线）； 网架及屋面工程； 幕墙及外立面装饰装修工程； 室内装饰装修工程； 弱电工程（消防弱电工程除外）； 部分设备安装工程（登机桥/电梯/扶梯/自动步道/行李处理系统等航站楼工艺流程设备及旅客服务设施安装）； 在总承包管理期间，需要进入航站楼内施工的其他工程：航站楼商业、广告、电信运营商及其他专业工程
施工合同对项目施工的重点要求	质量要求	哈尔滨市优质结构“丁香杯”工程奖；黑龙江省建设工程质量结构优质工程奖；黑龙江省建设工程“龙江杯”；中国建筑工程钢结构金奖；力争“鲁班奖”
	安全文明施工	确保黑龙江省建设工程安全质量标准化工地； 确保国家“AAA级安全文明标准化诚信工地”

（2）工程设计概况见表2-2、表2-3。

工程建筑设计概况一览表　　　　**表2-2**

占地面积		67476.8m²	地下建筑面积		14418.17m²	T2总建筑面积	162513.55m²
T2航站楼							
层数	地上	2层	层高	首层	8.6m	地上面积	148095.08m²
	地下	1层（局部）		夹层	4.3m	管廊建筑面积	6910.91m²
	/	/		地下	6.5m	/	/
防水工程	地下室及地下管廊		抗渗钢筋混凝土墙自防水＋水泥基渗透结晶型防水涂料+SBS防水卷材				
	地下室底板及侧墙迎水面		刷1.0mm厚水泥基渗透结晶型防水涂料+1.5mm厚聚氨酯防水涂料				
	桩头防水		水泥基渗透结晶型防水材料两道				
	航站楼卫生间、厨房、热水器间、开水间		2mm厚聚合物水泥防水涂料				
	屋面		TPO防水卷材				
	管廊屋面		1.5mm厚硅橡胶防水涂料+1mm厚水泥基渗透结晶型防水涂料				
保温节能	屋面		屋面保温层为150mm厚岩棉板+10mm厚二氧化硅纳米保温毡				
	外墙		除B区标高8.600m以上空侧及陆侧为160mm厚纤维混凝土保温复合板（10mm厚纤维混凝土板+140mm厚岩棉板保温+10mm厚纤维混凝土板）其他部分采用390mm外，厚高效能陶粒保温砌块				
	架空或外挑楼板		采用40mm厚二氧化硅纳米保温毡				

续表

环境保护	对有噪声的设备用房墙体应做成品吸声板处理，房门应为隔声门（35dB），产生振动的设备需做设备减振处理。 外围护结构的隔声量应不小于 40dB，与有噪声的房间之间的隔墙隔声标准不小于 50dB	
门窗工程	外门窗	铝塑复合三玻门窗，办公业务用房的外窗应另加设防蚊虫纱窗
	防火门	地上、地下均为钢质防火门，防火门框、门扇面板应采用符合防火性能的冷轧薄钢板材料
	普通木门	成品实木门
	百叶窗	外墙百叶铝合金防水装饰百叶，内墙百叶装饰铝合金百叶
	特殊窗	电动开启窗、电动排烟窗
室外墙面	外立面	采用明框玻璃幕墙、干挂彩石纤维混凝土装饰板
	屋面天窗	采用 Low-E 中空钢化夹胶玻璃

工程结构设计概况一览表　　　　表 2-3

埋深	-7.15m	基础持力层	粉质黏土	承载力标准值	130kPa
基础形式	钻孔压灌超流态混凝土灌注桩	结构形式	B 区：钢筋混凝土大跨度框架结构 + 钢结构； C 区：钢筋混凝土框架结构 + 钢结构		
抗震设防等级	B 区二级 /C 区三级		人防等级	/	
混凝土强度等级及抗渗要求	承台、承台梁	C40P6	地下底板、外墙	C40P6	
	顶板（无上部结构）	C40P6	消防水池	C30P6	
	管廊及地沟	C30P6	楼梯	C30	
	框架柱	C40	梁、板	C35、C40	
混凝土柱主要截面尺寸（mm）	2100 × 2100、1200 × 1200、1000 × 1000、600 × 600、500 × 500				
梁主要截面尺寸（mm）	B 区梁宽：300~1000 、梁高：500~1700；C 区梁宽：200~1000、梁高：400~950				
楼板厚度（mm）	500/150/120				
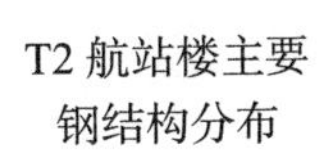 T2 航站楼主要钢结构分布	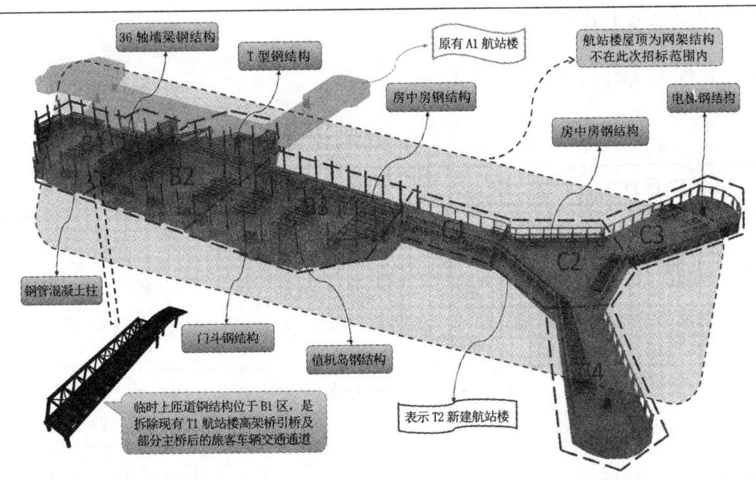 钢管混凝土柱、房中房钢结构、值机岛钢结构、T 形钢结构、门斗和观光电梯钢结构、临时上匝道钢结构等				

（3）主要施工条件

1）气象情况

哈尔滨的气候属中温带大陆性季风气候，四季分明，冬长夏短，全年平均降水量529mm，降水主要集中在6~8月，夏季占全年降水量的66.8%，集中降雪期为每年11月至次年1月。冬期1月平均气温约−19℃；夏季7月的平均气温约23℃。日平均气温小于5℃的日期为当年的10月24日至次年的4月20日。

2）地上、地下管线及相邻地上、地下建筑物情况

T1航站楼在T2航站楼施工期间不停航运行，周边环境对空界、限高、灯光、电磁波要求复杂且敏感，施工前应对业主提供的地下管线位置图进行复核。

3）项目周边道路情况

北侧紧邻T1航站楼，南侧靠近迎宾一路，有6m高钢架围挡，根据施工现场现状，场外材料运输和人员进出主要依靠机场路、哈双路和现有乡村道路。交通运输情况如图2-1所示。

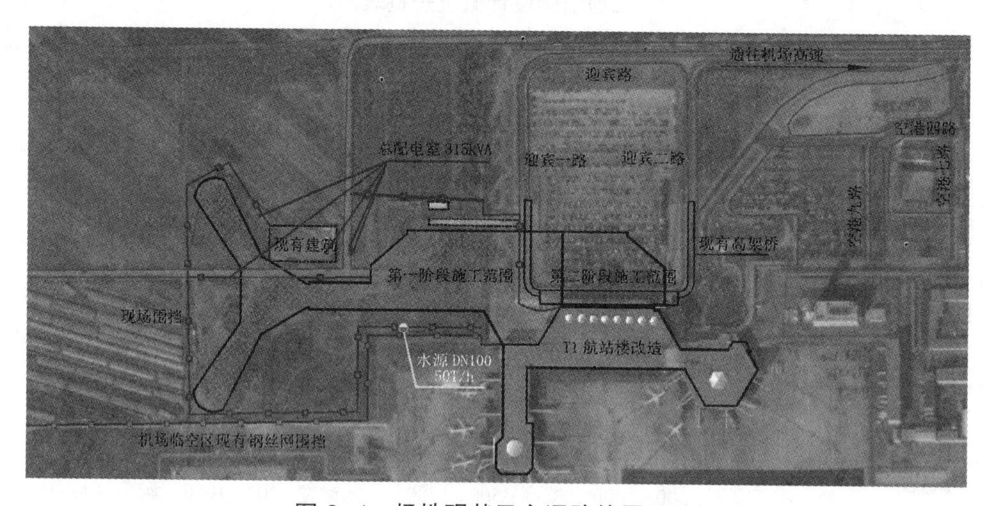

图2-1　场地现状及交通路线平面图

三、总体施工部署

（1）工程管理目标见表2-4。

工程管理目标表　　表2-4

序号	管理目标	具体内容
1	工期目标	一阶段：计划工期：845日历天； 计划开工日期：2015年5月10日； 计划竣工日期：2017年8月31日
2	质量目标	力争“鲁班奖”
3	安全文明施工目标	（1）责任事故死亡率为零，确保无重大伤亡事故，月轻伤事故频率控制在1‰以下。 （2）确保国家“AAA级安全文明标准化诚信工地”
4	科技示范目标	积极推广住房和城乡建设部2010年建筑业10项新技术中的“10大项36小项”，获得“黑龙江省新技术应用示范工程”“中建三局科技示范工程”称号
5	绿色施工目标	荣获“全国绿色施工示范工程”称号

（2）工程重、难点分析及对策见表 2-5。

工程重、难点分析及对策表　　表 2-5

特点分析	对策及措施
本工程紧邻哈尔滨机场 T1 航站楼及机场跑道，周边环境复杂，管线较多，航空和供给保障设施保护要求高，而且施工生产活动可能受到机场运营和区域管制影响	现场实施实名制管理，并与公安机关建立联络机制，及时完成入场人员背景调查工作，形成警民共建的良好氛围。施工期间高度重视区域的特殊性，向全体人员做好环境情况交底、相应的管理措施交底，自觉遵守机场的相关管理规定，保护航空和供给保障设施，保护环境安全。 现场采取统一封闭式围墙和施工区域警示标志，对于施工工艺需要动火严格办理动火申请，尤其在钢结构焊接过程中除办理申请制度外，施工点采取点式活动式防护棚，避免焊接等作业光亮影响飞行区安全。 远离飞行区建立集中加工制作场，现场采用预拌砂浆施工工艺，减少灰尘和施工噪声对航管区的干扰和影响，针对场地雨水、降水设置管线排至排水明渠中。 依照业主提供的地下管线和设施资料，全方位对施工区域，尤其是开挖区域进行地下管线和民航设施的普查与复核
本工程 T1 航站楼与 T2 航站楼采用近邻施工方式，对接设计形式。在不同施工阶段对既有运营建筑物的保护成为本工程平面管控重点	采用定型化钢制围护结构对不同阶段既有建筑物进行保护。塔吊布置过程中充分考虑施工区段划分、新建建筑物与既有建筑物位置关系，避免塔吊覆盖运营建筑物及航空围界内。 进场后立即对 T1 航站楼进行复测，与新建 T2 新航站楼进行复核，确保满足新老航站楼无缝对接设计规划要求
本工程为大型公共设施，专业系统复杂，专业承包较多，提前做好各专业深化设计及协调管理将是本工程管理重点	采用 BIM 三维可视化功能，辅助进行各专业的深化设计、碰撞检查、施工工艺及方案模拟等。建立项目 BIM 管理平台，方便业主、设计、监理等参建方对项目情况进行实时监管，提高管理效率
本工程分两阶段建设，T1 航站楼与 T2 航站楼交替运营，施工过程中对运营航站楼的保护将作为本工程管理重点	开工前完成全部运营航站楼的整体防护工作，重点做好管线防护、地上门窗防护、出入通道防护等位置防护。进行全员安全交底，增强防范意识，并制定应急预案交由建设单位审核。通过安装塔吊防碰撞装置、减少振动较大机械使用，确保运营航站楼安全稳定
本工程为现代化的国际机场，机电系统齐全，工程分为两个阶段实施，需做好两个阶段完工后的系统接驳及联合试运转。做好机电系统调试，是本工程重点	在深化设计阶段完成系统水力平衡、负荷计算等工作，根据计算结果在图纸上标记出阀门开度、电气开关整定值等后期调试所需信息；施工过程全面质量管理，严格控制风管弯头、三通位置导流叶片、软连接、电气线路连接等位置的施工质量；实施阶段全面应用调试仪器与设备，精确测量、科学诊断，遵照规定表格全面记录过程数据，确保系统满足设计要求，达到高效节能工况
（1）本工程平面面积大，梁板结构跨度大，混凝土裂缝控制是技术管理的重点。 （2）钢结构屋面为空间网格结构，安装精度要求高。 （3）金属板屋面防水渗漏是本工程重点。 （4）机电系统复杂，子系统繁多，机电协同管线综合排布难度大	开展质量策划，建立健全项目质量管理体系，制定专项质量通病防治措施及质量创优方案。现场严格执行质量旁站制、四检制、样板引路制等质量管控制度。 建立精确的钢结构测量控制点网，控制地面拼装、提升、卸载过程的测量精度，通过专业的软件完成整个工程钢结构实体建模，生成用于整个施工过程中所需的详图。 严格控制屋面板安装质量，安装相邻屋面板时，搭接肋定位细致，搭接口，缝密实，选用打钉经验丰富的安装人员，所有胶缝逐条检查。 成立机电总协调调试组，指导整个综合机电调试，按照调试方案通过分阶段、分系统组织调试以达到最终的功能完善

续表

特点分析	对策及措施
本工程分阶段开工，时间控制节点明晰，施工期间任务重。不同施工阶段平面变化频繁。平面占地面积大、层数少，劳动力投入大、周转材料投入大	根据设计后浇带、地下室区域、桩基完成情况，现场全面实行分区施工方式。合理划分土建工程半成品堆场和周转场地，保障钢筋、模板加工半成品和混凝土供应。 本工程土建结构钢筋、模板采取集中加工制作方式，保障施工生产顺利进行。场外设置一条钢结构运输道路，提前指定构件进场计划，统一协调车辆进出。根据平面规划出各个专业的堆场及分区位置，同时划时段区分机械设备使用情况，钢结构深化阶段与各个专业协调，确保提前考虑到碰撞等问题
本工程跨越4个冬期，低温环境混凝土施工质量及钢结构焊接质量将作为本工程技术控制重点	本工程将成立冬期施工领导小组，制定切实可行的冬期施工方案和越冬维护方案。通过加强混凝土保温措施，提高冬期混凝土施工质量。做好焊接施工前的准备工作。通过采用正确周密的预热、层间温度控制、焊后热处理温度和保温缓冷等方法及措施，来保证焊接接头的焊缝和焊缝热影响区的焊接质量，提高焊接接点性能
钢管柱截面 $\phi1600\times25$，独立高度超20m，跨度52m，如何分节、控制和保证钢管柱安装到位，垂直度及稳定性是施工重点。 B区钢管柱柱脚埋入深度3.2m，且无预埋柱脚锚栓。易出现偏差和移位，安装精度控制是施工重点。 临时上匝道由钢桁架与钢梁组成，主要截面为H形，整体长85m，宽9.5m。如何考虑分节、安装顺序和设置临时支撑是施工重点	根据楼层高度、钢管柱长度和重量合理分节，选择汽车吊在建筑外围吊装；采用两台经纬仪成90°垂直实时监控与校正。调整准确后，从钢管柱顶端向地面或楼板拉设缆风绳固定；在整根钢柱安装完成后，设置临时连接梁和剪刀撑，确保钢管柱系统整体稳定。 在结构受力最小处，设置施工道路后置区，以解决钢管柱大跨度吊装距离不够的问题。 对钢管柱柱脚进行深化设计，设计可调式柱脚支架确保柱脚短柱安装时标高可以调整和准确定位固定；确保支架与承台下铁牢固相连；钢柱脚安装就位在支架之上，用缆风绳拉紧，并与支架点焊固定。 根据匝道钢结构特点及公路运输限宽要求，将单片桁架分成三段，散件出厂，现场拼装。采用汽车吊现场拼装桁架分段，由外向内吊装桁架，形成稳定框体后，再吊装另一端钢桁架，最后吊装中间部位桁架
机场航站楼幕墙为欧式造型立面，幕墙外立面采用了纤维水泥板幕、玻璃幕墙、石材，外立面较为复杂。幕墙交接口控制作为本工程重点	严格控制所有密封胶等材料质量合格，严格控制施工工艺并采取科学有效的方法施工，确保安装质量及安装精度。 针对欧式线条及罗马柱定位安装难度大的特点，要求幕墙承包单位以不同单元分别编制加工图，同时在纤维混凝土板加工厂设置相应的1 ∶ 1的骨架，在装饰混凝土喷涂前先进行试拼装，合格后再进行喷涂
机场大空间的空调系统采用的旋流风口＋球形喷口／锣形喷口的送风形式。既要保证大空间内温湿度等参数达到设计要求，又要满足高标准的舒适度	采用“虚拟”现实的优化设计方法，对风口的安装位置、送风角度、送风风量等参数进行综合优化设计，保证温湿度符合设计要求，送风均匀，且在地面1.8m高位置有较高的舒适度（冬季供热风速 $\leqslant$ 0.2m/s；夏季供冷风速 $\leqslant$ 0.25m/s）
管廊空间封闭且有限（最大截面积为4200mm×3400mm），管道种类齐全，连接方式多样，关系到整个机电系统的质量，施工难度较大	运用BIM技术对管廊内管道进行深化设计，优化管道排布，确定合理的安装顺序。 采用管道传送器辅助管道的运输安装。设置临时通风与照明设施，保证管廊内焊接等作业的便利性与安全性
综合布线难度大；水炮安装需要固定于钢网架，水炮后坐力大（最大850N）且高度超过20m；涉及与多个专业的深度配合；需要配合厂家进行深化设计	消防不同系统分槽敷设，同系统的不同类型线缆加隔板敷设。通过选择不同的线缆颜色、设置管道标识明确区分。 用相邻两个钢球搭设槽钢固定支架，确保水炮固定安全牢固。施工时将水炮在地面组装完成，利用移动升降平台将其运送至安装高度后固定于槽钢支架上。 电气专业提前做好技术准备。如：风机电源的控制箱须设有延时继电器、防火排烟阀的执行器上需有消防接点及熔断点。弱电专业提前明确弱电各系统的通信协议，设备订货前告知厂家预留接口。 结合设备供应厂商的技术意见，在施工条件满足之前完成对相应系统的深化设计工作

（3）项目经理部组织机构（略）

（4）分阶段施工部署

1）工程阶段划分及特点

工程拟分两个阶段建设：第一阶段，建设 T2 航站楼 B1 区管廊、地下室和 B2、B3、C1、C2、C3、C4 区域、钢匝道；第二阶段，建设 T2 航站楼 B1 区域，同时将 T1 航站楼主楼及半岛区域改造为国际区。经过上述两阶段施工，T2 新航站楼与 T1 航站楼融为一体成为一座综合航站楼。航站楼施工阶段划分如图 2-2 所示。

图 2-2　航站楼施工阶段划分图

T2 航站楼单层面积较大，总体施工部署存在以下关键点：

①本工程一阶段工期 845d，但需在 2016 年 5 月 15 日之前完成主体结构施工，于 2016 年 9 月 27 日前完成暖封闭，工期紧，任务重，施工部署中进行合理区段划分、科学的工序流水、充足的劳动力和机械设备安排，是本工程施工部署的重中之重。

②由于本工程涉及原有高架桥拆除与钢栈桥新建及拆除转换，处理好立体交叉作业的顺序是本工程顺利完成的关键。

③场区内布设的管沟较多，且开挖深度较大，最大开挖深度达 6m，是否处理好管沟施工与主体结构施工的先后顺序，将直接影响航站楼主体结构的施工工期。

④屋面钢网架施工任务重，钢网架能否顺利施工完成将影响到金属屋面施工、精装修施工、幕墙施工，是影响本工程按照工期目标顺利完成施工的重要影响因素。

2）施工部署思路

以“确保关键线路施工节点、保证后续施工工序及时插入，最终按期完成整体施工任务”为原则，结合本工程的特点，将从施工顺序安排、工期节点插入、主要资源投入等方面对本工程施工进行整体部署。施工部署思路的重点及采取措施见表 2-6。

施工部署思路的重点及采取措施　表 2-6

编号	部署重点	采取措施
1	土建施工	（1）综合考虑本工程变形缝、地下室、地下管廊、钢结构钢管柱的位置，合理划分分区分段。 （2）整体的施工顺序以受高架桥引桥和钢管柱吊装影响，B2 区为关键线路，影响区段在拆除引桥即 7 月 22 日后大规模开展，B2、B3 不影响区段同时开展，结构内首层和二层预留行走路线，以便钢管柱的吊装；C 区影响因素少，拟采取 C3、C4 向 C2 进行，最后进行 C1 的施工。 （3）B1 区分深浅基同步进行，即纯地下室和管廊区同时进行，优先确保纯地下室区域内的钢匝道桥施工，为保证结构和防水的连续性以及暖封闭节点按计划实施，拟 7000m^2 地下室主体结构在一阶段完成。B1 区具体详见 B1 区专项施工方案。 （4）地下管廊、管沟的施工，由于管廊为水暖、电气、通风的主管道空间，涉及暖封闭关键节点，因此优先确保管廊施工，独立的水暖管沟（供暖支管）在回填土二次开挖后再行施工
2	钢结构施工	施工内容主要为临时钢引桥、竖向钢管柱、8.47m 层房中房以及门斗等。 钢结构提前进行深化设计和施工优化，对预埋式柱脚、吊装分节节点、混凝土梁和钢管柱节点穿筋节点。 在施工顺序上，根据总进度计划要求，在 B1 区开展过程中，钢引桥的桥桩、承台、钢柱和桥面系统优先进行，确保通行节点。同时 B2 区、B3 区钢柱，在基础形成前吊装第一节钢柱，基础形成后 -0.15m 附近吊装第二节及以上层钢柱，上部结构吊装在Ⓐⓓ~Ⓐⓔ轴间预留吊车和构件载车的行走通道。 高架桥引桥影响区域待拆除后插入进行
3	砌体粗装修插入点	砌体、粗装修插入点安排在主楼二层结构基本施工完成、一层架体拆除后插入施工
4	精装修、幕墙插入点	精装修和幕墙单位尽早进场进行深化设计，为正式插入施工创造条件。砌体与粗装修施工完成后，精装修与幕墙插入施工
5	钢网架和金属屋面	屋面网架体系采用正放四角锥焊接球网架。网架和金属屋面不在合同内，但其属于暖封闭节点的关键影响因素，拟在钢结构完成部分区域施工后及时插入钢结构屋面施工，尽早实现结构封顶，于 2016 年 9 月末形成暖封闭环境，为精装修创造条件
6	机电安装	机电安装进场后立即开展深化设计工作，预留预埋随结构施工同步进行，在地下管廊、换热站内架体、模板拆除后及时插入地下部分管道施工，地上机电管线安装随砌体与粗装修施工同步进行，首层架体拆除后及时插入主管线安装，在土建井道封闭前完成立管安装，及时插入地下换热站及空调机房等设备安装，在暖封闭前完成采暖系统安装，风口等末端随精装修施工同步进行；热源与正式电及时接通，为机电系统调试创造条件

3）施工区段划分及部署

根据航站楼地下室位置、现阶段桩基完成情况等各结构特点，按照变形缝、后浇带、加强带位置，将 T2 航站楼标段划分为 7 个施工区，具体如图 2-3 所示。

进场后，同步进行 B2、B3、C 及 B1 区指定区域承台与基础梁、管沟土方开挖及施工。B2、B3 区土方由东向西施工，待原有高架桥拆除后施工 B2 区 2 段、4 段，B3 区 4 段桩基、地下室结构及管廊施工。一阶段其余结构施工随楼层逐步进行。B1 区、C 区土方由西向东施工。一阶段其余结构施工随楼层逐步进行。施工安排优先施工 C2、C3、C4 及 B1 指定区域。

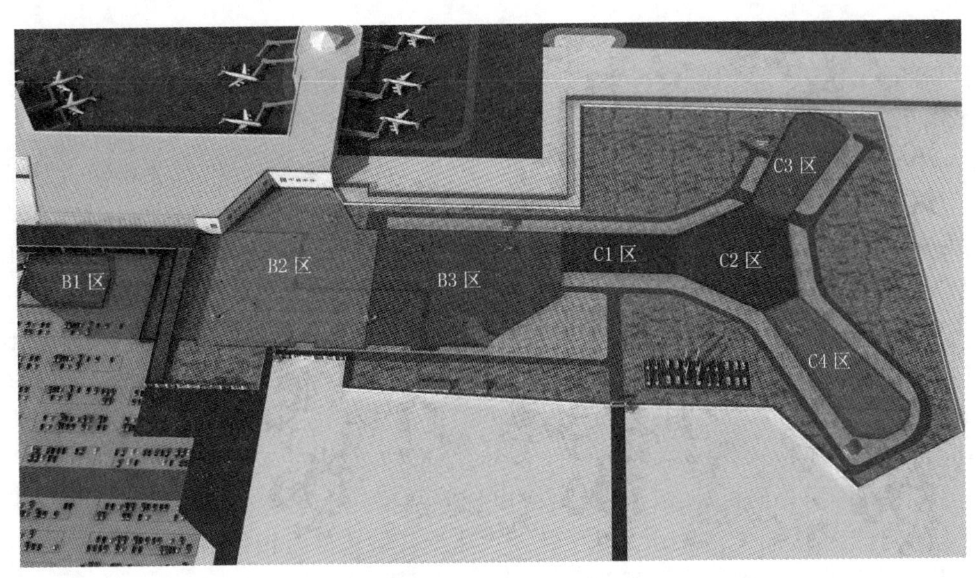

图 2-3　工程分区示意图

一阶段施工安排 B 区与 C 区同时开始施工，优先施工已完成桩基区域，突出结构施工为主线，混凝土结构与钢结构协调同步进行，相互配合、穿插。各专业施工单位插入安排：B1 区地下管廊完成模板、架管拆除后立即插入此部分机电管线施工；B2~B3、C1~C4 区域在一层架体拆除后，开始地下室及地上机电综合管线施工。

二阶段新建 T2 航站楼主楼第二阶段与 T1 航站楼最终实行有效衔接。

（5）主要机械设备

1）塔吊

第一阶段现场 ±0.00 以下结构和地上主体施工阶段布设 9 台塔吊（1 号、2 号、4 号、5 号塔吊采用 TC7015；3 号塔吊采用 TC5510；6 号、7 号、8 号、9 号塔吊采用 *R*70.15）。9 台塔吊均为平头塔。用以满足土建施工吊运需求，塔吊布设考虑地下室、管沟开挖等因素，预留足够安全距离；B2 段由于紧邻 T1 航站楼，就近无法设置综合料场，施工所需周转材料及结构用材通过南侧或西侧塔吊进行吊运周转。5 台塔吊需要设置在主体，位置已考虑避让地下管廊和夹层尽量降低对主体施工结构影响。所有塔吊大臂旋转半径全部禁止进入飞行区域和现有航站楼正上方。塔吊高度 42m，满足机场近水平面要求，保障飞行安全。

2）施工垂直运输

机场航站楼工程的楼层不高，外围较长，设置多部电梯成本较高，且本工程平面同时交差作业多，尤其是影响室外管网和建筑幕墙的最后封闭。采用传送带作为二次结构的运输设备。设置一种 3 台 20m 长传送带，满足 4.17m 层高的，一种 2 台 30m 长传送带，满足 8.45m 层高的，共计 5 台，某一区域材料运输完成，根据施工情况，转移到另外一个施工区域。

3）混凝土输送泵

根据施工部署，一阶段拟设置 12 个混凝土输送泵硬化泵位，可同时满足 12 个不同区域同时浇筑混凝土，现场常驻 6 台。

（6）钢结构施工

本工程钢结构主要包括临时上匝道、圆管柱、房中房、值机岛等部位。结合不同区域的结构特点及现场工况，选择合适的安装方法。

1）临时上匝道：采用原位高空散装法，130t 汽车吊站位于 B2 区分段吊装桁架，50t 汽车吊用于地面卸车及地面拼装。

2）B 区圆管柱：B 区圆管柱随土建施工分段安装，主要采用 80t 汽车吊站分别站位于ⒶⒶ轴南侧以及ⒶⒼ轴北侧吊装ⒶⒶ轴及ⒶⒼ轴圆管柱；并采用汽车吊站位于ⒶⒹ~ⒶⒺ轴间，吊装ⒶⒺ轴中部钢柱时，采用汽车吊上大底板进行吊装，吊装完 3 节钢柱后，预留ⒶⒹ~ⒶⒺ轴线中间的二层楼板作为后施工段，预留宽度约 8m，方便汽车吊进出进行中部钢柱吊装，待其他区域的结构全部施工完毕后再进行此区域混凝土楼板后施工（吊机为 50t 汽车吊配合 80t 汽车吊）。吊装外围钢柱时，分为 2 种吊机进行安装，第三节钢柱由于吊装高度较小，采用 50t 汽车吊进行吊装即可，第四节及第五节钢柱由于吊装高度较高，采用 80t 汽车吊进行外围吊装。

3）B 区房中房、值机岛、门斗及观光电梯等结构随土建施工流程安装，主梁采用 8t 汽车吊站位于二层楼板（+8.47m）上吊装，次梁等轻型构件采用塔吊配合吊装，汽车吊主要行走及吊装路线位于ⒶⒹ~ⒶⒺ轴间。

4）C 区钢结构：C 区为基本框架结构，按柱、梁分自然段采用塔吊吊装。

第一阶段吊车行走路线，第二节、第三节钢柱吊装如图 2-4 所示。

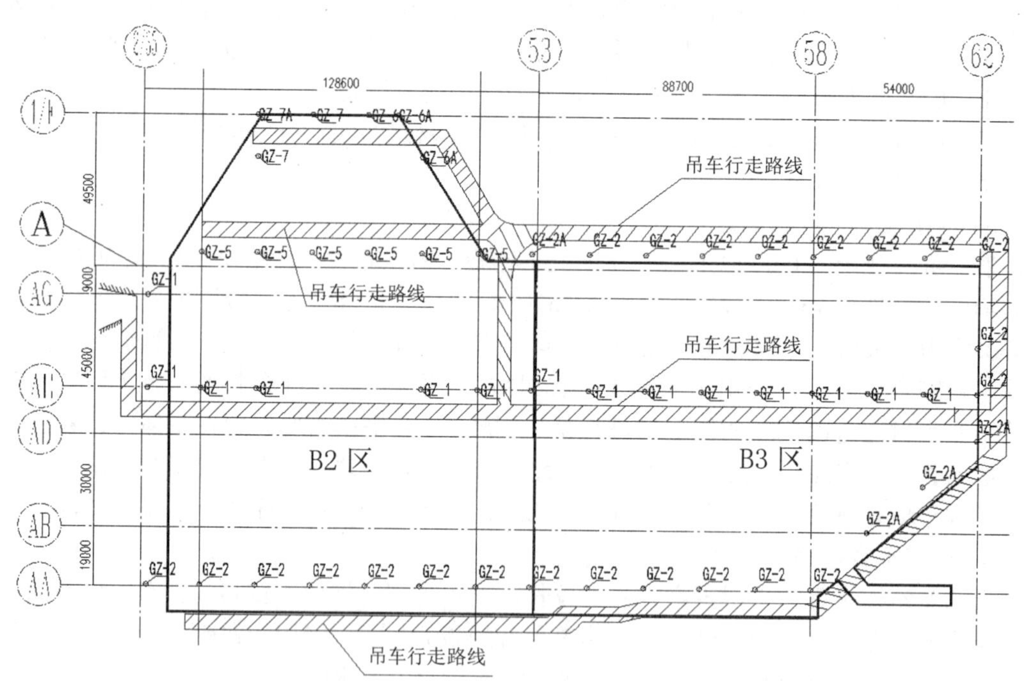

图 2-4 第一阶段第二节、第三节钢柱吊装吊机行走路线图

（7）机电安装施工

在施工准备期间开始机电深化设计及 BIM 建模工作，结构施工期间重点配合结构做好预留预埋工作，保证预埋件及孔洞、套管准确定位；在 B1 区地下管廊完成结构施工，拆模完成后及时插入管线安装，完善地下管廊内临时通风和施工照明、临时消防设施，为管廊内管道施工创造条件；B2~B3、C1~C4 区域机电管线施工在首层架体拆除后，分两

段施工区域跟随土建二次结构同步开展，按照主干线、管井、水平支管线、末端安装进行流水施工。按照采暖系统管线施工优先的原则，一阶段 B 区和 C 区地下管廊和暖沟内管道同步施工。在 2016 年 10 月 15 日暖封闭前完成采暖系统管线冲洗试压和保温工作，热源及时接通。地下换热站和空调机房作为独立施工段，安排专业劳务队伍进行实施。在精装单位进场后，及时配合精装单位完成机电末端的安装工作。

施工过程中做好一阶段 B2 区和二阶段 B1 区机电系统连通管线（如喷淋和消防水泡）的临时分断和接驳处理，确保 B2 区域机电管线能够独立运行并满足验收要求。2017 年 4 月开始一阶段机电系统调试工作，2017 年 6 月 30 日完成预验收，8 月中旬开始试运行。二阶段机电安装跟随土建施工进度同步进行，施工完成后做好一阶段 B2 区域临时管线拆除，及时完成 B1、B2 机电管线接驳并开展调试工作。

机电区段划分见表 2–7。

机电区段划分　　表 2–7

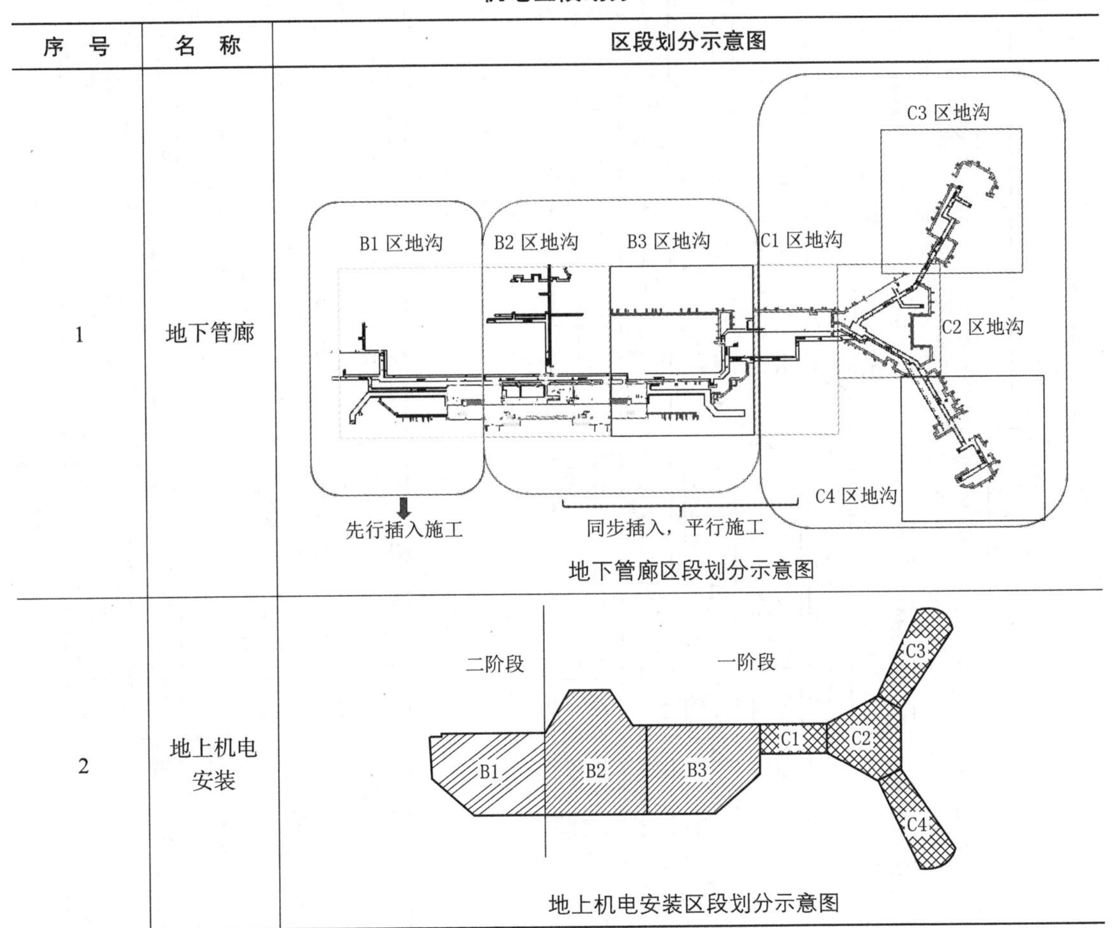

序　号	名　称	区段划分示意图
1	地下管廊	地下管廊区段划分示意图
2	地上机电安装	地上机电安装区段划分示意图

（8）施工队伍安排

劳动力高峰期投入将达到 1400 人，现场施工总人数高峰期将达到 1500 人。

（9）施工总体组织流程

1）施工总体组织流程如图 2–5 所示。

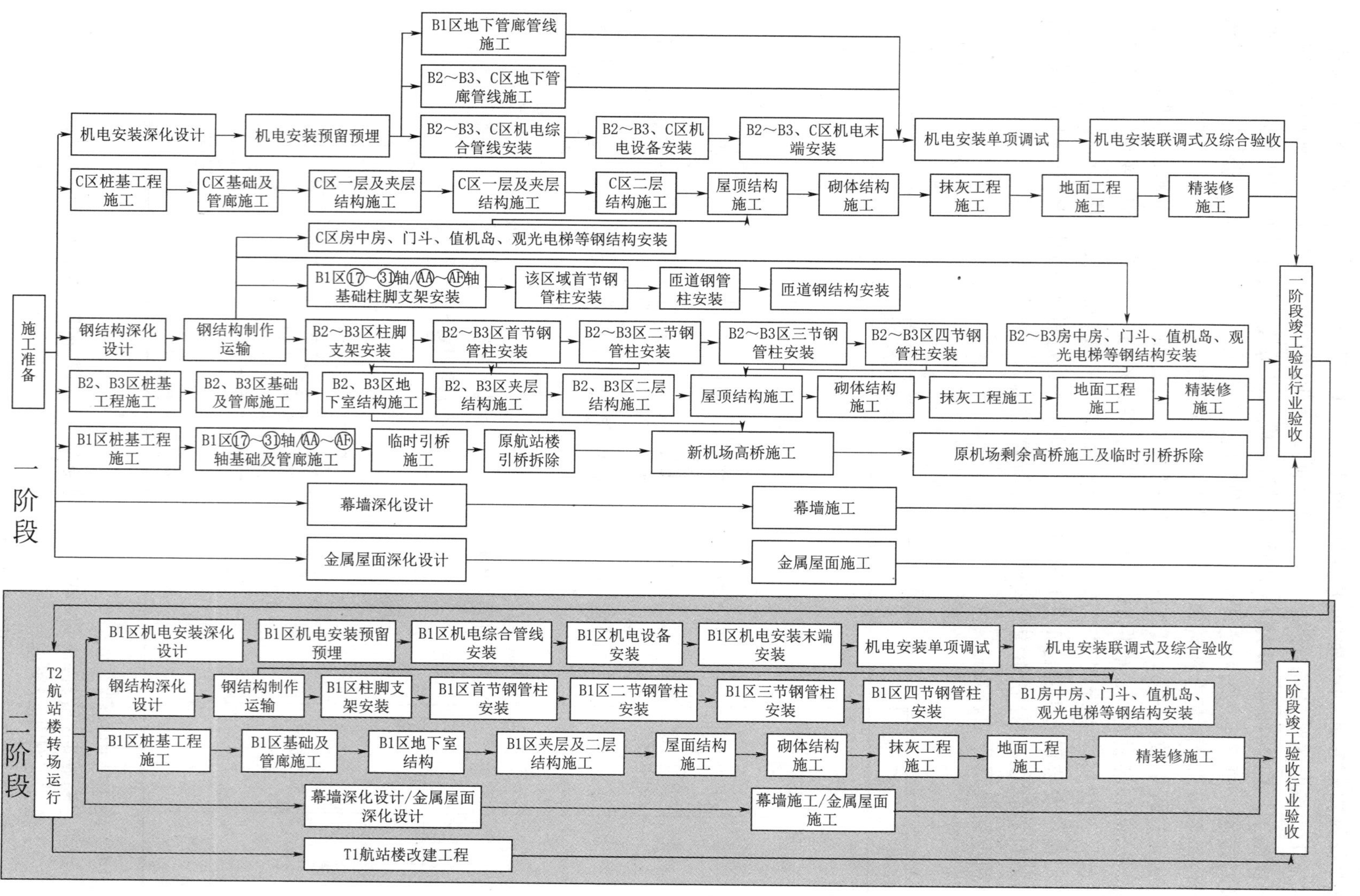

图 2-5　施工总体组织流程图

2）专项工程施工流程

①管廊施工流程如图 2-6 所示。

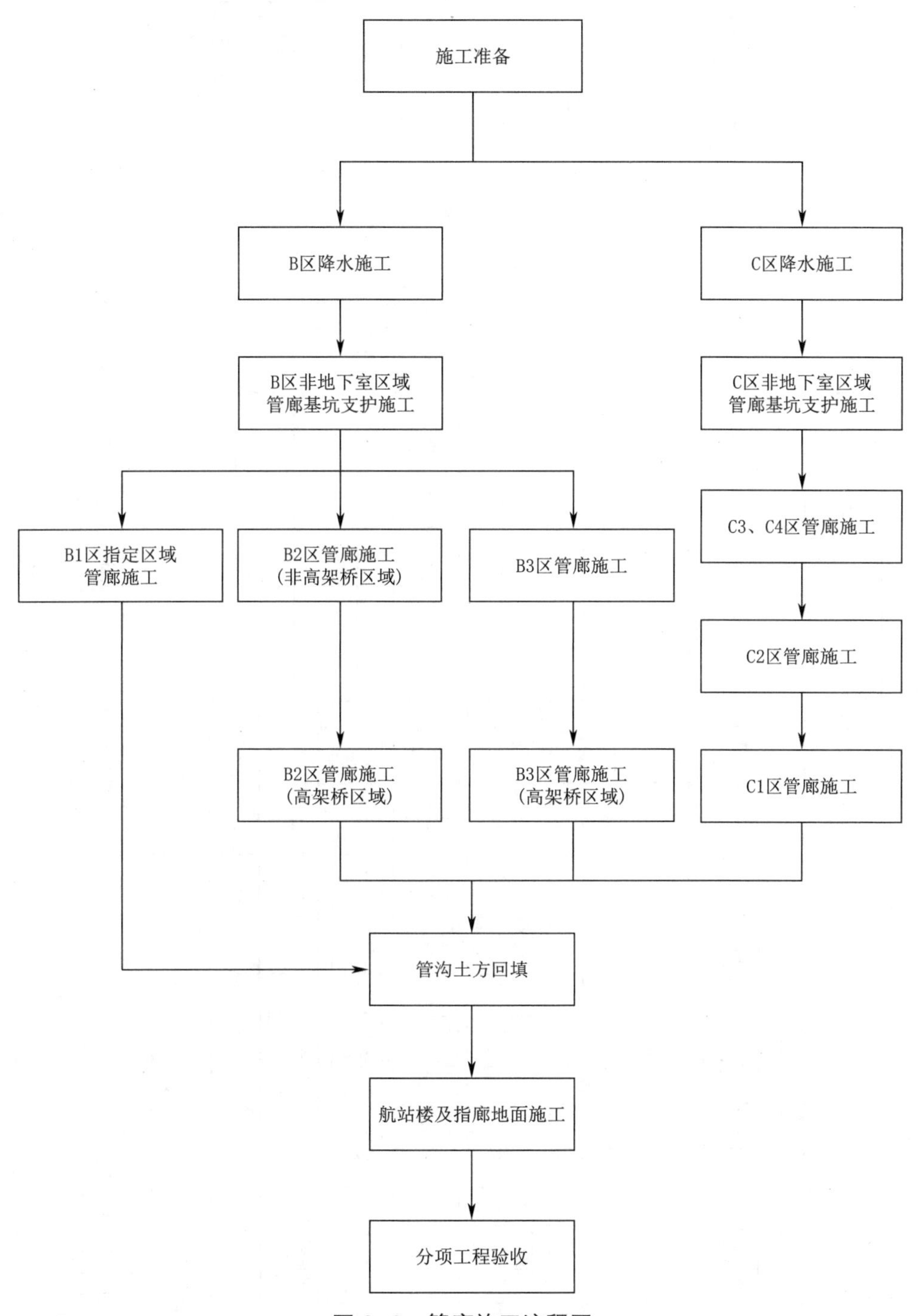

图 2-6　管廊施工流程图

②土建施工流程如图 2-7 所示。

③机电安装流程如图 2-8 所示。

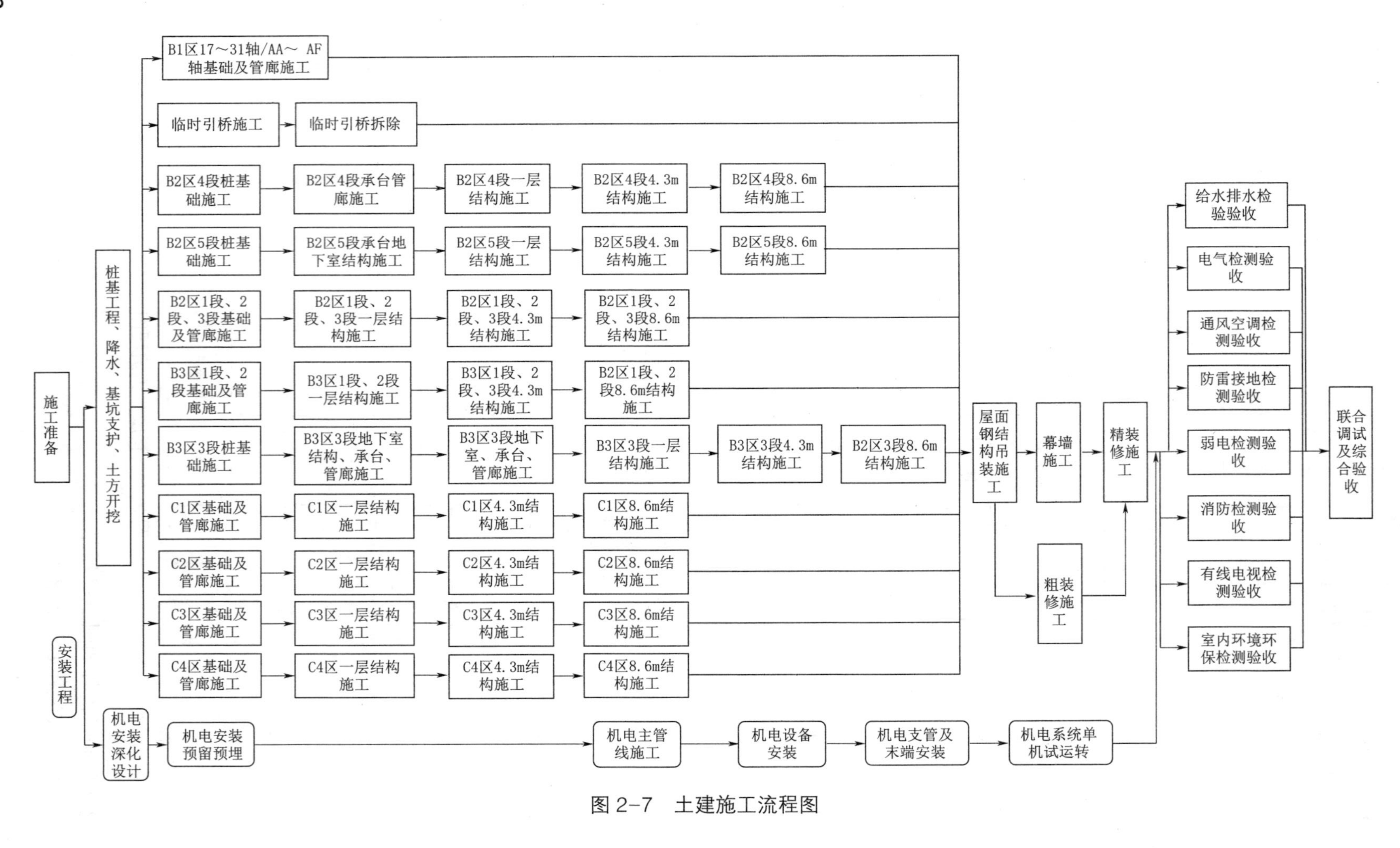
施工准备
桩基工程、降水、基坑支护、土方开挖
B1区17～31轴/AA～ AF轴基础及管廊施工
临时引桥施工
临时引桥拆除
B2区4段桩基础施工
B2区4段承台管廊施工
B2区4段一层结构施工
B2区4段4.3m结构施工
B2区4段8.6m结构施工
B2区5段桩基础施工
B2区5段承台地下室结构施工
B2区5段一层结构施工
B2区5段4.3m结构施工
B2区5段8.6m结构施工
B2区1段、2段、3段基础及管廊施工
B2区1段、2段、3段一层结构施工
B2区1段、2段、3段4.3m结构施工
B2区1段、2段、3段8.6m结构施工
B3区1段、2段基础及管廊施工
B3区1段、2段一层结构施工
B3区1段、2段、3段4.3m结构施工
B2区1段、2段8.6m结构施工
B3区3段桩基础施工
B3区3段地下室结构、承台、管廊施工
B3区3段地下室、承台、管廊施工
B3区3段一层结构施工
B3区3段4.3m结构施工
B2区3段8.6m结构施工
C1区基础及管廊施工
C1区一层结构施工
C1区4.3m结构施工
C1区8.6m结构施工
C2区基础及管廊施工
C2区一层结构施工
C2区4.3m结构施工
C2区8.6m结构施工
C3区基础及管廊施工
C3区一层结构施工
C3区4.3m结构施工
C3区8.6m结构施工
C4区基础及管廊施工
C4区一层结构施工
C4区4.3m结构施工
C4区8.6m结构施工
屋面钢结构吊装施工
幕墙施工
粗装修施工
精装修施工
给水排水检验验收
电气检测验收
通风空调检测验收
防雷接地检测验收
弱电检测验收
消防检测验收
有线电视检测验收
室内环境环保检测验收
联合调试及综合验收
安装工程
机电安装深化设计
机电安装预留预埋
机电主管线施工
机电设备安装
机电支管及末端安装
机电系统单机试运转
图 2-7　土建施工流程图

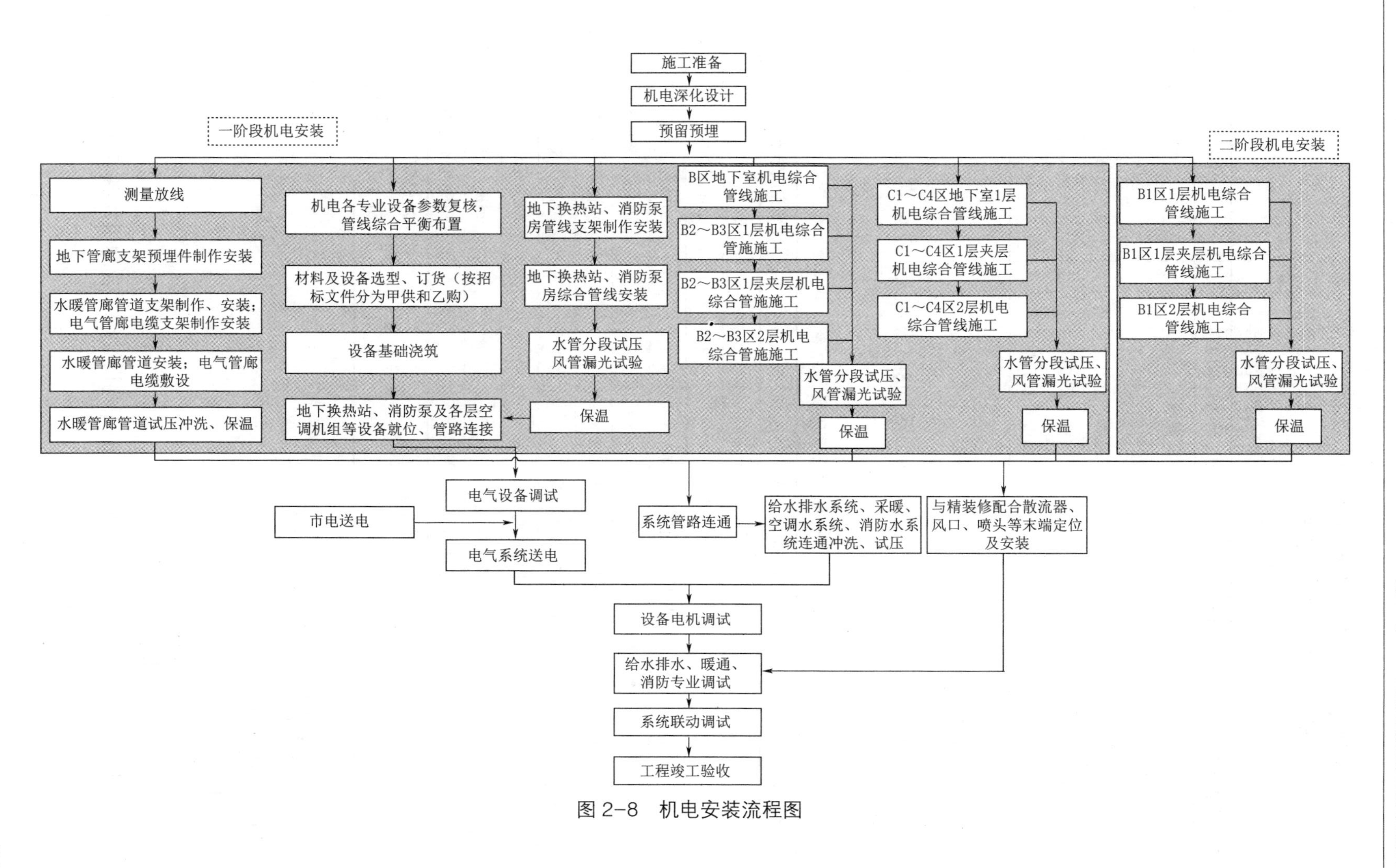

施工准备
机电深化设计
预留预埋
一阶段机电安装
二阶段机电安装
测量放线
地下管廊支架预埋件制作安装
水暖管廊管道支架制作、安装；电气管廊电缆支架制作安装
水暖管廊管道安装；电气管廊电缆敷设
水暖管廊管道试压冲洗、保温
机电各专业设备参数复核，管线综合平衡布置
材料及设备选型、订货（按招标文件分为甲供和乙购）
设备基础浇筑
地下换热站、消防泵及各层空调机组等设备就位、管路连接
地下换热站、消防泵房管线支架制作安装
地下换热站、消防泵房综合管线安装
水管分段试压风管漏光试验
保温
B区地下室机电综合管线施工
B2～B3区1层机电综合管施施工
B2～B3区1层夹层机电综合管施施工
B2～B3区2层机电综合管施施工
水管分段试压、风管漏光试验
保温
C1～C4区地下室1层机电综合管线施工
C1～C4区1层夹层机电综合管线施工
C1～C4区2层机电综合管线施工
水管分段试压、风管漏光试验
保温
B1区1层机电综合管线施工
B1区1层夹层机电综合管线施工
B1区2层机电综合管线施工
水管分段试压、风管漏光试验
保温
电气设备调试
市电送电
电气系统送电
系统管路连通
给水排水系统、采暖、空调水系统、消防水系统连通冲洗、试压
与精装修配合散流器、风口、喷头等末端定位及安装
设备电机调试
给水排水、暖通、消防专业调试
系统联动调试
工程竣工验收

图 2-8　机电安装流程图

（10）主要专业承包单位计划

主要专业承包单位计划见表2-8。

主要专业承包进场计划表 表2-8

协调管理范围	序 号	施工承包管理内容	计划开工时间
一阶段 专业单位施工的工程	1	屋面网架工程	2015年10月24日
	2	精装修专业工程	2016年5月3日
	3	幕墙专业工程	2016年6月10日
	4	门窗专业工程	2016年5月3日
	5	弱电专业工程	2015年7月2日

四、施工总进度计划

本工程划分为两个阶段，一阶段计划工期为845日历天，工期节点计划详见表2-9，二阶段工期节点计划略。

一阶段工期关键节点表 表2-9

序 号	节点形象进度	计划完成节点工期目标
1	开工日期	2015年5月10日
2	竣工日期	2019年8月2日
3	临时钢匝道施工完成	2015年7月22日
4	停车场恢复通行	2015年8月5日
5	桩基施工完成	2015年8月22日
6	地下室 ±0.00完成	2015年8月31日
7	主体结构完成	2016年5月15日
8	暖封闭完成	2016年9月27日
9	市政及园林工程施工完成	2017年4月26日
10	联合调试完成	2017年6月2日
11	竣工验收完成	2017年8月31日

五、总体准备与主要资源配置计划

（一）施工技术准备

1. 施工前期准备

（1）施工图纸技术交底及图纸会审；

（2）施工图纸深化设计。

项目经理部成立由项目总工程师牵头的深化设计组，合理组织各专业承包的技术力量，负责此项工作。具体安排见表2-10。

施工图纸深化设计计划表　　表 2-10

序　号	计划名称	送审时间
1	柱脚埋件深化设计	2015年6月
2	匝道钢结构深化设计	2015年6月
3	钢柱深化设计	2015年6月
4	房中房深化设计	2015年8月
5	观光电梯、门斗钢结构深化设计	2015年10月
6	值机岛钢结构深化设计	2015年10月
7	地下管廊预留预埋及管线深化设计	2015年6月
8	地下室区预留预埋及管线深化设计	2015年6月
9	一层预留预埋及管线深化设计	2015年6月
10	夹层预留预埋及管线深化设计	2015年6月
11	二层预留预埋及管线深化设计	2015年8月
12	房中房预留预埋及管线深化设计	2015年8月
13	各机电专业设备机房管线布置图、大样图	2015年8月
14	B区1~12号卫生间大样图	2015年12月
15	C区1~16号卫生间大样图	2015年12月
16	幕墙深化设计	2015年12月

（3）试验器具准备

根据拟建建筑物的建筑规模和建筑特点，确定本工程检测、试验仪器设备计划。

（4）测量基准交底、复测及验收

根据业主提供的高程控制点，用精密水准仪进行闭合检查，布设一套高程控制网。场内至少引测三个水准点，以此测设出建筑物高程控制网。

（5）方案编制计划见表2-11。

施工方案编制管理计划表　　表 2-11

序　号	施工方案	级　别	编制日期
1	施工组织设计	/	2015年5月30日
2	土方、降水、支护施工方案	A类	2015年5月16日
3	施工总承包管理方案	D类	2015年6月10日
4	不停航专项施工方案	D类	2015年5月20日
5	临建施工方案	D类	2015年5月20日
6	群塔作业方案	D类	2015年5月20日
7	高架桥拆除方案	B级	2015年6月20日
8	塔吊基础设计与施工方案	D类	2015年5月10日
9	塔吊安拆专项施工方案	B类	2015年5月15日

续表

序 号	施工方案	级 别	编制日期
10	临时钢架桥吊装方案	B类	2015年5月20日
11	临时栈桥拆除施工	B类	2015年5月20日
12	航站楼地基与基础施工方案	D类	2015年5月20日
13	大体积混凝土施工专项方案	D类	2015年6月20日
14	地下室结构施工方案	D类	2015年5月20日
15	防水工程施工方案	D类	2015年5月20日
16	总平面及临时水电布置方案	D类	2015年5月20日
17	钢筋施工方案	D类	2015年6月5日
18	模板工程施工方案	A类	2015年6月25日
19	高支模施工方案	A类	2015年6月10日
20	安全技术方案	D类	2015年6月10日
21	成品保护方案	D类	2015年6月10日
22	机电预留预埋施工方案	D类	2015年6月10日
23	雨期施工方案	D类	2015年6月10日
24	钢结构施工方案	B类	2015年6月10日
25	地面处理施工方案	D类	2015年6月15日
26	钢结构吊装方案	B类	2015年6月15日
27	钢管混凝土柱施工方案	B类	2015年6月15日
28	保温节能专项施工方案	D类	2015年7月10日
29	给水排水工程施工方案	D类	2015年8月10日
30	通风空调工程施工方案	D类	2015年8月10日
31	电气工程施工方案	D类	2015年8月10日
32	消防工程施工方案	D类	2015年8月10日
33	砌体工程施工方案	D类	2015年8月10日
34	抹灰施工方案	D类	2015年8月10日
35	升降机基础设计与施工方案	D类	2015年8月10日
36	楼地面施工方案	D类	2015年8月10日
37	幕墙施工专项方案	B类	2015年9月1日
38	屋面施工方案	B类	2015年10月1日
39	冬期施工方案	C类	2015年10月10日
40	冬期越冬维护方案	D类	2015年11月1日
41	精装修专项施工方案	D类	2016年6月1日
42	暖封闭施工方案	D类	2016年9月1日
43	机电系统调试方案	D类	2017年4月1日

2. 施工质量计划

为保证施工质量，以过程精品创精品工程，力争“鲁班奖”的质量目标。制定详细周密的质量管理体系、管理制度，制定专项创优工作计划，以便将施工过程中的每一个环节落到实处。施工质量计划见表 2–12。

施工质量计划表　　表 2–12

序　号	计划名称	完成时间
1	质量管理策划	2015 年 5 月 20 日
2	关键工序、特殊工序质量管理策划	2015 年 5 月 20 日
3	质量管理制度	2015 年 5 月 20 日
4	样板引路工程实施策划	2015 年 5 月 20 日
5	试验策划	2015 年 5 月 20 日
6	钢结构质量控制细则	2015 年 5 月 20 日
7	资料管理策划	2015 年 5 月 20 日
8	工程创优策划	2015 年 5 月 20 日
9	混凝土结构质量控制细则	2015 年 5 月 20 日
10	砌体结构质量控制细则	2015 年 9 月 20 日
11	粗装修质量控制细则	2015 年 10 月 20 日
12	屋面工程质量控制细则	2015 年 10 月 20 日
13	精装修与幕墙质量控制细则	2015 年 12 月 20 日

创优工作计划见表 2–13。

创优工作计划表　　表 2–13

序　号	工程名称	申报时间
1	工程创优策划	2015 年 6 月
2	创哈尔滨市优质结构工程和黑龙江省优质结构工程工作策划	2015 年 6 月
3	创“丁香杯”和“龙江杯”奖工作策划	2015 年 6 月
4	力争“鲁班奖”工作策划	2015 年 6 月
5	中国建筑工程钢结构金奖	2016 年 9 月
6	哈尔滨市结构优质工程奖	2017 年 2 月
7	哈尔滨市结构“丁香杯”	2017 年 8 月
8	黑龙江省 QC 小组活动成果奖	根据实际情况
9	黑龙江省建设工程质量结构优质工程奖	2017 年 9 月
10	黑龙江省建设工程“龙江杯”	根据实际情况
11	黑龙江省建设工程安全质量标准化工地	2016 年 9 月
12	国家“AAA 级安全文明标准化工地”	根据实际情况
13	黑龙江省建筑新技术应用示范工程金牌	2017 年 11 月
14	“鲁班奖”	2020 年 6 月

（二）现场准备

1. 现场临时供水、供电

完成现场临时水、临时电的接驳工作。目前建设单位共提供了 5 台 315kV · A 变压器，1 处 *DN*100 临时水接驳点。

2. 现场交通运输

现场北侧及南侧分别开设 1 号，2 号两个大门，1 号大门作为施工现场的人员的主要出入口；2 号大门旁布置洗车槽，主要为混凝土灌车以及部分材料运输的出入口。

3. 临时生活设施

根据工程现状，工人生活区和管理人员办公室均设置于施工现场围挡外。材料堆场及加工场地结合现场施工，依总平面布置图进行动态调整。

（三）主要机械设备配置

混凝土结构施工机械设备计划见表 2–14。

混凝土结构施工机械设备计划表　　表 2–14

序　号	设备名称	型号规格	数　量	额定功率（kW）	用于施工部位
1	塔吊	TC7015	4 台	57.5	结构施工
2	塔吊	TC5510	1 台	32.8	结构施工
3	塔吊	R70/15	4 台	60	结构施工
4	传送带		3/2	20m/30m	二次结构
5	混凝土输送泵	SY5128THB	2 台	186（柴油）	结构施工
6	汽车吊	80t	3 台	/	结构施工
7	汽车吊	50t	2 台	/	结构施工
8	钢筋调直机	GT6–12	12 台	4	结构施工
9	钢筋切断机	GQ40A	12 台	2.2	结构施工
10	钢筋弯曲机	GW40	12 台	4	结构施工
11	电动套丝机	TQ100CG	12 台	1	结构施工
12	木工电锯	JD–400	12 台	3	结构施工
13	手提电刨	N1900B	20 台	0.5	结构施工
14	发电机	AN310C	2 台	300	结构施工

（四）劳动力配置计划

一阶段劳动力计划见表 2–15。

一阶段劳动力计划表　　表 2–15

按工程施工阶段投入劳动力情况						
工　种	基础工程	混凝土结构工程	钢结构工程	机电安装工程	装饰装修工程	竣工收尾
机操工	20	15	5	5	5	5
土工	50	20	0	0	0	0

续表

按工程施工阶段投入劳动力情况						
工　种	基础工程	混凝土结构工程	钢结构工程	机电安装工程	装饰装修工程	竣工收尾
防水工	60	10	0	0	30	10
钢筋工	400	410	0	0	80	12
木工	380	580	0	0	310	20
混凝土工	90	105	0	0	20	5
架子工	30	80	10	0	25	5
测量工	30	50	8	0	55	8
电工	20	20	2	60	10	10
焊工	15	20	28	30	40	10
修理工	2	2	2	2	2	6
铆工	0	0	7	0	0	5
起重工	4	4	18	6	0	3
普工	50	100	26	110	50	30
涂装工	0	0	10	0	0	8
瓦工	30	10	0	0	150	10
抹灰工	10	5	0	0	80	8
运输工	2	2	2	2	60	2
幕墙安装工	0	0	0	0	180	5
贴面工	0	0	0	0	255	10
油漆工	0	0	0	0	55	5
成保	5	5	5	5	5	5
保温工	0	0	0	30	30	2
调试工	0	0	0	10	0	2
管工	20	20	0	80	30	10
通风工	12	15	0	40	0	2
合计	1230	1473	123	380	1472	198

（五）物资配置计划

工程物资材料需用计划见表2-16和表2-17。

一阶段混凝土结构工程物资材料需用计划表　　表2-16

序　号	材料名称	规格型号	单　位	数　量
1	混凝土	C15	m^3	2700
2		C20	m^3	45
3		C30P6	m^3	7600

续表

序号	材料名称	规格型号	单位	数量
4	混凝土	C35	m^3	9900
5		C40	m^3	22200
6		C40P6	m^3	15000
7		C45 补偿收缩	m^3	900
8		C45P6 补偿收缩	m^3	450
9	钢筋	HPB300 ϕ6.5	t	130
10		HPB300 ϕ8	t	150
11		HPB300 ϕ10	t	40
12		HPB335 ϕ12	t	20
13		HRB400 ϕ8	t	1250
14		HRB400 ϕ10	t	520
15		HRB400 ϕ12	t	2000
16		HRB400 ϕ14	t	160
17		HRB400 ϕ16	t	450
18		HRB400 ϕ18	t	25
19		HRB400 ϕ20	t	160
20		HRB400 ϕ22	t	220
21		HRB400 ϕ25	t	2340
22		HRB400 ϕ28	t	30
23		HRB400 ϕ32	t	1650

一阶段机电安装主要工程材料用量计划表　　表 2-17

序号	材料名称	规格型号	单位	数量
1	型钢	ϕ10~ϕ14 等	t	200
2	衬塑钢管	*DN*15~*DN*250	m	95115
3	HDPE 排水塑料管	*DN*50、*DN*70、*DN*200	m	1933
4	焊接钢管	*DN*20~*DN*400	m	22614
5	铸铁管	*DN*100~*DN*200	m	600
6	散热器	*DN*32~*DN*50	组	1152
7	组合式空调箱	3150~70000m^3/h	台	52
8	风机盘管	E-03~E-08	台	644
9	镀锌钢板	0.5~1.2mm	m^2	59450
10	AGR 管	*DN*20~*DN*40	m	5364
11	给水泵	30、40L/s	台	8
12	潜水泵	50-100QW15-22-2.2	台	16
13	无缝钢管	*DN*65~*DN*500	m	26990
14	防排烟风机	1546~18560m^3/h	台	156

续表

序　号	材料名称	规格型号	单　位	数　量
15	风阀	120mm × 120mm/3000mm × 2000mm	个	2870
16	风口	250mm × 250mm/7000mm × 1400mm	个	90
17	桥架	100mm × 50mm/1000mm × 200mm 等	m	16520
18	镀锌钢管	SC15−150	m	60460
19	灯具	/	个	300
20	低压配电柜	/	台	170
21	母线槽	1250−4000A	m	68
22	柴油发电机	/	台	2
23	配电箱	/	台	270
24	电缆	3mm × 50mm+2mm × 25mm 等	m	115000
25	电线	NH−RVS 2mm × 1.5mm 等	m	443000

一阶段钢结构、装饰装修主要工程材料用量计划详见其钢结构、装饰装修专项方案。

一阶段主要周转材料用量计划见表 2−18。

一阶段主要周转材料用量计划表　　表 2−18

序　号	材料名称	型号规格	单　位	数　量	备　注
1	模板	14mm 双面覆膜木胶合板	m^2	122000	结构定型
2	木方	50mm × 100 mm	m^3	3051	支撑及加固
3	止水螺杆	M14	m	111773	加固
4	对拉螺杆	M14	m	60416	加固
5	钢管	ϕ48 × 3.6	t	3089	支撑及加固
6	扣件	/	个	599130	支撑
7	U 形托		个	82430	支撑
8	槽钢	10 号	m	7228	加固
9	钢管	ϕ48 × 3.6	t	656	防护
10	扣件	/	个	134610	防护
11	脚手板	200mm × 50mm	m^3	84	防护
12	临边防护	定型化	m	7296	防护
13	安全网	600mm × 1800mm	m^2	41258	防护
14	安全平网	3000mm × 6000mm	m^2	44346	水平防护

六、施工总平面布置

（一）分阶段施工总平面布置方案

总平面布置分为两期进行，即第一阶段和第二阶段分施工阶段的施工总平面布置图。

1. 工程桩及土方开挖施工平面布置

（1）本阶段主要进行B1区水暖电气管廊附近桩基施工，B1、B2、B3区纯地下室深基坑部分以及前期剩余基桩的施工。同时B2区和C3、C4区的土方开挖施工也依次展开。

（2）现场北侧采用4m高钢制围挡，其余采用彩钢围挡与周边环境隔开。对现场规划道路和堆场进行硬化，裸露土进行覆盖，防止扬尘。

2. 地下结构施工阶段平面布置

（1）本阶段C区及B2区（除引桥部分）和B3区进行承台、基础梁、管廊等施工；B1区管廊施工，临时钢匝道施工。

（2）本阶段布设9台塔吊用以满足土建施工吊运需求。塔吊布设考虑地下室、管沟开挖等因素，预留足够安全距离。

3. 地上主体结构施工阶段平面布置图

本阶段主要进行地上部分结构施工，地下室全部封顶，并将B1区围挡迁移至临时匝道和㊱轴之间，围挡外部分进行封闭覆盖，方便行人通行。机电安装、幕墙等单位预留预埋。地上主体结构施工阶段总平面布置图如图2-9所示。

4. 地上砌体及装饰装修工程施工平面布置图

本阶段主要进行二次结构施工，幕墙、电梯、安装、屋面网架等施工，现场布置6个砂浆场地、5台传送带、6个二次结构材料堆场。

（二）现场临时设施布置

1. 大门的布置

根据对进入现场的人员和材料运输车辆的统计计算及分析，为满足人员及车辆进出需要，现场设置5个大门，其中一阶段布置4个，二阶段布置1个。每个大门处人员和车辆进出口单独设置，大门宽度8m，为普通铁门；门口处设洗车槽，并设保安岗，已保证材料和车辆的出入安全。

2. 大宗材料堆场及主要材料加工场地的布置

钢筋原材堆场、钢筋加工场、模板及周转架料周转场地主要布置在建筑物周边。施工设备和材料堆场按照“就近堆放”和“及时周转”的原则，尽量布置在塔吊覆盖范围内。

钢筋加工场、木工加工场等现场加工场采用定型钢制加工棚，地面采用100mm厚C20混凝土地面。模板及周转架料等材料堆场采用100mm厚碎石铺设。考虑到专业承包单位可能有大型的设备及材料，且设备材料对堆放场地要求较高，故专业承包材料设备堆场地面采用200mm厚C15混凝土进行硬化，堆场布置临时电源，确保满足工艺设备堆放的特殊要求。

3. 办公区和生活区规划

（1）总承包单位管理人员办公区：为监理提供6间办公室，1个会议室，管理人员33个办公室，5个会议室。

（2）管理人员生活区：管理人员生活区布置在业主指定区域。设置4栋双层彩板房供管理人员住宿，合计64间。卫生间、洗漱间、洗浴间、健身房、活动室等共计设置15个标准间，配备单层彩板房食堂、电磁热泵房、蓄水间等合计12个标准间大小，同时满足生活区消防和冬期取暖的需求。

（3）工人生活区：工人生活区布置在业主指定区域，最高可容纳约1390人居住，同时设置两栋洗漱间、洗浴间、卫生间，厨房餐厅集中设置，方便管理。

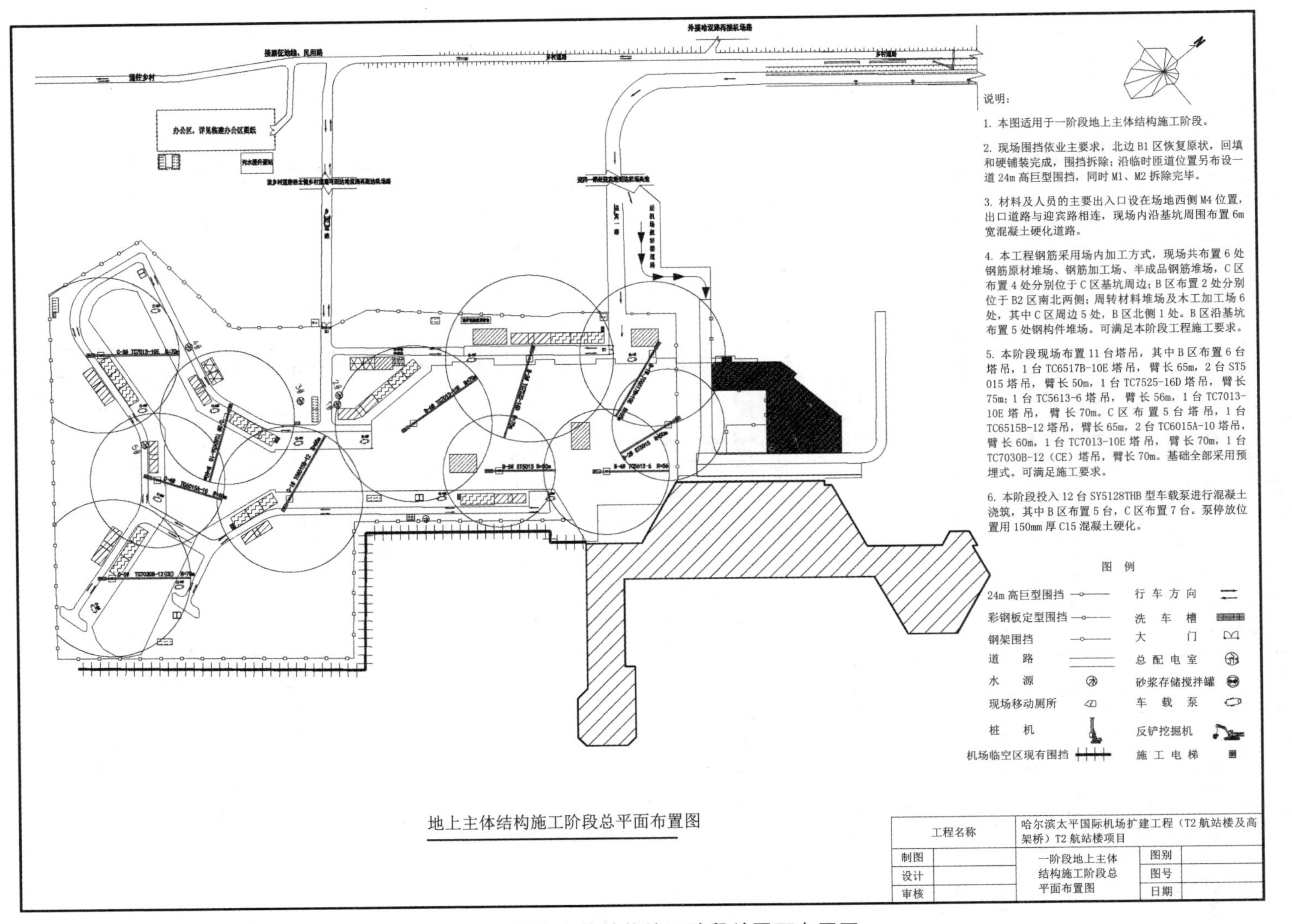

图 2-9　地上主体结构施工阶段总平面布置图

（三）临时供水

本工程现场主供水源接驳点由业主指定位于现场西南侧（停机坪侧旁），主接驳点供水管径为 *DN*100，该取水点为地下井水，为了满足现场施工、消防用水及生活用水的需求，在接近总水源处配置一套储存水箱及相应的自动供水系统并设置泵房，加压系统的储存水箱及供压流量为 50m³/h=13.9L/s，其扬程为 150m。

（四）施工现场临时用电

本工程施工现场提供 5 台 315kVA 变压器，总容量为 1575kVA。一阶段使用 5 台变压器，办公区从 4 号变压器接入电源，结合本工程整体用电部位的需求及施工组织设计的需要，现场分阶段性共设置总配电室 5 个（规格型号：3.64m×3.64m×2.5m），电源分别从 5 台变压器低压端 630A 总闸接驳，共设置 11 个二级箱（2.7m×2.7m×2.2m），一级箱、二级箱基础均采用混凝土浇筑。经过计算，电源满足现场用电要求，但也配置柴油发电机作为应急电源。

七、分部分项工程方案

（一）测量工程施工方案

1. 测量工程总体方案

本工程地下结构施工阶段采用外控法，即在基坑外部，利用全站仪，测设建筑物主要轴线控制桩，再利用经纬仪进行细部轴线的竖向投测；地上结构施工阶段采用内控法，即在建筑物内 ±0.00 平面设置轴线控制点，并预埋标志，以后在各层楼板相应位置上预留 300mm×300mm 的传递孔，在轴线控制点上直接采用激光铅垂仪法，通过预留孔将其点位垂直投测到任一楼层。

各级控制网布设图如图 2−10~ 图 2−12 所示。

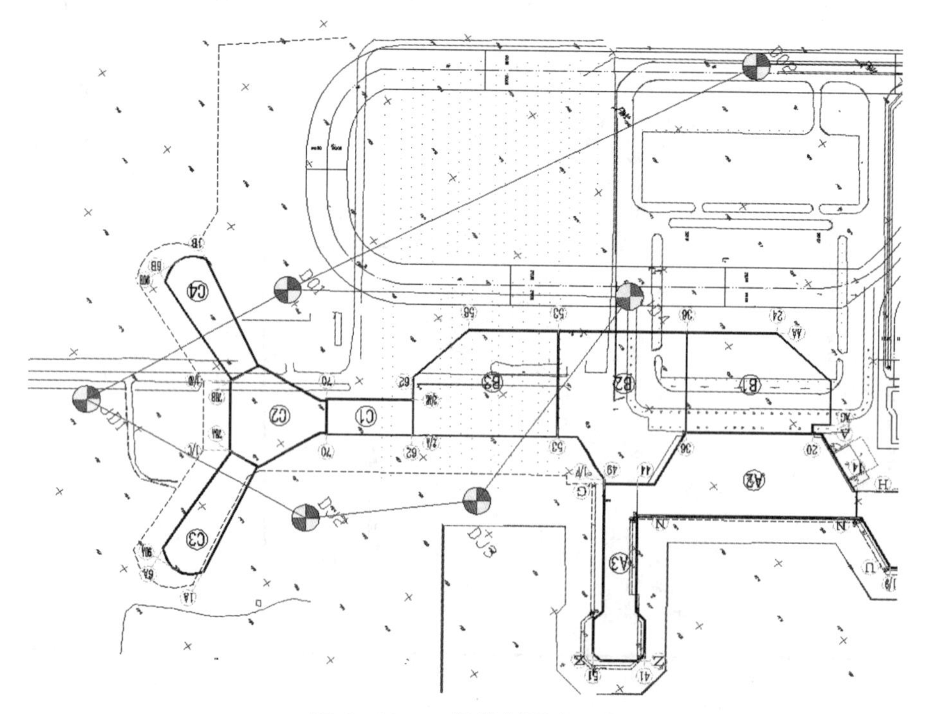

图 2−10　二级控制网布置图

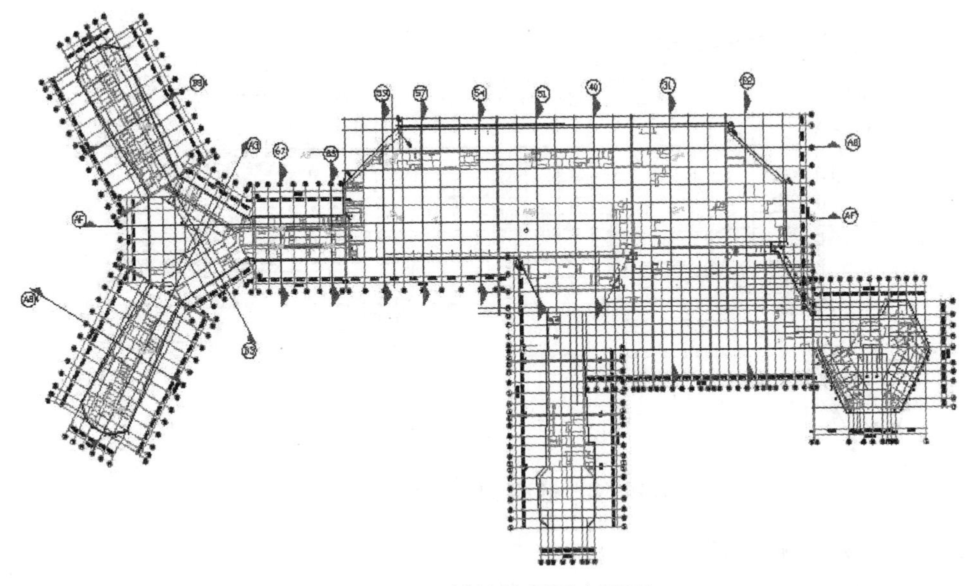

图 2-11　轴线控制网布置图

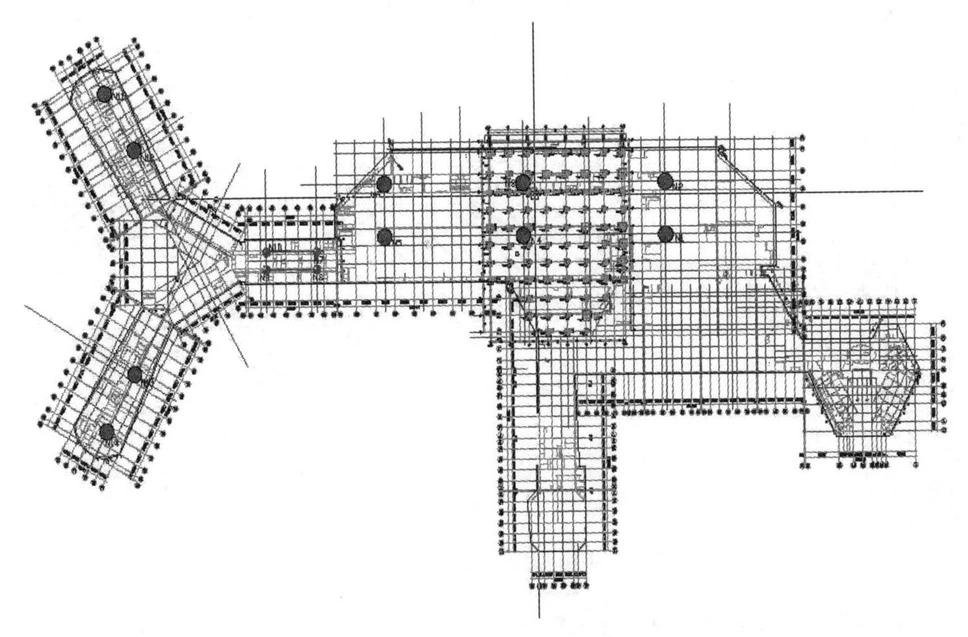

图 2-12　内控点布置图

2. 高程控制网建立

场区高程控制网采用国家四等水准测量要求进行测设。高程水准点位采用平面总控制网埋设（JD1~JD4）控制点。高程总控制网的测量仪器采用 DZ3 水准仪及红黑尺，内业经计算机测量软件评差得各控制点高程数据。

（二）桩基工程施工方案

本工程采用钻孔压灌超流态混凝土桩基础。桩基础施工平面如图 2-13 所示。具体施工方法为常规钻孔压灌超流态混凝土施工，不再详述。

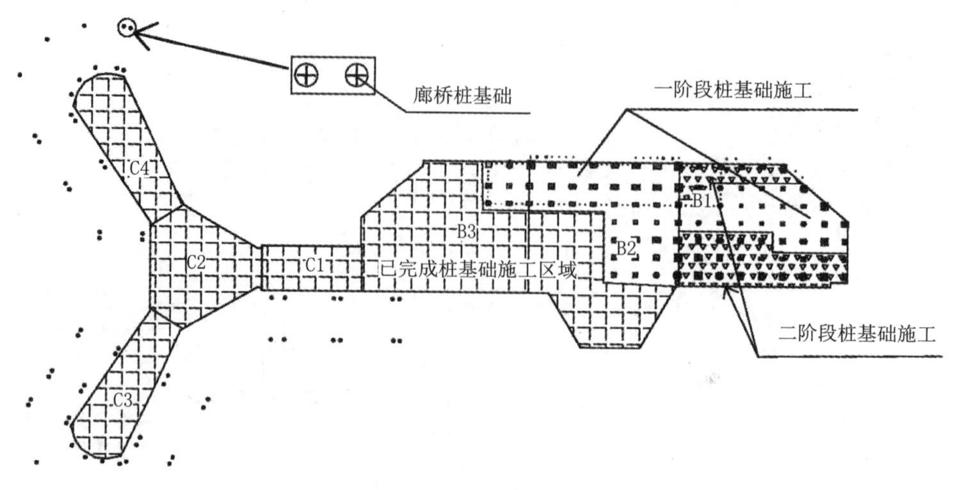

图 2-13 桩基础施工平面示意图

（三）土方开挖施工方案

基础土方开挖约 156000m³，根据基础的形式，周边的场地环境，以及施工部署将土方阶段施工平面进行分区。分区图如图 2-14 所示，其中非填充区域为二阶段施工。

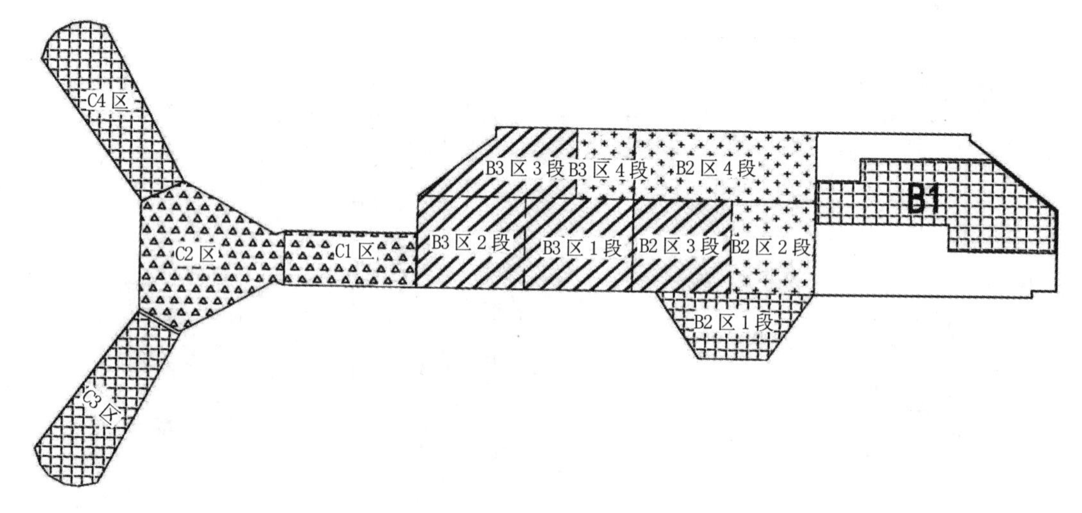

图 2-14 土方开挖平面分区图

（1）第一施工段施工部署见表 2-19。

第一施工段施工部署表 表 2-19

工程量	43427m³					
进度计划	2015 年 5 月 14 日 ~2015 年 5 月 23 日，共计 10 日					
机械投入计划	大挖机	3 台	小挖机	3 台	运输车	27 辆
施工说明	进场后先施工已完成桩基施工部分的土方工程，即 B2 区 1 段、B2 区 3 段、B3 区 1 段、B3 区 2 段，采用流水施工，施工方向从 B2 区 1 段到 B3 区 2 段，土方从 M1 外运出去。C3 区、C4 区与 B2 区 1 段同时施工，完成后，紧接着施工 C1 区、C2 区，土方从 M1 外运出场					

（2）第二施工段施工部署见表 2–20。

第二施工段施工部署表　　表 2–20

工程量	27177m³					
进度计划	2015 年 5 月 30 日 ~2015 年 6 月 12 日，共计 14 日					
机械投入计划	大挖掘机	0	小挖机	2 台	运输车	10 辆
施工说明	主要进行 B1 区土方开挖工作，进场后先进行原有地面的混凝土破除工作，之后进行工程桩的施工，等桩基达到强度要求后，随即进行土方开挖工作，该阶段主要是地下管廊和临时上匝道的施工，全过程采用小挖机，由 B1 区 1 段施工至 B1 区 3 段。土方运输经由 M3 出围挡，再经由 M2 进入工程现场，经 M1 驶入土方外运道路，到达指定弃土点					

（3）第三阶段施工部署见表 2–21。

第三施工段施工部署表　　表 2–21

工程量	15000m³					
进度计划	2015 年 5 月 30 日 ~2015 年 6 月 1 日，共计 3 日					
机械投入计划	大挖掘机	3 台	小挖机	1 台	运输车	20 辆
施工说明	该区段主要进行 B1 区地下室和临时钢匝道承台施工，进场后先破除地面混凝土，随后平整地面达 −3.75m，土钉墙施工及时跟进，再施工 B1 区土方至底板标高，该阶段需确保马道留置符合桩机进出场要求，同时土方开挖需配合钢结构施工					

（4）第四施工段施工部署见表 2–22。

第四施工段施工部署表　　表 2–22

工程量	71636m³					
进度计划	2015 年 5 月 10 日 ~2015 年 6 月 13 日，共计 35 日					
机械投入计划	大挖掘机	2 台	小挖机	3 台	运输车	30 辆
施工说明	该区段存在部分高架桥，前期无法施工，仅进行周边的场地平整。在高架桥拆除，临时钢匝道施工完成后，展开工程桩的施工。本阶段主要进行 B2、B3 区地下室基坑的土方开挖施工。土方经 M1 大门外运出场。B2 区 2 段和 B2 区 4 段施工完成后，进行 B3 区 3 段和 B3 区 4 段的施工，土方经临时马道由 M1 外运出场					

具体土方开挖为常规施工方法，不再详述。

（四）地下室施工方案

1. 施工流程

地下室施工流程图如图 2–15 所示。

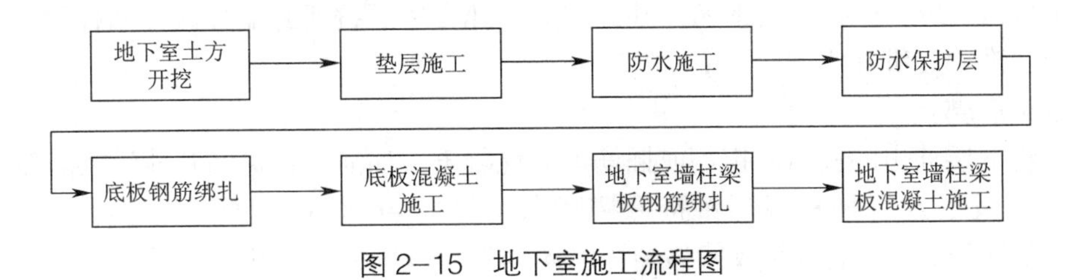

图 2–15　地下室施工流程图

2. 主要施工工艺

由于地下室各分项工程较多，本小节介绍桩头破除及桩头与承台连接、垫层施工、承台施工及消防水池施工。

（1）桩头破除及桩头与承台连接

破桩头前，在桩体侧面用红油漆标注高程线，以防桩头被多凿，造成桩顶伸入承台内高度不够。破除桩头时应采用空压机结合人工凿除，上部采用空压机凿除，下部留有10~20cm 由人工进行凿除。凿除过程中保证不扰动设计桩顶以下的桩身混凝土。严禁用挖掘机或铲车将桩头强行拉断，以免破坏主筋。桩头凿除完毕后，将伸入承台的桩身钢筋清理整修成设计形状，复测桩顶高程。

（2）垫层施工

检底完成立即进行地基验槽，完成地基验槽后方可进行混凝土垫层施工。

沿垫层浇灌部位周边位置用 50mm × 100mm 木枋支模，使木枋顶面标高同垫层顶标高，使用钢筋头或黏土砖将木枋支撑牢固，既不侧移，也不下沉。对垫层中间区域每 2m 设置钢筋头标高控制点，以便于平整度控制。

（3）承台、基础梁施工

1）承台、基础梁采用 C40 混凝土，钢筋采用 HRB400。环境类别为二类 b，混凝土保护层厚度为 40mm；承台宽度为 3200~6800mm，高度为 1300~3290mm，尺寸较大，且数量较多，属大体积混凝土。

2）本工程 B 区钢管混凝土柱根据设计要求为插入式，混凝土施工前应做好相应垂直度、轴线校正、标高校正工作。

3）承台和基础梁的模板采用砖胎膜。

（4）消防水池施工

消防工程要注意做好消防水池的预留孔洞及闭水工作，本工程消防水池共 2 间均位于 B 区，每个消防水池设置 2 个 1500mm × 1500mm × 2000mm 的吸水孔，一个 800mm × 800mm 的检修人孔及内外钢爬梯，水泵房设置一道坡度为 1% 的排水沟，及时将水泵房内的污水排入废水集水坑中。

消防水池顶梁，顶板顶标高：-2.400m，均采用 C30P6 混凝土，钢筋采用 HRB400，凡是梁上有次梁搭接处（或有集中力作用处或井字梁相交处）应在主梁两侧设置附加箍筋，每侧各附加箍筋各 3 组，箍筋肢数、直径同主梁箍筋，间距 50mm。

（五）钢筋工程施工方案

1. 基础钢筋施工

基础钢筋绑扎时先绑扎下层钢筋，绑扎时注意相邻绑扎节点的丝扣要成八字扣，以免钢筋网片歪斜变形，并保证不漏扣且间距均匀一致。绑完后将垫块安牢，然后摆放马凳，间距 1500mm，最后绑扎上层钢筋。基础钢筋绑扎完毕后按所弹墙柱线插墙柱钢筋，并保证钢筋位置准确、绑扎牢固。

2. 柱钢筋绑扎

（1）将下层伸出的柱纵向钢筋或插筋上的混凝土、油渍、锈斑和其他污物清理干净。

（2）在板面进行柱放线后，按照“竖向：横向 =6 ：1”（即竖向 60mm 校正横向 10mm）的比例校正发生弯曲或偏移的柱纵向钢筋。校正完毕后用定位箍筋进行定位，保证纵向钢筋的位置和间距准确。

（3）按照设计图纸要求的间距在柱的对角纵向钢筋上划箍筋定位线，柱底部第一道箍筋的位置在高出板面 50mm 处，并应注意箍筋加密区的范围，箍筋加密区的高度不应小于柱的长边尺寸和所在楼层柱净高的 1/6，且不应小于 500mm。

（4）按照箍筋定位线套箍筋，箍筋封闭口沿柱四角螺旋摆放。

（5）将箍筋依次向柱顶部移动，由上向下进行绑扎，箍筋与柱纵向钢筋相交处均应正反扣绑扎，扎丝以 2 圈为最好，扎丝端头一律向柱内，且箍筋平面应与纵向钢筋轴线相互垂直。

（6）依据设计图纸和质量验收规范进行检查，并按照 @1000 在柱箍筋上设置塑料定位卡，保证柱钢筋保护层的厚度。

3. 板钢筋绑扎

（1）施工方法：先在模板上弹出钢筋分隔线和预留孔洞位置线，按线绑扎底层钢筋。单向板除外围两根筋相交点全部绑扎外，其余各点可交错绑扎，双向板相交点必须全部绑扎。板上部负弯矩筋拉通线绑扎。双层钢筋网片之间加钢筋支撑，呈梅花状布置。

（2）板钢筋绑扎时，应注意板上部的负弯距筋，要防止被踩下。尤其是雨篷、挑檐、阳台等悬臂板，要严格控制负弯距筋的位置，以避免拆模后板出现裂缝。

4. 墙钢筋绑扎

（1）施工方法

为保证墙体双层钢筋横平竖直，间距均匀正确，采用梯子筋限位。为保证墙体的厚度，对拉螺杆处增加短钢筋内撑，短钢筋两端平整，刷上防锈漆。在墙筋绑扎完毕后，校正门窗洞口节点的主筋位置以保证保护层的厚度。墙体钢筋搭接接头绑扣不少于 3 道，绑丝扣应朝内。

（2）施工流程

1）将下层伸出的墙竖向钢筋或插筋上的混凝土、油渍、锈斑和其他污物清理干净。

2）在板面进行墙放线后，校正发生弯曲或偏移的墙竖向钢筋或插筋（校正方法同柱纵向钢筋校正方法），校正完毕后用定位钢筋网片进行定位，保证竖向钢筋的位置、间距和排距准确。定位钢筋网片焊接成型。

3）绑扎搭接墙竖向钢筋，绑扎搭接接头中心应按照 50% 的比例相互错开至少 500mm+l_{lE}（l_{lE} 为搭接长度）的距离。

4）按照设计图纸要求的间距在墙竖向钢筋上划水平钢筋定位线，墙底部第一道水平钢筋的位置在高出板面 50mm 处。

5）按照水平钢筋定位线绑扎墙水平钢筋，水平钢筋采用绑扎搭接的方式连接，绑扎搭接接头中心应按照 50% 的比例相互错开至少 500mm+l_{lE}（l_{lE} 为搭接长度）的距离，水平钢筋的弯钩应垂直于竖向钢筋向内。墙的钢筋网片必须正反扣满扎，所有扎丝端头一律向墙内。

6）按照设计图纸要求的间距绑扎拉筋，拉筋呈梅花形布置，拉筋应钩牢竖向钢筋和水平钢筋，且应钩住墙外皮钢筋。

7）依据设计图纸和质量验收规范进行检查，并按照 @1200（梅花形）安装塑料垫块。

8）在墙上口按照 ϕ10@1000 设置定位钢筋，定位钢筋和墙水平钢筋相互绑扎牢固，进行墙钢筋定位，防止因模板支撑体系的紧固而造成墙厚度减小，并防止墙钢筋倾斜，保证保护层的厚度和墙厚度准确。

5. 梁钢筋绑扎

（1）摆放梁纵向钢筋和侧面纵向构造钢筋，并套箍筋，箍筋封闭口应沿梁左右错开摆放，非悬挑梁的箍筋封闭口在上，悬挑梁的箍筋封闭口在下。

（2）按照要求在梁上部纵向钢筋上划箍筋定位线，梁两端第一道箍筋的位置在距离与该梁相交的柱或梁边 50mm 处，并应注意箍筋加密区的范围，梁箍筋加密区的长度不宜小于梁截面高度的 2 倍且大于 500mm。

（3）按照箍筋定位线摆放并绑扎箍筋，箍筋平面应与梁纵向钢筋轴线相互垂直，箍筋应正反扣绑扎，防止梁向一个方向倾斜，扎丝端头一律向梁内。

（4）依据设计图纸和质量验收规范进行检查，并按照 @1000 在梁下部纵向钢筋下设置花岗石垫块，在梁箍筋侧面设置塑料定位卡，保证梁钢筋保护层的厚度。

（六）模板工程施工方案

1. 模板设计与施工

模板：均采用新购 14mm 双面涂膜优质胶合板模板。

模板背楞：均采用 100mm × 50mm（制作成型后尺寸）杉木木枋，含水率不大于 12%，其材料质量符合国家标准规定的二级木材标准。木枋背楞与胶合板及外楞接触面均须刨光平直。木枋弯曲度不大于 1/200。

2. 模板体系材料选择

本工程的模板体系选型见表 2-23。

本工程的模板体系选型表　　　　表 2-23

序号	部位及项目	面板材料	背楞及支撑
1	地下室底板、承台	–	240mm 标准砖
2	集水坑及电梯井	14mm 双面涂膜优质胶合板模板	–
3	基础梁	14mm 双面涂膜优质胶合板模板	木枋、钢管
4	矩形柱（大截面）	14mm 双面涂膜优质胶合板模板	钢管、双槽钢
5	地下室墙体	14mm 双面涂膜优质胶合板模板	木枋、钢管
6	梁模板	14mm 双面涂膜优质胶合板模板	木枋、钢管
7	板模板	14mm 双面涂膜优质胶合板模板	木枋、方钢管、碗扣式钢管脚手架
8	楼梯模板	14mm 双面涂膜优质胶合板模板	木枋、方钢管、碗扣式钢管脚手架

3. 各类模板体系的选型与施工方法

（1）地下室底板、承台模板

地下室底板外边、基础梁、承台、不等厚底板交接处及部分集水坑，支模困难，采用 240mm 厚的砖胎模。施工时采用 MU7.5 标准砖和 M5 水泥砂浆砌筑，与混凝土接触面采用 20mm 厚 1 ∶ 3 水泥砂浆抹灰。根据砖胎膜高度的不同做法见表 2-24。

根据砖胎膜高度的不同做法表　　表 2-24

序号	砖胎模高度	砖胎模做法
1	$H \leqslant 600$mm	120mm 厚砖胎模
2	600mm<$H \leqslant$ 1200mm	240mm 厚砖胎模
3	1200mm<$H \leqslant$ 1800mm	240mm 厚砖胎模 + 按 3000mm 间距设置 370mm 附壁柱
4	H>1800mm	240mm 厚砖胎模 + 按 3000mm 间距设置 370mm 附壁柱 + 200mm 高混凝土压顶

注：H 为支模高度。

地下室外墙根部 500mm 高的导墙，采取双面支设吊模，钢管架加固。详见地下室底板模板支设示意图。在承台砖胎膜砌筑完毕后，砖胎膜与基坑侧壁间隙应回填土方，为防止砖胎模倒塌，需在胎模板内侧支设顶撑。基础砖胎膜支设示意图如图 2-16、图 2-17 所示。

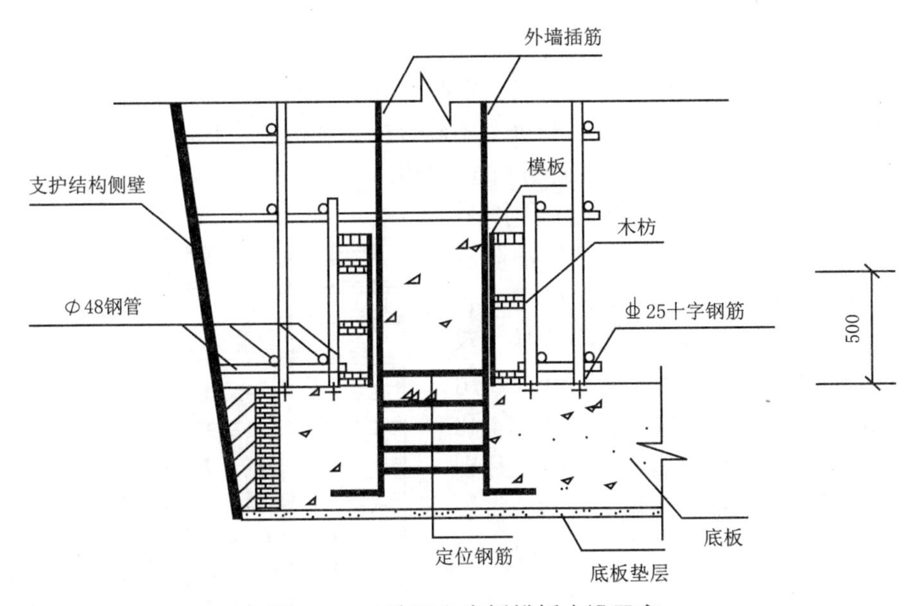

图 2-16　地下室底板模板支设示意

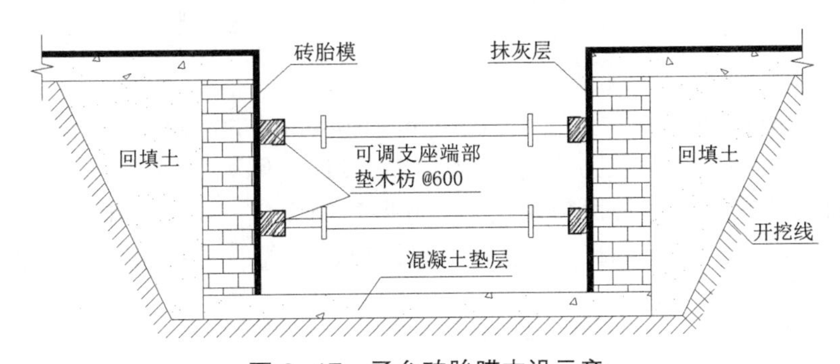

图 2-17　承台砖胎膜支设示意

（2）集水坑、电梯井坑等模板体系

基础底板集水坑、电梯井坑等模板体系采用 18mm 木胶合板体系，在现场进行制作和施工，集水坑、电梯井坑示意图如图 2–18 所示。

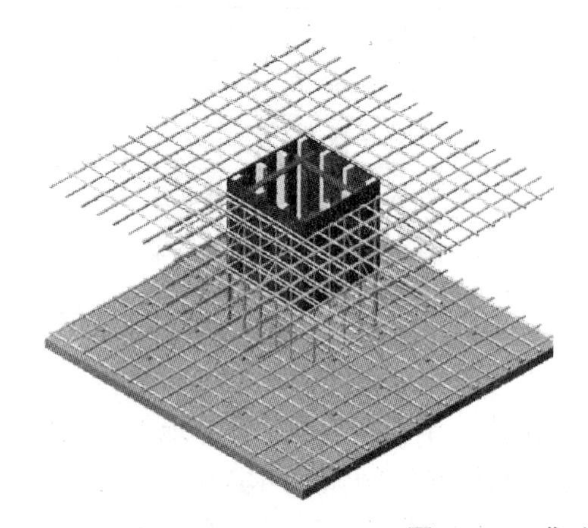

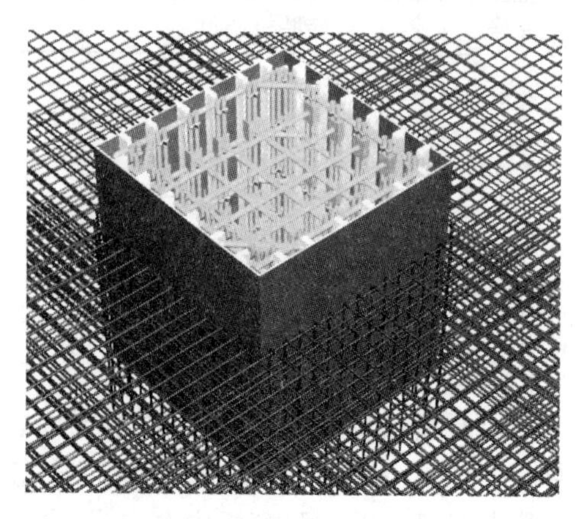

图 2–18 集水坑、电梯井模板支设示意

（3）墙体模板

1）墙体模板采用 14mm 厚的双面覆膜木胶合板，50mm × 100mm 木龙骨做次楞，采用双钢管作为主楞，根据墙体高度、长度和木胶合板的规格分块制作。

2）木枋必须平直，木疖超过截面 1/3 的不能用。

3）穿墙对拉螺栓用 ϕ14 对拉螺栓，水平、竖向间距均为 450mm，地下室外墙和消防水池等有防水要求的部位，对拉螺栓设置成止水对拉螺栓。止水对拉螺栓中间部分焊接（双面焊）−5 × 80 × 80 止水钢片，木胶合板片用 14mm 厚模板加工，木胶合板片中间钻 ϕ14 孔洞，混凝土浇筑完成拆模以后将木胶合板片剔出，将止水对拉螺栓两端用氧炔焰割除，将该处混凝土凿毛处理，隐蔽验收完成后用 1 ∶ 1 的膨胀水泥砂浆封堵。

4）外主龙骨采用 ϕ48 × 3.6 双钢管。外墙体模板支设如图 2–19 所示。

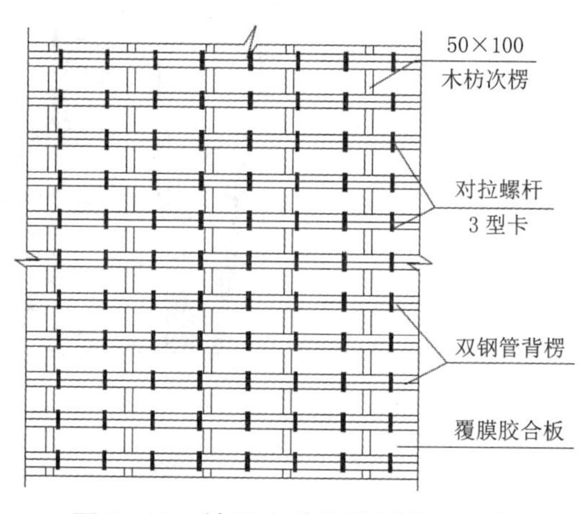

图 2–19 地下室外墙模板支设示意

（4）柱模板

根据计算，对截面尺寸大于等于 1000mm × 1000mm 的混凝土柱的模板采用夹具式柱模板体系，该体系模板不仅强度高，而且特别设计一侧为双面板，方便另一侧模板有效搭接，保证截面尺寸。模板面板采用 14mm 厚覆膜面板，次肋选用 50mm × 100mm 木枋，主肋选用 ϕ48 × 3.6 双钢管，利用对拉螺栓形成柱箍。柱模板具体做法如图 2–20、图 2–21 所示。

（5）梁模板

根据梁高、梁宽裁板，拼缝在每个梁跨内从中间向两边对称布置；对模板裁边刨平直、方正，裁板后模板边刷防水涂料。除高支模区域外，其他位置的梁模板支撑体系立杆间距为 1500mm，步距为 1500mm，梁底模和侧模采用 50mm × 100mm 木枋作为次楞，底模主

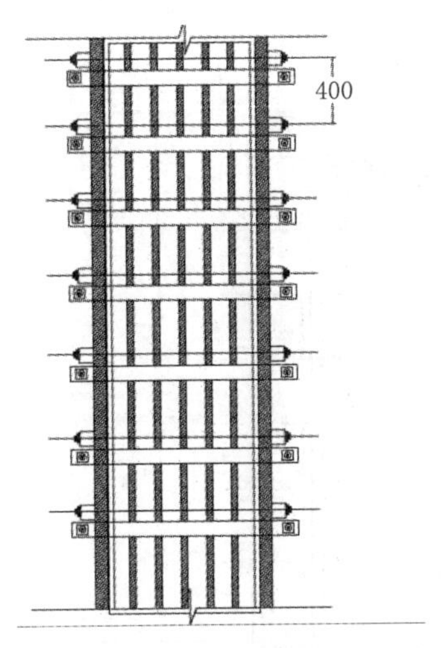

图 2-20　框架柱模板立面示意

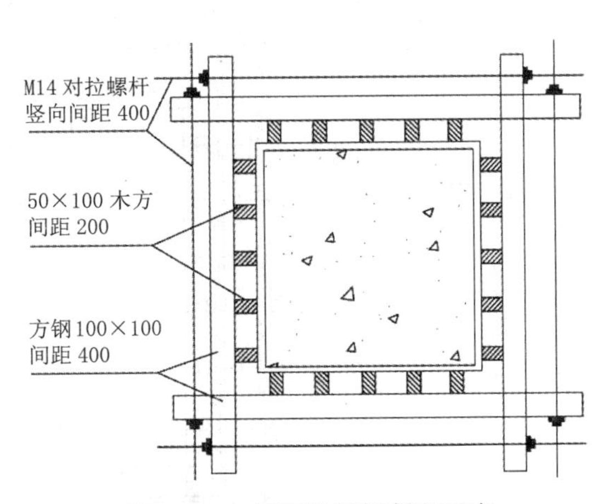

图 2-21　框架柱模板断面示意

楞采用 50mm×100mm 木枋，侧模次楞采用 48mm×3.6mm 钢管，梁侧模采用 M14 对拉螺栓进行加固，具体加固方式见表 2-25。

加固方式列表　　表 2-25

序号	梁宽（mm）	梁高（mm）	梁侧模加固方法
1	<500	<1000	采用 2 根 M14 对拉螺杆
2	≥ 500	<1000	采用 3 根 M14 对拉螺杆
3	≥ 500	≥ 1000	采用 4 根 M14 对拉螺杆

（6）楼板模板

本工程楼板厚度通常为 120mm，局部 150mm，采用 14mm 厚双面涂膜优质胶合板模板，主龙骨为 50mm×100mm 木枋，次龙骨为 50mm×100mm，木枋间距 250mm，上为可调 U 形柱头，立杆间距 1500mm×1500mm，横杆间距 1500mm。应尽量使用整块模板铺设，拼缝由中间向四边对称设置，拼缝对齐布置，小板留在周边，小板宽度不小于 600mm，裁板刨平后模板边刷防水涂料；模板提前在周边钻 ϕ6 孔，间距 1000mm 左右，钉钉后用铁腻子修补平整后刷清漆。楼板起拱：楼板跨度大于等于 4m 的楼板起拱高度为楼板跨度的 1/1000。层高大于 8m 的板模板设计在后面高大模板专项施工方案中说明。

（7）楼梯模板

楼梯模板的支设采用封闭式支模，采用 14mm 厚双面覆膜木胶合板，48mm×3.6mm 钢管架支撑，M14 对拉螺栓拉固，即斜梯段支底模、（梯井）侧模，踏步封立板及面板，整个斜梯段模板形成封闭整体，以斜板与楼板、休息平台等平板交接处作为混凝土浇捣口。沿斜板纵向设两道钢管木枋支撑踏步板，横向间隔 1.0m 用双钢管配 ϕ14 对拉螺栓锁紧，在每级踏步面板上钻两个 ϕ14 孔作混凝土浇捣排气孔用。

（8）管廊模板

本工程 B1、B2、B3 区均有地下管廊，高度从 2.2~3.6m 不等，管廊内主要放置电气、水暖、风管等。管廊模板如图 2-22 所示。

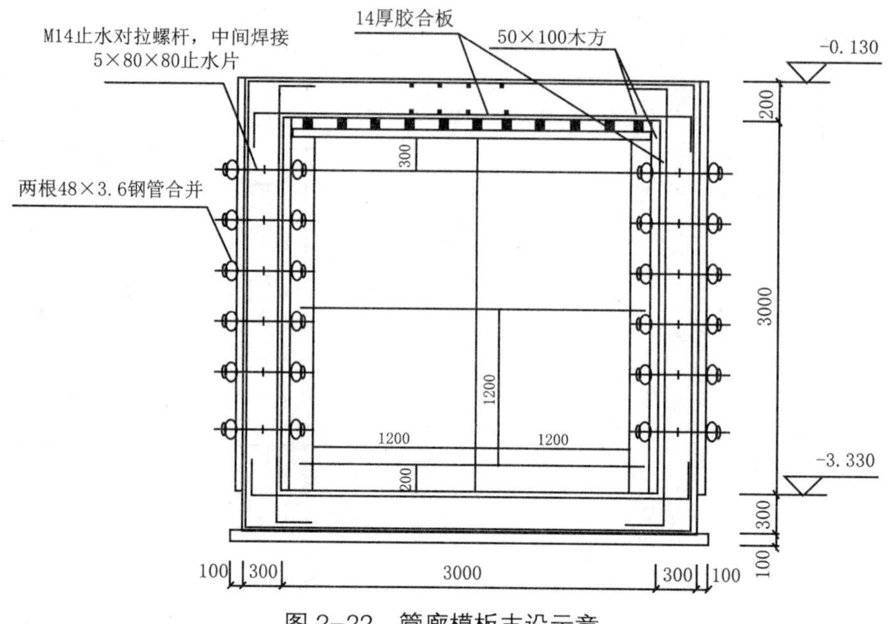

图 2-22　管廊模板支设示意

（七）混凝土工程

本工程的所有混凝土均采用商品混凝土，混凝土搅拌站的资质必须报监理审核通过后，该搅拌站的混凝土才可进场使用。混凝土进场后，现场值班人员必须仔细核对混凝土票据和配合比。

1. 混凝土的浇筑

（1）浇筑时应按由远到近的原则浇筑。

（2）混凝土泵送现场，应有统一的指挥和调度，并用无线通信设备进行混凝土运输与浇筑地点的联络，把握好浇筑与运送的时间。

（3）浇筑混凝土的过程中应有专人对钢筋、模板、支撑系统进行检查，一旦有移位、变形、松动或者堵塞等情况，要马上处理，并应在已浇筑的混凝土凝结前修整好。顶板钢筋的水平骨架应有足够的钢筋撑脚或钢支架，钢筋重要节点应采取加固措施。

（4）浇筑混凝土时应分层分段连续进行。浇筑层厚度应根据结构特点、钢筋疏密决定，插入式振捣时浇筑层的厚度为振动器作用部分长度的 1.25 倍，最大不超过 50cm。

（5）浇筑混凝土时应连续进行。如必须间歇时，其间歇时间宜缩短，并应在混凝土凝结之前，将次层混凝土浇筑完毕。

（6）混凝土由料斗、漏斗内卸出时，其自由倾落高度一般不宜超过 2m，在竖向结构中浇筑混凝土的高度不得超过 3m，否则应采用串通、斜槽、溜管等下料。

2. 混凝土振捣的要求

（1）应在作业面标注振捣点并要求振捣工分区域振捣。

（2）振捣点的间距（即振动棒移动间距）严格按照规范要求的振动棒作用半径的 1.5 倍进行控制，一般为 40~50cm，本工程取 40cm。

（3）使用插入式振动器应快插慢拔，插点要均匀排列，逐点移动，顺序进行，不得遗漏，做到均匀振实。

（4）振捣上层混凝土时应在下层混凝土初凝之前进行，并要求振动棒插入下层混凝土5~10cm，以消除两层间的接缝，使上下层混凝土结合成整体。

（5）每一振捣点的延续时间为混凝土表面呈现浮浆和不再沉落、不再上冒气泡，即可认为振捣时间适宜。

（6）对于预留洞口、预埋件和钢筋太密的部位，要注意插棒的位置，不能漏振，并做好预埋件位置的固定，如有移位要及时通知水电安装人员进行修复。

3. 混凝土养护

（1）框架柱、墙要在浇筑混凝土强度达到 1.2MPa 后拆模，拆模后框架柱立即采用塑料薄膜覆盖并洒水进行养护，养护过程中保证塑料薄膜内有凝结水；墙体采用表面浇水进行养护。

（2）楼板混凝土终凝后，应立即浇水养护。

（3）养护用水采用食用水或经检验符合混凝土拌合用水标准的水。

（4）一般混凝土养护时间不少于 7d，抗渗混凝土不得少于 14d，后浇带混凝土养护不少于 15d。浇水次数应能保持混凝土处于润湿状态。

（5）楼板混凝土强度在没有达到 1.2MPa 之前，不允许上人或在上面施工。

（6）在施工过程中，劳务队伍必须制定 4 人专门负责结构的浇水养护工作的规定，同时项目机电部门必须确保将水引到楼层。

（7）混凝土初凝后应及时洒水保温养护，最好采用保水较好的草席、麻袋、塑料薄膜润湿接触覆盖，对于面积较大的楼板可采用蓄水养护。不便浇水或覆盖养护时，可涂刷养护剂。水养护或湿养护时间应满足施工相关规范。养护期间，混凝土内部最高温度不宜高于 75℃，并应采取措施使混凝土内部表面温差小于 25℃。

（八）脚手架工程施工方案

1. 脚手架搭设形式

脚手架搭设形式见表 2-26。

脚手架主要使用部位及形式表　　表 2-26

分　类	范　围	架体设计
地下室结构外脚手架	地下室外墙周边	采用落地式扣件式钢管脚手架，脚手架钢管采用 $\phi48\times3.6$，水平杆步距 1.8m，中间设置两道护身杆，间距 0.6m，立杆纵距 1.5m，横距 1m，内排立杆距离结构外边线 0.4m，架体上铺设两层木跳板，逐层向上倒运。由于基坑深度不等，脚手架设计高度根据需要高度搭设
地上结构施工外脚手架	地下室外围周边及无地下室外围	主要采用落地式扣件式钢管脚手架，纵横距及水平杆步距同地下室外脚手架，加设连续剪刀撑。落地架高度整体高出混凝土结构 1.2m，主要用于钢筋混凝土结构施工操作用
装修脚手架	室内	采用扣件式钢管脚手架、门式架，高度根据室内装修高度进行制定，脚手架搭设按构造要求

2. 脚手架搭设安全及质量要求

脚手架搭设安全及质量要求见表 2-27。

外脚手架搭设安全及质量要求表　　表 2–27

序号	项　目	安全质量要求	图　例
1	连墙件	(1) 布置为 3 步 2 跨，且每根连墙件覆盖面积不超过 $20m^2$，以保证架体的稳定性。 (2) 连墙件靠近主节点设置，偏离主节点的距离不大于 300mm。从底层第一步纵向水平杆处开始设置，采用菱形布置。对于一字形、开口形脚手架的两端必须设置连墙件	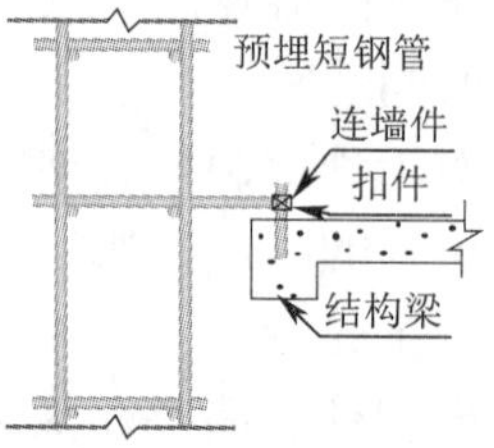 预埋短钢管 连墙件 扣件 结构梁
2	剪刀撑	(1) 剪刀撑斜杆与地面的倾角为 45°~60°，每道剪刀撑跨越立杆的最多根数 5 根，每道剪刀撑宽度不小于 4 跨，且不小于 6m。 (2) 剪刀撑斜杆的接长采用搭接，用旋转扣件固定在与之相交的横向水平杆的伸出端或立杆上，旋转扣件中心线至主节点的距离不大于 150mm	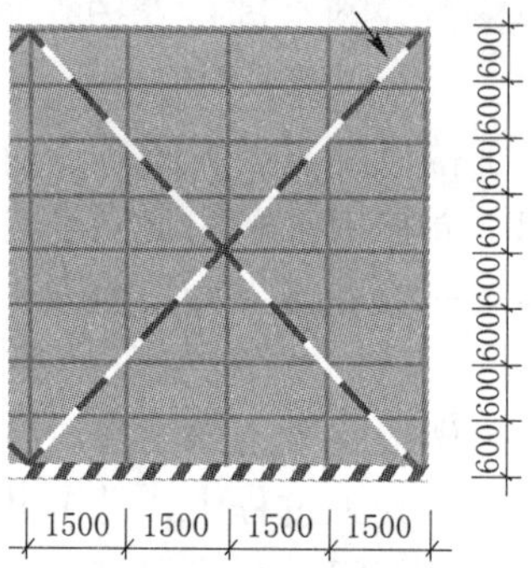 600 600 600 600 600 600 600 600 1500 1500 1500 1500
3	踢脚板	踢脚板每步设置，统一采用木板，高度 180mm，厚度不小于 18mm，用油漆涂成 40cm 长红白相间的警戒色	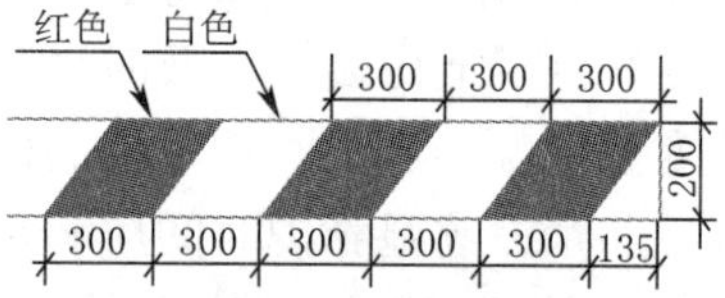 红色　白色 300 300 300 200 300 300 300 300 300 135
4	脚手板	采用木脚手板，脚手板须铺满铺稳，两端应用直径 1.2mm 的镀锌钢丝固定在支承杆上，靠墙一侧离墙面距离不应大于 150mm，作业层端部脚手板探头长度应小于 150mm，其板长与两端均应与支撑杆可靠的固定	
5	安全网	(1) 脚手架外侧立面用绿色密目式安全网进行封闭。用塑料束带将安全网绑扎在纵向水平杆上。 (2) 脚手架在二层立杆之间以及内立杆到结构边的范围内采用模板及木枋进行封闭，并设 180mm 高的挡脚板，防止坠物伤人。在操作层设水平兜网，并满铺脚手板，水平安全网接口处必须连接严密	
6	地面条件	外架首层基础在无混凝土楼板位置处，先地基垫平夯实，并在外架 300mm 外设置 300mm 宽排水沟	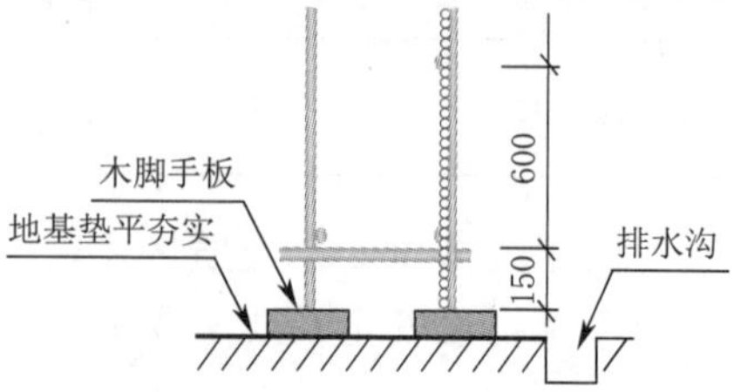 木脚手板 地基垫平夯实 600 150 排水沟

（九）砌筑工程

1. 施工要点

所用各种材料各项性能指标必须符合相应技术要求，并抽样送检，合格后方可使用。本工程砌筑砂浆采用预拌砂浆，砂浆试块在搅拌机出料口随机取样、制作。一组试样应在同一盘砂浆中取样制作，同盘砂浆只能制作一组试样。砂浆的抽样频率应符合下列规定：每一楼层的每一分项工程取样不得少于一组；每一楼层或 250m^3 砌体中同强度等级和同品种的砂浆取样不得少于三组。

2. 施工工艺

（1）施工工艺要求

施工工艺要求见表 2–28。

施工工艺要求表　　表 2–28

序号	施工工艺要求
1	当抹上灰泥后，不得移动砌块。如果确实有需要进行调整，应重新砌筑此块
2	一次施工中，不得将单面墙砌至 1.5m 以上的高度
3	采用铺浆砌筑法时，应在铺浆后，立即砌筑，铺浆长度不得超过 750mm；施工期间气温超过 30℃时，铺浆长度不得超过 500mm
4	为防止下层梁承受上层梁及以上荷载，填充墙应在主体结构施工完毕后，由上而下逐层砌筑。在构造柱处，墙体中应按要求留好拉筋，同时留好马牙槎。填充墙砌至板梁附近后，应待砌体沉实（约一周时间）后，再用斜砌法把下部砌体与上部板、梁间的空间逐块敲紧、填实
5	当墙长大于 5m，墙顶部与梁（板）应有可靠拉结。拉结构造配合国标图集（12G614–1）

（2）选砖和排砖

选砖和排砖见表 2–29。

选砖和排砖表　　表 2–29

序号	选砖和排砖
1	选砖：挑选砌块，进行尺寸和外观检查
2	依据门窗洞口线以及相应控制线等，按照二次结构深化设计图在工作面试排，砌块应尽量采用主规格整砖组砌，不许砍砖。准确无误经质检认可后方可正式砌筑

（3）砌筑墙体组砌

砌筑墙体组砌方法见表 2–30。

砌筑墙体组砌方法表　　表 2–30

序号	组砌方法
1	砌块砌体应分皮错缝搭砌，上下皮搭砌长度不小于 90mm。当搭砌长度不满足时，应在水平灰缝内设置纵筋不少于 2ϕ4 的焊接钢筋网片（横向钢筋的间距不大于 200mm），网片每端超过该垂直缝的长度不小于 300mm
2	砌块砌体应轴线、标高准确，墙面平整洁净，水平灰缝厚度和竖向灰缝宽度宜为 10mm，且不应大于 12mm 或小于 8mm。灰缝应横平竖直、深浅一致、搭接平顺、光滑密实。不得有瞎缝、假缝、透明缝。墙体无裂缝、无渗漏。水平灰缝采用铺浆法，且一次铺浆长度不超过 750mm

续表

序号	组砌方法
3	砌筑时先从转角开始盘角，每次盘角高度不大于 3 皮砖
4	砌块应同时砌筑，严禁留直槎。墙体临时间断处砌成斜槎，斜槎水平投影长度不应小于高度的 2/3

3. 构造要求

（1）墙身拉结筋设置

墙身拉结筋设置见表 2-31。

墙身拉结筋设置表 表 2-31

序号	设置要求
1	填充墙与混凝土墙或柱连接处均沿全高每隔 500mm 设置 2ϕ6 拉结钢筋，拉筋沿墙全长贯通，且锚入混凝土墙、柱内 250mm。拉结构造详见国标图集（12G614-1）。楼梯间和人流通道的填充墙，尚应双侧采用 20mm 厚 ϕ4@200×200 钢丝网砂浆面层加强，砂浆强度等级为 M10
2	砌体隔墙与混凝土构件（钢筋混凝土墙、梁、柱等）结合缝处，为防止抹灰开裂，应在抹灰层下贴放 A4 钢丝网片，网片宽 300mm，沿缝居中通长放置
3	当墙长大于 5m 时，墙顶部与梁（板）应有可靠拉结。当填充墙顶部与梁错位相接时，墙顶部与梁间可靠拉结 墙顶部与梁（板）间拉结：250、300、300、ϕ8@1500、1-1、1、C20、120、拉结点 @1500 填充墙顶部与梁错位相接时做法：300、2ϕ8、结构梁、180、ϕ8@200、填充墙 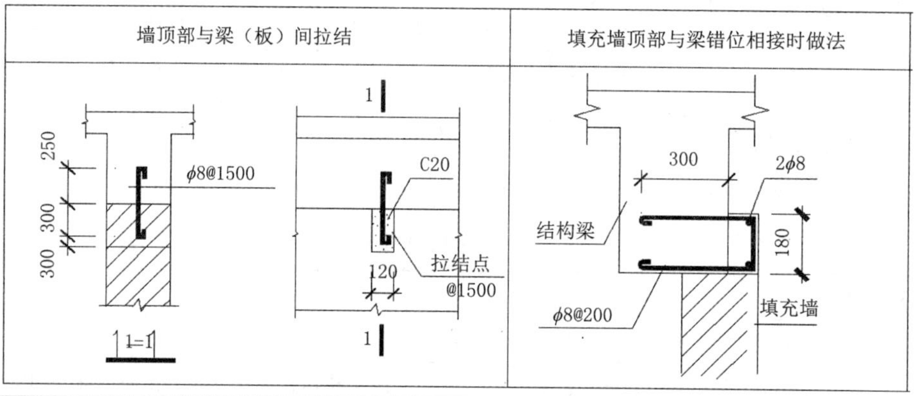

（2）混凝土构造柱设置

混凝土构造柱设置见表 2-32。

混凝土构造柱设置表 表 2-32

序号	设置要求
1	填充墙墙长大于 8m 或层高的 2 倍时，应在填充墙长度范围内每小于 4m 及两端无钢筋混凝土柱墙（悬墙）处设置钢筋混凝土构造柱。楼梯间采用砌体填充墙时，应设置间距不大于层高且不大于 4m 的构造柱。构造柱与墙连接处应砌成马牙槎，构造柱钢筋绑扎好后，先砌墙后浇构造柱混凝土，上端距梁 60mm 高用原有混凝土填实，构造柱主筋应锚入上下层楼板或梁内，锚固长度 l_a。其上下端 600mm 范围内箍筋加密，间距为 100mm。当外填充墙是夹心墙时，仅在内叶墙里设置构造柱，厚度同内叶墙墙厚

续表

序号	设置要求
1	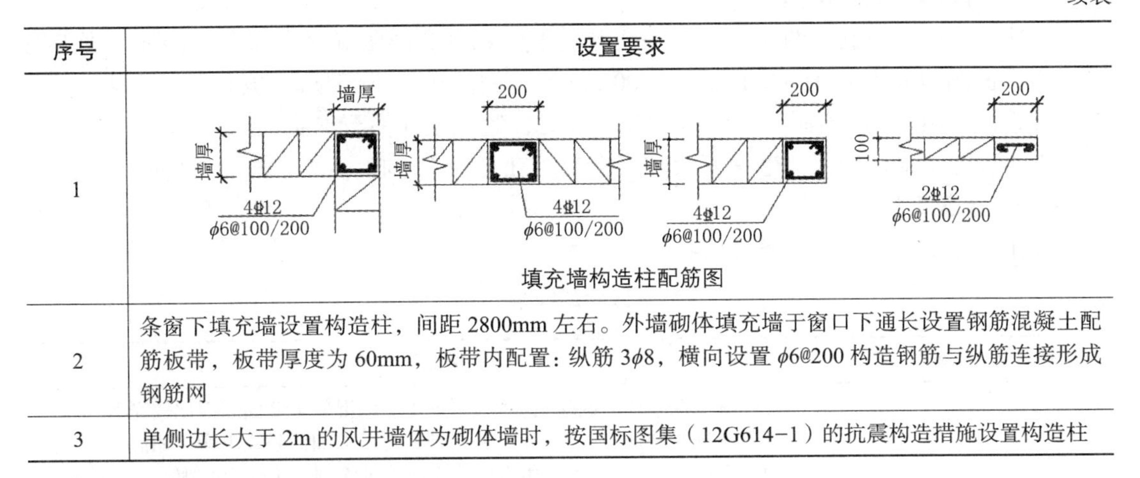 填充墙构造柱配筋图
2	条窗下填充墙设置构造柱，间距 2800mm 左右。外墙砌体填充墙于窗口下通长设置钢筋混凝土配筋板带，板带厚度为 60mm，板带内配置：纵筋 3ϕ8，横向设置 ϕ6@200 构造钢筋与纵筋连接形成钢筋网
3	单侧边长大于 2m 的风井墙体为砌体墙时，按国标图集（12G614-1）的抗震构造措施设置构造柱

（3）混凝土圈梁设置

混凝土圈梁设置见表 2-33。

混凝土圈梁设置表　　表 2-33

序号	设置要求
1	当墙高超过 4m，应在墙体半高处（或门洞上皮）设置与柱连接且沿墙全长贯通的钢筋混凝土水平系梁。梁宽同墙厚，高度 150mm，纵筋 3ϕ10，横向设置 ϕ6@200 构造钢筋与纵筋连接形成钢筋网，构造做法配合国标图集（12G614-1）。当水平系梁被门洞切断时，应在洞顶设置一道不小于被切断的水平梁截面及配筋的钢筋混凝土附加水平系梁，其配筋应满足过梁的要求，其搭接长度应不小于 1000mm 附加水平系梁　H>500　水平系梁　L>2H　≥1000　L>2H　≥1000 附加水平系梁兼过梁
2	单侧边长大于 2m 的风井墙体为砌体墙时，按国标图集（12G614-1）的抗震构造措施在门上口或半层高处设置圈梁。需预留埋件的圈梁截面尺寸不小于墙厚 ×250mm，纵筋 4ϕ12，箍筋 ϕ6@150

（4）混凝土过梁

本工程未做填充墙过梁的布置，施工时应根据洞口尺寸按本图中过梁选用表选用，过梁选自图集《钢筋混凝土过梁》G322-1-4，过梁宽度同墙厚，每侧支座长度不小于 250mm，当门上口设圈梁时，不设过梁，圈梁代替过梁，相应处圈梁底筋按应选过梁配置，且不小于圈梁配筋，构造满足过梁要求。当预制过梁受支座条件限制无法搁置时，须按应选用过梁现浇，梁顶钢筋与梁底相同。

（5）砌体填充墙门窗框构造

砌体填充墙门窗洞口两侧砌块第一孔洞应采用 C20 微膨胀混凝土灌实或做素混凝土砌块。当门窗洞口宽度≥ 1500mm 且 <2100mm 时，洞两边设不到顶的边框，与门洞顶圈梁或过梁整体连接；当门窗洞口宽度≥ 2100mm 时，边框立柱伸至本层顶。

本工程施工电梯较多，电梯安装和安全要求在《施工电梯专项方案》中说明。

（十）抹灰工程

操作工艺及施工要点见表 2–34。

抹灰做法表 表 2–34

序号	操作工艺	施工要点
1	基层处理	（1）混凝土框架柱、混凝土墙体基层处理：因混凝土墙面表面比较光滑，故应将其表面进行处理，方法：采用脱污剂将墙面的油污脱除干净（如混凝土墙柱表面存在油污），晾干后采用机械喷涂或笤帚涂刷甩浆使其凝固在光滑的基层上，以增加抹灰层与基层的附着力，不出现空鼓开裂。 （2）填充墙基层处理：填充墙砌体其本身强度较低，孔隙率较大，在抹灰前应对松动及灰浆不饱满的拼缝或梁、板下的顶头缝，用砂浆填塞密实。将墙面凸出部分或舌头灰剔凿平整，并将缺棱掉角、坑洼不平和设备管线槽、洞等同时用砂浆整修密实、平顺。用托线板检查墙面垂直偏差及平整度，根据要求将墙面抹灰基层处理到位，然后刷浆，最后在抹灰前对墙面浇水湿润。 砌体隔墙与混凝土构件（钢筋混凝土墙、梁、柱等）结合缝处，为防止抹灰开裂，应在抹灰层下贴放 ϕ4 钢丝网片，网片宽 300mm，沿缝居中通长放置
2	吊垂直、套方、找规矩、做灰饼	外墙：外墙找规矩时，应先根据建筑物高度确定放线方法，然后按抹灰操作层抹灰饼，每层抹灰时应以灰饼做基准冲筋。 内墙：根据设计图纸要求的抹灰质量，以及基层表面平整垂直情况，用一面墙作基准，进行吊垂直、套方、找规矩，并应经检查后再确定抹灰厚度，抹灰厚度不宜小于 5mm。当墙面凹度较大时应分层衬平。每层厚度不大于 7~9mm。操作时应先抹上灰饼，再抹下灰饼。抹灰时应根据室内抹灰要求，确定灰饼的正确位置，再用靠尺板找好垂直和平整。灰饼宜用 1 ： 3 水泥砂浆抹成 5cm × 5cm 或 10cm × 10cm 见方形状
3	做护角	墙、柱间、门洞边的阳角应在抹灰前用 1 ： 2 水泥砂浆做护角，其高度为 2m，宽度每侧 60mm。然后将阳角处浇水湿润。第一步在阳角正面立上八字靠尺，靠尺突出阳角侧面，突出厚度与成活抹灰面平。然后在阳角侧面，依靠尺边抹水泥砂浆，并用铁抹子将其抹平，按护角宽度（不小于 5cm）将多余的水泥砂浆铲除。第二步待水泥砂浆稍干后，将八字靠尺移至抹好的护角面上（八字坡向外）。在阳角的正面，依靠尺边抹水泥砂浆，并用铁抹子将其抹平，按护角宽度将多余的水泥砂浆铲除。抹完后去掉八字靠尺，用素水泥浆涂刷护角尖角处，并用捋角器自上而下捋一遍，使形成钝角
4	抹底灰	一般情况下抹前应先抹一层薄灰（厚度按设计要求施工），将基体抹严，抹时用力压实使砂浆挤入细小缝隙内，用木杠刮找平整，用木抹子搓毛。然后全面检查底子灰是否平整，阴阳角是否方直、整洁，管道与阴角交接处、墙顶板交接处是否光滑平整、顺直，并用托线板检查墙面垂直与平整情况
5	修补预留孔洞、电箱槽、盒	当底灰找平后，应立即把电气设备的箱、槽、孔洞口周边 50mm 的底灰砂浆清理干净，使用 1 ： 3 水泥砂浆把口周边修抹平齐、方正、光滑，抹灰时比墙面底灰高出一个罩面灰的厚度，确保槽、洞周边修整完好

续表

序号	操作工艺	施工要点
6	抹罩面灰	应在底灰六、七成干时开始抹罩面灰（抹时如底灰过干应浇水湿润），操作时最好两人同时配合进行，一人先刮一遍薄灰，另一人随即抹平（厚度按设计要求施工）。按先上后下的顺序进行抹灰，然后赶实压光，压时要掌握力度，压好后随时用毛刷蘸水将罩面灰污染处清理干净

（十一）屋面工程

主要施工要点见表 2–35。

层面工程主要施工要点表　　表 2–35

序号	施工工艺	施工要点
1	防水层	铺设 1.0mm 厚水泥基渗透结晶型防水涂料和 1.5mm 厚硅橡胶防水涂料采用棕刷、圆滚刷、橡胶刮板进行人工涂刷，涂刷立面采用蘸涂法，涂刷均匀一致，涂刷平面部位倒料时要将涂料搅拌均匀，避免造成难以刷开、厚薄不一现象
2	隔离层	铺设聚乙烯薄膜（PE）：PE 膜的透气性较大，且随密度的增加而增加。施工时应尽量避免对聚乙烯薄膜的破坏
3	保温层	本工程使用 120mm 厚防水型岩棉板，岩棉板本身膨胀性极低，不需要留伸缩缝，直接错缝铺设，若因剪裁不方正或屋面不方正而形成缝隙，应用岩棉板条填塞。岩棉板应紧贴下层表面，并铺平垫稳
4	找坡层	本工程使用 120mm 厚防水型岩棉板，岩棉板本身膨胀性极低，不需要留伸缩缝，直接错缝铺设，若因剪裁不方正或屋面不方正而形成缝隙，应用岩棉板条填塞。岩棉板应紧贴下层表面，并铺平垫稳
5	防水层	铺设 1.5mm 厚聚氨酯涂膜，铺设方法同 1.0mm 厚水泥基渗透结晶型防水涂料和 1.5mm 厚硅橡胶防水涂料相同
6	保护层	浇筑 50mm 厚 C20 细石混凝土。施工时必须严格保证钢筋网片间距及位置准确，绑扎的搭接接头不小于 250mm，同一网格内同一断面的钢筋网片接头面积不超过钢丝断面的 1/4。一个分格区内的混凝土应尽可能连续浇筑，不留施工缝。混凝土按先远后近、先高后低的原则进行
7	覆土层	待混凝土达到强度后，回填 2 ∶ 8 灰土至室外地坪

（十二）防水工程

1. 地下室防水

施工工艺见表 2–36。

防水工程施工工艺表　　表 2–36

序号	部　位	施工工艺
1	桩头防水	基层清理→刷水泥基渗透结晶型防水涂料 2 道→ 20mm 厚聚合物水泥砂浆→ P6 抗渗混凝土
2	底板防水	垫层→水泥砂浆找平→刷 1.5mm 厚聚氨酯防水涂料→隔离层→细石混凝土→ 1.0mm 厚水泥基渗透结晶型防水涂料→ P6 抗渗混凝土
3	地下室外墙防水、覆土防水	P6 抗渗混凝土→刷 1.0mm 厚水泥基渗透结晶型防水涂料→刷 1.5mm 厚聚氨酯防水涂料→保温板

2. 楼地面防水施工

根据图纸，楼地面防水（含卫生间）做法为：刷不小于 2mm 厚聚合物水泥基防水涂料（卫生间沿墙上返 300mm）。

（1）基层处理

首先对地面进行处理，先施工找平层，确保基层平整、牢固、干净、无渗漏。不平处须先找平，渗漏处须先进行堵漏处理，管根部周圈留 20mm × 20mm 凹槽，用密封材料封堵；阴阳角做成圆弧角。

（2）配料

按规定的比例取料，用搅拌器充分搅拌均匀直至料中不含团粒；涂料配合比须符合相关规定。加水量应该在规定范围内，在斜面、立面上施工时，适当少加水以便于满足涂料的稠度。

（3）涂料施工

施工时，必须注意以下事项：

1）选择合适的工具。

2）涂料（尤其是打底料）如有沉淀应随时搅拌均匀。

3）每层涂料必须按规定的用量取料。

4）各层之间的时间间隔以前一层涂膜干固不粘为准（一般需 2~6h，现场温度低、湿度大、通风差，干固时间长；反之时间短）。

5）涂膜要均匀，不能有局部沉淀，并要求滚刷几次使涂料与基层之间不留气泡，粘结严实。

6）验收

防水层不得出现堆积、裂纹、翘边、鼓泡或分层现象等；涂层厚度不能低于设计厚度，测点中的 70% 应大于或等于设计厚度，允许有 30% 的测点厚度低于设计厚度的 80%。施工面积每 $100m^2$ 抽查 1 处。

（4）蓄水实验

涂层完全干固后方可进行蓄水实验，卫生间蓄水实验 24h 不渗漏为合格。

（十三）楼地面工程

本工程楼地面工程主要包括设备间水泥砂浆地面及航站楼坡道花岗石石材铺设施工。

1. 水泥砂浆找平地面

施工工艺要求见表 2–37。

水泥砂浆找平地面施工工艺表　　表 2–37

序号	操作工艺	控制要点及技术要求	示意图
1	基层处理	把沾在基层上的浮浆、落地灰等用錾子或钢丝刷清理掉，再用扫帚将浮土清扫干净	
2	找标高	根据水平标准线和设计厚度，在四周墙、柱上弹出垫层的上标高控制线。按线拉水平线抹找平墩（60mm × 60mm，与垫层完成面同高，用同种混凝土或同种砂浆），间距双向不大于 2m。有坡度要求的房间应按设计坡度要求拉线，抹出坡度墩。用砂浆做找平层时，还应冲筋	

续表

序号	操作工艺	控制要点及技术要求	示意图
3	铺设	铺设前应在基底上刷一道素水泥浆或界面胶粘剂，随涂刷随铺，将搅拌均匀的混凝土，从房间内退着往外铺设	
4	找平	以墙柱上的水平控制线和找平墩为标志，检查平整度，高的铲掉，凹处补平。用水平刮杠刮平，然后表面用木抹子搓平，有坡度要求的，应按设计要求的坡度做	
5	养护	应在施工完成后12h左右覆盖和洒水养护，严禁上人，一般养护期不得少于7d	

2. 石材铺装施工工艺流程

施工操作工艺为常规操作，不再详述。

（十四）墙面工程

1. 墙面抹灰

施工操作工艺为常规操作，不再详述。

2. 吸声墙面

操作工艺见表2–38。

吸声墙面操作工艺表　　表2–38

序号	操作工艺	操作要点
1	基层处理	对要安装龙骨的墙面用水泥砂浆分层抹平，厚度控制在8~10mm
2	安装龙骨	对处理过的墙面进行排版弹线，按照所弹线的位置用钢钉先固定顶或地龙骨，钢钉间距不大于600mm，用U形龙骨做成100mm长固定龙骨，开口向外用膨胀螺栓固定在墙面上，然后把竖向龙骨开口向内用铆钉固定在固定龙骨上，用50mm龙骨做成长度为550mm的横撑龙骨，并用钳子或铆钉将横撑龙骨与竖向龙骨连接，形成方格状
3	填塞岩棉	用40mm厚的岩棉，裁剪成550mm×550mm的方块状塞进龙骨的空档中，然后用一层玻璃布绷紧固定于龙骨表面
4	安装铝板网面层及铝压条	用铆钉把竖向三角龙骨与C形龙骨固定牢固，检查龙骨的整体性和牢固程度，合格后进行铝板网面层和铝压条的安装，将铝板网面层压入龙骨中用铝压条固定
5	验收	安装时要严格按照操作方法安装，不可生硬用力，须边安装边检查平整度

（十五）钢管混凝土柱施工方案

钢管柱在工厂加工，现在组装焊接，具体加工焊接工艺在钢管柱加工安装方案中说明。

1. 钢管柱钢筋施工

根据招标图纸，钢筋孔数按混凝土梁钢筋实际数加工，穿入钢管的钢筋使用Ⅰ级直螺纹套筒与框架梁中钢筋进行连接。

钢管柱钢筋施工如图 2-23 所示。

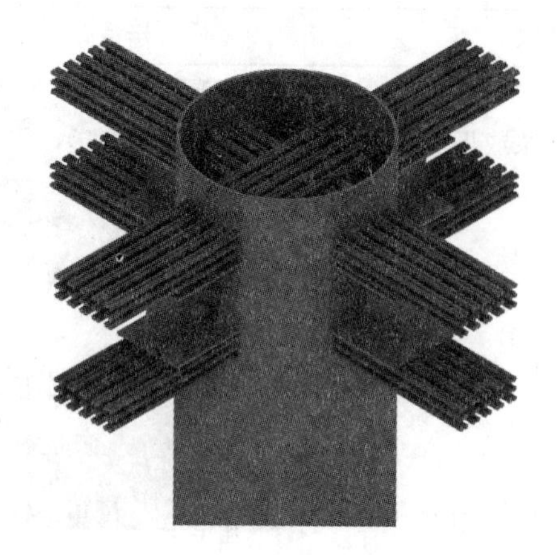

图 2-23　钢管柱 - 框架梁节点

2. 钢管柱混凝土的浇筑

（1）钢管混凝土的浇筑

本工程采用高抛自密实法，辅助人工振捣，振捣采用插入式高频加长振动棒，具体做法如下：

混凝土强度等级设计 C40。每次浇混凝土前铺设 20cm 厚与混凝土等强的水泥砂浆，防止自由下落的混凝土粗骨料产生弹跳。

再用插入式振动棒密插短振，逐层振捣，振动棒垂直插入混凝土内，要快插慢拔，振动棒插入下一层混凝土中 50~100mm，振动棒插点按梅花形均匀布置，逐点移动，按顺序进行，不得漏振，每点振捣时间不少于 80s。钢管柱内配合人工木槌敲击，根据声音判断混凝土是否密实，每层振捣至混凝土表面平齐不再明显下降，不再出现气泡，表面泛出灰浆为止。

除最后一节钢管柱外，每段钢管柱的混凝土只浇筑到离钢管顶端 1000mm 处，以防焊接高温影响混凝土的质量；每节钢管柱浇筑完，应清除上面的浮浆，待混凝土初凝后灌水养护，用塑料布将管口封住，防止异物掉入。

为减少混凝土侧压力对结构变形的影响，各个区域钢管混凝土柱应对称浇筑或同时浇筑。

（2）钢管混凝土泌水与空鼓现象的处理

钢管的密闭性使混凝土中水分无法析出，加上振动棒在狭小管内振捣，粗骨料相对下沉，砂浆上浮，使混凝土中多余水分上浮至管顶，在管顶形成砂浆层和泌水层。混凝土在硬化过程中的收缩，也易导致管壁与混凝土粘结不紧密，造成空鼓现象。针对以上问题，经对钢管混凝土施工的各个环节进行分析，采取如下措施：

1）严格控制碎石级配，钢管混凝土所有碎石必须是 0.5~4cm 连续级配。

2）调整配合比，确定水灰比为 0.4，坍落度为 20mm。在混凝土中掺入 12%UEA 膨胀剂配制成补偿收缩混凝土，并掺入 NF 高效减水剂，增强混凝土的黏聚性与和易性，减小用水量。

3）一次投料振捣高度不超过 1.5m，用混凝土体积控制高度，振捣时间以混凝土表面无气泡泛出为准，设专人监控。

（十六）管廊施工方案

B1 区管廊施工受工期节点要求，处于工程施工的关键线路上，同时 B1 区环境复杂，施工过程涉及临时上匝道的吊装，在保证不停航施工的前提下，管廊施工增大了难度。C 区管廊施工受环境影响小，具体在《B1 区地下结构专项施工方案》中说明。

（十七）高架桥拆除施工方案

1. 高架桥拆除概况

根据工程需要，保证航站楼不停航运营，一阶段工程需要在临时匝道搭建并正常使用后对现有位于施工区域内高架桥实施拆除工作。二阶段开工前需将新建临时上匝道桥及 T1 航站楼剩余高架桥全部拆除，为第二期施工提供场地。本工程主要为在不影响主桥结构及周边安全性的前提下，完成现有高架桥部分路段及桥墩拆除工作，并做好相应防护措施。

高架桥拆除区域示意如图 2-24 所示。

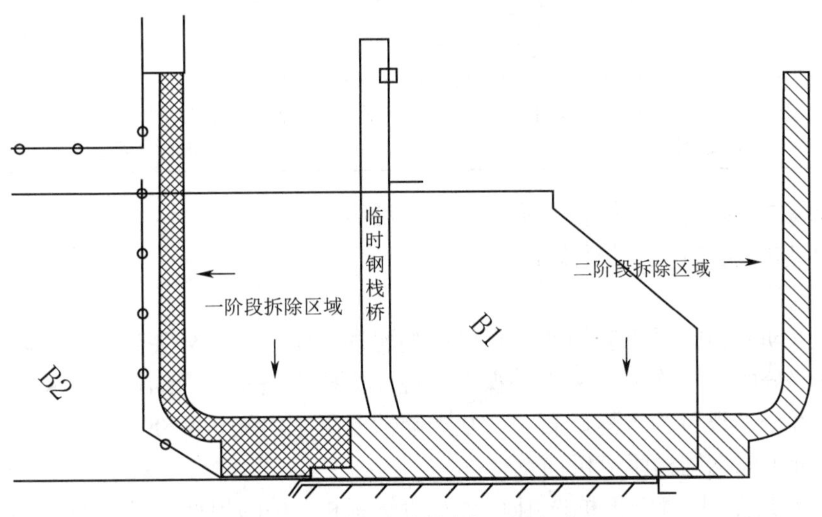

图 2-24　高架桥拆除区域示意

2. 总体拆除方案

本工程原高架桥拟采用机械破碎拆除的总体施工方案。

（1）确定交通导改措施，修建临时钢栈桥：钢匝道通车后，开始拆除部分高架桥。

（2）搭设施工围挡：引导车流从临时上匝道上行。

（3）高架桥拆除：

1）对桥面附属结构拆除：包括拆除主线上部的路灯、楼梯、护栏、管道等附属结构。

2）破碎区域桥面板、梁、柱拆除：采用破碎炮直接破碎拆除高架桥上部结构及柱墩，并将渣土清运至指定位置。

3. 破碎拆除施工部署

（1）阶段一拆除施工

阶段一拆除施工见表 2-39。

阶段一拆除施工表 表 2-39

图例	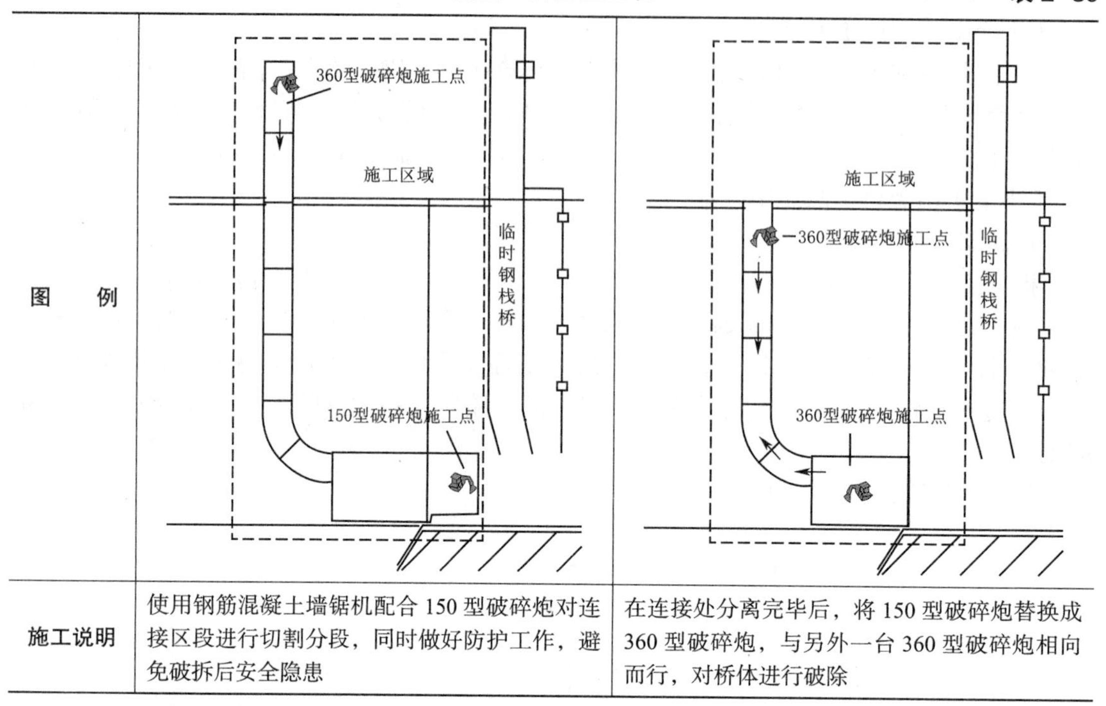	
施工说明	使用钢筋混凝土墙锯机配合 150 型破碎炮对连接区段进行切割分段，同时做好防护工作，避免破拆后安全隐患	在连接处分离完毕后，将 150 型破碎炮替换成 360 型破碎炮，与另外一台 360 型破碎炮相向而行，对桥体进行破除

（2）阶段二拆除施工具体在二阶段施工中说明

（十八）临时匝道桥上引桥施工方案

1. 桥头设计

本工程工期紧，临时匝道的通车直接影响着现有匝道及部分高架桥的拆除，进而影响既有高架桥部分的结构施工，采用拉森钢板桩作为桥头路基路面的挡墙，路基在现有停车场硬化层上方分层设置为级配砂石、C30 干硬性混凝土内配 ϕ4@200 × 200 的钢筋网片，面层为沥青混凝土同钢结构匝道桥面。

根据设计要求，拉森钢板桩选用 U 形拉森钢板桩，桩的规格型号为 U400 × 100 × 10.5，拉杆采用 D45，配套锚栓为 M45，材质为 Q345B。其插入土中的深度根据各基层的厚度对钢板桩的侧压力不同而不同，插入深度从 1~5m，桥头基层越高，插入深度越深。

同时拉森钢板桩作为临时匝道桥两侧栏杆（即人行道）的支撑构件，人行道的支撑牛腿焊接在拉森钢板桩上，人行道钢板铺设在牛腿上，上部再设置栏杆。

2. 拉森钢板桩的施工

（1）场地的施工准备

施工前，对现有的停车场区域进行规划，采用可拆卸式临时围挡将施工现场与停车场进行隔离。原地上停车场区域的路基路面相对较厚，其承载力完全满足上部荷载的要求，综合考虑施工的各方面因素，将钢板桩的左右两侧 1500mm 范围的宽度范围内的原路面破除，保证钢板桩能够顺利打入。

（2）钢板柱施工

临时匝道的桥头与主桥桥体衔接的位置原设计为利用普通钢筋混凝土柱承担钢梁变形限位，根据场地的实际情况，桥头与桥体衔接位置恰好位于地下室基坑边缘，桥头位置的桥柱施工难度较大，同时地下室正在进行底板施工，最终采用“钢板柱”的形式，来承担上部荷载。

钢板柱为两根 U 形拉森钢板桩相扣形成封闭矩形钢板柱，对接后在两侧进行焊接，防止后期浇筑混凝土过程中，混凝土的侧压力将对接的两边钢板切离。待地下室部位施工完成后进行回填，回填后再进行混凝土短柱的施工。

（3）钢板桩施工

钢板桩的连接主要分为普通位置的连接以及转角位置的连接。两个钢板桩的互相锁死，相互连接形成一排支护体系。采用履带式液压打桩机配备高频液压锤插打钢板桩，钢板桩逐块插打，插打顺序依次从上游开始向下游进行，并在下游合拢。

在插打过程中，由于钢板桩锁口与锁口之间缝隙相对较大，而钢板桩下端有土挤压，上端为自由端，总会使钢板桩产生远离上一根桩的方向倾斜，因此每次插打时都需对钢板桩进行垂直度的检查，若钢板桩垂直度偏差较大，采用捯链纠偏，但注意纠偏不能过大，以免引起锁扣位置无法正常锁紧，且会影响下一片钢板桩的插打。

钢板桩围堰平面为矩形，合拢安排在桥头的下游位置，并且确定在距离转角 4~5 片处，为防止合拢出两片桩成异面直线，必须调整好转角桩的方向，使得两个合拢的钢板桩锁口能够咬合。

（4）钢板桩混凝土封底浇筑

在钢板桩施工完成后，使用 C30 混凝土按照常规方式，将钢板桩两侧破除路面的部分进行封底浇筑施工，封底表面与原停车场表面平齐。

（5）钢板桩拉杆施工

钢板桩施工完成后进行拉杆的施工，钢板桩入土深度超过 3m 的部分，每间隔一片钢板桩设置一根拉杆，拉杆孔洞在现场开孔，先开一侧孔洞，另一侧孔洞根据对边的孔洞位置来确定。

（6）牛腿施工

匝道两侧钢板桩不仅起着挡土作用，同时也作为上部人行通道及匝道栏杆扶手的支撑构件，即栏杆扶手及人行道钢板与钢板桩之间经过钢制的牛腿相连接，各个构件之间采用焊接形式连接。

（7）桥头与桥体衔接处的施工

临时匝道主桥体部分为钢结构桥面板上部铺设沥青混凝土，桥头部位的路基层为回填层分层夯实 + 干硬性混凝土（缩短工期），桥面层铺设沥青混凝土，钢板柱与其上部钢梁的衔接通过钢板不固定连接，既不焊接也不进行螺栓连接，确保匝道的水平构件与竖向构件之间形成滑动支座的连接，避免因桥体承受反复的动荷载而对刚性连接产生破坏。

为了确保钢板柱承受动荷载而不产生失稳，且同时形成钢桥主体在顺着车流方向滑动，在车流方向为固定，在钢板柱与钢板桩之间进行深化设计，立面采用小桁架的形式，平面上采用“三角形”的方式。

对于上部的桥面连接，采用 20mm 厚的钢板对拉森钢板桩的桩顶进行封面处理，成排的钢板桩水平投影为凹凸线条，为了确保桥头上部的沥青混凝土能够浇筑塞实，采用竖向的钢板与水平封面的钢板焊接，使得钢板桩位置立面上为一平面，同时主体桥面与桥头桥面之间留设 30mm 的伸缩缝，防止因温度或荷载对此位置产生裂缝。

（十九）雨期施工方案

1. 雨期施工阶段的确定

根据对哈尔滨市历史气象资料的分析，年平均降水量529mm，降水主要集中在6~8月，占全年降水量的66.8%，确定每年的6~8月为雨期施工阶段。

2. 雨期施工期间的主要施工内容

一阶段雨期施工内容见表2-40。

一阶段雨期施工内容表 表2-40

序号	雨期时间	主要施工内容
1	2015年6月~2015年8月	桩基工程、土方开挖、地下管廊、地下室、承台、主体一层，二层结构施工、钢结构施工、机电预埋等
2	2016年6月~2016年8月	装修工程、幕墙工程施工、机电工程施工等
3	2017年6月~2017年8月	机电系统联动调试、室外总体工程、机场联动调试、竣工验收等

3. 雨期施工的管理

（1）成立雨期施工领导小组，制定雨期施工计划和应急措施。

（2）组织有关人员学习雨期施工方案和应急措施，并做好对工人的技术交底。

（3）熟悉现场总平面布置，了解临水、临电的布置，明确雨期施工中要进行的分项工程及所用的人、机、料，主要的施工工艺，安全、质量等施工注意点。

（4）针对雨期施工的主要工序编制雨期施工方案，雨期施工主要以预防为主，采取防雨措施，加强排水手段，确保雨期施工生产不受季节性条件影响。

4. 针对雨期施工的专项措施

雨期施工专项措施见表2-41。

针对雨期施工的专项措施表 表2-41

序号	项目	专项措施
1	施工测量	严禁将仪器露天存放或存放在潮湿、漏雨的仓库，严禁雨中使用仪器，如若必须在雨天且在室外操作时，应搭设防雨棚。各种仪器用后要进行保养，保持其良好状态
		测量人员架设仪器设备时务必要对仪器进行防滑措施，大风（6级以上）、大雨天气严禁测量作业
		为防止雨水冲刷，控制点位标识方法改油漆标识为“十”字样冲眼标识于钢柱上
2	模板工程	雨天使用的木模板拆下后应放平，以免变形，模板拆下后及时清理，刷隔离剂，经大雨冲刷过后应重新刷一遍
		模板拼装后尽快浇筑混凝土，防止模板遇雨变形。若模板拼装后不能及时浇筑混凝土，又被雨水淋过，则浇筑混凝土前应重新进行检查，对模板支撑系统重新进行调整、加固
		模板堆放场地采用混凝土硬化，地面平整，并且要有一定的坡度，要做好排水措施。对模板堆场应注意观察，如有下陷或变形，应立即处理
		模板支设好后尽快浇筑混凝土，防止模板遇雨变形。如遇大雨不能浇筑混凝土，应进行遮盖。大雨、大风后要认真检查各种模板的平整度、垂直度和隔离剂附着情况，合格后方可浇筑混凝土

续表

序号	项 目	专项措施
3	钢筋工程	钢筋堆放场地应夯实，并高于现场地面，钢筋堆场设置300mm宽、400mm高混凝土条基将钢筋架起，避免因雨水浸泡而锈蚀，加工好的成品、半成品雨天应覆盖，防止锈蚀，大风、雷雨天气，施工层上钢筋工程应停止作业，防止雷电伤人
		钢筋采用直螺纹连接，钢筋直螺纹套丝应避开在雨中进行，对于加工好的直螺纹丝头经检验合格后，要立即拧上相同规格的塑料保护帽，存放待用；对加工好的钢筋要用塑料布覆盖，防止雨水对钢筋产生锈蚀。钢筋连接前，要先检查直螺纹丝扣是否完好、清洁，如发现杂物或锈蚀要用钢丝刷清除干净
		雨天钢筋的焊接应搭设防雨篷和挡风设施，不得在无任何防雨措施的情况下进行钢筋焊接施工。焊接接头焊后不能立即接触雨水。焊接设备注意防潮、防雨，要有相应措施和设施
4	混凝土工程	混凝土施工应尽量避免在雨天进行，大雨和暴雨天不得浇筑混凝土，新浇筑混凝土及时覆盖，并将覆盖物压实，防止大风刮跑
		大体积混凝土浇筑要事先了解天气预报，确保作业安全和保证混凝土质量。同时加强坍落度检测，保证混凝土强度
		雨期砂石的含水率变化幅度较大，所以要求商品混凝土搅拌站要及时测定其含水率，适时调整水灰比，严格控制坍落度，确保混凝土的质量
		在浇筑混凝土的过程中，如遇大雨不能连续施工时，应按规定留设施工缝，已浇筑且未初凝的混凝土表面及时覆盖防雨材料，雨后继续施工时，应先对施工缝部位进行处理，然后再浇筑混凝土
5	脚手架工程	大雨期间，不得进行脚手架的搭设和拆除；大雨、大风后应及时对脚手架进行检查修理，有安全隐患的整改合格后方可投入使用
		雨施前及雨施期间，认真检查各类架体搭设情况，架体应按照施工方案和规范要求设扫地杆、斜撑、剪刀撑，并与建筑物拉结牢固，发现隐患及时排除。雨停以后，首先检查架子是否安全，检查合格后方可让工人进入施工现场进行作业
		上人马道的坡度要适当，做好防滑措施：钉好防滑条，防滑条间距不大于300mm，马道两侧加设300mm高挡脚板，同时加设不低于1.2m的安全护栏，立面封密目安全防护网，并定期派人清扫马道上的积泥。定期对人行马道进行检查，防止出现不均匀沉降，同时保证外架子周围排水通畅
		脚手架上脚手板必须按操作规程要求铺设，并用8号铜丝绑牢。搭设脚手架过程中，下班前要将脚手板等做好收头工作，防止突发风雨造成事故
6	防水工程	严禁在雨天进行防水施工，当涂膜的基层比较潮湿时，应选用能保证与潮湿基层充分粘结的防水材料。地下室的后浇带施工严禁在雨天进行，此处施工时必须严格按后浇带的处理方式进行
7	土方回填	土方回填应选择在晴天进行，考虑到土遇水即软化的特性，当大雨即将来临时，应用彩条布等对已开挖的裸露的土方边坡进行覆盖。大雨来临之前应检查排水系统是否正常，保证大雨后能够及时顺利地把水排除，以减小雨水对土方的浸泡
8	吊装工程	在雨期施工之前和雨期施工期间，必须经常检查塔吊基础、避雷系统、接地接零保护、塔吊的各种线路及电源线是否安全有效。雨后必须检查塔吊基础内是否积水，发现问题及时解决处理。吊装过程中，必须有专人指挥，大风大雨中严禁进行吊装作业。遇雨时，必须对已就位的构件做好临时支撑加固，方可收工

续表

序号	项　目	专项措施
9	装修工程	堆放在现场的各种装修材料，必须有可靠的覆盖，防止雨淋。已安装好的门窗必须有专人负责，风雨天必须关闭，防止损坏，并且防止将室内抹灰和装饰面淋湿冲刷
		为防止雨水、施工用水流入进行装饰的房间内，在相应楼层设置防水隔断层
10	机电安装工程	进场的材料应堆放在库房或楼座内，当无法及时放置到库房或楼座内时，应做好防雨遮盖措施，尤其是电器设备和半成品。在库房内保管的焊材，要保证离地离墙不少于 300mm 的距离，室内要干燥，以防焊材受潮
		基础部分的穿墙套管必须封堵，防止雨和泥砂流入
		如施工现场地下部分设备已安装完毕，要采取措施防止设备受潮、被水浸泡
		地下管线的施工要速战速决，及时下管、试压，确认验收回填
		电气墙体预埋管、盒、箱等，均要随预埋随封闭管口，防止进水
		通过屋面的卫、煤、电等立管，在施工中要随时做好管口临时遮挡封闭，防止突然降雨灌水，并应及早做好正式防雨节点
		在结构完成后，要及时做好避雷措施
		电气安装管内穿线之前，应从上向下对管路吹扫，防止管内积水
		现场中外露的管道或设备，应用塑料布盖好
11	钢结构工程	露天存放的钢材堆放在较高的场地上以防积水，钢管柱堆放在专用底座上，型钢柱、型钢梁、钢板墙堆放在 100mm × 100mm 木枋上，堆放平稳，防止侧滑 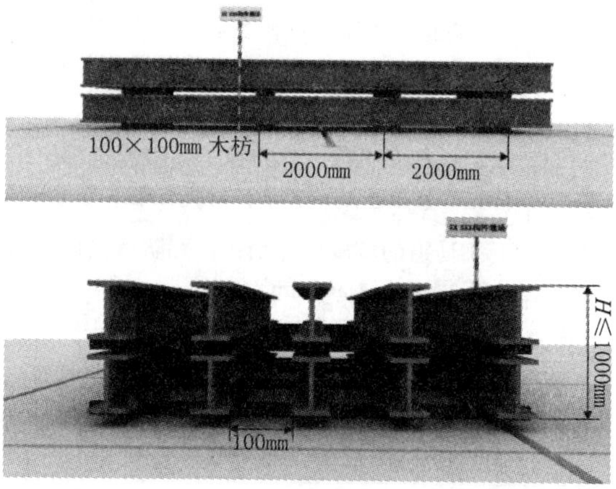 型钢堆放
		高强度螺栓、焊丝、焊条全部入仓库，严禁随意打开包装以防受潮，保证仓库不漏、不潮
		电焊条受潮后影响使用，使用前必须进行烘干。同一焊条重复烘烤次数不宜超过两次，并由管理人员及时做好烘烤记录
		雨天室外焊接时，为了保证焊接质量，雨天室外施焊部位搭设防雨棚，没有防雨措施不得施焊，雨水不得飘落在炽热的焊缝上。焊接部位比较潮湿时，必须用干布擦净并在焊接前用氧炔焰烤干，保持接缝干燥，没有残留水分。在暴风雨突来时及时进行覆盖，以免受温度骤变影响焊接质量。相对湿度大于 90% 时应停止作业，但已开焊的焊缝必须一次完成

续表

序号	项 目	专项措施
11	钢结构工程	施焊时注意清理干净周围的易燃物，以免发生火灾。在风速大于5m/s（手工电弧焊）或者2m/s（气体保护及自保护焊）时，需采用可靠的挡风措施后方可施焊
		当天安装的高强度螺栓必须当天紧固完毕，不得搁置过夜，以防止雨水淋湿使高强度螺栓扭矩系数发生变化
12	幕墙工程	幕墙施工禁止在恶风雨天气下进行。如果施工过程中突然降雨，应立即停止施工
		玻璃等易损坏材料应放在避风处，并加保护罩。风雨后对材料进行全面检查，无损坏情况方可使用
		严禁雨中使用电动工具、焊接和打胶。在雨中，电器漏电，容易造成触电事故。雨中焊接影响焊接质量，焊条潮湿后，焊接质量达不到要求。雨中进行注胶，物体表面有水，硅胶无法粘结
		吊篮等电器设备做好防雨、防潮措施，并防止漏电。为防触电和设备运转打滑等情况，工作前对设备进行试运行，运行正常方可使用
		专人负责开关门窗，在下雨前及下班前关好门窗，防止刮风门窗玻璃遭到破坏及室内装饰遭雨水浸泡
13	防雷击措施	（1）雷雨天气时，施工人员停止室外作业，留在室内，并关好门窗。在室外工作的人应躲入建筑物内。在无法躲入有防雷设施的建筑物内时，应远离树木和桅杆。 （2）雷雨天气应注意安排工作，避免作业人员直接暴露在建筑物最高处或接近导电性高的物体，防止雷电直接伤人

（二十）冬期施工方案、越冬维护方案

详见第九章相关内容。

（二十一）机电安装工程

1. 管道预留预埋

本工程穿外墙处采用柔性和刚性防水套管，将预制加工好的套管在浇筑混凝土前按设计要求部位固定好，校对坐标、标高、平正合格后一次浇筑，待固定安装完毕后把填料塞紧捣实。

2. 通风空调工程

T2航站楼通风空调工程施工方法及施工要点见表2-42。

T2航站楼通风空调工程施工方法及施工要点表　　表2-42

序号	工程内容	施工方法及施工要领
1	空调机组安装	落地式空调机组安装：设备就位前对基础进行验收，合格后方能安装。拼装设备要保证清洁度，拼装完成后，需进行漏风量检测
		吊装式空调机组安装：吊架选用减振吊架，安装前要与装饰吊顶施工协调配合；风机盘管冷凝水托盘应坡向排水口
2	风机盘管、吊顶式空调机及热风幕安装	吊架选用减振吊架，安装前要与装饰吊顶施工协调配合；风机盘管冷凝水托盘应坡向排水口
3	风机安装	风机吊架选用减振吊架，风机的进、出口风管要设置变径，不可直接利用软接变径

续表

序号	工程内容	施工方法及施工要领
4	水泵安装	水泵安装采用减振基础，与管道连接设置软接头做减震处理，管道用弹簧吊架安装；水泵进、出口管道设落地支架
5	风管制作	风管采用镀锌钢板，风管制作：采用共板法兰连接方式，其中排烟管道按照高压系统选用，在金属风管加工车间生产半成品风管后，运至现场进行拼装。所有土建风井用镀锌钢板做内衬，与旋流风口连接风管采用不燃圆形保温软风管
6	风管安装	风管安装：风管连接方式为共板法兰连接，其中排烟管道按高压系统选用，风管接缝应严密，安装完毕后，按系统类别进行严密性检验
7	风管部件安装	风阀、消声器等需设置专门的支架，调节阀处于开启状态，手柄位置易于操作；防火阀易熔件在迎气流方向；止回阀的开启方向要与气流方向一致；矩形弯管导流叶片设置符合设计规定
8	风口安装	风口必须固定牢固，防止噪声的产生，安装后必须与装饰面保持平整
9	管道安装	空调冷热水供回水管 *DN*32 以下采用焊接钢管，丝接；其余采用无缝钢管，焊接或法兰连接。冷凝水管采用 AGR 管（丙烯酸共聚聚氯乙烯管道），粘结
10	水管阀门安装	安装前按规定做严密性及强度试验；阀门安装位置应便于操作及检修。截止阀、止回阀等按阀体标示水流方向安装；电动阀门安装时要注意执行器的成品保护
11	支、吊架制作安装	安装位置要正确、牢固可靠，按规范要求设置防晃支架，安装前做好除锈防腐工作。管道支、吊架必须经过应力计算和深化设计布置方可制作安装。预应力楼板部位支架应在结构施工时预埋钢板铁件
12	试压冲洗	管道试压冲洗分区、分系统进行；水源使用现场临时用水，循环使用；大量泄水通过主管上加装的泄水阀直接排至户外检查井
13	防腐	型钢到场后，采用喷砂辅助以人工除锈方式集中除锈并喷涂防锈底漆
14	保温	风管保温采用闭泡橡塑保温材料板材保温，水管采用带纤维铝箔保护层的离心玻璃棉管壳保温
15	系统调试	设备单机试运转及调试合格后，进行系统无生产负荷下的联合试运转及调试

3. VRV 系统施工方法

（1）室内机安装

室内机安装流程如图 2-25 所示。

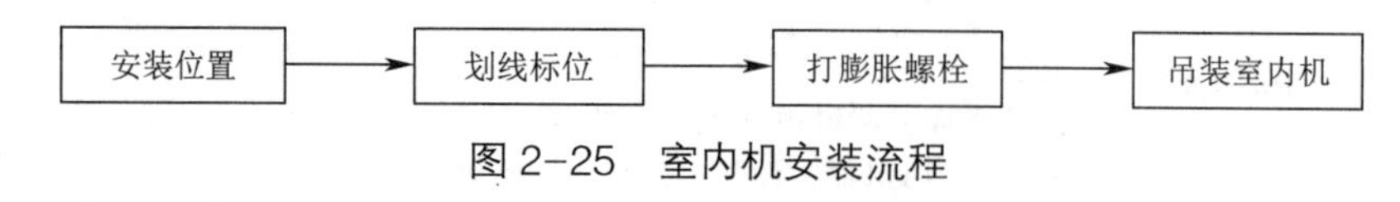

图 2-25　室内机安装流程

（2）室外机安装

室外机如以槽钢作基础，可采用纵向支撑或四周支撑。检查设备尺寸和基础预留尺寸是否相符，确认无误后按土建预留标记对基础标高和中心线进行确认划线，以便于室外机散热及减少噪声传播方向，室外机风扇吹出侧背向建筑立面。室外机必须安装稳定以防止增大噪声或引起振动，同时留有维修空间。

（3）冷媒管安装

安装前铜管内禁止有水分进入，配管后要吹净和真空干燥；施工时应注意管内清理；焊接时采用氮气置换焊，然后吹净，保证焊接质量和喇叭口连接质量；最后是气密性检测。

（4）气密性试验

慢慢加压 5min 以上，至 5kgf/cm^2，慢慢加压 5min 以上，至 15kgf/cm^2，慢慢加压 5min 以上，至 41.5kgf/cm^2，并保压 24h；观察压力是否下降，若无下降即为合格，但温度变化压力也会变化，每变化 1℃，压力会有 0.1kgf/cm^2 的变化，应予修正。检查有无泄漏可采用手感、听感，肥皂水检查，氮气试压完成后将氮气放至 3kgf/cm^2 后加冷媒，至压力 5kgf/cm^2 用电子检漏仪检漏。

4. 电气工程

（1）强电工程包括变配电系统、动力系统、照明系统、应急电源、防雷接地系统。

本工程 1~5# 变电站（10/0.4kV）均由两路独立 10kV 电源供电，两路电源同时供电，互为备用。

（2）配电箱柜安装

配电柜安装流程如图 2-26 所示。

图 2-26　配电柜安装流程

（3）带形母线安装

在安装母线时，母线的连接应采用贯穿螺栓连接或夹板及夹持螺栓搭接。母线与母线或母线与电器接线端子的螺栓搭接时，接触面加工后必须保持清洁，并涂以电力复合脂。母线平置时，贯穿螺栓应由下往上穿，其余情况下，螺母应置于维护侧，螺栓长度宜露出螺母 2~3 扣。贯穿螺栓连接的母线两外侧均应有平垫圈，相邻螺栓垫圈间应有 3mm 以上的净距，螺母侧应装有弹簧垫圈或锁紧螺母。

（4）封闭母线安装

（5）桥架安装，包括托盘式桥架安装、网格式桥架安装、电缆敷设、防雷接地系统安装。

5. 给水排水施工

本项目给水排水工程分为给水系统、中水系统、排水系统、雨水系统、消防给水等相关系统。

（1）管道的强度和严密性试验

水压试验用水为临时用水，注水时将空气排尽。

1）金属管道强度试验压力为管道工作压力的 1.5 倍，缓慢升压至试验压力后，停压 30min，以无泄漏、目测无变形为合格。严密性试验在强度试验合格后进行，经全面检查，以无泄漏为合格。试压合格后，排尽系统内的水。

2）塑料管系统应在试验压力下稳压1h，压力降不得超过0.05MPa，然后在工作压力的1.15倍状态下稳压2h，压力降不得超过0.03MPa，同时检查各连接处不得渗漏。

（2）排水管道灌水、通球试验

1）灌水试验

排水管道在隐蔽前必须做灌水试验，其灌水高度应不低于底层卫生器具的上边缘或底层地面高度。满水15min水面下降后，再灌满观察5min，液面不下降，以管道及接口无渗漏为合格。例如雨水管道做灌水试验，灌水高度必须到每根立管上部的雨水斗，满水1h，以不渗不漏为合格。

2）通球试验

排水主立管及水平干管均应做通球试验，通球球径不小于排水管道管径的2/3，通球率必须达到100%。通球试验顺序从上而下进行，以不堵为合格。胶球从排水立管顶端投入，注入一定水量于管内，使球能顺利流出为合格。通球过程如遇堵塞，应查明位置进行疏通，直到通球无阻为止。

3）保温

管道和设备保温在水压试验合格，完成除锈防腐处理后进行。保温材料应与管道或设备的外壁相贴密实，并在保温层外表面做防护层，防护层一般采用不燃性玻璃布复合铝箔。

6. 消防工程

消防给水工程包括消火栓系统、自动喷水灭火系统、大空间自动扫描射水高空水炮系统、灭火器配置等系统。

7. 消防系统调试

消防调试项目有：消火栓系统、喷淋系统、消防水炮灭火系统、火宅自动报警系统、应急双电源切换、消防强切等。

（1）消火栓系统压力测试

1）系统静压检测

在系统压力最大处（最低点）的消火栓口设置压力测试装置（压力表），系统满水后，在临警状态下，检测压力表读数，测得系统静水压力。静水压力应满足设计要求，且不应超过0.8MPa。

2）系统动压（流量、压力）检测

①系统流量、压力检测

系统模拟出水，打开调试试验用消火栓，并启动消火栓泵，检测消火栓水泵处压力表读数，将之与设计水泵扬程比较，相符则说明系统水量水压符合设计要求。系统工作压力不得大于设计值，严禁超出管网耐压试验强度。

②检测系统最不利点处（最远处）的流量及压力

在系统最不利点处的消火栓口设置压力表，记录压力表表压，检测栓口出水时的扬程，将其与规范要求相比较，相同则说明符合规范要求（规范要求：一般建筑水枪的充实水柱不应小于7m，超过六层的建筑水枪的充实水柱不应小于10m，高层建筑水枪的充实水柱不应小于13m）。

③检测系统动水压力

在系统压力最大处（最低点）的消火栓口设压力表，在水泵启动、系统工作时，测得压力表表压，其压力不应大于 0.5MPa。

（2）喷淋系统压力测试

1）系统静压检测

在系统压力最不利点处设置压力测试装置（压力表），系统满水后，在临警状态下，检测压力表读数，测得系统静水压力。静水压力应满足报警阀组初始工作压力要求，并且最不利点处压力不小于相应的喷头工作压力或设计要求（规范要求：系统最不利点处喷头压力最低不得小于 0.05MPa）。

2）系统流量、压力检测

打开报警阀处试水装置系统模拟出水，并启动喷淋水泵，检测喷淋水泵处压力表读数，将之与设计水泵扬程比较，相符则说明系统水量、水压符合设计要求。但系统工作压力不得大于设计值，严禁超出管网耐压试验强度。

3）检测系统动水压力

在系统压力最不利点处设置压力测试装置（压力表），在系统水泵运行时，报警阀处模拟出水，测得压力表表压，其压力应符合设计要求或规范要求（规范要求：系统最不利点处喷头压力最低不得小于 0.05MPa）。

（二十二）钢结构安装焊接方案

具体见钢结构专项施工方案。

（二十三）建筑节能施工方案

本工程建筑气候分区为严寒地区 A 区，保温材料的使用是节能的关键。节能材料使用见表 2-43。

节能材料使用表 表 2-43

位 置	材 料
外墙	高效能陶粒保温砌块
屋面	憎水型岩棉板
架空及悬挑楼板	40mm 厚二氧化硅纳米保温毡
玻璃幕墙	超白中空玻璃
外窗	隔热断桥铝合金三玻窗
屋面天窗	超白中空玻璃
地面	无地下室的 ±0.000 地面在周边地面 2m 范围内构造层下铺设 50mm 厚挤塑聚苯板
地下室外墙	防水混凝土外墙外贴 80mm 厚挤塑聚苯板
外挑楼板下有设备管道位置	水泥加压板吊顶上铺 100mm 厚岩棉板

建筑节能工艺的验收，单位工程竣工验收前，应进行建筑节能分部工程的专项验收并达到合格。对建筑节能施工质量验收不合格的建筑工程，不得进行竣工验收。具体详见《保温节能专项施工方案》。

八、质量保证措施

（一）质量保证体系包括质量保证体系的建立和质量管理组织机构

本工程将按照 ISO 9001 质量管理体系标准建立项目的质量管理体系，实现工程项目质量管理的标准化、规范化、程序化和制度化，保证各项工作开展有计划、有依据、有标准、有措施、有检查、有分析和有改进。

（二）材料、成品、半成品的检验、计量、试验控制管理措施

1. 混凝土工程

本工程采用商品混凝土，待混凝土运至卸料地点后，试验人员即可进行混凝土坍落度测试。在混凝土浇筑过程中，试验人员在每一工作台班时间内测定混凝土坍落度至少两次。

2. 钢筋工程

主要包括钢筋原材料复试、钢筋加工过程中的接头（电渣压力焊、搭接焊、直螺纹套筒子连接接头）试验。

3. 防水工程

水泥基渗透结晶型防水涂料、聚氨酯合成高分子防水涂料和硅橡胶防水涂料使用前必须进行抽样复验：同一规格、品种的防水涂料，每 5t 为一批，不足 5t 者按一批进行抽检。

4. 回填土工程

（1）一般规定：本工程回填土试验主要包括土的压实系数（干密度、含水率；求最大干密度和最优含水量）试验。

（2）按取点布置图取样、编号，取土后连同环刀一并送试。

5. 砌体工程

（1）检验批次：同品种、同规格、同等级的实心砖，以 150000 块为一批，不足 150000 块亦为一批。

（2）试件规格：1 组 10 块。

（3）试件取样：在受检验一批产品中，随机抽取 10 块试件进行送检。

（三）质量过程控制措施

（1）为了加强对施工项目质量控制，明确各施工阶段质量控制的重点，可把施工项目质量分为事前控制、事中控制和事后控制三个阶段。

（2）样板引路制度

分项工程开工前，由项目部的责任工程师，根据专项方案、技术交底及现行的国家规范、标准，组织作业队伍进行样板分项施工，样板工程面积不小于 $10m^2$，样板工程验收合格后才能进行专项工程的施工。

（四）各分部分项工程质量通病防治措施

1. 钢筋工程质量通病防治措施

钢筋工程质量通病防治措施见表 2-44。

钢筋工程质量通病防治措施表　　表 2-44

序号	质量通病名称	防治措施
1	浇筑混凝土造成钢筋位移	浇筑混凝土前要对钢筋固定，浇筑过程中防碰撞，浇筑后要及时修整复位
2	箍筋弯钩角度不足，长度不够	箍筋末端应弯成 135°，平直部分长度为 10d/75mm 的最大值
3	梁主筋进支座长度不够，弯起筋位置不准	严格下料长度及弯起筋弯起的角度，安放时仔细调整位置
4	板负筋位移	浇混凝土前应调整负筋位置，浇筑过程中搭设马道，严禁踩踏钢筋
5	板筋不顺直，间距不匀	划线绑扎，按线调直

2. 模板工程质量通病防治措施

模板工程质量通病防治措施见表 2-45。

模板工程质量通病防治措施表　　表 2-45

序号	质量通病名称	防治措施
1	截面尺寸不准，保护层过大	支模前按图弹线，校正钢筋位置，支模前柱子底部做小方盘
2	柱身扭曲	按施工方案进行加固及校正柱模
3	梁身不平直	拉通线对梁底模校核后固定
4	梁底不平	搭设梁架时必须按平线拉线，并按要求起拱
5	梁板支撑不稳定	必须按施工方案的要求搭设脚手架，要求排列整齐
6	预埋件、预留孔位移	必须在模板预埋件或预留孔上划出位置线，并将预埋件孔固定牢固

3. 混凝土工程质量通病防治措施

混凝土工程质量通病防治措施见表 2-46。

混凝土工程质量通病防治措施表　　表 2-46

序号	质量通病名称	防治措施
1	蜂窝	混凝土一次下料高度不超过 0.5m，并且振捣密实，模板缝隙要堵严，防止露浆
2	露筋	要求垫块按规定放置，严禁钢筋紧贴模板
3	麻面	拆除模板不能太早，且每次拆下的模板必须清理干净，并均匀涂刷隔离剂
4	孔洞	根据钢筋的网眼尺寸选择石子粒径，以防石子被卡
5	缝隙与夹渣层	施工缝处杂物清理干净，浇筑混凝土时必须接浆处理
6	楼板面平整度	每 2~3m 设抄平线，浇筑时要严格按抄平线进行刮尺刮平，木抹子分三遍压平
7	混凝土表面裂缝	要根据天气情况及时对混凝土进行养护及保护覆盖

4. 防水工程质量通病防治措施

防水工程质量通病防治措施见表 2-47。

防水工程质量通病防治措施表 表 2-47

序号	质量通病名称	防治措施
1	空鼓	(1)找平层表面保持清洁。 (2)卷材铺贴前 1~2d 涂刷防水基层，保证铺实贴严
2	管道口处渗漏	(1)上下水管道口处派专人进行管洞处理，处理前应将基层清理干净，基层松动的混凝土块应提前剔除，严禁碎砖或其他材料填洞。 (2)管口处应支模，提前浇水充分湿润，用细石混凝土振捣密实，终凝后浇水养护。 (3)做防水前应在管口处做渗水实验，无渗漏时，才能做防水
3	地漏、落水管处倒泛水	地漏管道及落水管安装时，施工人员应在墙面上弹好标高控制线，管道按标高安装，高度与地面成品标高相符

5. 装饰装修工程质量通病防治措施

装饰装修工程质量通病防治措施见表 2-48。

装饰装修工程质量通病防治措施表 表 2-48

序号	质量通病名称	防治措施
1	墙面空鼓、开裂	抹灰前基层必须清理干净彻底，墙体必须洒水湿润，每层灰不能抹的太厚，跟的太紧，混凝土基层表面酥皮剔除干净，施工后及时浇水养护
2	抹灰面层起泡，有抹纹、爆灰、开花	(1)抹完罩面灰后，压光不得跟的太紧，以免压光后多余的水汽化后产生起泡现象。 (2)抹罩面灰前底层湿度应满足规范要求，过干时，罩面灰水分会被底灰吸收，压光时容易出现漏压或压光困难
3	面层接槎不平，颜色不一	槎子按规矩甩，留槎平整，接槎留置在不显眼的地方，施工前基层浇水应浇透，避免压活困难，将表面压黑，造成颜色不均，另外所使用的水泥应为同品种、同批号进场
4	接顶、接地阴角处不顺直	抹灰时为保证阴角的顺直，必须用横杠检查底灰是否平整，修整后方可罩面

6. 钢结构工程

钢结构安装质量通病及防治措施见钢结构专项方案。

7. 机电安装工程

常见质量通病及具体防治方法见表 2-49。

常见质量通病及具体防治方法表 表 2-49

序号	质量通病		预防方法
1	管道制作安装	螺纹不光或断丝缺扣	套丝时宜采用自动套丝机，套丝加工次数为 1~4 次不等，*DN*15~*DN*32 套 2 次，*DN*40~*DN*50 套 3 次，*DN*70 以上套 4 次，套完丝后采用标准螺纹规检验
		冷凝水管道坡度不均匀	采用卷尺、线坠等工具检查保证管道坡度符合验收规范要求
2	阀门安装	安装前未做强度和严密性试验	同牌号、同型号、同规格的阀门附件抽检 10%，且不小于 1 个，做强度和严密性试验，主干管上的起切断作用阀门应逐个做强度和严密性试验

续表

序号	质量通病		预防方法
3	电管敷设	管进配电箱不顺平	施工前对操作工人进行培训，配管至箱前先将管路调整顺直；加大施工检查力度
4	导线敷设连接	一个端子上连多根导线	接线柱和接线端子上的导线连接只宜1根，如需2根中间加平垫片，禁止3根及以上导线接在同一接线柱上
		线头裸露，线槽内导线排列不整齐	严格按照工艺要求进行导线连接；线槽内导线按回路绑扎成束固定
5	电箱安装	箱体开孔不符合要求	订货时严格标定留孔规格、数量，厂家按规格、数量生产；如需开孔必须采用专用机械
6	开关插座安装接线	面板污染、不平直、不同高	与接线盒固定牢靠；与土建密切配合，在最后一遍油漆前安装开关插座；用水平尺调平，保证安装高度统一
		导线压接不牢	使用接线钮拧接并线，向开关插座甩出一根导线；插入线孔时导线拗成双股，用螺栓顶紧、拧紧
7	电缆安装	电缆无标志牌，电缆敷设杂乱	在电缆终端头、拐弯处、夹层、竖井的两端等挂标牌；深化设计时排好电缆在桥架内的排布，现场施工时按顺序敷设
8	风管及风管管件制作	风管拼缝不合理	风管制作前做好交底工作，下料时考虑合理性，放样尺寸准确无误
		风管接缝不严密	严格按工艺程序施工，以确保质量
9	风管及部件安装	风管安装不正，支、吊架设置不合理	确保风管中心线与法兰端面垂直，风管两端法兰平行；支、吊架设置合理，间距符合规范要求。风管支、吊架与风口、阀门、检查门及自控机构的净距离不小于200mm。当水平悬吊的主风管长超过20m时，应设置防止风管摆动的固定点（防晃支架、固定支架），每个系统至少一处
10	保温绝热	保冷设备管道产生冷桥	支座、吊耳、支、吊架等附件必须采取保冷措施，保冷厚度不得小于保冷层厚度；支承件处的保冷层加厚
11	通风空调设备安装	风机盘管与风管连接不良	加强施工人员责任心教育，提高风管制作质量
		动力型末端设备运行时噪声较大	末端设备安装时为减少振动及噪声的传递，箱体和托架之间应使用减振隔垫，吊装时保证设备水平、垂直
12	空调水管道及阀部件安装	大管道焊接变形	采取合理的焊接程序；焊工必须经专业培训，持证上岗，管道焊接采用对称施焊
		空调水系统阀门设置不合理	阀部件安装的位置应便于操作、检护和修理；阀门安装应密封可靠、启闭灵活，设备进出口的同一类阀部件安装在同一高度上

九、安全文明保证措施

（一）安全保证体系

1. 安全保证体系的建立

建立健全安全组织机构和安全保证体系，成立安全、文明施工管理部，项目经理为安全生产第一责任人。施工队配备专职安全员，班组设兼职安全员跟班作业，形成自上而下的安全保证体系。

2. 安全管理组织机构

项目部成立以后，根据项目组织机构设置项目安全生产管理组织机构，对项目安全生产实施全面管理、协调。体系为动态的开放式安全文明保证体系，适时链接各专业承包单位自身的安全文明保证体系，构成整个工程的施工安全文明控制网络。

安全生产管理机构职责分解见表2-50。

安全生产管理机构职责分解表 表2-50

项目经理	项目经理是项目安全生产的第一责任人，对项目施工过程中的安全生产工作负全面领导责任
安全总监	安全总监是项目安全管理的主要责任人之一。全面负责现场安全管理，宣传和贯彻有关的安全生产法律法规，组织落实上级的各项安全施工管理规章制度，并监督检查执行情况
技术总监	对项目的安全生产负总的技术责任，负责审核安全技术方案、安全技术交底等，贯彻落实国家安全生产方针、政策，严格执行安全技术规程、规范、标准及上级安全技术文件
建造总监	对工程项目的安全生产工作负直接责任，协助项目经理贯彻安全、环保等法律法规和各项规章制度
机电总监	对机电专业的安全生产工作负领导责任，协助项目经理贯彻安全、环保等法律法规和各项规章制度
安全部	贯彻和宣传有关的安全法律法规，组织落实上级的各项安全施工管理规章制度，并监督检查执行情况。对现场安全全面负责和管理
工程管理部	负责项目土建施工过程中安全工作的落实和施工方案中安全技术措施的实施，协助安全部门进行现场安全管理和实施工作
技术部	负责项目施工的技术管理中与安全生产相关的工作，编制各类主要技术方案中的安全内容
物资部	负责采购产品合格的安全防护用品，并对购置的安全防护用品的组织验收
综合事务部	掌握现场施工人员的综合状况信息，特别是特种作业人员的情况，并提出管理意见，协调安全部门进行安全管理
商务部	协助项目商务经理在制定合同文件时对相关专业承包单位提出安全方面的要求，设立项目安全管理专项资金

（二）重大危险源识别及控制措施

1. 重大危险源识别

重大危险源识别见表2-51。

重大危险源识别表 表2-51

序号	危险种类	危险因素	主要控制措施
1	坍塌	作业时支撑体系倒塌	编制方案，过程监控
		构件装卸车固定措施不到位，发生倒塌	制定管理措施，专人负责
2	触电	潮湿场所焊接，电工作业	编制用电措施方案
		电器设备缺陷，保险措施失灵	定期检查，检验
		电线绝缘老化，有漏电现象	定期检查
		非机电操作工操作	持有效证件工人作业
		使用不合格电器设备	制定设备验收制度

续表

序号	危险种类	危险因素	主要控制措施
3	机械伤害	设备自身缺陷	制定进场验收制度，定期对设备全面检查
		违章操作及使用	专人作业、管理
		不合格机械设备	制定进场验收制度
4	高空坠落	平网、挑网、栏杆防护不到位	制定安全防护方案
		高空未配置安全带	按要求配置劳保用品，并定期对安全带进行检验
		防护产品不符合安全要求	制定验收制度
5	物体打击	高空废弃余料保管不当，坠落伤人	制定高空安全管理规定、监督检查
		临边、预留空洞防护不严，物体坠落	制定安全防护方案、监督检查把关
		操作失误，工具等小型物资从高空坠落	制定防坠落措施、防护措施、监督检查
6	火灾	违章操作、动火作业无合法手续、无防护措施	审核动火手续、监督检查把关、配备足够灭火器材
		易燃等物品保管不当、无保护措施	制定管理制度、专人负责
7	爆炸	氧气、乙炔使用不符合安全要求	制定管理制度、监督检查
		危险品存放不符合要求、混放、混用	专人负责管理、监督检查
8	职业病	电焊工尘肺	配置专用劳保防护用品、监督正确使用
		噪声、光辐射	
9	自然灾害	台风、强暴雨、大雪、高温、6级以上大风、地震	制定应急救援预案、开展应急演练

2. 重大危险源控制措施

重大危险源控制措施见表2–52。

安全管理措施表 表2–52

序号	项　目	管理措施
1	临边、洞口安全施工措施	在楼层四周、屋面四周等部位，凡是没有防护的作业面均必须按规定安装两道围栏和挡脚板，确保临边作业安全
		各楼层的电梯门洞口、楼梯口、预留洞口和通道口处都必须有安全防护，大于1.5m的洞口还必须采取盖板和围栏双层防护，确保所有洞口不坠人、不坠物，安全可靠
2	钢筋工程安全施工措施	绑扎立柱和墙体钢筋时，不得站在钢筋骨架或攀登骨架
		绑扎挑梁和边柱等钢筋时，应站在脚手架或操作平台上作业。无脚手架时必须搭设水平安全网
		绑扎和安装钢筋，不得将工具、箍筋或短钢筋随意放在脚手架或模板上
3	模板工程安全施工措施	地面上的支模场地必须平整夯实，并同时排除现场的不安全因素
		模板工程作业高度在2m以上时，必须设置安全防护设施
		操作人员登高必须走人行梯道，严禁利用模板支撑攀登，不得在墙顶、独立梁及其他高处狭窄而无防护的模板上行走

续表

序号	项 目	管理措施
3	模板工程安全施工措施	模板的立柱顶撑必须设牢固的拉杆，不得与门窗等不牢靠和临时物件相连接。模板安装过程中，不得间歇，柱头、搭头、立柱顶撑、拉杆等必须安装牢固成整体后，作业人员才允许离开
4	混凝土工程安全施工措施	浇筑混凝土使用的溜槽节间必须连接牢靠，操作部位应设护身栏杆，不得直接站在溜放槽帮上操作
		浇筑高度 2m 以上的框架梁、柱混凝土应搭设操作平台，不得站在模板或支撑上操作
		混凝土地泵在浇筑时要防止崩管和防止泄漏的混凝土伤人
		使用输送泵输送混凝土时，应由 2 人以上人员牵引布料杆。管道接头、安全阀、管道等必须安装牢固，输送前应试送，检修时必须卸压
5	脚手架工程安全施工措施	脚手架要编制专项安全施工方案和安全技术措施交底
		正确使用个人安全防护用品，必须着装灵便，在高处作业时，必须佩戴安全带与已搭好的立、横杆挂牢，穿防滑鞋
		风力六级以上强风和高温、大雨、大雪、大雾等恶劣天气，应停止高处露天作业。风、雨、雪过后要进行检查，发现倾斜下沉、松扣、崩扣要及时修复，合格后方可使用
		脚手架结合工程进度搭设，搭设未完的脚手架，在离开作业岗位时，不得留有未固定构件和安全隐患，确保架子稳定
		在带电设备附近搭、拆脚手架时，宜停电作业
6	钢结构吊装安全措施	为保证钢结构吊装安全，我公司会编制确实可行的钢结构吊装安全技术措施，明确规定钢结构吊装的操作平台、临边防护设施做法
		进行三级安全教育及安全技术交底，提高操作者自我保护意识
		严格执行高空作业安全规定
7	施工机械安全措施	施工现场大型机械设备如塔吊的安装（或拆除），必须编制安装（或拆除）方案。安装结束后由总包配合安监站进行验收
		本工程使用的机械比较多，因此，必须加强对施工现场机械设备安全运行的管理
		本工程所使用的机械要派技术熟练的信号工和司机进行操作，持证上岗，做到定时保养及时维修，按时检查，确保各种安全保险灵敏有效
8	群塔施工安全措施	成立由项目部设备负责人牵头的塔机作业指挥中心，负责对施工现场各塔机之间关系的指挥、协调、维修、顶升和运行工作
		统一在塔机起重臂、平衡臂端部、塔机最高处安装安全反光警示器（灯）
		施工现场应设能够满足塔机夜间施工的照明灯塔，亮度以塔机司机能够看清起重绳为准
9	塔机运行原则	低塔让高塔：低塔在转臂之前应先观察高塔的运行情况，再运行作业
		后塔让先塔：在两塔臂的工作交叉区域内运行时，后进入该区域的塔要避让先进入该区域的塔
		动塔让静塔：在塔臂交叉区域内作业时，在一塔臂无回转，小车无行走，吊钩无运动，另一塔臂有回转或小车行走时，动塔应避让静塔

续表

序号	项　目	管理措施
9	塔机运行原则	轻车让重车：在两塔同时运行时，无荷载塔机应避让有荷载塔机。塔机长时间暂停工作时，吊钩应起到最高处，小车拉到最近点，大臂按顺风向停置
10	信号指挥规定	信号指挥人员，必须经统一培训，考试合格并取得操作证书方可上岗指挥
		塔机与信号指挥人员应配备对讲机，对讲机经统一确定频率后必须锁频，使用人员无权调改频率，要专机专用，不得转借。现场所用指挥语言一律采用普通话
11	起重工（挂钩工）操作规定	起重工要严格执行十不吊操作规定
		清楚被吊物重量，掌握被吊物重心，按规定对被吊物进行绑扎，绑扎必须牢靠
		在被吊物跨越幅度大的情况下，要确保安全可靠，杜绝发生“天女散花”的现象
12	施工现场高空作业安全措施	要求所有安全设施的搭设实行申报制度，所有设施搭设必须以书面形式报总包商审批，搭设完毕后通知总包商，经总包商验收合格后方能使用。拆除安全设施同样要向总包商提出申请，经批准后方能拆除。同时对多单位共同使用或交替使用的安全设施实行验收、检修、交接制度，对安全设施搭设的时间、位置、用途等情况，总包商都一一记录在案，根据使用的要求和工程进度，做好动态管理，确保安全设施在使用过程中的完好、坚固、稳定，使安全设施始终处于安全状态
		当风力超过六级时，应停止高空吊装施工
13	施工现场临电安全措施	现场施工用电缆、电线必须采用TN—S三相五线制。严禁使用三相四芯再外加一芯代替五芯电缆、电线。现场所有配电导线采用橡套软电线，不准使用塑料线及花线，不允许用铁丝、铜线代替保险丝
		施工用电投入运行前，要经过有关部门验收合格后方可使用，管理人员对现场施工用电要有技术交底
		临时用电线路采用架空敷设，潮湿和易触及带电体场所的临时照明采用不大于24V的安全电压
		电工持证上岗，坚守工作岗位，遵守职业道德和操作规程，并做好施工日志。面向生产第一线，做到随叫随到，对工作认真负责，不断提高技术水平，全心全意为施工生产服务
		各类配电箱中的RC熔断器内严禁使用铜丝做保护，必须使用专用的铜熔片，并做到与实际使用相匹配
		开关箱必须做到“一机、一闸、一漏、一箱”的要求，箱内漏电开关不得大于30mA/0.1s的额定漏电动作电流要求

（三）安全保证措施

安全保证措施将编制详细的《安全技术专项方案》，对安全交底、教育培训和专项安全防护措施进行详细说明。

（四）文明施工措施

文明施工措施略。

十、绿色施工管理

（一）绿色施工管理体系

建立以项目经理为首分级负责的绿色施工管理体系，以项目经理为第一责任人成立绿色施工管理小组，综合管理员、技术负责人为副组长，专业工长和施工队班组长为组员，形成绿色施工管理体系，对施工策划、材料采购、现场施工、工程验收等各阶段进行控制，加强对整个施工过程的管理和监督。绿色施工总体框架图如图 2-27 所示。

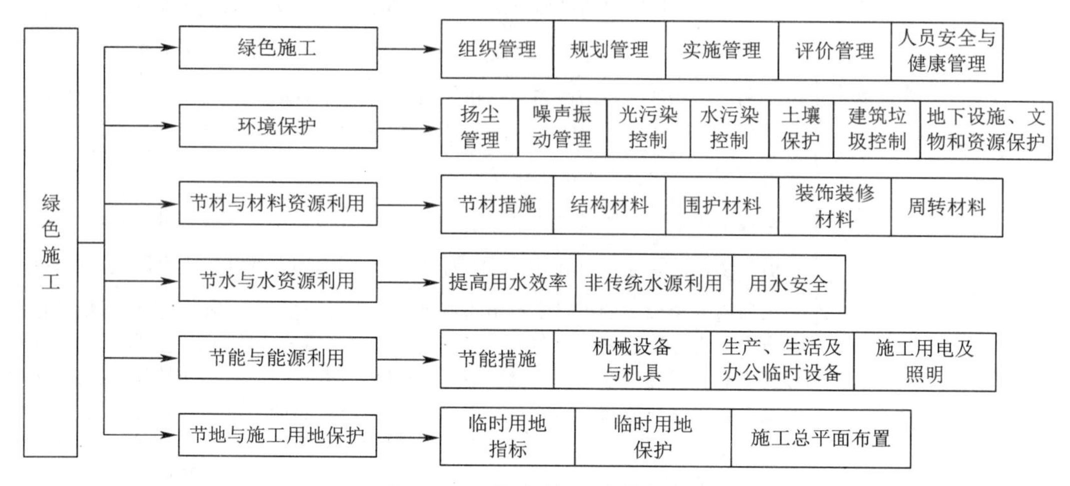

图 2-27 绿色施工总体框架

（二）绿色施工措施

1. 节地措施

（1）临时用地

1）项目部合理确定临时设施，如临时加工场、现场作业棚及材料堆场、办公生活设施等的占地指标。临时设施的占地面积应按用地指标所需的最低面积设计。

2）现场总平面布置做到合理、紧凑，在满足安全文明施工要求的前提下尽可能减少废弃地和死角，临时设施占地面积有效利用率大于 90%。

（2）施工总平面布置规划

1）生活区与生产区分开设置，并保持一定距离。施工区域与非施工区域见设置标准的分隔设施，做到连续、稳定、整洁、美观。

2）施工现场仓库和加工厂、现场作业棚、材料堆场等选址应尽量靠近已有交通线路或即将修建的正式或临时交通线路，考虑最大限度地缩短运输距离。

3）施工现场道路的修筑应按照永久道路和临时道路相结合的原则布置。

4）施工平面布置图规划要考虑阶段性的施工平面调整，实现总平面图动态管理的要求。

2. 节水措施

（1）施工现场对生活用水与工程用水确定用水定额，并分别计量管理。

（2）根据不同单项工程、不同专业承包生活区，凡是具备条件的应分别计量用水量。在和专业承包单位签订合同时，将节水定额指标作为合同条款之一，进行计量考核。

（3）对非传统水源和现场循环再利用水的使用过程中，采取有效的水质检测与卫生保障措施，不对人体健康、工程质量以及周围环境产生不良影响。

3. 节材措施

（1）工程实施前，应审核节材与材料资源利用的相关内容，达到材料损耗率比定额损耗率降低30%。

（2）根据施工进度、库存情况等合理安排材料的采购、进场时间和批次，减少库存。

（3）现场材料堆放有序。储存环境适宜，措施得当。保管制度健全，责任落实。

4. 节能措施

（1）优先使用国家、行业推荐的节能、高效、环保的施工设备和机具，如选用变频技术的节能施工设备等。

（2）合理安排施工顺序、工作面，以减少作业区域的施工机具数量，相毗邻作业区充分利用共有的机具资源。安排施工工艺时，应优先考虑耗用电能的或其他能耗较少的施工工艺。

5. 现场环境保护措施

（1）从事土方、渣土和施工垃圾的运输，使用封闭式运输车辆，施工现场出入口设置洗车槽及洗轮机。土方作业期间，采用洒水、覆盖等措施，防止扬尘扩散。

（2）对现场易飞扬物质采取有效措施，如洒水、地面硬化、绿化、覆盖、封闭等。

（3）对易产生噪声的施工，采取隔声与隔振措施，防止噪声扩散。

（4）尽量避免或减少施工过程中的光污染，夜间施工加设灯罩。

（5）按废弃物是否有毒、是否可再利用进行分类存放，并做铭牌标示，请专业单位处理。

十一、总承包与统筹协调管理

（一）总承包管理

1. 总承包管理目标

项目部将严格履行总承包的权利和义务，主动协调好与业主、设计、监理、业主发包专业承包单位以及相关政府部门的关系，积极、主动、高效为业主服务，同工程参建各方一起精诚协作，确保工程总体各项目标的顺利实现，完美实现本工程的设计功能，确保本工程达到《建筑工程施工质量验收统一标准》的要求。

2. 总承包管理组织机构

详见总体施工部署。

3. 总承包管理组织人员

总承包管理组织人员配备及职责见表2-53。

总承包管理组织人员配备及职责表　　表2-53

管理层次划分	人员配备及职责	特　点
保障监督层	本公司总部全面调配和组合整个公司的人才、技术、资金、机械设备、专业施工队伍等资源。 聘请相关专业的专家组成“专家顾问组”对本工程的施工管理、深化设计和新技术施工提供技术支持	整体指挥，从技术、资金及技术等多方位提供支持
总承包管理层	本工程选派具有丰富施工经验的国家注册一级建造师担任本项目的项目经理，具有同类工程经验的管理人员组成项目经理部	具体贯彻落实管理层各职能部门的指令，直接对接施工作业层

续表

管理层次划分	人员配备及职责	特　点
施工作业层	由总承包自行施工劳务队、业主发包专业承包劳务队两个部分组成。 总承包自行施工管理部门包括土方回填、基础工程施工、主体结构施工、屋面工程施工、保温工程施工、二次结构施工、机电安装工程施工等。 业主发包工程包括土方开挖、幕墙工程、消防工程、精装修工程、室外工程、弱电工程等	由施工总承包管理层统一指挥、协同工作，是整个工程施工计划的具体执行者和实施者

（二）总承包商与各参建方的关系协调

1. 与业主的协调配合、措施

（1）考虑可能存在领导视察所需的现场清理的问题，积极配合业主做好相关迎检工作。

（2）根据总体进度计划安排，对专业承包人的考察时间、进退场时间作出部署，制定专业承包人的招投标计划、进场计划。业主需要时，协助业主编制合同文件、考察队伍，精心选择施工质量好、信誉高的专业承包人，以确保满足施工需要。

（3）定期参与业主组织的例会，讨论解决施工过程中出现的各种矛盾及问题，理顺每一阶段的关系，使整个施工过程井然有序。

（4）指导和协助幕墙、弱电、精装修、通信设备等专业承包做好专业图纸深化设计，防止因图纸问题耽误施工。

（5）加强与业主的协调沟通，根据业主提出的意见和建议对深化图纸进行修改和调整，使其更加科学合理的满足使用功能。

（6）在施工中时刻为项目管理着想，从施工角度和以往的施工经验向业主提出合理化建议，满足业主提出的各种合理要求。

（7）服从业主管理，处理和协调好与周边相关部门的关系。

（8）对业主提供的材料设备提前编制进场计划，必要时协助业主进行考察、订货，确保工程需要。

（9）对于专业承包人和供应商，在施工的各阶段将按照业主的要求进行科学管理以及给予必要的支持。

2. 与监理单位的协调、配合措施

（1）开工前书面报告施工准备情况，获监理工程师认可后方可开工。

（2）相关部门安排专人对口监理工程师，与监理工程师紧密合作，在施工全过程中，严格按照经业主、监理工程师批准的《施工组织设计》进行全面管理，以严格的施工管理程序，达到工程所要求的各项管理目标。

（3）施工过程中所有的施工方案均要在施工前规定时间内报送监理工程师等。

（4）各类检测设备和重要机电设备的进场情况向监理工程师申报，并附上年检合格证明或设备完好证明。

（5）施工用各类建筑材料均向监理工程师报送样品、材质证明和有关技术资料，经监理工程师审核批准后再行采购使用。现场采样送检时有监理工程师或项目管理人代表见证。变更用材时，事前征求监理工程师意见，不同意者不进行变更。

（6）按照监理工程师等相关单位的合理意见进行修改和完善后方可用来指导现场施工。现场的所有人员的资料均要在规定时间内报送监理工程师等以便于管理，若有改动将及时报批后才能进行。用于施工的各种材料设备进出均要在规定时间向监理工程师等报批。

（7）在选择专业承包人时，按项目管理人及监理工程师的要求提供承包人的有关资料，征得项目负责人和监理工程师同意后再行与承包人签订承包合同。

（8）隐蔽工程完成，在检查合格的基础上，提前24h书面通知监理工程师。

（9）若监理工程师对某些工程质量有疑问，要求复测时，给予积极配合，并对检测仪器的使用提供方便。

（10）及时向监理工程师报送分部分项工程质量自检资料和混凝土、砂浆强度报告。

3. 与设计单位的协调、配合措施

（1）总承包积极协助业主进行设计交底和图纸会审，组织总承包、专业承包和直接承包单位工程技术人员认真学习、研读图纸，了解图纸设计意图和设计要求，熟悉施工过程控制重点和实施难点，并将各方技术人员提出疑问和合理化建议及时汇总并反馈给业主和设计院。

（2）在业主的组织下，进行图纸会审会议和技术交底会议的准备工作，参加上述会议，做好会审记录、技术交底记录以及确认工作，并将设计单位确认的图纸会审记录及时报送业主、监理及发放到有关专业承包人。

（3）组织项目部相关人员有计划、有步骤地进行深化设计工作，对深化设计工作提供技术支持，对深化设计图纸进行审核后报请业主、监理工程师及设计院批准。

（4）机电安装及精装修阶段，组织机电（含弱电）承包人汇同精装修承包人在设计院机电设备管道及线槽综合布置图的基础上进一步完善补充，以指导该阶段的施工。

（5）组织各专业人员进行综合会审，重点对各专业之间的平面和空间关系、施工顺序、使用功能等方面进行审核，对存在的问题及时与业主、设计和监理进行联系，协商解决。

（6）与业主沟通，了解业主在使用功能、美观等方面的需求变化，根据业主需要在该工序施工之前，进行深化设计。

（7）及时向设计单位书面提出施工图设计可能出现的疏忽缺陷，或尺寸差异，或资料不足，并按设计单位修正或补充的施工图指导施工。

（8）对工程施工中，涉及使结构受力较大的施工方案、方法，及时与设计进行沟通解决。

（9）涉及装饰效果的材料样品、颜色等提前与设计单位沟通，经设计单位或建设单位签字确认后方可大批量采购。

4. 与政府部门的协调、配合措施

（1）主动接受政府的依法监督和指导，随时了解国家和政府的有关文件、政策，掌握近期的市场信息，熟悉当地的法规和惯例。

（2）通过经常性的上门咨询和信息发布等形式，沟通与政府部门间的关系。

（3）主动向工商税务部门依法纳税，主动与公安交通部门沟通，采取合理的运输路线确保施工运输的畅通。

（4）主动与质监站、安监站联系，取得他们对于工程质量和施工安全的指导。

5. 与主要专业承包及设备供应商的协调、组织、配合及现场管理措施与认可

（1）统一配合服务，统一配合服务内容和责任分工，具体职责分工及工作界面；

（2）协调会议及检查制度：根据本工程专业承包单位多的特点，项目部将经常召开相关会议做好各专业承包单位间的协调管理，对现场的施工进度、质量、文明安全施工、劳动力、材料等事宜进行管理；

（3）与幕墙工程的专项配合服务；

（4）与精装修工程的专项配合服务；

（5）与电梯安装工程的专项配合服务；

（6）与消防工程的协调、组织、配合及现场管理措施；

（7）与弱电安装工程的协调、组织、配合及现场管理措施；

（8）与室外工程的协调、组织、配合及现场管理措施；

（9）与设备供应商的协调、组织、配合及现场管理措施；

（10）主要专业承包间的交叉配合包括土建与机电工程的配合、机电与消防工程的配合、机电与装饰装修工程间的配合；

（11）与其他承包工程的配合服务。

本工程专业承包和独立承包单位众多，以上章节列出与主要承包单位的单位配合服务注意内容，余下相关承包单位同样也是我单位总承包管理的重中之重。总之，项目在一个整体目标的指导下，以项目总进度计划为主线，以保质量、保安全为目的，共同努力确保项目整体目标的实现。总承包单位与其他相关专业承包的配合服务重点见表2-54。

总承包单位与其他相关专业承包的配合服务重点 表 2-54

专业承包工程名称	配合服务实施的重点
标识工程	施工用水用电、工作面、场地交接、与机电专业配合
市政电信工程	垂直运输、设备基础、与机电和精装修配合

（三）各工序协调措施

重点控制机电安装和装饰施工间的配合协调、机电安装和装饰重点部位的配合协调、机电安装和消防专业的配合协调。

十二、信息化管理及技术工作管理

（一）信息化管理

通过计算机制作施工日报，包括每天的施工计划，实际施工进度、施工方案，人工、材料、设备、成本控制、交往函件、施工图片及录像等资料。并通过项目内部网络Intranet进行访问、修理及查阅，通过数字相机、摄像机、扫描仪等多种手段，将工程施工各阶段的图片、文档、图纸以及录像资料，进行保存或处理，既积累了该工程施工全过程的大量资料，也可通过软件将这些资料制成工程施工多媒体介绍光盘或资料片，为宣传

和今后研究该工程提供档案。

广泛应用 OFFICE 办公软件、AutoCAD 计算机绘图软件、Project 项目管理软件、梦龙智能网络计划编制系统、PowerPoint 幻灯片制作软件，为生产计划、工程预决算、材料物资人事管理、财务报表、成本控制等方面服务。

在进行项目管理时，开发应用工程管理软件，以成本控制为主线，自动生成项目管理中所需的人、机、料等各项计划指标，并对工程进度适时动态监测。

（二）争创“鲁班奖”施工文件归档目录

土建资料管理、钢结构资料管理和电气资料管理（略）。

十三、主要经济技术指标

（一）工期指标

根据施工合同，一阶段工程开工日期为 2015 年 5 月 10 日，竣工日期为 2017 年 8 月 31 日，总工期为 845 个日历天，制定工期目标，争取在 2017 年 6 月 30 日竣工。

（二）降低成本指标

制定降低成本目标，以收定支，并优化方案，积极提出合理化建议，最大限度地节约建设资金。

（三）主要分部（分项）工程量

主要分部（分项）工程量见表 2-55。

主要分部（分项）工程量表　　表 2-55

序　号	分部分项工程名称	工程量	单　位
1	混凝土工程	80915	m^3
2	钢筋工程	11714	t
3	模板工程	2142	m^3
4	砌体工程	19259	m^3
5	防水工程	72172	m^2
6	保温工程	24542	m^2

第二节　钢结构网架施工技术

一、哈尔滨机场钢结构网架概况

本工程钢结构包括 B1、B2、B3、C1、C2、C3、C4 共七个区域网架，其中 C1 区域网架为螺栓球网架，B1、B2、B3、C2、C3、C4 为焊接球网架。整体网架结构概况如图 2-28 所示。

（一）C1 区螺栓球网架概况

C1 区螺栓球网架轴测图、节点图如图 2-29 所示。

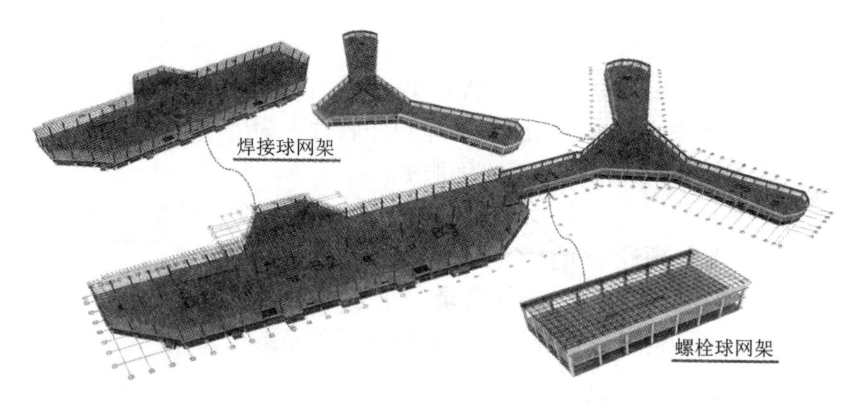

图 2-28 整体网架结构概况图

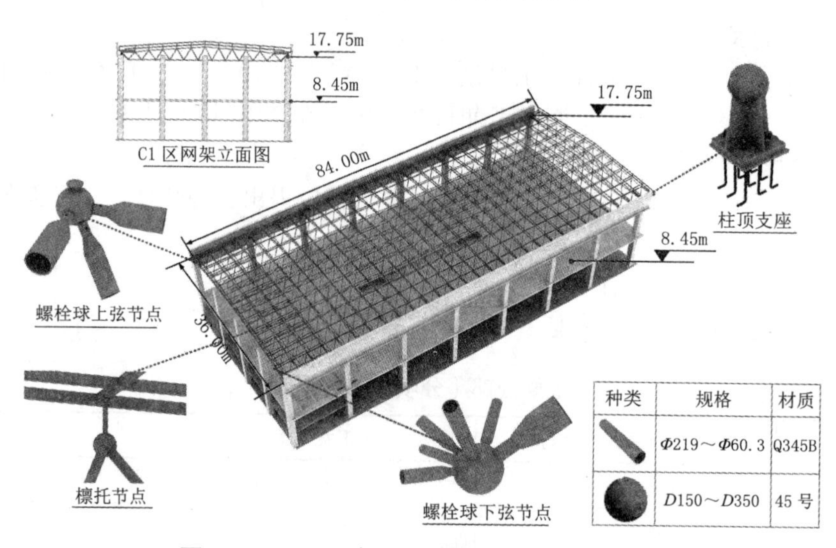

图 2-29 C1 区螺栓球网架轴测图、节点图

（二）B 区网架结构概况

B 区网架轴测图、节点图如图 2-30 所示。

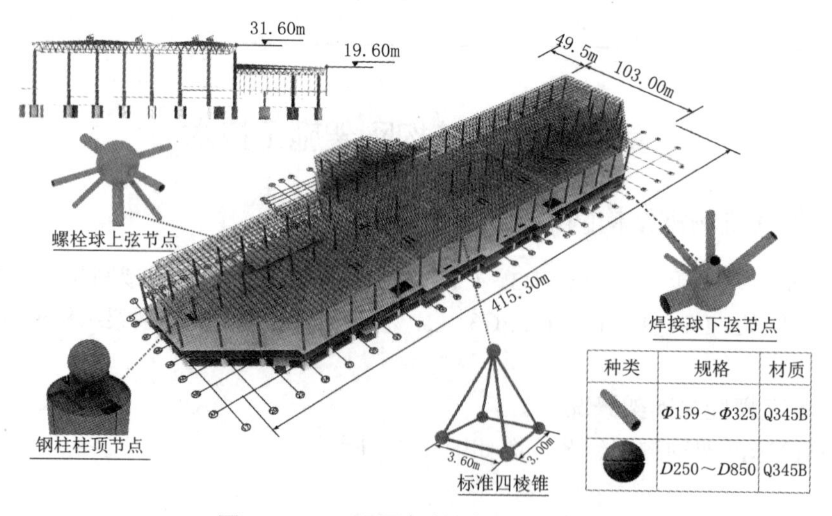

图 2-30 B 区网架轴测图、节点图

（三）C2 区钢网架结构概况

C2 区网架轴测图、节点图如图 2-31 所示。

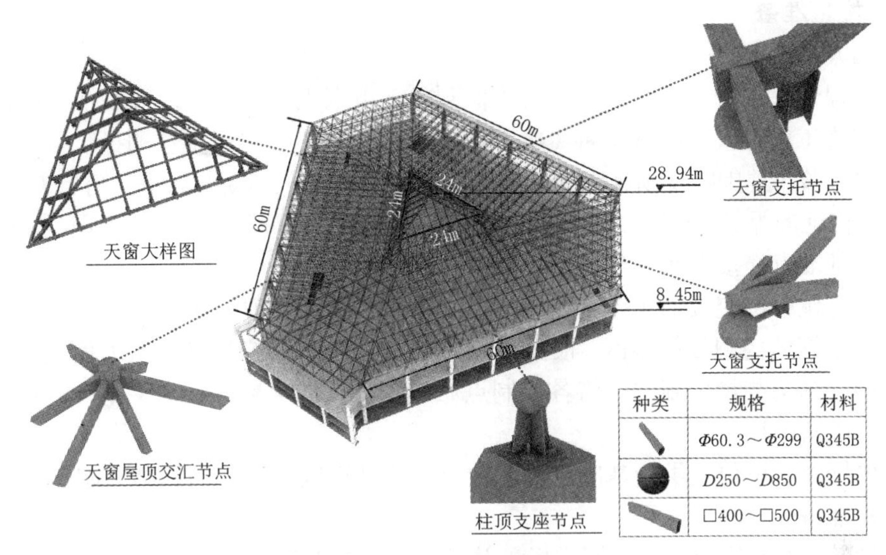

种类	规格	材料
	Φ60.3～Φ299	Q345B
	D250～D850	Q345B
	□400～□500	Q345B

图 2-31　C2 区网架轴测图、节点图

（四）C3、C4 区钢网架结构概况

C3、C4 区网架轴测图、节点图如图 2-32 所示。

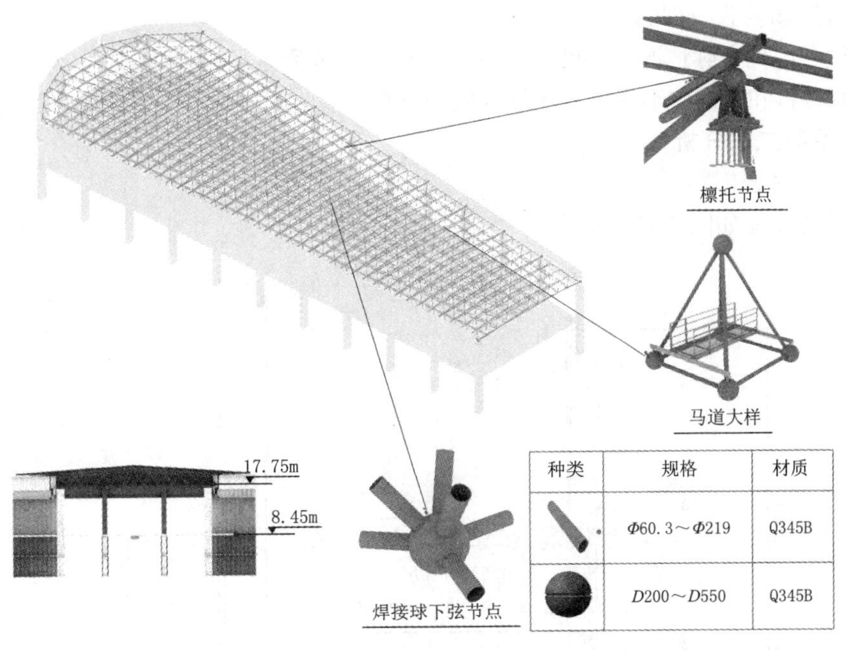

种类	规格	材质
	Φ60.3～Φ219	Q345B
	D200～D550	Q345B

图 3-32　C3、C4 区网架轴测图、节点图

二、螺栓球网架施工技术

本工程 C1 区为螺栓球网架，长 84m，宽 36m。拟采用“起步跨＋高空散拼”方式安装。

起步跨设在跨中⑥⑤~⑥⑥轴，起步跨跨度36m，宽度18m。经计算该榀网架重量约28t。起步跨拟采用两台汽车吊双机抬吊，然后以三角锥的形式散装其他螺栓球和杆件。

（一）施工准备

1. 施工人员准备

（1）工程开工之后，主要管理人员确保到位，组织机构图及管理人员持上岗证。

（2）在施工前，应对特殊工种（电工、焊工、起重工、架子工、测量工等）上岗资格进行审查和考核，并围绕现场施工中所需的新技术、新工艺、新材料进行有针对性的培训。只有取得合格证的焊工、起重工、电工等才能进入现场施工，所有技工的上岗证报监理备案。

2. 测量基准点交接与测放准备

（1）与总包单位交接轴线控制点和标高基准点，测放预埋轴线和定位标高。

（2）建立钢结构测量控制网：根据建设单位移交的测量控制点，在工程施工前引测控制点，布设钢结构测量控制网，将各控制点做成永久性的坐标桩和水平基准点桩，并采取保护措施，以防破坏。

（3）根据总包单位提供的基准点，测放钢结构基准线和轴线的标高控制点。

3. 设备准备

确保设备在开始安装之前一周进场，并且合理安排设备进场的顺序及设备的安装顺序。

4. 场地准备

进入现场之后，立刻开始地面的硬化及堆场的规划工作，严格按照部署及业主要求布置构件堆场，拼装场地。尤其是两台160t汽车吊行走路线及站位区域的场地硬化。

5. 材料进场验收及保管

本工程考虑到实际情况的特殊性，材料进场验收包括运至现场的钢材、焊材、油漆、高强螺栓等原材料和钢构件半成品、成品等成型材料，验收标准根据国家相关规范规程进行。

（二）吊装工况分析

1. 起步跨吊装

网架吊装立面如图2-33所示。

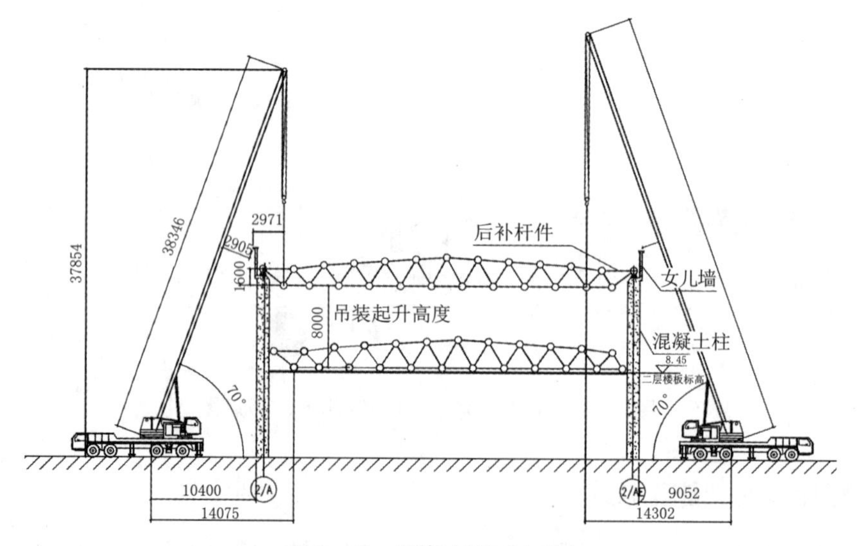

图2-33 网架吊装立面图

工况分析：起步跨跨度 36m，宽度 18m。经计算该榀网架重量 <28t。考虑女儿墙标高 20.35m，为避免卡杆，选用两台 160t 汽车吊，采用 4 点双机抬吊。在吊装半径 14.3m，臂长 44.2m 时，每台 160t 汽车吊可吊重 29t。考虑安全系数 1.4，即 29×2÷1.4=41.4t>28t，满足吊装要求。

2. 主要吊装机械选择

拟选用两台 160t 汽车吊吊装起步跨，网架悬挑安装采用现场塔吊。起步跨跨度 36m，宽度 18m。经计算该榀网架重量 <28t。考虑女儿墙标高 20.35m，为避免卡杆，选用两台 160t 汽车吊，采用 4 点双机抬吊完成起步跨安装。

（1）160t 汽车吊（中联浦沅 QAY160）;

（2）25t 汽车吊构件转运。

3. 吊点及钢丝绳设计

（1）吊点设计

在网架下弦节点球上设置下吊点，根据受力情况对设置吊点的节点球和杆件进行相应的加固，保证下吊点的稳定、牢固、可旋转。钢丝绳与吊点球缠绕形成环形，保证钢丝绳受力均匀。下吊点的钢丝绳长度、夹角需要控制。

吊点设计及钢丝绳布置施工实例图如图 2-34 所示。

(a)

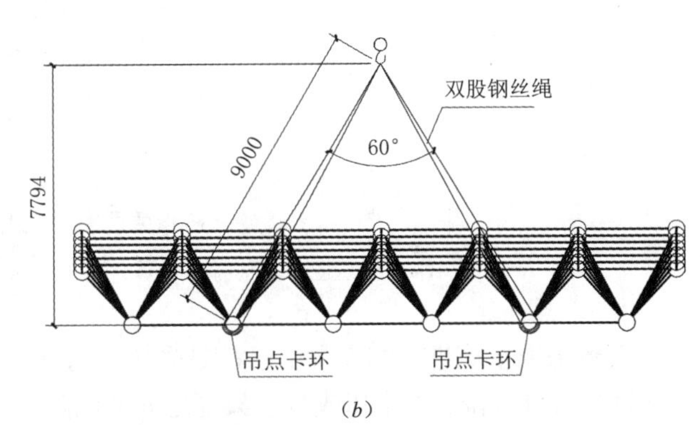

(b)

图 2-34 吊点设计及钢丝绳布置施工实例图

（*a*）吊点设计实例；（*b*）钢丝绳布置图

（2）钢丝绳验算

中间单跨钢网架按重量≤ 28000kg 考虑，单台汽车吊起重量为：

$$G=28000/（0.75\times2）=18660\text{kg}$$

钢丝绳与水平面的夹角为 60°。

$$4\times F\times\sin60°=G，则 F=G/（2\sin60°）=5390\text{kg}$$

即单根钢丝绳承受的拉力为 5390kg。

查五金手册选择钢丝绳：型号 6×37—28—1700—GB/T 14451-1993，直径为 28mm 的钢丝绳破断拉力为 50050kg，安全系数按 9 考虑，则钢丝绳的许用拉力 [*F*] 为 5561.1kg。*F*<[*F*]，即钢丝绳承受的实际拉力小于许用拉力，钢丝绳安全。

（3）节点球和杆件加固措施

根据 Midas Gen 计算吊点处受力分析，可知在网架后补杆件一侧与吊点相连的两根斜腹杆受压应力作用，且杆件截面较小，为受力薄弱环节。在不采用任何加固措施时此处杆件应力亦可满足设计要求，考虑起吊过程的动荷载、风荷载等综合荷载影响拟对薄弱杆件进行加固。薄弱杆件加固示意图如图 2-35 所示。

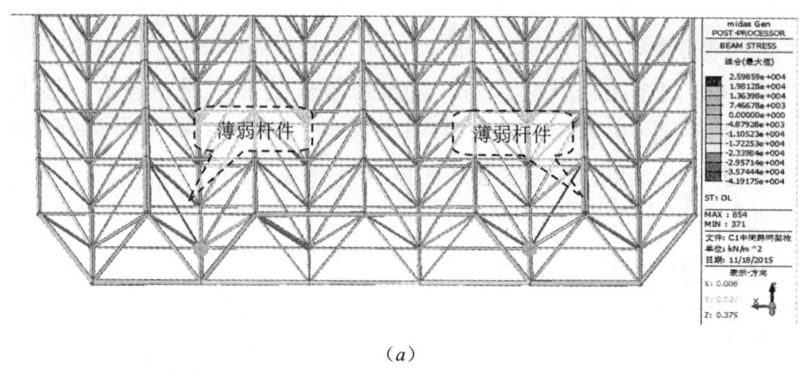

（a）

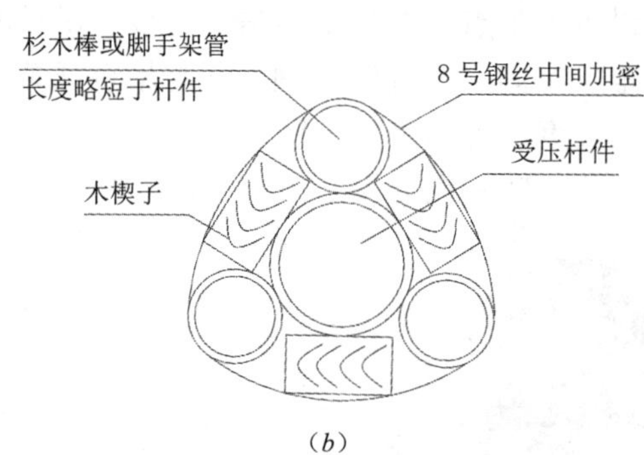

（b）

图 2-35 薄弱杆件加固示意图

（a）受压应力薄弱杆件位置；（b）受压应力薄弱杆件加固措施

现场采取措施进行加固，由于都是受压应力杆件，采用 8 号钢丝把杉木棒或脚手架管捆绑于薄弱杆件周围，杉木棒或脚手架管之间的间隙用木楔塞实，事实证明这种加固方法可行。

（三）网架受力计算

1. 施工模型建立

㊅~㊅轴线网架 Midas 计算模型如图 2-36 所示。

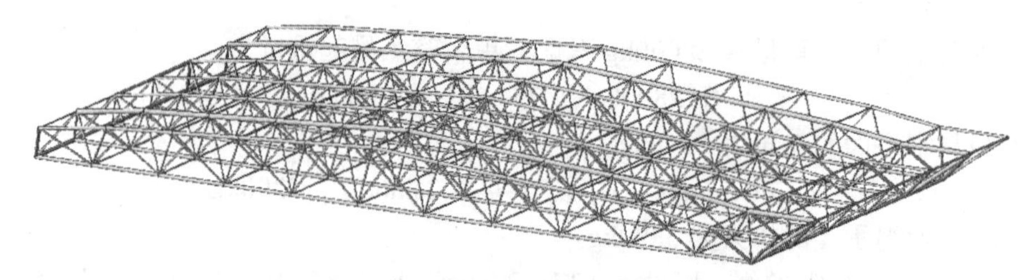

图 2-36 ㊅~㊅轴线网架 Midas 计算模型

（1）荷载效应

施工过程中只考虑构件的重力效应，由于施工过程是一个动态过程，在考虑重力效应中将构件自重放大 1.2 倍。

（2）边界约束

网架施工安装过程中各吊点按约束 Z 向位移考虑，吊点支座图如图 2–37 所示。

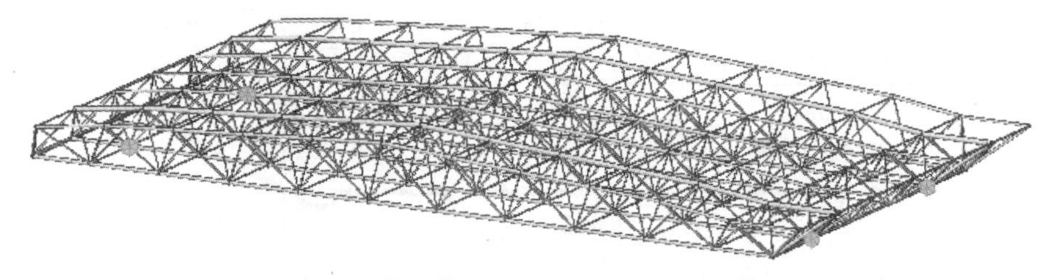

图 2–37　⑥⑤~⑥⑥轴线网架 Midas 吊点支座图

2. 吊装工况计算

网架施工过程分 3 个施工步骤来完成，即：起吊 – 补杆 – 卸载，对各施工步骤的网架结构整体位移及构件组合应力大小进行计算，如图 2–38 所示。

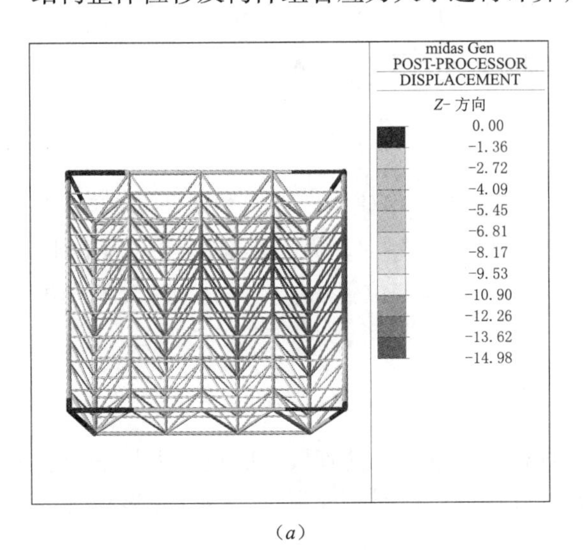

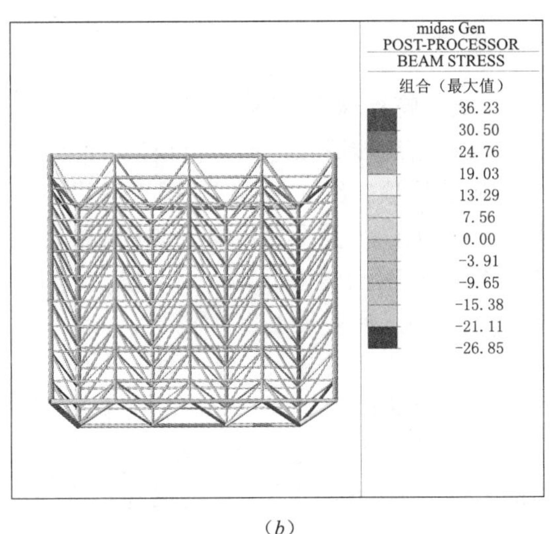

（a）　　　　（b）

图 2–38　按整体一次性加载考虑计算结构整体位移及构件组合应力

（a）结构最大位移 –14.98mm；（b）结构最大组合应力 36.23N/mm^2

通过上述施工阶段分析和整体一次性加载分析可知，施工阶段最终完成时主体结构的最大竖向位移分别为 –15.21 mm、–14.98mm，最大组合应力分别为 33.37 N/mm^2、36.23 N/mm^2。比较可知上述两种工况下的位移和应力十分接近，即此分段施工模拟分析的结果是合理的。

3. 结论

由上述 Midas 施工模拟分析可知，在网架施工中主体结构的最大竖向位移为 –15.21 mm，位移较小满足设计要求；最大组合应力为 33.37 N/mm^2，Q345 钢材的材料强度设计值为 310N/mm^2（按厚度为 <16mm 段取值），满足强度设计的要求。

综上可知，此施工模拟顺序可以用于指导现场钢结构的安装施工。

（四）网架拼装顺序

拼装顺序需从⑥⑤轴和⑥⑥轴线开始拼装，并同时向两侧延伸。网架剩余杆件拼装顺序如图 2-39 所示。

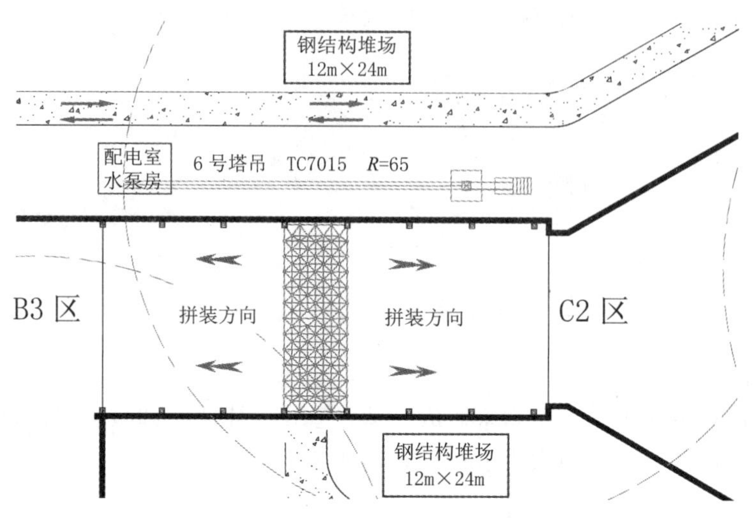

图 2-39 网架剩余杆件拼装顺序

（五）螺栓球网架高空拼装

1. 网架起步跨在地面进行拼装

确认柱顶轴线、中心线，用水平仪确认标高，有误差应予修正。安装起步跨间下弦球、杆，组成纵向平面网格。排好临时支点，保证下弦球的平等度。为了避免吊装过程干涉，起步跨网架四轴位置少装一个网格。起步跨网架吊装到预定位置后，用塔吊和 25t 汽车吊配合，采用悬挑安装法将其补装上。

2. 网架支座安装

（1）考虑温度对网架变形的影响

设计支座底板孔直径为 70mm，固定螺栓直径为 33mm。过渡板、底板、平垫三块板均不焊接，中间夹层聚四氟乙烯片，可保证温度升高或降低时相互滑动，确保温度应力的释放。

（2）施工定位措施

C1 区网架施工时白天室外环境温度约 -10℃，应考虑温度收缩变形。

3. 螺栓球网架高空散拼拼装

（1）网架的安装前准备工作

网架在安装前要把零部件，如杆件、螺栓球，进行分类整理，按规格大小、编号种类按次序排列整齐，便于在安装中查找使用。然后把需要安装的杆件、螺栓球按安装的先后顺序排列出来，把这一切准备工作做好后就可以进行网架的地面拼装。

（2）安装前螺栓球分类摆放

螺栓球摆放原则：应在平板上分开紧密摆放，同规格的螺栓球应分类摆放。

（3）螺栓球节点安装

螺栓球节点是由螺栓球、高强度螺栓、套筒、紧固螺钉和锥头或封板等零部件组成的节点。螺栓球节点组成见表 2-56。

螺栓球节点组成　　表 2-56

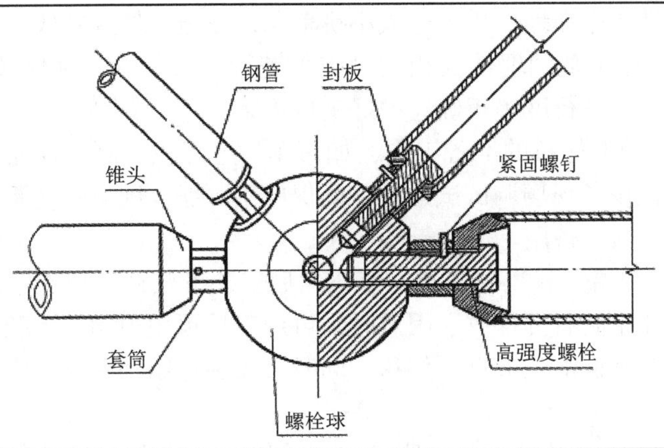

螺栓球	通过拧入高强度螺栓连接各杆件的零件
高强度螺栓	杆件与螺栓球的连接件
套筒	承受压力和拧紧高强度螺栓的零件
锥头或封板	钢管端部的连接件，较大直径的钢管采用锥头
紧固螺钉	拧套筒时可以带动高强度螺栓转动的零件

（4）螺栓球性能检测

高强度螺栓经热处理后，其拉力试验结果应符合表 2-57 的规定。

螺栓球拉力试验表　　表 2-57

强度等级	抗拉强度 f_u（MPa）	屈服强度 f_y（MPa）	伸长率 δ_s（%）	收缩率 ψ（%）
10.9S	1040~1240	940	10	42

抗拉试验时，M12~M36 的高强螺栓中心取样，试件直径按螺栓直径的 3/4 计算，M39~M64×4 的高强螺栓偏心取样，取样中心位置在螺栓直径的 1/4 处，试件直径按螺栓直径的 3/8 计算。

高强螺栓的硬度，螺纹规格为 M12~M36 的高强螺栓强度等级为 10.9S 时，热处理后其硬度为 32~37HRC，螺纹规格为 M39~M64×4 的高强螺栓的常规硬度应为 32~37HRC。芯部硬度试验应在距螺纹末端一个螺纹直径的截面上，距中心 1/4 直径处，任测四点，取后三点平均值。

（5）螺栓球紧固注意事项

螺栓应拧紧到位，不允许套筒接触面有肉眼可观察到的缝隙。网架高强螺栓紧固后，应将套筒上的定位小螺栓拧紧锁定。网架结构安装完成并且检查螺栓拧到位后，应将多余孔和孔隙堵塞密封，然后再涂防锈漆及面漆。

（6）三角锥拼装

先配好该处的球和杆件，一名施工人员找准球孔位置，分别对接两根腹杆，用扳手或管钳拧套筒螺栓，接着再有一名施工人员抱一上弦杆，另一名施工人员迅速将螺栓对准相应的球孔，用扳手将此上弦杆拧紧到位，在拧紧过程中，腹杆施工人员晃动杆件，以使杆件与球完全拧紧到位。此项工作完毕后，再装另一根上弦杆，找准球孔，拧紧螺栓到位。将网架杆件按照安装顺序在地面拼装好成小拼单元，按施工位置摆放。

1）对施工前工序（基础埋件及相关设施）进行再次复核，确保预埋件质量、标高、中心轴线、几何尺寸、平行度等正确，做好交接手续。

2）做好机具及辅助材料的准备工作，如吊车、电焊机、测量仪器、手动工具及其他辅助工具，所有机械设备现场调试试运行，确保施工可靠，同时一些重要设备，如吊车现场还必须储备 2 台左右，备用。

3）网架从低端开始安装，先安装支座，然后安装下弦杆，依次为腹杆和上弦杆，边安装边测量定位，如中间有杆件放入困难时，可用千斤顶微顶网架下弦球调节后放入。安装时应垫实下弦球，确保下弦节点不位移，同时边安装边用经纬仪、水准仪对各控制节点进行测量定位。

4）上弦杆的组装：上弦杆安装顺序是内向外传 ，上弦杆与球拧紧应与腹杆和下弦球拧紧依次进行。

5）腹杆与上弦球的组装：腹杆与上弦球形成一个向下四角锥，腹杆与上弦球的连接必须一次拧紧到位，腹杆与下弦球的连接不能一次拧紧到位，主要是为安装上弦杆起松口服务。

6）弦杆与球的组装：根据安装图的编号，垫好垫实下弦球的平面，把下弦杆件与球连接并一次拧紧到位。用以上方法先将脚手架上的网架安装完成，然后再按照上述方法进行施工直到全部结束，在整个高空散装安装过程中，要特别注意下弦球的垫实、轴线的准确、高强螺栓的拧紧程度、挠度及几何尺寸的控制。

7）安装三角锥的工作方法：两名施工人员在上弦节点处，两名施工人员在下弦节点处，分别找准与杆件相应的球孔，将杆件与球之间的螺栓迅速拧紧到位，四名施工人员同时工作，相互之间应熟练配合，最后由两名施工人员装下弦杆和下弦球。待所有网架安装完毕后，整体调整网架各个支座位置，利用千斤顶将网架微调至设计位置后，焊接各个支座。

8）网架安装质量要求

① 螺栓应拧紧到位，拧入螺栓球孔内，深度要达到设计深度。

② 杆件不允许存在超过规定的弯曲。

③ 已安装网架零部件表面清洁、完整、无损伤，不凹陷、不错装，对号准确，发现错装及时更换。

④ 油漆厚度和质量要求必须达到设计规范规定。

⑤ 网架节点中心偏移不大于 1.5mm，且单锥体网格长度不大于 ±1.5mm。

⑥ 整体网架安装后纵横向长度不大于 $L/2000$，且不大于 30mm，支座中心偏移不大于 $L/3000$，且不大于 30mm。

⑦ 相邻支座高差不大于 15mm，最高与最低点支座高差不大于 30mm。

⑧ 空载挠度控制在 $L/450$ 之内，且小于等于 1.15 倍设计值。

4. 螺栓球网架安装实例

螺栓球网架安装实例如图 2-40 所示。

5. 钢网架结构安装的允许偏差

钢结构网架安装允许偏差见表 2-58。

图 2-40　螺栓球网架施工实例

钢结构网架安装允许偏差表　　表 2-58

项　目	允许偏差	检验方法
纵向、横向长度	± L/2000，且不应大于 ± 30mm	用钢尺实测
支座中心偏移	L/3000，且不应大于 30mm	用钢尺和经纬仪实测
周边支承网架相邻支座高差	L/400，且不应大于 15mm	用钢尺和水准仪实测
支座最大高差	30mm	
多点支承网架相邻支座高差	L_1/800，且不应大于 30mm	

注：1. L 为纵向、横向长度。
2. L_1 为相邻支座间距。

（六）网架挠度控制

1. 挠度值规定

规范规定空间网格结构的容许挠度值为 1/250。C1 区跨度 36m，设计允许挠度值为 144mm。

2. 过程精度控制

（1）小拼单元三角锥安装允许偏差见表 2-59。

三角锥安装允许偏差表　　表 2-59

项　目	范　围	允许偏差（mm）
节点中心偏移	$D \leqslant 500$	2
	$D>500$	3
杆件中心与节点中心的偏移	$d \leqslant 200$	2
	$D>200$	3
杆件轴线的弯曲矢高	—	L_1/1000，且不应大于 5
网格尺寸	$L \leqslant 5000$	± 2
	$L>5000$	± 3
锥体高度	$h \leqslant 5000$	± 2
	$h>5000$	± 3

续表

项 目	范 围	允许偏差（mm）
对角线长度	$L \leqslant 7000$	±3
	$L>7000$	±4

注：D 为节点直径；d 为杆件直径；L 为网格尺寸；h 为锥体高度。

（2）跟踪测量

高空散装施工时，先在地面拼成可承受自重的三角锥，然后逐步扩拼。网架在散拼过程中应对控制点空间坐标随时跟踪测量，确保下绕挠度控制在设计要求值范围之内。

3. 下挠过大控制措施

根据规范要求［《空间网格结构技术规程》JGJ/T−2010］网架悬挑法施工时，应先拼成可承受自重的几何不变体系，然后逐步扩拼。为减少扩拼时结构的竖向位移，可设置少量支撑。空间网格结构在拼装过程中应对控制点空间坐标随时跟踪测量，并及时调整至设计要求值，不应使拼装偏差逐步积累。

（1）起步跨地面拼装，整体双机抬吊，拼装质量较易控制。起步跨吊装完成后，即对跨中和跨度方向四等分点处进行挠度测量，确保挠度值在设计要求的范围内。

（2）其他跨高空散装时，由于三角锥自重影响，需在塔吊松钩前将三角锥杆件拧入稳定结构的螺栓球孔内，深度要达到设计深度。三角锥散装过程中随时跟踪测量挠度值，下挠过大时随时采取控制措施。

施工过程中随时跟踪监测，发现挠度过大时及时搭设支撑架。支撑架规格为 2.0m×1.2m，下方铺设脚手板，上方搭设千斤顶操作平台，通过千斤顶顶升控制挠度下绕。

4. 完工监测

C1 区网架结构安装完成后，应对挠度进行测量。测量点的位置由设计院确定。当设计无要求时，应测量跨中及跨度方向四等分点（共计 3 点）的挠度。所测得的挠度值不超过设计值的 1.15 倍，即满足规范要求。

三、焊接球网架提升施工技术

（一）焊接球网架施工概述

根据施工工期要求，各区域同步进行网架结构拼装焊接，C3、C4 区网架从中间向两侧拼装，C2 区网架由中间三根独立柱向四周方向扩展拼装，B 区网架由中间向两侧拼装。保证在减少拼装累计误差的同时方便设备退场。尽量使各区汽车吊进、退场位于同一位置，方便汽车吊站位。

拼装流程：作业准备→小拼单元→中拼单元→拼装验收→交付提升。

吊装单元的地面拼装方法的确定，需综合考虑人员与设备的使用效率，切实做到方法简便易行、安全高效、拼装过程稳定可靠。二层楼面拼装时考虑采用一台 8t 汽车吊进行楼板面拼装。焊接球网架拼装流程如图 2−41 所示。

待 8t 汽车吊退场后，C 区周边网架补杆由 25t 汽车吊完成；B 区中间用卷扬机补杆，周边选用 50t 汽车吊补杆。

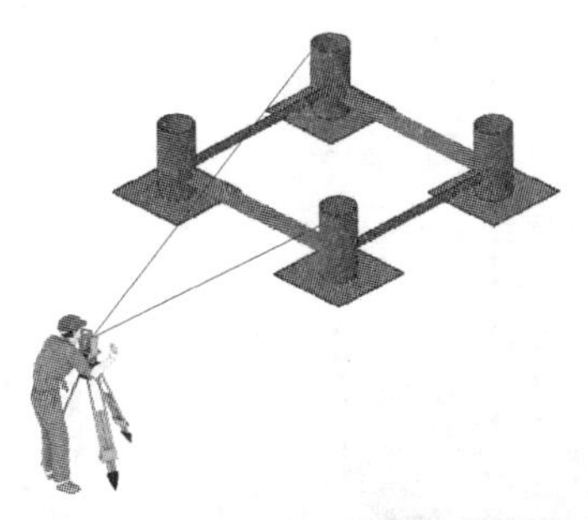

流程一：测量放线，布置拼装胎架，胎架用角钢固定

流程二：定位四角节点球

流程三：拼装下弦杆，点焊固定

流程四：上弦杆与上弦球焊接

流程五：汽车吊吊起上弦杆和球，拼装两根腹杆，即每根杆与球均严丝合缝，点焊固定

流程六：拼装其他两根腹杆，确保杆与球严丝合缝

流程七：同样的方法，网架从中间向四周扩散拼装

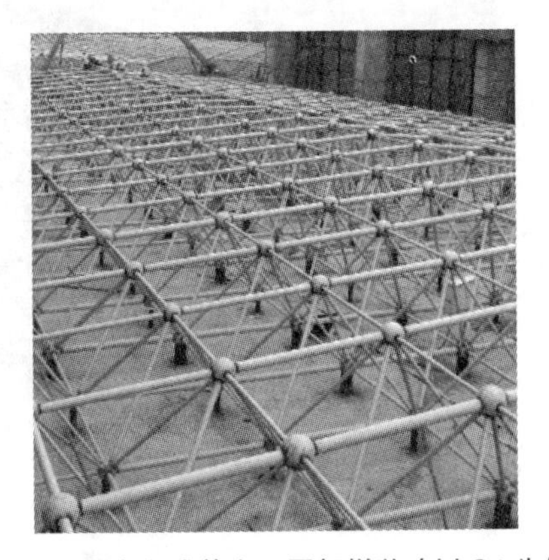

流程八：依次完成整个区网架拼装（以 C4 为例）

图 2-41 焊接球网架拼装流程

1. C2 区网架施工流程

C2 区网架施工流程如图 2-42 所示。

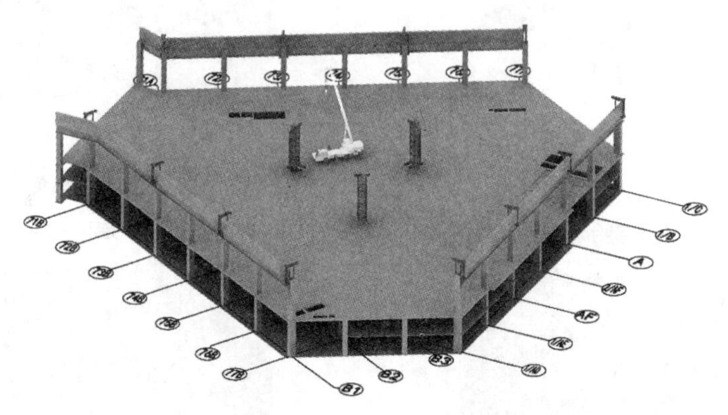

步骤一：8t 汽车吊进场安装中部提升架、由内向外扩拼网架

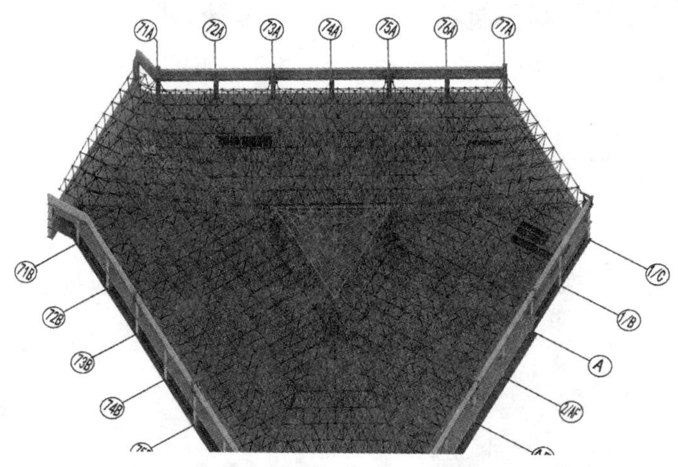

步骤二：安装临时杆件、网架提升

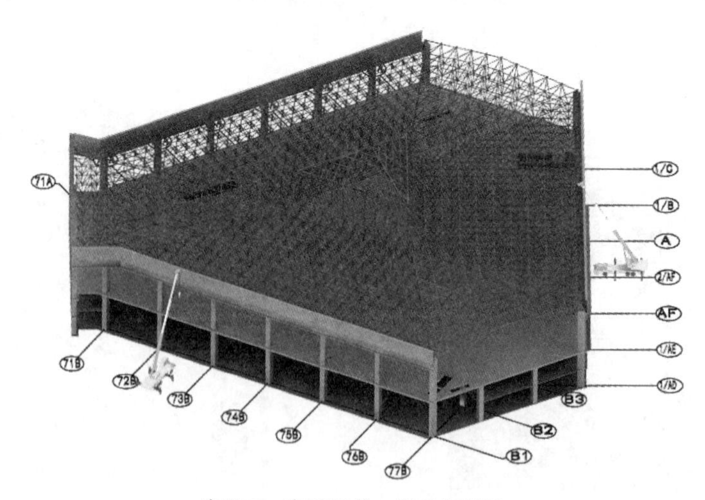

步骤三：临时杆件、提升架拆除

图 2-42　C2 区网架施工流程

2. C3/C4 区网架施工流程

C3/C4 区网架施工流程如图 2-43 所示。

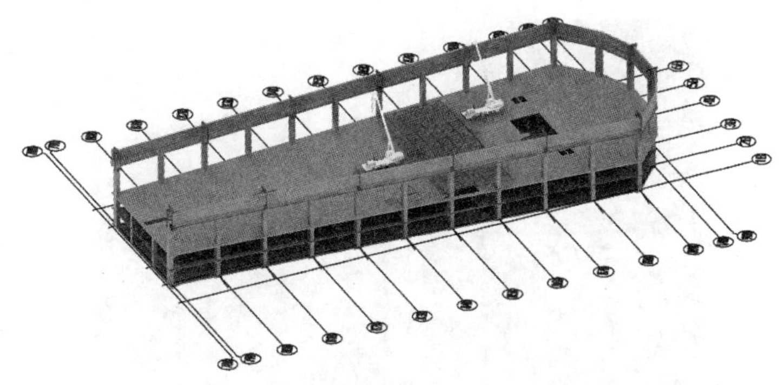

步骤一：8t 汽车吊上楼板、提升架安装、由中部向两侧拼装

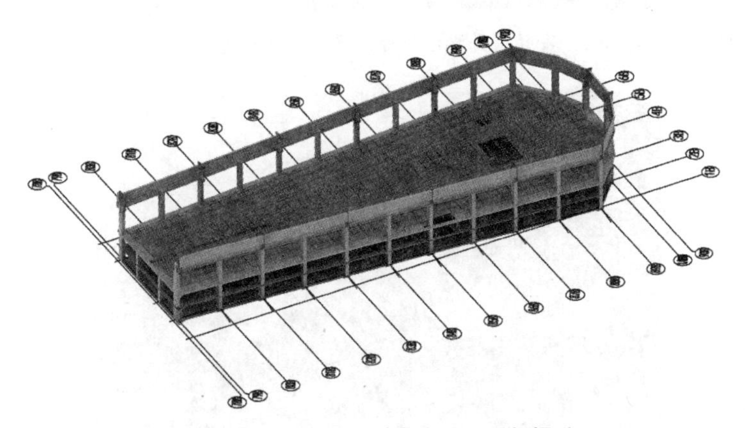

步骤二：临时杆件、檩条安装、网架提升

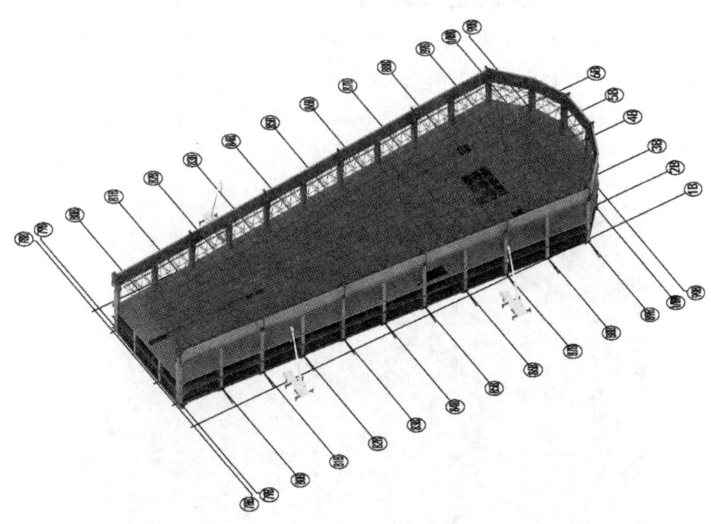

步骤三：周边杆件嵌补、卸荷及临时杆件、提升架拆除

图 2-43　C3/C4 区网架施工流程

对结构拼装分区，有利于生产厂家按照分区及施工流程进行构件运输、现场拼装。

3. B 区网架施工流程

B 区网架施工流程如图 2-44 所示。

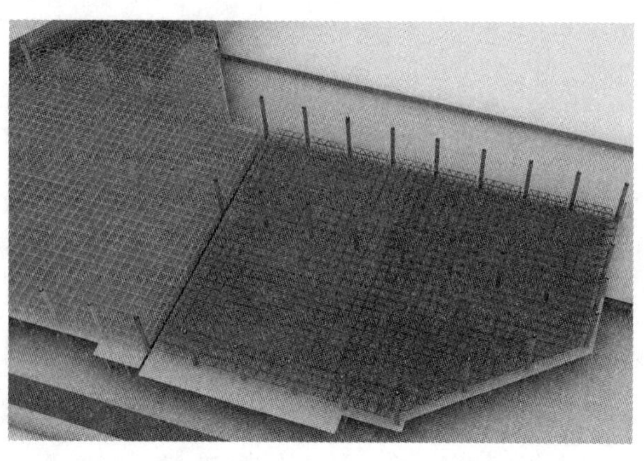

步骤一：在二层楼面上拼装网架，安装提升平台及提升器，提升器通过钢绞线与网架下吊点进行可靠连接

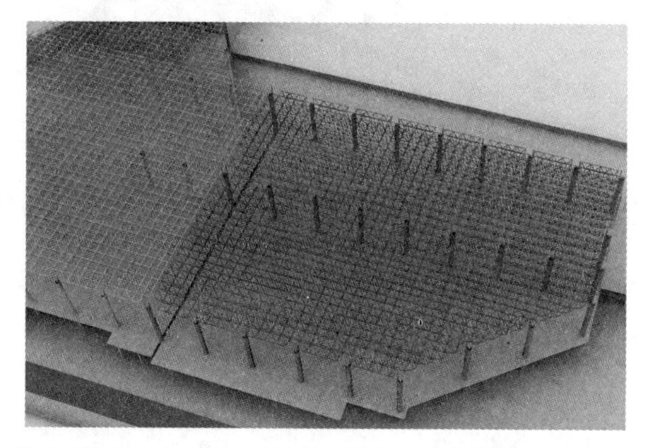

步骤二：网架拼装完成，临时结构安装完成后，进行检查验收，确认合格后，进行提升器分级加载，使网架整体离地约 100mm。停止提升，提升器锁紧，网架静置至少 12h，检查网架结构、临时杆件、吊点和提升平台等结构有无异常情况。确认无异常情况后，提升器同步加载，整体同步提升网架。整体提升网架至安装标高，提升器微调作业，精确就位

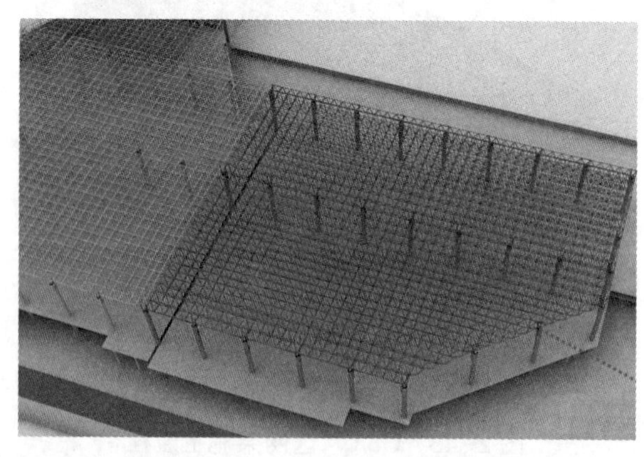

步骤三：后补杆件安装完成，验收合格后，进行卸载，将荷载转移至支座上，提升施工作业结束

图 2-44　B 区网架施工流程

（二）焊接球网架提升及提升措施设计（以 B 区为例）

1. 汽车吊行走路线及楼面承载力验算

（1）汽车吊行走路线

汽车吊行走路线如图 2-45 所示。

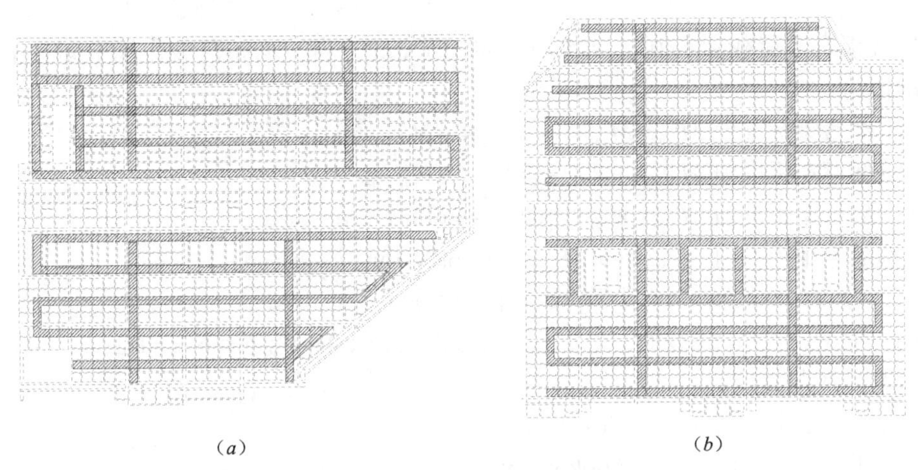

（a） （b）

图 2-45 汽车吊行车路线

（a）B3 区汽车吊行走路线；（b）B2 区汽车吊行走路线

图 2-45 中一层顶板标高 8.470m，其中板厚为 120mm 的区域为汽车吊行走区域。

（2）汽车吊在楼板上行走时楼板强度及裂缝验算。

1）汽车吊参数见表 2-60。

汽车吊参数表 表 2-60

质量参数	行驶状态自重（总质量）（kg）	10000
	①、②轴载荷（kg）	2600
	③、④轴载荷（kg）	7400
尺寸参数	外形尺寸（长 × 宽 × 高）（mm）	9080 × 2400 × 3180
	支腿纵向距离（m）	4.000
	支腿横向距离（m）	3.825

2）汽车吊荷载作用下楼板的最大弯矩

取汽车吊行走区域的一标准板作为验算单元，按双向板考虑。

汽车吊最大轮压标准值 P=76/2=38kN，作用位置取板跨中。

①由《实用建筑结构设计手册》表 5-3 可知，中部集中荷载作用下截面弯矩系数 x 向中部、x 向端部、y 向中部、y 向端部分别为 0.118、−0.113、0.104、−0.083（图中短跨为 x 向），泊松比 v=1/6。

即各个截面的弯矩标准值为：

x 向中部弯矩标准值 $M^{v}_{xk}=M_{xk}+v\times M_{yk}$=5.01kN · m

x 向端部弯矩标准值 $M^{v0}_{xk}=v\times M^{0}_{xk}$=−4.18kN · m

y 向中部弯矩标准值 $M^{v}_{yk}=M_{yk}+v\times M_{xk}$=4.58kN·m

y 向端部弯矩标准值 $M^{v0}_{yk}=v\times M^{0}_{yk}$=−3.07kN·m

②由《实用建筑结构设计手册》表 5−1 可知，均布荷载作用下截面弯矩系数 x 向中部、x 向端部、y 向中部、y 向端部分别为 0.0222、−0.058、0.0167、−0.054（图中短跨为 x 向），泊松比 v=1/6。

二层楼板自重荷载标准值 $g_{0k}=25\times 0.12=3.0\text{kN/m}^2$，自重均布荷载作用下即各个截面的弯矩标准值为：

x 向中部弯矩标准值 $M^{v}_{xgk}=M_{xgk}+v\times M_{ygk}$=0.82kN·m

x 向端部弯矩标准值 $M^{v0}_{xgk}=v\times M^{0}_{xgk}$=−1.89kN·m

y 向中部弯矩标准值 $M^{v}_{ygk}=M_{ygk}+v\times M_{xgk}$=0.67kN·m

y 向端部弯矩标准值 $M^{v0}_{ygk}=v\times M^{0}_{ygk}$=−1.76kN·m

③综上可知汽车吊荷载作用下的最大楼板弯矩

本设计中考虑汽车吊的动力效应，取动力系数 β=1.4；本设计下 γ_g=1.2；γ_q=1.4。

本工况为活荷载控制：

x 向跨中弯矩设计值 M^{m}_{x}=8.70kN·m

x 向端部弯矩设计值 M^{s}_{x}=−7.06kN·m

y 向跨中弯矩设计值 M^{m}_{y}=7.86kN·m

y 向端部弯矩设计值 M^{s}_{y}=−5.69kN·m

3）汽车吊行走状态荷载作用下楼板强度验算

①二层楼板设计信息

根据设计图纸知汽车吊行走区域楼板板厚 120mm，xy 向双层双向钢筋 ϕ8@150，环境类别为二 a 类，板钢筋保护层厚度 20mm。

底部受弯承载力：

$a_s=c+8/2$=24mm

$h_0=h-a_s$=96mm

A_s=335 mm²

$M_b^{R}=0.9f_y\times A_s\times h_0$=10.42N·m

顶部受弯承载力：

$a'_s=c+10/2$=24mm

$h'_0=h-a'_s$=96mm

A'_s=335mm²

$M_{tx}^{R}=0.9f_y\times A_s\times h_0$=10.42N·m

②二层楼板强度验算

$M_{bx}^{R}>M^{m}_{x}$，$M_{by}^{R}>M^{m}_{y}$ 满足强度验算要求。

$M_{tx}^{R}>M^{s}_{x}$，$M_{ty}^{R}>M^{s}_{y}$ 满足强度验算要求。

③二层楼板裂缝验算

4）汽车吊行走状态荷载作用下楼板裂缝验算

①计算依据

《混凝土结构设计规范》GB 50010−2010 第 7.1.2 条。

②基本资料

截面尺寸 $b \times h$：1000mm × 120mm。

受拉区纵筋：ϕ8@150。

纵筋放置：单排。

混凝土等级：C40。

受拉筋保护层厚度：20mm。

准永久组合下弯矩值：4.40kN · m。

③计算最大裂缝宽度 ω_{max}

$A_s = 335mm^2$

$A_{te} = 75000mm^2$

$\rho_{te} = \max\{A_s/A_{te}，0.01\} = 0.01$

$v = 1.0$

$d_{eq} = 8mm$

$h_0 = 96mm$

$\sigma_{sk} = M_q/（0.87 \times h_0 \times A_s）=141.4MPa$

$f_{tk} = 2.39$ MPa

$\psi = 1.1-0.65 \times f_{tk}/（\rho_{te}\sigma_{sk}）=0.20$

$c_s = 20mm$

$\alpha_{cr} = 1.9$

$\omega_{max} = \alpha_{cr} \times \psi \times \sigma_{sk} \times（1.9 \times c_s+0.08 \times d_{eq}/\rho_{te}）/E_s = 0.027mm$

④裂缝宽度验算

$\omega_{max} < [\omega_{max}]=0.2$，裂缝验算满足要求。

（3）汽车吊吊装时楼面梁强度验算

1）汽车吊荷载及尺寸

汽车吊荷载及尺寸见表 2-61。

汽车吊荷载及尺寸表 表 2-61

质量参数	行驶状态自重（总质量）（kg）	10000
	①、②轴载荷（kg）	2600
	③、④轴载荷（kg）	7400
尺寸参数	外形尺寸（长 × 宽 × 高）（mm）	9080 × 2400 × 3180
	支腿纵向距离（m）	4.000
	支腿横向距离（m）	3.825

根据施工方案，汽车吊吊装塔架钢结构最不利工况为：

吊装半径 10m，吊重 0.8t，配重 5t，即起重力矩为 8 t · m。汽车吊荷载分项系数 1.4，动力系数 1.4（注：汽车吊吊装工况下支腿处必须设置路基箱，路基箱规格为长 2.6m，宽 1.35m，高 0.14m，路基箱铺设在梁上）。

2）汽车吊支腿压力计算

①压力计算简图如图 2-46 所示。

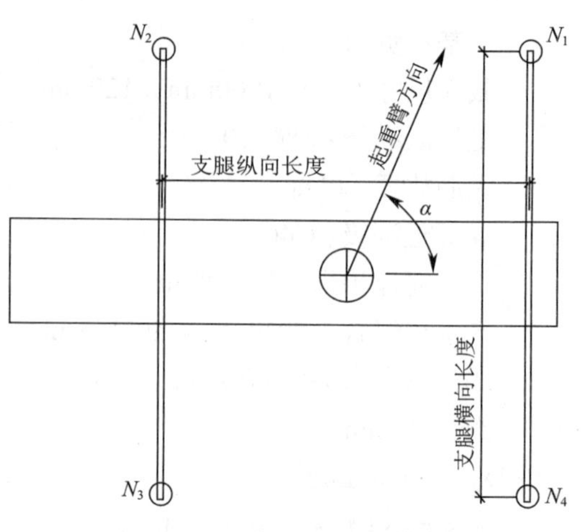

图 2-46　汽车吊吊装支腿简图

②计算工况

工况一：起重臂沿车身方向（α=0°）;

工况二：起重臂垂直车身方向（α=90°）;

工况三：起重臂沿支腿对角线方向（α=46°）。

③支腿荷载计算公式：

$$N=\Sigma P/4\pm[M\times(\cos\alpha/2a+\sin\alpha/2b)]$$

式中　ΣP——吊车自重及吊重；

M——起重力矩；

α——起重臂与车身夹角；

a——支腿纵向距离；

b——支腿横向距离。

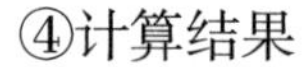

④计算结果

A. 工况一：起重臂沿车身方向（α=0°）

$N_{max}=\Sigma P/4+[M\times(\cos\alpha/2a+\sin\alpha/2b)]$=5t

B. 工况二：起重臂垂直车身方向（α=90°）

$N_{max}=\Sigma P/4+[M\times(\cos\alpha/2a+\sin\alpha/2b)]$=5t

C. 工况三：起重臂沿支腿对角线方向（α=46°）N_1 最大

$N_{max}=\Sigma P/4+[M\times(\cos\alpha/2a+\sin\alpha/2b)]$=5.4t

由计算可知，在最不利情况下，汽车吊支撑腿最大作用力为

N=1.4×1.4×54=105.8kN。

3）汽车吊吊装工况下楼面梁强度验算

取汽车吊吊装工况下一标准梁跨（图中为井子梁的某一段）作为验算单元。

①汽车吊最大吊装荷载（N_{max}=5.4t）作用下的楼面梁荷载效应

本验算中考虑汽车吊的位置作用于距梁跨中处，且考虑 1.4 的动力系数，结构效应的最大组合为活载控制。Midas 模型井子梁剪力及弯矩满足要求。

左端弯矩设计值 M^{l}=498.1kN·m

右端弯矩设计值 M^{r}=498.1kN·m

跨中弯矩设计值 M^{m}=599.4kN·m

截面最大剪力设计值 V^{max}= 153.7kN

②楼面梁设计信息

根据设计图纸知梁尺寸为 300mm×850mm，左端顶部配筋 2⌀25，右端顶部配筋 2⌀25，箍筋 φ8@200（2），梁底部配筋 6⌀25 2/4，环境类别为二 a 类，梁钢筋保护层厚度 25mm，梁混凝土等级 C40，钢筋级别 HRB400。

按单筋矩形截面计算：

左端弯矩 M^{rl}=787.8kN·m

右端弯矩 M^{rr}=787.8kN·m

跨中弯矩 M^{rm}=787.8kN·m

截面剪力 $V^{r}=425\text{kN}$

③梁截面强度验算

$M^{l}<M^{rl}$，$M^{r}<M^{rr}$，$M^{m}<M^{rm}$，$V^{max}<V^{r}$ 满足强度验算要求。

④梁截面裂缝验算

A. 计算依据

《混凝土结构设计规范》GB 50010−2010 第 7.1.2 条。

B. 基本资料

截面尺寸 $b\times h$：300mm × 850mm。

纵筋设置：6 ⏀ 25 2/4。

混凝土等级：C40。

受拉筋保护层厚度：25 mm。

准永久组合下弯矩值：370 kN · m。

C. 计算最大裂缝宽度 ω_{max}

$A_{s}=2945\text{mm}^{2}$

$A_{te}=127500\text{mm}^{2}$

$\rho_{te}=\max\{A_{s}/A_{te}，0.01\}=0.023$

$v=1.0$

$d_{eq}=25\text{ mm}$

$h_{0}=787.8\text{mm}$

$\sigma_{sk}=M_{q}/（0.87\times h_{0}\times A_{s}）=183.72\text{MPa}$

$f_{tk}=2.39\text{ MPa}$

$\psi=1.1-0.65\times f_{tk}/（\rho_{te}\sigma_{sk}）=0.732$

$c_{s}=35\text{ mm}$

$\alpha_{cr}=1.9$

$\omega_{max}=\alpha_{cr}\times\psi\times\sigma_{sk}\times（1.9\times c_{s}+0.08\times d_{eq}/\rho_{te}）/E_{s}=0.19\text{mm}$

D. 裂缝宽度验算

$\omega_{max}=0.19<[\omega_{max}]=0.2$，裂缝验算满足要求。

（4）8t 汽车吊在楼面作业时的注意事项

1）支腿横向间距 3.825m，支腿纵向间距 4.0m，本验算中不允许汽车吊支腿直接立在楼板上，支腿必须设置于楼面梁上且其下部必须设置路基箱。8t 汽车吊上楼板仅用于网架单个构件的拼装，水平运输尽量靠人力，较重的构件由叉车水平运输。

2）8t 汽车吊在二层楼面施工作业时，8t 汽车吊行走路线和同一区域吊车之间的距离严格控制，确保相邻两台汽车吊距离大于 10m。

3）我司在二层楼面上放线画出所有主梁、次梁，8t 汽车吊行走路线尽量在梁上。汽车吊楼面上作业时，确保距离拼装完成的网架和材料堆场 5m 以上。

4）二层楼面作业时网架杆件、球等材料不可集中堆放，构件材料转运至二层楼板后即运输到拼装位置，使网架自身重量均摊到每一块楼板上。

2. 提升吊点设计及验算（以 B3 区为例）

（1）B3 区网架提升点设计

B3 区网架提升时先将网架在楼板上拼装成一个整体，在网架的提升点处设置临时提升杆件及提升球，提升就位后补装后补杆件，将网架卸载至支座上。

B3 区网架吊点布置示意图如图 2-47 所示。

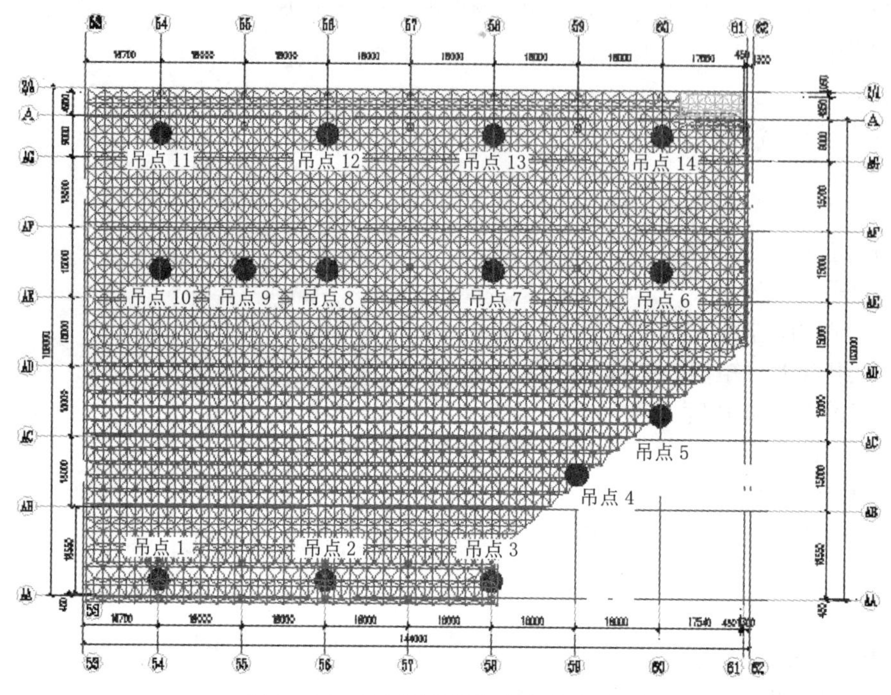

图 2-47　B3 区网架吊点布置示意图

（2）B3 区网架提升受力分析

1）Midas 模型，网架按设计图纸建模，整体提升施工安装模型图示如图 2-48 所示。

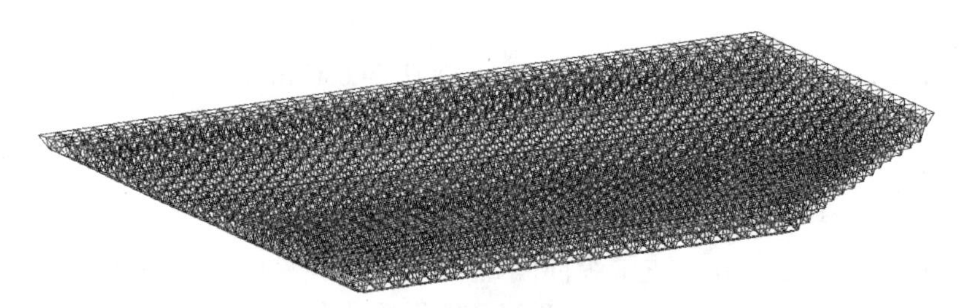

图 2-48　网架整体模型图

2）荷载效应

①施工过程中只考虑构件的重力效应，模型中未建立球单元，故考虑 1.5 倍自重来模拟球节点重力作用。

②施工考虑动力系数 1.1。

③考虑不平衡系数 1.3。

④考虑 1.35 分项系数。

考虑以上系数后，提升时自重放大系数为 1.5 × 1.1 × 1.3 × 1.35=2.89，模型中取 3.0。

3）边界约束

网架施工提升过程中各吊点按约束 Z 向的位移考虑，吊点支座图如图 2-49 所示。

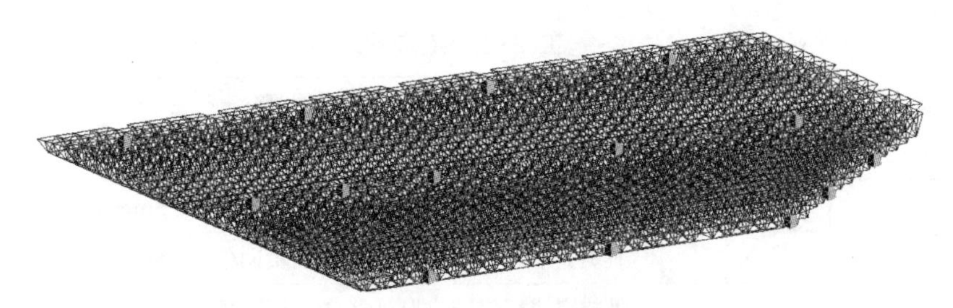

图 2-49　网架吊点位置图

网架施工提升完成后安装就位，各节点与柱的接触按约束 X、Y、Z 向的位移考虑，支座点位图如图 2-50 所示。

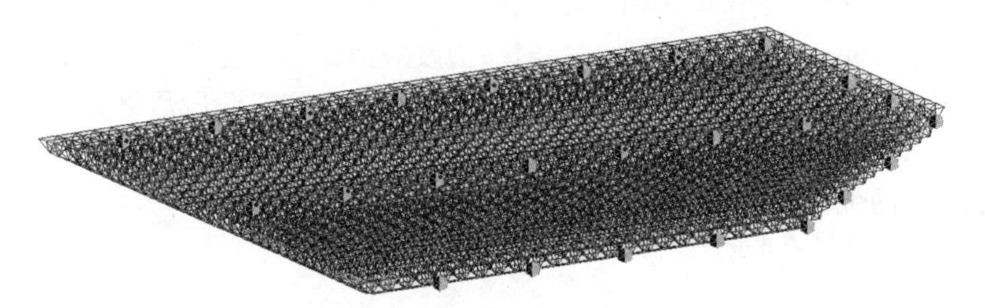

图 2-50　网架安装就位支座图

4）分析计算

B3 区各吊点反力值见表 2-62。

B3 区各吊点反力值（kN）　　表 2-62

吊点编号	吊点反力
1	808
2	908
3	360
4	346
5	68
6	782
7	1347
8	1291
9	489
10	1474
11	274
12	224
13	263
14	387

网架施工过程分 4 个施工步骤来完成，各施工步骤见表 2-63。

各施工阶段施工步骤表 表 2-63

施工阶段	施工完成构件简介
Stage1	整体网架拼装完成并加临时杆件起吊（+）
Stage2	提升过程中考虑提升点不平衡正向位移 25mm（+）
Stage3	提升过程中考虑提升点不平衡负向位移 25mm（+）
Stage4	吊装完成后安装支座处杆件，并卸载临时杆件（-）

注：表中带（+）的表示相应施工步骤时设置提升点支撑约束。
表中带（-）的表示相应施工步骤完成时卸载支撑约束。

在各个施工工况下，结构整体位移、构件组合应力及应力比大小如下：

整体网架拼装完成并加临时杆件起吊时应力及应力比满足要求。

通过上述施工阶段分析和整体一次性加载分析可知，施工阶段最终完成时主体结构的最大竖向位移分别为 83 mm、83mm，最大组合应力分别为 149MPa、148MPa。比较易知上述两种工况下的位移和应力十分接近。

3. B 区提升架设计及验算

（1）提升架设计

1）根据网架支撑柱的结构形式，设置钢管柱提升平台。

2）提升平台制作图纸，B 区提升平台 B1 制作详图如图 2-51 所示。

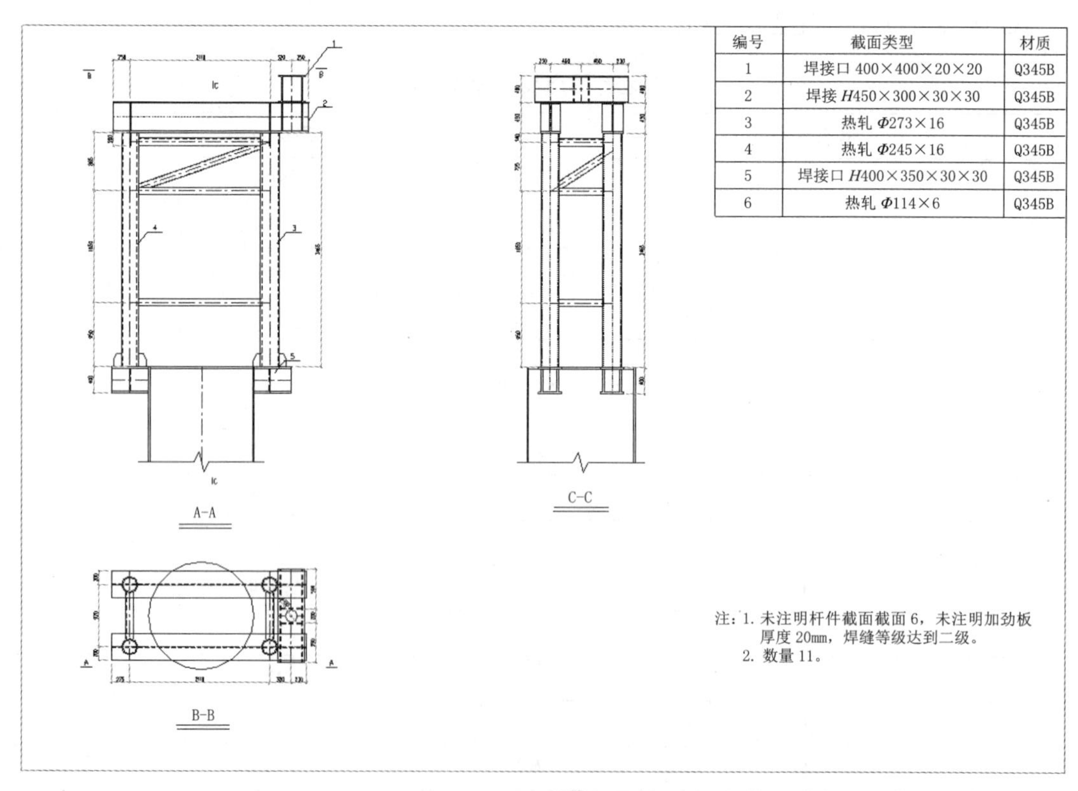

图 2-51 B 区提升平台 B1

3）提升平台焊缝计算，提升平台现场焊缝布置图如图 2–52 所示。

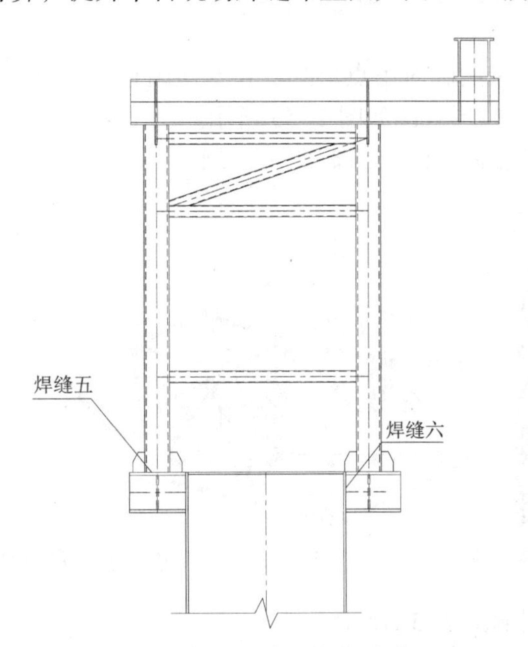

图 2–52　提升平台现场焊缝布置图

焊缝五为 B 区提升平台后拉柱脚，后拉柱截面为热轧 $\Phi245\times16$，采用熔透焊，焊缝厚度 h_f=16mm，h_e=16×0.7=11.2mm，即焊缝截面为 $\Phi245\times11.2$，后拉柱最大设计拉力为 N=310kN，则焊缝应力为：

$$\sigma_f=\frac{N}{h_e l_w}=\frac{310\times10^3}{8226}=38\text{MPa},<1.22f_f^w=1.22\times315=384.3\text{MPa}$$

焊缝六为受压牛腿焊缝，牛腿截面为□ 500×350×30×30，牛腿根部受剪力设计值 V=1308kN，M=490kN · m，采用熔透焊，焊缝有效厚度 h_e=30×0.7=21mm，焊缝截面等效为□ 500×350×21×21，$w=4.72\times10^6\text{mm}^3$，$I=1.18\times10^9\text{mm}^4$，$S=2.87\times10^6\text{mm}^3$，则焊缝应力为：

$$\sigma=\frac{M}{W}=\frac{490\times10^6}{4.72\times10^6}=103\text{MPa},<f_t^w=200\text{MPa}$$

$$\tau=\frac{VS}{It}=\frac{1380\times10^3\times2.87\times10^6}{1.18\times10^9\times21\times2}=80\text{MPa},<f_t^w=200\text{MPa}$$

翼缘与腹板交接处剪应力为：

$$\tau=\frac{VS}{It}=\frac{1380\times10^3\times1.76\times10^6}{1.18\times10^9\times21\times2}=49\text{MPa},<f_t^w=200\text{MPa}$$

折算应力为：$\sigma=\sqrt{\sigma^2+3\tau^2}=133\text{MPa}<f_t^w=200\text{MPa}$

焊缝满足要求。

4）提升平台安装

提升架在制作厂加工制作。提升平台大多安装在边柱，拟选用 80t 汽车吊在地面上整体吊装；B 区ⒶⒺ轴提升架选用空中接力的方案安装。提升架焊接焊缝均为熔透焊二级焊缝，提升前焊缝均需探伤，探伤合格方允许提升施工。

（2）提升下吊点

1）网架提升下吊点采用临时吊点形式，在支座附近添加三根临时杆件，临时杆件汇交形成提升吊点，吊点结构形式图如图 2-53 所示。

2）下吊点球及下吊点临时杆三维图如图 2-54 所示。

图 2-53　吊点结构形式图

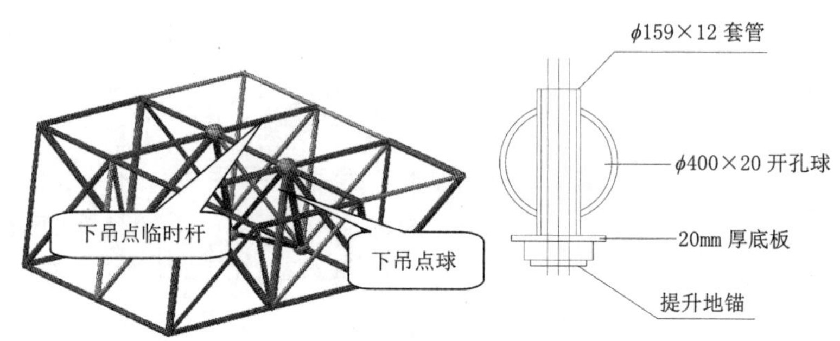

图 2-54　下吊点球及下吊点临时杆三维图

3）下吊点结构详图如图 2-55 所示。

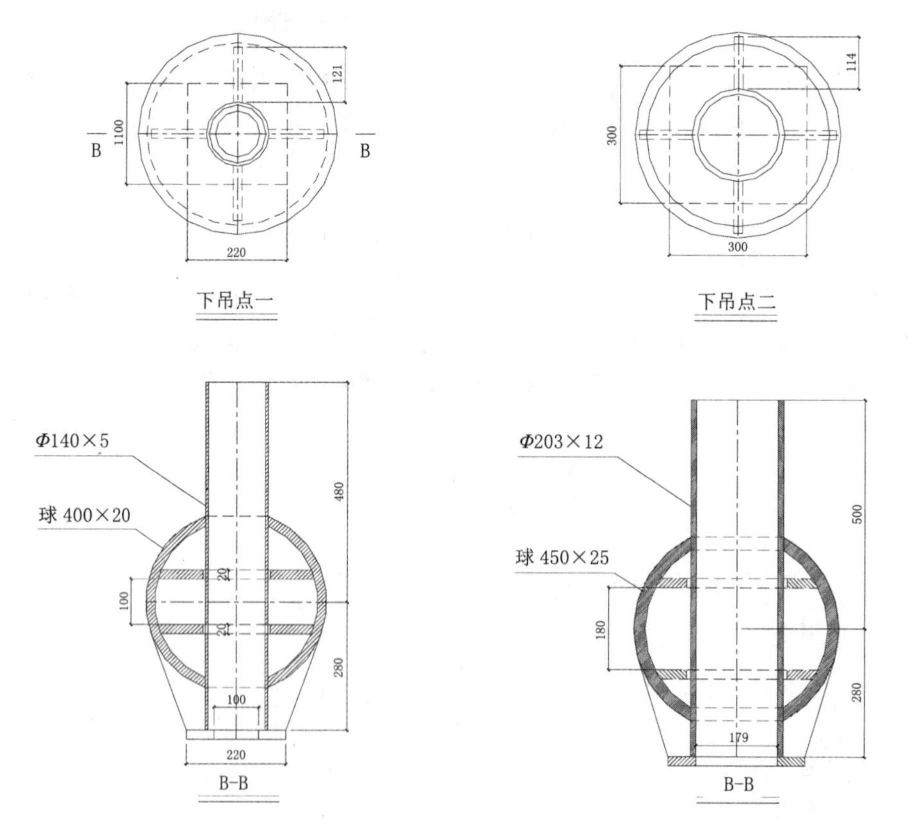

图 2-55　下吊点结构详图

（3）B 区提升架结构计算

提升平台进行建模计算，恒载分项系数为 1.2，活载分项系数为 1.4，相应的计算工况为：1）D——自重；2）P——竖向提升反力；3）F_x——x 方向水平力；4）F_y——y 方向水平力，水平力取竖向提升反力的 5%。提升平台结构校核的荷载组合表见表 2-64。

提升平台结构校核的荷载组合表　表 2-64

序　号	荷载组合
1	$1.2D+1.4P+F_x+F_y$
2	$1.2D+1.4P-F_x-F_y$
3	$1.2D+1.4P-F_x+F_y$
4	$1.2D+1.4P+F_x-F_y$
5	$1.2D+1.4P+1.4F_x$
6	$1.2D+1.4P-1.4F_x$
7	$1.2D+1.4P+1.4F_y$
8	$1.2D+1.4P-1.4F_y$

1）提升平台 1

P=1470kN，F_x=73.5kN，F_y=73.5kN，分析如下：提升平台 1 在荷载作用下变形。提升工况下，提升平台 B1 最大下挠约 2.4mm，结构杆件最大应力比为 0.686，满足提升要求。

2）提升平台 2

该提升平台为双吊点，P_1=1450kN，F_{x1}=72.5kN，F_{y1}=72.5kN，P_2=950kN，F_{x2}=47.5kN，F_{y2}=47.5kN，分析如下：提升工况下，提升平台 B2 最大下挠约 2.3mm，结构杆件最大应力比为 0.796，满足提升要求。

3）提升平台 3

P=980kN，F_x=49kN，F_y=49kN，分析如下：提升工况下，提升平台 B3 最大下挠约 2.1mm，结构杆件最大应力比为 0.762，满足提升要求。

4）提升平台 4

P=950kN，F_x=47.5kN，F_y=47.5KN，分析如下：提升工况下，提升平台 B4 最大下挠约 4.3mm，结构杆件最大应力比为 0.695，满足提升要求。

（4）提升下吊点工况分析

网架提升下吊点采用 Ansys 进行有限元计算分析，荷载按最大提升荷载进行计算，ANSYS 有限元分析下吊点过程如图 2-56 所示。

不考虑应力集中点，200t 吊具中的最大应力为 200MPa，最大竖向变形 2.6mm。构件材质为 Q345B，满足提升要求。

4. B 区钢管混凝土柱提升工况下承载力验算

为保证下部结构柱在网架提升过程中的安全，需要对其进行承载力验算。本文选取 B 区提升过程中出现的最大的提升反力，并考虑不低于 2.0 的安全系数，即计算时考虑的提升反力为 4000kN，同时考虑 2.0m 的偏心。

混凝土抗压强度设计值为 f_c=19.1MPa

钢材抗拉、抗压强度设计值为 f=295MPa

钢管内核心混凝土面积 A_c=1955707.4mm^2

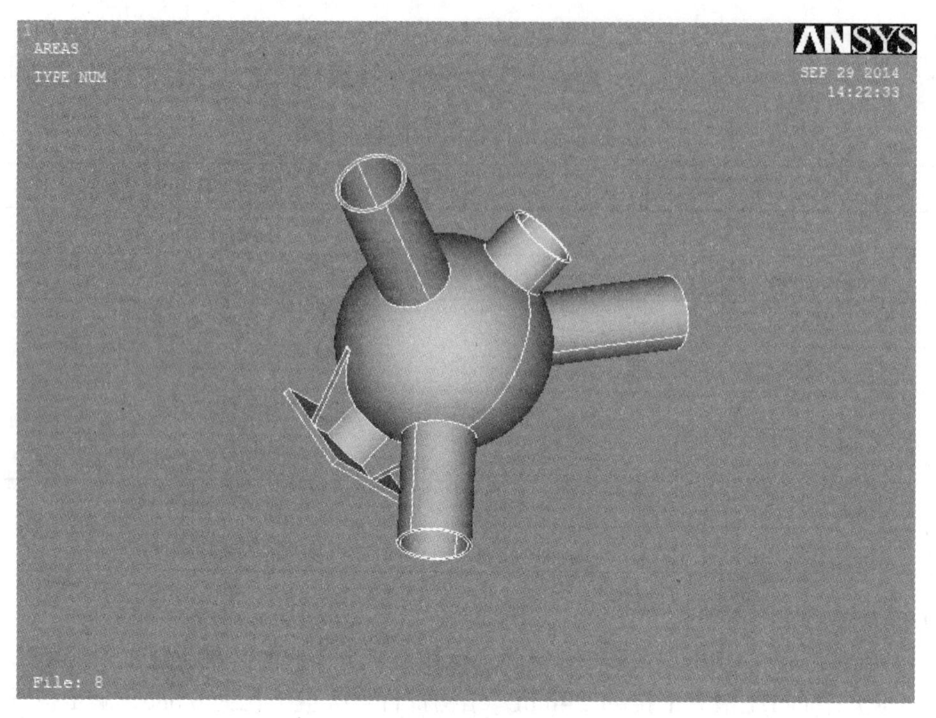

吊具实体模型图

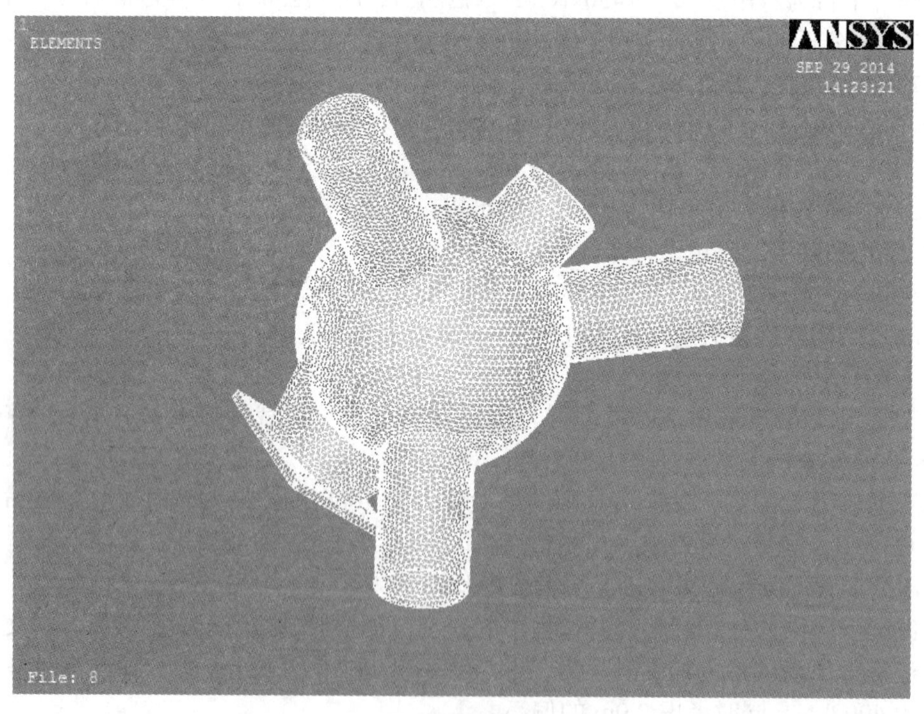

吊具网格划分图

图 2-56 ANSYS 有限元分析下吊点过程

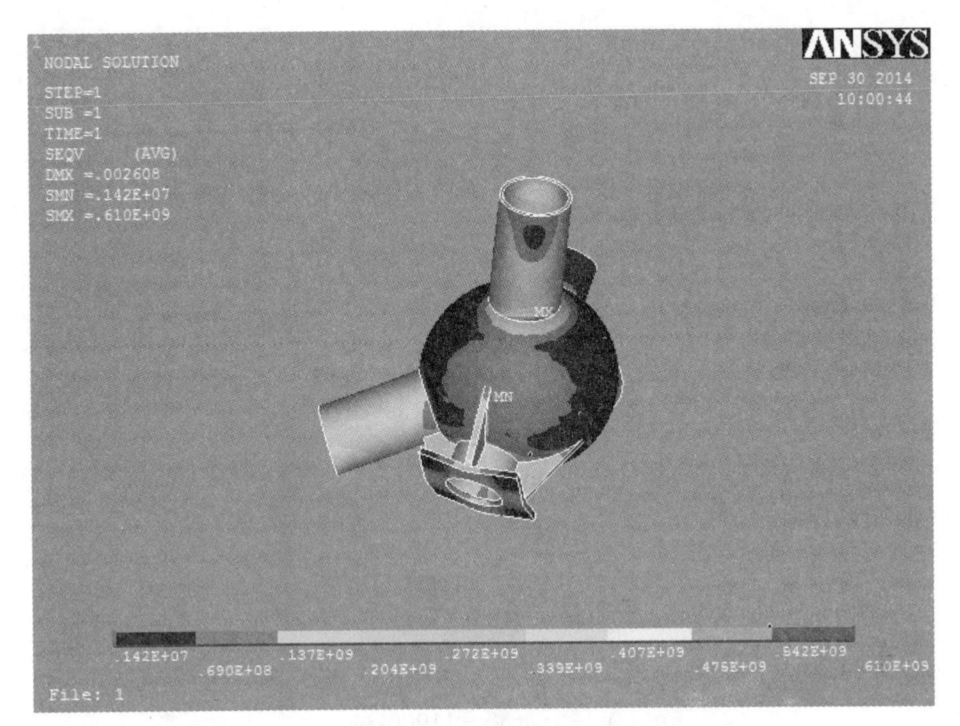

吊具应力云图

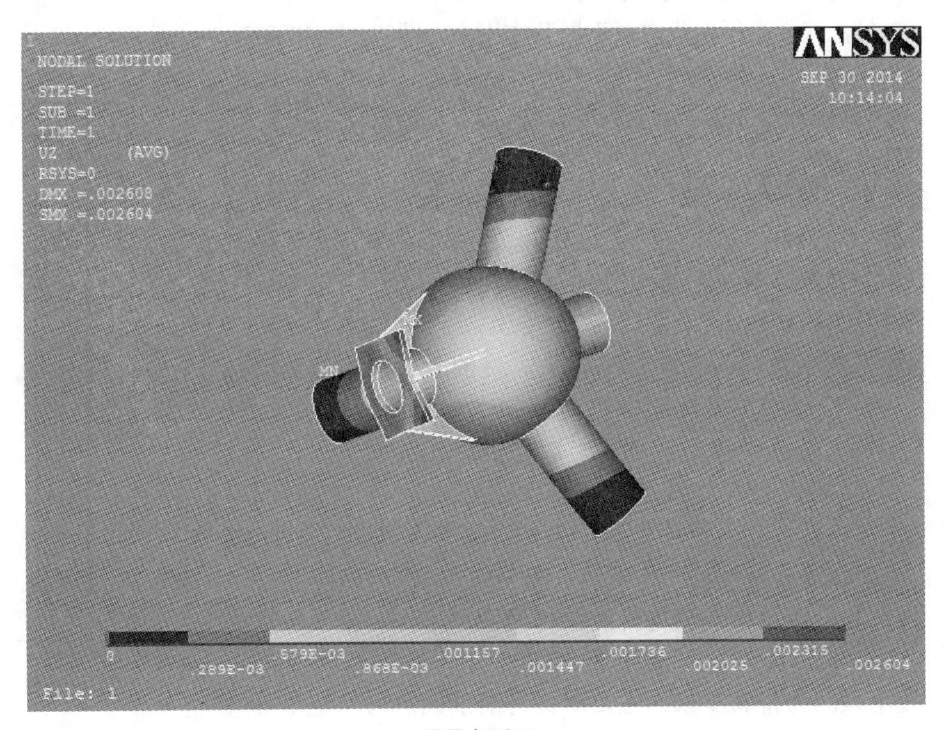

吊具变形图

图 2-56　ANSYS 有限元分析下吊点过程（续）

钢管截面积为 A_s=109063.5mm^2

套箍率为：

$$\theta = \frac{A_s f}{A_c f_c} = 0.861$$

钢管混凝土柱轴心承载力设计值为：

$$N_0 = 0.9 A_c f_c (1 + \sqrt{\theta} + \theta) = 9.38 \times 10^4 \text{kN}$$

偏心距 e=2.0m。

长细比折减系数为：

$$\varphi_1 = 1 - 0.026\left(\frac{L_c}{D} - 4\right) = 0.83$$

钢管内核心混凝土截面半径 r_c=789mm

偏心折减系数为：

$$\varphi_e = \frac{1}{3.92 - 5.16\varphi_1 + \varphi_1 \dfrac{e_0}{r_c}} = 0.15$$

钢管混凝土偏心受压承载力为：

$$N_u = \varphi_e \varphi_1 N_0 = 11900 \text{kN}$$

钢管柱提升工况下计算简图如图 2–57 所示。

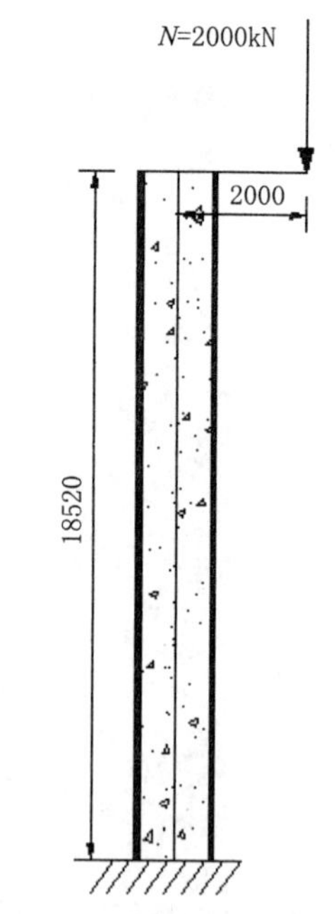

图 2–57　钢管柱提升工况下计算简图

钢管混凝土偏心受压承载力大于提升作用力，即 N_u>N=4000kN，钢管混凝土承载力满足要求。

（三）网架提升技术方案

1. 提升准备阶段

在提升前，召集各方单位的管理人员与专业施工人员开展现场会议，确定整体提升施工日期，做好提升准备工作，主要的提升准备工作应做好以下三方面的内容：

（1）提升组织机构

建立提升组织机构，确定现场施工人员的数量及各自需要负责的相关工作，使施工人员能够提前详细了解自己的施工任务，做好分工明确，各项工作负责到人，以便做好相关配合工作。在提升前，成立“现场提升指挥组”，组织机构图如图 2–58 所示。

提升指挥组设置一名指挥长、一名技术顾问，下设五个小组，分别为技术组、提升监测组、指挥组、安全组以及应急组。

1）指挥长全面负责现场提升的指挥及协调工作，全面负责提升时的各项保障工作。

2）技术顾问为特聘专家，主要对提升的前期准备、施工等进行评审，提出合理化建议，并指导提升过程中的各项工作。

3）提升监测组由现场测量工程师以及华南理工施工监测人员组成，主要负责施工全过程的监测。

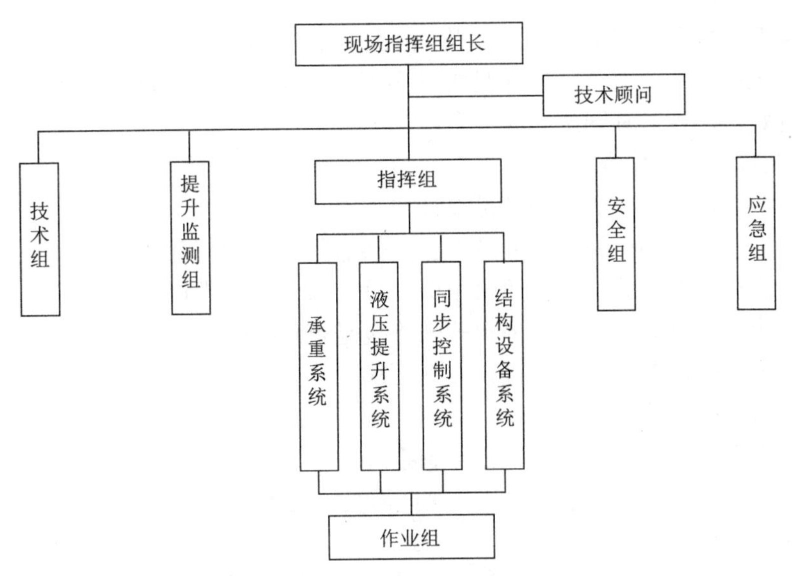

图 2-58　网架提升组织机构图

4）技术组由现场技术工程师以及提升公司技术人员组成，负责对提升过程进行技术交底以及统一解决现场出现的各种技术问题。

5）指挥组由现场责任工程师以及提升公司提升指挥人员组成，负责整体提升时发出各项指挥口令；负责统一指挥现场操作人员；协助指挥长协调现场各工种的关系。

6）安全组由现场安全工程师以及各专业安全员组成，负责现场的安全管理。

7）应急组由现场管理人员组成，负责应对提升过程中出现的各种突发事故。

8）对提升过程的要求：

①提升前，检查各项结构及提升设备无误后，并获得业主、监理书面同意后，方能进行提升工作。

②明确现场指挥及协调人员工作职责及分工，并对其进行演练及考核，合格者方能参与提升的工作，同时安排好各项后勤保障工作。

③在提升前，针对提升技术，须对施工操作人员进行交底，并明确其操作范围及操作步骤，对其进行演练及考核，合格者方能参与提升的操作工作。

④每个提升平台安排 2 个操作人员，并配备对讲机等联络通信工具。同时，安排 10 个合格的后备操作人员。

⑤现场采用广播统一指挥，采用标准口令指挥现场提升工作。

⑥提升过程中，需对以下部分安排专人进行重点监测，并实时汇报：提升平台、提升临时杆件以及提升吊具的监测；混凝土柱监测；提升时，整个结构的稳定性；各提升点是否做到同步提升；施工过程中，激光测距仪随网架上升的同步性；提升承重系统监视；液压动力系统监测；整个结构和柱子的变形及应力监测。

⑦在整体提升阶段，划定安全区，设定警示牌、警示线等安全设施，禁止交叉作业。

⑧提升设备、泵站等需安排专人进行安全保卫工作。

（2）提升检查工作

提升前做好检查工作，需要对网架及提升结构、液压提升系统、提升天气条件做重点检查。检查网架及提升结构的外形尺寸及施工质量是否合格，能否达到进行下一道工序的要求。检查液压提升系统的各项装置是否处于安全状态，能否满足提升要求。检查提升天气条件是否良好，是否适宜网架完成提升。

1）网架及提升结构检查

①主体结构的强度、外形是否满足设计要求；

②整个网架、柱子和相关构件上是否已全部清除多余的荷载；

③整个结构在往上升的垂直空间内须保证没有阻碍物阻碍提升；

④网架结构与旁边的柱子或脚手架等的连接是否已拆除；

⑤检查提升支架及提升器是否符合方案要求。

2）液压提升系统检查

须仔细检查提升油缸、液压泵站、控制系统。

（3）提升天气条件：提升阶段不得出现打雷及下雪天气。

2. 网架提升流程

根据本工程特点，采用分区楼面整体拼装，通过大型液压提升设备整体提升的施工方法。各区提升流程类似，提升步骤如图 2–59 所示。

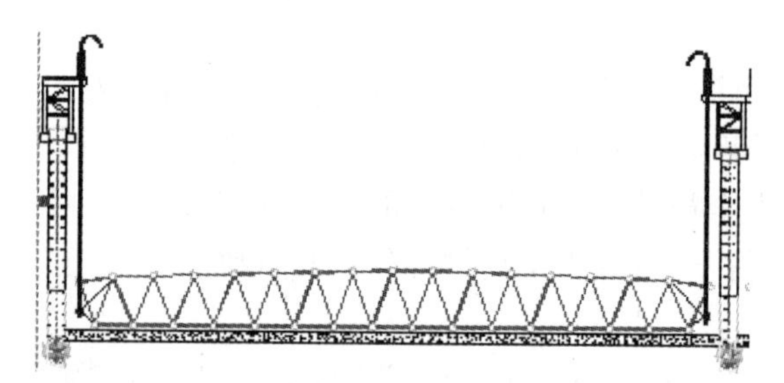

第一步：在拼装平台上拼装网架，安装提升平台及提升器，提升器通过钢绞线与网架下吊点进行可靠连接

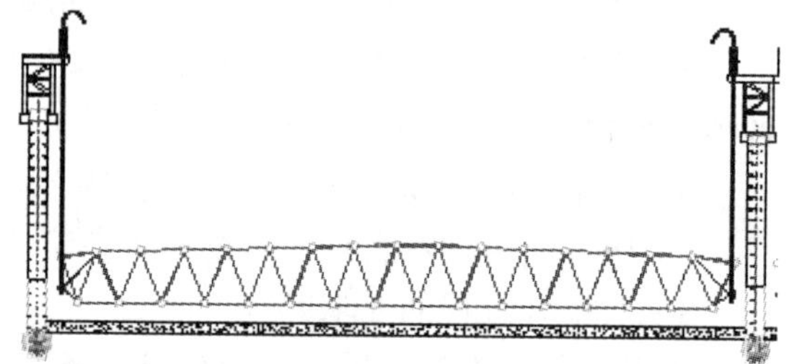

第二步：网架拼装完成，临时结构安装完成后，进行检查验收，确认合格后，开始进行提升器分级加载，使网架整体离地约 100mm。停止提升，提升器锁紧，网架静置至少 12h，检查网架结构、临时杆件、吊点和提升平台等结构有无异常情况

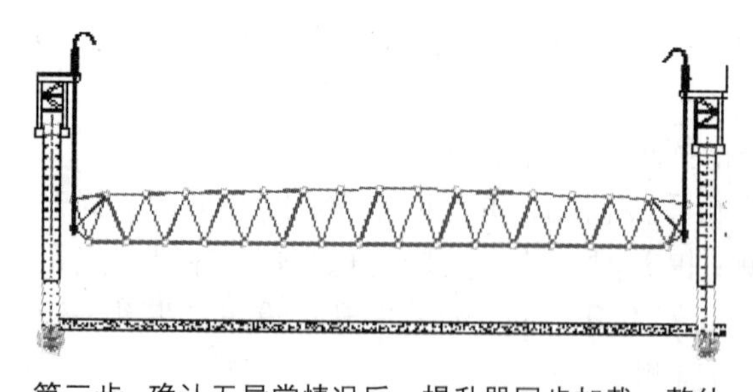

第三步：确认无异常情况后，提升器同步加载，整体同步提升网架

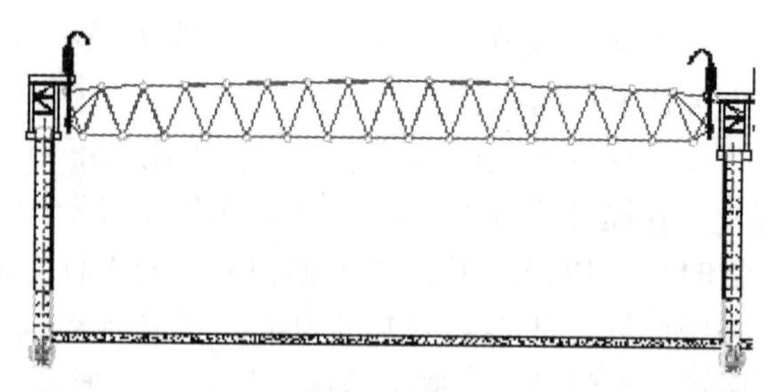

第四步：整体提升网架至安装标高，提升器微调作业，精确就位

图 2–59 网架提升流程（一）

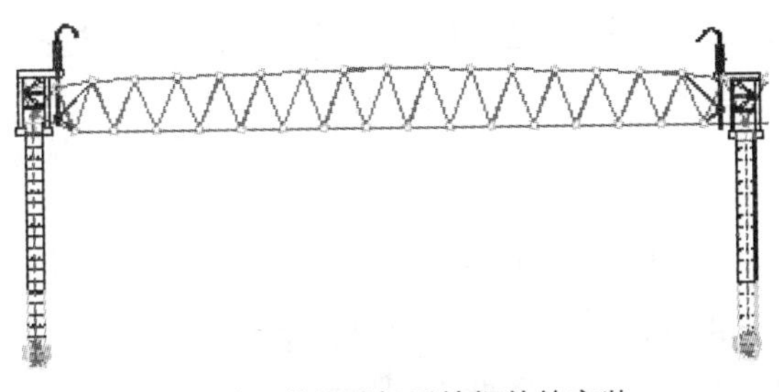

第五步：进行网架后补杆件的安装

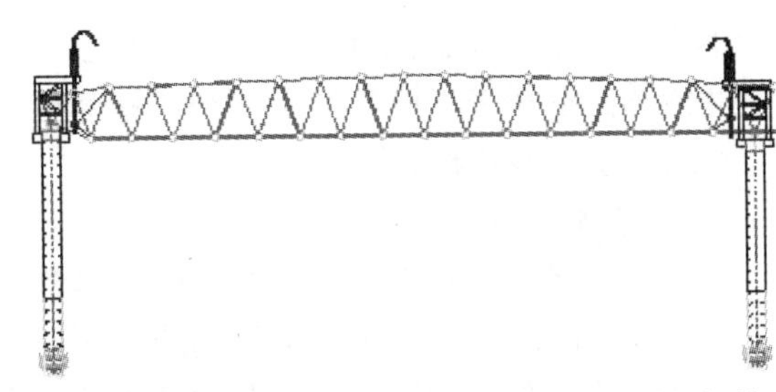

第六步：后补杆件安装完成，验收合格后，进行卸载，将荷载转移至支座上，提升施工作业结束

整体提升施工流程实例

图 2-59　网架提升流程（二）

3. 主要技术及设备

我司已有过将超大型液压同步提升施工技术应用于各种类型的结构、设备吊装工艺的成功经验。配合本工程施工工艺的创新性，我司主要使用如下关键技术和设备：

① 超大型构件液压同步提升施工技术；

② TLJ-600 型液压提升器；

③ TLJ-2000 型液压提升器；

④ TL-HPS-60 型液压泵源系统；

⑤ TLC-1.3 型计算机同步控制及传感检测系统。

（1）液压同步提升原理

“液压同步提升技术”采用液压提升器作为提升机具，柔性钢绞线作为承重索具。液压提升器为穿芯式结构，以钢绞线作为提升索具，有着安全、可靠、承重件自身重量轻、运输安装方便、中间不必镶接等一系列独特优点。

液压提升器两端的楔型锚具具有单向自锁作用。当锚具工作（紧）时，会自动锁紧钢绞线；锚具不工作（松）时，放开钢绞线，钢绞线可上下活动。

一个流程为液压提升器一个行程，当液压提升器周期重复动作时，被提升重物则一步步向前移动。

（2）同步控制系统

TLC-1.3 型计算机控制系统是上海同力建设机器人公司研发出来的新一代液压同步控制系统，由计算机、动力源模块、测量反馈模块、传感模块和相应的配套软件组成，通过

CAN 串行通信协议组建局域网。它是建立在反馈原理基础之上的闭环控制系统，通过高精度传感器不断采集设备的压力和位移信息，从而确保油缸能顺利工作。

（3）主要液压设备配置

1）总体配置原则

①满足钢结构液压提升力的要求，尽量使每台液压设备受载均匀。

②尽量保证每台液压泵站驱动的液压设备数量相等，提高液压泵站的利用率。

③在总体布置时，要认真考虑系统的安全性和可靠性，降低工程风险。

2）提升同步控制策略

控制系统根据一定的控制策略和算法实现对网架钢结构单元整体提升（下降）的姿态控制和荷载控制。在提升（下降）过程中，从保证结构吊装安全角度来看，应满足以下要求：应尽量保证各个提升吊点的液压提升设备配置系数基本一致；应保证提升（下降）结构的空中稳定，以便提升单元结构能正确就位，也即要求各个吊点在上升或下降过程中能够保持一定的同步性。

3）提升设备

根据结构受力情况配置提升设备。根据《重型结构和设备整体提升技术规范》规定，提升器安全系数为 1.25，钢绞线安全系数为 2.0。设备配置需满足上述要求。

4）泵源系统

动力系统由泵源液压系统（为提升器提供液压动力，在各种液压阀的控制下完成相应的动作）及电气控制系统（动力控制系统、功率驱动系统、计算机控制系统等）组成。每台泵站有两个独立工作的单泵，每个单泵最多可驱动四台提升器作业。

5）施工用电

本工程中，每台 TL-HPS-60 型液压泵源系统的额定功率为 60kW。提升过程中需要安装单位将相应的二级电源配电箱提供到液压泵源系统附近约 5m 范围内。现场的提升电源应尽量从总盘箱拉设专用线路，以确保提升作业过程中的不间断供电。

根据设备数量和设备布置，拟采用一台电脑控制，操作控制区的用电要求如下：

①交流电源 220V。

②开关容量不低于 5A。

③距离控制台 2m 以内。

本工程中每个泵站分布点的泵源用电要求如下：

①交流电源，稳定电压 380V。

②开关容量不低于 150A，漏电电流不低于 150mA。

③输送电缆采用国标三相五线制，标准铜芯电缆不得低于 25mm^2。

④现场的提升电源需从总盘箱拉设专用线路，以确保提升作业过程中的不间断供电。配电箱距泵站 5m 以内。

6）主要液压设备配置表见表 2-65。

主要液压设备配置表 表 2-65

序号	名 称	规 格	型 号	单重（t）	数 量
1	液压提升器	60t	TLJ-600	0.4	34 台

续表

序号	名　称	规　格	型　号	单重（t）	数　量
2	液压提升器	200t	TLJ-2000	1.0	18 台
3	液压泵源系统	60kW	TL-HPS-60	2.2	3 台
4	同步控制系统		TLC-1.3		1 台
5	液压油管	Φ13			150 箱
6	传感器	行程 / 锚具	TL-SL		52 台
7	钢绞线	17.8mm			15t
8	对讲机				6 台

（4）设备安装

1）钢绞线安装操作工艺

①钢绞线须经检查，无折弯、疤痕和严重锈蚀；根据现场情况确定钢绞线的具体穿法且上下约定一致。一般先穿外圈的小部分，后穿内圈全部，再将外圈剩余的穿完。

②钢绞线绕向有左旋、右旋两种。用砂轮切割机或割刀将钢绞线切割成所需的长度，其中左旋、右旋各一半。用打磨机将钢绞线两头打磨成锥形，端头不得有松股现象。

③将疏导板安装于提升平台下侧，调整疏导板孔的位置，使其与提升器各锚孔对齐，并将疏导板用软绳绑于提升平台下部。

④用导管自上而下检查提升器的安全锚、上锚、中间隔板、下锚、应急锚和疏导板孔，做到上下 6 层孔对齐。

⑤确保单根钢绞线偏转角度小于 1.5°。

⑥提升器中的钢绞线必须左旋、右旋间隔穿入。

⑦顶开安全锚压锚板，将钢绞线从安全锚穿过各个锚环及疏导板。钢绞线在安全锚上方露出适当长度。每穿好 2 根钢绞线后，用夹头将钢绞线两两夹紧，以免钢绞线从空中滑落。

⑧按照施工方案配置的数量穿好所有钢绞线，并用上、下锚具锁紧。

⑨每束钢绞线中短的一根下端用夹头夹住，以免疏导板从一束钢绞线上滑脱。用软绳放下疏导板至下吊点上部，按基准标记调整疏导板的方位。

⑩调整地锚孔位置，使其与疏导板的孔对齐。按顺序依次将钢绞线穿入地锚中并理齐，端头留出大于 20cm 的长度，用地锚压锚板锁紧钢绞线。

2）液压泵站与提升器的油管连接

检查液压泵站、控制系统与液压提升器编号是否对应，油管连接使主液压缸伸、缩，锚具液压缸松、紧是否正确。

3）各传感器与控制系统的连接

①行程传感器安装时调整好位置，确保在提升器伸缸时不干涉，拉线垂直，调整好传感器拉线位置。

②上、下锚具传感器是有区别的，要安装正确、牢固，上锚具的信号线在运动中要不受干涉。

③油压传感器接在主缸大腔，做好传感器信号线的防水措施。

④要做好传感器及其信号线的防水措施。

4）提升器与液压泵站通信线连接

连接传感器线和提升器线，注意主液压缸和截止阀的对应关系。

5）液压泵站与控制系统线路连接

①配电箱须满足功率要求，安装在比较安全的地方，可靠固定。

②选择好控制的方位、位置，要便于观测、操作，并要有防雨措施，可靠固定。

③连接好控制网路的电源线、网络线、扩展线、液压油缸线、液压泵站线等，要做到接线整齐、有序。

6）液压泵站动力电缆连接

连接动力电缆应在无电情况下操作，本系统使用380V三相五线交流工业电源。要注意电源的漏电保护方式。

7）控制系统电源连接

控制系统输入电源为220V交流电源。

（5）设备调试

1）液压泵站检查

对液压泵站所有阀和油管的接头进行一一检查，同时使溢流阀的调压弹簧处于完全放松状态。检查油箱液位是否处于适当位置。

2）电机旋转方向检查

分别启动大、小电机，从电机尾部看，顺时针旋转为正确；若不正确，交换动力电缆任意两根相线。

3）电磁换向阀动作检查

在液压泵站不启动的情况下，手动操作控制柜中相应按钮，检查控制系统、泵站截止阀编号和提升器编号是否对应，电磁换向阀和截止阀的动作是否正常。

4）油管连接检查

检查液压泵站、控制系统与液压提升器编号是否对应，油管连接使主液压缸伸、缩，锚具液压缸松、紧是否正确。

5）锚具检查

检查安全锚位置是否正确，在未正式工作时是否能有效阻止钢绞线下落；地锚位置是否正确，锚片是否能够锁紧钢绞线。

6）系统检查

①使用ID设置器，设置地址，检查行程和锚具传感器信号是否正确。

②启动液压泵站，在提升器安全锚处于正常位置、下锚紧的情况下，松开上锚，主液压缸及上锚具液压缸空载伸、缩数次，以排除系统空气。调节一定的伸缸、缩缸油压及锚具液压缸油压。

③调整行程传感器调节螺母，以使行程传感器在主液压缸全缩状态下的行程数值为0。

④检查截止阀能否截止对应的液压缸。

⑤检查比例阀在电流变化时能否加快或减慢对应主液压缸的伸缩速度。

7）钢绞线张拉

①用适当方法使每根钢绞线处于基本相同的张紧状态。

②调节一定的伸缸压力（3MPa）对钢绞线整体进行预张紧。

（6）结构正式提升

1）提升过程控制要点

①为确保结构单元及主楼结构提升过程的平稳、安全，根据网架钢结构的特性，拟采用“吊点油压均衡，结构姿态调整，位移同步控制，分级卸载就位”的同步提升和卸载落位控制策略。

②网架提升过程中下方严禁站人，并用警戒带设置隔离区域，确保提升过程安全。

2）同步提升过程

①提升分级加载

通过试提升过程中对网架结构、提升设施、提升设备系统的观察和监测，确认符合模拟工况计算和设计条件，保证提升过程的安全。

以计算机仿真计算的各提升吊点反力值为依据，对网架钢结构单元进行分级加载（试提升），各吊点处的液压提升系统伸缸压力应缓慢分级增加，依次为20%、40%、60%、80%，每次加载完成后停止30min；在确认各部分无异常的情况下，可继续加载到90%、95%、100%，直至网架钢结构全部脱离拼装胎架。

在分级加载过程中，每一步分级加载完毕，均应暂停并检查如：上吊点、下吊点结构、网架结构等加载前后的变形情况，以及主楼结构的稳定性等情况。一切正常情况下，继续下一步分级加载。

当分级加载至结构即将离开拼装胎架时，可能存在各点不同时离地，此时应降低提升速度，并密切观查各点离地情况，必要时做“单点动”提升。确保网架钢结构离地平稳，各点同步。

②结构离地检查

网架结构单元离开拼装胎架约100mm后，利用液压提升系统设备锁定，空中停留12h以上做全面检查（包括吊点结构、承重体系和提升设备等），并将检查结果以书面形式报告现场总指挥部。各项检查正常无误，再进行正式提升。

③姿态检测调整

用测量仪器检测各吊点的离地距离，计算出各吊点相对高差。通过液压提升系统设备调整各吊点高度，使结构达到水平姿态。

④整体同步提升

以调整后的各吊点高度为新的起始位置，复位位移传感器。在结构整体提升过程中，保持该姿态直至提升到设计标高附近。

⑤提升速度

整体提升施工过程中，影响构件提升速度的因素主要有液压油管的长度及泵站的配置数量，按照本方案的设备配置，整体提升速度约10m/h。

⑥提升过程的微调

结构在提升及下降过程中，因为空中姿态调整和杆件对口等需要进行高度微调。在微调开始前，将计算机同步控制系统由自动模式切换成手动模式。根据需要，对整个液压提升系统中各个吊点的液压提升器进行同步微动（上升或下降），或者对单台液压提升器进行微动调整。微动即点动调整精度可以达到毫米级，完全可以满足网架钢结构单元安装的精度需要。

（7）提升就位

结构提升至设计位置后，暂停；各吊点微调使主网架各层弦杆精确提升到达设计位置；液压提升系统设备暂停工作，保持结构单元的空中姿态，主网架中部分段各层弦杆与端部分段之间对口焊接固定；安装斜腹杆后装分段，使其与两端已装分段结构形成整体稳定受力体系。

液压提升系统设备同步卸载，至钢绞线完全松弛；进行网架钢结构的后续高空安装；拆除液压提升系统设备及相关临时措施，完成网架结构单元的整体提升安装。

（8）杆件嵌补

网架整体提升至设计标高并微调完成后，开始安装后补杆件。本工程采用 8t 汽车吊吊装后补杆件。

（9）卸载

后装杆件全部安装完成后须等焊缝冷却后方可进行卸载工作。按计算的提升载荷为基准，所有吊点同时下降卸载 10%，每次卸载 10% 后锁死上下锚，检查无异常情况并静载 30min 后方可继续卸载；在此过程中会出现载荷转移现象，即卸载速度较快的点将载荷转移到卸载速度较慢的点上，以至个别点超载。因此，需调整泵站频率，放慢下降速度，密切监控计算机控制系统中的压力和位移值。一旦某些吊点载荷超过卸载前载荷的 10%，或者吊点位移不同步达到 10mm，则立即停止其他点卸载，而单独卸载这些异常点。如此往复，直至钢绞线彻底松弛。

（10）提升过程注意事项

1）提升间歇过程中的安全措施

结构安装高度很高，提升过程中根据工况所需结构空中停留。液压同步提升器在设计中独有机械和液压自锁装置，提升器锚具具有逆向运动自锁性，提升器内共有三道锚具锁紧装置，分别为天锚、上锚及下锚，在结构暂停提升过程中，各锚具均由液压锁紧状态转换为机械自锁状态。保证了结构在提升过程中能够长时间在空中停留。

对于本工程，结构安装高度较高，风荷载对提升吊装过程有一定影响。为确保结构提升过程的绝对安全，并考虑到高空对精度的要求，钢结构网架在空中停留时，或遇到更大风力影响时，暂停吊装作业，提升设备锁紧钢绞线。同时，通过捯链将结构与周边结构连接，能起到限制结构水平摆动和位移的作用，按照 10 年一遇基本风压计算结构受到的风荷载约 45t，实际施工时，需配置至少 10 个 5t 捯链用于网架结构水平拉结。

2）结构就位时调整允许范围

液压提升过程中必须确保上吊点（提升器）和下吊点（地锚）之间连接的钢绞线垂直，亦即要求上提升平台和下吊点在初始定位时确保精确。根据提升器内锚具缸与钢绞线的夹紧方式以及试验数据，一般将上、下吊点的偏移角度控制在 1° 以内。

3）提升设备的保护

提升设备（包括钢绞线）在提升作业过程中，如无外界影响，一般不需特别保护（大雪、暴雨等天气除外），但构件在提升到位暂停，后装杆件安装时，应予以适当的保护，主要为承重用的钢绞线。特别是在焊接作业时，钢绞线不能作为导体通电，如焊接作业距离钢绞线较近时，焊接区域钢绞线可采用橡胶或石棉布予以保护。

4. 提升过程位移监控

（1）测量监控点布置

在提升之前，必须先布置好相应的监测装置，需在网架各个监测点贴设反片，提升过程中检测各点位移变化量。

（2）各吊点高差调节

在整个结构提升过程中由于受力不均匀或每个提升点的环境不完全一致均会引起各个提升吊点处的位移不一致，须对其进行微调。

在提升下吊点处的临时球上，挂上刚性尺盘，每个吊点处均各派一个监测员，将每个吊点处的初始高度记录下来，并且标注在旁边的柱子上，在之后每提升完 1m 左右，停止，测量每点的高度，计算出前后两次的高度差，并汇报给总监测员，总监测员根据各点汇报的数据，检查各个吊点处的高度差是否在合理的误差范围内，若不在应及时通知计算机系统控制人员对其进行微调，微调时，可将计算机的控制模式切换到手动，根据经验和需要对其进行微调，以便尽可能地减少误差，确保在整个过程中做到同步提升。

第三节　双贴临超宽现浇箱梁施工技术

一、工程概述

新建高架桥由 A 线上引桥、A 线主桥、A 线下引桥和 B 线引桥四部分组成；其中 A 线主桥全长 378m，宽 45m，整个主桥桥跨布置为（4×18m+4×18m+5×18m+4×18m+4×18m）跨连续现浇预应力混凝土箱梁，单跨长度为 18m。

沿主桥里程方向左侧为地下车库，正在开挖深基坑施工，施工边界到桥边为 2m；右侧为 T2 航站楼，正在施工主体钢结构和幕墙工程，施工边界到桥边为 2m。由于高架桥冬季前要竣工，还要为 T2 航站楼精装修提供运输线路，工期非常紧张，不允许分联施工，只能同时作业。双贴临式施工场地相对位置关系如图 2-60 所示。

图 2-60　相对关系位置图

二、现浇箱梁支撑体系设计

（一）支架设计

对于标准段采用碗扣满堂支架体系，具体参数见表 2-66。

标准段支架体系参数表　　表 2-66

模板	18mm 厚胶合板（按照 15mm 验算）
次龙骨	次龙骨采用 50mm × 100mm 木枋（按照 40mm × 80mm 验算），间距 200mm（按照 250mm 验算）
主龙骨	主龙骨采用 100mm × 100mm 木枋（按照 90mm × 90mm 验算），间距 900mm（横梁间距 600mm）
碗扣式满堂架	立杆采用 Φ48、壁厚 3.5mm 支架立杆（按 3.0mm 厚验算），箱梁立杆纵向间距（跨距） 0.9m（横梁处间距 0.6m），立杆横向间距 0.9m，步距 1.2m 顶托自由端不大于 0.650m；扫地杆高度小于等于 0.350m。 满堂架四周从底到顶连续设置竖向剪刀撑；中间纵、横向由底至顶连续设置竖向剪刀撑，其跨度应小于或等于 4.5m。 剪刀撑的斜杆与地面夹角应在 45°~60° 之间，斜杆应每步与立杆扣接。 当模板支架高度大于 5m 时，顶端和底部必须设置连续水平剪刀撑，中间水平剪刀撑设置间距应小于或等于 4.8m

标准段支架设计图如图 2-61、图 2-62 所示。

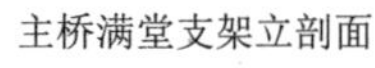

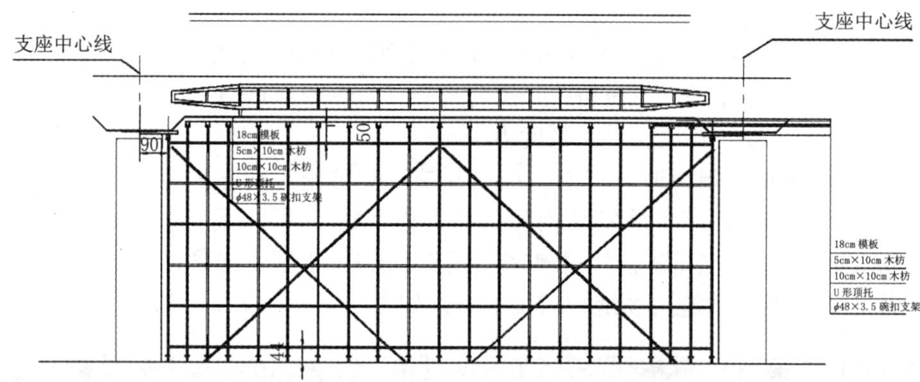

图 2-61 支架搭设立面示意图

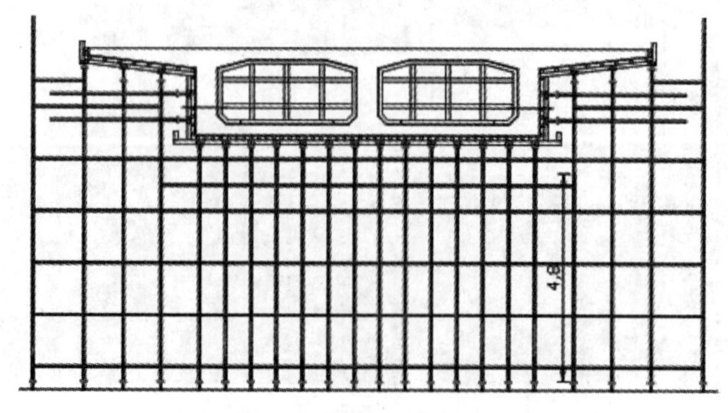

图 2-62　支架搭设横截面示意图

（1）对于运营交叉的通道，采用钢管立柱加贝雷梁支撑体系，具体参数见表 2-67。

运营交叉通道支架体系参数表　　表 2-67

基础	条基采用截面为 1m 宽 ×0.5m 高，直接置于混凝土路面上
立柱	钢管柱采用 500mm×10mm，间距 3m，立柱高度 3.8m，立柱之间采用 10 号槽钢做交叉斜撑进行加固
分配梁	横向分配梁为 I50b 工字钢
贝雷梁	跨度 10.9m，横向长度 49m，腹板处间距 0.45m，箱式处 0.9m
上部模板	贝雷梁上满铺 18mm 木模板防护，上部横向放 100mm×100mm 木枋做主楞，间距 300mm，木枋上铺设 18mm 厚箱梁底模板

运营交叉通道支架设计图如图 2-63 所示。

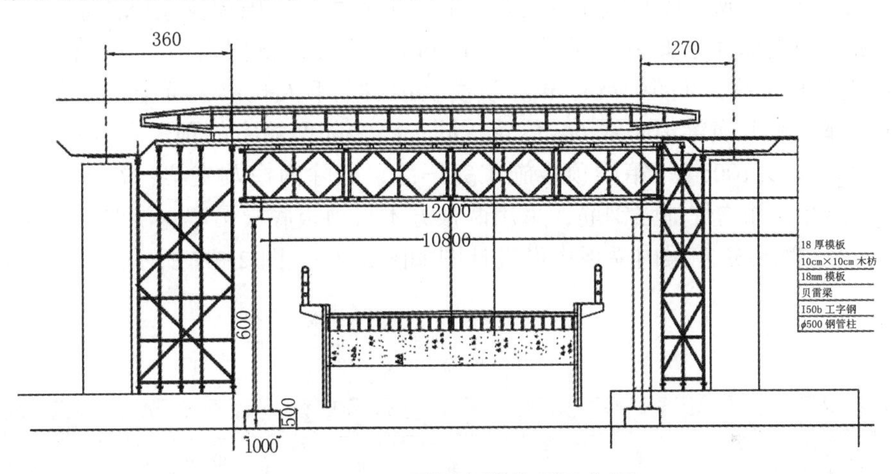

图 2-63　贝雷梁支撑体系示意图

（2）现浇箱梁内膜支撑体系设计

由于箱梁高度只有 1.2m，一次浇筑不利于内模拆除，因此本次箱梁浇筑采用二次浇筑。第一次浇筑顶板承托以下箱梁腹板与顶板处的倒角下 150mm 的部位。其中浇筑分层布置图如图 2-64 所示。

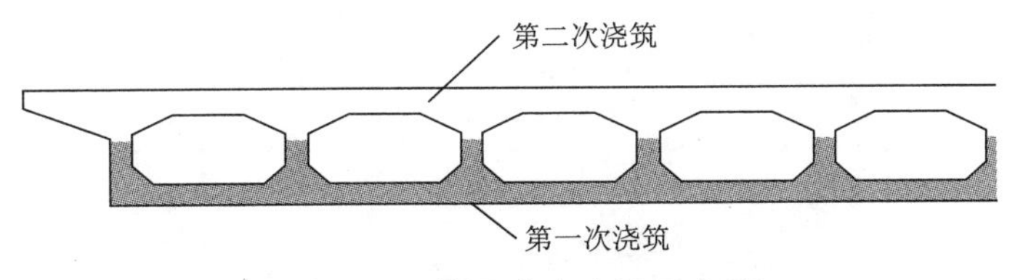

图 2-64　箱梁分次浇筑示意图

内模采用 15mm 厚木模板进行制作，背楞采用 5cm×10cm 木方，间距 20cm，双钢管做主楞，竖向间距 60cm；腹板采用 M14 对拉螺栓固定，竖向间距 20cm，纵向间距 60cm 一道；腹板之间采用钢管对撑，水平间距 1m，竖向间距 30cm；底部为不封闭结构。钢管与箱梁腹板主筋连接牢固，以免浇筑和振捣混凝土时内模上浮或左右平移。腹板在支内模前打扫干净箱室内，焊上支撑内模倒角的定位筋，保证内模位置。第一次浇筑箱梁内模板搭设设计图如图 2-65 所示。

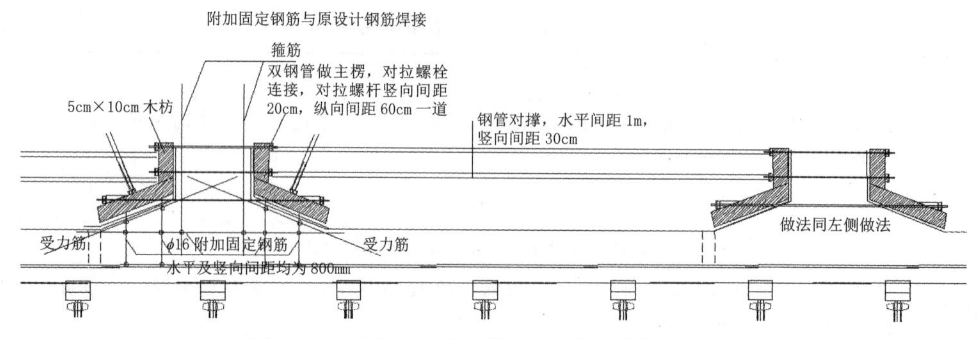

图 2-65　第一次浇筑箱梁内模板搭设示意图

当第一次浇筑完成后强度达到拆模要求后，拆除第一次内模及支撑体系，进行箱梁顶板、翼缘模板和支撑体系安装。模板采用 15mm 木模板，背楞采用 5cm × 10cm 木方，间距 25cm，钢管做支撑，间距 1m × 1m。顶模上预留上下人孔口，每个箱室预留一个开孔部位，开孔部位距离横梁中心线 6m 位置，同一跨相邻两箱室的预留孔开孔应交错布置。开孔尺寸为 80cm × 100cm，箱梁顶板施工完毕后，拆除内模及支架，在预留孔处将原有构造钢筋连接好，并增焊加强钢筋，采用两根方木将顶板底模吊牢，浇筑混凝土对预留孔进行封堵。第二次浇筑箱梁内模板搭设设计图如图 2-66、图 2-67 所示。

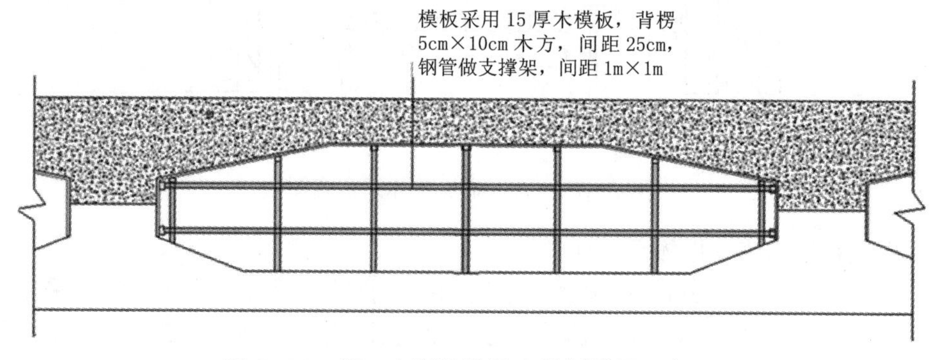

图 2-66　第二次浇筑箱梁内模板搭设示意图

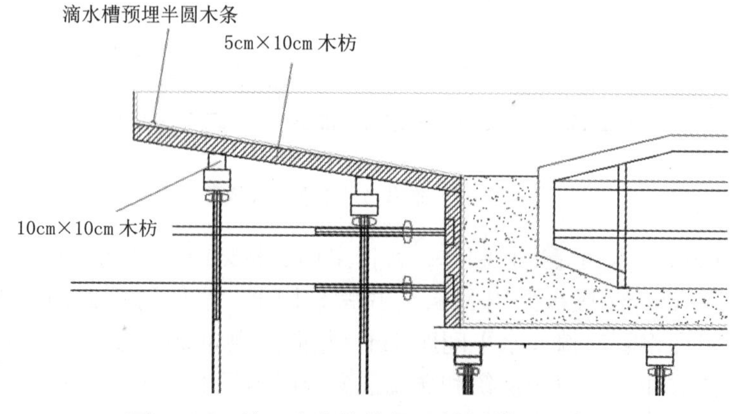

图 2-67　第二次浇筑箱梁翼模板搭设示意图

（二）箱梁浇筑方案设计

高架桥大部分可以利用周边现有的便道作为运输通道，每联箱梁采用两台 56m 的泵车完成浇筑，但是主桥第三联没有通道空间。由于高架桥两侧贴临建设，加上工期紧张，其他联箱梁也在同步作业，因此桥上、桥下、桥边不具备泵车作业条件。经过方案比选研究，采用在第二联与第三联交界处和第三联与第四联交界处布设两台车载地泵，分别为 1 号地泵和 2 号地泵。1 号地泵接铁泵管后沿地下车库与高架桥之间 2m 空间至第三联与第四联交界靠第三联位置处，通过泵管支架，顺桥外侧雨棚钢管柱抵达桥面，垂直桥面向里布管 11m，然后平行于桥面（腹板位置）布管至距离第三联起点 10m 位置处为止，管头连接 10m 长的活动泵管，保证浇筑满足辐射范围，泵管长度 2.5m，泵管连接采用管卡连接。2 号地泵接铁泵管后沿地下车库与高架桥之间 2m 空间至第三联与第四联交界靠第四联位置处，通过泵管支架，顺桥外侧雨棚钢管柱抵达桥面，垂直桥面向里布管 33m，然后平行于桥面（腹板位置）布管至距离第三联起点 10m 位置处为止，管头连接 10m 长的活动泵管，保证浇筑满足辐射范围，泵管长度 2.5m，泵管连接采用管卡连接。箱梁浇筑布管设计如图 2-68 所示。

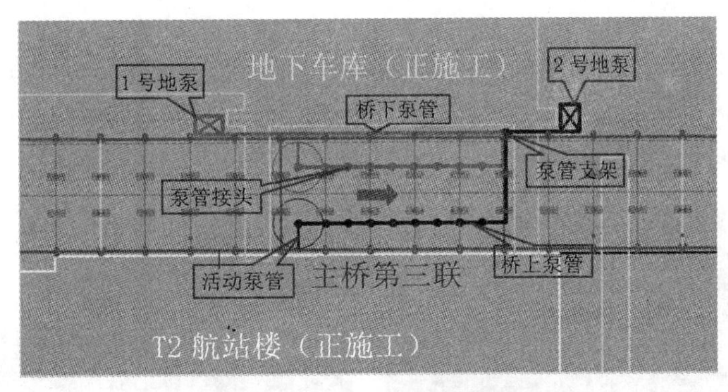

图 2-68　箱梁浇筑布管示意图

主桥第三联长 90m，宽 45m，箱梁高 1.2m，为单箱十室预应力现浇混凝土箱梁，混凝土总方量为 3200m^3，分两次浇筑，每次浇筑方量约为 1600m^3。车载泵采用三一重工的 C6 车载泵（SY5133THB-9018C-6D），混凝土理论高压泵送量为 55m^3/h，泵管直径为 20cm。考虑工人浇筑过程中拆卸泵管时间和堵泵环管时间，泵送效率根据经验取 50%，则两台车载泵同时不间断工作，每次浇筑所需时间为 1600/（55 × 2 × 50%）≈ 30h。浇筑设备选用如图 2-69 所示。

图 2-69　浇筑设备图

按照泵管布设方向由远至近浇筑，横向两条浇筑线路保持同步对称浇筑，确保混凝土浇筑无冷接缝。箱梁浇筑方式如图 2-70 所示。

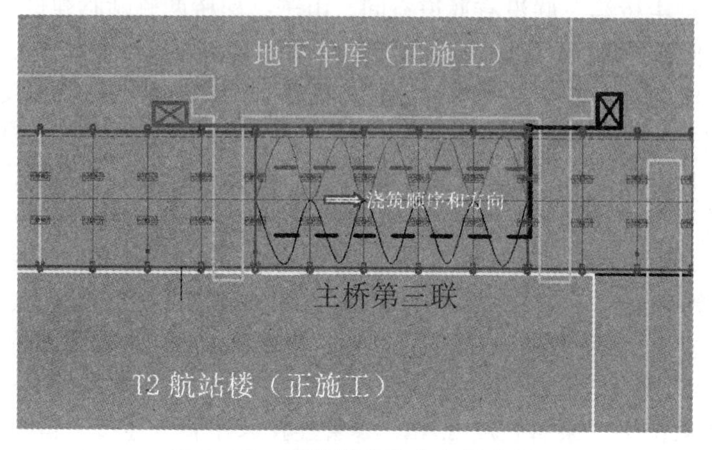

图 2-70　浇筑顺序和方向示意图

（三）小结

哈尔滨机场新建 T2 航站楼高架桥双贴临式超宽桥面现浇预应力混凝土箱梁采用上述施工技术，严格执行其控制要求，成功地完成了施工任务，并且第三方桥梁检测全部合格。其中现场施工实景如图 2-71 所示。

图 2-71　现场施工实景

第四节　严寒地区砂层大直径超长水下灌注桩基施工技术

一、工程概况

本工程桥梁所有桩基均采用钻孔灌注桩，主桥及 A 线引桥桩基直径 D=1.6m，B 线引桥桥墩、桥台桩基直径 D=1.2m。桩长在 26~55m 之间。桩长范围内地基土主要为第四系冲积的黏性土、砂土及白垩系的泥岩组成（但桩长 45m 以下没有具体数据）。采用低应变反射法及预埋声测管的超声波法检测桩基的完整性及承载力，并进行静载试验确定基桩竖向抗压极限承载能力。

二、施工方法

（一）桩基施工

机场高架桥所有桩基均采用钻孔灌注桩，主桥及A线引桥桩基直径D=1.6m，桩长50~55m。B线引桥桥墩、桥台桩基直径D=1.2m，桩长在26~55m之间。

（二）桩基施工工艺

场地清理→测量放线、桩基定位→钻机就位→埋设护筒→钻进成孔→成孔检查→清孔、检查→安装钢筋笼→安装导管→混凝土灌注→成桩。

（三）施工方法

1. 测量放线

按照监理单位指认的水准点及测量控制网进行引测，在轴线的延长线上做点建立控制网。采用全站仪（rtk）、水准仪和塔尺等进行桩孔位置放线，确定桩孔位置。严格按照测量规范进行桩位放样，并报监理复测，桩位偏差符合设计及施工规范要求。根据测量人员定位出的桩中心向四个不同方向引四个距离相同的点作为护桩，相对的两个护桩用细绳连接，两线交叉点为桩位点。现场测量放线、桩基定位如图2-72所示。做好桩位点的保护工作和桩位高程的引测。

2. 埋设护筒、钻机就位

护筒埋设前先根据桩位引出四角控制桩，控制桩用ϕ12钢筋制作，护筒应埋至密实土层中0.5m以下，护筒内径应比桩径直径大10cm。四角控制桩必须经过现场技术人员复核无误方允许埋设护筒。机械挖土将护筒放至正确位置，护筒与孔壁之间用黏土挤密夯实，以增大护筒的侧壁摩阻，确保护筒的稳固，从而有利于孔口的稳定。护筒埋设应准确、稳定，护筒顶面中心允许偏差不得大于5cm，护筒斜度不大于1%，护筒宜高出地面0.3m，护筒周围用黏性土夯实。以免护筒底口处渗漏塌方。护筒上口应绑扎木方或钢管对称吊紧，防止下窜。现场护筒埋设、钻机就位实景如图2-73所示。

图2-72 测量放线、桩基定位实景图

图2-73 埋设护筒、钻机就位图

3. 泥浆池准备

由于场地较小，机场环境保护要求高，采用钢制泥浆池[1.5m（深）×3.0m（宽）×6.0m（长）]，便于现场移动和泥浆排泄管理，也利于现场文明施工管理。现场制备泥浆池如图2-74所示。

4. 钻进、成孔

钻机就位，将钻头对准桩位，复核无误后调整钻机垂直度。开钻前，用水平仪测量孔口护筒顶标高，以便控制钻进深度。钻进时每次进尺控制在60cm左右，刚开始要放慢旋挖速度，并注意放杆要稳，提钻要慢。注意钻进速度，根据不同地质调整不同地层的钻速。当钻机钻进至粉质黏土、粉细砂等软塑状态的地质时，应减慢钻进速度，并加大泥浆的密度和黏度，避免塌孔等情况发生，保证成桩质量。当钻机钻进到坚硬岩层时，采取换用高强合金钻头的方式钻进。钻进过程中，采用工程检测尺随时观测检查，调整和控制钻杆垂直度。现场钻进、成孔实景如图2-75所示。

图2-74 泥浆池实景图

图2-75 钻进、成孔实景图

泥浆护壁采用泥浆泵向孔内注入泥浆，而且必须保证每挖一斗的同时及时向孔内注浆，使孔内水头保持一定高度，以增加压力，保证护壁的质量。在钻进过程中，一定要保持泥浆面不得低于护筒顶40cm。在提钻时，须及时向孔内补浆，以保证泥浆高度。桩基施工过程中的多余土方，应及时清理外运。

5. 钢筋笼制作安装

（1）钢筋骨架的制作

1）钢筋的种类、型号及直径应经检查须符合设计要求，钢筋骨架制作完毕应进行检查。

2）长桩骨架宜根据吊装条件分段进行制作。分段焊接时，钢筋焊接接头应错开，达到设计及规范。为尽量缩短焊接时间，规定可采用几台焊接机同时进行，焊接质量必须满足规范要求。

3）钢筋骨架在运输和吊放过程中要采取措施防止变形。如果刚度不足，可在骨架内每隔4m设置一个可拆卸的十字形临时加劲架。

4）在钢筋骨架外侧四周设置控制保护层厚度的垫块，竖向间隔2m，横向周围不少于4个。在吊放过程中发现保护层垫块掉落，在下放前要及时补上。

5）骨架顶端可焊四个吊环（吊环钢筋采用未经冷拉的HPB300级钢筋），保证钢筋骨架上下标高符合设计要求。

6）安放钢筋笼前使用探孔器对桩基孔进行探孔，根据现场实际情况，钢筋笼分2~4节加工和运输，根据规范要求进行自检、隐检和交接检，内容包括钢筋外观、品种、型号、规格，焊缝的长度、宽度、厚度、咬口、表面平整，钢筋笼允许偏差等，并做好记录。结合钢筋套筒连接、焊接取样试验和钢筋原材复试结果，有关内容报请监理工程师检验，合格后方可吊装。现场钢筋笼加工如图 2-76 所示。

（2）钢筋笼安装

钢筋笼吊装采用 25t 轮胎式汽车吊，每台钻机配置一台吊车，起吊时用 3 个吊点起吊（主、副卷扬配合），钢筋笼下放前，应先焊上钢筋笼吊筋，确保笼顶标高满足设计要求。

图 2-76 钢筋笼加工实景图

6. 桩基混凝土灌注

（1）混凝土由拌合站集中拌制，灌注时要提前向拌合站提供混凝土用量、混凝土强度等级、准确的时间、施工地点及使用部位。搅拌站应根据项目经理部中心试验室提供的混凝土配合比严格控制。混凝土拌合物应具有良好的和易性，在运输和灌注过程中应无明显离析、泌水现象，灌注时应保持足够的流动性。混凝土拌合物运至灌注地点时，应检查其均匀性和测定坍落度（坍落度宜为 180~220mm），并及时做好记录。如不符合要求时，应进行二次拌合，二次拌合后仍不符合要求时，不得使用。

（2）首批灌注混凝土的数量应能满足导管首次埋置深度（≥ 1.0m 且 <3m）和填充导管底部的需要。首批混凝土拌合物下落后，应连续快速地进行灌注，中途不应停顿，要尽量缩短灌注时间。

（3）在灌注过程中，应经常用标有尺度的测绳挂圆锥形测深锤，测探混凝土面上升高度（应派两人进行测探，取平均值），及时提拔导管，调整导管的埋置深度控制在 2~6m 范围内。任何时候，都应确保埋管不小于 2m 的要求。

（4）当混凝土面升到钢筋骨架下端时，为防止钢筋骨架上浮，可采取以下措施：可采取在钢筋骨架上口四周用钢管套上，顶在钻架上固定等措施来阻止其上浮。尽量缩短混凝土总的灌注时间，防止顶层混凝土进入钢筋骨架时，混凝土的流动性过小。当孔内混凝土面进入钢筋骨架底口 4m 以上时，适当提高导管，减少导管埋置深度（不得小于 2m），以保证骨架在导管底口以下的埋置深度，从而增加混凝土对钢筋骨架的握裹力。导管提升到高于骨架底部 2m 以上，即可恢复灌注速度。

（5）在灌注过程中，应经常注意观察管内混凝土下降和孔内水位升降情况，并注意保持孔内排水。

（6）导管提升过程中要注意尽量居中缓慢提升，防止挂卡钢筋骨架。并尽可能缩短导管的拆除时间。当导管提升到法兰接头露出孔口以上有一定高度，可拆除 1 节和 2 节导管（视每节导管和工作平台距孔口高度而定）。此时，暂停灌注，先取走漏斗，重新卡牢井口的导管，然后松开导管的接头螺栓，同时将起吊导管用的钓钩挂到待拆的导管上端的吊环，待螺栓全部拆除后，吊起待拆的导管，徐徐放在地上，然后将漏斗重新插入井口导管内，校好位置，继续灌注。拆除导管动作要快，时间一般不宜超过 15min，要防止螺栓、橡胶垫和工具等掉入孔中，并注意安全。已拆下的管节要立即冲洗干净，堆放整齐。在灌注过程中，当导管内混凝土不满含有空气时，后续混凝土要徐徐灌入，不可整斗地灌入漏斗和导管，以免在导管内形成高压气囊，挤出管节间的橡皮垫，而使导管漏水。在灌注过程中，应防止污染环境和河流。

（7）灌注的桩顶标高应比设计高 0.8～1m，以保证混凝土强度，多余部分接桩前必须凿除，保证桩头无松散层。在灌注将近结束时，由于导管内混凝土柱高度减小，压力降低，而导管处的泥浆及所含渣土稠度增加，密度增大，如出现混凝土顶升困难时，可在孔内加水稀释泥浆，并掏出部分沉淀物，使灌注顺利进行。在拔出最后一段长导管时，拔管速度要慢且上下移动，以防止桩顶沉淀的泥浆挤入导管，形成泥心。

（8）当灌注完的混凝土开始初凝时即可割断挂环，避免钢筋和混凝土的粘结力受损失。地面以下部分的护筒在灌注混凝土后拔除。

（9）灌注混凝土的同时，每根桩应按规定制作 2~4 组混凝土试块，标准养护 28d 后，及时提交混凝土抗压强度报告。

（10）有关混凝土灌注情况、灌注时间、混凝土面的深度变化、导管埋深、导管拆除及发生的异常现象应由专人现场进行记录。灌注混凝土时应做好应急预案措施，灌注过程中不得中断，尽量用最短的时间结束灌注。

（11）破桩头：由人工采用风镐进行，要破至设计高程，要保持钢筋的完整，桩顶基本平整、干净。桩基混凝土灌注实景如图 2-77 所示。

图 2-77 桩基混凝土灌注

三、质量要求标准

钻孔完成后，用检孔器进行检孔。检孔器用 ϕ20 的钢筋加工制作，其外径等于设计桩径，长度为 6m。检测时，将检孔器吊起，把测绳的零点系于检孔器的顶端，使检孔器的中心、孔的中心与起吊钢丝绳的中心处于同一铅垂线上，慢慢放入孔内，通过测绳的刻度加上检孔器 6m 的长度判断其下放位置。如上下畅通无阻直到孔底，表明钻孔桩成孔质量合格，如中途遇阻则表明在遇阻部位有缩径或孔倾斜现象，则需重新下钻头处理。钻孔桩钻孔允许偏差和检验方法见表 2-68，钻孔桩钢筋骨架允许偏差要求见表 2-69。

钻孔桩钻孔允许偏差和检验方法　　表 2-68

序 号	项 目		允许偏差	检验方法
1	护筒	顶面位置	50mm	测量检查
		倾斜度	1%	
2	孔位中心		50mm	
3	倾斜度		1%	测量或超声波检查

钻孔桩钢筋骨架允许偏差　　表 2-69

序 号	项 目	允许偏差	检验方法
1	钢筋骨架在承台底以下长度	± 100mm	尺量
2	钢筋骨架直径	± 20mm	

续表

序　号	项　目	允许偏差	检验方法
3	主钢筋间距	±0.5*d*	尺量检查不少于5处
4	加强筋间距	±20mm	
5	箍筋间距或螺旋筋间距	±20mm	
6	钢筋骨架垂直度	1%	吊线尺量检查
7	骨架保护层厚度	不小于设计值	检查垫块

四、施工中突发事件的解决

1. 漏浆

这种情况在碎石或者流砂中常见，特别是在有地下水流动的地层中钻进时，稀泥浆向孔壁外漏失。遇到漏浆情况及时往孔里加膨润土，使稠度增加，用钻杆来回搅动，直到不漏浆为止，同时赶紧安排人员向泥浆池内造浆。

2. 塌孔

若遇到塌孔现象，塌孔严重的护筒都下不去，可尝试用挖掘机掏出3~4m再回填弃土，晾3~4d，再钻，边钻边下护筒，若护筒孔边塌可用挖掘机填实夯实，钻孔要尽量做到慢进尺，尽量不破坏护壁泥皮同时应减少钻头内钻渣掉入孔内破坏泥浆的配合比；灌注时若遇严重塌孔则要回填自然沉实再钻。

3. 浮笼

在灌注过程中发现钢筋笼上浮时，应及时减缓灌注速度，在保证导管有足够埋深的情况下，快速提升导管，待钢筋笼回到设计标高的位置再拆除导管，如果导管埋深不够拆除导管时则将导管快速提升，然后再缓慢放下导管，如此反复直到钢筋笼回到设计标高位置。

4. 缩孔

易出现缩孔或者塌孔的地区，钻进过程中应每进尺控制在30cm左右，缓慢地提升钻头，能有效控制缩孔。

5. 堵管

在混凝土灌注过程中，混凝土在导管中下不去，首先应借用吊车上下抖动导管，若不行将导管拔出，清理导管内堵塞的混凝土后重新安装导管，重新灌注。

6. 导管进水

由于首盘混凝土封底失败或者灌注过程中导管接头不密封导致导管进水，或者灌注过程中将导管拔脱，当封底失败时应及时将导管、钢筋笼拔出，用钻机将孔底混凝土掏出重新安装钢筋笼导管，清空合格后重新灌注，若没灌注多少堵管也可以利用此方法。避免措施：灌注前应检查导管的密封性应非常好，首盘封底方量，准确测量导管埋深。

五、小结

在桩基施工前，认真核对地质勘查报告，对不良地质提前确定应急预案。选择就近的商混站及确保供料及时，避免因混凝土供应不及时出现断桩现象及质量问题。对钻孔泥浆密度、沉渣厚度、钢筋笼制作质量进行严控，确保桩基施工不出现突发事故。经过一系列质量管理控制，全线368根桩经过第三方桩基检测全部为 Ⅰ 类桩。

第五节 高大模板施工技术

一、施工材料

（1）钢管：采用外径48mm，壁厚3.6mm的焊接钢管，长度1~6m，其质量符合现行国家标准的规定，钢管上严禁打孔。

（2）扣件：严禁使用有脆裂、变形、滑丝的扣件，扣件的附件，如T形螺栓、螺母、垫圈等应符合行业技术标准和有关规范的规定。在使用时扣件螺栓要拧紧，扭力矩40~50N·m，最大不得超过65N·m。

（3）木枋：购买的木枋应及时进行验收，材料最好为松木。尺寸：50mm×100mm，不得使用弯形严重腐朽、坏裂、尺寸不足的木枋。

（4）模板：模板采用双面覆膜多层板，对进场模板应及时进行验收，确保模板无翘曲变形，无裂痕孔洞，无油污等，对模板厚度进行检测，保证模板的质量。

二、技术准备

（1）技术部门在施工前编好高大模板施工方案，并对现场管理人员做好技术交底。

（2）协助现场劳务队伍的班组长做好三级交底，确保每位操作工人熟悉模板工程施工的施工流程及施工工艺。

（3）项目技术部综合考虑回填区域的先后顺序（先回填先搭设原则）、汽车泵浇筑条件等因素优化施工部署，确保施工部署科学严谨、安全可靠、满足施工生产需求。施工部署于8月11日前上报发展事业部，事业部审核后报送公司技术部备案。

三、样板区

（1）样板区于8月9日前完成模板支撑架体立杆、剪刀撑平面布置图绘制，图纸中标识试验观测点位置。管沟两侧架体垫木采用脚手板，铺设方向垂直管沟。

（2）样板区架体搭设过程中要求项目技术部人员现场旁站，架体搭设完成后、水平模板钢筋安装前事业部进行检查，混凝土浇筑前事业部技术、安全部门会同公司技术部进行检查。

（3）样板区浇筑完成后召开总结会，对样板区施工全过程全面梳理总结，进一步完善施工方案，确保后续高支模区域质量安全得到保障。

四、高支模架体构造要求

1. 架体基层

位于无地下室部分一层架体下基础，采用分层回填，压实系数达到0.94。对于其他高支模支撑架体下部基层为钢筋混凝土楼板，梁模板支架下一层支架予以保留且立杆须与下层立杆对齐。地沟盖板为100mm厚C30预制盖板，对于跨越地沟的梁下支撑架体，地沟盖板预留，在梁拆模、拆架后，再将盖板盖上，且地沟部位在立杆下铺设木跳板，跳板搭设在地沟侧壁上，立杆下部同样设置立杆，上下立杆对齐。

上述地基承载力均满足要求；应待混凝土强度已达到要求后搭设架体，为保护板面，使受力均匀，立杆下垫垫板，垫板在回填土层上时，采用 50mm × 250mm × 4000mm 的木跳板，且管廊两侧的木跳板应垂直管廊方向铺设，在混凝土表面采用 100mm × 100mm × 50mm 的垫块或 100mm × 100mm × 15mm 模板，保证立杆基础的平稳，并且减少立杆对基层混凝土的破坏。

当脚手架立杆不在同一高度上时，必须将高处的纵向扫地杆向低处延长两跨与立杆固定，高低差不得大于 1000mm，靠边坡上方的立杆轴线到边坡的距离不应小于 500mm。

纵、横向扫地杆构造如图 2-78 所示。

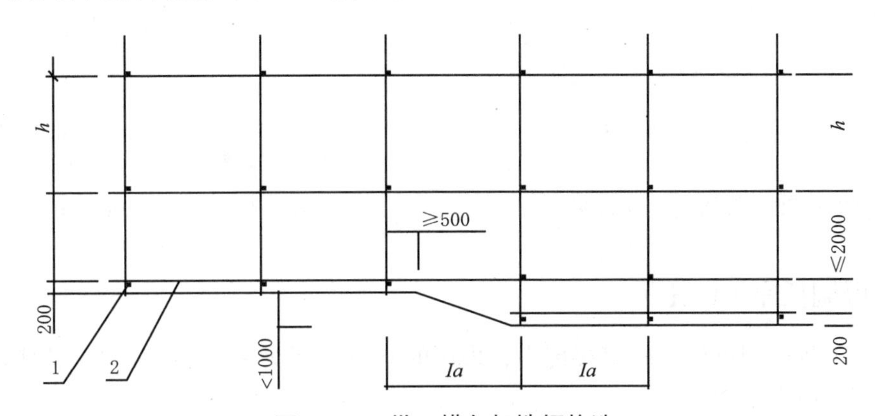

图 2-78　纵、横向扫地杆构造

1- 横向扫地杆；2- 纵向扫地杆

2. 纵、横向扫地杆

底层纵、横向水平杆作为扫地杆，轮扣架距地面高度应小于或等于 350mm，钢管架体 200mm，立杆底部应设置固定底座，顶部纵横向设置扫天杆件，扫天杆距离上部楼板高度不大于 700mm。

3. 剪刀撑

（1）高支模满堂架四周从底到顶连续设置竖向剪刀撑；中间纵、横向由底至顶连续设置竖向剪刀撑，其间距应小于或等于 4.5m。

（2）剪刀撑的斜杆与地面夹角应在 45°~60° 之间，斜杆应每步与立杆扣接。

（3）当模板支架高度大于 4.8m 时，顶端和底部必须设置水平剪刀撑，中间水平剪刀撑设置间距应小于或等于 4.8m。

4. 连墙杆

当架体高宽比大于 2 时，应采取与现有混凝土结构连接处理措施，抱柱每两步水平杆进行一次拉结，拉杆伸入架体两跨。或在架体外增加同高、同间距、同步距三跨扩展架体，并与之相连。连墙杆示意图如图 2-79~ 图 2-81 所示。

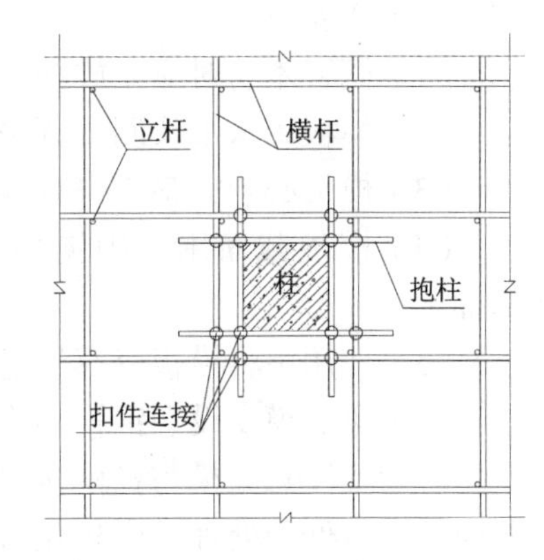

图 2-79　架体抱柱平面图

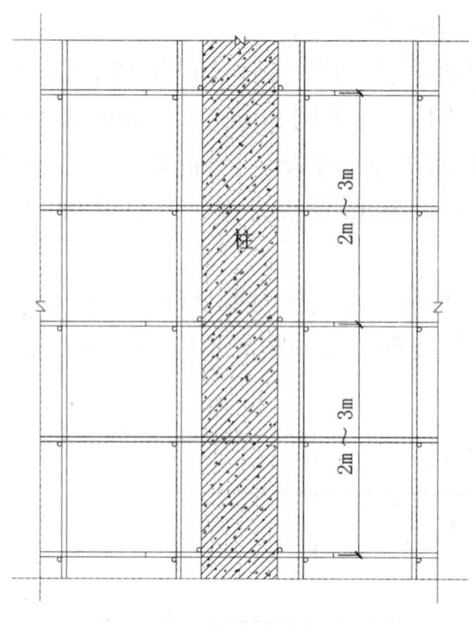

图 2-80　架体抱柱立面图

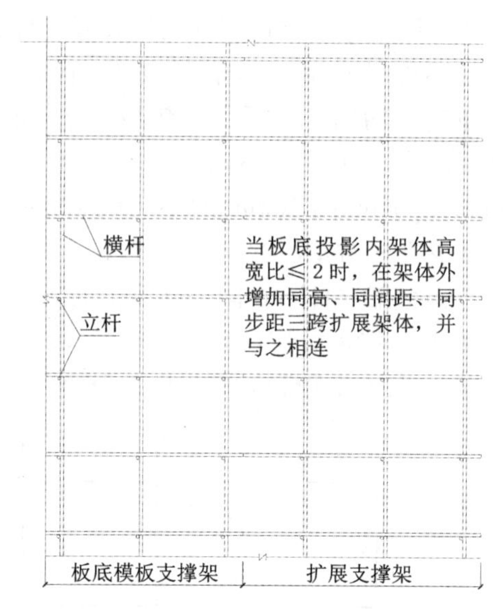

图 2-81　架体扩展示意图

五、可调托座（U 托）

（1）本工程采用可调托座直接传力，采用的 U 托直径为≥ 34mm，可调托座调节螺杆的伸出长度不应大于 200mm。

（2）立杆应采用长 1.8m 和 2.4m 的立杆错开布置，严禁将接头布置在同一水平高度。

（3）立杆底座应采用大钉固定于垫木上。

（4）立杆立一层，将斜撑对称安装牢固，不得漏加，也不得随意拆除。

（5）架体设置安全水平网，沿高度间距 4~5m。

六、模板的安装

1. 梁板模板体系

梁、板模板面板采用 15mm 厚普通木模板，支撑体系采用轮扣式脚手架，梁底及梁侧主龙骨采用钢管，次龙骨为 50mm × 100mm 木枋。

2. 工作要点

（1）搁置木枋时应立放并拉通线调平上表面。

（2）模板用水平仪测量调平，整个板面上水平高差控制不大于 8mm。

（3）模板必须完整不得有漏洞、破损、起皮，接触面平整，同时要均匀涂刷隔离剂。

（4）模板截面用手刨刨平，确保支模时接缝严密，防止漏浆造成混凝土表面蜂窝麻面。

（5）使用中将模板分部位进行编号，并涂刷非油性隔离剂，确保模板周转次数。

（6）梁底模支设在钢管小格栅上，按照设计及规范要求进行起拱。

（7）要注意梁模与柱模接口处理、主梁模板与次梁模板的接口处理，以及梁模板与楼板模板接口处的处理，谨防在这些部位发生漏浆、错台或构件尺寸偏差等现象。

（8）楼板模板采用双面覆膜木模板，按楼板尺寸铺设楼板模板，从一侧开始铺设，尽可能将边角或小块模板铺设在板中央。

（9）楼板模板拼缝保证严密，且必须硬拼，楼板模板间拼缝不建议采用海绵胶条。

（10）次梁安装应等主梁模板安装并校正后进行，模板安装后要拉中线进行检查，复核各梁模中心位置是否对正，待平板模安装后，检查并调整标高。

（11）对于跨度大于 4m 的现浇混凝土梁、板，其模板要按设计要求进行起拱，根据现场静载实验结果，确定对于架体下部为回填土时，起拱值为 30mm，当有混凝土硬质基础时，起拱高度为 20mm。

（12）模板安装完成在浇筑混凝土前，须对脚手架进行验收，验收时须特别注意工长须爬至架体顶部观察顶托是否有松动，若有要求工人对其整改，并要求工人对所有顶托进行紧固。

七、模板拆除

1. 拆除的顺序

模板拆除顺序与安装顺序相反，先支后拆，先拆非承重模板，后拆承重模板。模板拆除方法为：将旋转可调支撑向下退 100mm，使龙骨与板脱离，先拆主龙骨，再拆次龙骨，最后取顶板模。待顶板上木料拆完后，再拆轮扣钢管架。

拆除大跨度梁板模时，宜先从跨中开始，分别拆向两端。当局部有混凝土吸附或粘结模板时，可在模板下口接点处用撬棍松动，禁止敲击模板。模板在撬松后，未吊运走前，必须用锁具锁住，以防模板倒塌。

2. 模板拆除的要求

模板拆除均要以同条件混凝土试块的抗压强度报告为依据，填写拆模申请单，由项目工长和技术负责人签字后报送监理审批方可生效执行。

侧模：在混凝土强度能保证表面棱角不因拆除模板而受损坏后，方可拆除。

底模：（1）构件跨度大于 8m 的混凝土强度达到设计强度的 100% 后，方可拆除。构件跨度小于 8m 的混凝土强度达到设计强度的 75% 后，方可拆除。在混凝土强度达到要求后，楼板混凝土的养护时间不得少于 14d。（2）上层顶板梁混凝土浇筑完成后方可拆除本层顶板梁支撑。

后浇带单跨内模板及支撑体系不拆除，待两侧结构达到设计强度 45d 后，浇筑后浇带混凝土，待混凝土强度达到拆模要求，方可拆除后浇带模板及支撑体系。

八、高支模架体稳固措施

（1）回填区域的模板支撑搭设必须采用 250mm × 45mm × 4000mm 的足够厚度的木跳板作为垫板。

（2）现场回填差异较大情况下（如管廊两侧、承台四周以及回填不密实等位置），施工现场应增设观测点设置。

（3）根据现场静载实验数据情况，模板支撑架体净高提升 15mm，模板体系根据《混凝土结构工程施工质量验收规范》要求起拱 1‰ ~3‰。

（4）梁底钢筋保护层控制在 10mm，板底钢筋保护层控制在 10mm。

（5）模架搭设后对架体沉降量进行观测，沉降数据超过 15mm，通过 U 托进行调整，项目工程部、安全部、技术部对架体进行搭设质量检测。混凝土浇筑前完成地基变形、沉陷，应采取稳妥加固措施（如采用型钢代替垫木、换填碎石等），经验收合格后方可进行下一步工序。

（6）严格禁止混凝土水平构件与竖向构件同时浇筑，应先完成竖向构件浇筑，待其达到强度后再进行水平构件混凝土浇筑。

（7）混凝土浇筑使用汽车泵进行，避免地泵泵管对架体产生动载及水平荷载。

（8）满堂架搭设由内至外，合理调整施工部署，使用两台汽车泵对称浇筑，避免架体倾斜及不均匀沉降。

（9）混凝土浇筑前与气象部门沟通，掌握准确气象预报信息。严格禁止雨天进行混凝土浇筑，避免降雨造成地基土泥塑化，影响满堂脚手架整体稳定性。

（10）对已搭满堂架但未浇筑混凝土前降雨区域，应由质量总监组织质量、技术、工程人员对回填土质量进行观测。

（11）针对检测数据大面积超过 5m^2 以上回填土区域，超过 20mm 以上沉降量，应停止混凝土浇筑。采取加固换填措施后，由项目总工、质量总监检查确认后，方可进行混凝土浇筑。

（12）增加梁板满堂架体对竖向构件拉结点的数量，剪刀撑 2 跨一道，确保架体整体稳定性。

（13）因工程单层面积较大，混凝土浇筑完成后及时进行养护，并采用磨光机提浆，应进行拉毛处理，减免裂缝产生。

九、高大模板检查及安全验收工作

1. 高大模板安全检查

（1）班组进行日常安全检查、安全员每日安全巡查、项目部每周安全检查、公司每月安全检查，发现问题及时整改，所有安全检查内容形成书面材料。

（2）高支模日常检查、巡查重点部位：

1）杆件的设置与连接、支撑、剪刀撑构造是否满足要求；

2）垫块是否松动、立杆是否悬空；

3）连接扣件是否松动；

4）架体垂直度；

5）施工中是否有超过设计荷载现象；

6）安全防护措施是否搭设到位；

7）支架与杆件是否有变形现象。

（3）大风及暴雨后需进行全面架体检查。

2. 高大模板安全验收

（1）脚手架搭设完成后必须由项目经理组织验收，项目总工程师、项目技术总监、安全总监、质量总监、技术员、责任工长等相关人员参与内部验收，验收通过后签字报公司验收。

（2）项目内部验收通过后，由公司总工程师、安全总监、质量总监组织技术、安全、质量部门人员进行内部核验并签字确认。

（3）高大模板工程验收过程中提出的各种安全隐患，由项目经理组织整改，整改完毕并由公司安全总监复查确认整改完成后，公司总工程师及主管生产领导核准无误，报项目监理单位。

（4）项目总监理工程师签字同意后才能进行混凝土浇筑。

（5）混凝土浇筑过程派专人进行观测，发现异常情况应当立即停止作业，采取应急措施。

十、其他安全措施

（1）在进行模板及其支撑体系搭设前所有操作工人和管理人员都必须接受过技术交底和安全交底，并签字确认。

（2）在进行本工程斜板和斜梁混凝土浇筑前，需组织验收模板支撑体系并填写高大支模施工混凝土浇筑核准表，需对混凝土工进行技术和安全交底。

（3）本方案经审批后必须严格执行，实际施工中不得省工减料，尤其是立杆间距、步距、扫地杆、剪刀撑、抛撑、扣件扭紧力矩以及与剪力墙的拉结等，必须按本方案执行。

（4）其他安全措施

1）加强安全教育，增强法制观念，要做好三级安全教育工作。

2）检查每周的安全例会制度，坚持经常性的安全活动制度并做好记录。

3）施工现场入口处及现场所有危险作业区域都要挂安全生产宣传画、标语、安全危险标语提醒工人注意安全。

4）特殊工种必须持证上岗，严禁非正式特殊工种代替特殊工种作业，电气焊操作必须有安全防护措施，模板加工、堆放区域要远离钢筋加工车间。

5）建立健全安全事故岗位责任制，实行木工房、堆放场地安全负责人制度，落实专人负责，进行安全教育，落实安全责任，严格实行安全奖罚措施。

6）施工现场注意防火，及时清理刨木屑等易燃物品，严禁施工人员在施工现场吸烟，同时配备防火设备，明确责任人。

7）加强现场临电管理，经常检查配电设备的安全可靠性，如有损坏及时更换，除电工外的任何工种不准私自接改电线，需用时应申请电工完成接线工作，模板操作区域严禁电线穿过。

8）现场围护栏杆要严密稳固，电缆线不允许直接敷设在栏杆上，夜间施工时基坑边缘要有明显的标志和足够的照明。

9）现场照明灯具的架设高度要符合有关安全规程的要求，不低于2.5m，夜间施工必须有足够的照明设施。

10）满堂架竖向高度每隔4~5m布设一道安全防护兜网。

十一、沉降观测措施

（1）沉降观测点布置：在结构顶板上用钢筋建立观测点。

（2）观测人：总包测量员、验线员、分包测量员。

（3）观测时间：混凝土浇筑过程中及浇筑完成1h内。

（4）观测记录：形成脚手架沉降观测记录，由总包方验线员负责填写整理并汇报。

（5）允许沉降范围：最终累积沉降允许范围为 -10mm。

（6）过程中沉降处理方法：当沉降达到 5mm 时，停止上层作业，并在脚手板下立杆位置处楔木枋，进行校正。

测量工应当在视野开阔，地基稳定部位支设经纬仪，随时监控浇筑混凝土工作中模板和支撑架体的沉降情况，一旦有危险征兆，应立即停止施工，对出现隐患部位进行加强，经各方技术总工程师重新验收后方可继续施工。

（7）针对架体观测数据应如实准确。

观测频次要求见表 2-70。

观测频次要求表 表 2-70

序　号	名　称	监测时间点
1	原始值	满堂脚手架搭设完成无荷载（原始数据）
2	数值 1	混凝土浇筑前、梁板模板钢筋安装后
3	数值 2	混凝土浇筑后 3d 内每一天观测两次
4	数值 3	混凝土浇筑后 7d 每天观测一次
5	数值 4	满堂脚手架安装完成后，降雨后 2h 内

第六节 航站楼内装饰难点工程技术研究

T2 航站楼内装饰工程施工工期短，工艺新，难点工程包括浮动隔离型抗裂混凝土找平层及橡胶地板工程、墙面薄型钢板装饰工程、大空间格栅反吊顶逆作法工程，下面分别介绍这三项工程的技术研究情况。

一、浮动隔离型抗裂混凝土找平层及橡胶地板技术研究

哈尔滨国际机场 T2 航站楼地面橡胶地板铺设工程主要在 B 区候机厅、C 区候机厅及 C 区指廊部分，施工总面积约 38000m^2。原设计地面垫层为：在地暖的细石混凝土上做 4cm 轻骨料混凝土再铺设 35mm 细石混凝土找平层（也有的区域没有地暖为轻骨料混凝土找平层），在找平层上做 1.5mm 厚自流平，再在其上铺设橡胶地板，此种做法为传统做法，传统做法各施工层相互粘结牢固。

（一）工程情况

1. 原设计的缺陷

（1）本工程原为轻集料混凝土基层、敷设地暖管处为细石混凝土，在装修施工单位进场时已完成施工。轻集料混凝土基层自身强度不高、有地暖处细石混凝土上做轻集料混凝土地面垫层极容易开裂，基层裂缝会传导给细石混凝土找平层，另两层的粘结力拉拔强度低于 1.0MPa，细石找平层无法有效粘结导致空鼓型开裂。

（2）本工程设计找平层为 35mm 厚普通细石混凝土，找平层薄，在重物压力下容易造成找平层开裂。

（3）本工程橡胶地板分区面积大，多数块区在 10000m^2 以上。

2. 传统做法的缺陷

传统的施工做法是采取 2m 刮杠找平、木抹子手工压实搓平、铁抹子压光等工序，仅适合于小面积地块。本工程橡胶地板最长的连续长度达到 200 多 m、宽度达到 60 多 m、这种特大面积找平层如果采用传统施工工艺进行施工一是容易造成表面不平整、光照高低起伏；其二，由于手工操作其施工效率低；其三，传统做法混凝土密实性差，隔绝水汽能力差，易导致橡胶地面面层鼓包气泡现象，对施工观感质量和工程使用年限造成影响。本工程为大型公共建筑。根据合同约定，需创“鲁班奖”，采取传统施工做法难以达到合同约定的质量目标。

3. 工期要求

本工程根据总体进度计划，橡胶地板地面从垫层施工到面层完成只有 100d 左右的施工时间。在此期间，其他二次结构、各专业管线正在施工，机电埋管随找平层施工进行；找平层施工作业需要结合场地分段施工；按橡胶地板产品说明书要求，有地暖基层含水率控制到 3% 内才能进行橡胶地板面层施工，否则面层将产生气泡等质量问题。所以，工期安排以及施工顺序要求需采取特殊措施方可按期完成任务。本工程要想达到质量和进度目标，必须结合现场情况改进传统施工工艺。

4. 需解决的问题

（1）基础垫层强度低，特别是有地热处易开裂，且找平层薄如果垫层与找平层粘结在一起，垫层开裂将带动找平层开裂。

（2）基础为轻集料混凝土，找平层无法有效粘结基础，厚度过薄，在重压下易产生开裂。

（3）超大面积橡胶地板的平整度问题。

（4）工期紧，基层含水率控制达标问题。

（二）课题研究

（1）结合国内其他大型航站楼橡胶地板及地坪施工做法，提出了改进方案。具体方案见表 2–71。

橡胶地板施工做法表　　表 2–71

序号	项目名称	施工方案内容
1	铺设隔离层	采用双层高密度聚酯长纤维布全面铺设在地暖层上，密度为 400g/m^2
2	传力杆及分仓模板制作	采用 6mm 厚 70mm × 40mm 的镀锌方钢制作分仓模板，10mm 直径圆钢制作传力杆，传力杆长 300mm、间隔 200mm
3	抗裂混凝土配制和生产	采用 C35 商品混凝土为基础并添加全套苏博特牌外加剂：减缩型聚羧酸复合减水剂 8kg/m^3，高效膨胀剂 20kg/m^3，聚丙烯腈纤维（3kg/m^3）
4	抗裂混凝土找平层摊铺	混凝土 70mm 厚，6m 分仓，仓内每 6m 埋 3mm × 30mm 的铝合金条，仓间缝全部采用传力杆连接，仓内铺设 Φ8 孔距 150mm 钢筋网片。混凝土摊铺采用民航场道施工工艺标准进行：人工摊平、机械振捣、人工二次补料、钢辊提浆找平、搭桥手工收光、机械刀片二次收光，单块最终平整度达到 2m 靠尺 2mm
5	抗裂混凝土找平层养护	喷洒苏博特牌蒸发抑制剂 200g/m^2，共计 2 次。养护须在收光完成后 12h 内开始，养护期 14d

续表

序号	项目名称	施工方案内容
6	欧洲标准橡胶地板环氧树脂隔潮层	采用德国优成或亚地斯无水无溶剂型环氧树脂制作有效隔汽层。首先采用环氧树脂填补所有混凝土缝隙，用量200g/m^2。完成后立即分两次均匀滚涂地面，第一遍用量为300g/m^2，第二遍须间隔12h后进行并且用量不小于300g/m^2

（2）对深化改进做法的分析

在深化改进做法基础上，由建设单位牵头的课题组开展了方案专家论证会。

1）在原有垫层上铺设双层高密度聚酯长纤维布（密度400g/m^2），使垫层与找平层之间隔离，由于上下两层间无粘结，垫层开裂产生的应力不会直接传递给找平层，即使垫层开裂也不会对找平层造成较大影响。解决了垫层开裂将带动找平层开裂问题，此法可取。但在有地暖的垫层上隔离层改为密度200g/m^{2}双层高密度聚酯长纤维布，以减少造价。

2）采用6mm厚70mm×40mm的镀锌方钢制作分仓模板，10mm直径圆钢制作传力杆，传力杆长300mm、间隔200mm。此做法中分仓模板可行。但设置10mm直径圆钢传力杆在薄混凝土找平层中，如果真存在力的传递，将造成找平层混凝土破坏，反而会产生开裂，不予采用。

3）采用C35抗裂混凝土，并适当提高混凝土强度等级，对找平层抗裂有利；提高混凝土强度等级，对面层施工有利。可以采用，但抗裂混凝土强度可采用C30，以减少造价。

4）混凝土厚70mm，6m分仓，仓内每6米埋3mm×30mm的铝合金条，仓间缝全部采用传力杆连接，仓内铺设Φ8孔距150mm钢筋网片。混凝土摊铺采用民航场道施工工艺标准进行：人工摊平、机械振捣、人工二次补料、钢辊提浆找平、搭桥手工收光、机械刀片二次收光，单块最终平整度达到2m靠尺2mm。

①此建议中将原有找平层由35mm厚细石混凝土改为70mm厚，经设计验算同意。由于找平层混凝土厚度变化，此层对面层抗压和下道工序施工有利。

②找平层按6m宽分仓。找平层混凝土摊铺后采用超长平板混凝土振动器钢辊提浆找平，改变了传统施工的手工做法、由2m刮杠尺控制平整度改为6m，有利于提高平整度施工质量和施工速度。

③仓内铺设Φ8孔距150mm钢筋网片抵抗面层开裂应力。找平层内设置钢筋网片抵抗面层开裂应力，在大面积水泥地面施工中是比较常见的做法，可以采用。但设置直径Φ8、孔距150mm钢筋网片的做法不经济，需要改进。为抵抗水泥地面面层开裂，选用Φ6双向钢筋网片即可。

5）喷洒苏博特牌蒸发抑制剂200g/m^2，共计2次。养护须在收光完成后12h内开始，养护期14d。进行找平层混凝土养护很有必要，但采取喷洒养护剂的办法不经济，同时也可能给下道工序施工带来一定的影响。改为在混凝土面铺无纺布、在无纺布上浇水进行养护。

6）采用德国优成或亚地斯无水无溶剂型环氧树脂制作有效隔汽层。首先采用环氧树脂填补所有混凝土缝隙，用量200g/m^2。完成后立即分两次均匀滚涂地面，第一遍用量为300g/m^2，第二遍须间隔时间12h后进行并且用量不小于300g/m^2。如果混凝土找平层的基层含水率未达到1.8%的指标，在混凝土找平层上采用环氧树脂做隔汽层很有必要。本工程原设计在找平层上有自流平，采用环氧自流平即可解决隔汽层问题。

（3）优化后的做法

经上述论证与分析，需完善的四个问题已得到解决。一般性找平层构造做法为：双层无纺布隔离层；Φ6@100mm × 100mm 钢筋网铺设；C30 细石混凝土找平层；环氧水泥自流平精细找平层；橡胶地板面层。

（三）施工工艺做法

1. 施工条件

现场作业面混凝土（轻骨料混凝土）垫层已施工完毕。经验收，平整度满足要求，无空鼓、起砂等缺陷；地热管线已施工完毕（带水、带压力）、垫层内的水电管线已进行隐蔽工程验收；墙面、吊顶施工基本完成、门框安装完成；施工用材料已通过检验并符合相关要求。施工前应做好水平标志，以控制铺设的高度和厚度，可采用竖尺、拉线、弹线等方法。

2. 施工机具与材料

施工机具：超长混凝土平板振动器、电动磨光机、运输车辆、手提切割机、自流平刮板、塑料板块焊接机、手持式搅拌机、搅拌桶、量水容器、水桶、钢板尺、水平尺、壁纸刀、小线、胶皮辊、滚筒、錾子、刷子、钢丝刷等。

主要材料：C30 抗裂混凝土（商品混凝土）、高密度聚酯长纤维布（密度 200g/m^2）、Φ6@100mm × 100mm 钢筋网、环氧水泥自流平、石英砂、1m × 1m 橡胶地板等。

3. 找平层施工工艺做法

工艺流程：清理基层→防潮层（仅一层远机位设置）、铺设隔离层及护边裙条→分仓模板安装→钢筋网片安装→抗裂混凝土配制和生产→抗裂混凝土找平层摊铺→混凝土养护。工艺做法如下。

（1）清理基层：对垫层内的电气管检查固定情况，有无凸出过高处，如果有问题需进行处理；应将基层表面的杂物清理干净。

（2）铺设隔离层（防潮层）：一层远机位涂刷聚氨酯两遍，两遍的方向相互垂直。铺设双层高密度聚酯长纤维布（单层密度 200g/m^2），要求接缝处搭接 1~2cm。采用单面粘 5m 厚 70m 宽发泡胶条将所有混凝土与墙面柱面隔离（防止污染墙柱面）。

（3）分仓模板安装：采用 90m 宽 × 60m 高 × 15m 厚特制带凸榫结构的 T 型钢制作分仓模板。模板安装时首先要调整好两模板间的宽度，然后对分仓模板分别予以找平、调整标高，并做好临时固定。

（4）抗裂混凝土配制和生产：采用 C30 商品混凝土，在混凝土内添加如下外加剂：苏博特牌减缩型聚羧酸复合减水剂 8kg/m^3（减缩型聚羧酸含固量不得低于 20%，减水率不得低于 20%）、HCSA 高效膨胀剂 20kg/m^3（限制膨胀率不低于 −0.01%）、聚丙烯腈纤维（3kg/m^3）。

（5）钢筋网片安装：沿纵向铺设直径 Φ6 孔距 150mm 钢筋网片，要求网片搭接 100mm。

（6）抗裂混凝土找平层摊铺。按照柱梁网格结构采用 6m 分仓，仓内每 6m 埋设 3mm × 30mm 铝合金条作为预埋缝，仓间缝采用榫卯结构来抑制板块在仓内铺设翘曲。C30 混凝土 70mm 厚、坍落度 140mm。混凝土倒入后先用人工初步摊平，然后采用超长混凝土平板振动器振捣密实、刮平（振捣中缺混凝土不平处进行人工二次补料），振动器上振动钢辊提浆找平；电动磨光机二次收光，摊铺完成的混凝土平整度应达到1‰以内。

（7）混凝土养护：完成收光的混凝土找平层应在24h内在其上铺一层无纺布、浇水，养护7~10d方可上人。图2-82、图2-83分别为找平层施工过程。

图2-82　找平层混凝土振捣后的实际效果

图2-83　电动磨光机二次磨光

4. 橡胶地板铺设工艺

工艺流程：找平层修补→涂刷隔汽层→橡胶地板铺设。

（1）找平层修补：对找平层进行检查，对有裂缝（孔洞）等处首先采用环氧树脂进行修补，一般用量200g/m^2。裂缝（孔洞）较大的环氧树脂中应掺石英砂填补所有混凝土缝隙。

（2）涂刷隔汽层：修补缝隙完成后在地面上再采用德国亚地斯/优成无水无溶剂型韧性环氧树脂进行两次均匀滚涂，第一遍用量为300g/m^2，第二遍须间隔时间12h后进行，用量不小于300g/m^2。

（3）橡胶地板铺设：根据原基面平整度情况，采用高流动性环氧基或水泥基自流平砂浆进行再次精找平，将平整度提高至2m靠尺2mm误差范围，达到铺设地板要求。在其上，根据深化设计排板图弹控制线；在橡胶地板的背面涂刷德国亚地斯/优成双组分胶水进行地板粘贴，地面使用专用A2刮尺刮德国亚地斯/优成双组分胶水，而后进行地板粘贴，确保7d剥离强度大于12kg/50mm。采用压辊滚压接缝，消除高低差和可见缝隙。

橡胶地板铺贴前注意事项：

（1）检查作业范围的隐蔽工程是否符合设计要求，预埋管道是否检验合格，检查地面出线口的位置及数量与各工种图纸是否符合，如发现不符，须报请业主及监理，采取相应处理措施。

（2）基层地面要求平整，无凹凸不平现象，用2m直尺检验，空隙不应大于2mm。

（3）清理地面附着的各类浮土杂物，表面保持干燥、清洁。

（4）对于地面大面积的水平误差，高点采取大型研磨机削除，低点填补高流态环氧砂浆二次抹平。

（5）基层地面表面不得过于粗糙，不得有宽度大于3mm的裂缝。

（6）地基含水率（重量百分比）应小于3%，遇天气原因或外来水分，应使空气流通，并及时抹去表面水分；如含水率过大，必须采用环氧树脂进行封闭，并铺撒石英砂。

（7）为确保大面积铺设效果，必须于铺设前在找平层上使用环氧底涂和环氧自流平底油和自流平。

施工过程注意事项：

（1）基层处理

1）进场首先要对地基进行考察，了解清楚地基的情况、地基的性质、地基所用材质类型，制订出相应方案。

2）如果是水泥砂浆找平层，应检查地面是否有裂缝，强度、湿度、平整度情况：强度应在C25以上，湿度3%以下，平整度应在1‰以内。

3）有裂缝的修补，必须先用切割机，沿缝口先切出1~1.5cm深、1cm宽的槽口，再在裂缝的垂直方向切一同样深度、宽度，长度为8cm的槽口，放入铁钉或钢条，位置在裂缝处平分，每条垂直槽口的相隔距离在15~20cm之间。然后用环氧树脂将所有切开部分完全填满、刮平，再在表面撒上石英砂或自流平粉末，待其完全干燥后即可。

4）清理地面时必须对地基的“空鼓”、表面附着物，特别是油漆进行处理。有“空鼓”的必须敲破，用自流平掺石英砂进行修复、落实，修复缺口程序应和自流平的施工程序一致。表面附着物，特别是油漆，必须用角磨机彻底去除。在做底油前，必须将整个地面打磨一遍，使浮砂层脱离地基。水泥砂浆过于松散时，应用钢刷清至坚实基层为止，否则，禁止进行下一工序施工。

5）对地表进行上述处理后，要将场地用吸尘器彻底洗尘一次，封闭场地，进行底油处理。

6）环氧底油必须在事先测算场地及用量，严格配合比，不允许浪费，原则上以7~8m^2/kg计算，视场地吸收情况而定。涂刷一定要均匀，不允许上墙，不能涂刷至其他装饰表面（如踢脚线）。石英砂抛洒人员一定要穿钉鞋在已滚刷的环氧底油内场抛洒，且要满铺、均匀。石英砂不能有灰尘粘其表面，且需干燥后才洒，以防结构不稳定至脱落。干燥时间约为12h，然后将表面石英砂用吸尘器吸走。在环氧底油施工过程中。严禁烟火，特别禁止吸烟。

7）底油处理完后，即可做自流平的操作。做自流平之前必须将人员分工到位，检查工具情况，核对自流平型号、数量及场地面积，确定施工程序以及根据地面情况特殊处理的位置。

8）自流平搅拌中，搅拌器要调至低速，增加扭力。搅拌须充分、均匀，不可有结块，搅拌时间约 3min。自流平刮板通常采用 5mm 齿条，在操作中要一直往后刮板，尽量减少来回刮板的次数，且不允许在上一桶刮开面上重复刮板，以致齿印不弥合，放气滚的操作亦如此。整个操作过程（指每包自流平从搅拌到刮好）不超过 15min。放气滚操作人员必须穿着钉鞋操作。刮自流平至墙角时，切忌动作幅度过大，以免污染墙面装饰。

9）自流平干燥 8~12h 后，即可上人，但打磨需待 24h 后方可进行，打磨需磨至亮光泛出，露出坚实表面即可，微凹地面以及墙角边缘是打磨机的“死角”地段，必须用手砂纸磨掉浮层至坚实表面，切忌用角磨机进行打磨，以至于操作不当、稳定性不够造成地面损坏，留下遗憾。特别是做 2mm 卷材，更是如此，面积稍大，用角磨机换砂纸磨片可以打磨，绝对禁止用金属磨片。自流平打磨完后，应封闭地面吸尘，保持场地清洁，绝对不允许自流平表面被污物，特别是油漆污染。

（2）放料规程

1）放料组进入场地施工时，首先要对地基处理组的交付场地进行验收检查，双方进行验收交换手续后，方可进行施工。

2）放料组人员必须对所做场地的光源、尺寸、场地形状、甲方的要求、铺设组的铺设顺序、材料情况，要做到心中有数，事先安排，按图施工，本着节约的原则来安排材料，降低损耗，将废料尽可能派上用场。注意橡胶地板背面箭头方向必须排放一致。

3）放料组必须将材料毛坯放好，将门卡、墙角等打好卡，原则上要求打卡必须与基本线相吻合，空隙不超过 1mm，线条流畅，同时注意地板材料与门的高度是否适合，以及与其他材料的衔接口的处理，但所排好料的所有搭缝，留给铺设组推刀，搭缝原则上重合部分为 2cm，且靠近光源的板块需搭在上面，毛边搭在下面。原则上缝口与光源呈垂直放料，特殊情况，特殊处理。

4）尽量防止材料挤压、变形，特别对在运输过程中造成的材料变形，要尽量避免使用在侧光较强，以及“第一印象”的关键部位，应调至弱光或无侧光，边角部位，对有色差的材料也应进行对比，选料使用，不可将色差过大的材料邻近拼接，造成色差过大，影响效果。对边角料的安排，在节约的原则上，亦应如上原则安排。

（3）铺设规程：橡胶地板施工时环境温度及施工处地面温度不宜低于 15℃。如环境温度及地面温度低于 15℃，则要采取升温措施。

1）铺设组进入场地，必须对放料组的材料运用是否合理，打卡是否吻合，材料摆放是否正确，搭缝是否准确等进行验收，办好交接手续，并了解放料组的意图。

2）铺设必须在封闭的场地中进行，不允许闲杂人等进入施工场地，以免带入泥沙、杂物，影响铺设质量，铺设组操作人员只允许穿着平底软鞋进入场地，或赤脚，不允许穿硬底鞋进入场地。

3）进入操作时，推缝必须依靠尺进行，调节推刀的刀片深度应为两块地板的厚度再长 0.5mm，保证一刀推断，避免接口不吻合，推刀大压板下必须用橡胶地板废料垫平，以免刀具发生偏斜，造成刀口截面倾斜，粘贴时缝口不顺合，不流畅，出现高差。

4）对于胶水的配置，必须严格按照配合比进行，不允许随意配置，因随意配置会影响胶水的粘结强度，反应不足或反应过度。胶水须充分搅拌，以保证固化剂与胶均匀接触，充分反应，搅拌时间约为 2min，在搅拌过程不应使搅拌器处于高速档位，以提高胶水的温度，使反应速度加快，同时应上下翻动，保证固化剂深入下层胶中。固化剂与胶水的混合比为重量的 1 ∶ 5。

5）搅拌胶水前应测量一下铺设面积，再确定打胶量，严格配置比例，做到不浪费。确定好铺设程序、计划。按先打胶、先铺设的原则进行刮胶，对于两组胶的接缝处，要用纸胶带贴住，待胶刮完后撕开，保证胶口整齐，该纸胶带位置选择应先考虑好，不可选在光线较强、较显眼位置，同时，在第二组胶与其接口处应采取湿粘法至少先贴出 20cm，然后立刻用手压辊将接口处胶沿胶口垂直压平，与第一桶的胶面尽量平滑，否则，在橡胶地面会出现明显接口面，影响美观。原则上 3.5mm 以上材料，用 A2 齿胶刮板，2mm 材料，如做在一楼，则使用 A2 齿，二层以上则使用 A1 齿即可，但在操作前，必须检查齿条磨损程度，特别是 A1 齿条，磨损较快，需及时检查、更换。

6）对于各批次的胶水，应根据其不同的反应速度来制订铺设计划，严禁先操作、后计划的操作行为，具体通过小面积试验，把握凉胶时间，并保持胶面清洁。以胶面能拉丝状态为铺设时机，同时应兼顾面积大小，决定铺设时间，凉胶时，禁止在翻卷的橡胶地板背面踩踏。

7）在达到预定凉胶时间后，应从光线较强的一头开始进行铺设，在铺设确定一块基准面后，其他板块应以此基准面为依托，先将靠近基准面块的缝口拼接无误后，再向另一方赶压气泡，确保将橡胶地板落实，与胶面进行完全接触，保证胶水均匀地转移至橡胶地板背面。为保证在铺设中积累误差的清除，必须留一条缝（包括横向、纵向）在铺设完后抓紧推缝，在短时间内完成铺设、压实程序。缝口溢胶现象必须马上用液体蜡清洁。铺设块材时应着重处理平行侧光的缝口，胶水接缝线应垂直于侧光，避免在显著位置接胶口。

8）在铺设过程中，操作人员应始终站在垫脚板上操作，垫脚板面积尺寸长 1m，宽 45cm，厚度为 1.7cm 以上，不允许用脚直接踩在已铺设的橡胶地板上，以造成胶水分布不匀、鼓泡、不平整。在整个铺设过程中，必须有一个人在最容易看出缺点的位置（如迎光站位观察）指导铺设，以及时调整铺设中的问题。

9）在处理接缝口时，小压辊应垂直于缝线来回滚压，且滚压距离至少在 45cm 以上，对于边、角地段，应有专人负责滚压、察看，以防止由于压辊不到位，造成粘结不牢、空鼓现象。空鼓现象必须在胶水干透之前处理完毕。

10）铺设完成后，其余人员全部撤出。刚铺设完的地面，在 1h 以内禁止上人踩踏，留一名专业压辊人员负责在 30~40min 后全面压辊，压辊用大型压辊，小压辊可增加负荷进行滚压，压辊人应尽量减少走动面积，发挥压辊长臂作用，来回滚压，尽量避免空鼓、虚胶现象。该步骤视温度情况，在一段时间内重复进行。

11）压辊程序完成后，应在有条件情况下，尽量长时间封闭场地，至少在橡胶地板铺设完成后 12h 方可上人走动，48h 后才能进行湿洗、去蜡。

5. 质量验收标准

（1）主控项目：施工各层所用材料应符合设计图纸的要求，并符合国家相关规定性能指标。橡胶地板与找平层粘结应牢固，无翘边、不脱胶、无溢胶；板块表面平整、接缝顺直。检验方法：见表 2–72。

橡胶地板允许偏差及检验方法 表 2-72

序 号	项 目	允许偏差（mm）	检验方法
1	表面平整度	2.0	用 2m 靠尺和楔形塞尺检查
2	缝格平直度	3.0	拉 5m 线和用钢尺检查
3	接缝高低差	0.5	用钢尺和楔形塞尺检查

（2）一般项目：橡胶地板表面洁净，图案清晰，色泽一致，接缝严密、美观。拼缝处的图案、花纹吻合，无胶痕；与墙边交接严密，阴阳角收边方正。板块的焊接，焊缝应平整、光洁，无焦化变色、斑点、焊瘤和起鳞等缺陷，其凹凸允许偏差为 ±0.6mm。焊缝的抗拉强度不得小于塑料板强度的 75%。镶边用料应尺寸准确、边角整齐、拼缝严密、接缝顺直。

6. 橡胶地板质量问题预防措施

（1）面层翘曲、空鼓：基层不平或刷胶后没有风干就急于铺贴或粘的过迟黏性减弱，都易造成翘曲和空鼓；底层未清理干净，铺设时未滚压实、胶粘剂涂刷不均匀、板块上有尘土或环境温度过低，都易造成空鼓；高低差不得超过允许偏差，涂胶厚度应一致，如差距过大会产生面层翘曲、空鼓。

（2）面板污染：铺设时刷胶太多太厚，铺贴后胶液外溢未清理干净；地面铺完后未做有效的成品保护，受到外界污染。

（3）表面观感差：面层凹凸不平、表面平整度差，涂胶用力不均，温度过低。做自流平找平层时控制不严或上人过早，造成基底不平整。

7. 安全环保措施

自流平水泥在运输、堆放、施工过程中应注意避免扬尘、遗撒、沾带等现象，应遮盖、封闭。易燃材料较多，应加强保管、存放、使用的管理。电气装置应符合施工用电安全管理规定。

8. 成品保护

施工时应注意对定位定高的标准杆、尺、线的保护，不得触动、移位。对所覆盖的隐蔽工程要有可靠保护措施，不得因铺设塑料板块面层造成漏水、堵塞、破坏或降低等级。塑胶地板面层完工后应进行遮盖和拦挡，避免受侵害。后续工程在塑料板面层上施工时，必须进行遮盖、支垫，严禁直接在塑料板面上动火、焊接、和灰、调漆、支铁梯、搭脚手架等；进行上述工作时，必须采取可靠保护措施。

二、墙面薄型钢板装饰技术研究

（一）工程概况

哈尔滨机场 T2 航站楼墙面装饰工程为金属钢板。以香槟色金属板为主，踢脚为深灰色，墙金属钢板主要规格为 1500mm × 4500mm、1500mm × 3000mm，属于超大板。金属板装饰材料主要分布在房中房墙面、高低跨及出发层圆柱。由于机场外墙为玻璃幕墙结构，自然光较强，对安装的平整度精度都要求非常高。其次由于板块较大，施工部位最高处达到 18m，安装过程中的材料运输和成品保护也对施工造成了一定难度。并且在安装的方式上需要考虑机场运行的维修成本。

1. 设计情况

本工程墙面板装饰采用承插的安装体系，配套定制加工插条、分缝隙施工。仅一标段面积就达 17000m^2，大板块金属材料工厂化加工，材料的稳定性、运输方式及安装方式是考虑的重点。

2. 深化设计情况

（1）深化设计需解决的问题

1）节点图不全面，局部收口节点不详细。

2）高处金属板位于幕墙玻璃上方，需要考虑风压，对金属板安装紧固的影响，避免造成金属板脱落。

3）原安装方式对施工的龙骨精度、平整度、垂直度要求高。

4）金属板材料加工尺寸精度要求高。

5）需解决材料平整度、强度、板块分隔问题。

（2）金属板设计深化

金属板前期深化设计首先确定板块分隔尺寸，对整体进行重新排板，在工厂加工后，运到现场安装实物样板。确定排板后与其他配合单位进行叠图。对金属板墙面上的全部末端重新进行定位，满足精装要求。主要对消防箱、开关插座、消防手报、广告点位等进行排布，对各单位隐蔽施工情况、施工要求、施工顺序等进行深化。保证其完成效果。图 2–84 为本工程深化设计后典型节点（承插式）。

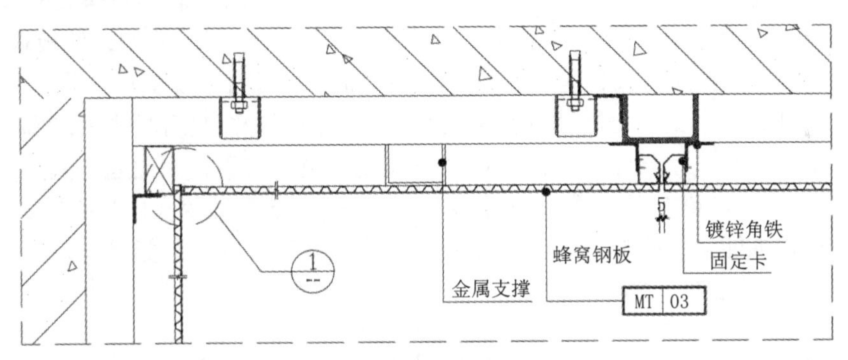

图 2–84　典型节点图（承插式）

（3）金属板加工深化

根据国家相关质量验收规范和其材料特性，在制作工序样板的同时优化其金属板的加工方式。原设计方案中 0.8mm 金属板后采用的是瓦楞板复合，由于板块超大，复合瓦楞板后增强金属板的强度保证稳定性，在实物样板完成后虽然钢板的强度增加，但是瓦楞板复合后在侧光下观察，复合在金属板后的瓦楞脊出现在金属板的表面，对观感产生影响。后多次优化方案及实验，决定采用铝蜂窝进行复合，在铝蜂窝复合完成后再用一层镀锌钢板复合在铝蜂窝上，这样既满足了声学、保温等基础性能，同时解决了金属板自身的强度以及观感问题。

（4）金属板安装深化

哈尔滨机场室内装饰工程墙面 80% 基本采用金属板的装饰材料，最高处的金属板达到 18m，最低处 6m，还包含了许多悬挑的位置，墙面上布满设备专业末端点位，有些点位需要保证后期运行单位的日常检修及定期检修。这样在考虑安装方式时不仅要从施工角度考虑便于安装运输、结构稳定安全性，还需要考虑运行的需求，便于运行的拆卸和安装。原设计方案中采用挂式的安装方式，通过制作“工序样板”进行分析总结，虽然挂式安装方便，特别适合高空作业的位置安装，但是缺点是不利于后期拆卸维修。通过以上分析，我们采用了插扣式安装的方法，并定制了专用的金属插条，同时通过金属插条控制金属板之间的缝隙，制作样板。表 2–73 为铝板与钢板材料性能对比情况。

铝板与钢板性能对比表　　表 2–73

铝　板	钢　板
每平方米造价较高，材料重量高，相对钢板的隔声、隔热、保温、隔热性能较低，导热系数不及钢板	造价相对铝板较低，材料质量密度低，隔声、隔热保温、效果好，是绿色节能环保材料

（二）金属钢板材料介绍

由于钢板相对于铝板是节能环保材料，同样生产 $1m^2$ 钢板能耗只有铝板的 1/3，价格比铝板更加低廉，本工程墙面装修选择蜂窝钢板。但加工大规格钢板需要精度更高的设备，工程采用的金属板为 1550mm 宽 0.8mm 厚的钢卷为面板原材料，背板 0.4mm，中间 28mm 夹铝箔蜂窝。

金属板材料特性

成品金属板总厚度为 30mm（包含折边），面板为 0.8mm，底板为 0.4mm 的铝蜂窝板，重量只有 $8kg/m^2$。蜂窝芯芯层分布固定在整个板面内，不易产生剪切，使板块更加稳定，更抗弯挠和抗压，其抗压大大超越于铝塑板和铝单板，并且有不易变形、平直度好的特点，即使蜂窝板尺寸很大，钢板也能达到极高的平直度，由于蜂窝复合板内的蜂窝芯分隔成众多个封闭小室，阻止了空气流动，使热量和声波受到极大阻碍，因此起到隔热、保温、隔声的效果。对 100~3200Hz 的声源降噪可达 20~30dB，导热系数为 0.104~0.130W/（m·k），因而金属蜂窝板的能量吸收能力为 $150\sim3500kJ/m^2$ 是一种理想的节能材料。

（三）金属板安装施工要点

1. 施工准备

（1）材料准备

1）金属板面板和骨架材料必须符合设计要求的材质。种类、规格、型号，其质量应符合有关标准的规定。

2）连接件、预埋件等零配件必须符合设计要求，并进行防腐处理。

3）金属板材料应按品种和规定堆放在特种架子或垫木上。

4）金属板的分格、颜色需满足装饰效果要求。

（2）作业条件

1）主体结构已施工完毕。

2）构件和附件的材料品种、规格、色泽和性能应符合设计要求。

3）预埋的末端机电管线敷设完成。

4）监理单位完成隐蔽验收。预埋件完成拉拔试验，基础钢架验收合格。

（3）施工工艺流程：测量放线→预埋板安装→拉拔试验→转接件安装→基层钢架安装

→监理验收→机电单位预埋→隐蔽验收→金属支撑及固定卡件安装→金属板安装。

2. 施工方法

（1）测量放线：首先进行测量定位，测量出土建结构的偏差，为施工做好准备，测量后需确定安装基准线。包括龙骨分布基准及部分的水平标高线。

（2）基层钢架安装：金属板基层钢架按照设计要求安装，竖龙骨通过镀锌角码件与墙体固定，横龙骨与竖龙骨进行焊接。要求安装牢固，接缝严密，同一层横龙骨安装应由下向上进行，并随时进行检查、调整、校正、固定，使其符合质量要求。

3. 金属支撑及固定卡件安装

安装横向及竖向金属支撑，将固定卡件固定在竖向龙骨上面。安装固定件时中间增加橡胶垫片。安装固定件时需采用水平仪复核，金属固定件决定了金属板安装完成后的质量及效果，橡胶垫片不仅起到隔离作用，还可通过橡胶垫片调整 2mm 内的误差，保证后期的安装精度。

4. 金属板安装

金属板安装前应认真检查其编号、数量，分清安装方向、位置。金属板挂装通过特制固定卡件与竖龙骨上的特制挂件进行挂装，金属板插入卡槽内。金属板挂装后紧固前，应认真调整，使相邻板缝隙的尺寸达到设计要求，横平竖直，宽窄均匀。金属板安装工艺流程如图 2-85 所示。

（a）　（b）　（c）　（d）

图 2-85　金属板安装工艺流程

（a）龙骨安装；（b）横龙骨安装；（c）金属板安装；（d）安装调平

5. 施工技术措施

（1）放线：安装固定骨架前，首先要将骨架的位置弹到基层上。放线是保证骨架施工的准确位置，放线之前必须检查基层的平整度等结构质量，如果结构垂直度与平整度误差较大，会影响骨架的安装质量，因此在放完线后应对基层进行处理。

（2）固定骨架的连接件：骨架是通过其横竖杆件和连接件与结构固定，而连接件与结构之间可以与结构预埋件焊接牢固，也可以在墙上打膨胀螺栓。连接件施工时必须按照设计要求的方式连接牢固，保证其牢固的要点是焊缝的长度、高度、膨胀螺栓的埋入深度、螺栓的安装间距等方面，都应严格把关。对关键部位，如大门入口的上部膨胀螺栓做拉拔试验，看其是否符合设计要求。型钢一类的连接件，其表面应镀锌，焊缝处刷防锈漆。

（3）固定骨架：骨架应预先进行防腐处理。安装骨架位置要准确，结合要牢固。安装后，检查中心线、表面标高等。骨架安装是根据设计和铝板的尺寸进行安装的，骨架安装必须与预埋件和结构连接牢固，骨架的间距尺寸必须符合设计要求和施工规范规定。对于多层或高层建筑外墙，为了保证板的安装精度，必须采用经纬仪对横竖杆件进行贯通。变形缝、沉降缝、变截面处等应妥善处理，使之满足使用要求。

（4）安装金属板：安装面板前对面板必须进行检查，并对安装顺序提前考虑。依据铝板的固定形式，采用与特制的龙骨相连接，将板与骨架的卡槽固定。要求安装面板准确并调整板面的高度，使其在一个面上达到固定的平整度，缝隙宽度一致，墙板之间的间隙一般为 5mm。

6. 质量验收

（1）保证项目：金属墙板和安装辅料的品种、规格、质量、形状、颜色、花形和线条等必须符合设计要求；金属墙板安装必须牢固。接缝严密、平直，宽窄和深度一致不得有透缝。

（2）基本项目：金属墙板表面质量为：表面平整、洁净、色泽均匀，无划痕、凹坑、麻点、翘曲、皱折、无波形折光，收口条割角整齐，搭接严密无缝隙；金属墙板接头、接缝平整，接头位置相互错开，严密无缝隙和错台错位，接缝平直宽窄一致，板与收口条搭接严密；金属板与电气盒盖交接处：交接严密，套割尺寸正确，边缘整齐、方正。

（3）允许偏差和检验方法：金属板允许偏差和检验方法见表 2–74。

金属板允许偏差和检验方法 表 2–74

项目		允许偏差（mm）					检验方法
		压型板	不锈钢		铝合金		
		墙	方柱	圆柱	墙	圆柱	
表面垂直	室内	2	1	1	2	1	用 2m 托线检查
	室外	3	1	1	3		
表面平整		1	1	1	2	1	用 2m 靠尺和楔形塞尺检查
阴阳角方正		2	1	1	3		用方尺检查
接缝平直		1	0.5	0.5	0.5	0.5	拉 5m 线检查、不足 5m 拉通线检查
接缝高低		1	0.3	0.3	0.5	0.5	用直尺和塞尺检查
上口平直		2			2		拉 5m 线检查、不足 5m 拉通线检查
弧形表面精确度				2		2	用 1/4 圆周样板和楔形塞尺检查

7. 成品保护措施

（1）金属墙板应采用木板或集装箱包装，包装箱应具有足够的强度，整体性好，使产品在装卸、运输和存放中不发生损坏或变形。

（2）在箱上应用明显标志：产品名称、标志、等级合格证、型号、批号、颜色、规格以及注意事项。

（3）金属墙板应存放在库房内，库房地面应平整，室内应清洁、通风、干燥，底部应用方枕木垫平，离地不小于100mm。铝合金墙板一般是垂直横向放在稳固的架子上，为避免板与板接触和产生摩擦，应在装饰板之间放置干净的包装纸、胶合板等，并严禁与酸、碱盐类物质接触。

（4）金属墙板运输车辆的车厢内清洁，无污染物。搬运、拆卸时，应轻抬、轻放。拆箱时要小心谨慎，操作时，严禁一块装饰板对另一块装饰板的水平挫动。

（5）安装完的金属墙板严禁在此部位刷涂料、拌砂浆、刷油漆等酸碱物质，避免污染墙面。表面有保护膜的板待工程施工完成验收后才可以将其撕掉。

三、大空间格栅反吊顶逆作法技术研究

哈尔滨机场二层出发大厅天花装饰为白色条形铝板，施工面积约为3万m^2，最长距离达到140m，最宽处达到72m。国际机场天花风格为菱形分隔排板，展现了哈尔滨冰雪文化的主题设计风格。天花外圈整体为白色铝单板进行收边收口。二层出发大厅天花装饰完成面距地18m，天花结构为球形网架结构。天花屋面距球形结构6m。

（一）施工重点与难点

（1）施工面积大，高空作业材料运输难度大，安全监管的责任与实施难度大。

（2）工期紧张，与地面工程及其他附属工程交叉影响大，施工效率低，需合理安排好施工工序，以及其他单位的配合协调。

（3）焊接工作量巨大，安全隐患多，动火作业施工影响其他工序的施工。

（二）设计情况

天花铝板吊顶设计高度18m，原设计采用C形钢转换层连接方式，转换层吊杆通过与结构球焊接进行固定，满足天花转换层的荷载要求。对铝条板安装系统C形钢转换层进行连接，形成天花吊装系统。施工措施采用满堂脚手架方案进行天花铝板的施工。

1. 深化设计情况

深化设计需优化解决的问题：

（1）吊杆焊接精度问题的控制，平整度调整问题。

（2）吊杆焊接为固定结构，对转换层平整度的影响。

（3）菱形图案拼花的放线定位问题。

（4）措施满堂架对地面施工的影响。

（5）材料运输，动火作业用电负荷大的影响。

2. 设计优化

（1）取消吊杆焊接的施工方案，采用双抱箍、双吊杆的连接方式，吊杆抱箍之间采用拴接，预留调节的空间。但天花增加配件后需重新计算天花荷载，后经计算方案满足要求，但要求抱箍件与钢结构球的距离不得超过200mm。

（2）现场尺寸重新复核排版，通过经纬仪进行定位，将菱形的控制点在天花上进行定位。

（3）取消满堂脚手架施工的措施方案，编制详细的“反吊顶逆作施工法”施工方案。利用现有钢网架结构，铺设安全网，搭设安全绳，形成高空作业施工平台。施工人员在网架结构上，向下进行施工，通过安全绳，配置缓冲型安全带等方式，降低了安全风险。

（4）原设计方案转换层橘色氟碳喷涂为现场施工，考虑油漆作业对现场文明施工的环境影响，为减少安全环境影响的风险，将C形钢的喷涂、打孔等工序全部在工厂完成。配套吊杆、抱箍、连接片全部优化为拴接。通过专用抱箍件、丝杆等定制件的调节，从而实现铝板的调节和质量控制，保证铝板的安装质量。

3. 满堂脚手架与反吊顶脚手架措施方案对比

（1）满堂脚手架与反吊顶脚手架措施方案对比情况见表2-75。

满堂脚手架与反吊顶脚手架方案对比表 表2-75

满堂脚手架措施与反吊顶施工法对比	反吊顶脚手架施工法	满堂脚手架措施
	措施费成本相对较低	造价相对较高
	与地面施工作业同时进行	影响地面施工作业
	施工效率高	材料运输困难
	搭设周期短	时间周期长

（2）若采用传统满堂脚手架不仅体量大，而且存在安全隐患、影响材料运输、成本高、影响工期等难点。经项目部与业主及设计方多次研究讨论后决定采用反吊顶法安装方案，经过精心的设计，精细的组织施工，顺利完工，实现了预期设计效果，获得了业主方的高度认可。本项技术通过多个工程实际应用，有效解决了大空间吊顶系统的施工不便等问题，技术实用，具有良好的推广价值。

（三）工艺流程及操作要点

1. 工艺流程

反吊顶施工工艺流程如图2-86所示。

2. 操作要点

（1）测量放线

1）使用经纬仪、水平仪及红外线仪等仪器对施工区域轴线控制线、天花分割线、标高控制线等进行放线，实测时要当场做好原始记录，测后要及时做好记号，并要保护好。

2）首先严格审核原始依据包括各类设计图纸、现场测量起始点位、数据等的正确性，坚持测量作业与图纸数据步步有校核。

3）一切定位放线工作要经自检，并逐步核实图纸尺寸数据，发现误差及时调整修正施工图纸。放线结束后应及时组织建设单位和监理方技术人员进行复查，达到要求后方可作为指导施工的依据。

4）以复核过的基准点或基准线为依据，做出吊顶转换层钢架施工所需的辅助测量线。

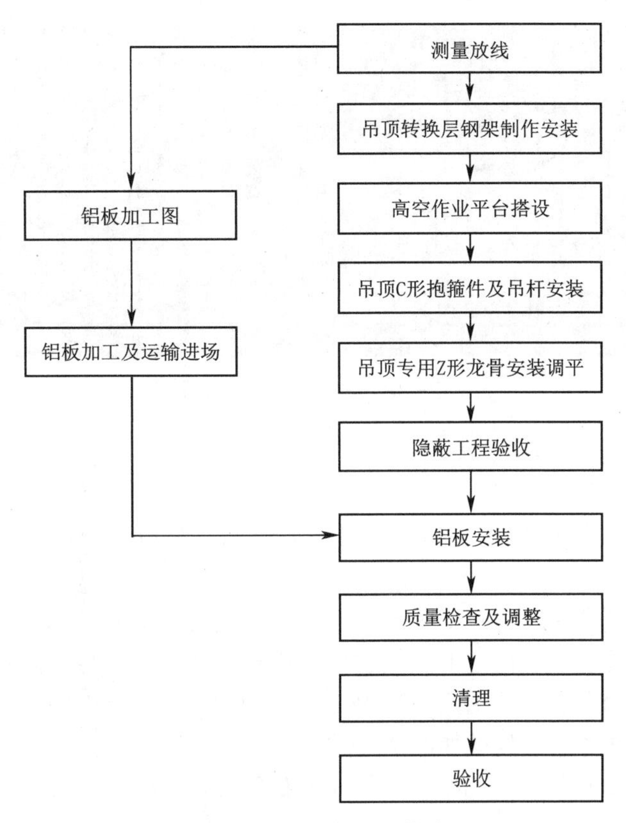

图 2-86　反吊顶施工工艺流程图

（2）安全网铺设

1）安全绳安装

①生命钢丝绳直径 6mm。在工作区范围内通长设置直径 6mm 钢丝绳生命线，生命线两端固定在网架腹杆上，端部用卡扣紧固。每个固定点间距不大于 8m。

②钢丝绳要求绷紧，对钢丝绳穿过的斜杆进行缠绕并用一个卡扣进行固定，保证整条安全绳的强度及稳固。无论是在移动状态还是工作状态，作业人员始终必须将安全带高挂在生命线上，保证安全。

③钢丝绳使用前应检查钢丝绳的磨损、锈蚀、拉伸、弯曲、变形、疲劳、断丝、绳芯露出的程度，钢丝绳应做到按规定使用，禁止拖拉、抛掷，使用中不准超负荷，不准使钢丝绳发生锐角折曲，不准急剧改变升降速度，避免冲击。钢丝绳盘好后应放在清洁干燥的地方，不得重叠堆置，防止扭伤。钢丝绳端头连接处卡扣不少于 3 个，如图 2-87 所示。

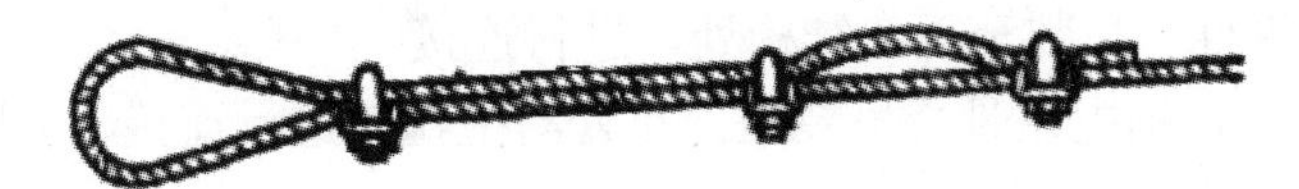

图 2-87　钢丝绳端头连接处卡扣示意图

2）安全网铺设

①安全网：选用符合国家质量要求的 4 号安全平网，材料使用前进行验收，规格为 4000mm × 6000mm，网目 100mm × 100mm；如图 2-88 所示。

图 2-88　水平安全网搭设图

②其他材料：钢丝、绳子、滑轮等。

③安全要求

A. 控制天花施工人员在 45 岁以下，对有心脏病、高血压等疾病的施工人员不得进行该工序的施工。

B. 所有施工人员进入天花施工区域前，必须佩戴安全带方可进入现场。

C. 每天施工人员进入天花施工必须进行位置及人员申报，每日做好安全技术交底。

D. 安全网绑扎就绪后，利用沙袋（80kg）模拟发生人员坠落的意外情况，以检验安全网的可靠性，进行防坠落测试如图 2-90 所示。同时为天花上作业人员配置钢丝绳和双钩型安全带，做到双保险，施工时操作人员在安全网上进行操作，每个单元的安全网板块施工人员不得超过 2 人。

E. 高空作业人员通过现场脚手架成品爬梯，到达屋面的位置，进行操作具体工序如下：

a. 操作人员在地面预先将安全网进行绑扎，绑扎后对连接点进行检查是否牢固。确认后将安全网进行折叠，以便进行运输。在地面上将安全网两端固定连接，用滑轮将安全网吊到作业平台下部，将安全网的系绳与搭设好的钢管绑扎牢固，绑扎间距不大于 800mm。

b. 通过细绳把安全网从地面拉上天花，施工人员拉住安全网端头，通过安全绳在腹杆上行走，将安全网拉至端头进行铺设，安全网铺设端头用钢丝进行固定，固定点每宽幅不少于 5 个点，操作人员在行走时安全带随时处于固定在安全绳上的状态。

c. 操作人员在下悬球处通过钢丝绳从地面将安全网拉上并固定在水平杆上，注意连接处应加橡胶垫片对下弦杆进行保护。

3）吊顶转换层安装

①组装定制抱箍件。吊装至天花结构处，进行连接。

②组装转换层 C 形钢主龙骨，吊装至天花处与抱箍件进行连接，如图 2-89 所示。

③主、副龙骨安装。

④转换层龙骨调平校直（图 2-90）。

4）铝板安装及调平

通过搭设的安全网平台，操作人员地面组装铝板专用龙骨，然后通过天花上滑轮将铝板吊至天花处进行安装，通过特制的专用龙骨固定在转换层钢架上，安装人员在安全网上

图 2-89　抱箍与网架结构连接图

图 2-90　转换层龙骨调平校直图

向下进行安装。面板调平是整个天花吊顶最后一道关键工序，它的施工质量决定了整个天花外观效果（图 2-91），需要挑选技术水平比较高的班组认真仔细地进行板材的调平工作，直至达到验收要求。

图 2-91　铝板安装图

5）拆除平台脚手板及施工垃圾清理

上述工序施工完成后，安排高空作业人员拆除安全网，作业时系好安全带，通过天花吊顶上预留的洞口将材料清运下来。作业平台拆除的同时用干净毛巾对天花构件进行清理，去除表面的污渍和脚印。

（3）成品保护

1）龙骨、铝板及其他吊顶材料在入场存放、使用过程中严格管理，保证板材不磕碰、不变形、不污染。

2）蜂窝铝板安装必须在管道、试水、保温等一切隐蔽工序全部验收后进行。

3）吊顶施工过程中，注意对已安装的成品，已施工完毕的楼、地面、墙面等的保护，防止损伤和污染。每一装饰面成活后，均按规定清理干净，进行成品质量保护工作。

4）吊顶施工过程中注意保护吊顶内各种管线。禁止将吊杆、龙骨等临时固定在各种管道上。

5）在安装拆卸操作平台时，注意跳板不要磕碰到做好的装饰面，平台上的扣件不得乱扔，以免伤人和砸坏面板。

6）已完工的部位应设专人看管，遇有危害成品的行为应立即制止，对于造成成品损坏者应给予适当处理。

7）严禁在装饰成品上涂写、敲击、刻划。

（四）材料与机具

1. 主要材料见表 2-76。

主要材料一览表 表 2-76

材料名称	材料规格（mm）	材料负重（kg）
C 形钢	100×50×3	18
C 形钢	80×40×2	12
铝格栅	200×4000×2	5
吊筋	800×20	5

2. 主要施工工具见表 2-77。

主要施工工具一览表 表 2-77

工机具名称	规 格	数 量
水准仪	DS3	1 台
电子经纬仪	DJD2A	1 台
激光垂直仪	DZJ2	4 台
水平尺	1m	4 把
钢卷尺	5m、7.5m	8 把
型材切割机	J3GS-300	1 台
冲击电钻	17kW	3 把
手提电锯	SF1-3.2	2 把

（五）质量控制

1. 执行标准

此施工方案实施过程中，严格遵照执行国家、各省市标准、规范，主要参考标准、规范包括：

（1）《建筑装饰装修工程质量验收规范》GB 50210-2001；

（2）《钢结构工程施工质量验收规范》GB 50205-2001。

2. 质量控制措施及检验标准

（1）主控项目质量要求

1）吊顶所用的铝板、吊件、龙骨、连接件、吊杆的材质、规格、安装位置、标高及连接方式应符合设计要求和产品的组合要求，龙骨架组装正确连接牢固，安装位置和整体安装符合图纸和设计要求。

检验方法：观察；检查产品合格证书、性能检测报告、进场验收记录和复验报告。

2）吊顶工程的吊杆、龙骨和饰面材料的安装必须牢固。

检验方法：观察；手扳检查；检查隐蔽工程验收记录和施工记录。

3）吊杆、龙骨的材质、规格、安装间距及连接方式应符合设计要求。金属吊杆、龙骨应经过表面防腐处理。

检验方法：观察；尺量检查；检查产品合格证书、性能检测报告、进场验收记录和隐蔽工程验收记录。

4）吊顶工程分格线宽度、条板间距应符合设计要求。

检验方法：观察；拉线尺量。

（2）一般项目质量要求

1）铝板的表面应洁净、美观、色泽一致，无凹坑变形和划痕，边缘整齐。

检验方法：观察。

2）板面起拱合理，表面平整，流畅美观，拼缝顺直，分块分格宽度一致，板条顺直，拼接处平整，端头整齐。

检验方法：观察；拉小线尺量。

3. 关键质量控制点

关键质量控制点见表 2-78。

关键质量控制点及措施表　　表 2-78

序号	关键控制点	主要控制方法
1	铝板、钢材、龙骨、配件的购置与进场验收	（1）实地考察分供方生产规模、生产设备或生产线的先进程度； （2）定购前与业主协商一致，明确具体品种、规格、等级、性能等要求
2	转换层钢架制作安装	（1）在进行安装时，提前与总包安装单位进行交接，避免钢结构单位在天花上进行焊接作业； （2）检查抱箍件与结构球的间距位置
3	吊杆安装	（1）控制吊杆间距、下部丝杆端头标高一致性； （2）保证吊杆的顺直度
4	铝板专用龙骨安装	（1）检查各吊点的紧挂程度； （2）注意检查节点构造是否合理
5	铝板安装	（1）安装前必须对龙骨安装质量进行验收； （2）使用前应对罩面板进行筛选，剔除规格、厚度尺寸超差和棱角缺损及色泽不一致的板块

（六）安全措施

（1）工程负责人必须全面承担施工现场的安全责任，并签订《安全责任书》。

（2）严格遵守有关劳动安全法规要求，加强施工安全管理和安全教育，严格执行各项安全生产规章制度。

（3）施工班组必须定期每周接受一次高空作业专项安全教育，每天上班由专职安全员进行班前安全讲话，提高安全意识，施工过程中用高音喇叭喊话提醒，正确使用安全带、安全绳、安全网，充分意识高空坠落坠物的危险性，时刻保持警惕。

（4）施工现场和仓库全面禁止吸烟，发现有吸烟行为的按照工地相关规定进行处罚。

（5）高空搭拆操作平台人员必须持特种作业证，无证不得上岗作业，高空作业需系好安全带，高空作业平台和安全带经安全员检查合格后方可使用。

（6）安装吊顶用的施工机具在使用前必须进行严格检验。

（7）施工人员应配备安全帽、安全带、工具袋，防止人员及物件的坠落。

（8）施工现场中各种危险设施、临边部位、洞口都必须设置防护设施和明显的警告标志。

（9）施工区域地面设置安全隔离栏并悬挂醒目禁止进入标志，并派专人看守，严禁高空抛物，运输吊顶材料时，无关人员不得进入材料运输区。

第三章　TPO屋面工程关键技术研究

哈尔滨机场T2航站楼屋面为钢结构球形网架，在球形网架上采用单层TPO防水。作为一种新型的优质防水材料，TPO具有诸多优点，但是国内大型航站楼建筑上没有应用案例，尤其是在严寒条件下的大型航站楼屋面上首次应用，需要开展专项研究。

第一节　TPO屋面工程关键技术

一、工程概况

（一）基本情况

哈尔滨的气候属中温带大陆性季风气候，四季分明，冬长夏短，全年平均降水量529mm，降水主要集中在6~8月，夏季占全年降水量的66.8%，集中降雪期为每年11月至次年1月。冬期1月平均气温约零下19℃；夏季7月的平均气温约23℃。日平均气温小于5℃的日期为当年的10月24日至次年的4月20日。哈尔滨当地风力较大，特别是机场地区场地空旷在2015年5月出现过每秒44m的14级飓风。

（二）设计情况

本工程屋面体系采用钢结构底板承力单层防水卷材屋面体系，包括保温隔热屋面、采光天窗施工面积约71692m^2。屋面防水体系包括屋面压型钢板、隔汽膜、隔声隔热层、屋面天窗、TPO防水卷材等。根据以往项目经验，大型机场航站楼屋面体系通常采用直立锁边金属屋面体系。

在工程前期准备阶段，课题组对哈尔滨气候环境进行充分调研，哈尔滨气候存在年温差较大（最高可达60℃），冬季雨雪大，夏季极端性气候情况复杂等特殊环境气候特点，采用传统金属屋面由于温差原因容易出现屋面渗漏情况；且哈尔滨机场为平屋面设计，更不宜采用直立锁边金属屋面。哈尔滨环境特点及整体设计要求，哈尔滨机场T2航站楼采用单层TP0防水卷材柔性屋面体系。

（三）研究情况

课题组在“国家建筑材料工业建筑材料防水材料产品质量监督检验测试中心”先后进行了四次抗风揭试验，在前两次试验采用常规经验做法的连接方式未能达到设计参数要求。建设、设计、监理、施工方根据试验结果进行了反复的分析查找原因，提出了改进意见。课题组根据改进意见采用了选取较小卷材宽度、更换为进口机械固定套筒、在角区和边区等风压较大区域增加TPO补条及套筒钉数量等措施，最终达到设计参数要求。从基层受力板、固定钉选用、套筒改进、固定间距、面层材料幅宽等方面进行深化，得出哈尔滨机场TPO屋面设计基本做法。即：卷材宽度1220mm；边区角区采用进口SFS塑料套筒钉、套筒钉间距 100mm，压型钢板及 TPO 固定位置上设置加强带；中区采用进口 SFS 塑料套筒钉、套筒钉间距 200mm。图 3-1 为 TPO 屋面标准层做法。图 3-2~ 图 3-5 分别为相应位置节点做法。

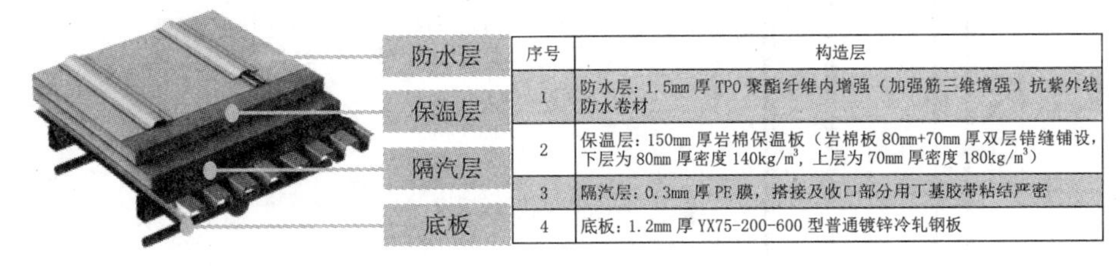

序号	构造层
1	防水层：1.5mm 厚 TPO 聚酯纤维内增强（加强筋三维增强）抗紫外线防水卷材
2	保温层：150mm 厚岩棉保温板（岩棉板 80mm+70mm 厚双层错缝铺设，下层为 80mm 厚密度 140kg/m³，上层为 70mm 厚密度 180kg/m³）
3	隔汽层：0.3mm 厚 PE 膜，搭接及收口部分用丁基胶带粘结严密
4	底板：1.2mm 厚 YX75-200-600 型普通镀锌冷轧钢板

图 3-1　屋面标准层做法

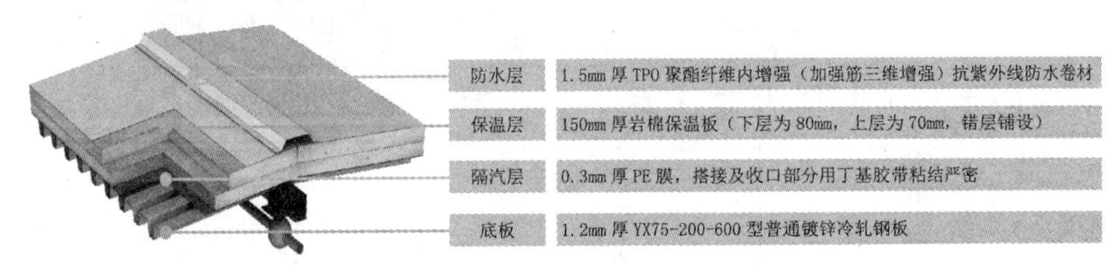

图 3-2　屋脊节点

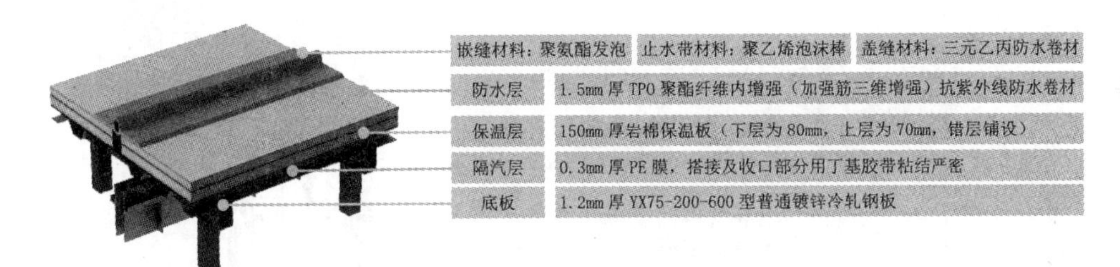

图 3-3　屋面变形缝节点

二、TPO 防水卷材材料介绍

（一）TPO 材料的优越性

热塑性聚烯烃类（TPO）防水卷材是采用聚合技术将乙丙（EP）橡胶与聚丙烯结合在一起的热塑性聚烯烃材料，并以此为基料、以聚酯纤维网格织物做胎体增强材料，采用先进加工工艺制成的片状可卷曲的防水材料。TPO 兼有乙丙橡胶优异的耐候性和耐久性与聚丙烯的可焊接性；不加增塑剂，具有高柔韧性，不会产生因增塑剂迁移而变脆的现象，保持长期的防水功能；由于其卷材中间夹有一层聚酯纤维织物，使卷材具有高拉伸性能、耐疲劳性能、耐穿刺性能。具有优异的低温柔韧性能，在 −40℃下仍保持柔韧性，在较高温度下能保持机械强度；具有优异的耐化学性，耐酸、碱、盐、动物油、植物油、润滑油腐

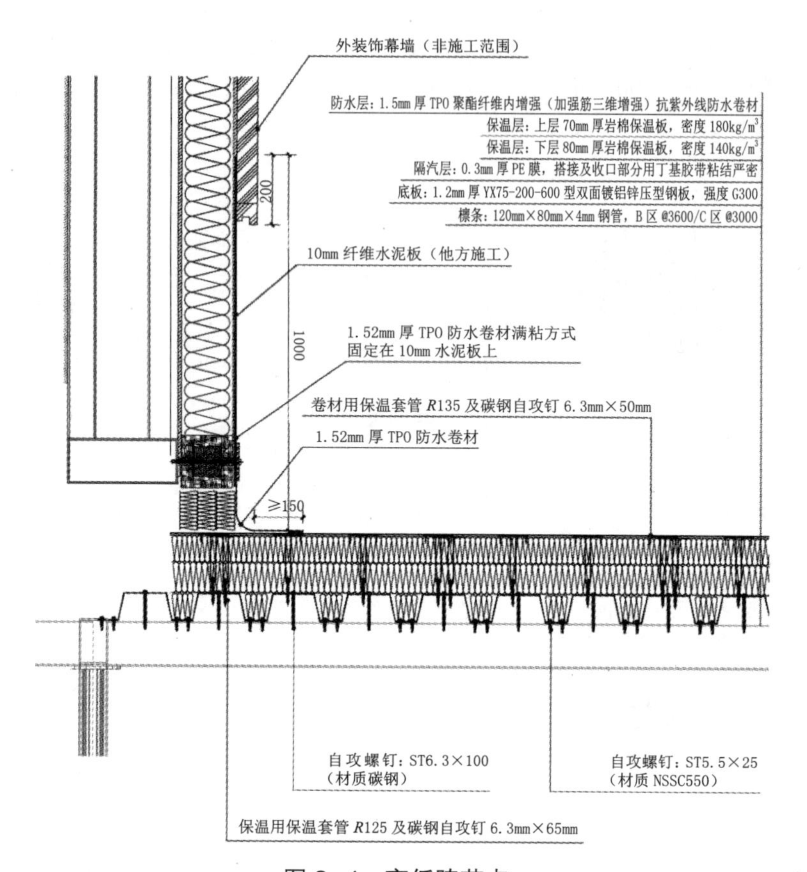

图 3-4 高低跨节点

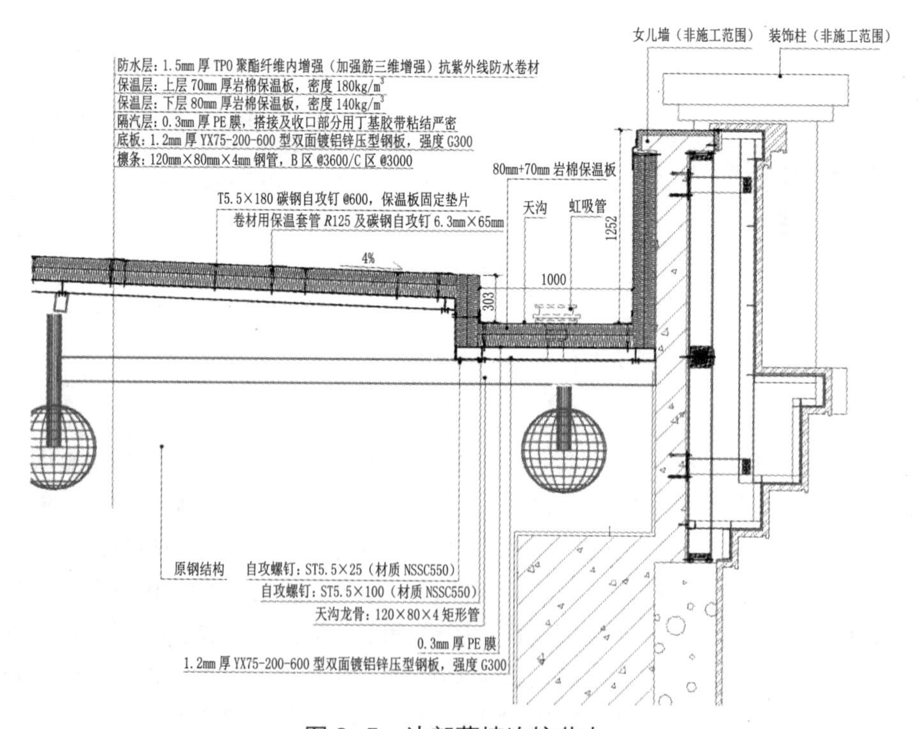

图 3-5 边部幕墙连接节点

蚀；耐藻类、霉菌等微生物生长。耐热老化，尺寸稳定性好。以白色为主的浅色，表面光滑，高反射率，具有节能效果且耐污染。卷材的成分中不含氯化聚合物或氯气，焊接和使用中无氯气释放，对环境和人体无害。接缝通过热风焊接使接缝处上下形成一体，牢固可靠，施工方便；可根据基面、工期选择不同的施工工艺（粘结法、空铺法、机械固定法），是近几年在美国和欧洲盛行的一种新型屋面防水材料。热塑性即可以以加热方式熔融，其优点如下。

施工快捷、可靠，成本低廉，以加热焊接方式安装，非常可靠、快捷、干净及廉价（热空气是廉价的胶粘剂）、环保，从刚制造出来到使用寿命结束期间任意时间点上均可循环再利用；色彩丰富、节能，TPO 材料可制成任意色调，优点不仅是美观，白色阳光反射的表面更可节能；对使用环境无污染。TPO 不含氯元素，聚烯烃仅由碳和氢原子构成，对环境的影响极小。

（二）TPO 原材料介绍

TPO 基础原材料是一种单一成分的物质，易于掌控，可自由流动的树脂颗粒。低密度带来的经济性，可按照相应标准添加阻燃材质，可制成白色或其他任何浅色调。TPO 防水卷材分为三个品种。

（1）增强型 TPO 防水卷材——机械固定系统；

（2）带纤维背衬型 TPO 防水卷材——满粘系统、机械固定系统；

（3）匀质型 TPO 防水卷材——细部节点。

TPO 防水卷材常用规格尺寸见表 3-1。

TPO 防水卷材常用规格尺寸表　　表 3-1

卷材厚度（mm）	卷材宽度（m）	卷材长度（m）
1.2	2.0、2.4、3.0、3.6	15、20、30
1.5		

（三）TPO 机械固定系统的优点

（1）施工快速可靠；

（2）施工过程中受天气影响小；

（3）配以合理的系统设计可以有效避免内部冷凝 / 结露现象；

（4）屋面细部处理简便可靠；

（5）便于检修且维修成本低。

（四）TPO 防水卷材与 PVC 防水卷材性能对比

TPO 防水卷材与 PVC 防水卷材性能对比见表 3-2。

TPO 防水卷材与 PVC 防水卷材性能对比表　　表 3-2

TPO 防水卷材	PVC 防水卷材
（1）生产不加增塑剂或其他试剂，只加抗氧剂，随适用时间 TPO 成分不会迁移而变脆的现象，保持长期的防水性能。 （2）TPO 防水卷材综合了 EPDM 和 PVC 的性能优点，具有前者的耐候能力、低温柔度和后者的可焊接特性。	（1）PVC 耐老化性能低于 TPO、使用寿命较长；强度高、弹性好、拉伸性能优异；耐高低温性能好。 （2）配料中有增塑剂和其他试剂，增塑

续表

TPO 防水卷材	PVC 防水卷材
（3）聚酯纤维织物加强筋，根据国标要求 TPO 采用 1200N 加强筋，提供卷材高拉伸性能、耐疲劳性能，耐穿刺性能，适合于机械固定屋面系统。 （4）优异的低温柔韧性能，在 −40℃下仍保持柔韧性，在较高温度下能保持机械强度（检验在 −60℃无裂纹）。 （5）耐化学性，耐酸、碱、盐、动物油、植物油、润滑油腐蚀，耐藻类、霉菌等微生物生长。 （6）耐热老化，尺寸稳定性好。 （7）以白色为主的浅色，表面光滑，高反射率，具有节能效果且耐污染。 （8）屋面使用寿命在 15 年以上	剂在适用过程中随时间慢慢迁移会导致卷材失去柔性、延性容易出现裂纹或断裂。 （3）聚酯纤维织物加强筋，根据国标要求 PVC 采用 600~800N 加强筋。 （4）低温下（−20℃）具有良好的柔韧性。 （5）成分含有氯，热风焊接时，会产生一定的有害气体，在较为封闭的地下空间施工中，不环保。 （6）屋面使用寿命 10 年左右

（五）TPO 防水卷材在世界各地的应用

由于 TPO 防水卷材具有较多的优越性，从该产品一出现，就受到世界各地建筑师的青睐，在世界各地特别是一些大型公共建筑使用较为广泛。TPO 因其优越的性能在欧美地区及国内的使用逐年增长。TPO 防水卷材在世界各地典型工程的应用实例如图 3-6 所示。

图 3-6　TPO 防水卷材在世界各地典型工程的应用实例

（*a*）奥林匹克中心室内竞技场，雅典；（*b*）Tempodrome 中心，德国

（*c*）首都机场保税区，北京；（*d*）奔驰汽车厂，北京

三、抗风揭试验过程研究

哈尔滨机场位于哈尔滨市道里区太平镇，周围场地开阔，2015 年 5 月 31 日发生瞬时最大风达 44m 的 14 级飓风。屋面作为围护结构抵抗负风压，免于负风压破坏成为最重要

的任务。在课题组共同研究下，在“中国建材检验认证集团苏州有限公司”进行了四次抗风揭试验。

（一）第一次抗风揭试验

TPO 是柔性防水卷材，与以往的金属屋面及上人屋面不同，根据柔性屋面机械固定的特点及哈尔滨地区的大风气候特点进行抗风研究，根据现有的屋面设计进行抗风计算，即根据哈尔滨地区的基本风压、哈尔滨机场的屋面形状特点及屋面系统各层结构进行计算分析，同时请设计院结合结构设计等因素确定抗风揭试验的目标值。

1. 抗风揭试验目标值

B 区（不包括低跨部分）：边区、角区：6.8kN/m^2；其他区：4.8kN/m^2。

C 区及 B 区低跨部分：边区、角区：6.0kN/m^2；其他区：4.5kN/m^2。

2. 边区范围

B 区（不包括低跨部分）女儿墙里侧 14.4m 内为边区、角区。

C3、C4 圆弧部分女儿墙里侧 10.8m 内为边区、角区，C 区其他部位及 B 区低跨部分设边区角区加强带。

3. 试验材料

（1）本工程主要材料有：TPO 卷材、岩棉保温板、钢板、固定件等。试验用材料的具体性能指标要求见表 3–3。

试验用材料的性能指标表　　表 3–3

序　号	项　目	品牌及规格
1	卷材	生产厂家：卡莱。 产品规格尺寸及性能指标：TPO 聚酯纤维内增强（加强筋三维增强）抗紫外线防水卷材。厚度 1.5mm，宽度 2440mm
2	保温板	生产厂家：南京彤天。 产品规格尺寸及性能指标： 70mm 厚岩棉保温板，密度 180kg/m^3，600mm × 1200mm； 80mm 厚岩棉保温板，密度 140kg/m^3，600mm × 1200mm
3	钢板	生产厂家：宝钢。 产品规格尺寸及性能指标： YX75–200–600 型双面镀铝锌压型钢板，厚度 1.2mm，强度 G300
4	固定件	生产厂家：标的。 产品规格尺寸及性能指标： ST5.5 × 25 锌锡合金钉； ST5.5 × 95 锌锡合金钉。 生产厂家：岛海。 产品规格尺寸及性能指标： 硬化碳钢自攻钉 6.3mm × 180mm； 82mm × 40mm 镀铝锌垫片，厚度 1mm； 70mm × 70mm 镀铝锌垫片，厚度 1mm
5	其他	生产厂家：江苏六龙钢管有限公司。 产品规格尺寸及性能指标： 热镀锌方管檩条，厚度 4.0mm，120mm × 80mm，Q235B

（2）试件尺寸

试验用试件尺寸如图 3-7 所示。

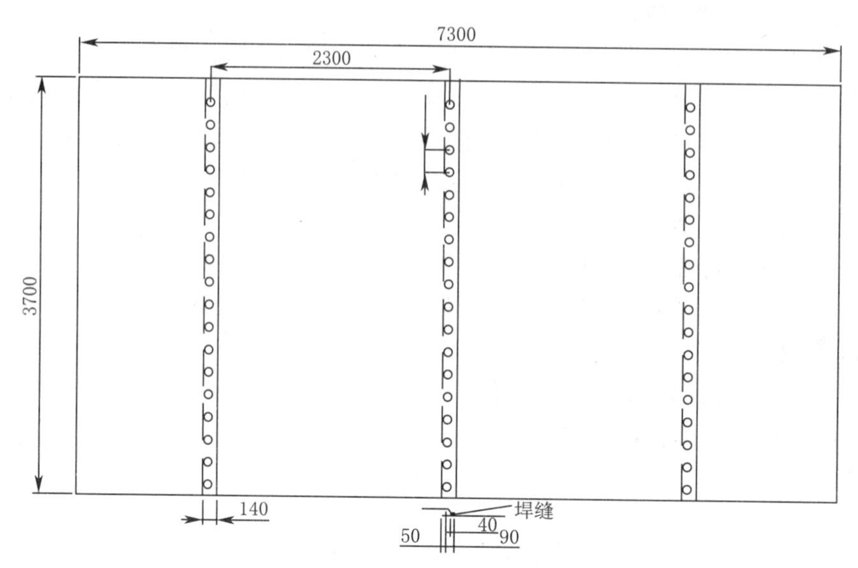

图 3-7　试验试件尺寸图

（3）试验过程

试验过程如图 3-8 所示。

试验台制作

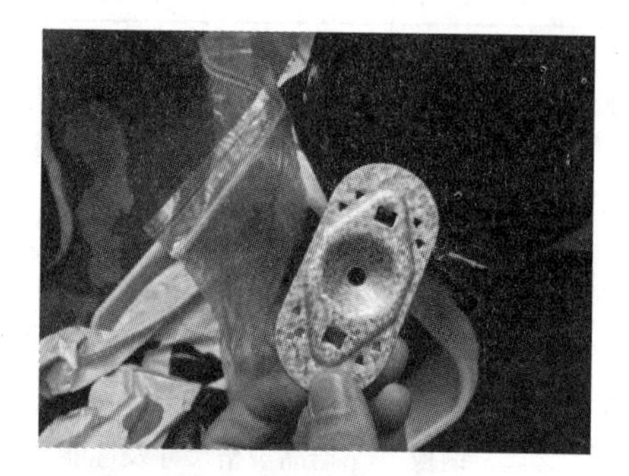

钢压片

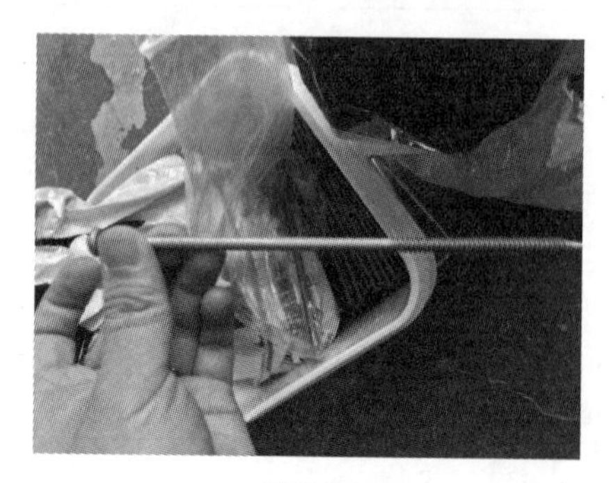

碳钢钉

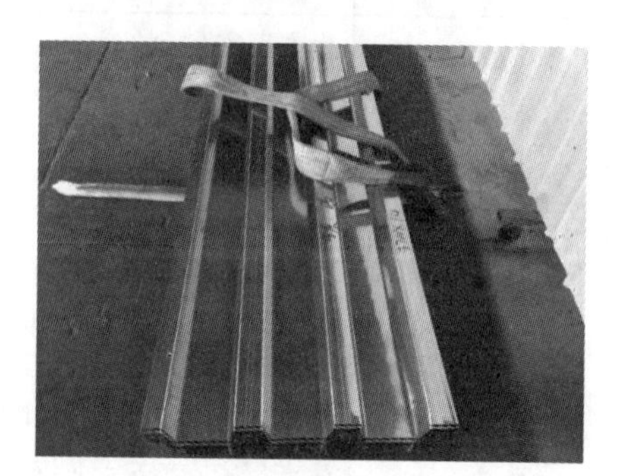

压型钢板

图 3-8　试验过程（一）

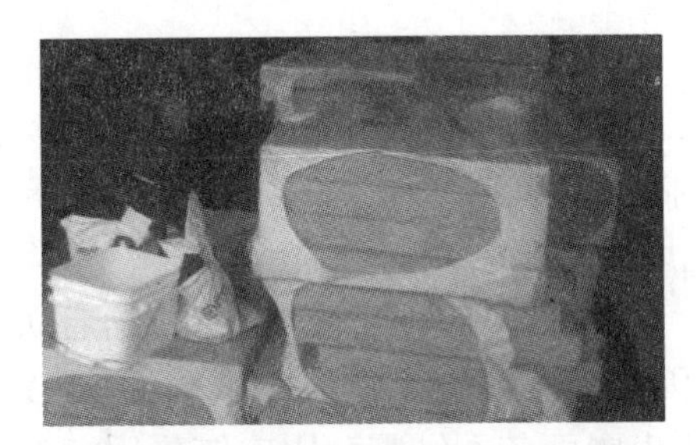

岩棉

TPO 防水卷材

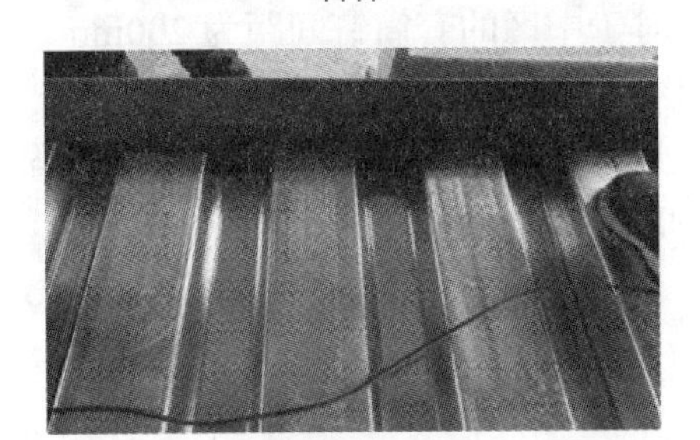

压型钢板铺装

岩棉铺装

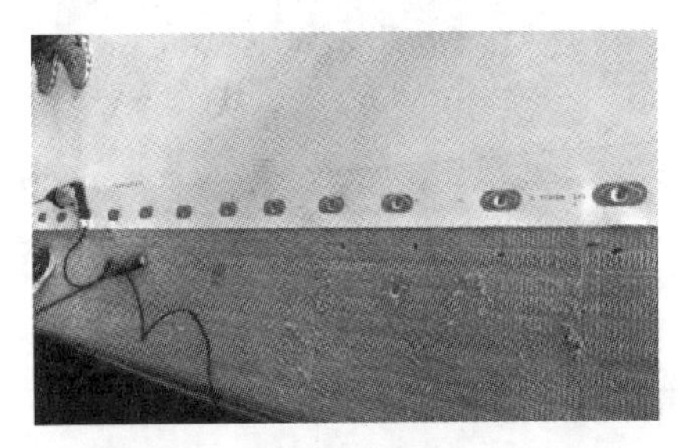

TPO 防水铺装

TPO 防水焊接

试验夹具固定

抗风揭试验

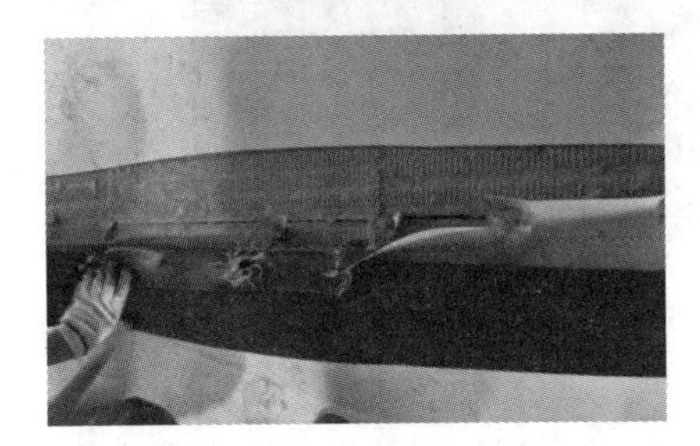

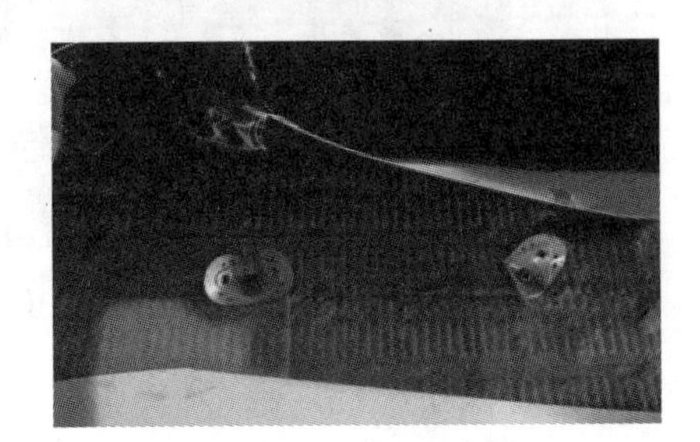

抗风揭试验防水破坏

图 3–8　试验过程（二）

4. 第一抗风揭试验结果

抗风揭试验结果判定：在 4.3kPa 压力下保持 43s 后出现镀铝锌钢压片从硬化碳钢自攻钉上拉脱、压片翘曲，TPO 防水卷材破损。抗风揭试验（正压法）的模拟抗风揭等级为 3.6kPa。试验结果小于设计给出目标值 4.8kPa，抗风揭试验失败。

根据第一次抗风揭试验结果，经业主、监理、设计、施工四方会议分析总结后认为宽幅及固定钉的抗拉强度是影响屋面抗风揭的主要因素。会议决定抗风揭试验的 TPO 固定间距减半即 1080mm，同时考虑哈尔滨严寒地区防止屋面冬季结露，固定钉采用塑料套筒钉，设计给定塑料套筒钉拉拔试验目标值 1300N；对于中区的套筒钉间距为 200mm，边区加强为 100mm；压型钢板在本工程屋面系统中属于重要的承重结构，需要在风揭力较大处进行加强处理，设置加强带（具体位置如图 3-9 所示）；同时需要充分考虑屋面板固定钉的耐久性，将原普通碳钢钉改为有较好耐久性的 NSSC550 不锈钢钉。

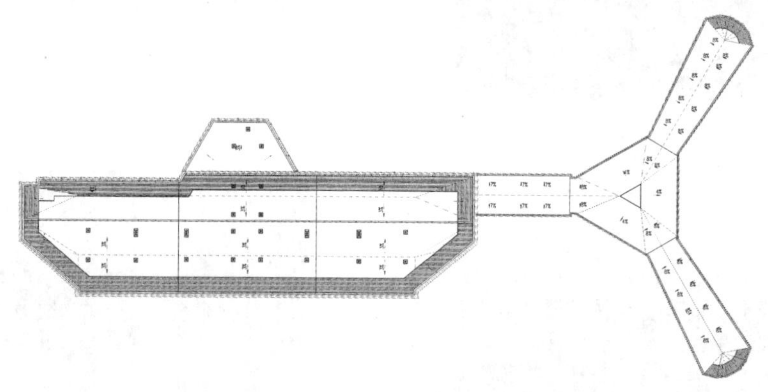

图 3-9　屋面加强带示意图

由于塑料套筒钉拉拔试验无国家规范，且无相关试验器具。无法确定塑料套筒钉的抗拉强度。经与试验室协调后采取制作套筒钉拉拔试验器具，选取多个品牌塑料套筒钉进行拉拔试验，为抗风揭试验提供试验数据支撑。图 3-10~ 图 3-12 为套筒钉试验情况。

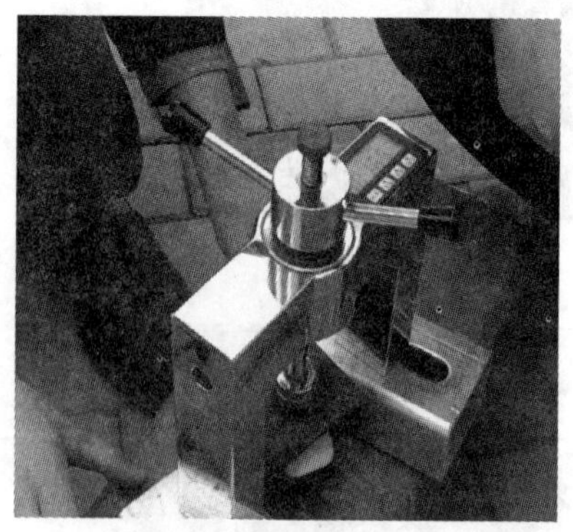

图 3-10　套筒钉拉拔试验设备图

（二）第二次抗风揭试验

（1）本次采用 TPO 幅宽变为 1080mm，固定采用国产塑料套筒钉，固定间距不变，普通碳钢钉改为不锈钢钉，其他材料和规格要求不变。

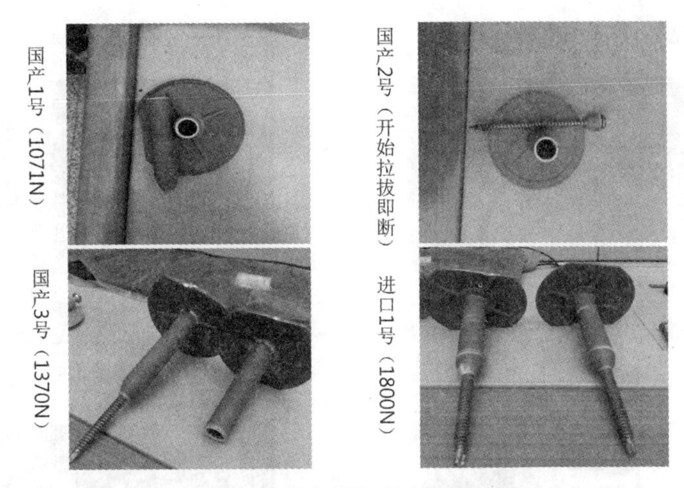

图 3-11　不同品牌套筒钉拉拔试验情况图（1）

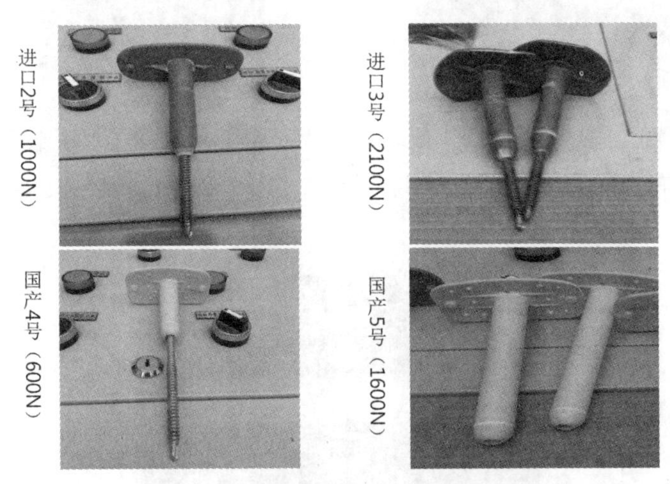

图 3-12　不同品牌套筒钉拉拔试验情况图（2）

（2）第二次试验试件尺寸不变，固定点间距不变，底部压型钢板设置加强带。图 3-13 为第二次风揭试验试件图。

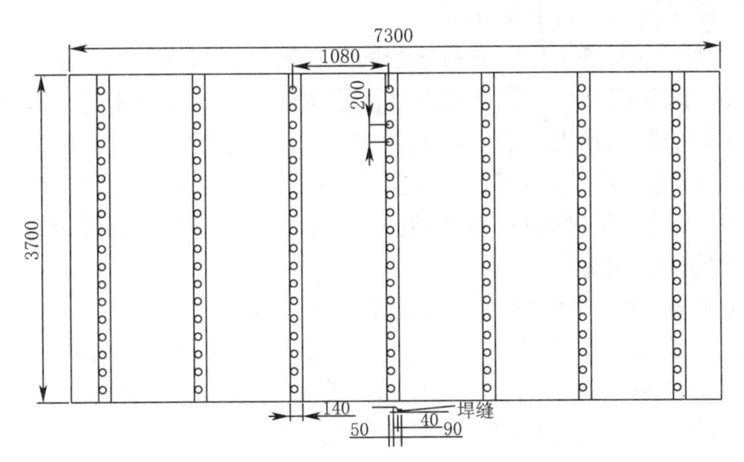

图 3-13　第二次风揭试验试件图

试验过程情况如图 3-14 所示。

岩棉铺装

TPO 防水铺装（国产塑料套筒）

TPO 防水焊接

试验夹具安装

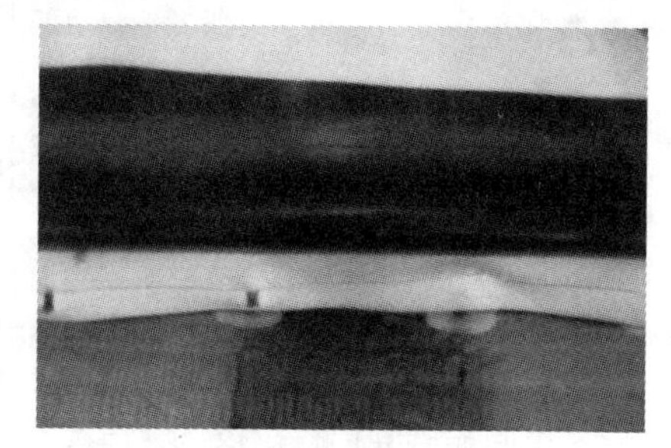

抗风揭试验防水层破坏情况

图 3-14　试验过程

（3）第二次抗风揭试验结果及分析

在 5.0kPa 压力下保持 50s 后，卷材从套筒上拉脱。抗风揭试验（正压法）的模拟抗风揭等级为 4.3kPa。试验结果小于设计给出目标值 4.8kPa。试验结果与设计试验目标值有一定差距。根据试验破坏的情况分析，问题主要为 TPO 搭接位置由于采用自攻钉卯钢压板钉将 TPO 卷材处打孔，其抗撕裂强度不足。同时，套筒钉的塑料套筒抗拉强度不足。改进意见：选用具有高抗拉强度的进口塑料套筒、加密 TPO 塑料套筒固定钉。

（三）第三次抗风揭试验

（1）本次抗风揭试验主材料不变，模拟加强区位置。

（2）第三次试验试件尺寸不变。接缝处压型钢板上部设置 200mm 宽加强钢板；固定各做法层采用进口品牌塑料套筒钉、套筒钉间距改为 100mm；TPO 焊接搭接缝处增设一层 80mm 宽附加层与下层粘结牢固后再做钢压板以增强 TPO 卷材的抗撕裂性能。第三次风揭试验使用材料见表 3-4，试件尺寸如图 3-15 所示。

第三次抗风揭试验材料表　　表 3-4

序　号	项　目	品牌及规格
1	卷材	生产厂家：卡莱。 产品规格尺寸及性能指标： TPO 聚酯纤维内增强（加强筋三维增强）抗紫外线防水卷材 厚度 1.5mm，宽度 1220mm
2	保温板	生产厂家：南京彤天。 产品规格尺寸及性能指标： 70mm 厚岩棉保温板，密度 180kg/m³，600mm × 1200mm； 80mm 厚岩棉保温板，密度 140kg/m³，600mm × 1200mm
3	钢板	生产厂家：宝钢。 产品规格尺寸及性能指标： YX75-200-600 型双面镀铝锌压型钢板，厚度 1.2mm，强度 G300。 双面镀铝锌钢平板，厚度 1.2mm，强度 G300
4	固定件	生产厂家：标的。 产品规格尺寸及性能指标： ST5.5 × 25 锌锡合金钉，ST5.5 × 95 锌锡合金钉。 生产厂家：岛海。 产品规格尺寸及性能指标： 6.3mm × 180mm 硬化碳钢自攻钉，6.3mm × 65mm 硬化碳钢自攻钉； 70mm × 70mm 镀铝锌垫片，厚度 1mm。 生产厂家：SFS intec，SFS 套筒，135mm
5	其他	生产厂家：江苏六龙钢管有限公司。 产品规格尺寸及性能指标： 热镀锌方管檩条，厚度 4.0mm，120mm × 80mm，Q235B

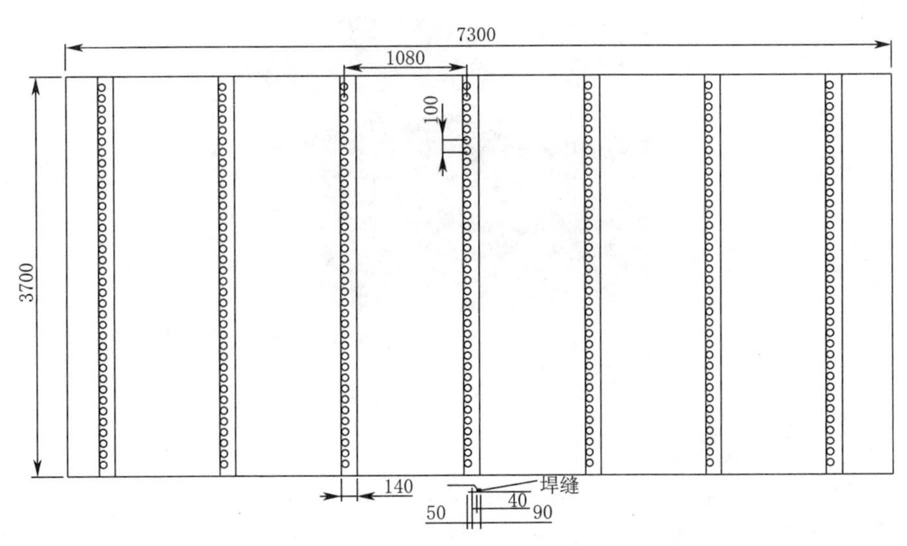

图 3-15　第三次试验试件图

（3）第三次试验过程如图 3-16 所示。

加强带钢板安装

岩棉铺装

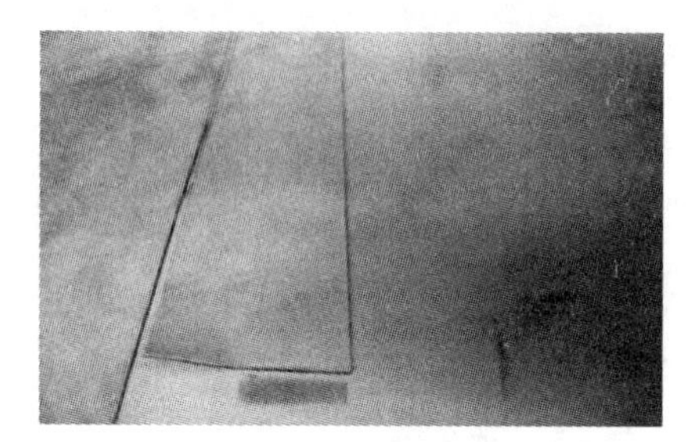

接缝处 TPO 加强带

TPO 防水铺装（SFS 塑料套筒）

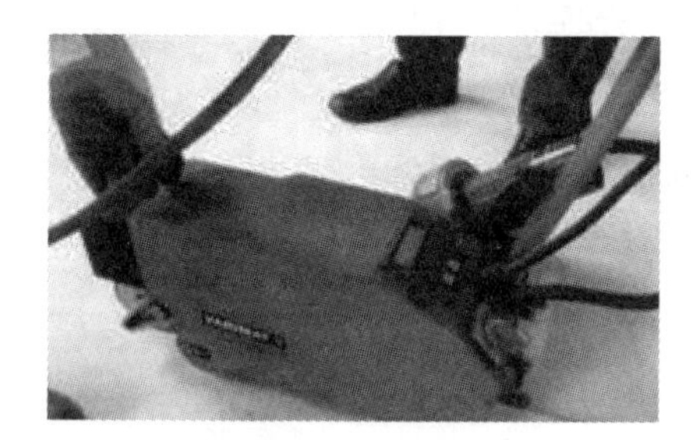

TPO 接缝焊接

试验夹具安装

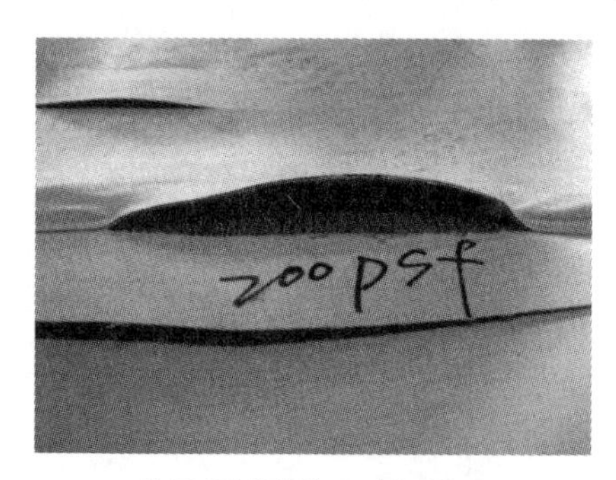

抗风揭试验防水破坏情况

图 3-16　第三次试验过程

（4）第三次抗风揭试验结果分析

在 9.6kPa 压力下保持 23s 后，卷材从接缝处剥离，试验结束。

抗风揭试验（正压法）的模拟抗风揭等级为 9.3kPa。试验结果满足且大于设计给出目标值 6.8kPa。试验结果超出试验目标值较多，但全部按其实施不经济。需要再次试验找到一个既经济又能满足设计值的做法。

经设计、业主、监理、施工方研究在第三次抗风揭试验基础上予以改进、用于大面积施工。其改进做法为：大面积上进行简化，在第三次抗风揭做法基础上取消 TPO 附加层，TPO 套筒固定钉的间距改为 200mm。

（四）第四次抗风揭试验

本次抗风揭试验所用主材料不变，岩棉及 TPO 的固定采用进口 SFS 塑料套筒钉。本次试验模拟屋面中区。TPO 塑料套筒钉的间距改为 200mm。试件尺寸不变。试验过程如图 3-17 所示。

岩棉铺装

TPO 防水铺装（SFS 塑料套筒）

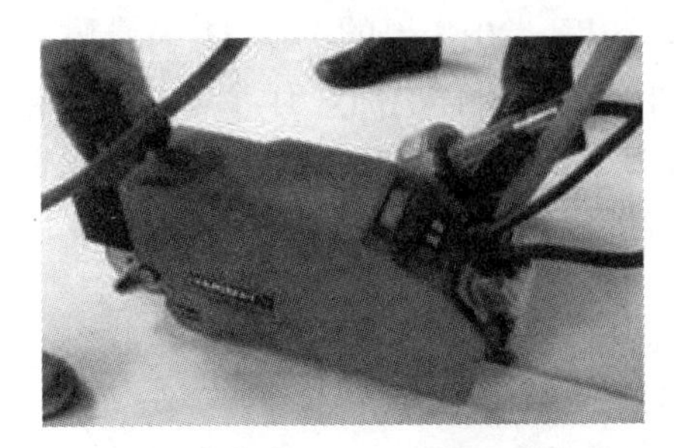

接缝处 TPO 防水焊接

试验夹具安装

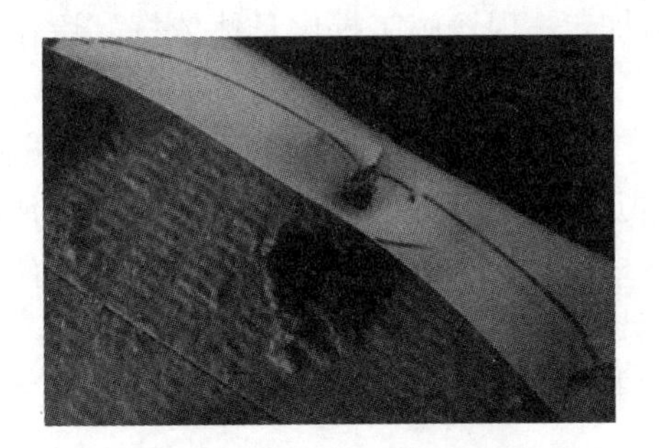

抗风揭试验防水破坏情况

图 3-17 第四次试验过程

第四次抗风揭试验结果：

在 5.9kPa 压力下保持 51s 后，卷材从 SFS 套筒上拉脱，试验结束。

抗风揭试验（正压法）的模拟抗风揭等级为 5.7kPa。实验结果大于设计给出目标值 4.8kPa。符合设计要求，可以在屋面大面积使用。

（五）抗风揭试验总结

（1）通过四次抗风揭试验，顺利达到了给设计提供设计数据的任务，为下一步设计出图提供了理论依据。2016 年 8 月 3 日哈尔滨机场课题组召开了 TPO 屋面系统专家论证会，会上各位专家、业主、设计、监理、总包及项目管理咨询公司各方对试验成果、设计院的 TPO 屋面设计、施工单位的深化设计资料进行了审阅，并对有关问题进行现场质疑和提问。各方经过质询和讨论形成专家意见，通过了本工程的深化设计。

（2）依据四次抗风揭试验成果，最终确定了 TPO 屋面中区及边区的屋面固定方式和具体做法。

本工程一般施工区域：岩棉固定采用国产岛海牌塑料套筒钉。TPO 固定塑料套筒固定钉全部为进口 SFS 塑料套筒钉。压型钢板波谷采用材质为 NSSC550 的不锈钢钉，波峰采用普通碳钢钉。TPO 宽幅为 1220mm。

在屋面加强区（即设计为边区的位置，天沟向内 1.5m 范围内，具体宽度根据深化图纸确定）TPO 固定用进口 SFS 塑料套筒钉间距为 100mm，且在固定钉下方的压型钢板顶部做 300mm 宽 1.2mm 厚镀锌钢板带，钢板带材质同压型钢板，不做氟碳面漆。

加强区 TPO 固定钉位置做 80mm 宽加强带，以增加 TPO 的抗撕裂性能。

（六）工程使用情况

哈尔滨机场 T2 航站楼工程一阶段施工的屋面在 2016 年 10 月完成，到 2018 年底已经经历了 2 个冬季和雨季，在使用过程中经历了 2016 年、2017 年的两次 11 级暴风，没有出现 TPO 被风揭破坏的情况；在防止雨水渗漏方面，两年来有个别处有渗漏。经检查主要原因是由于屋面完成后多家施工单位在完成后防水层上继续进行施工作业，成品保护不力出现防水层破坏而造成，对破坏处进行修补后，一直没有发生雨水渗漏现象。TPO 屋面工程关键技术项目研究获得成功。

四、屋面深化设计典型节点

在设计图纸确定后，施工单位的深化设计十分重要，深化设计将对设计意图、节点、构造进行完善补充，给材料加工、现场施工提供具体依据。深化设计重点部位有以下几处。

（一）女儿墙深化设计

原设计女儿墙侧面无受力支撑材料，幕墙与钢结构之间缝隙下侧为三元乙丙软连接。优化设计后女儿墙侧面增加压型钢板受力支撑材料，下方改为压型钢板可伸缩构造，从而保证使用时的安全性。图 3-18、图 3-19 为女儿墙深化设计前后对比图。

（二）天窗节点深化设计

原设计天窗在角部直接打胶连接，施工质量不易保证，优化后在转角部位增加铝单板转换板。

（三）规定压型钢板排布方向、增设积水槽

哈尔滨机场屋面面积达到 7 万多 m^2，如此大面积的屋面防水工程，难免在使用过程中、建造过程中出现缺陷，产生渗漏的情况。针对该情况在深化设计时还采取了以下措施以期减少渗漏。

（1）在深化设计时工程为了避免屋面漏水时出现无组织滴水，将屋面的压型钢板改为顺坡方向，安装时波峰与波谷对齐，从下向上安装，上层压型钢板压住下层压型钢板 100mm。如果上部 TPO 损坏漏水，使雨水顺压型钢板的凹槽流淌至天沟边缘的集水槽内，从而达到减少多点漏水的效果。

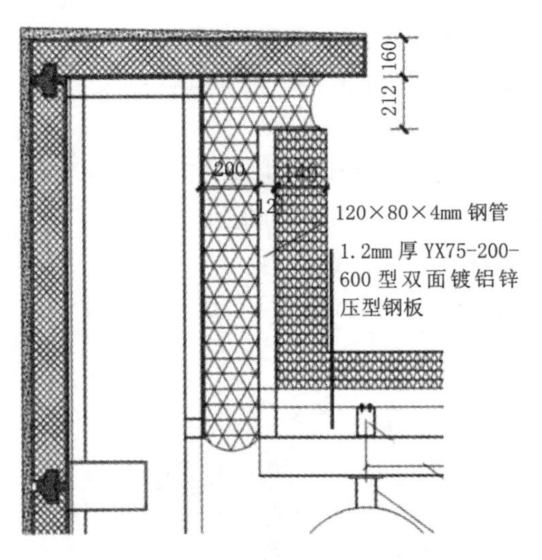

图 3-18 女儿墙节点原设计方案

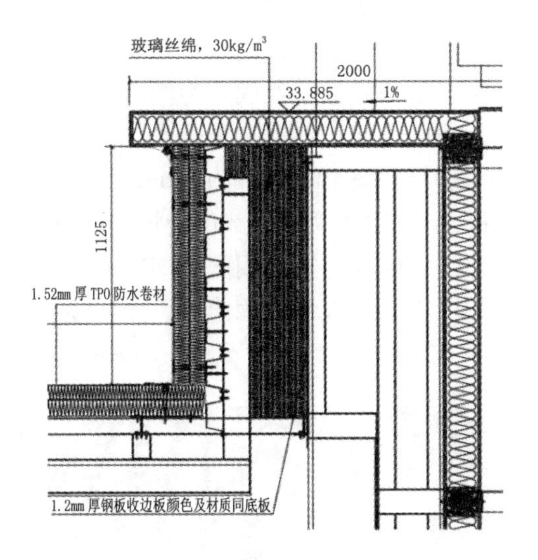

图 3-19 女儿墙节点优化后设计方案

（2）集水槽原设计方案为在龙骨上焊接冷弯槽钢，考虑原有冷弯槽钢容量及雨水收集后排出问题，将集水槽优化为1.2mm厚镀锌钢板冷压成型，水槽与檩条之间用自攻钉连接。在集水槽侧边安装排水管，雨水收集后沿柱子向下排到卫生间盥洗室。图 3-20、图 3-21 为集水槽深化前后对比图。

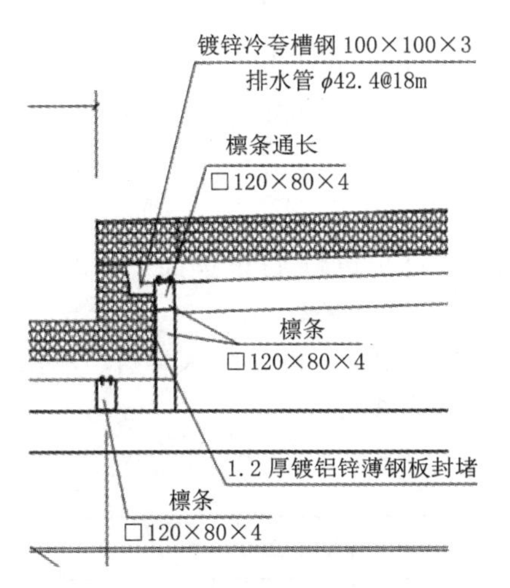

图 3-20 集水槽原设计方案

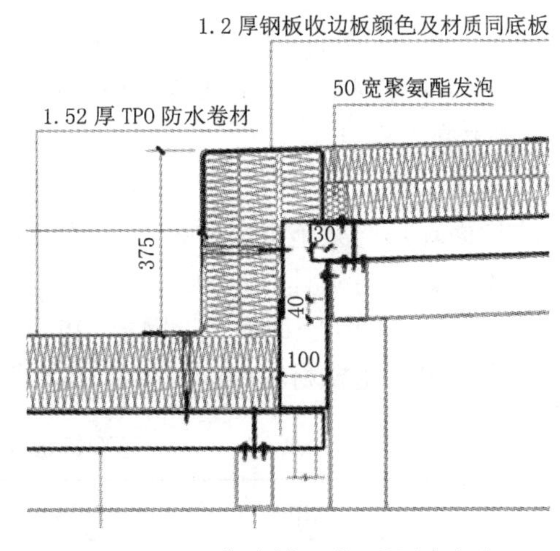

图 3-21 集水槽深化后设计方案

五、TPO 屋面工程施工要点

（一）设计要求

哈尔滨机场 T2 航站楼 TPO 屋面工程设计经四次试验确定了设计做法，施工各层做法清晰，区域划分明确，适合分区域同时施工。

1. 中区

（1）TPO 宽幅定为 1220mm，TPO 固定钉采用进口 SFS 塑料套筒钉，套筒钉间距为 200mm。

（2）岩棉固定钉采用国产塑料套筒钉，每块岩棉不少于两个套筒钉。

（3）压型钢板波谷固定为两个 NSSC550 不锈钢钉，波峰为一个普通碳钢钉。

2. 边区角区

（1）TPO 宽幅确定为 1220mm，TPO 固定钉采用进口 SFS 塑料套筒钉，套筒钉间距为 100mm。TPO 固定钉部位增加 80mm 宽 1.5mm 厚的 TPO 防水附加层。

（2）岩棉固定钉采用国产塑料套筒钉，每块岩棉两个套筒钉。

（3）压型钢板波谷固定为两个不锈钢钉，波峰为一个普通碳钢钉。具体施工安装位置如图 3-22 所示。

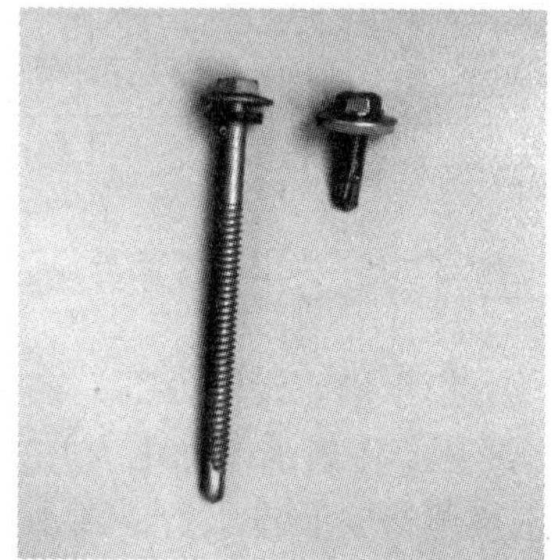

图 3-22 压型钢板波谷、波峰固定不锈钢钉安装图

（4）TPO 固定钉的下方设置 200mm 宽 1.2mm 厚加强镀锌钢平板。

（5）为保证固定件的耐久性，压型钢板波谷固定采用 NSSC550 不锈钢钉。

（二）施工要点

1. 施工条件

在屋面球形网架施工完成，主、次檩条安装完成后即可进行 TPO 屋面工程的施工。

2. 施工材料与机具

（1）材料：底部压型钢板、钢板、PE 防潮膜、岩棉保温板、TPO 防水卷材、不锈钢钉、钢钉、套筒等。主要材料性能指标具体要求见表 3-5~ 表 3-7。

压型钢板材质性能指标表 表 3-5

板型	YX75-200-600
厚度	1.2mm
材质	双面镀铝锌板
颜色	镀铝锌本色
强度等级	G300 符合耐指纹抗变暗处理
镀锌成分组成	由 55% 的铝、43.5% 的锌和 1.5% 的硅组成
镀层厚度	180g/m^2

岩棉保温板材质性能指标表　　表 3-6

材质	岩棉（材料具备 FM 认证燃烧性能 A 级不燃，要求物理性能达到）
酸度系数	≥ 2.0
尺寸稳定性	≤ 1.0%
质量吸湿率	≤ 1%
短期吸水量（部分浸入）	≤ 1 kg/m²
厚度及密度	150mm 厚岩棉保温板，岩棉板 80mm+70mm 厚错缝铺设 （下层为 80mm 厚密度 140kg/m³，上层为 70mm 厚密度 180kg/m³）
导热系数	≤ 0.04W/（m·k）
抗压强度	≥ 80kPa
憎水率	≥ 99%
压缩比 10% 时抗压强度不小于 60kPa	
点荷载在变形 5mm 时≥ 500 N	

TPO 防水卷材性能指标表　　表 3-7

材质	TPO 聚酯纤维内增强（加强筋三维增强）抗紫外线防水卷材
厚度	1.5mm
卷材抗紫外线面层厚度	≥ 0.4mm
人工加速老化试验数据	≥ 4000h
抗风揭能力	≥ 4.5kPa（135psf）
梯形撕裂强度	≥ 450N/mm × 450N/mm
接缝剥离强度	≥ 3.0N/mm
最大拉力	250N/cm × 250N/cm
最大拉力时伸长率	15% × 15%
热处理尺寸变化率	0.5% × 0.5%
低温弯折性	−40℃无裂纹
不透水性	0.3MPa，2h
热老化	100%
保持原样吸水率	<4.0%
抗冲击性能	≥ 0.5kg•m
不透水抗静态荷载	20kg 不渗水
性能要求	（1）良好的可焊性，焊接工艺性优良。 （2）具有 −40℃低温韧性合格保证，需提供检验报告或相关佐证材料。 （3）防火等级：E 级（相当于老规范的 B2 级），需提供检验报告或相关佐证材料。 （4）最大拉力不小于 250N/cm。 （5）断裂伸长率不小于 15%。 （6）卷材和保温板必须使用专用的系统配件进行固定，螺钉设计能抵抗动载风压并经拉拔试验进行验证，并确保系统的安全可靠。 （7）人工气候加速老化试验不低于 4000h。 （8）本项目 TPO 材料采用进口产品

（2）施工机具：专用热熔机、电钻、钢板尺、壁纸刀、螺丝刀等。

3. 施工工艺

（1）安装准备工艺流程

设置安装作业平台→对檩条及建筑标高进行复测→屋面压型钢板运输至安装作业面→放基准线→首块板的安装→复核→后续屋面底板的安装→安装完成后的自检、整修、报验。

（2）施工安装工艺流程如图 3-23 所示。

第一步，压型钢板铺装

第二步，波谷岩棉条铺装

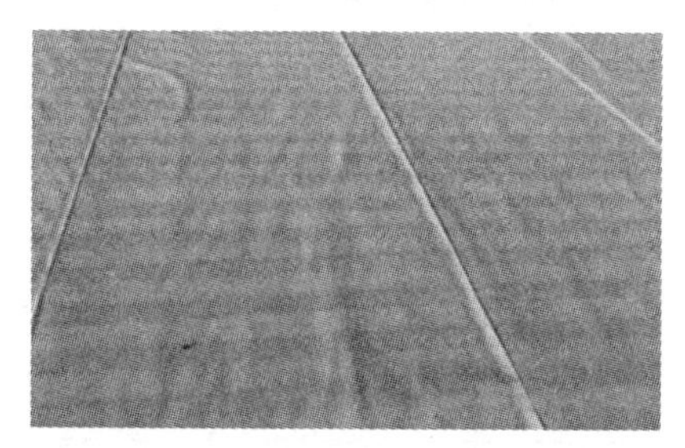

第三步，PE 隔汽膜铺装

第四步，岩棉铺装

第五步，TPO 预铺装

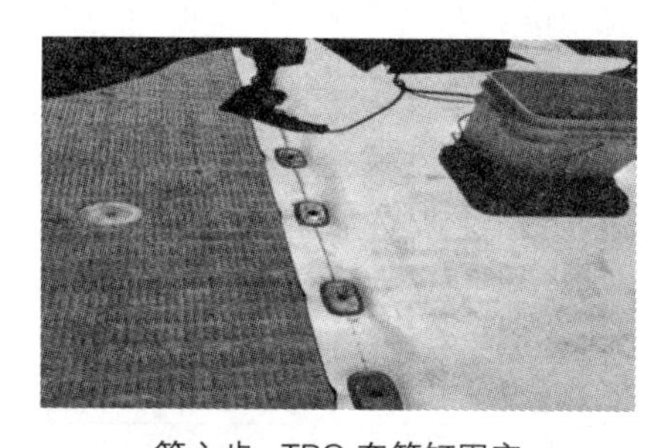

第六步，TPO 套筒钉固定

第七步，TPO 焊接前试焊

第八步，TPO 焊接

图 3-23　屋面系统施工安装工艺流程

1）压型钢板铺设

在屋面檩条上方，将压型钢板顺坡度方向铺设，压型板的长度，根据檩条的间隔分段，安装时波峰与波峰、波谷与波谷对齐，从下向上安装，上层压型钢板压住下层压型钢板100mm。铺设完毕，进行屋面底板与檩条连接，波谷采用 2 枚普通碳钢钉与檩条连接固定，波峰采用 1 枚不锈钢钉进行连接固定；进行板与板之间的连接。压型钢板搭接缝上用专用钢钉连接固定。

2）波谷岩棉条及加强钢板铺装

在压型钢板铺设完成，经总包、监理验收合格后在压型钢板的凹槽内放置准备好的岩棉条。岩棉条应切成倒梯形，宽度与压型钢板的凹槽相同。岩棉条接头处应严密。如果有加强区加强钢板应在波峰位置进行固定，固定钉间距不得超过 200mm。

3）PE 隔汽膜安装

波谷岩棉条铺设以及加强钢板铺设完成后，对此道工序进行隐蔽工程验收。验收合格在其上铺设 PE 隔汽膜。要求铺设的 PE 隔汽膜要平整，两幅隔汽膜间搭接不小于 50mm。

4）保温岩棉铺设

材料存放：保温材料存放场地最好在仓库内，应保持干燥，有防风、防雨、防火设施；现场临时堆放时表面用防火布覆盖，并在周边设置灭火器材。岩棉材料进场应检查规格、数量、厚度、包装、受潮情况，对不合格的，特别为已受雨淋材料不可使用。

安装前及安装过程中注意：施工安装前，先在墙阴、阳角、洞口、变形缝、装饰线等特殊部位设置控制线。在第一块施工岩棉板铺设处，弹出施工控制线，控制施工时的直线度和大面的方正。施工前，压型钢板、檩条等应须通过验收，焊接、防锈应符合设计要求和质量要求。应安装的配件安装完毕，有电气设备专业布线要求的，应检查落实布线情况；伸出底板的管卡，各种进户管线和其他设备的预埋件、连接件应安装完毕，并留出一定间隙。卡件、支架四周应用岩棉填平、塞实无缝隙、无漏做。检查合格后用塑料套筒钉将岩棉与底部压型钢板（波峰位置）固定牢固，每块岩棉板不得少于 2 处。

岩棉受潮其保温性能将受到影响。为保证岩棉铺设时不受天气的影响，铺设前应提前查看施工期间的天气预报，尽可能避开下雨天施工。施工过程中应安排好各工序的人员与时间，尽量采取岩棉与上层的 TPO 防水层铺设同步施工以减少被雨淋。施工期间，每天下班时应对甩头部位和现场未用完的岩棉用防雨材料进行覆盖。

为保证工程施工质量，雨、雪或大风天气严禁施工。在檐口、洞口等处须做收边覆盖处理。

5）TPO 防水卷材施工

工艺流程：预铺 TPO 防水卷材→紧固件固定 TPO 防水卷材→热风焊接 TPO 防水卷材→节点部位加强处理→检查、修整→组织验收。

安装方法：

①铺设 TPO 施工前应清除岩棉板上的杂物、碎屑。在岩棉保温钉的孔内注发泡保温胶。

②预铺 TPO 防水卷材：将 TPO 防水卷材按弹好的控制线位置铺在保温层上，卷材铺设方向应与底部压型钢板波纹方向垂直；铺放时使卷材保持平整顺直，不得扭曲；卷材间搭接宽度 120mm，按现场需要进行适当的剪裁。

③ TPO 套筒钉固定：沿标记线所示的距卷材边缘 30mm 处按设计图纸间距打孔，然

后放置套筒，用不锈钢钉与底部压型钢板（或加强钢板）固定牢固，此时一幅卷材的一边已固定。

④焊接：揭开另一幅防水卷材（搭接处上面的），使紧固件和垫片覆于防水卷材层之下，采用专用自动焊接设备沿焊缝的起端开始将两层防水卷材焊接（粘结）到一起，此法焊接每一条搭接边直至全部完成，热焊接过程中应及时用辊子压实赶平，排除气泡。每班正式焊接前应根据场地温度、湿度、焊机状况调试焊接设备的温度和速度，先做试件；试件合格（用手抠两层的焊缝无脱开）后方可大面积施工。焊接前应对焊接的搭接面进行检查，不得有受潮和有尘土及其他污染物，否则应先擦洗干净。

⑤立面及阴角部位 TPO 防水卷材施工无法采用专用自动设备焊接，可采取在两层粘结面上抹专用胶粘剂后使用手工专用设备进行热焊接。

6）成品保护

施工前应完成屋面的各专业管线敷设，施工期间操作人员（包括管理人员）应穿平底鞋。成品形成后其他专业不应在其上进行施工，必须进行时应有可靠的成品保护措施。考虑到使用期间必须上人，宜在行走路线上增设供行人通行的走道板，防止对成品的破坏。

六、与其他单位的协调配合

屋面系统在施工过程中要与多家施工单位进行交叉作业，屋面施工单位要提前与各专业沟通、安排好施工顺序，尽量减少防水完成后的打孔、开动处理。本工程交叉作业施工涉及单位见表 3–8。

TPO 屋面防水工程涉及专业交叉施工表　　表 3–8

序　号	部门（单位）	分项工程	部　位
1	幕墙二部	非透光幕墙	女儿墙顶部
2	机电一部	避雷带	屋面及女儿墙
3		供配电	供配电机房
4		融雪系统	天沟
5	钢构一部	虹吸排水	天沟
6		钢结构网架	全屋面
7	机电二部	消防系统	天窗
8		给水排水	卫生间顶部屋面
9	精装一标、二标、三标	柱体装修	二层柱
10	外部专业分包	室外亮化照明	屋面周边
11	外部专业分包	屋顶天线	屋面局部
12	外部专业分包	室外监控	屋面周边

（一）与结构钢网架配合

屋盖结构为钢网架结构，网架顶部檩条对屋面成型，尤其是天沟顺利排水至关重要。协调配合注意事项。

（1）檩条施工前做好测量放线工作，如檩托位置、标高偏差较大应及时调整。

（2）在进行天沟檩条放线时对照天沟内虹吸雨水斗位置，保证雨水斗处为排水沟的最低点。

（3）由于檩托（檩条）安装单位与屋面防水施工单位可能不是一家，屋面底板施工前总包应组织两施工单位进行现场移交，移交时应对檩托（檩条）安装的位置、尺寸、标高、坡度等进行校核，发现问题时应分析原因、进行协商，调整底板相关材料尺寸或对檩托（檩条）进行返工处理。

（二）与虹吸雨水配合

本工程天沟内设置虹吸雨水斗作为屋面雨水排出系统。虹吸雨水斗作为防水施工后的最后收边工序，应做好虹吸雨水斗边缘与防水之间的密封。协调配合注意事项。

（1）虹吸雨水斗施工时应保证安装固定牢固。

（2）虹吸雨水斗施工时雨水斗密封条安装应交圈、不得遗漏。保证虹吸雨水斗与防水卷材之间的密封性。

（3）天沟防水施工完成后需保证排水畅通。

（4）虹吸雨水斗应设置在低点位置。图 3-24、图 3-25 为虹吸雨水斗安装过程。

图 3-24　虹吸雨水斗安装图（1）

图 3-25　虹吸雨水斗安装图（2）

（三）与幕墙施工单位配合

屋面防水与幕墙施工交叉作业位置主要为女儿墙顶部，协调配合注意事项。

（1）防水卷材端部做好固定。

（2）女儿墙顶部按设计要求做坡度。

（3）预制彩石混凝土板不得有裂缝，否则将造成裂缝处漏水。

（4）预制彩石混凝土板施工时应做好对女儿墙顶部防水卷材的成品保护。图 3-26、图 3-27 为本工程女儿墙设计防水节点和防水施工与预制彩石混凝土板压顶施工过程。

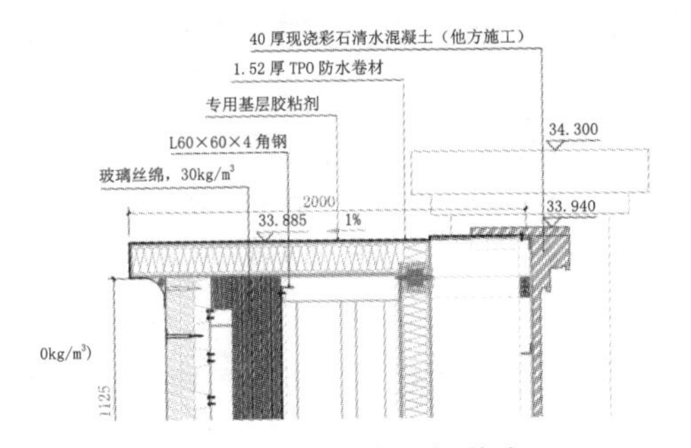

图 3-26　女儿墙顶部节点图

图 3-27　女儿墙顶部防水安装图

（四）与避雷带安装的配合

本工程按照设计和规范要求必须在女儿墙顶部设置避雷带，避雷带引下线穿透防水与主体结构连接，协调配合注意事项。

（1）避雷引下线施工时做好对防水卷材的保护。

（2）避雷带引下线焊接施工时做好接火。

（3）避雷引下线施工完毕后做好防水打胶。图 3-28、图 3-29 为本工程女儿墙避雷带引下线节点图和安装图。

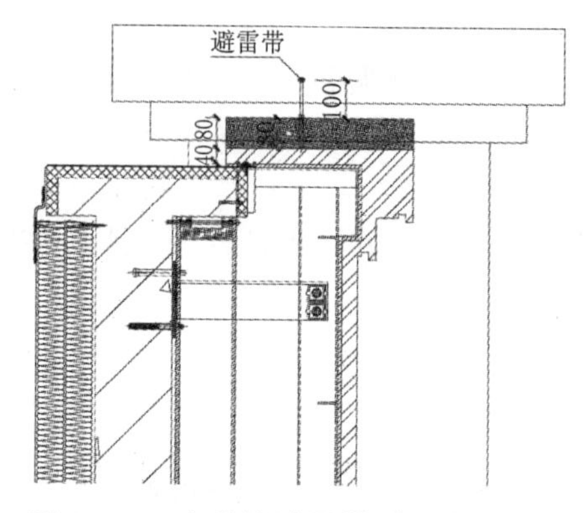

图 3-28　女儿墙避雷带引下线节点图

图 3-29　女儿墙避雷带引下线安装图

（五）与消防电专业配合

本工程屋面天窗除起到采光的作用，更重要的功能是通风排烟。在火灾发生时自动开启排烟窗将烟雾排出。

本工程的屋面防水工程与屋顶消防排烟窗在一个合同内。屋面施工单位进场后应及时与消防施工单位联系，划分好各自的施工责任和施工项目；与总包沟通好排烟窗开闭装置信号线的路由、专用电箱安装位置与接驳点、气罐设置位置（本工程设计为气动排烟窗）等。

屋面防水施工单位进场后应与消防专业施工单位保持沟通。屋面消防排烟窗控制箱确定位置后，需及时通知消防专业施工单位。消防排烟窗中央控制箱与消防专业信号连接后，择机联合调试。确保消防系统信号输入后能及时打开消防排烟窗，及时排出烟雾。

（六）与强电配合

本工程屋面天窗启动开启器的气源及中央控制箱均需要强电作为动力。本工程屋面天窗的气源设备设置在空调机房内，中央控制箱设置在配电间内。

屋面专业施工单位将气源设备、中央控制箱的定位及用电信息通知机电专业，机电专业根据用电量需求确定电源引入方案。

屋面与机电强电专业施工顺序为：屋面天窗施工→天窗启动开启器及管路安装→屋面天窗气源设备及中央控制箱安装→机电专业电源引入到指定机房或配电间→将电源与气动开启器连接。

（七）与给水排水专业的配合

本工程大厅内有较多卫生间，为满足卫生间排水通畅，设置卫生间排气管。卫生间排气管上方伸出屋面防水层，协调配合注意事项。

（1）出屋面的排气孔避免设置在天沟内侧。

（2）排气管伸出屋面不宜小于女儿墙高度。

（3）屋面专业根据排气管直径做好防水措施。

（4）排气管道避免与网架杆件与檩条相撞。

（5）排气管避免在天沟内。

（6）考虑创优需要，排气管在屋面上应保持整齐，成行成线。

（7）排气管在压型钢板的位置尽量在波峰的位置。

（8）排风管道室内部分要采取防结露保温措施。

图 3-30 分别为卫生间排气管出屋顶实例图。

图 3-30　卫生间排气管出屋顶实例图

（八）与精装施工单位配合

本工程天窗气源设备及中央控制箱设置在二层空调机房及配电间内，天窗开启器的气管及中央控制线沿钢柱附着向下敷设，与精装修专业交叉施工。协调配合注意事项。

（1）屋面专业附着在柱子上的节点尽可能小。

（2）屋面气动系统调试完毕后隐蔽。隐蔽过程中注意对气管及线路的保护。

（九）与天沟电融雪系统配合

哈尔滨机场地处严寒地区，冬季天沟内积雪对屋面系统及结构安全带来较大风险，因此需设置电融雪系统。哈尔滨机场屋面防水为柔性防水，应尽量避免穿屋面防水的情况，融雪电缆通过结构胶粘贴到防水上。协调配合注意事项。

（1）融雪电缆敷设时注意对防水卷材的保护。

（2）融雪电缆出屋面要尽可能采取集中出屋面然后分散，便于屋面防水对该部位进行处理以期减少渗漏点。

（3）融雪电缆出屋面宜采取电缆管道出口向下以达到防止雪水倒灌效果。图 3-31、图 3-32 分别为本工程电缆融雪设计节点图和安装范例图。

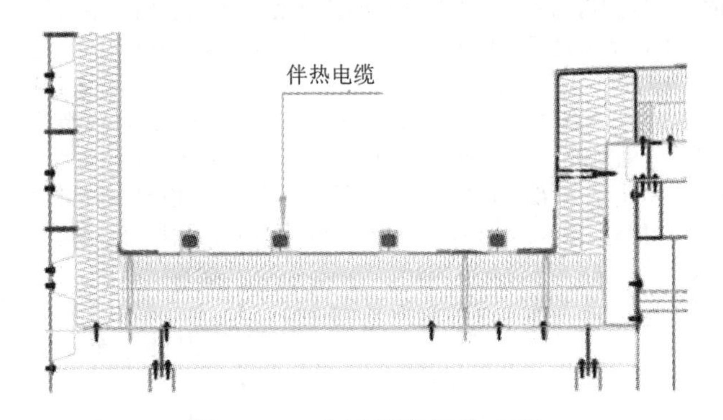

图 3-31　电融雪敷设节点图

图 3-32　电融雪安装范例图

第二节　大型屋面 TPO 卷材防水工程质量监控要点

哈尔滨机场 T2 航站楼屋面工程采用 TPO 聚酯纤维内增强（加强筋三维增强）抗紫外线防水卷材屋面系统，屋面面积约 8 万 m^2，防水等级为Ⅰ级。建筑檐高 B 区 22.55~34.05m，C 区 20.50m。其主要做法为在钢结构球形网架上焊接檩条，在檩条上找坡并铺设双面镀铝锌（单面喷漆）钢板、隔汽层 PE 膜、铺设绝热保温岩棉、面层铺设 TPO 防水卷材。屋面四周为女儿墙（其中 C 区为混凝土、B 区为钢骨架）；沿着女儿墙设天沟并在 B 区中间设置天沟一道、屋面设置 6 条温度变形缝；屋面采用内排水，设置虹吸雨水排水斗、采光天窗、出人孔若干。

一、施工质量监控要点

（1）积极参与深化设计前的风揭和型式试验检验，确定构造做法。本工程处于哈尔滨市太平镇，该地区场地空旷、风力较大，在 2015 年 5 月底曾发生过 14 级大风。本工程设计为平屋顶，冬季清理屋面积雪困难，如采用金属板屋面易产生漏水现象，如果再增加一层防水做法费用较高。

机场工程的大型屋面一般采用铝镁锌金属板立式咬口锁边做法。用单层 TPO 卷材作为大型屋面工程，在机场航站楼建设工程中为第一个，没有经验可借鉴；单层 TPO 防水卷材屋面能否承受设计的抗风力值需通过试验数据来确定。根据《单层防水卷材屋面工程技术规程》JGJ/T316−2013 的规定，本工程需做抗风揭试验；同时，根据《屋面工程技术规范》GB 50345−2012、《屋面工程质量验收规范》GB 50207−2012 的规定，需先进行型式试验检验，在抗风揭试验和型式试验合格后再确定具体构造深化设计。

本工程根据设计要求值对抗风揭试验和型式检验试验先后进行了四次。具体试验情况见表 3−9。

四次抗风揭试验情况汇总表　　表 3−9

名称	第一次试验	第二次试验	第三次试验	第四次试验
设计要求	1. 屋面风压设计 （1）基本风压值：0.55kN/m²。 （2）边区最大风压值：3.4 kN/m²。 （3）其他区最大风压值：2.4kN/m²。 2. 抗风揭试验目标值 （1）边区：6.8kN/m²。 （2）其他区：4.8kN/m²。 3. 自钻自攻螺钉技术要求 （1）压型钢板与檩条的连接 规格型号：M6.3×25，六角凸缘自攻自钻螺钉。 材质：NSSC550。 性能要求： 屈服强度：1150MPa；	1. 抗风揭试验目标值 B 区（不包括低跨部分）：（1）边区、角区：6.8kN/m²；（2）其他区：4.8kN/m²。 C 区及 B 区低跨部分：（1）边区、角区：6.0kN/m²； （2）其他区：4.5kN/m²。 2. 边区范围 B 区（不包括低跨部分）女儿墙里侧 14.4m 内为边区、角区。	1. 抗风揭试验目标值 B 区（不包括低跨部分）：（1）边区、角区：6.8kN/m²；（2）其他区：4.8kN/m²。 C 区及 B 区低跨部分：（1）边区、角区：6.0kN/m²； （2）其他区：4.5kN/m²。 2. 边区范围 B 区（不包括低跨部分）女儿墙里侧 14.4m 内为边区、角区。	（1）抗风揭试验目标值 4.8kN/m²。 （2）钢板与檩条连接采用自钻自攻螺钉，技术要求同（1）。 （3）底层保温材料与压型钢板的连接采用套筒保温钉。 1）抗拉拔力 1700N。 2）钢钉表面硬度：650HV。 3）钢钉盐雾试验：1500h，外观等级 9 级。 （4）TPO 与压型钢

续表

名称	第一次试验	第二次试验	第三次试验	第四次试验
设计要求	抗拉强度：1750MPa； 盐雾试验：5000h。 （2）底层保温材料与压型钢板的连接 规格型号：M6.3×80，内梅花头自攻自钻螺钉。 材质：碳钢 1022，渗碳处理。 性能要求： 1）抗拉拔力：1700N； 2）表面硬度：650HV； 3）芯部硬度：280~420HV； 4）盐雾试验：1500h，外观等级 9 级。 （3）上层保温材料与压型钢板的连接 1）规格型号：M6.3×160，内梅花头自攻自钻螺钉。 2）材质：碳钢 1022，渗碳处理。 3）性能要求： ①抗拉拔力 1700N； ②表面硬度：650HV； ③芯部硬度：280~420HV； ④盐雾试验：1500h，外观等级 9 级。 （4）TPO 与压型钢板的连接 1）规格型号：M6.3×160，内梅花头自攻自钻螺钉。 2）材质：碳钢，渗碳处理。 3）性能要求： ①抗拉拔力：1700N； ②表面硬度：650HV； ③芯部硬度：280~420HV； ④盐雾试验：1500h，外观等级 9 级	C3、C4 圆弧部分女儿墙里侧 10.8m 内为边区、角区，C 区其他部位及 B 区低跨部分设边区角区加强带。 3. 其他同 1 4. 套筒钉配套抗拉强度 （1）极限值：1800N； （2）设计值：1200N	C3、C4 圆弧部分女儿墙里侧 10.8m 内为边区、角区，C 区其他部位及 B 区低跨部分设边区角区加强带。 3. 其他同 2	板的连接采用进口 SFS 牌套筒，钉间距 200mm
压型钢板	厚度 1.2mm 双面镀铝镁锌板强度 G300，采用锌锡合金钉固定（波谷 2 颗 ST5.5×25、波峰 1 颗 ST5.5×95）在间距 3.6m 檩条上，搭接长度 100m	同第一次	除在压型钢板波峰上按间距 1.22m 增设一层 300mm 宽 1.2mm 厚双面镀铝镁锌板加强带（强度 G300），并用两颗 ST5.5×25 锌锡合金自攻钉固定在波峰上外，其他同第一次	同第一次
PE 膜隔汽层	厚度 0.3mm，浮铺在压型铝板上	同第一次	同第一次	同第一次

续表

名称	第一次试验	第二次试验	第三次试验	第四次试验
岩棉绝热保温层	波谷内铺 80mm 厚岩棉、70mm（密度 180kg/m²）+80mm（密度 140 kg/m²）岩棉板错缝布置，在 70mm 厚的每块岩棉上固定 2 个岛海牌钢钉（6.3mm × 180mm）硬化碳钢自攻钉和 70mm × 70mm 固定钢垫片机械固定至压型钢板上	同第一次	同第一次	在 70mm 厚的每块岩棉上固定 2 个进口 SFS 牌塑料配套筒钉（6.3mm × 65mm），硬化碳钢自攻钉机械固定至压型钢板上
TPO 防水卷材	（1）TPO 卷材生产厂家：卡莱。产品规格尺寸及性能指标：TPO 聚酯纤维内增强（加强筋三维增强），抗紫外线防水卷材，厚度 1.5mm，宽度 2440mm。 （2）采用岛海牌（6.3mm × 180mm）硬化碳钢自攻钉和 82mm × 40mm × 1mm 镀铝锌垫片机械固定于压型钢板上（自攻钉间距 200mm）。 （3）卷材搭接长度 140mm，焊缝宽度 40mm，使用自动热风焊机对搭接焊缝部位进行焊接（焊接温度 530℃、焊接速度 2.5m/min）	（1）卷材幅宽改为 1.22m。 （2）增加岛海牌套筒、岛海牌碳钢自攻钉改为 6.3mm × 65mm。 （3）焊接温度 550C°、焊接速度 3m/min。 （4）其他条件同第一次	（1）卷材同第二次。 （2）岛海牌套筒改为 SFS 套筒。 （3）钉间距由 200mm 改为 100mm、自攻钉固定在新增加一层的钢板上（必须在波峰上）。 （4）套筒钉位置增加一层 80mm 宽的 TPO 卷材增强带（使用热风焊机与下层卷材焊接）。 （5）其他条件同第二次	（1）卷材幅宽改为 1.22m。 （2）进口 SFS 牌套筒配碳钢自攻钉为 6.3mm × 65mm。 （3）TPO 卷材固定钉间距 200mm。 （4）其他同第一次
试验过程	初始的压力等级为 0.7kPa、气压上升速率为（0.07 ± 0.05）kPa，每个等级压力下保持 60s 后，再进行下一级增压 0.7kPa，保持 60s，重复上述过程直至 TPO 卷材出现破坏现象	同第一次	同第一次	同第一次
试验结果	在 4.3kPa 压力下保持 43s 后，82mm × 40mm 垫片从自攻钉上拉脱（割开 TPO 焊缝搭接位置 TPO 出现撕裂、垫片出现上弯曲变形，自攻钉与压型钢板连接完好、岩棉板与压型板固定完好）。抗风揭（正压法）的模拟抗风揭等级判定为 3.6kPa	在 5.0 kPa 压力下保持 50s 后，卷材从塑料套筒上拉脱（割开 TPO 焊缝搭接位置后出现套筒钉从套筒底部拉脱和套筒表面变色等现象）。抗风揭（正压法）的模拟抗风揭等级判定为 4.3kPa	在 9.6kPa 压力下保持 23s 后，卷材接缝处剥离，抗风揭（正压法）的模拟抗风揭等级判定为 9.3kPa	在 5.9 kPa 压力下保持 51s 后，卷材从塑料套筒上拉脱。抗风揭（正压法）的模拟抗风揭等级判定为 5.7kPa
结果分析	未达到试验目标值（4.5kPa）的原因是： （1）82mm × 40mm × 1mm 镀铝锌垫片尺寸和厚度不满足要求。 （2）TPO 卷选用 2.44m 宽，其宽度较大	岛海牌套筒不能满足本工程设计值的抗风揭力	抗风揭力太大超过设计值很多，工程全部采用不经济	满足一般部位（设计值为 4.8kPa 的中区）设计抗风揭能力，不得在本工程风力大的部位（设计值为 6.8kPa 的边区，即 B 区女儿墙周边、C 区两端）采用

续表

名称	第一次试验	第二次试验	第三次试验	第四次试验
改进措施与方法	（1）TPO 幅宽改为 1.22m，以减少 TPO 自攻钉承受风压面积。 （2）考虑节能要求，将自攻钉直接固定 82mm×40mm×1mm 镀铝锌垫片改为套筒和配套长度的硬化碳钢自攻钉。 （3）调整 TPO 焊缝焊接温度和速度	（1）将岛海牌套筒更换为 SFS 牌。 （2）在一般部位（设计值为 4.8kPa）套筒间距改为 200mm；在风压值大的部位（设计值为 6.8kPa）采取在压型钢底板波峰及 TPO 防水卷材沿 TPO 套筒钉固定位置设置增强措施	（1）按此试验结果在风压值大的部位（设计值为 6.8kPa）可采用此做法。 （2）对工程一般部位套筒间距调整为 200mm（不增加钢板）。套筒钉位置取消 80mm 宽的 TPO 卷材增强带如果达到设计值（4.5kPa）则满足本工程需要	在工程一般部位采用此做法。在风压值大的边区采用第三次风揭试验的做法，使工程既满足设计抗风揭要求又达到经济合理的效果

根据试验结果确定：本工程一般承受风压部位构造层采用第四次试验做法，承受风压大的部位采用第三次试验做法。对碳钢钉和套筒钉与 1.2mm 厚镀锌钢板的抗拉拔力由于没有试验标准，故采取模拟现场实际情况对其抗拉拔力进行了 3 组试验，拉拔值达到 1740~1800N。

（2）审查深化设计图纸，重点审查内容为：

1）深化设计图纸是否经设计师签字认可。

2）图纸中对天窗、卷材屋面抗风压性能等指标是否明确。

3）构造层做法是否符合风揭试验和型式试验检验要求。

4）节点大样是否齐全，特殊部位（天沟、女儿墙及压顶、天窗、屋脊位置、出人孔、伸缩缝）尺寸标注是否清楚、齐全，采用材料做法标注是否明确。

5）图中选用的材料及辅助材料的性能指标是否满足原设计要求；面层材料的颜色应符合设计和业主的要求；主要材料品牌应符合招标文件品牌要求。

6）天窗、B 区女儿墙等部位以及固定 TPO 的自攻钉应提供计算书。

7）图中对施工的要求、钢结构焊接焊缝等级、焊缝防腐处理等是否明确。

（3）总监理工程师应审查施工方编制的专项施工方案。重点审查以下内容：

1）编审程序应符合相关规定。

2）工程质量保证措施应符合有关标准，具有可行性和操作性，编制内容是否齐全。

3）编制依据是否正确，特别是引用的规范、标准、法规是否为现行标准。

4）本工程的重点、难点和对应的技术措施是否得当。

5）施工方法与施工流程是否正确、能否指导现场施工，试验计划、测量方案和方法应涵盖本工程并符合相关规定。

6）质量验收标准和方法。

7）资源配备是否合理、施工进度安排是否合理等。

8）安全、消防、文明施工保证措施是否有针对性（高空作业和电焊）、卷材施工成品保护措施是否可行等。

9）施工单位内部对方案的审批情况。

（4）监理单位应编制专项监理实施细则。在监理实施细则中除正常的内容外，重点要有专业工程特点、监理工作流程、监理工作要点（应明确施工方和监理方各自应做什么，监理方对材料验收、材料试验批次、隐蔽工程验收部位、过程控制的工序内容、检验批验收的标准和批次进行明确）、监理工作方法及措施。

二、施工过程监控要点

（1）样板引路。在大面积施工之前要进行样板施工，样板施工包括一般部位、风压值大的边区、天沟、女儿墙等。在样板验收合格后再进行大面积施工。

（2）标高、轴线交接。由总包对专业分包的标高、轴线控制点进行交接，监理方要对交接过程进行监督。

（3）组织专业分包进行现场交接。屋面防水专业分包要对钢结构施工的位置、标高、檩条坡度进行现场实测实量，发现问题及时提出，由檩条施工方进行整改，达到设计和规范要求方可办理交接手续。监理要全过程进行见证，对檩条施工质量问题督促整改达到合格。

（4）材料的验收。材料进场应先检查相关质量证明文件，凡进场材料均应符合国家相关规定和验收标准，进口材料应提供材料报关单或商检证；应对照合同检查所进材料的品牌是否符合招标文件的规定；按规定应进行现场见证取样的材料应按规定的批次进行见证取样送有资质的试验单位进行复试，应先验收合格后再使用。

1）本工程主要材料的性能指标要求见表 3-10~ 表 3-13。

压型钢板材质性能指标表　　表 3-10

板型	YX75-200-600
厚度（mm）	1.2
材质	双面镀铝锌板
颜色	无吊顶的为底板滚刷氟碳漆橙色、有吊顶的为镀铝锌本色
强度等级	G300 符合耐指纹抗变暗处理
镀锌成分组成	由 55% 的铝、43.5% 的锌和 1.5% 的硅组成
镀层厚度	200μm

隔汽层材质要求表　　表 3-11

材质	PE
厚度（mm）	0.3
搭接及收口部分用丁基胶带粘结严密	

保温层材料性能指标表　　表 3-12

材质	岩棉（材料具备 FM 认证燃烧性能 A 级不燃）
酸度系数	≥ 2.0
尺寸稳定性（%）	≤ 1.0
质量吸湿率（%）	≤ 1
短期吸水量（部分浸入）（kg/m^2）	≤ 1
厚度及密度	150mm 厚岩棉保温板，岩棉板 80mm+70mm 厚错缝铺设 （下层为 80mm 厚，密度 $140kg/m^3$，上层为 70mm 厚，密度 $180kg/m^3$）
导热系数 [W/（m・K）]	≤ 0.04
抗压强度（kPa）	≥ 80
憎水率（%）	≥ 99%
压缩比 10% 时抗压强度不小于 60kPa	
点荷载在变形 5mm 时≥ 500 N	

TPO 卷材防水层材料性能指标表　　表 3-13

材质	TPO 聚酯纤维内增强（加强筋三维增强）抗紫外线防水卷材
厚度（mm）	1.5
卷材抗紫外线面层厚度（mm）	≥ 0.4
人工加速老化实验数据（h）	≥ 4000
抗风揭能力（kPa）	≥ 4.5（135psf）
梯形撕裂强度（N/mm）	≥ 450 × 450
接缝剥离强度（N/mm）	≥ 3.0
最大拉力（N/cm）	250×250
最大拉力时伸长率（%）	15×15
热处理尺寸变化率（%）	0.5×0.5
低温弯折性	-40℃无裂纹
不透水性	0.3MPa，2h
热老化（%）	100
保持原样吸水率（%）	<4.0
抗冲击性能（kg・m）	≥ 0.5
不透水抗静态荷载	20kg 不渗水
性能要求	（1）良好的可焊性，焊接工艺性能优良。 （2）具有 -40℃低温韧性合格保证，需提供检验报告或相关佐证材料。 （3）防火等级：E 级（相当于老规范的 B2 级），需提供检验报告或相关佐证材料。 （4）最大拉力不小于 250N/cm。 （5）断裂伸长率不小于 15%。 （6）卷材和保温板必须使用专用的系统配件进行固定，螺钉设计能抵抗动载风压并经拉拔试验进行验证，并确保系统的安全可靠。 （7）人工气候加速老化试验不低于 4000h。 （8）本项目 TPO 材料采用进口产品卡莱品牌

2）本工程主要材料现场监理验收检测项目有（见证取样参照当地规定和国家相关规范执行）:

①镀锌钢板厚度用千分尺检查，进行外观质量检查（按进场批次并不大于 60t 为一验收批，每批次抽查 5 块）。

②钢板镀锌层及漆膜厚度用涂层厚度检测仪进行涂层厚度检查，并进行外观质量检查（按进场批次并不大于 60t 为一验收批，每批次抽查 5 块）。

③隔汽层（PE 膜）厚度用千分尺检查，进行外观质量检查（按进场批次抽查 1%）。

④岩棉板用卷尺量厚度、长度、宽度，进行外观质量检查，按进场批次见证取样送检相关性能指标（按进场批次并不大于 2000m^3 为一验收批，物理性能指标见证取样按进场时间抽样不少于 3 次）。

⑤对不同规格的固定钢钉用千分尺检查直径、用卷尺检查长度，进行外观质量检查（按进场批次每 10 万颗抽查 10 颗）。

⑥对 TPO 防水卷材用千分尺检查厚度、卷尺检查宽度，并进行外观质量检查，按进场批次见证取样送检相关性能指标（按进场批次每 5000m^2 抽取 1 组）。

（5）施工过程质量控制要点

1）钢板铺设：检查板铺设是否落在檩条上并是否平整，铺设搭接方向是否正确，板搭接长度是否满足设计要求，固定钢钉在波谷、波峰的数量是否符合设计要求，加强板铺设区的加强板宽度尺寸、铺设间距、钢钉固定数量及位置是否正确（采取观察和尺量检查）。

2）PE 膜铺设：搭接尺寸及平整度（采取观察和尺量检查）。

3）岩棉铺设：岩棉保温层铺设上下层材料厚度和密度不同，不得出现颠倒；在铺设中应防止雨淋。上下层必须错缝布置；保温层固定每块不得少于 2 颗套筒保温钉（采取观察和尺量检查）。

4）TPO 铺设：表面应平整，固定套筒钉间距、搭接宽度和长度应符合设计要求，固定套筒钉必须在波峰的钢板上（采取观察和尺量检查，并用手拔套筒钉）；检查焊接温度应符合工艺要求（在现场观察设备上所显示的温度）；检查焊接速度（在现场掐表观察检查）；热风焊接前进行焊接样板试验，根据经验值及现场施工温度调到合适档位，调好后进行样板焊接，焊接完成后进行拉撕试验（最佳试验结果为焊缝不破坏，出现黑白两层材料剥离，露出内部玻璃丝三维加强筋）；焊接操作人员进场后应先进行考核培训，焊接设备需经考试合格的人员专人使用。加强区的加强带部位还应检查加强带的宽度、焊接质量情况。最后要对已焊接完的焊缝进行观察并对焊缝有怀疑的部位进行手扣检查。

5）如有钢材焊接骨架的应对焊缝长度、高度进行检查，同时还要对焊渣清理情况、防锈漆分遍涂刷质量情况进行检查。

6）对于女儿墙、天沟、温度变形缝、虹吸雨水排水斗、采光天窗、出人孔等特殊部位应依照施工图纸按工序分层检查验收并留下影像资料。

7）对于女儿墙、压顶、天沟等部位采取粘结施工方法的要对涂胶情况、粘结质量及表面平整度情况进行检查。

三、施工质量验收

（1）隐蔽工程验收：屋面工程应对每个施工层进行隐蔽工程验收，主要进行的项目有：

1）钢板层铺设隐蔽工程验收；

2）隔汽层 PE 膜铺设隐蔽工程验收；

3）绝热保温层岩棉板铺设隐蔽工程验收；

4）防水层 TPO 卷材铺设隐蔽工程验收；

5）细部构造做法隐蔽工程验收。

（2）工程验收

1）检验批验收按《单层防水卷材屋面工程技术规程》JGJ/T316-2013、《屋面工程技术规范》GB 50345-2012、《屋面工程质量验收规范》GB 50207-2012 的规定，本工程有钢底板、隔汽层、绝热层、防水层、细部构造 5 个分项，每个分项工程按 500~1000m^2 为一个检验批，细部构造全数检查，每个检验批按屋面面积每 100m^2 抽查 1 处，每处不小于 10m^2 且不少于 3 处；细部构造的每个检验批全数检查；接缝密封防水按每 50m 抽检 1 处，每处不少于 5m。

2）验收时施工方应提交的资料

①施工图纸、图纸会审记录、设计变更通知书；

②抗风揭试验报告；

③防水施工人员操作证；

④屋面防水专项施工方案、技术交底记录；

⑤主要材料的出厂质量合格证、进口材料报关单、质量检验报告、进场材料见证取样复检报告；

⑥检验批、分项工程施工质量检验记录；

⑦隐蔽工程施工质量检查验收记录；

⑧蓄水 / 淋水检查记录；

⑨其他合同约定的相关资料。

四、结束语

大面积采用单层 TPO 防水卷材用于机场的屋面工程，应按规范要求进行抗风揭试验，并根据试验情况确定构造做法；监理应对深化设计及细部节点图纸进行认真的图纸审查，对一般部位、风压值大的边区、天沟、女儿墙等样板对照设计图纸进行认真的验收；进场材料严格按设计要求和国家规定进行验收与检验，施工过程中严格按规范要求和标准进行检查验收，抓住关键工序和施工环节。施工单位对施工过程质量控制提高认识、加强重视程度，对每道工序和施工环节进行有效地控制，按程序和规范施工，大型屋面 TPO 卷材防水施工质量就能得以保证。

第四章　欧式彩石混凝土饰面工程关键技术研究

第一节　开展彩石混凝土工程研究的意义

哈尔滨地处东北亚中心地带，被誉为欧亚大陆桥的明珠，是第一条欧亚大陆桥和空中走廊的重要枢纽，也是中国历史文化名城、热点旅游城市和国际冰雪文化名城。这里旅游资源丰富，城市文化独特，是一个激情四射的城市，一个中西文化合璧的城市。行走在哈尔滨的大街小巷，随处可见的欧式建筑，尤其是浓郁的欧式建筑让人恍如行走在欧洲的大街上。为了延续这座城市的欧式风情，更为了给人“磅礴、宏大”的感觉，为了集中吸收欧洲国家传统欧式建筑理念，突出了欧式建筑风格，传承哈尔滨建筑风格多元化特点，展示当代建筑设计中欧陆风情的简约符号，将实现传统建筑设计、现代欧式建筑设计风格集中体现。

哈尔滨机场航站楼项目是扩建工程重要的组成部分，是黑龙江省对外交往的首席名片，既要实现空侧与陆侧的合理衔接和高效运行，又要在航站楼建筑内部实现高效便捷的进出港流程，同时还要在其建筑造型方面展现出与众不同且具有区域代表性的建筑风格与象征含义。在该项目航站楼设计工作中，为了实现“立足于当代，传承于历史，放眼于未来”的目标，建筑造型设计在满足高效运行的使用功能的前提下融入了哈尔滨城市建筑欧式风格的地域性文化内涵。

建筑造型的设计永远追随建筑的具体功能，而航站楼建筑的具体功能包括满足旅客进出港流程的实用功能以及作为区域门户形象的精神功能，不论是实用功能或是精神功能，建筑造型与功能其实是合为一体的共生关系。为了突出航站楼的建筑造型特征，而且结合哈尔滨冬季漫长的气候环境，航站楼陆侧设计了大型雨篷覆盖车道以便于旅客雨雪天气出行。为了充分融合哈尔滨的城市文化内涵，航站楼整体造型采用了雄浑大气的现代化欧式风格造型，从陆侧到空侧，从外观形象到高架桥出发和到达空间，在现代化空港环境中展现了哈尔滨机场独具特色的地域性建筑文化风貌。航站楼建筑的欧式风格以典型的基座—腰身—顶部三段式构图为基本原则，建筑风格特点和谐、单纯、庄重和布局清晰，无论从比例还是外形上都产生了一种生机盎然的崇高美和艺术感。航站楼陆侧高架桥车道边柱廊立柱以及航站楼装饰性壁柱均采用了欧式古典建筑中最典型的爱奥尼克柱式，这种柱式的特点是纤细秀美，柱身有24条凹槽，柱头有一对向下的涡卷装饰，展现出优雅高贵的气质。航站楼底部及上部檐口部位采用了欧式建筑的典型做法，通过比例的推敲、细节的刻画以及建筑构件特定的组合方式及艺术修饰手法展现了现代化欧式风格的统一性和严谨性。不论是整体形象或建筑细部，该项目航站楼建筑造型风格采用现代化的建筑技术手段完美地实现了新欧式建筑的尺度感、体量感以及材料的质感，为哈尔滨机场创造了与众不同的门户形象，这样的新时代地域性建筑成果自身所承载的艺术能量和文化能量给人以强烈的震撼感，它强大的艺术生命力必将经久不衰。

本项目航站楼规划设计成果在总体规划、陆侧交通、站坪运行、航站楼功能流程、建筑造型、节能环保等多方面全方位地诠释了哈尔滨机场航站楼作为现代化航空港的功能需求、运行方式以及形象特征。这座承载了历史使命的航站楼建筑成果既满足了使用功能，又使得设计风格与地域性文化完美结合，人文情怀与时代属性和谐共生。

哈尔滨机场T2航站楼是国内大型机场首个欧式建筑风格的航站楼，从整体欧式设计来讲也属于巨型体量的，对建设单位、设计单位、施工单位、材料生产单位都是一次挑战，设计单位要结合地域自然环境（大风、冻融）、地域文化特点，博采众长、各方对比，工程耐久性满足使用要求，满足安全要求，满足工期要求，满足造价控制要求。哈尔滨机场是国家规划建设的十大国际航空枢纽机场之一，社会关注度高，扩建工程的建筑方案、外立面效果经过多轮设计，在欧式建筑方案确定以后，工程开工到竣工不足3年时间，该工程特点是施工难度大，有效施工期短，质量标准要求高。

T2航站楼外立面原设计方案为现浇欧式装饰彩石混凝土，在高保温砌块和压蒸无石棉纤维素纤维水泥平板（CCA板）的外表面直接支模浇筑4cm彩石混凝土，在混凝土表面剁斧，形成欧式效果的建筑。在严寒地区首次应用，从设计和施工工艺没有先例。由施工单位在T2航站楼空侧开始实验性施工，7个月时间共施工5000m^{2}现浇混凝土，施工过程中，施工单位试图采用喷射混凝土和抹灰工艺，实施过程中产生很多安全和质量隐患，经过反复尝试，均未能成功实现满足工程质量、安全要求的建造工艺。扩建组织课题组，在现浇彩石混凝土工艺基础上，又开展了石材、GRC、砌块、预制纤维混凝土板等材料工艺的专项课题研究工作。

第二节 现浇装饰彩石混凝土建造关键技术

T2航站楼立面及高架桥柱子及引桥下柱子为彩石混凝土，航站楼彩石混凝土面积为41270m^2，高架桥彩石混凝土面积为28080m^2。在外装饰效果方面，由现浇装饰彩石混凝土体现建筑师设计意图，外立面的分格基本采用建筑师原有的设计风格，在材料的选择上，力求现浇装饰彩石混凝土能够体现建筑师要求的装饰效果。

一、现浇装饰彩石清水混凝土主要工艺

（一）设计要点

（1）内侧保温墙采用夹心岩棉板：12mmCCA板+140mm保温岩棉+12mmCCA板，岩棉密度不小于140kg/m^3，CCA板抗压强度60MPa，抗折强度9MPa，吸水率≤6%（面层涂聚氨酯防水涂料）。

（2）夹芯岩棉板边框采用压型钢框做加强，钢框采取防腐措施，钢框与板材交接处采用二氧化硅气凝胶毡隔离，岩棉与钢框内侧空隙采用注塑聚氨酯发泡填充，发泡密度50kg/m^3。

（3）夹芯板通过钢制托板与主体钢结构固定。

（4）夹心岩棉板外挂ϕ6@200钢筋网，钢筋网与钢制压板设拉结钢筋，避免钢筋网产生较大水平位移，影响后续浇筑质量。

（5）夹心岩棉板拼缝处（缝宽 80mm × 60mm）填聚氨酯发泡剂做封堵。

（6）外表面采用现浇 40mm 彩石清水混凝土，颜色为米黄色系。

（7）板块拼缝处，根据建筑外形要求采用宽缝和细缝结合，均为分层浇筑形成凹槽（凹槽尺寸宽 3mm，深 1mm）。

（8）装饰彩石清水混凝土外侧涂刷保护漆，底漆为一道 80μm 增艳剂，表面保护漆为 80μm 纯丙烯酸透明液一道。

（二）施工准备阶段

1. 图纸及技术交底

在项目技术负责人主持下，组织施工、技术、质量管理人员，研究深化设计施工图。结合现场主体结构施工状况，充分了解本工程幕墙的分布、形式，找出施工的难点、易混淆的部位，对施工班组进行技术交底。

2. 质量保证

做好作业前工作质量措施，控制工作的关键节点，按设计及规范要求，逐级做好技术、质量、安全交底工作。确保本工程满足设计及技术要求，符合现行国家、行业及地方工程施工质量验收标准以及相关专业验收规范的合格标准。

3. 工程用主要材料及性能指标

（1）钢材：采用 Q235B 钢材，富锌底漆两道，云铁中漆两道。

（2）钢筋：CPB550Φ6@200 钢筋网、Φ0.8@20 热浸镀锌钢丝网，钢筋网与钢结构骨架相连接。

（3）装饰彩石混凝土：根据效果确定彩石混凝土配合比，混凝土抗压等级 C30，抗冻融循环 60 次以上。

（4）混凝土面层防护涂料：采用高效面层防护液，底涂增艳剂一道，面层高效防护液一道。

（5）使用要求：所需材料均由监理现场见证取样，经查验与封样材料一致，相关材料经有资质的实验室复试合格后方可使用，填写《进场物资报验表》以及上述资料报给监理，验收通过。

4. 彩石混凝土施工工艺流程

现场定位放线→钢骨架制作安装→ CCA 保温复合板安装→钢筋网片制作安装→装饰混凝土模板制作、安装→装饰混凝土施工→面层处理及成品保护。

二、CCA 保温复合板及钢骨架安装

1. 施工工艺

放线→后置埋板安装→主龙骨、副龙骨安装→ CCA 保温复合板→发泡剂填充，CCA 保温复合板，如图 4-1 所示。

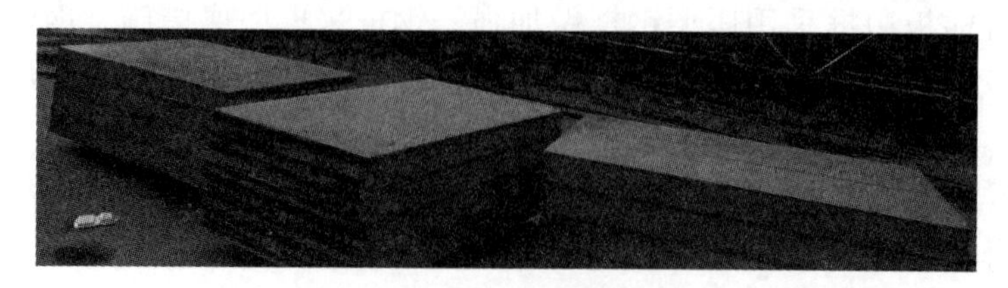

图 4-1　CCA 保温复合板

2. 非透明幕墙定义

非透明幕墙定义：设计单位在施工图中定义，CCA 保温复合板（含钢骨架）及外侧浇筑 4cm 彩石混凝土的组合墙体被称为非透明幕墙。

3. 立柱龙骨安装

立柱龙骨安装是幕墙安装施工中的关键工序之一，立柱龙骨通过焊接与钢连接件相连接，钢连接件与后置埋板采用焊接固定，所有焊缝必须满足设计要求。连接立柱龙骨时应不断调整龙骨位置，偏差满足规范要求后立即点焊固定，在立柱龙骨的安装过程中，应随时检查龙骨中心线。立柱龙骨安装轴线偏差不应大于 2mm；相邻两根立柱龙骨安装标高相对偏差不应大于 3mm，同层立柱龙骨的标高相对偏差不应大于 5mm；相邻两根立柱龙骨固定点的距离偏差不应大于 2mm，立柱龙骨的垂直度可用吊线锤控制，平面度由两根定位轴线之间所引的水平线控制。

4. 横梁龙骨安装

横梁安装前应对照施工图检查立柱龙骨中心线位置及水平位置是否准确，立柱龙骨与横梁龙骨之间焊接连接，要求安装牢固，焊缝符合设计要求，横梁安装时应不断调整，以确保横梁安装水平度及垂直度，同一根横梁龙骨两端或相邻两根横梁龙骨的水平标高偏差不应大于 1mm，同层横梁标高累计偏差满足：当一幅幕墙宽度 ≤ 35m 时，≤ 5mm；当一幅幕墙宽度 >35m 时，≤ 7mm。同一层横梁安装应由下而上进行，当安装完一层高度时，应检查调整、校正、满焊固定后做防腐处理，要求焊缝满足设计要求，使其符合质量要求。安装完毕后需进行隐蔽工程验收，并做好隐蔽工程验收记录，经过相关单位责任人签字后方可进行下道工序的操作。

5. CCA 保温复合板安装

面板安装前应将尘土和污物擦拭干净，面板与构件应避免直接接触，四周与构件凹槽底保持一定空隙，每块面板下部不少于两块弹性定位垫块，垫块的宽度、长度、面板两边嵌入量及空隙符合设计要求，面板安装时应在横龙骨安装定位角码，面材搬入就位，然后自上而下进行安装。安装过程中用拉线控制相邻面板的平整度和板缝的水平、垂直度，用木板模块控制缝的宽度；如缝宽有误差，应均匀分布在每条胶缝中，防止误差积累在某一条缝中或某一块面材上。安装时，应先就位，临时固定，然后拉线调整。将框内污物清理干净，在下框内塞垫橡胶定位块，垫块是支持面板的全部重量，要求一定的硬度与耐久性。同一平面的面板平面内平整度要控制在 3mm 以内，嵌缝的宽度误差也控制在 2mm 以内。先固定面板木框槽口内的压板，每个固定点间距为 300mm。然后安装横向 T 型钢，固定点间距为 300mm。所有嵌缝填充前需清理干净缝隙内的杂物及灰尘，确保嵌缝填充密实牢固无缝隙。

三、钢筋网片制作安装及材料要求

40mm 厚的装饰彩石清水混凝土中内配 CPB550Φ6@200 钢筋网、Φ0.8@20 热浸镀锌钢丝网，钢筋网与钢结构骨架相连接，本工程选用成品钢筋焊接网片。钢筋网采用冷轧光面钢筋 CPB550，直径双向均为 6mm，间距 200mm。钢丝网采用镀锌电焊网。钢丝直径 0.8mm，网孔 20mm × 20mm，镀锌满足使用要求。绑扎钢丝宜选用 20~22 号无锈绑扎钢丝。钢筋垫块应有足够的强度、刚度，颜色应与装饰彩石清水混凝土的颜色接近。

（1）施工准备

1）凡进场施工用钢筋网必须有出厂质量证明书和检验报告单，并按规定见证取样，送检试验，试验合格才能用于工程上。

2）加工机械操作先空载，试运转正常后才能投入使用，钢筋网片表面应保持洁净，有污泥时，在使用前认真清除干净。统一用料牌标识，料牌上标明规格、数量、绑扎部位，并堆码整齐。

3）钢筋应是抽样合格的无损伤、无裂缝、无严重锈蚀的钢筋。

4）钢筋工程总体要求：钢筋网片成品及安装是保证整体结构质量的重要环节。

（2）原材质量要求

1）钢筋的品种和质量，焊条、焊剂的牌号、性能必须符合设计要求和有关标准的规定。检查方法：检查出厂质量证明书、合格证。

2）钢筋的机械性能必须符合设计要求和施工规范的规定。检查方法：检查出厂质量证明书、合格证。

3）钢筋的表面应保持清洁。带有颗粒状或片状老锈经除锈后仍有麻点的钢筋严禁按原规格使用。检查方法：观察检查。

（3）钢筋网片施工工艺：转化设计图→原材料进场→检测→现场焊接加工→吊运→铺设施工→验收。

（4）设计要求：40mm厚的装饰彩石清水混凝土中内配CPB550Φ6@200钢筋网、Φ0.8@20镀锌钢丝网，钢筋网与钢结构骨架相连接。

（5）现场绑扎加工

1）生产准备：要根据审核的深化图进行下料、编号、分段分批加工，码放整齐，避免直接与地面接触，做好防锈、防污染保护，必要时做苫盖防护。

2）技术参数：冷拔（轧）光面钢筋强度标准值为550N/mm，钢筋网片制作、安装采用现场绑扎，连接采用绑扎搭接连接。绑扎前墙面弹好分隔线，保证钢筋网格横纵方向平直，网格均匀一致。钢筋网横向钢筋与墙面预留钢筋箍筋绑扎连接，确保与墙面拉结牢固，满足饰面整体结构安全性。镀锌焊网：镀锌焊网采用Φ0.8@200镀锌钢丝网，材料进场时对材料规格、尺寸、材质检验合格后方可使用，镀锌焊网与基层钢筋网片连接采用绑扎连接，网片间留置空隙，与模板间留置保护层厚度，确保彩石混凝土浇捣密实且焊网不外露。

四、装饰彩石清水混凝土模板制作、安装

（一）模板的配板和设计

保证本工程混凝土的外观质量是本工程的重点和难点，因此模板的配板和设计关系到混凝土质量，必须以模板体系的选型为重点，加强对柱头、柱脚、柱身、欧式构配件、墙面、模板接缝、细部节点、特殊部位模板设计、加工、拼装，T2航站楼模板接缝应严密，所有模板拼缝均粘贴海绵条，不得漏浆、错台。要使模板具有足够的强度、刚度和稳定性，能可靠地承受现浇混凝土的重量和侧压力，以及在施工过程中所产生的荷载。力求构造简单合理、装拆方便，在施工过程中，不变形、不破坏、不倒塌，并便于钢筋绑扎和安装，符合混凝土的浇筑及养护等工艺要求。合理配备模板，减少一次性投入，合理使用模板，增加模板周转次数，减少支拆用工，实施文明施工。优先选用标准模板，配置异型板，减

少模板的种类和块数，便于施工管理，支撑系统根据模板的荷载和部件的刚度进行布置。

（二）模板种类

本工程欧式檐线、山花、柱、窗套造型较多，故采用以下两种模板进行制作安装工作：玻璃钢模板，该种模板质量轻、强度高、不吸湿、可塑性强，易于加工，适用于造型复杂的檐线、山花、柱头、柱脚等处支模使用；清水木模板，易加工，可根据现场实际尺寸制作加工模板，支、拆模具灵活，适用于平面及造型简单的墙面及檐线，材料易采购，现货充足无需定制，不影响工期进度。

（三）模板的制作

（1）胎膜制作和准备工作

根据图纸构件尺寸放大样，按 1 ：1 制作胎模，胎模原料选用紫砂泥制作，粘结性好，可塑性强。胎模制作完成后，面层刷硝基漆隔离剂两遍，胎模制作，如图 4-2、图 4-3 所示。

图 4-2 胎模制作图

图 4-3 试验样板工程圆柱柱头

（2）树脂胶液配制和注意事项

防止胶液中混入气泡，配制胶液不能过多，每次配制量要保证在树脂凝胶前用完。

（3）增强材料准备

1）增强材料的种类和规格按设计要求选择，裁剪时应注意裁布的方向性要遵守设计要求。

2）布层拼接，分搭接和对接，搭接长度不小于 25mm，对接要使各层拼缝错开。

3）圆环形制品可利用布的变形性，裁剪成经纬 45° 的布。

4）布块尺寸大小套裁，节约用布。

5）布层裁剪量需按产品设计厚度计算。

6）制品厚度计算式：$t=m*K$，t——制品厚度（mm）；m——材料质量（kg/m^2）；K——厚度系数 [mm/（$kg \cdot m^{-2}$）]。铺设层数可按：$n=A/m_f（K_f+C_1K_R）$，n——增强材料铺层数；A——制品厚度（mm），m_f——增强材料单位面积质量（kg/m^2）；K_f——增强材料厚度系数 [mm/（$kg \cdot m^{-2}$）]；K_R——树脂基体厚度系数 [mm/（$kg \cdot m^{-2}$）]；C_1——树脂与增强材料质量比。湿法铺层即直接在模具上将增强材料浸胶，一层一层地紧贴在模具上，排除气泡，使之密实。

（4）胶衣层（面层制作）

1）制品厚度一般为 0.25~0.5mm，可采用涂刷和喷涂施工。胶衣层一段做两遍；第一遍凝胶后铺表面毡，再喷涂第二遍胶衣，要防止漏涂和不均匀。胶衣层作用是美化制品外观，提高防腐蚀能力。

2）结构层是在凝胶后的胶衣层上，将增强材料浸放，一层一层紧贴在模具上，要求铺贴平整，不出现褶皱和悬空用毛刷和压辊压平，直到铺层达到设计厚度。在铺第1、2层时，树脂含量要适当增多，以利于排出气泡和浸透纤维织物。一般方格布的含胶量为50%~55%，毡的含胶量为74%~75%。大型厚壁模具应分几次糊制。待前一叠层基本固化，冷却到室温时，再糊下一层，制品中埋设嵌件时必须在埋入前对铁件除锈、除油和烘干。

（5）固化从凝胶到硬化一般要24h，此时固化程度达到50%~70%（巴氏硬度为15HBa），可以脱模，脱模后在自然环境条件下固化1~2周才能使模具制品具有力学强度，其固化度达85%以上。

（6）脱模要保证制品不受损害，利用压力脱模方法，在模具上留置压缩空气或入水口，脱模时将压缩空气或水（0.2MPa）压入模具和制品之间，同时用木锤和橡胶锤敲打，使玻璃钢模具和胎模分离。

（7）修整玻璃钢模具脱模完成后对其内部进行检查，对比原胎模检查花饰缺损情况，进行修补。

（8）成品验收是玻璃钢模具修补完成后进行验收，验收合格后方可使用。

（9）待玻璃钢干固后在其表面和返边用型钢固定成型，根据本工程模板支护需要，模板背部要增加加筋肋，边肋预留螺栓孔，孔距150mm，方便与清水木模板拼接组合。模板制作完毕，要根据施工图纸编号，详细记录模板信息（如尺寸、使用部位），便于模板管理。

（四）木模板加工工艺

施工图纸确认后由专业施工技术人员进行构件拆分→根据拆分后的构件尺寸放大样→根据放样尺寸选用模板进行加工制作构件→构件加工完成后进行组装成品并加固→成品模具打磨、修补处理→木模具成品混凝土粘结面一侧刷硝基漆两遍→支模前刷隔离剂一道，便于混凝土浇筑完成后拆模，如图4-4所示。

图4-4 木模板造型线条组装成檐线图

（五）模板安装

（1）山花、柱头造型模板，采用现场翻模制作玻璃钢模板，玻璃钢模板制作安装时预留侧肋及螺栓孔，便于与墙面模板组装加固，保证造型与墙面浇筑成为一体。模板接缝应严密，所有模板拼缝均粘贴海绵条，不得漏浆、错台。要使模板具有足够的强度、刚度和稳定性，能可靠地承受现浇混凝土的重量和侧压力，以及在施工过程中所产生的荷载。

（2）圆柱模板加工支护

柱头模板采用玻璃钢定制模板，柱脚、柱身采用高强塑钢定型模板，柱身、柱脚模板采用柱箍加固，柱身与地面斜撑设置可调节钢丝缆绳调整垂直度，柱头采用模板侧肋螺栓连接，高强塑钢型材框架加固。

支设步骤：1）钢筋绑扎完后，首先在柱脚处摊铺护脚砂浆，砂浆高度50mm成三角形。在柱筋的下口按线设置十字顶模筋或定位筋，调整模板位置时，十字顶与模板下柱箍间或定位筋与下柱箍筋间垫以木块，调整后确保模板位置。地面用砂浆找平。在柱子上端（高出浇筑高度400mm）增设一个直径12mm圆形定位箍筋内撑，保证钢筋位置。2）由2~3人将柱模板由两侧竖起，在闭合模板前，在对接部位粘贴海绵条。3）用螺栓将模板组合起来，并逐个拧紧。螺栓安装时为一正一反安装。4）模板下柱箍为两个少半圆，装配时一侧连接螺栓拧紧，另一侧连接螺栓拧至柱箍与模板均匀接触为止，即不要拧的太紧，以免将模板下口挤坏。在上下柱箍和螺栓安装完毕后，用缆风绳调整垂直度。5）利用水平尺或线锤校正柱模的垂直度，并用拉筋将柱模固定。每根柱设3根 $\Phi 8$ 拉筋，上端与柱顶的柱箍连接，下端与楼板上的预埋件连接，3根拉筋在水平方向按120°夹角分开，拉筋与地面交角以45°~60°为宜，拉筋的延长线要通过圆柱模板的中心，拉筋上需带花篮螺栓，以调整垂直度。由于预埋件是在浇筑楼板时埋设，位置不太容易控制，可以改用4根钢绞线，这样更加易于控制夹角，如图4−5所示。

图4−5　样板雨篷混凝土圆柱

（六）贴墙柱模板

贴墙柱造型为爱奥尼克柱，柱形为半柱，柱头模板采用玻璃钢定制模板内衬硅胶模，柱脚、柱身采用清水木模板制作，模板平面部位加侧翼，背部加肋，并预留螺栓孔，便于与墙面模板连接，连接后与墙面用木方框加固，如图4−6所示。

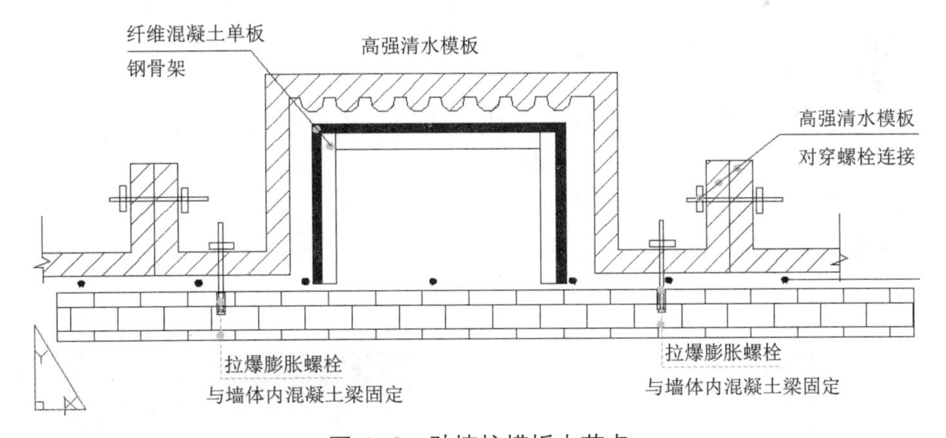

图4−6　贴墙柱模板支节点

（七）窗线口套模板

窗口套线采用高强清水模板制作，模板预拉结装置螺栓孔，便于加固，窗套侧面与窗框交接处缝隙填塞海绵条或发泡胶，防止混凝土漏浆。模板平面部位加侧翼，背部加肋，并预留螺栓孔，便于与墙面模板连接，连接后与墙面用高强塑钢型材框加固。

（八）山花造型模板

山花造型模板因造型独特复杂，为保证其施工成品质量，采用玻璃钢模板，根据大样尺寸现场制作，模具制作完成后内衬硅胶模一道，便于脱模，增强成品观感效果。模板平面部位加侧翼，背部加肋，并预留螺栓孔，便于与墙面模板连接，连接后与墙面用高强清水模板木框加固。连接方式参照贴墙柱和窗套施工节点，如图 4-7 所示。

（九）檐线模板

檐线造型直线造型多，局部花线，采用木模与 PVC 模加固组合方式，根据檐线层次，采取分段组合方式，模具组合安装便于浇筑混凝土而且还利于模具周转。模具安装采用上挂下撑的形式，安装在焊接好的钢龙骨架上支撑，由墙内预制拉结装置定位固定，底层檐线侧肋预留螺栓孔洞与墙面模板侧肋用对穿螺栓连接，加固方式采用定制高强塑钢型材框加固，如图 4-8 所示。

图 4-7　试验室样板工程现浇混凝土山花

图 4-8　样板檐线浇筑混凝土成品图

（十）女儿墙柱墩及栏杆造型模板

女儿墙柱墩及栏杆造型板造型简单，玻璃钢模板可定型加工成模型，模型分为柱墩、栏杆背板和栏杆造型面板，柱墩造型内制作钢骨架，钢骨架外封纤维混凝土板，CCA 板封完后进行柱墩模板合模支护，柱墩模板固定完成后，进行女儿墙造型模板合模支护加固。

（十一）墙面支模浇筑

根据 T2 航站楼建筑墙体为高保温砌块，墙面面层做法为：CPB550Φ6@200 钢筋网；Φ0.8@20 镀锌钢丝网；现浇彩石混凝土 40mm，墙体现浇模板采用清水木模板，加固形式为清水混凝土模板墙加固方式，采用山形卡扣、ϕ12 丝杠、加固木方、塑料套管、止水螺母等材料组成加固体系，如图 4-9、图 4-10 所示。

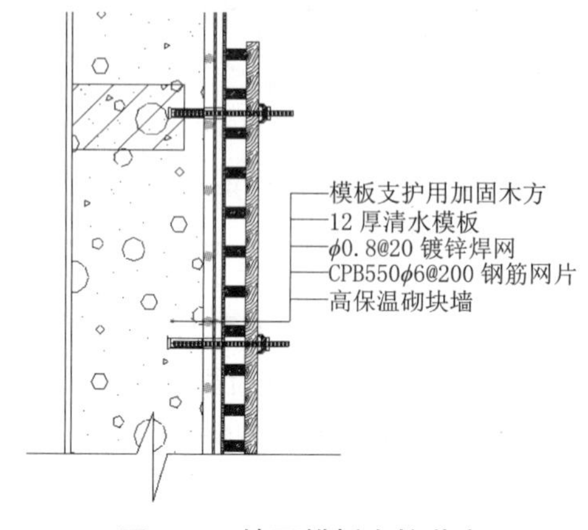

图 4-9　墙面模板支护节点

图 4-10　T2 航站楼陆侧墙面支模图

（十二）模板安装要求

（1）组装完毕的模板，要按照图纸要求检查其对角线、平整度、外形尺寸及紧固件数量是否有效、牢靠，支撑体系间距是否合理等。

（2）模板在存放时必须展开，平放在较平的地面上，且工作面向上，在作业现场无条件平放时，必须组装后立放。

（3）每次使用前检查模板有无损坏。将工作面上的粘浆除净（清除时不要损伤模板工作面），打匀优质油性隔离剂方可使用，模板应避免翻拆踩压或重物撞击、高温暴晒，模板遇有破坏孔洞或小面积开裂等现象时，应用复合材料及时修补，严禁带伤使用。

五、装饰彩石清水混凝土施工

（1）本工程混凝土为装饰用C30彩石清水混凝土。

（2）原材料的要求

高性能混凝土原材料除满足普通混凝土的一般要求外，还应满足以下要求：

1）水泥采用白色硅酸盐水泥，强度等级：52.5。技术要求：水泥中三氧化硫的含量不超过3.5%；细度：80μm方孔筛筛余不超过10%；凝结时间：初凝不早于45min，终凝不迟于10h；水泥白度：水泥白度值不低于87。本工程所用白色硅酸盐水泥须采用同一厂家、同一品种、同种强度等级的产品。采用的水泥须有足够的存储量，原材料的颜色和技术参数宜一致；试验合格，监理单位批准后才能进场使用。

2）细骨料应选用洁净的、颗粒级配良好的细骨料。技术要求：①含泥量（按质量计,%）≤3.0；泥块含量（按质量计,%）≤1.0；②坚固性检验的质量损失（按质量计,%）≤8.0；③含水率（按质量计，%）≤0.5；④验收合格后，由中标人、监理单位、招标人共同考察确认中砂供应商。

3）粗骨料的性能对混凝土的抗压强度及弹性模量影响很大。粗骨料宜选用坚硬密实的石灰石、花岗石、辉绿岩、玄武岩、火成岩等，粒形与级配合格。本工程粗骨料应采用连续颗粒级配，颜色应均匀，表面应洁净。

4）外加剂掺量一般为水泥的0.8%~2%，同时掺少量缓凝剂，掺量在水泥用量的0.01%~0.08%之间，其作用是调整坍落度的经时损失率，弥补因掺高效减水剂而引起的混凝土坍落度损失过快的缺点，同时控制早期水化，避免水化热过分集中而引起混凝土开裂，进一步提高减水，增加后期强度。

（3）装饰彩石清水混凝土配合比要求

1）应按照设计要求进行试配，确定混凝土表面颜色；应按照混凝土原材料试验结果确定外加剂型号和用量；应考虑工程所处环境，根据抗碳化、抗冻害、抗硫酸盐、抗盐害和抑制碱－骨料反应等对混凝土耐久性产生影响的因素进行配合比设计。

2）混凝土配合比设计除满足强度要求外，还要考虑混凝土的刚度、控制裂缝的要求，符合设计及计算的要求。提前根据样板工程对彩石混凝土配合比设计，并实测混凝土7d、14d、28d强度。

3）混凝土的配合比设计应使混凝土在满足强度、耐久性、抗裂性以及清水饰面混凝土的观感要求的前提下具有良好的施工性能。

4）工程为薄壁清水混凝土墙，质量要求严，主要从原材料选择来控制混凝土的基本颜色，根据强度、和易性、骨料粒径及细度模数、扩展度、含气量、坍落度、坍落度损失、初凝时间、表观颜色和添加剂掺量等指标进行调整试验，优化混凝土的配合比，确定混凝土的生产工艺参数、性能指标以及施工控制指标和技术参数。

5）配合比一经确定，试配混凝土及所用原材料复试单在施工前 30d 报送现场监理工程师。

（4）装饰彩石清水混凝土制备

1）搅拌装饰彩石清水混凝土时应采用自落式混凝土搅拌设备，每次搅拌时间宜比普通混凝土延长 20~30s。

2）同一视觉范围内所用装饰彩石清水混凝土拌合物的制备环境、技术参数应一致。

3）制备成的装饰彩石清水混凝土拌合物工作性能应稳定，且无泌水离析现象，90min 的坍落度经时损失值宜小于 30mm。

4）装饰彩石清水混凝土拌合物从搅拌结束到入模前不宜超过 90min。

（5）混凝土工程施工准备：技术准备、机具准备、人员准备、工序交接准备。

（6）混凝土的运输：为保证混凝土的连续施工和及时供应，计划在厂区范围内设多处小型混凝土搅拌站点，点位布置至混凝土使用部位，运距均控制在 500m 以内。

（7）混凝土施工及振捣

1）一般混凝土搅拌完毕后，应尽快输送至浇筑地点，保持施工连续进行，对于柱子混凝土振捣应采用小型高频振动器振捣模板，每次浇筑高度同二次深化设计分割缝高度，浇筑时特别注意钢筋网的位置，防止下灰及振捣造成倾斜及移位，浇捣前检查钢筋固定情况避免位移情况发生，浇筑后表面硬化后立即覆盖塑料薄膜养护保水，使混凝土始终保持湿润，养护时间不少于 7d，若浇筑混凝土必须间歇时，尽量缩短其间歇时间，并在前层混凝土初凝之前，将该层混凝土施工完毕。

2）柱身、柱脚、柱头位置混凝土浇筑时，浇筑应按以下要求：

①柱子采用小型细石混凝土泵浇筑，每次浇筑时，需从模板上口往下时，自由倾落高度不得超过 2m，均匀下灰。

②混凝土的浇筑：细石混凝土泵送混凝土浇筑速度快，柱子模板在混凝土浇筑过程中随时观察避免因混凝土浇筑部位不均匀，导致模板侧向受力不均匀导致模板轻微位移，从而造成垂直度偏差。如出现此问题应及时对模板进行加固，纠正偏差。

③混凝土振捣：柱子振捣采用小型插入式振动棒，以插入方式振捣，通过观察（混凝土不再显著下沉、无明显较大气泡上返）来确定，混凝土振捣必须密实。

（8）欧式装饰彩石混凝土采用自然养护，其基本方法为：

1）覆盖浇水养护，利用平均气温高于 +5℃的自然条件，用适当的材料对混凝土表面加以覆盖并浇水，使混凝土在一定的时间内保持水泥水化作用所需要的适当温度和湿度条件。

2）薄膜布养护，在有条件的情况下，可采用不透水汽的塑料薄膜布养护。用薄膜布把混凝土表面敞露的部分全部严密地覆盖起来，保证混凝土在不失水的情况下得到充足的养护。这种养护方法的优点是不必浇水，操作方便，能重复使用，能提高混凝土的早期强度，加速模具的周转。但应该保持薄膜布内有凝结水。

（9）装饰混凝土面层需修补时，应遵循以下原则：修补应针对不同部位及不同状况的缺陷而采取有针对性的不同修补方法，修补浆料的颜色应与清水混凝土基本相同，将混凝土色差明显的部位进行调整，使整体墙面混凝土颜色大致均匀，修补时要注意对清水混凝土成品的保护，修补后应及时洒水养护。

（10）预埋拉结螺栓孔封堵，应采用掺有外加剂和掺合料的补偿收缩水泥砂浆，封堵水泥砂浆应限位在凹进墙面 3mm 处，砂浆的颜色与清水饰面混凝土颜色接近。具体操作：清理螺栓孔，并洒水润湿；用特制堵头堵住墙外侧，用颜色稍深的补偿收缩砂浆从墙内侧向孔里灌浆至孔深，用平头钢筋捣实；再灌补偿收缩砂浆至与内墙面平，要求孔眼平整；砂浆终凝后喷水养护 7d（图 4-11）。

图 4-11　样品混凝土浇筑成品图

六、装饰彩石清水混凝土面层施工及成品保护

1. 剁斧施工方法

装饰混凝土面层浇筑养护完成后，先进行面层试剁，以不掉石米、容易剁痕、声响清脆为准。斩剁前应先弹线，按线操作，以免剁纹跑斜。斩剁顺序，一般遵循先上后下，由左到右，先剁转角和四周边缘，后剁中间墙面。转角和四周边缘的剁纹应与其边楞呈垂直纹，中间剁纹垂直纹；先轻剁一遍，再盖着前一遍的剁纹剁深痕。剁纹的深度一般按 1/3 碎石的直径为宜，在剁墙角、柱边时，宜用锐利的小斧轻剁，以防掉边缺角。剁斧工艺完成后，用清水清理墙面，清理时注意成品保护。

2. 剁斧工艺质量标准

（1）剁斧石所用材料的品种、质量、颜色、图案，必须符合设计要求和现行标准的规定。

（2）装饰混凝土面层与基体之间必须粘结牢固，无脱层、空鼓和裂缝等缺陷。

（3）表面：剁纹均匀顺直、深浅一致，颜色一致，无漏剁处。阳角处横剁或留出不剁的边应宽窄一致，楞角无损坏。

（4）分格缝：宽度和深度均匀一致，条（缝）平整光滑，棱角整齐，横平竖直、通顺。

（5）滴水线（槽）：流水坡向正确，滴水线顺直，滴水槽宽度、深度均不小于 10mm，整齐一致。

（6）受控项目检验方法，见表 4-1。

装饰彩石清水混凝土受控项目检验方法　　表 4-1

序　号	检查项目	允许误差（mm）	检验方法
1	立面垂直	± 4	用 2m 托线板检查
2	表面平整	± 3	用 2m 靠尺和楔形塞尺检查
3	阴、阳角垂直	± 3	用 2m 托线板检查

续表

序　号	检查项目	允许误差（mm）	检验方法
4	阴、阳角方正	±3	用20cm方尺和楔形塞尺检查
5	墙裙、勒脚上口平直	±3	拉5m小线和尺量检查
6	分格条平直	±3	拉5m小线和尺量检查

3. 剁斧面层成品保护

（1）要及时擦净残留在门窗框上的灰浆。特别是铝合金门窗框，宜粘贴保护膜，预防污染与锈蚀。

（2）认真贯彻合理的施工顺序，少数工种（水电、通风、设备安装等）应做在前面，防止损坏面层和成品。

（3）装饰混凝土面层在凝结前应防止快干、暴晒、水冲、撞击和振动。

（4）拆除架子时注意不要碰坏墙面和棱角。

（5）防止灰浆及油质液体污染假石，以保持剁斧石清洁和颜色一致。

（6）凡有楞角部位应用木板保护。

4. 应注意的质量问题

（1）空鼓裂缝：因冬期施工气温低，装饰混凝土受冻，到来年春天化冻后，容易产生面层与镀层或基层粘结不好而空鼓，严重时有粉化现象。因此在进行室外剁斧石时应保持正温，不宜冬期施工。

（2）基层表面偏差较大，基层处理或施工不当，如每层抹灰跟的太紧，又没有洒水养护，各层之间的粘结强度很差，面层和基层就容易产生空鼓裂缝。

（3）基层清理不净又没做认真的处理，往往是造成面层与基层空鼓裂缝的主要原因。因此，必须严格按工艺标准操作，重视基层处理和养护工作。

（4）剁纹不匀：主要是没掌握好开剁时间，剁纹不规矩，操作时用力不一致和斧刃不快等造成。应加强技术培训、辅导和抓样板，以样板指导操作和施工。

（5）剁石面有坑：大面积剁前未试剁，面层强度低所致。

七、装饰彩石清水混凝土面层涂料施工方法及成品保护

（1）本工程装饰彩石清水混凝土外表面均设计有清水混凝土保护漆，选用的保护漆是对混凝土表面具有保护作用的透明涂料，且有防污染性、憎水性、防水性。

（2）原材料分以下几种：

1）底漆能形成透明、光泽和弹性的膜，并具有出色的耐水和抗皂化性能；渗透力极强，有效封闭，加固基层，是环保型，不添加有害物质，施工无气味，能降低基层毛细吸水性，提高面层涂膜的成膜质量，憎水且不阻碍内部水汽向外扩散，能加固基层的承载能力，提高面层涂膜的附着力。

2）透明亚光面漆能形成致密、硬而韧的透明漆膜，达到对面漆漆膜有力的保护，牢固的附着性，对各种基层均有良好的附着力，抗紫外线能力强，耐老化、耐温变性能好，透气性良好，干燥快，提高施工效率，具有憎水性，具有极佳的自洁功能，漆膜耐候性佳、耐酸雨、耐黄变、无龟裂、防霉防藻。

（3）装饰彩石清水混凝土面层施工方法

1）施工技术准备

①清水混凝土施工的施工图、设计说明及其他设计文件完成。

②材料的产品合格证书、性能检测报告、进场验收记录和复验报告完成。

③施工方案已完成，经审核批准并已完成交底工作。

④施工技术交底、作业指导书已完成。

⑤各节点部位做法得到业主、监理、设计单位确认。

2）施工机具准备

本工程需要准备的机具有角磨机、修补器等。

3）施工作业条件准备

①清水混凝土保护涂料施工前，电气、细部等工程已经完成并验收合格后方可进行施工。

②基层表面的泥土、灰尘、油污、油漆污迹必须清除干净。

（4）主要施工方法

1）基底修补处理

施工前除去残留在墙体的细小钢筋、铁丝、小螺钉、钉子。需要修补的地方，用布块就可以擦掉的东西来做标记，避免使用弄脏混凝土表面的墨水等；混凝土表面直径大于3mm以上的蜂窝孔洞和宽度大于0.2mm以上的裂缝需进行充填修补，对于一些较小的缺陷，如小于3mm的孔洞，小于0.3mm的裂缝，可以基本不做修补，并且以修补越少越好为原则。通常采取距墙面5m远处观察，以肉眼看不到缺陷为衡量标准，错模部位的高度差3mm以上，由于用轮机打磨的地方，涂装后颜色与周围不同，因此，尽量不要用砂轮磨，而用錾刀铲平，确实需要砂轮机磨平，磨后需用水泥灰浆修补平整；打磨后的部位需要用调配的专用白水泥浆料抹平填充，同时立即刮掉多余的腻子，对于原墙面污染、漏浆等明显的缺陷处，应做适当修补，修补后应无特别明显色差，整体上要求面层基本平整，颜色自然，阴阳角的棱角整齐平直。对混凝土表面油迹、锈斑、明显裂缝、流淌及冲刷污染痕迹等明显缺陷需进行处理，明显的蜂窝、麻面和孔洞需要处理，露筋、锈斑、钢丝外露等现象要做修补处理，蝉缝在拆模后仔细观察，对影响混凝土感观的蝉缝及时用铲刀刮平，处理时注意避免造成对其他部位混凝土的破坏，明缝修补：明缝明显缺陷应考虑做适当修补，所有修补工艺应尽量保持混凝土的原貌，无明显处理痕迹。

2）打磨处理：对所有清水的表面都需要用砂布进行精细打磨，打磨必须彻底，要把混凝土原始的基底显露出来；对修补过的部位打磨更要精细、打平，若由于打磨出现脱落现象，则需要重新调配多加胶进行修补、打磨，直至完成。

3）清洗

①用高压水对所有墙面进行清洗，尤其对山花造型、柱头、柱脚等造型复杂的部位，造型缝隙、阴角等部位进行着重处理，清洗时一定要彻底、洁净。

②用高压水清洗表面，确保在修补以及调整和涂装前混凝土墙面不留有灰尘和粘浮的杂质，如果有油污的地方，用中性清洁剂先清洗干净，然后再用高压水清洗，这样确保混凝土表面在涂装时清洁、透彻，以完美地体现混凝土原有的机理。

③清洗之后必须要等到全部干透后才能进行下一道工序。

4）面层颜色调整

①颜色调整原则：整体表面尽量不作调整，以更好保留混凝土的质感和机理，需要调整的部位只限于修补部位或者有极其严重色差的局部，而此部位的调整必须极少使用调整材料，但是颜色必须接近其周围的表面颜色，颜色调整后必须将浮尘和细小颗粒用砂布背面打掉，工程最后的效果必须达到如下标准：清澈、透明、隐约可见的混凝土原有的质感和机理，充分体现混凝土本身特性，使之成为有真正清水效果的清水混凝土。

②指派专人调整颜色。

③调整颜色必须先调整修补过的部位以及色差严重区域，大致一致后才能进行整体调整。

④调配好的染料一定要清晰、透彻，对于严重部位允许保留一部分颜色不一致的情况，避免因为局部而影响整体。

⑤调整完毕后，必须用砂纸背面把整材细小的颗粒打磨掉，这样便于墙体吸收以及更加均匀。

5）涂装分为两个涂层

底涂80μm增艳剂一道，表面保护剂80μm纯丙烯酸透明液一道，涂饰时应由上而下，分段分步的部位应在缝处，采用刷涂和滚涂方式，刷涂时其刷涂方向和行程长短一致，因天气原因干燥快，勤沾短刷，接槎在分格缝处，滚涂施工时在辊子上蘸少量涂料后再在墙面上轻缓平稳的来回滚动，直上直下，避免歪纽蛇行，保证涂料厚度一致，涂刷工具：长毛刷、板刷，涂装间隔：2~4h。注意事项：雨天不允许施工；施工气温最低不得低于涂料的最低成模温度；涂料的储存按要求进行，温度不能过高或过低；涂料的使用时间应在涂料的储存期以内；施工工具事先要洗干净，不得将灰尘等杂物带入涂料。

（5）装饰混凝土成品保护

1）浇筑混凝土时，模板受混凝土侧压力产生细微变形会造成少量流浆，为防止上层墙体浇筑时水泥浆流坠而污染下层外墙，先在已完工墙面上口用透明胶带将塑料布牢固粘贴在墙面上，支设模板、浇筑混凝土，使浆水沿塑料布流至墙外。浇筑时对偶尔出现的流淌水泥浆立即擦洗干净。

2）拆模板前，应先退除墙面预埋拉结件，模板应轻拆轻放。拆除模板时，不得碰撞清水混凝土面或污染前面工序已完成的清水混凝土成品，不得乱扒乱撬。模板拆除后，清水混凝土表面覆盖塑料薄膜，外用木框三合板压紧。

3）在拆模后使用外挂架时，外挂架与混凝土墙面接触面应垫橡胶板，避免划伤墙面。

4）对于施工人员可以接触到的部位以及预留洞口、窗台、柱、门边、阳角等部位，拆模后用胶合板制作专门的护具，用无色易清洗胶点粘，以达到保护清水混凝土的目的。对凹形构件及800mm×200mm的线条等小构件采用木质板条防护，用尼龙绳固定。

5）应按设计要求预留孔洞或埋设螺栓、铁件，不得在混凝土浇筑后凿洞埋设。

6）现场机械设备严禁出现漏油现象，特别是塔吊应采取防漏油措施，避免散落的油污染墙面。

7）保持混凝土表面清洁，不得在外墙清水面上用墨线做任何标记，禁止乱划乱涂。必须在清水面上做测量标记时，采用易擦洗的粉笔。

8）通过宣传提高现场人员自觉保护清水混凝土成品的意识。

八、施工难点及存在问题

T2 航站楼为欧式建筑装饰风格，造型复杂，花饰、窗套、装饰柱造型多，平面墙较少，造型部位需经多次支拆模板才能实现。

在施工样板期间扩建组织建筑设计行业专家召开装饰彩石混凝土设计方案专家会，专家对设计方案进行总体评价，对地区气候特点、构造节点、季节温差大、冻融循环及材料选择方面、预防外装饰彩石混凝土产生材料开裂、变形、脱落等问题，提出了深化及完善意见和建议，施工单位对专家提出的建议逐条研究落实，并对设计进行优化，施工单位在样板施工完成后，开展对 T2 航站楼空侧大面积施工，并按设计要求，无论从复杂造型还是平面，全部采用现浇混凝土工艺施工，项目实施过程中发现施工周期长，进度缓慢，T2 航站楼高架桥整体工期目标实现难度大，已浇筑完成部分产生不同的裂缝现象突出等问题，如图 4−12、图 4−13 所示。

图 4−12　T2 航站楼空侧外立面浇筑后裂缝

图 4−13　T2 航站楼檐口欧式装饰彩石混凝土裂缝

九、研究结论

由于彩石混凝土工艺工序复杂，混凝土浇筑以后，主体结构荷载不断增加、混凝土收缩、温度变化（包括内外温差）等的作用下不可避免地会产生微裂缝；设计装饰混凝土强度等级要求 C30 强度，现场墙体为高保温砌块墙体，两种材料强度等级相差大，混凝土收缩应力得不到缓慢释放，墙面产生裂缝，面层开裂后难以修复，不仅影响质量安全，同时也影响建筑美观。装饰彩石混凝土工艺不能满足扩建工期要求，从模板加工生产、制作安装、面层施工等多个环节施工周期较长，操作难度大，工序复杂，在工程量大工期时间紧的情况下，现浇彩石混凝土工艺无法满足工期要求。针对现浇工艺施工单位就混凝土产生不同程度裂缝，多次进行研究试配，先后多次调整混凝土配合比及外加剂，但仍存在开裂现象，现浇欧式装饰彩石混凝土工艺不可避免地会产生微裂缝，墙面产生裂缝对混凝土耐久性产生不利影响，开裂的彩石混凝土面层，在春冬季雨水渗入、冻融交替的环境下，彩石混凝土存在脱落、伤人的安全隐患。该工艺在严寒地区大型公共建筑中不建议采用。

第三节　干挂石材外饰面技术

干挂石材是石材幕墙的基本形式，主要由龙骨、石材、挂件及密封胶构成，天然石材具有良好的装饰效果，耐久性优良。

一、外墙干挂石材施工工艺

（一）工艺流程

基层处理与安装钢骨架→装饰面位置放线，石材钻孔或开槽→安装挂件膨胀螺栓→安装挂件→锚固件及石材连接孔、槽涂胶→安装饰面石材→复核并调校饰面石材位置→用橡胶条或泡沫条填塞拼接缝并打封缝硅胶→饰面清理。

（二）施工要点

（1）基层处理：先在墙上布置钢骨架，水平方向的角钢必须焊在竖向角钢上。

（2）聚苯板保温层安装：在角钢龙骨与墙面之间的空隙内用聚合物砂浆满粘 30mm 厚聚苯板。

（3）放线：按设计要求在墙面上弹出控制网，由中心向两边弹放，应弹出每块板的位置线和每个挂件的具体位置。

（4）石材钻孔或切槽：采用销钉式挂件和挂钩式挂件时，可用冲击钻在石材上钻孔。采用插片式挂件时可用角磨机在石材上切槽。为保证所开孔、槽的准确度和减少石材破损，应使用专门的机架，以固定板材和钻机等（图 4–14）。

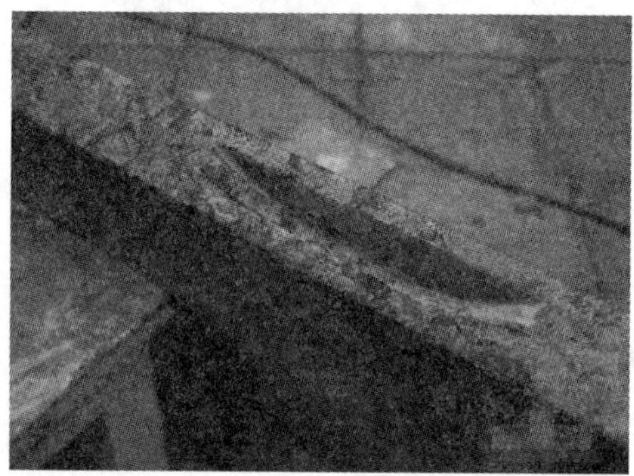

图 4–14 石材切槽

（5）膨胀螺栓安装：按照放线的位置在墙面上打出膨胀螺栓的孔位，孔深以略大于膨胀螺栓套管的长度为宜。埋设膨胀螺栓并予以紧固，最后用测力扳手检测连接螺母的旋紧力度。

（6）挂件和石材安装：在安装膨胀螺栓的同时将直角连接板固定，然后安装锚固件连接板，在上层石材底面的切槽和下层石材上端的切槽内涂胶，石材就位，使插片进入上、下层石材的槽内，调整位置后拧紧连接板螺栓，如图 4–15 所示。

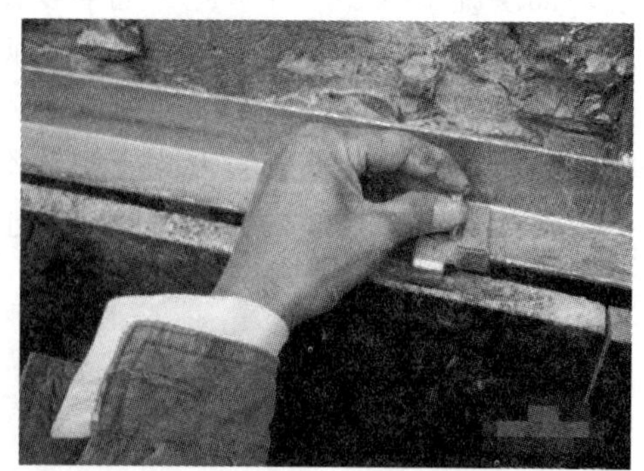

图 4–15 挂件安装

（7）拼接缝的填塞与封闭：石材安装完毕后，经检查无误，清扫拼接缝后即可嵌入橡胶条或泡沫条。然后打勾缝胶封闭。注胶要均匀，胶缝应平整饱满，亦可稍凹于板面。为保证拼缝两侧石材不被污染，应在拼缝两侧的石板上贴胶带纸保护，打完胶后再撕掉。

（8）擦缝及饰面清理：石材安装完毕后，清除所有的石膏和余浆痕迹，用抹布擦洗干净。并按石材的出厂颜色调成色浆嵌缝，边嵌边擦干净，以便缝隙密实均匀、干净颜色一致。

（三）注意要点

（1）饰面石板材的品种、防腐、规格、形状、平整度、几何尺寸、光洁度、颜色和图案必须符合设计要求，要有产品合格证。

（2）面层与基底应安装牢固，干挂配件为不锈钢，必须符合设计要求和国家标准。

（3）表面平整、洁净；拼花正确、纹理清晰通顺，颜色均匀一致；非整板部位安排适宜，阴阳角处的板压向正确。

（4）缝格均匀、板缝通顺，接缝填嵌密实、宽窄一致，无错台、错位。

（5）突出物周围的板采取整板套割，尺寸准确，边缘吻合整齐、平顺，墙裙、贴脸等上口平直。

（6）块材在搬运和操作中严禁被砂浆等脏物污染，若污染及时擦净。另外防止酸盐类化学物品、有色液体等直接接触造成石材表面污染。

（7）保证贴脸上口平顺。

（四）石板材允许偏差

石板材允许偏差见表 4–2。

石板材允许偏差　　表 4–2

项　次	项　目	允许偏差（mm）	检查方法
1	立面垂直	2	用 2m 托线板和尺量检查
2	表面平整	1	用 2m 靠尺和塞尺检查
3	阳角方正	2	用方尺和塞尺检查
4	接缝平直	2	拉通线和尺量检查
5	墙裙上口平直	2	拉通线和尺量检查
6	接缝高低	0.3	用钢板尺和塞尺检查
7	接缝宽度偏差	0.5	拉 5m 小线和尺量检查

（五）成品保护

（1）安装好的石板应有切实可行可靠的防止污染措施；要及时清擦残留在门窗框、玻璃和金属饰面板上的污物，特别是打胶时在胶缝两侧宜粘贴保护膜，预防污染。

（2）饰面完活后，易磕碰的棱角处要做好成品保护工作，其他工种操作时不得划伤和碰坏石材。

（3）拆改架子和上料时，注意不要碰撞干挂石材饰面板。

（4）施工中环氧胶未达到强度不得进行上一层的施工，并防止撞击和振动。

（六）应注意的问题

（1）饰面板面层颜色不均：其主要原因是施工前没有进行试拼、编号和认真挑选。

（2）线角不直、缝格不均、墙面不平整：主要原因是施工前没有认真按照图纸核对实际结构尺寸，进行龙骨焊接时位置不准确，未认真按加工图纸尺寸核对来料尺寸，加工尺寸不正确，施工中操作不当等造成。线角不直、缝格不均问题应对进场材料严格进行检查，不合格的材料不得使用；线角不直、墙面不平整应通过施工过程中加强检查来进行纠正。

（3）墙面污染：打胶勾缝时未贴胶带或胶带脱落，打胶污染后未及时进行清理，造成墙面污染，可用小刀或开刀进行刮净。竣工前要自上而下地进行全面彻底的清理擦洗。

（4）高处作业应符合《建筑施工高处作业安全技术规范》的相关规定；脚手架搭设应符合有关规范要求。现场用电应符合《施工现场临时用电安全技术规范》的相关规定。

二、干挂石材优缺点

（1）干挂石材欧式建筑现浇装饰彩石混凝土的优点是采用天然石材，材质自然，建筑表现力丰富。

（2）用于欧式外立面建筑时形成了以下主要缺点：

1）欧式建筑外立面细部造型复杂，用石材雕刻的方式细部难度大，耗费时间长，造价高。

2）石材板块较小，板块与板块之间以硅酮密封胶密封，易在板块分割处形成污渍，严重影响建筑效果。

3）石材采用干挂处理时，石材局部削弱，在风荷载作用下易形成局部损坏，造成安全隐患，如图 4-16 所示。

图 4-16　石材安全隐患

4）石材幕墙设计按幕墙设计规范，设计寿命 25 年，不与建筑物同寿命，在石材幕墙设计寿命到期后，后期的维修费用非常高。

5）石材幕墙龙骨虽然采用镀锌型钢，但施工中往往由于挂接点需要焊接，镀锌层破坏，焊口处又难彻底除锈，造成局部腐蚀，使用过程无法维护，易产生由节点腐蚀而发生板块的脱落，形成安全隐患。

三、研究结论

干挂石材欧式建筑现浇装饰彩石混凝土的优点是采用天然石材，材质自然，建筑表现力丰富。欧式建筑外立面细部造型复杂，用石材雕刻的方式细部难度大，耗费时间长，造价高；石材板块较小，板块与板块之间以硅酮密封胶密封，易在板块分割处形成污渍，影响建筑效果，柱头等欧式构件自重大，原结构体系承载受限。

第四节　GRC 工艺外饰面技术

GRC 是玻璃纤维增强水泥（Class Fiber Rinforced Cement）的应用缩写，是“以耐碱玻璃纤维为增强材料，以低碱度高强水泥砂浆为胶结材料，以轻质无机复合材料为骨料，执行《玻璃纤维增强水泥（GRC）装饰制品》JC/T 940-2004”。GRC 构件薄，自由膨胀率小，防裂性能可靠，质量稳定，防潮、保温、不燃、隔声、可锯、可钻，墙面平整，施工简单，避免了湿作业，改善施工环境，节省土地资源，重量轻，在建筑中减轻负荷载，重量只有黏土砖的 1/8～1/6，减少基础及梁、柱钢筋混凝土，降低工程总造价，扩大实用面积。是建筑物非承重部位替代黏土砖的最佳材料，近年来已被广泛应用，是国家建材局、住房城乡建设部重点推荐的新型轻质材料。

一、GRC 构件制作安装

（1）GRC 构件转角、边口处应设置不低于 $\Phi6$ 的通长钢筋加强；几何尺寸大于 300mm 的 GRC 构件应配置钢筋网，其钢筋直径不小于 $\Phi6$，间距不大于 600mm；GRC 构件几何尺寸不宜超过 1000mm，当超过 1000mm 时，钢筋的直径和间距由结构设计确定。

（2）钢筋保护层厚度不应低于 15mm；构件肋部（只有钢筋部位的几何尺寸不应小于 $6d$，d 为钢筋直径，下同）并加设耐碱玻璃纤维网格布，网格布宽 100mm。

（3）GRC 构件最小壁厚不宜小于 8mm；顶面的宽度大于 300mm 时，最小壁厚不宜小于 10mm。

（4）GRC 构件的预留连接件一般采用预留钢筋或预留锚板两种方式；1）当 GRC 构件较小时（最大尺寸小于 200mm，且自重小于 15kg），构件配筋不外露，在正面预留锚板安装孔，锚板安装孔应在 100mm 左右，使用塑料膨胀螺栓安装。2）当 GRC 构件较大时（最大几何尺寸大于等于 400mm，或自重大于等于 20kg），可直接将构件配筋外露，外露长度应大于 25mm 且满足焊接要求。

二、GRC 构件的安装

（1）构件安装前应对建筑物连接结构表面进行处理，保证其平整、坚实。

（2）构件表面有缺棱掉角等缺陷时，安装后应采用水泥拌合材料进行修补。

（3）安装前应根据施工图纸在外墙上弹好高程线，结合 GRC 构件外形尺寸，在外墙上弹好水平和垂直的控制线，以控制 GRC 构件安装在同一水平线上。

（4）外架搭设时充分考虑 GRC 线条的安装特点及外挑尺寸，保证安装 GRC 线条时有足够的间距 。

（5）构件安装误差应符合下列要求：1）单位装饰面的垂直度误差≤ 5mm/ 层高，且总误差≤ 50mm。2）单位装饰面的平直度误差≤ 5mm/2m，且总误差≤ 50mm。

（6）安装接槎应平顺，误差超过 5mm 时，应进行打磨处理。

（7）构件连接应预留缝隙，并根据设计要求进行处理。

（8）有防水要求的部位，应进行防水处理，并采取必要的防冻害措施。裸露于空气中的连接件及焊缝应进行可靠的防腐处理。

（9）后锚固连接点固定方式

1）建筑物连接结构为现浇混凝土结构，实际强度等级大于 C20，厚度大于 $1.5h_{ef}$（h_{ef} 为有效锚固深度，不应小于 50mm），且大于 100mm 时采用，直径不低于 8mm 的锚栓或膨胀螺栓，不符合上述要求时，应采用焊接连接方式安装。

2）建筑物连接结构为空心块状砌体结构，砌体强度大于 MU7.5，砂浆强度大于 M5，砌体厚度大于等于 370mm 采用置换块，置换块应采用 C20 级以上膨胀细石混凝土灌注，厚度 240mm，高度和宽度不小于 240mm，锚栓应安装在置换块中心位置，不符合上述要求之一时，应采用焊接连接方式安装。

（10）构件与建筑物连接点的安装

1）当GRC构件自重小于25kg时，安装连接点不小于4个，采用先上下后左右连接；当GRC构件自重大于25kg时，每增加10kg，应至少增加两个连接点，连接点间距不得大于500mm。2）采用焊接方式连接时，焊接钢筋时，双面焊缝长度不应小于5*d*钢筋直径，单面焊接焊缝长度不应小于12*d*钢筋直径。焊缝高度不小于3mm，焊缝等级不低于二级，禁止使用点对点、点对面的焊接方式。3）一般来说，建筑物是空心块状砌体结构或尺寸超过400（宽）mm×400（高）mm的GRC构件，因自重较大，须预埋角钢。构件中预留Φ6钢筋，通过Φ12钢筋与角钢焊接从而固定GRC构件，水平方向每500mm一根Φ12钢筋，竖直方向沿GRC高度设两道（所有钢筋焊接部位须刷防腐漆）。4）没有预埋角钢处GRC构件的安装，在安装对应建筑物结构中以45°角植入Φ12螺纹钢筋，水平方向每500mm设一根，沿GRC高度设两道。通过Φ12钢筋与GRC构件中的钢筋焊接，从而固定GRC构件（所有钢筋焊接部位须刷防锈漆）。5）裸露于空气中的连接件及焊缝应进行防腐处理。

三、GRC材料优缺点

（1）优点是工厂化模具成型，减少现场施工周期，GRC欧式构件是欧式建筑常用的现浇装饰彩石混凝土做法，其造价低廉，复杂细部易成型，干法作业，环保。

（2）缺点有以下几种：

1）GRC构件薄，且是脆型材料，易在施工过程中形成破坏。

2）GRC变形较大，接缝易开裂。

3）GRC含水率较高，在严寒地区易冻融破坏。

4）GRC板块接缝多，墙面完整性较差。

5）GRC龙骨虽然采用镀锌型钢，但施工中往往由于挂接点需要焊接，镀锌层破坏，焊口处又很难彻底除锈，造成局部腐蚀，使用过程无法维护，易产生由节点腐蚀而发生板块的脱落，形成安全隐患，如图4-17所示。

6）由设计角度GRC按幕墙设计，设计寿命25年，而实际由于存在种种原因，使其寿命大大缩短。

图4-17　GRC构件局部腐蚀

四、研究结论

GRC欧式构件是欧式建筑常用的现浇装饰彩石混凝土做法，其造价低廉，复杂细部易成型，干法作业，环保。GRC具有构件薄，且是脆型材料，易在施工过程中形成破坏；变形较大，接缝易开裂；含水率较高，在严寒地区易冻融破坏，板块接缝多，墙面完整性较差等缺点。设计师首先否定了该方案。

第五节　混凝土砌块组砌建造关键技术

在高架桥柱子外周砌筑砌块，根据柱子立面的装饰颜色，制作相应颜色的砌块，将这种混凝土砌块砌筑在砌体的外周，以砌块本身的饰面作为柱子的装饰立面，形成满足柱子装饰要求的砌体立面。这种以砌块砌筑形成的柱子外部装饰，不仅可以美化柱子的艺术造型，还可大量减少湿作业，提高柱子外部装饰的耐久性，符合国家绿色建筑及建筑工业化的要求。

本次样板实验部位为桥梁雨棚工程高架桥柱子外立面，所涉及外立面装饰的柱子为B区的某一高架桥柱子，该柱子包括雨棚钢柱和桥下混凝土柱，其中雨棚钢柱的标高为 −0.150~29.350m，桥下混凝土柱的标高为 −0.150~8.600m。本次施工包括标高 −0.150~8.600m 的雨棚钢柱和桥下混凝土柱的外立面装饰，以及标高 8.600~12.000m 的雨棚钢柱的外立面装饰。

一、砌块块型

由图 4−18 可知，沿柱高方向，柱子外部装饰的外表面形状是变化的，包括棱柱面、棱台面、圆柱面、圆台面及环面。对于棱柱面，存在多种棱柱面高度及横截面尺寸，有的横截面并不是规则的长方形，而是存在一定凹进或凸起。对于棱台面，同样存在多种棱台面高度及横截面尺寸，四棱台侧面相对于水平面存在 45° 或 135° 的倾角。对于环面，同样存在多种环面高度及横截面尺寸，环面外周为曲面。对于圆柱面及圆台面，沿柱高方向横截面尺寸是变化的，外周为曲面。砌块制作分为两种：一种是平面体砌块，一种是曲面体砌块。

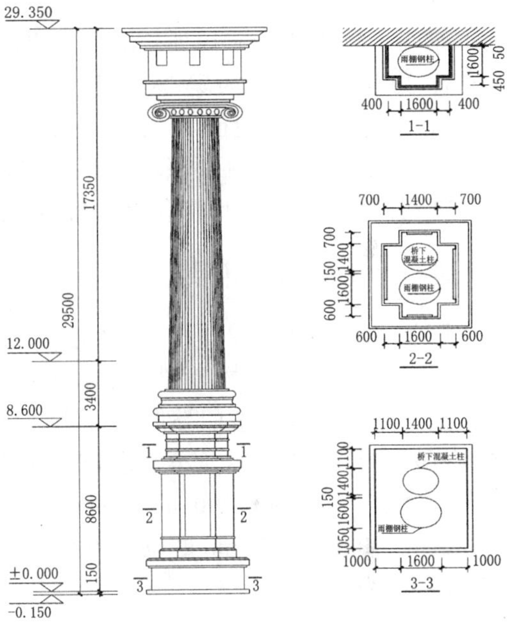

图 4−18　欧式装饰柱外形尺寸图

二、悬挑砌体构造措施

在标高 6.200m 位置，其上、下砌体是不连续的，下部砌体的四个角部均是阴角，而上部砌体不存在阴角，即上部砌体的四个角部是悬挑的，悬挑长度为 800mm。通常情况下，砌块长度为 390mm，因此，悬挑部分至少包含两个砌块；相邻水平砌块是通过竖向灰缝连接的，而竖向灰缝的强度难以承受悬挑砌体重量，会引发悬挑砌块掉落的现象。为解决上述问题，在标高 6.300m 上部设置悬挑槽钢，槽钢腹板水平放置，槽钢翼缘竖向放置，槽钢底标高为 6.300m，用化学锚栓将标高 6.200~6.300m 间砌体与槽钢连接，从而避免悬挑砌块掉落。

三、砌筑方案原则

砌块的规格尺寸是符合模数的，只有对砌块进行专门的排布，才可以提高施工效率，最终使柱子具有理想的外部装饰形状。排块时尽量采用主规格小砌块，减少辅助规格砌块的种类和数量；上、下皮对孔、错缝搭砌，搭砌长度为 200mm。砌筑时在需要装饰的柱子高度范围内，沿竖向将柱子划分为 33 层，如图 4−19 所示，图中括号外数字为每层砌体的编号，括号内数字为每层砌体的厚度。相邻层砌体的平面尺寸是不同的，因此砌块排布规律是不同的，而块型随着不同层砌体的空间形状而变化。标高 10.500~12.000m 范围砌体被均匀地分为 3 层，每层高度为 500mm，砌体外表面大体呈圆台面形状。砌筑的难度在于平面体砌块的排块、曲面体砌块的砌筑，以及阳角、阴角处砌块的砌筑。第 1~5、13、14 层砌块砌体外轮廓的平面形状为矩形；第 6~12、15~25 层砌块砌体外轮廓的平面形状为十字形，其中第 10 层砌块砌体十字形的四边有 100mm 的内收。第 26~33 层砌块砌体外轮廓形状为曲面，其中第 26、30 层砌块砌体及第 28 层上、下部砌块砌体的外轮廓形状为圆柱面，第 27、29 层砌块砌体及第 28 层中部砌块砌体的外轮廓形状为圆环面，第 31~33 层砌块砌体外轮廓形状大体为圆台面。

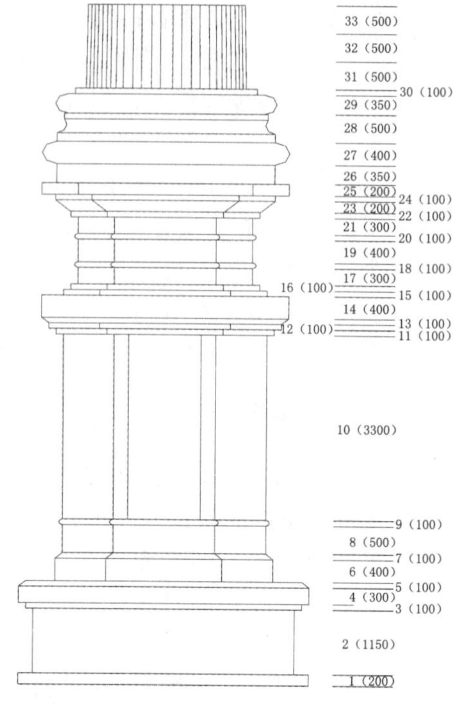

图 4-19　砌块分层图

四、平面体砌块排块

第 1~25 层砌块砌体外轮廓均为平面体，用平面体砌块砌筑，均按对孔、错缝的原则排块，以第 2 层砌块砌体为例说明排块原则，其余层砌块砌体按照类似的方法进行排块，需注意角部砌块及辅助砌块的布置，如图 4-19、图 4-20 所示，第 2 层砌块砌体高度为 1150mm，包含 6 皮砌块，第 1~5 皮砌块规格为 390mm×190mm×190mm，第 6 皮砌块规格为 390mm×190mm×140mm，390mm×190mm×140mm 的砌块不是主规格砌块，需加工制作，是为了满足砌筑高度要求而增设的。

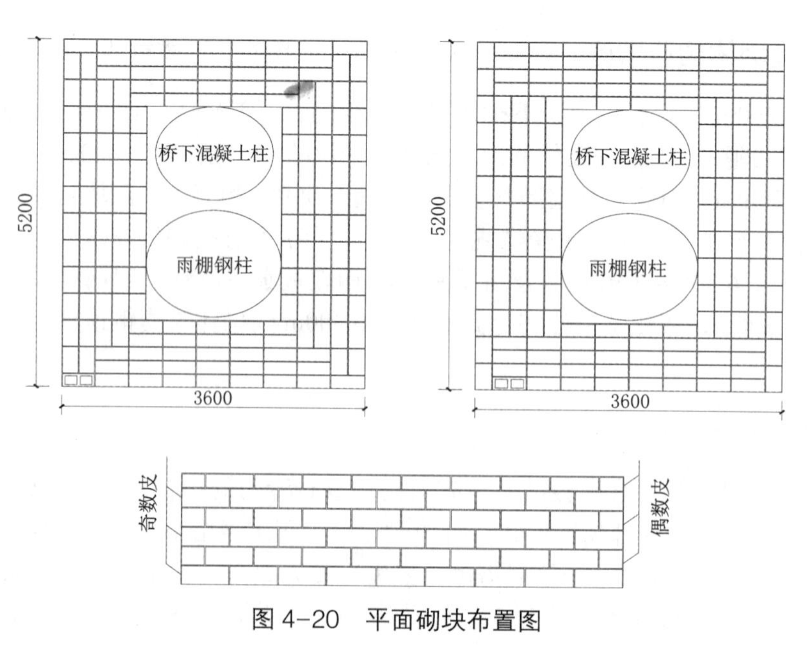

图 4-20　平面砌块布置图

五、曲面体砌块排块

第26~33层砌块砌体外轮廓均为曲面体，用曲面体砌块砌筑，相比于1~25层砌块砌体，26~33层砌块砌体的排块相对简单，以雨棚钢柱中心进行环向布置即可，但曲面体砌块需进行特殊的加工制作。以第32层砌块砌体为例说明排块原则，其余层砌块砌体按照类似的方法进行排块，第32层砌块砌体高度为500mm，只含1皮砌块，即砌块高度为500mm，是经加工制作的曲面体砌块，是为了满足砌体外轮廓造型要求而增设的，如图4-21~图4-23所示。

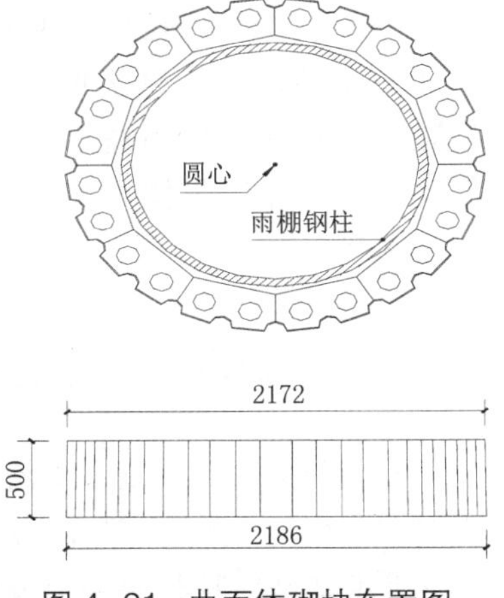

图4-21　曲面体砌块布置图

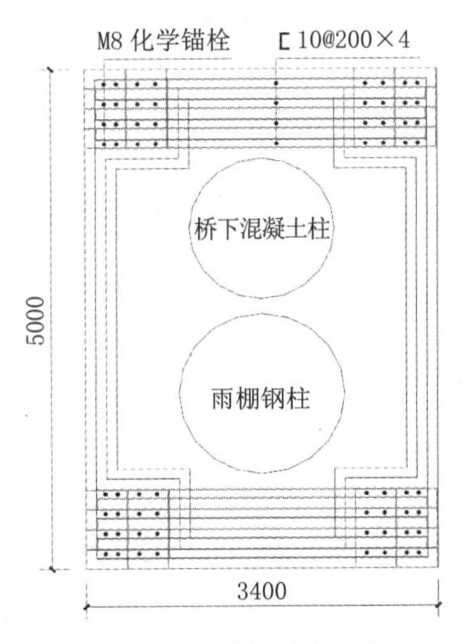

图4-22　悬挑砌块构造图

图4-23　砌块施工现场详图

六、构造要求

第12层砌块砌体外轮廓的平面形状为十字形，第13层砌块砌体外轮廓的平面形状为矩形，且第13层砌块砌体平面总尺寸大于第12层砌块砌体，因此，相对于第12层砌块砌体，第13层砌块砌体在四个角部均存在悬挑，悬挑长度大于两个砌块长度，若不采取构造措施，悬挑砌块将难以砌筑。为解决上述问题，在第13层砌块砌体上布置通长槽钢，槽钢腹板水平放置，用化学锚栓将第13层砌体的角部砌块与槽钢连接，从而实现槽钢对悬挑砌块的支承，槽钢埋设在第14层砌块砌体中，所以不会裸露于砌体外表面，不会影响柱子的装饰效果。为提高砌块砌体的整体性能，每隔3皮砌块在水平灰缝中设置一道$\phi4$焊接钢筋网片，钢筋网片的竖向间距不应大于600mm；对于1~25层砌块砌体，纵向钢筋及横向钢筋水平间距为400mm，对于26~33层砌块砌体，需布置径向钢筋及环向钢筋，其水平间距均为400mm。

七、研究结论

结合欧式造型和装饰颜色，制作相应颜色的砌块，将这种混凝土砌块砌筑在结构体的外侧，以装饰砌块本身的饰面作为欧式的装饰面，形成满足欧式装饰要求的砌体立面。这种以砌块砌筑形成的欧式外部装饰，不仅可以实现欧式的艺术造型，还可大量减少湿作业、提高柱子外部装饰的耐久性，符合国家绿色建筑及建筑工业化的要求，但砌块尺寸小，悬挑尺寸受限，需要 GRC 构件辅助等措施。可以在扩建工程的中小工程中采用。

第六节　干挂彩石纤维混凝土艺术板建造关键技术

鉴于现浇彩石混凝土工艺工期紧张及存在的质量问题，按照扩建工作部署，由扩建组织对上海市迪士尼主体乐园装饰混凝土项目、闵行区法院、嘉兴海关、天津解放北路、上海浦西欧式建筑项目等多个装饰混凝土项目进行考察研究。在正在建设的上海迪士尼乐园的实验样板区中，观察有混凝土材质的欧式造型建筑，和哈尔滨机场的欧式造型比较，迪士尼欧式造型有相似可取之处，对迪士尼欧式造型进行改进，添加彩石面层，采用干挂彩石纤维混凝土艺术板替代现浇彩石混凝土工艺，纤维混凝土艺术板外立面采用 HC-RSW 高强无机材料，通过独有模具加工制作而成，辅以镀锌钢龙骨以及自主研发特制的预埋锚栓及挂件干挂系统，对水泥原材料，严格控制强度指标和安定性，制作板时增加抗裂、抗老化、抗渗等聚合物，无论从施工进度、施工质量，还是整体外观效果，都达到了欧式效果，干挂彩石纤维混凝土艺术板是装配式体系，工厂化生产，不仅具有缩短工期、节约能源、减少对机场环境影响的优势，从经济性、美观性、安全耐久性等方面入手进一步优化设计，从而实现欧式外立面效果。干挂彩石纤维混凝土艺术板具有可实现欧式建筑的艺术效果、传统干挂技术成熟、艺术板材质接近石材、冬季可生产加工满足工期要求等优点，扩建组织在高架桥及 T2 航站楼 B 区部分区域进行外挂艺术板试验。

一、干挂彩石纤维混凝土艺术板工程概述

新建 T2 航站楼 B 区主楼局部地下一层，地上两层，局部设到港夹层。C 区指廊地上两层，局部设到港夹层；地下局部设管廊及采暖地沟。B 区建筑高度 22.55~34.05m，C 区建筑高度 20.50m（建筑高度为室外地面至女儿墙顶），如图 4-24、图 4-25 所示。

（一）幕墙系统主要设计参数

基本风压（100 年一遇）：0.7kN/m^2；地面粗糙度：B 类；基本雪压（50 年一遇）：0.45kN/m^2；抗震设防烈度：6 度，按 7 度加强其抗震措施；设计基本地震加速度：0.05g。

（二）干挂彩石纤维混凝土艺术板系统说明

本系统位于 T2 航站楼工程外立面，为钢龙骨彩石混凝土艺术板幕墙系统，面板采用 25mm 及 30mm 厚干挂艺术板，龙骨大面横梁采用 50mm × 50mm × 5mm 角钢（表面热镀锌处理），大面钢桁架采用 120mm × 60mm × 5mm 钢方管、60mm × 60mm × 5mm 钢方管（表面热镀锌处理），横梁与桁架的连接采用焊接连接方式。

干挂艺术板挂件与钢龙骨为螺栓连接，艺术板安装到位之后，四周采用硅酮建筑密封胶，可有效地保证幕墙的防水密封性能。预埋螺栓和艺术板之间预设胶垫，采用弹性连接，提高了幕墙的抗震性能，消除了伸缩噪声。不同金属的接触面都使用绝缘垫片以防止电化学腐蚀。

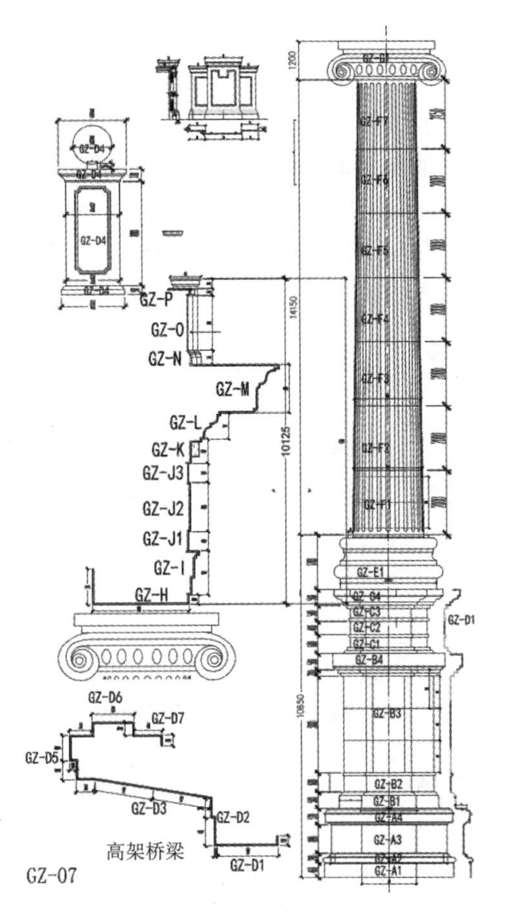

图 4-24　高架桥干挂彩石纤维混凝土艺术板样板结构图

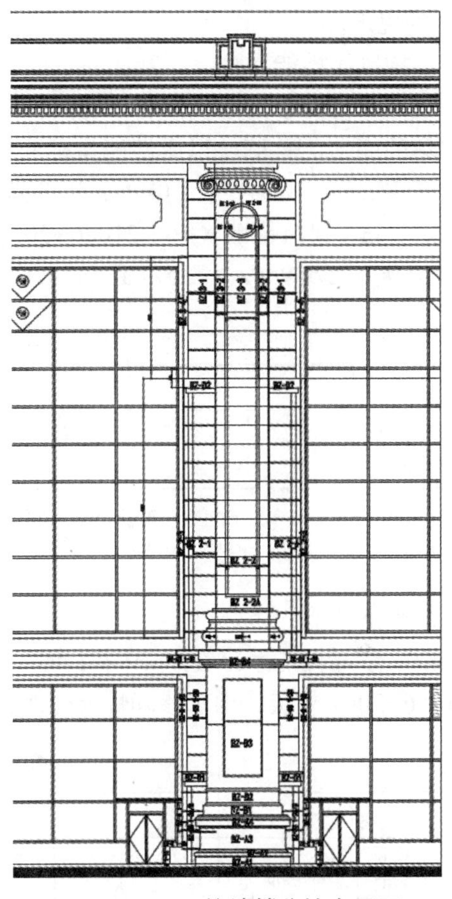

图 4-25　T2 航站楼分块布置图

（三）标准节点

标准节点如图 4-26、图 4-27 所示。

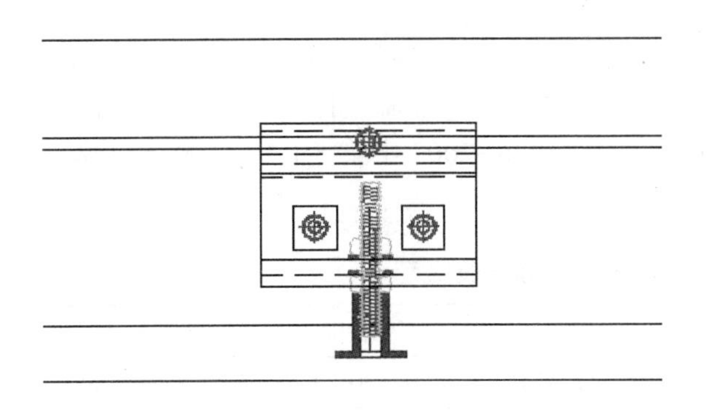

图 4-26　标准横剖节点

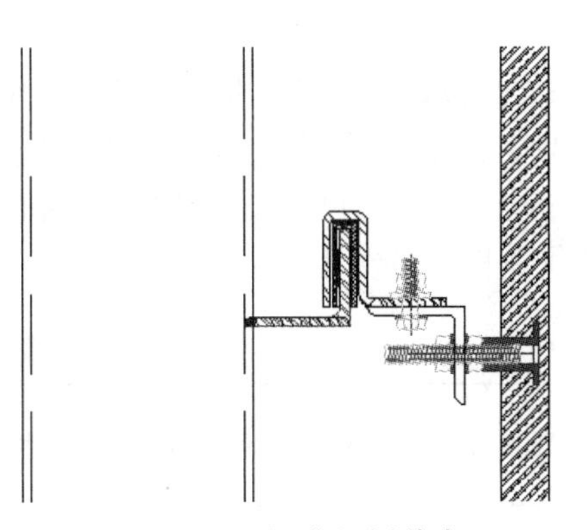

图 4-27　标准竖剖节点

（四）建筑幕墙物理性能

幕墙的物理性能等级是依据哈尔滨地区的地理、气候条件、建筑高度、体型和环境以及建筑物的重要性等选定的，其分级依据应符合国家现行规范《建筑幕墙》GB/T 21086-

2007 的规定。

1. 抗风压性能

抗风压性能系指建筑幕墙在与其相垂直的风压作用下，保持正常使用功能，不发生任何损坏的能力。幕墙抗风压性能指标应根据其所受的风荷载标准值 W_k 确定，其指标值不应低于 W_k，且不应小于 1.0kPa，W_k 的计算应符合《建设结构荷载规范》GB 5009–2012 的规定。按《建筑幕墙》GB/T 21086–2007 的规定，抗风压性能分级，见表 4–3。在本例中：$3.0\text{kPa} > W_k = 2.559\text{kPa} \geqslant 2.5\text{kPa}$；抗风压性能等级为 4 级。

抗风压性能分级　　表 4–3

分级代号	1	2	3	4	5	6	7	8	9
分级指标值 P_3（kPa）	$1.0 \leqslant P_3$ <1.5	$1.5 \leqslant P_3$ <2.0	$2.0 \leqslant P_3$ <2.5	$2.5 \leqslant P_3$ <3.0	$3.0 \leqslant P_3$ <3.5	$3.5 \leqslant P_3$ <4.0	$4.0 \leqslant P_3$ <4.5	$4.5 \leqslant P_3$ <5.0	$P_3 \geqslant 5.0$

注：1. 9 级时需同时标注 P_3 的测试值。如：属 9 级（5.5kPa）。

2. 分级指标值 P_3 为正、负风压测试值绝对值的较小值。

2. 水密性能

雨水渗漏性能系指在风雨同时作用下，幕墙透过雨水的性能。根据《建筑幕墙》GB/T 21086–2007 规定，雨水渗漏性能分级，见表 4–4。在本例中，水密性能为 2 级。

雨水渗漏性能分级　　表 4–4

分级代号		1	2	3	4	5
分级指标值 △ P（kPa）（Pa）	固定部分	$500 \leqslant \triangle P$ <700	$700 \leqslant \triangle P$ <1000	$1000 \leqslant \triangle P$ <1500	$1500 \leqslant \triangle P$ <2000	$\triangle P \geqslant 2000$
	可开启部分	$250 \leqslant \triangle P$ <350	$350 \leqslant \triangle P$ <500	$500 \leqslant \triangle P$ <700	$700 \leqslant \triangle P$ <1000	$\triangle P \geqslant 1000$

注：5 级时需同时标注固定部分和开启部分 △ P 的测试值。

3. 气密性能

空气渗透性能系指在风压作用下，幕墙透过空气的性能。按《建筑幕墙》GB/T 21086–2007 的规定，其分级指标应符合表 4–5 的规定。幕墙整体气密性能分级指标 q_A 应符合表 4–6 的要求，根据《建筑幕墙》GB/T 21086–2007 中第 5.1.3.1 条规定，本工程的气密性能分级为 3 级。

建筑幕墙气密性能设计指标一般规定　　表 4–5

地区分类	建筑层数、高度	气密性能分级	气密性能指标小于	
			开启部分 q_L [m³/(m · h)]	幕墙整体 q_L [m³/(m² · h)]
夏热冬暖地区	10 层以下	2	2.5	2.0
	10 层及以上	3	1.5	1.2
其他地区	7 层以下	2	2.5	2.0
	7 层及以上	3	1.5	1.2

幕墙整体气密性能分级　　　　表 4-6

分级代号	1	2	3	4
分级指标值 q_A[m³/（m²·h）]	4.0 ≥ q_A>2.0	2.0 ≥ q_A>1.2	1.2 ≥ q_A>0.5	q_A ≤ 0.5

4. 平面内变形性能

本工程幕墙的平面变形性能为 3 级，见表 4-7。

幕墙的平面变形表　　　　表 4-7

结构变形 \ 建筑高度		建筑高度 *H*（m）		
		H ≤ 150	150<*H* ≤ 250	*H*>250
钢筋混凝土结构	框架	1/550	—	—
	板柱 - 剪力墙	1/800	—	—
	框架 - 剪力墙、框架 - 核心筒	1/800	线性插值	—
	筒中筒	1/1000	线性插值	1/500
	剪力墙	1/1000	线性插值	—
	框支层	1/1000	—	—
多、高层钢结构		1/250（见 GB 50011-2010） 0		

注：1. 表中弹性层间位移角 =*Δ*/*h*，*Δ* 为最大弹性层间位移量，*h* 为层高。

2. 线性插值系指建筑高度在 150 ~250m 间，层间位移角取 1/800（1/1000））与 1/500 线性插值。

主体结构楼层最大弹性层间位移角，见表 4-8。在地震和大风作用下，建筑物各层之间产生相对位移时，幕墙构件就会产生板块平面内的强制位移。由于在验算材料强度时，已按标准取用风荷载和地震力的组合效应。幕墙本身构造设计亦具有良好的变形吸收能力，在地震或大风作用下，产生平面内的强制位移时，不会造成板块间的挤压破损，满足 3 级要求。

建筑幕墙平面内变形性能分级值　　　　表 4-8

分级代号	1	2	3	4	5
分级指标值 *γ*	*γ*<1/300	1/300 ≤ *γ*<1/200	1/200 ≤ *γ*<1/150	1/150 ≤ *γ*<1/100	*γ* ≥ 1/100

注：表中分级指标为建筑幕墙层间位移角。

5. 热工性能

根据《民用建筑热工设计规范》GB 50176-2016 的规定确定，本工程 *K* 实设值为 1.7kW/（m²·K），工程的热工性能为 6 级，见表 4-9。

建筑幕墙传热系数分级　　　　表 4-9

分级代号	1	2	3	4	5	6	7	8
分级指标值 *K*[W/m·²h]	*K* ≥ 5.0	5.0>*K* ≥ 4.0	4.0>*K* ≥ 3.0	3.0>*K* ≥ 2.5	2.5>*K* ≥ 2.0	2.0>*K* ≥ 1.5	1.5>*K* ≥ 1.0	*K*<1.0

注：8 级时需同时标注 *K* 的测试值。

6. 空气声隔声性能

根据《民用建筑隔声设计规范》GB 50118-2010 要求，建筑的空气声隔声性能分级指标 R_W 应符合表 4-10 的要求。本工程的空气隔声性能为 4 级。

建筑幕墙空气声隔声性能分级　　表 4-10

分级代号	1	2	3	4	5
分级指标值（dB）	$25 \leqslant R_W<30$	$30 \leqslant R_W<35$	$35 \leqslant R_W<40$	$40 \leqslant R_W<45$	$R_W \geqslant 45$

注：5 级时需同时标注 R_W 的测试值。

（五）材料选用

本工程材料的选择符合欧式建筑的要求，适合工程特点及符合各项设计性能性价比的材料。干挂彩石纤维混凝土艺术板（玻璃纤维增强水泥外墙板），选用 25mm 厚及 30mm 厚的玻璃纤维增强水泥外墙板，材料性能应符合现行行业标准《玻璃纤维增强水泥外墙板》JC/T 1057-2007，干挂艺术板原材料要求如下。

1. 白色硅酸盐水泥

采用强度等级为 52.5 级的白色硅酸盐水泥，最低白度值不低于 87，细度小于 10%，三氧化硫的含量不得超过 3.5%，初凝不得早于 45min，终凝不得迟于 12h。3d 抗折强度大于等于 4.0MPa；28d 抗折强度大于等于 7.0MPa；3d 抗压强度大于等于 22.0MPa，28d 抗压强度大于等于 52.5MPa；细度：0.080mm 方孔筛筛余不得超过 10%。满足《白色硅酸盐水泥》GB/T 2015-2017 的要求。

2. 耐碱玻璃纤维

选用型号为 ARC 13-2700texH 耐碱玻璃纤维；线密度偏差 ±10%；线密度变异系数小于等于 6%；断裂强度大于等于 0.26N/tex；单纤维直径偏差 ±15%；单纤维直径变异系数小于等于 14%；含水率小于等于 0.20%；ZrO_2 含量大于等于 16%；可燃物含量大于等于 1.2%。满足《耐碱玻璃纤维网布》JC/T841-2007 和《耐碱玻璃纤维无捻粗纱》JC/T 572-2012 的要求。

3. 高岭土

选用型号 K1300 高岭土，白度大于等于 70%；比表面积大于等于 $20m^2/g$；需水量比小于等于 120%；活性指数（28d）大于等于 110%。满足《高强高性能混凝土用矿物外加剂》GB/T18736-2002 的要求。

4. 干挂彩石纤维混凝土艺术板技术要求

抗弯比例极限强度平均值 ≥ 7MPa；抗弯极限强度平均值 ≥ 18MPa；抗冲击强度 ≥ $8kJ/m^2$；体积密度（干燥状态）≥ $1.8g/cm^3$；吸水率小于 5%；经过 100 次冻融循环，无起皮、剥落等破坏现象。预埋锚栓单根拉拔破坏荷载大于 12 kN。所有干挂彩石纤维混凝土艺术板构件表面进行荔枝面效果处理，并进行外防护保护。以上性能物理性能检验方法依照《玻璃纤维增强水泥外墙板》JC/T 1057-2007。荔枝面处理：使干挂彩石纤维混凝土艺术板构件表面粗糙，凹凸不平。用凿子在构件表面上凿出密密麻麻的小洞，达到一种模仿水滴长年累月滴在石头上所造成的效果；或用形如荔枝皮的锤，在板表面锤击而成，从而在构件表面形成荔枝皮表面的效果。

5. 钢材

干挂彩石纤维混凝土艺术板幕墙龙骨材质：Q235B。钢材的屈服强度实测值与抗拉强度实测值的比值不应大于 0.85；钢材应有明显的屈服台阶，且伸长率不应小于 20%；钢材应有良好的焊接性和合格的冲切韧性；承重结构采用的钢材应具有抗拉强度、伸长率、屈服强度和硫、磷含量的合格保证；对焊接结构尚应具有碳含量的合格保证；焊接承重结构以及重要的非焊接承重结构采用的钢材还应具有冷弯试验的合格保证。

6. 保温防火材料

防火材料选用 100mm 厚、密度不低于 $120kg/m^3$ 的防火岩棉，其产品等级应不低于合格品；采用 1.5mm 厚的热轧镀锌钢板承托，承托板与主体结构、幕墙结构及承托板之间的缝隙填充防火密封材料。

一般要求：

（1）外观质量要求：树脂分布均匀，表面平整，不得有妨碍使用的伤痕、污迹、破损，外覆层与基材的粘结平整牢固。

（2）渣球含量：粒径大于 0.25mm 的渣球含量应小于等于 10%（质量分数）。

（3）纤维平均直径：制品中纤维平均直径应小于等于 7.0μm。

（4）制品尺寸和密度应符合表 4-11 的要求。

保温防火材料尺寸和密度要求 表 4-11

制品种类	标称密度（kg/m^3）	密度允许偏差（%）	厚度允许偏差（mm）	宽度允许偏差（mm）	长度允许偏差（mm）
板	40~120	±15	+5，−3	+5，−3	+10，−3
	121~200	±10	±3		
毡	40~120	±10	不允许负偏差	+5，−3	正偏差不限，−3

（5）板的物理性能指标应符合表 4-12 的要求。

保温防火材料板的物理性能指标 表 4-12

密度 /（kg/m^3）	密度允许偏差（%）		导热系数 /[W/(m·K)]（平均温度 70±5℃）	有机物含量（%）	燃烧性能	热荷重收缩温度（℃）
	平均值与标称值	单值与平均值				
40~80	±15	±15	≤ 0.044	≤ 4.0	不燃材料	≥ 500
81~100						≥ 600
101~160			≤ 0.043			
161~300			≤ 0.044			

注：其他密度产品，其指标由供需双方商定。

（6）燃烧性能：制品基材的燃烧性能应达到 A 级均质材料不燃性的要求。

（7）板的压缩强度应符合表 4-13 的要求。

保温防火材料板的压缩强度　表 4-13

密度（kg/m^3）	压缩强度（kPa）
100~120	≥ 10
121~160	≥ 20
161~200	≥ 40
注：其他密度产品，其压缩强度由供需双方商定。	

（8）施工性能：不带外覆层的毡制品施工性能应达到 1min 内不断裂。

（9）质量吸湿率：制品的质量吸湿率不大于 5.0%。

（10）甲醛释放量：制品的甲醛释放量应不大于 5.0mg/L。

（11）水萃取液 pH 值、水溶性氯化物含量和水溶性硫酸盐含量：制品的水萃取液 pH 值应为 7.5~9.5，水溶性氯化物含量应不大于 0.10%，水溶性硫酸盐含量应不大于 0.25%。

（12）其他要求

1）用于覆盖奥氏体不锈钢时，制品浸出液的离子含量应符合《覆盖奥化体不锈钢用绝热材料规范》GB/T 17393-2008 的要求。

2）当制品有防水要求时，憎水率应不小于 98%，吸水率应不大于 10%。

3）有要求时，制品的层间抗拉强度应大于等于 7.5kPa。

4）有防霉要求时，制品应符合防霉要求。

5）有放射性核素限量要求时，应满足《建筑材料放射性核素限量》GB 6566-2010 的要求。

7. 密封材料要求

（1）幕墙用硅酮耐候密封胶采用国产优质，以及幕墙行业协会推荐的产品。

（2）幕墙接缝密封胶的位移能力级别应符合设计位移量的要求，不宜低于 20 级。

（3）所有与多孔性材料面板接触、粘结的密封胶、密封剂执行标准参见《建筑幕墙》GB/T 21086-2007 附录 A，应符合《石材用建筑密封胶》GB/T 23261-2009 的规定，对面材的污染程度应符合设计的要求。

（4）硅酮结构密封胶、硅酮密封胶同相粘结的幕墙基材、饰面板、附件，其他材料应具有相容性，随批切割粘结性达到合格要求。

（5）幕墙应采用中性硅酮结构密封胶；硅酮结构密封胶分单组分和双组分，其性能应符合现行国家标准《建筑用硅酮结构密封胶》GB 16776-2005 的规定。

（6）同一幕墙应采用同一品牌的硅酮结构密封胶和硅酮耐侯密封胶配套使用。

（7）硅酮结构密封胶和硅酮耐侯密封胶应在有效期内使用。

（8）硅酮结构密封胶使用前，应经过国家认可的检测机构进行与其相接触材料的相容性和剥离粘结性试验，并应对邵氏硬度、标准状态拉伸粘结性能进行复验。检验不合格的产品不得使用。进口硅酮结构密封胶应具有商检报告。

（9）硅酮结构密封胶生产厂商应提供其结构胶的变位承受能力数据和质量保证书。

8. 环氧胶粘剂

（1）外观：胶粘剂各组分分别搅拌后应为细腻、均匀黏稠液体或膏状物，不应有离析、颗粒和凝胶，各组分颜色应有明显差异。

（2）物理性能见表 4-14。

环氧胶粘剂物理性能 表 4-14

<table>
<tr><th colspan="3" rowspan="2">项 目</th><th colspan="2">技术指标</th></tr>
<tr><th>快 固</th><th>普 通</th></tr>
<tr><td colspan="3">适用期 *（min）</td><td>5~30</td><td>>30~90</td></tr>
<tr><td colspan="3">弯曲弹性模量（MPa） ≥</td><td colspan="2">2000</td></tr>
<tr><td colspan="3">冲击强度（kJ/m^2） ≥</td><td colspan="2">3.0</td></tr>
<tr><td colspan="3">拉剪强度（MPa），不锈钢—不锈钢 ≥</td><td colspan="2">8.0</td></tr>
<tr><td rowspan="5">压减强度（MPa）≥</td><td rowspan="4">石材—石材</td><td>标准条件 48h</td><td colspan="2">10.0</td></tr>
<tr><td>浸水 168h</td><td colspan="2">7.0</td></tr>
<tr><td>热处理 80℃，168h</td><td colspan="2">7.0</td></tr>
<tr><td>冻融循环 50 次</td><td colspan="2">7.0</td></tr>
<tr><td>石材—不锈钢</td><td>标准条件 48h</td><td colspan="2">10.0</td></tr>
</table>

注：试用期指标也可由供需双方商定。

9. 幕墙接缝用密封胶。

（1）外观：产品应为细腻、均匀膏状物，不应有气泡、结皮或凝胶；产品的颜色与供需双方商定的样品相比，不得有明显差异。多组分产品各组分的颜色应有明显差异。

（2）本次试验部位为高架桥区陆侧㉕~㉗轴（各向两侧延长 2m 共 22m）、B 区陆侧⑥⓪轴和ⒶⒸ轴交角处两侧延至窗口范围。本样板干挂装饰板总展开面积约 $1500m^2$（表 4-15）。

幕墙接缝用密封胶技术指标 表 4-15

<table>
<tr><th colspan="2" rowspan="2">项 目</th><th colspan="4">技术指标</th></tr>
<tr><th>25LM</th><th>25HM</th><th>20LM</th><th>20HM</th></tr>
<tr><td rowspan="2">下垂度（mm）</td><td>垂直</td><td colspan="4">≤ 3</td></tr>
<tr><td>水平</td><td colspan="4">无变形</td></tr>
<tr><td colspan="2">挤出性（mL/min）</td><td colspan="4">≥ 80</td></tr>
<tr><td colspan="2">表干时间（h）</td><td colspan="4">≤ 3</td></tr>
<tr><td colspan="2">弹性恢复率（%）</td><td colspan="4">≥ 80</td></tr>
<tr><td>拉伸模量
（MPa）</td><td>23℃
−20℃</td><td>0.4 和
≤ 0.6</td><td>0.4 或
>0.6</td><td>0.4 和
≤ 0.6</td><td>0.4 或
>0.6</td></tr>
<tr><td colspan="2">定伸粘结性</td><td colspan="4">无破坏</td></tr>
<tr><td colspan="2">浸水光照后定伸粘结性</td><td colspan="4">无破坏</td></tr>
<tr><td colspan="2">热压、冷拉后的粘结性</td><td colspan="4">无破坏</td></tr>
<tr><td colspan="2">质量损失率（%）</td><td colspan="4">≤ 10</td></tr>
</table>

二、干挂彩石纤维混凝土艺术板工艺安装

（一）安装流程

现场踏勘→图纸细化→模具制作→艺术板制作→运输→安装→样板评定→调整→验收。

干挂彩石纤维混凝土艺术板龙骨安装采用地面先拼接，后在现场吊装的施工方法，有效地提升了现场整体施工进度及施工质量，减少了大量高空作业工作量，提高了安全系数，使整体施工更加安全高效。

干挂板安装摒弃了传统石材挂件加干挂胶的安装方式，采用预制埋件方式加L形挂件连接方式，预埋挂件及锚栓安装均为加工厂生产，板材进场后只需用螺栓连接L形挂件后即可上墙安装，与传统连接方法相对，预埋挂件更加安全牢固，安装方便，节省现场加工步骤加快了施工进度，同时减少了现场焊接作业，更加节能环保，考虑到哈尔滨地区冬期施工来临较早，减少打胶量，对幕墙整体使用寿命起到了积极意义。

（二）现场管理

干挂彩石纤维混凝土艺术板现场施工采用分段流水作业的方式，施工每一步都根据作业面进行合理安排，分段细化施工，每一个施工段本步骤工序工作完成后，即安排相应工序人员进入下一段施工，充分流水，最大限度利用现场人、材、机等施工资源，加快施工进度。

分别在各个工作面设置临时材料堆放、加工场地，减少现场成品、半成品材料的周转距离，材料堆场分类码放，地面做好防雨防潮措施，并用防雨布进行遮盖，对易损坏材料实行严格入库管理。现场施工措施根据现场施工需要选择搭设脚手架或施工吊篮，项目部根据现场实际情况选择脚手架配合吊篮的现场施工措施。

室外干挂彩石纤维混凝土艺术板板结构体系与室内主体钢结构相连接，使用水钻在保温复合板上进行钻孔处理。焊接作业后的处理，龙骨与原玻璃幕墙龙骨焊接后，进行统一处理，包括焊口打磨、防锈、表面处理等相关工作。

（三）质量管理

材料到场后，质量员、施工员及库管员进行现场材料验收工作，质量验收合格后，由施工员按照到场材料的编号将材料进行分配，在库管员的监督下完成各班组材料的分配工作，避免错领乱领现象。

安排专人驻厂负责预制混凝土板的加工质量控制，确保加工质量。实行样板先行制度，现场施工过程中每要进行一道工序时应提前制作工序样板，并对施工人员进行现场交底。

过程监督安排专人对日常质量问题的跟踪、整改落实等工作进行把控，尤其对焊接质量、打胶质量等涉及结构安全及幕墙功能性的关键工序做旁站式监督工作，确保施工质量，发现问题，立即整改，整改合格后方可进行下道工序的施工工作。

为保证施工质量，每完成一道施工内容，自检合格后及时上报监理单位进行质量审查工作，认真对待监理单位的整改意见，及时整改，积极配合监理单位的质量检查工作，确保工程质量。

（四）施工人员管理

施工人员进场后首先进行施工人员培训及交底，保证每个人员持证上岗，特种作业人

员具备特种作业证。施工期间设置专职安全员，沿安全警戒线进行 24h 巡视，严禁任何非施工人员、车辆等越过安全警戒线。施工作业期间，固定每个施区段人员，不得任意调换操作人员作业区，在施工作业结束后，现场人员按进场施工时清点的人数，组织撤离施工现场。

三、干挂彩石纤维混凝土艺术板节点

根据高架桥和彩石混凝土现场实际情况，结合现场勘查、测量实物数据，细化样板工程图纸；根据最终确定的效果图、原投标图、现场实际测量数据，进行图纸细化，高架桥罗马柱头分成四块进行拼装；圆罗马柱身高度方向 2m 一段，水平方向弧形板分成六块进行拼装；柱头、柱身、墙面及檐口骨架设计，保证有足够的强度、刚度和稳定性，钢骨架、龙骨、板预埋件采用热镀锌；副龙骨与挂件或与背附钢架的连接采用栓接，安装孔为机械冲长圆孔，不焊接；按照现场制作 1 ∶ 1 模型尺寸造型出效果图，结合现场和产品生产安装进行图纸深化。按照图纸最佳的艺术效果对材料尺寸进行分块，龙骨与构件之间实现软连接，板预埋栓每平方米不少于 4 个，按照产品造型及大尺寸构件设计，背附龙骨材质为 Q235 热镀锌 50mm × 5mm 角钢，如图 4-28 所示。

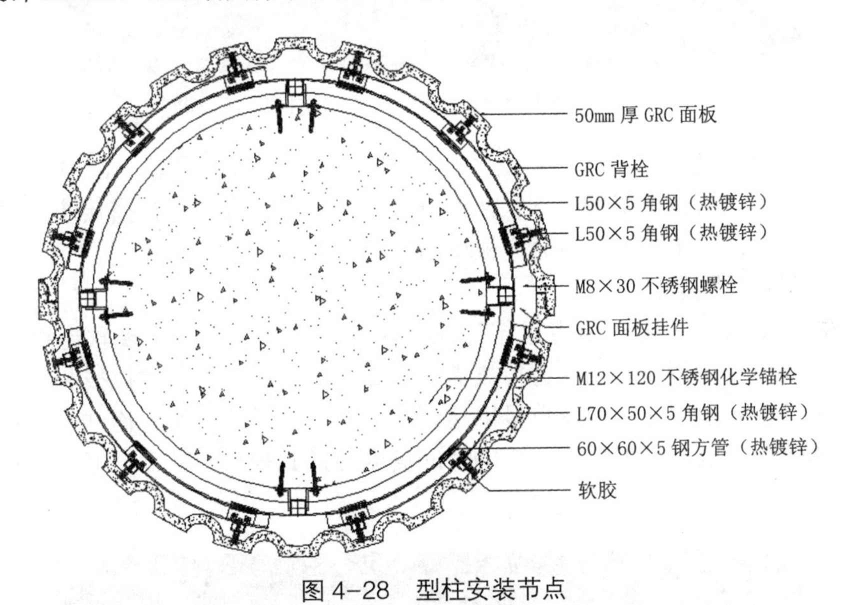

图 4-28　型柱安装节点

四、干挂彩石纤维混凝土艺术板制作流程

（一）工艺流程

现场测量复尺→图纸深化→母模制作→模具翻制→生产制作→包装运输。

（二）具体实施

1. 现场尺寸复测

参照图纸尺寸，对 B 区、C 区及高架桥结构现场完成面标高进行复核，形成项目标高测量报告书；参照图纸尺寸，对 B 区、C 区现场干挂混凝土板与玻璃幕墙、屋面等各处交接的地方进行复核，形成收口尺寸测量报告书；参照图纸尺寸，对 B 区玻璃幕墙结构、C

区土建结构和高架桥雨棚钢结构进行复核，形成结构测量报告书。

2. 图纸深化

按照现场测量情况对图纸尺寸进行核对，考证国内外欧式工程，从外观、安装、后期维保等各个方面全面思考，结合现场和产品生产安装施工要求，进行外观及安装体系的图纸深化及优化。按照图纸对材料尺寸进行分块，以达到最佳的外观效果，所有分块均采用工字拼缝。为避免过多接缝影响整体效果，针对重要单体（如高架桥直径 2.2m 罗马柱及柱底）只能分为两块。另外，高架桥下 3.3m × 1.7m 柱座拐角需制作超大 U 形整体构件以避免中间分缝影响整体效果，如图 4–29 所示。

图 4–29 高架桥直径 2.2m 罗马柱及柱底分缝调整

哈尔滨位于严寒地区，全年温差达 60℃以上，预制纤维（彩石）混凝土构件具有干湿变形较大的特点，结合预制板特殊工艺对分缝接口要求，设计企口搭接防水方式，既能够达到美观的要求，又能够合理地适应板块的伸缩变形。

3. 预埋件材料拉拔的检测

结合预制板和现场情况对节点进行深化，龙骨与构件之间应实现软连接。预埋件需为特制热镀锌预埋件，预埋件与板材拉拔需达到 2000N。根据预埋件拉拔测试数据，合理计算出每个构件所需预埋件位置及数量以达到 4 倍的安全系数。所有构件安装均为螺栓连接结构，严禁焊接，以避免因焊接产生的瞬间高温传递到板材上而导致开裂，如图 4–30、图 4–31 所示。

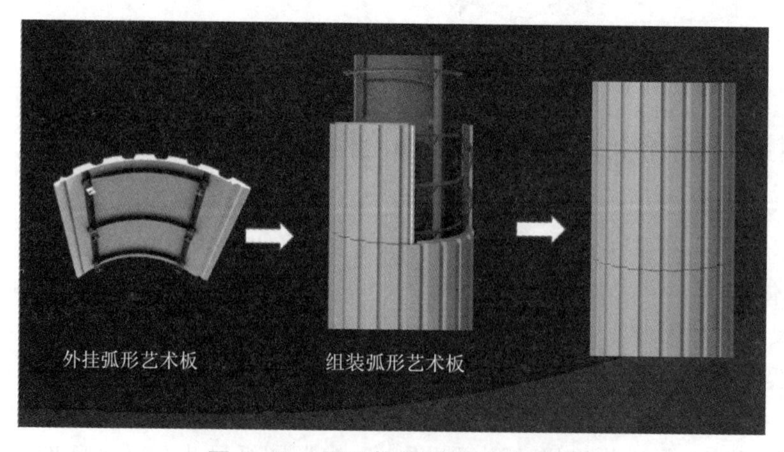

图 4–30 罗马柱造型设计示意图

图 4-31　龙骨设计

（三）干挂彩石纤维混凝土艺术板母模制作

模具翻制之前需要制作一件母模模具。母模模具需要一个建出造型的整体模型，然后分块用雕刻机或雕刻师，雕刻出 1 ∶ 1 阴模模具。利用阴模模具制作母模，母模打磨修补，按图纸尺寸复尺。

母模模具使用软件建模，建出造型的整体模型，使用雕刻机雕刻出整体造型（阴刻），然后雕刻师手工雕刻母模，进行二次细化，整体组装拼接，手工打磨每一个细节，最后进行分块编号。雕刻过程中，雕刻师使用高密度聚苯板或石膏进行雕刻，采用九宫格定位坐标法，确定角度、弧度，与成品造型同比例关系，尺寸精确到 ±1mm。

母模制作：使用雕刻好的母模阴模模具制作母模，采用无收缩、无变形的模具专用材料制作母模模具。预埋件定位：本项目预制纤维（彩石）混凝土构件采用干挂的安装方式，在构件制作过程中即需要预埋背拴。在母模中预先设计好精准预埋位置，将来制作构件时按模具预定的预埋件位置预制，固定牢固后，对预埋件螺栓孔内进行保护，防止制作过程中对埋件螺孔内螺纹造成污染。检查验收：母模拆模制作完成后，工人进行手工打磨修补，质量员按图纸及设计要求，检查核对尺寸，对不满足要求的部位进行修补。

五、干挂彩石纤维混凝土艺术板模具翻制

模具翻制之前先按图纸尺寸数量计划翻制模具数量。模具翻制分为两种方式：硅胶模具和玻璃钢模具，硅胶模具专用硅胶材料翻制，底胎用树脂包裹钢架支撑。对较大的模具构件需加固，玻璃钢模具专用树脂材料翻制，钢管焊接模具支撑钢架，合理设计好钢架的牢度和高度。然后紧密固定在模具底胎下面，最后起膜对边角毛边进行修正、清理及清洗。

模具翻制分为三种方式：钢模具、无收缩无变形专用硅胶模具、玻璃钢模具。翻制前在母模表面均匀刷三层硅胶，保证无气泡。然后用模具专用环氧树脂和滑石粉搅拌均匀包裹，并贴 3~5 层 04 网布防止变形，对较大的构件需预埋钢筋或钢龙骨加固。

制作支撑钢架：根据模具尺寸，预先用钢管焊接模具支撑钢架，合理设计好钢架的牢度和高度。然后紧密固定在模具底胎下面，确保模具在生产过程中无收缩、无变形。起模修正：模具拼装制作完成后，最后起模，对模具的边角毛边进行修正、清理及清洗，对玻璃钢模具则要进行打磨、修补和抛光。

生产制作阶段：

配料：按照已封样的样品配方比例，配置面层及结构层各种材料（白水泥、五彩石、水洗砂、进口耐碱纤维、乳液氧化铁等材料），并对彩石等部分材料进行干拌预混。为保证艺术板的质量强度，水泥材料需存放在干燥通风区域，以免受潮影响水泥强度。保证配方比例的准确性，采用自动上料预混机精确控制材料比例，避免艺术板之间的色差、强度差等问题。

六、干挂彩石纤维混凝土艺术板加工制作

搅拌：按照配方比例加水及各种聚合物和预混料进行均匀搅拌；喷射：首先喷射一层面层（含3~5mm五彩石），面层厚度控制在5mm左右，然后喷射基层，基层控制在25mm左右，基层放置热镀锌预埋件，位置按模具之前定位位置并且垂直于板面，喷射基层混凝土的同时也喷射纤维，纤维重量不少于混凝土重量的3%，喷浆均匀，完成后需要抹边修整避免薄厚不平减少毛边，完成后最后铺上一层塑料薄膜；蒸养：喷射制作完成后由于凝固时间长，且强度上不去，就需要进行高温蒸养能提前达到3d强度并能大大地节省脱模时间；脱模：脱模之前按照图纸结合造型大小及安装方式焊接制作钢架，钢架材料为50mm×5mm国标热镀锌角钢，把制作好的钢架安装在构件上面，脱模过程中轻拿轻放至地面，保持平整正确摆放以免损伤构件；养护：养护过程中需按时浇水并铺设塑料薄膜；修补：对制作过程中边角一些瑕疵进行修补；表面荔枝面处理：养护完成后做荔枝面麻点加工，表面麻点深浅加工均匀（图4–32、图4–33）。

图4–32 构件加工图（1）

图4–33 构件加工图（2）

（一）喷射

（1）喷射一层面层（五彩石），面层厚度控制在5mm左右，对每个死角喷射不到位的地方用刷子按压到位。

（2）喷射基层，基层控制在25mm左右，基层需喷射3~5层。

（3）喷完第一层之后放置热镀锌预埋件，位置按模具之前定位位置，并且垂直于板面。

（4）喷射的同时，保证将纤维喷射在基层表面且不少于3%~4%。

（5）喷浆过程中需人工抹平均匀，完成后需要抹边修整，避免薄厚不平减少毛边。全部喷射完成后，铺上一层塑料薄膜。

（二）蒸养

构件制作完成后，进行蒸养是不可缺失的流程之一。只有足够的高温蒸养时间，才可

确保艺术板强度。根据本工程设计强度要求，对混凝土构件需要进行 80℃高温蒸养 4h（图 4-34、图 4-35）。

图 4-34　产品养护

图 4-35　产品蒸养

（三）产品编号

构件蒸养完成后，严格按照排版图构件编号，对每一件构件在不影响外观的位置清楚标记编号，脱模之后，按照编号顺序进行摆放、装箱。

（四）脱模

脱模之前按照图纸结合造型大小及安装方式焊接制作钢架。将制作好的钢架安装在构件上面，全部为螺栓衔接，严禁焊接以避免因焊接产生的瞬间高温传递到板材上而导致开裂。脱模过程中轻拿轻放至地面，保持平整正确摆放以免损伤构件。

（五）养护

养护过程中，需按时浇水并铺设塑料薄膜，保证构件湿润，防止脱水造成构件变形、开裂。

（六）质检关键点

模具翻制前，对母模所有尺寸造型进行严格核对检查，确保母模造型无误。制作构件前，对模具尺寸和标号进行核实，确认无误。产品包装前对构件产品尺寸、编号、表面肌理等进行严格质量检查。

（七）修补

对加工过程中的破损处进行清理，剔凿见新槎，涂刷进口无色胶粘剂，原配合比砂浆，按照原制作工艺顺序进行修补，确保养护期，并达到相应的强度后，再进行表面的荔枝面处理。

表面荔枝面处理：本工程要求构件外表面为荔枝面效果。养护完成后，进行荔枝面麻点加工。要求表面麻点深浅加工均匀，表面颜色一致（图 4-36、图 4-37）。

图 4-36　荔枝面处理（1）

图 4-37　荔枝面处理（2）

（八）防护体系

为保证外观效果，提高预制纤维（彩石）混凝土耐候性等性能，本工程采用硅烷–硅氧烷–硅树脂的防护体系进行构件防护。在加工过程中进行一道底漆及一道面漆防护，现场施工、清理等工作全部完成后，再进行一道面漆防护。

（九）成品检验

产品完成后，质检部门做最终复检，对每件检品张贴质检标签。

（十）检验项目及等级

检验项目：制作质量、外观质量、尺寸偏差和抗弯极限强度；构件按质量及技术要求分一等品、合格品、不合格品三级；批量：由同种原材料相同工艺同一规格的构件组成同一受检批，每个批量为500件，不足500件时，亦作为一个批量。

（十一）制作质量

构件制作材料、配合比须满足规定和设计要求，应按设计图纸制作，制作过程应符合工艺要求，否则判该批构件不合格。

1. 材料要求：

（1）水泥：见“白色硅酸盐水泥”相关要求。

（2）粗骨料

1）粗骨料应采用连续料级，颜色应均匀，表面应洁净。

2）采用非碱活性骨料。

3）含泥量（按质量计，%）≤ 1.0。

4）泥块含量（按质量计，%）≤ 0.5。

5）针、片状颗粒含量（按质量计，%）≤ 15。

6）含水率（按质量计，%）≤ 0.2。

7）品种规格：

①小石子：1~2mm巴西大啡珠或索菲亚。

②大石子：5~8mm黄金麻或黄金钻。

试验合格后，上报业方单位、监理单位确认合格后方可采购使用。

（3）细骨料

1）采用中砂。

2）含泥量（按质量计，%）≤ 3.0。

3）泥块含量（按质量计，%）≤ 1. 0。

4）坚固性检验的质量损失（按质量计，%）≤ 8. 0。

5）含水率（按质量计，%）≤ 0.5。

6）试验合格后，上报业主单位、监理单位确认合格后方可采购使用。

（4）耐碱玻璃纤维：见前面相关章节要求。

（5）高岭土：见前面相关章节要求。

（6）减水剂

1）型号JG–2HG。

2）减水率大于等于25%。

3）28d抗压强度比大于等于140%；泌水率小于等于60%。

（7）消泡剂

1）pH 值 5~8.5。

2）稳定性小于等于 0.5mL。

3）消泡性能（消泡时间）。

4）10 次小于等于 15s。

2. 干挂彩石纤维混凝土艺术板技术要求：见前面相关章节要求。

3. 防护体系

防护体系耐久年限：≥ 15 年。

（1）底漆

1）渗透力极强，有效封闭，加固基层。

2）环保型，不添加有害物质，施工无气味。

3）能均匀和降低基层毛细吸水性，提高面层的质量。

4）憎水且不阻碍内部水汽向外扩散，能加固基层的承载能力，提高面层的附着力。

5）能大幅降低混凝土对水和氯盐的吸收。

6）全面保护道路混凝土免受除冰盐的腐蚀。

7）良好的抗碱性。

8）优异的渗透深度。

9）与涂料保持良好的附着力。

10）无溶剂型，水性，且对环境无害。

11）低挥发性。

12）良好的触变性。

（2）面漆

1）透明亚光。

2）牢固的附着性，对各种基层均有良好的附着力。

3）抗紫外线能力强，耐老化、耐温变性能好。

4）透气性良好，干燥快，提高施工效率。

5）具有憎水性，具极佳的自洁功能。

6）耐候性佳、耐酸雨、耐黄变、无龟裂、防霉防藻。

7）良好的抗碳化性能。

8）无毒、无味、无公害。

（3）体系指标

硅烷膏体用于清水混凝土保护，体系包括：基底调整材、硅烷浸渍底漆、透明面涂。基底调整材通过特殊施工工艺，修补原有混凝土色差，使基材具有统一外观；底漆具有优异的渗透能力和抗碱性，大幅提高体系附着力；面涂有机硅憎水材料具有优异的耐水耐碱性，有效增强底漆渗透效果，保证体系长期有效的防护效果，见表 4-16。

硅烷膏体中纳米级硅烷分子渗入混凝土表层数毫米，形成憎水层和持久的防护层，并让混凝土单向呼吸，使混凝土内部水汽顺利排出。硅烷膏体浸渍，要求自身耐久性好，重涂维护方便，见表 4-17。

混凝土防护要求　　表 4-16

材　料	标准使用量（g/m^2）	涂装次数	涂装间隔	施工方法
基底调整材	150~200	1~2	>3h	滚、刮
硅烷浸渍底涂	200	1~2	>3h	滚、刮
透明面涂	100~150	1~2	>3h	滚、刮

硅烷膏体技术指标　　表 4-17

序　号	项　目	技术指标	执行标准
1	吸水率	$<0.01mm/min^{0.5}$	JTJ 275-2000
2	氯离子降低率	>90%	JTJ 275-2000
3	渗透深度	2~4mm	JTJ 275-2000
4	除冰盐冻融循环次数	与空白试样相比≥ 20 次	EN 1504-2、JTG/T B07-01-2006
5	憎水浸渍干燥速率	>30%	EN 1504-2

（十二）外观质量

逐件检验，超出表 4-18 的规定时为不合格品。

艺术板外观质量　　表 4-18

检验项目		一等品	合格品
缺棱掉角	长度	≤ 20mm	≤ 30mm
	宽度	≤ 20mm	≤ 30mm
	数量	不多于 2 处	不多于 3 处
裂纹	长度	不允许	≤ 30mm
	宽度		≤ 0.2mm
	数量		不多于 2 处
蜂窝麻面	占总面积	≤ 1.0%	≤ 2.0%
	单处面积	≤ 0.5%	≤ 1.0%
	数量	不多于 1 处	不多于 2 处
飞边毛刺	厚度	≤ 1.0mm	≤ 2.0mm

（十三）尺寸偏差

从经过外观质量检验合格的构件中，随机抽取 5 件样品进行检验。全部符合表 4-19 的规定时，判定批量合格；若有 2 件或 2 件以上不符合表 4-19 的规定，判定批量不合格；若有 1 件不符合规定，应再抽取 5 件样品进行复检，复检结果全部符合表 4-19 的规定时，判定该批量构件合格，若仍有 1 件不符合规定时，则判该批量构件不合格。

艺术板尺寸偏差　　表 4-19

构件类型与等级		*D*	*L*（*H'*　）	*H*（*W*）
ZT、ZJ	一等品	±3	—	—
	合格品	±5	—	—
ZS	一等品	±3	—	—
	合格品	±5	—	—
CT、MT	一等品	—	±2	±3
	合格品	—	±4	±5
XJ	一等品	—	±2	±3
	合格品	—	±4	±5
LG	一等品	±2		±2
	合格品	±3		±4
MGS、DFS	一等品	—	±3	±2
	合格品	—	±5	±4

注：1. 代号含义：ZT——柱头；ZS——柱身；ZJ——柱基，CT——窗套；MT——门套：XJ——线角；LG——栏杆；MGS——蘑菇石；DFS——剁斧石。

2. 规格尺寸代号 *D*、*L*（*H'*　）、H（*W*）。

3. 方柱系列尺寸、仿中式古典建筑构件尺寸、其他构件要求的尺寸，由设计确定。

（十四）抗弯极限强度

对于每一受检批，应采用同种原料和相同工艺制作抗弯强度检验试件，按《玻璃纤维增强水泥性能试验方法》GB/T 15231-2008 中的抗弯性能规定试验。符合表 4-20 的规定时判该批构件合格，否则判该批构件不合格。

艺术板检验项目　　表 4-20

检验项目	铺网抹浆工艺	
	一等品	合格品
体积密度（g/cm^3）≥	1.7	
抗压强度（面外）（MPa）≥	40	
抗弯极限强度（MPa）≥	14	12
抗拉极限强度（MPa）≥	4	3
抗冲击强度（kJ/m^2）	8	6
吸水率（%）≤	14	16
抗冻性	经过 25 次冻融循环，无起层、剥落等破坏现象	

（十五）总判定

在型式检验合格的条件下，出厂检验中制作质量、外观质量、尺寸偏差、抗弯极限强度均符合标准相应等级规定时，则判该批构件为相应等级构件。

出厂要求：出厂构件必须经质检人员检验合格，提交出厂证明书，内容包括构件标记及数量、出厂检验结果、生产日期和出场日期、质量员签章等。一等品、合格品分类堆放，正常出厂，不合格产品禁止出厂。本工程全部采用一等品产品。

（十六）样板先行

进场后在材料生产前，要求供应商制作首样，组织业主、监理等各方审查，审核通过后方可进行大批量加工。现场首先进行工艺样板施工，清楚地展示各道工序，做可视化交底，树立质量的标杆，并依照此样板进行后续的施工技术交底工作，要求安装的质量达到样板要求。

（十七）BIM 技术应用

成立专门的放线队伍、深化设计小组。

放线完成后，设计师根据返尺数据，校核深化设计图纸，建立 BIM 模型，对模型进行分割、统计、归集、整理，提取每块预制混凝土板的加工尺寸，尤其是造型复杂的板块，通过 BIM 软件进行分析，测量出预制混凝土的弯弧等造型尺寸，加工厂根据模型尺寸下单加工。

在模型中切割出每一块预制板，依次进行编号，并对原先的模型进行复核，达到设计最优化。加工厂根据料单对生产的预制板进行同步编号，预制板运抵现场后，根据编号直接进行安装，确保一次性安装成功，在规定的工期内高质量地完成幕墙施工任务。

（十八）加工厂质量监督

材料加工期间，安排专业质检人员驻厂监造，对材料的加工排产进行全程跟踪，安排生产单号，落实生产时间，每日反馈加工进度及质量情况。现场管理人员依据现场进度情况及工序调整，及时同驻厂人员沟通，建立高效的沟通渠道，合理安排材料的排产。

（十九）成品保护

包装运输：包装木箱。按照图纸编号数量尺寸定制木制包装箱，木箱要求尺寸合适、结实、箱体开口设计合理；使用专用包装泡沫、塑料薄膜进行软隔离；塑钢打包带打包固定。确保产品在运输中不因晃动导致破损。

打包装箱：按照编号箱子与构件对号入座，对每一件产品用泡沫包裹保护。

装车：合理按箱子大小高低进行装车，大箱与较重的箱子装在下层，不能超过国家相关规定的高度和重量。

运输：按照甲方指定地址按时安全地到达目的地。

堆放：现场搭设专门的构件堆放仓库，构件到场后，按规格型号分类堆放。

堆放场地应平整、干燥、通风。

构件下方使用木方将构件与地面分离，构件表面使用篷布进行覆盖，防止构件被雨水等污染。

构件堆放高度不超过 2m，堆放层数不能超过 4 层，堆放时应注意组合，防止构件薄壁受压损坏或倾倒。

构件拆箱后，必须立放，使用“人”字架进行叠放、转运。

装卸、搬运：装卸及搬运构件时，必须轻拿轻放，严禁抛掷，运输时应固定牢靠，防止晃动，必要时用草垫隔开，构件放置不能超过车厢长度（图 4-38）。

图 4-38 装车示意图

（二十）与原幕墙体系连接处理方案

本工程外墙主要为玻璃幕墙及干挂彩石混凝土幕墙，B 区二层主体结构为钢结构，预制纤维（彩石）混凝土幕墙内设安装复合保温板，以确保整体幕墙热工性能，C 区主体结构为混凝土结构，施工中干挂预制纤维混凝土板幕墙系统与玻璃幕墙系统连接主要有以下两种方式。

B 区连接方式：B 区二层干挂彩石混凝土板幕墙龙骨系统与玻璃幕墙为同一体系，施工过程中使用水钻在保温复合板上进行钻孔处理，龙骨转接构件通过孔洞与主体钢结构的连接，孔洞处进行保温处理。保温复合板封闭后，与室内外不可透视，利用室内脚手架，在室内进行转接龙骨放线定位、钻孔及转接龙骨焊接工作。转接龙骨焊接完成通过验收后，对所开孔洞进行保温封堵。

C 区连接方式：转接方式。C 区室外干挂彩石纤维混凝土艺术板板结构体系与混凝土结构相连接，通过在构造柱及过梁结构上安装后置埋件，进行转接龙骨的安装焊接工作。

（1）安装步骤：钻孔→彻底清孔→插入胶管→安装螺杆。

（2）注意事项

1）螺栓布置应符合《混凝土结构后锚固技术规程》JGJ 145-2013 有关规定。

2）依据图纸及设计要求，现场测量放线，将后补埋件安装的位置标示于梁或柱上，包括水平高度和后补埋件中心位置。

3）后置埋件初步设置以后，应进行认真校核确认无误后方可用锚栓进行加固，在加固时应避免锚栓对混凝土内钢筋的影响。

4）保证化学螺栓埋入深度，因为化学螺栓的拉拔力大小，与埋入的深度有关。这样，就要求用冲击钻在混凝土结构上钻孔时，按要求的深度钻孔。当遇到钢筋时，应错开钢筋位置，另择孔点。

5）M12 螺栓最小间距为 72mm，最小边距为 72mm，锚固深度不小于 70mm，锚板孔径与螺栓最大允许间隙为 2mm。化学螺栓的化学药剂一旦受热就容易导致药剂失效，所以采用化学锚栓进行固定时，电焊时要避免化学锚栓受热。

6）用电锤以中速（750rad/min）将螺杆捶击旋入至锚固深度（螺杆上有标志线），同时目视有少量胶液外溢。

玻璃幕墙胶体固化时间表 表 4-21

施工温度	+20℃	+10℃	0℃	-5℃
固化时间	20min	30min	60min	5h

与玻璃幕墙打胶处理，打胶注意事项，见表 4-21。

1）打胶工作应在无雨的天气下进行。

2）清理玻璃板块与干挂混凝土之间的缝隙，在缝隙两边贴上美纹纸。

3）在缝隙里装填泡沫棒。

4）往缝隙底部注耐候胶，至胶面略高于玻璃板面，注胶饱满。

5）用刮刀刮去多余的胶，使平整美观。

6）揭去美纹纸，在胶固化前不准碰触胶。

七、干挂彩石纤维混凝土艺术板材安装

（一）工程概述

本工程预制混凝土板造型别具一格，绝大多数部位存在线条造型，檐口外侧距离主体结构 1690mm，新建 T2 航站楼 B 区为大跨度玻璃幕墙，本次预混板幕墙无明显受力墙体，龙骨与原玻璃幕墙结构相连，焊接后，对于焊缝的处理至关重要（图 4–39）。

图 4–39　整体效果图

（二）干挂彩石纤维混凝土艺术板材施工流程图

脚手架搭设→测量、放线→分格定位→加工配料→弹线定锚栓位置→钻孔→连接件安装固定→焊主龙骨→二次放线→焊水平次龙骨→焊接点清理并防腐→板材搬运→板材整理→挂件安装→板材临时固定→调整固定并打结构胶→板缝嵌泡沫条打密封胶→板面清理并防护处理→验收。

（三）各阶段施工内容

B 区二层干挂纤维彩石混凝土板固定主结构为钢结构体系，通过转接龙骨将预制混凝土板构件龙骨与主体钢结构龙骨连接固定，龙骨定位安装 L50 × 5 热镀锌角钢作为挂座，预制纤维彩石混凝土构件通过挂件安装固定；C 区干挂纤维彩石混凝土板固定主结构为混凝土结构，放线定位后安装后置埋件，通过转接件安装桁架龙骨，龙骨定位安装 L50 × 5 热镀锌角钢作为挂座，预制纤维彩石混凝土构件通过挂件安装固定。

（四）龙骨安装

龙骨钢架安装在全部幕墙安装过程中由于其工程量大，施工不便，精度要求高而占有最重要的地位。为了达到外立面的整体效果，要求板材加工及安装精度比较高，钢架龙骨的完成面进度直接决定外挂板块的效果，因此龙骨钢架的精度是本工程的重中之重。根据结构轴线核定结构外表面与干挂板外露面之间的尺寸后，在建筑物大角外做出上下生根的

金属丝垂线，并以此为依据，根据建筑物宽度设置足以满足要求的垂线、水平线，确保钢骨架安装后处于同一平面上（误差不大于 2mm）。

（1）工艺操作流程：转接龙骨定位放线→保温复合板开孔（B 区）→转接龙骨安装及焊接→龙骨钢架安装及焊接→焊接点清理并防腐。

（2）定位放线：熟悉图纸，根据设计图纸形成测量放线点位图，在室内使用全站仪确定每个转接龙骨平面分格位置、高程坐标及进出控制尺寸。

（3）保温复合板开孔（B 区）：根据转接龙骨外接圆尺寸，选取合适尺寸的水钻钻头，在室内脚手架上进行水钻开孔。开孔部位在埋件安装工作完成后进行封堵，封堵采用内外两层 1.5mm 镀锌钢板中间填设 140mm 保温岩棉，钢板周边防火胶封闭。

（4）B 区安装转接龙骨：作业人员在室内脚手架上，根据放线定位点安装转接龙骨，采用从上至下的安装顺序，首先安装最上一排转接龙骨，固定完毕后，在转接龙骨室外侧吊垂直控制线，确保转接龙骨外完成面处于同一铅垂面。转接龙骨焊接完成，验收通过后，按照竖龙骨→横龙骨→造型龙骨的龙骨安装顺序进行龙骨钢架的安装及焊接工作。

（5）C 区安装转接龙骨：作业人员在室外脚手架上，根据放线定位点安装后置埋，采用从上至下的安装顺序，首先安装最上一排转接龙骨，固定完毕后，在转接龙骨室外侧吊一根垂直控制线，确保转接龙骨外完成面处于同一铅垂面。C 区结构顶标高为 23.5m，周边工作面开阔，通过将顶部主龙骨在地面加工区预先拼装焊接后，按每两跨之间为一个单元，使用吊车进行整体吊装固定。龙骨钢架单元安装完成后，进行次龙骨的安装及满焊。

（6）焊接点清理及防腐：所有龙骨安装完成后，按照图纸要求，进行满焊施工，焊接完成后，表面焊渣要清理干净，并补刷富锌防腐漆两遍，自检合格后向监理等报验，验收合格后方可进行后续施工作业。

（7）控制要点

1）按照企业标准的规定全面控制各项指标。

2）管理人员在定位放线工序中要亲自操作。

3）人员安排时要安排素质较好的工人配合操作，作业人员施工前进行针对性安全及技术交底。

4）钢架龙骨单元吊装前，对脚手架进行针对性加强，钢架龙骨安装完成后及时恢复脚手架；吊装过程中管理人员进行旁站、监督，确保施工安全。

5）电焊操作工需持证件上岗，作业时要备灭火器、水桶等防火措施。

6）预制纤维（彩石）混凝土构件龙骨为主要受力结构，必须严格按照图纸及设计要求确保龙骨焊接质量，焊缝宽度要均匀一致，不得有夹渣等现象，焊接焊好后，表面焊渣要清理干净，并补刷富锌防腐漆两遍。

7）所有资料要全面落实，各种表格要填写整齐，同时要做好隐蔽工程验收单。要通知主管部门参与验收并签证。

（五）预制纤维（彩石）混凝土板块安装

预制纤维（彩石）混凝土板块由加工车间加工，然后在工地采用挂接安装。由于工期要求及工地场地原因，在安装前要制定详细的安装计划，列出材料供应计划，这样才能保证安装顺利进行，同时方便车间加工生产。

（1）工艺操作流程：施工准备 → 检查验收板块 → 将板块按顺序堆放 → 初安装 → 加

固 → 验收。

（2）施工准备：由于板块安装是整个幕墙安装中最后的成品环节，在施工前要做好充分的准备工作。准备工作包括人员准备、材料机具准备、施工现场准备。在安排计划时首先根据实际情况及工程进度计划要求排好人员，安排时要注意新老搭配，保证正常施工及按照老带新的原则，材料工器具准备，检查施工工作面的板块是否齐备、完好，检查扣件等易耗品是否满足使用。施工现场准备要在施工段留有足够的场所满足安装需要。

（3）检查验收板块的内容：规格数量是否正确；各层间是否有错位；堆放是否安全、可靠；是否有误差超过标准的板块；是否有色差超过标准的板块；是否有已经损坏的板块。

（4）初安装：板块安装在结构顶部固定钢制悬挑件，安装定滑轮作为吊点，使用电动卷扬机进行吊运及吊装，安装完一竖列后移动定滑轮进行下一竖列板块安装。

如果板块与控制线不平齐则调整微调螺栓，调整平齐，紧固螺栓；安装螺栓；后一块板的安装以前一块板及控制线为基准。其他与第一块同。同时需注意调整幕墙的横缝直线度、竖缝直线度，拼缝宽度允许偏差符合规范要求。

（5）加固：调整后及时加固，确保每一块板块的安装成功率。

（6）验收：每次安装时，从安装过程到安装完毕，全过程进行质量控制，验收也是穿插于全过程中。验收的内容有：板块自身是否有问题；胶缝大小是否符合设计要求，胶缝是否横平竖直；板块是否有错面现象，色差是否在准许范围内；板块是否有崩边掉角；验收记录、上扣件等属于隐蔽工程的范围，要按隐蔽工程的有关规定做好各种资料。

（7）控制要点：计划好安装、供应现场堆放等环节的协调配合；预制纤维（彩石）混凝土构件具有干湿变形较大的特点，板块之间采用企口缝处理，预留一定的空间，填充柔性耐候胶，美观大方，而且可以有效地适应变形；本工程板材为25~50mm厚，横纵通缝为5mm，采用硅酮密封胶、封缝勾勒。为防止硅酮密封胶塑化前的挥发老化时间，结合缝宽的情况，嵌缝做到内凹5mm。严格控制板块缝隙偏差（图4-40、图4-41）。

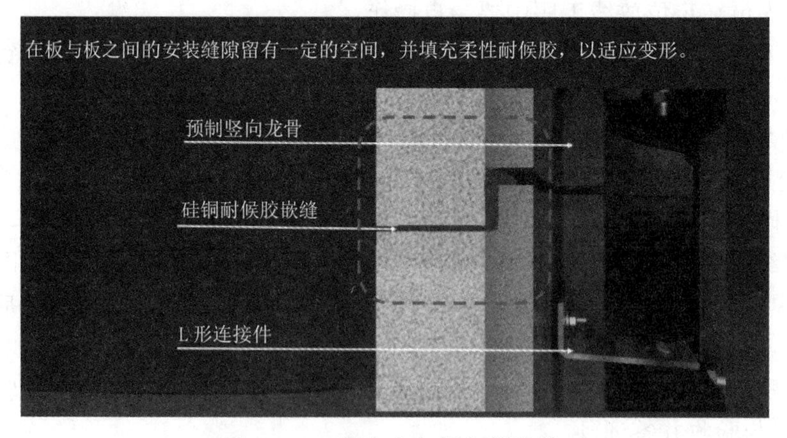

图4-40　竖直方向板与板连接

（六）打胶清理

（1）工艺操作流程：贴美纹纸→塞泡沫棒→打胶→清理。

（2）基本操作

1）贴美纹纸：选用4cm左右的美纹纸，沿面板边缘贴美纹纸，边沿要贴齐、贴严。

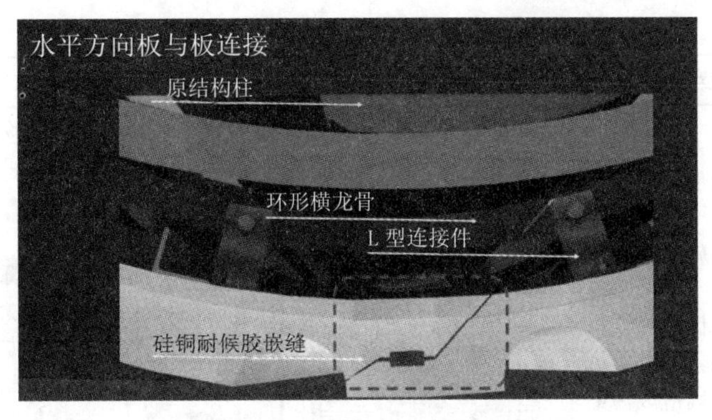

图 4-41　水平方向板与板连接

2）塞泡沫棒：在板间的缝隙处嵌弹性泡沫填充（棒）条，填充（棒）条嵌好后离装修面 5mm。

3）打胶：在填充（棒）条外用嵌缝枪将中性硅胶打入缝内，打胶时用力要匀，走枪要稳而慢。如胶面不太平顺，可用不锈钢小勺刮平，小勺要随用随擦干净。

4）清理：用棉丝将板擦净，若有胶或其他粘结牢固的杂物，用开刀轻轻铲除，用棉丝蘸丙酮擦至干净。

（七）成品保护方案

1. 成品保护概述

在幕墙制造安装过程中，幕墙成品保护工作显得十分重要，因为幕墙工程既是围护工程，又是装饰工程，在制作、运输、安装等各环节均需有周全的成品保护措施，以防止构件、工厂加工成品，幕墙成品受到损坏，否则将无法确保工程质量。本工程的施工是在已完成的玻璃幕墙基础上，进行的干挂混凝土板的施工，对于原幕墙的成品保护尤为重要。

2. 成品保护组织机构

在本幕墙工程制作安装过程中成立成品保护小组，制订成品保护实施细则，负责成品和半成品的检查保护工作。

3. 对已完成幕墙成品保护

已完成幕墙成品保护重难点分析以及解决措施见表 4-22。

已完成幕墙成品保护重难点分析以及解决措施　　表 4-22

序　号	重难点分析	应对措施
1	在玻璃幕墙四周进行干挂混凝土基层龙骨施工时，焊接造成的火花对原玻璃幕墙会造成烫伤	对所有焊工成品保护意识再教育，提高对成品保护的认识，施工过程中焊接必须有接火容器，在动火位置覆盖防火布，防止电焊火花飞溅损伤玻璃及其他材料

续表

序　号	重难点分析	应对措施
2	在玻璃幕墙四周进行干挂混凝土面层施工时，材料、工具的坠落或者做外墙涂料时漏浆都会对玻璃幕墙造成污染或者破坏	为防止污染，在玻璃幕墙外部满铺防火布，防止物体坠落，玻璃幕墙四周与脚手架之间搭设隔离板作为硬隔离防护 四周与脚手架间铺设木板 大面满铺防布 木板隔挡
3	在脚手架与结构之间吊装过程中由于构件移动、碰撞等造成原幕墙成品破坏	吊运和吊装过程中，在构件靠原幕墙一侧固定木方，外包裹泡沫或胶皮等软性材料，构件和原幕墙形成弹性保护；并且在起吊过程中始终有施工人员在脚手架上控制龙骨，防止与玻璃幕墙发生碰撞
4	在B区室内进行转接件龙骨焊接时容易对原玻璃幕墙室内龙骨以及玻璃造成损坏	玻璃表面做保护膜封闭

4. 材料进场阶段保护

（1）原材料到厂后，检验员按《采购控制程序》规定进行检验，质监员查验后统一堆放于材料库房。

（2）为保证艺术板的最优质量强度，水泥材料需存放在干燥通风区域以免受潮影响水泥强度。

（3）卸货过程中，应轻拿轻放，堆放整齐，严禁违章搬运，强行搬运，保证搬运人员与材料的安全。

5. 打包装箱

按照图纸编号数量尺寸定制木制包装箱，木箱要求尺寸合适、结实、箱体开口设计合理；使用专用包装泡沫、塑料薄膜进行软隔离；塑钢打包带打包固定。确保产品在运输中不因晃动导致破损。按照编号箱子与构件对号入座、对每一件产品用泡沫包裹保护。

6. 构件的运输

（1）合理按箱子大小高低进行装车，大箱与较重的箱子装在下层，不能超过国家相关规定的高度和重量。

（2）构件与构件间必须放置一定的垫木、橡胶垫等缓冲物，不允许幕墙构件之间留有大空隙，不允许构件与构件、构件与其他硬物直接接触，并估计运输中有无可能产生窜动可使其因与硬物挤压而产生变形，防止运输过程中构件因碰撞而损坏。

（3）在整个运输过程中为避免构件表面损伤，在构件绑扎或固定处用软性材料衬垫保护。

（4）构件装车时应在车厢下垫减振木条，顺车厢长度方向紧密排放。摆放需整齐、紧密不留空隙，防止在行驶中发生窜动而损伤产品。

（5）散件按同类型集中堆放，并用钢框架、垫木和钢丝绳进行绑扎固定，杆件与绑扎用钢丝绳之间放置橡胶垫之类的缓冲物。

（6）运输中应尽量保持车辆行驶平稳，路况不好注意慢行。

（7）运输途中应经常检查货物情况。

（8）公路运输时要遵守相应规定，如《货车满载加固与超限货物运输规则》。

（八）存放保护

（1）材料到场后，使用合力叉车以及手动搬运车进行卸车及转运。

（2）现场搭设专门的构件堆放仓库，构件到场后，按规格型号分类堆放。

（3）堆放场地应平整、干燥、通风。

（4）构件下方使用木方将构件与地面分离，构件表面使用篷布进行覆盖，防止构件被雨水等污染。

（5）构件堆放高度不超过 2m，堆放层数不能超过 4 层，堆放时应注意组合，防止构件薄壁受压损坏或倾倒。

（6）构件拆箱后，必须立放，使用“人”字架进行叠放、转运。

（九）安装时的成品保护

（1）构件安装过程中，使用单独制作的护角、护边对构件进行保护；使用绑带作为吊运、吊装措施，绑带和构件之间采用胶皮等柔性材料进行防护，防止构件受压力过大被破坏。

（2）在操作过程中若发现砂浆或其他污物污染了饰面板材，应及时用清水冲洗干净，再用干抹布抹干，若冲洗不净时，应采用其他的中性洗洁液清洗或与生产厂商联系，不得用酸性或碱性溶剂清洗。

（3）在全部操作过程中须避免与锋利和坚硬的物品直接以一定的压强接触。

（4）设置临时防护栏，防护栏必须至上而下用安全网封闭。

（5）为了防止已装板片污染，在板块上方用彩条布或木板固定在板口上方，在已装板块上标明或做好记号。特别是底层或人可接近部位用立板围挡，未经交付时不得剥离，发现有损坏应及时修复，避免耽误工期。

（6）针对高架桥罗马柱上的干挂预制纤维混凝土，1220mm 以下部位用夹板贴紧混凝土保护，防止碰撞、污染对混凝土完成面的破坏。要保证不对已完成石材工程造成污染，转角部位，要用制作的护角进行保护。

（7）对于大面混凝土板块的保护，可采用保护膜进行保护，但是转角部位制作护角进行保护。

（8）在安装过程中，成立成品保护小组，制订成品保护实施细则，负责成品和半成品的检查保护工作。

（9）根据工程实际情况制定成品保护管理组织机构，具体的成品、半成品保护措施及奖罚制度，落实责任个人；定期检查，督促落实具体的保护措施。

八、研究结论

干挂纤维（彩石）混凝土艺术板工艺，通过模具加工制作而成，辅以镀锌钢龙骨、预埋锚栓及挂件干挂系统，对水泥原材料，严格控制强度指标和安定性，制作板时增加抗裂、抗老化、抗渗等聚合物，无论从施工进度、施工质量，还是整体外观效果，都达到了欧式效果，干挂彩石纤维混凝土艺术板是装配式体系，工程化生产，不仅缩短工期，节约能源，减少对机场环境影响的优势，还满足了经济性、美观性、安全耐久性，从而实现了哈尔滨机场 T2 航站楼及高架桥工程的欧式外立面，如图 4-42～图 4-49 所示。

图 4-42　高架桥主桥爱奥尼克单柱柱头图

图 4-43　高架桥主桥爱奥尼克双柱柱头图

图 4-44　航站楼陆侧爱奥尼克柱柱头图

图 4-45　高架桥一层主桥下柱墩图

图 4-46　航站楼空侧檐口干挂彩石纤维混凝土艺术板

图 4-47　哈尔滨机场航站楼高架桥实景图

图 4-48　哈尔滨机场夕阳下柱廊的实景图片

图 4-49　哈尔滨机场欧式建筑工程实景图片

第七节　本章小结

由于彩石混凝土工艺工序复杂，混凝土浇筑以后，在主体结构荷载不断增加、混凝土收缩、温度变化（包括内外温差）等的作用下不可避免地会产生微裂缝；设计装饰混凝土强度等级要求 C30 强度，现场墙体为高保温砌块墙体，两种材料强度等级相差大，混凝土收缩应力得不到缓慢释放，墙面产生裂缝，面层开裂后难以修复，不仅影响质量安全，同时也影响建筑美观。装饰彩石混凝土工艺不能满足扩建工期要求，从模板加工生产、制作安装、面层施工等多个环节施工周期较长，操作难度大，工序复杂，在工程量大工期时间紧的情况下，现浇彩石混凝土工艺无法满足工期要求。针对现浇工艺施工单位就混凝土产生不同程度裂缝，多次进行研究试配，先后多次调整混凝土配合比及外加剂，但仍存在开裂现象，现浇欧式装饰彩石混凝土工艺不可避免地会产生微裂缝，墙面产生裂缝对混凝土耐久性产生不利影响，开裂的彩石混凝土面层，在春冬季雨水渗入、冻融交替的环境下，彩石混凝土存在脱落、伤人的安全隐患。该工艺在严寒地区大型公共建筑中不建议采用。

干挂石材外墙体系。干挂石材是石材幕墙的基本形式，主要由龙骨、石材、挂件及密封胶构成，天然石材具有良好的装饰效果，耐久性优良。干挂石材欧式建筑现浇装饰彩石混凝土的优点是采用天然石材，材质自然，建筑表现力丰富。欧式建筑外立面细部造型复杂，用石材雕刻的方式形成细部难度大，耗费时间长，造价高；石材板块较小，板块与板块之间以硅酮密封胶密封，易在板块分割处形成污渍，影响建筑效果，柱头等欧式构件自重大，原结构体系承载受限。

GRC 工艺外墙体系。GRC 具有构件薄，自由膨胀率小，防裂性能可靠，质量稳定，防潮、保温、不燃、隔声、可锯、可钻，墙面平整施工简单，避免了湿作业，改善施工环境，节省土地资源，工厂化模具成型，减少现场施工周期，GRC 欧式构件是欧式建筑常用的现浇装饰彩石混凝土做法，其造价低廉，复杂细部易成型，干法作业，环保。GRC 具有构件薄，且是脆型材料，易在施工过程中形成破坏；变形较大，接缝易开裂；含水率较高，在严寒地区易冻融破坏，板块接缝多，墙面完整性较差等缺点。设计师首先否定了该方案。

装饰砌块组砌工程方案。结合欧式造型和装饰颜色，制作相应颜色的砌块，将这种混凝土砌块砌筑在结构体的外侧，以装饰砌块本身的饰面作为欧式的装饰面，形成满足欧式装饰要求的砌体立面。这种以砌块砌筑形成的欧式外部装饰，不仅可以美化欧式的艺术造型，还可大量减少湿作业、提高柱子外部装饰的耐久性，符合国家绿色建筑及建筑工业化的要求，但砌块尺寸小，悬挑尺寸受限，需要 GRC 构件辅助等措施。

干挂彩石纤维混凝土艺术板工艺替代现浇彩石混凝土工艺，纤维混凝土艺术板外立面采用 HC-RSW 高强无机材料，通过模具加工制作而成，辅以镀锌钢龙骨、预埋锚栓及挂件干挂系统，对水泥原材料，严格控制强度指标和安定性，制作板时增加抗裂、抗老化、抗渗等聚合物，无论从施工进度、施工质量，还是整体外观效果，都达到了欧式效果，干挂彩石纤维混凝土艺术板是装配式体系，工程化生产，不仅缩短工期，节约能源，减少对机场环境影响的优势，经济性、美观性、安全耐久性等方面满足哈尔滨机场扩建工程欧式建筑要求，从而实现欧式外立面效果。

第五章　绿色机场建设关键技术研究

第一节　绿色机场建设项目研究概况

绿色机场的概念，主要源于绿色建筑。从20世纪60年代，美籍意大利建筑师保罗·索尔瑞把生态学和建筑学合并，并提出了著名的“生态建筑”，即绿色建筑的新理念。至1992年联合国环境与发展大会提出“可持续发展”思想，绿色建筑成为世界建筑发展的方向。21世纪以后，全球已然进入了绿色经济时代，实施绿色战略目标已成为重中之重。

绿色机场是由美国机场“清洁合作组织（CAP）”在“绿色机场行动（GAI）”提出，随后该概念逐渐被国际社会所熟悉。绿色机场行动旨在帮助机场实现快速发展的同时，为环境质量、能源节约和减少与当地社区的冲突采取有效措施。它的目标不仅是使机场环保，还要用一种可持续发展的方式适应经济增长和创造更宜居的周边环境。绿色机场行动不是一种只为环境质量放慢自身成长的机制，而是一种维护环境的同时，还要保证自身健康稳定成长。

在我国绿色机场概念是2007年9月民航局在《关于开展建设绿色昆明新机场研究工作的意见》中提出的，随后绿色机场概念开始在国内航空业盛行。对于绿色机场的定位基本达成了共识，即在机场的选址、规划、设计、施工、运营直到废弃的整个生命周期中，能够高效利用能源、水源、土地源、物料源等一切被利用的资源，采用持续改进、科学的环境评价管理体系，达到最小化地影响环境，最终将机场建设成能够健康、高效运行，使机场人员及客户拥有舒适的工作与活动空间，促进人与生态、环境与经济、建设与保护、经济增长与社会进步相平衡的机场体系。归纳起来，绿色机场的基本要素主要体现在四个方面，即节约、环保、科技和人性化，这也是提倡绿色机场理念的精髓所在。

国内外严寒地区绿色机场建设基本尚未展开，黑龙江省目前建设中的机场均未实施绿色建设，在绿色机场建设的实现过程中缺乏协同配合。尤其是严寒地区气候条件下的绿色建筑实现程度更为高要求，加之机场类特殊要求的大型公共建筑，其实现难度要求更高。严寒地区绿色机场建筑是一种综合性技术集成，不仅仅是针对建筑物本身，还涉及城市规划、土地、交通、给水排水、能源（供热、供气、可再生能源等）等公共基础设施。同时，还强调对建筑物以外的环境构建，从绿地率、日照时间、人行区风速、环境噪声、场地交通组织、场地生态等系列指标进行评价。因此，需要各相关部门协同工作，共同配合，促进绿色建筑的实现，为绿色建筑、绿色社区、绿色城区的发展提供良好的前提条件。

同时，适合于严寒地区绿色建筑技术研发与应用技术储备不足。严寒地区实现绿色建筑的难度要远远高于夏热冬冷或南方地区，主要是缺少适合于严寒地区的绿色建筑设计、绿色施工工艺、绿色建筑结构体系、绿色装配式建筑、绿色建筑用新型材料、设备以及可再生能源利用等，这些适宜于严寒地区绿色建筑的关键技术亟待立项研究与突破。

因此，结合黑龙江省乃至严寒地区绿色建筑发展的现状以及诸多问题，组织开展实施哈尔滨机场绿色机场建设关键技术研究，可以为大力推动严寒地区绿色建筑建设及绿色机场建筑的科技支撑。

一、绿色机场项目研究内容

研究项目结合哈尔滨机场扩建过程的实施，通过严寒地区绿色机场建设建筑设计过程及建造过程中对节地与室外环境、节能与能源综合利用、节水与水资源利用、节材与材料资源利用、室内环境、绿色施工及运营等关键技术进行全面深入地研究。

二、项目研究技术路线

根据严寒地区绿色的应用领域、应用情况与未来发展需求，依托工程建设的研究技术条件与项目组自身研究绿色建筑的技术优势，确定严寒地区绿色机场建设关键技术研究这一选题。其次，通过查阅大量绿色建筑等相关文献和标准规范，了解和熟悉了国内外本研究领域的研究现状与进展，奠定了课题研究的理论基础。在此基础上，围绕严寒地区绿色机场建设关键技术要求，结合哈尔滨机场扩建过程的实施，通过严寒地区绿色机场建设建筑设计过程及建造过程中对节地与室外环境、节能与能源综合利用、节水与水资源利用、节材与材料资源利用、室内环境、绿色施工等关键技术进行全面深入地研究，后续根据工程应用实践→形成研究成果报告→鉴定验收→成果推广应用。

三、国内外同类研究的比较

首次采取的机场航站楼“贴临建设”的设计与建造技术，紧贴现有正在运行的航站楼建设新航站楼，最后合二为一,一体使用，这在我国大型机场的应用尚属首例，实现了规划科学，用地节省，建成后节约运行成本，便利旅客出行。

采用大面积平屋顶的建筑形式，且在严寒地区大型屋面首次采用了TPO单层平屋面防水技术，有效降低航站楼使用净空1/3左右，并增强了屋面夏季反太阳辐射功能，实现了严寒地区大型公共建筑高效节能与节材的统一；运用三银Low-E玻璃技术、冷热电三联供技术、太阳能发电技术和智能控制等技术实现了航站楼的进一步节能与能源综合利用；采用高效节水器具与中水回用技术做到了充分节水与水资源综合利用。

四、研究成果的科学意义、应用前景和经济社会意义

其科学意义在于，首先实现哈尔滨机场全寿命期内，最大限度地节约资源（节能、节地、节水、节材）、保护环境和减少污染，为使用者提供健康、适用和高效的机场使用空间，同时将哈尔滨机场打造成为与自然和谐共生的建筑，在设计阶段努力全面实现机场建筑的舒适度和建筑节能、节水、节材、节地的综合性最优方案，在施工与运营过程中深入贯彻绿色施工与绿色运营理念，实现全寿命期绿色建筑。近年来，国家提倡绿色发展、合理开发资源、节能减排政策，在建设工程领域大力推广绿色建筑，建设一座的严寒地区绿色机场，为今后严寒地区绿色机场的建设留下丰富的建设经验与适宜技术。课题的研究成果对严寒地区大型公共建筑、绿色建筑具有推广和指导意义。

本项目成果，在哈尔滨机场扩建工程中的应用取得了显著的经济效益，节约大量的土地资源、建筑材料、建筑供暖与制冷能耗及水资源，既降低了施工过程中的资源与能源消耗，将环境影响程度降至最低，达到了快速绿色建造的同时又降低了生产成本，同时所采取的适宜的绿色建筑技术又使得机场运营期可以达到降低资源和能源消耗，对于节约能源、改善环境、提高经济效益、实现资源优化配置和可持续发展具有重要的社会意义。

第二节　节地规划与建筑设计关键技术研究

近年来，我国航空运输业快速发展。随着航空运输业发展的更加成熟，民用机场逐步向大型化和枢纽化发展，这势必带来机场的扩建。以前机场作为单一的交通设施，规划初期没有引起足够的重视。近年来以机场作为发展动力，形成空港、航空城（如奥兰多国际机场、法国戴高乐国际机场等），都由于其人流、物流不断增大，成为城市规划的重点。“十三五”期间民航发展必须遵循的基本原则之一是坚持节能环保。要实现节能环保，就必须节约集约利用土地等资源，努力建设资源节约型和环境友好型民航。

哈尔滨机场扩建T2航站楼工程与既有T1航站楼贴临建设，新老机场交通网络在时间和空间上均交叉共存。扩建工程由T2航站楼、高架桥、地面停车场工程组成，需分阶段施工完成并交付使用，建造过程中需满足T1航站楼不停航要求，施工现场与社会车辆存在平面交叉现象，不停航施工管理难度在民航机场建设领域首次遇到。

一、方案设计

（一）单体航站楼设计

哈尔滨机场扩建工程“符合哈尔滨城市整体建筑风貌”的具体要求和按照“便利旅客出行、体现哈尔滨地域文化特点、集约节约及实用”的原则，优化调整了航站楼设计方案及分期建设方案。航站楼建筑风格由原设计自由流线型建筑造型修改为采用欧式建筑造型，屋面改为平屋面形式，外墙及室外立柱均采用欧式建筑风格。通过这样的设计手法，展现了哈尔滨机场现代化航空港建筑与当地欧式风格城市面貌的相互融合（图5-1）。

图5-1　哈尔滨机场鸟瞰图

（二）建筑空间设计

1. 大空间和大面积联系

航站楼的主要功能区，如出发与办票大厅、候机厅、行李提取厅和迎客厅都以大空间的方式处理。主要考虑到旅客在这些功能区逗留时间较长，高大、宽敞、明亮的空间会给旅客在心理上带来舒畅和愉悦。

2. 水平空间的联系

功能区的间隔采用玻璃隔断，以减少旅客空间视线的中断。这个概念同时加强了旅客的方向感，减少指示牌和标志的设立，在心理上、视线的联系上增加空间的体量，提高旅客的舒适感，同时符合绿色建筑节材原则。

3. 垂直空间的联系

在主楼的出发和迎客大厅的位置上，设有贯穿上下的中庭空间，使主要功能区视线互相联系。

4. 室内绿化

室内绿化的布置是创造航站楼室内良好空间环境的必备条件。在不影响使用功能的前提下，尽量布置室内绿化。绿色能给人带来愉悦，消除办理各种登机手续带来的紧张感和疲劳感。在适当的位置，视线需要通透的部位，布置一些低矮的植物，在空间上下贯通的部位，选择高直的大型灌木，增添室内空间的活力。

（三）平面设计

航站楼在平面构型上可分为现有航站楼 T1（A 区）、新建航站楼 T2 主楼（B 区）、新建 T2 连廊和指廊（C 区）等三部分。分区如图 5-2 所示。

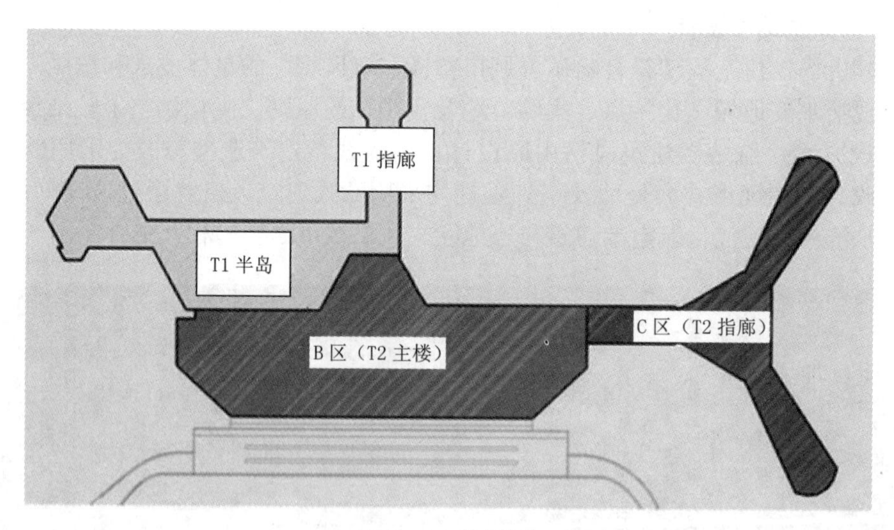

图 5-2　分区图

二、贴临建设的优点、难点及技术研究

本项目建筑设计从概念阶段就确立了一个寻求绿色设计最优解的基本愿景，并提出了概念方案的基本绿色设计原则，即：结合航站楼功能与业务流程要求，充分利用与改造 T1 现有资源，贴临建设减小建筑体型系数，降低围护结构传热系数，充分利用自然通风，在

满足室内自然采光的要求下，降低窗墙比，以达到较好的节能效果。

基于绿色机场设计原则（在全寿命周期内，最大限度地节约资源、节能、节地、节水、节材、保护环境、减少污染），建筑方案中研究并应用了如下技术。

（一）节约土地、集约发展

通过扩建 T2 航站楼工程与既有 T1 航站楼贴临建设，进一步减少机场建设用地，强化节地优势。提高机场建设用地集约性，减少用地规模，将有利于机场未来发展留出更大的土地空间。通过贴临建设，能有效控制机场的分期建设规模、压缩土地占用，也将为机场自身的可持续发展创造良好条件。

（二）交通便捷、综合利用

通过贴临建设，进一步利用原有航站楼交通枢纽设施，整合相关配套功能，减少建筑材料的浪费和运营能耗的增加，进而形成综合型、一体化的交通运输体系，对整个机场资源的节约具有重要意义。

（三）节约资源、减少能耗

通过贴临建设，进一步利用原有航站楼供热、燃气、给水、排水、电信、电力等管网设施，减少室外管网的施工成本和运营能耗。

（四）流程便捷、方便出行

近远期协同发展，高效利用建筑空间，旅客流程便捷、清晰与合理，适宜步行距离，为旅客休憩和候机营造舒适的空间环境，方便旅客出行。

在冬季，每当强冷空气爆发，常引起气温急剧下降，并伴以大风和暴雪，严重影响城市交通和旅客出行。针对这种恶劣的气候条件，机场航站楼方案的雨篷设计遵循一体化设计原则，使雨篷完全覆盖主入口车道边，为在风雪中到达和出发的车流及客流提供了很好的庇护，体现了人性化的设计关怀。

（五）节水与水资源利用

本项目屋面采用平屋面形式，雨水经管道收集后，可用于室外道路清洗和室外景观绿化的浇灌用水，人行道、停车场的铺地材料，采用渗水材料，以利于雨水入渗。

（六）节材与材料利用

选用符合国家标准的绿色、环保、可再生建筑材料。

（1）可持续建筑需要选择好的可持续材料。

（2）平衡建筑之间的美观和建筑可持续性。

（3）设计时减少废料的产生。

（4）尽可能使用结构表面为建筑最终完成面。

（5）材料的生产、使用和处理过程不应向环境释放有毒的副产品。

（6）回收废料。

（7）延长材料的生命周期并延缓其成为堆填垃圾。

（七）贴临施工重点与难点

现有 T1 航站楼为两层式航站楼，二层为出发层，标高 5.20m，一层为到达层，标高 ±0.00。在 T2 航站楼施工过程中，T1 航站楼正常运行使用，本方案设计 T2 航站楼建设和 T1 航站楼改造共分为三个阶段完成，第一阶段为建设 T2 航站楼 13.25 万 m^2，第二阶段为建设 T2 航站楼 3 万 m^2，第三阶段改造 T1 航站楼并实现与 T2 航站楼衔接。

第一阶段：

将位于 T1 航站楼正前方的 T2 航站楼作为独立的建设单元，从完整的 T2 航站楼中分隔出来作为 T2 航站楼第二阶段。T2 航站楼第一阶段施工期间保留 T1 现有的陆侧，T1 航站楼东北方向场地设置临时停车场，旅客从陆侧一层现有高架桥下方进出航站楼，T1 航站楼正常运行使用，把施工对运行的影响降到最低。

第二阶段：

在 T2 航站楼第一阶段投入运行后，拆除 T1 前高架桥，建设 T2 航站楼第二阶段。

第三阶段：

T1 主楼和半岛区改造为国际区，与 T2 航站楼在一层和二层实现衔接。T1 指廊区改造为国内候机指廊，与 T2 主楼连接。

新建的 T2 航站楼二层标高 8.5m，T1 航站楼二层标高 5.2m，由于连接处标高不同，分别设置了自动坡道及电梯来实现标高的衔接。改造后 T1 航站楼主楼二层陆侧作为国际出发旅客办票及联检手续区，主楼二层空侧及半岛区域作为国际候机区。改造后 T1 航站楼主楼一层布置国际出港行李分检厅、国际到港行李提取厅、国际旅客到港厅、国际到港联检通道、国际贵宾区以及相关业务用房；半岛一层主要作为国际到港旅客通道以及相关设备设施用房。由于 T1 航站楼没有夹层，本次改造方案每两组登机口之间设置一组电梯楼梯扶梯与一层到港通道相连接，实现进出港旅客完全分流，这种分流方式对于国际航站楼的运行管理至关重要。

研究后的规划使 T1 与 T2 航站楼在功能上实现了最有效的衔接，在建筑造型方面两者合为一座整体化的航站楼，在陆侧及空侧均可形成有序运行方式和整体视觉形象，这是本方案在航站楼功能和建筑形象方面所要实现的一个最重要目标。改造期间 T1 航站楼现有高架桥引桥拆除，保留高架桥平直段作为二层楼面的一部分与 T1 航站楼连接，这样既实现功能衔接，又经济有效地利用了现有设施，把改造的成本降到最低。

机场扩建工程采用贴临式建设，施工过程中，新建高架桥与原有 T1 航站楼外交通网络空间交叉，在时间上不允许全部关闭 T1 航站楼通道再施工高架桥。综上所述，本工程不停航施工要求严格，由此也造成本工程施工的一系列施工难题。主要体现如下：

（1）新老交通工程信息复杂，须进行整理与分析，并对部分节点进行深化设计。

（2）施工界面与社会界面重合，须完善施工部署，合理规划交通导改方案。

（3）各阶段施工与通航空间交叉紧密，须优化方案表现形式，便于讲解并指导施工。

三、本节结论

（1）机场扩建工程总体采用贴临建设技术，合理规划，综合利用土地资源，充分体现集约化理念。

（2）T2 和 T1 航站楼有机结合，形成和谐的建筑统一体，在建设过程中通过合理的分阶段实施方式，交通导改规划合理，既保证现有设施的正常运行，又可以在航站楼功能和建筑造型方面实现有机的融合。方便出行，大幅减少运营成本。

（3）欧式建筑风格与哈尔滨城市特征相呼应，建筑的自然美和人文美相辅相成，营造出了具有地域特色的建筑造型和以人文为本的建筑空间。

第三节　节能与能源综合利用关键技术研究

本节从冷热电三联供系统、分布式光伏发电系统、三银Low-E中空玻璃应用、电气节能技术、屋面TPO反射屋面节能技术五个方面开展研究。

一、冷热电三联供系统节能与能源综合利用

随着社会生产生活的发展，各种常规能源的大量消耗促使人们一方面不断探索利用太阳能等各种可再生能源，另一方面在积极寻求高效、环保的能源利用方式。分布式冷热电联供系统（DES/CCHP：Distributed Energy System/Combined Cooling，Heating and Power）是分布式能源系统中前景最为明朗、最具实用性和发展活力的系统。它是在热电联产系统基础上发展起来的一种总能系统，直接面向用户需求供电、供冷、供热。分布式能源是将发电系统以小规模（数千瓦至50MW的小型模块式）、分散式的方式布置在用户附近，可独立地输出电能、热能或冷能的系统。随着分布能源技术的不断发展，以天然气为主要燃料，推动燃气轮机或内燃机发电，再利用发电余热向用户供冷、供热的燃气冷热电三联供系统已成为分布式能源的一种主要形式。

（一）分布式冷热电联供系统的基本原理

分布式冷热电联供系统（DES/CCHP）即“第二代能源系统”，集燃气轮机、燃气内燃气轮机、蒸汽轮机、吸收式冷热水机、压缩式冷热水机、热泵、吸收式除湿机和能源综合控制体系等高新技术和设备为一体，对输入能量及内部能流根据热能梯级进行综合梯级利用，来达到更高能源利用率，减少CO_2及有害气体排放。

分布式冷热电联供系统的基本原理是能的梯级性利用。以天然气为燃料燃烧后，化学能转换为700~1500℃的高品位热能，首先利用这部分热能驱动发电机发电；然后对中低品位热能进行逐级利用，200~ 500℃的热能可以作为吸收式制冷系统的驱动热源进行供冷或对外供应高压蒸汽，而200℃以下的热能则可以通过换热器供应热水或低压蒸汽，实现对天然气的多级多次利用。根据用户能源消费结构的特点，综合设计能源供应体系，将简单的单一电力供应，改变成电、热、冷的联合供应，充分利用燃料燃烧后放出的热量，就有可能在现有发电效率的基础上，增加热能利用率，从而大幅度地提高能源利用率。

根据卡诺定理，理论条件下的热力循环效率上限为63%左右，实际热力循环效率通常在45%以下，目前最先进的超临界机组也无法突破50%，而理论条件下，燃气轮机的布雷登循环效率上限为48%，实则接近40%，燃气蒸汽联合循环的效率则接近60%，根本原因是实现了能量的梯级利用。但是与卡诺循环还有近20%的差距，主要原因是燃气轮机排烟损失和余热锅炉中换热不完全造成的损失。若采用分布式冷热电联供系统，一次能源利用率通常可达70%以上。

简单的说，燃气冷热电三联供系统基本原理就是温度对口、梯级利用。首先洁净的天然气在燃气发电设备内燃烧产生高温高压的气体用于发电做功，产出高品位的电能，发电做功后的中温段气体通过余热回收装置回收利用，用来制冷、供暖，其后低温段的烟气可以通过再次换热供生活热水后排放。通过对能源的梯级利用，充分利用了一次能源，提高

了系统综合能源利用率。

(二)绿色机场冷热电三联供技术的应用

1. 工程概况

哈尔滨机场扩建工程采用天然气分布式能源方案为航站楼供冷、供热及提供部分供电，新建了相应的能源站。能源站建筑面积2231.71m^2，建筑高度17.15m。扩建后航站楼B、C区（新建）及A区（T1航站楼改建）冷、热源均由本能源站统一提供，能源站独立设置只为航站楼建筑供冷、供热、供电。供能方式为利用燃气发电机发电系统的余热通过余热直燃机进行制冷、制热。夏季制冷运行时，直燃机进行补燃，与两台离心式电制冷机共同为航站楼提供冷量，冷媒温度为6/13℃；冬季制热运行时，直燃机不补燃，余热直燃机回收内燃发电机余热并预热燃气锅炉回水，由燃气锅炉为航站楼冬季提供供暖热源，供热热媒温度为130/70℃，连续供热，可保证机场供能安全，提高系统综合能源利用效率，降低运行成本。

2. 能源站冷热电系统简介

航站楼冷、热负荷设计值见表5-1。

航站楼冷、热负荷设计值 表5-1

序号	建筑物名称	建筑面积（m^2）	热负荷（kW）	冷负荷（kW）
1	航站楼A区（原T1航站楼）	67556.5	10133	4755
2	航站楼B、C区（新建航站楼）	160303	21152	15109

（1）冷源

能源站设两台溴化锂烟气热水型余热直燃机组，单台制冷量为4652kW。两台离心式冷水机组，单台制冷量为4652kW。余热直燃机与燃气内燃发电机一一对应设置。制冷工况余热直燃机补燃。冷水的供回水温度为6/13℃。余热直燃机制冷量不足部分由离心式冷水机组作为补充。室外地面上对应设置四组冷却塔，冷却塔、冷冻水泵与冷却水泵均按一对一设置。冷冻水系统补充软化水；冷却水补充生活给水。冷水机组出口设置超声波流量表。冷冻水系统采用冷源侧定流量，负荷侧变流量的二级泵系统，当负荷侧流量减少时通过设在供水管与回水管之间的压差调节器及旁通管调节流量。

（2）热源

能源站设有一台14MW燃气锅炉，两台7MW燃气锅炉，为航站楼冬季供暖提供热源。热媒温度为130/70℃。经航站楼地下室热力站内的换热设备换热后为航站楼提供不同参数的供暖热水。燃气内燃发电机的高温烟气及缸套水等余热经直燃机和板式换热器进行热量回收后为燃气锅炉回水进行预热。供暖初寒期及末寒期等过渡季节该回收的热量可直接供给航站楼，不启动燃气锅炉。锅炉、板式换热器、高温烟气热量回收等设备配套的循环泵均为一对一设置。

（3）发电

能源站设有两台发电功率为1198kW燃气内燃发电机组。所产生的电能送至机场变电站，与市政电网并网运行，采用并网但不上网方式，实现机场范围内自发自用。每台燃气内燃发电机的循环冷却设备均单独设置，该设备由机组配套。燃气内燃发电机组与余热直燃机对应设置。

（4）运行模式

冬季运行：冬季采暖经热力站换热成低温水供航站楼各供暖系统。供热时余热直燃机不补燃，在供暖初寒期和末寒期，室外温度相对较高、热负荷较小时，可以只用余热直燃机及发电机缸套水供暖。随着室外温度的降低，余热直燃机和缸套水余热燃气锅炉回水，余热后的回水进入燃气锅炉进一步提升温度，满足航站楼对供水温度的要求。一次网热媒设计供回水温度为130/70℃，连续供热。

夏季运行：制冷主要由烟气热水型余热直燃机组提供冷冻水，夏季运行时余热直燃机补燃。不足部分由两台1000Tons离心式冷水机组作为补充。冷冻水设计供回水温度为6/13℃。

（三）绿色机场冷热电三联供技术节能分析

机场具有建筑规模大、用能系统复杂的特点，机场的用能方式对能耗的影响很大。国内外绿色机场节能技术核心都在解决大空间、多功能区的节能问题。目前国内的几个大型机场改建、扩建工程都应用了三联供技术，其中长沙机场分布式能源站项目采用BOT方式建设的能源供应项目，实现了分布式能源从项目开发到设计、建设、商业化运营的一体化服务模式。随后，浦东国际机场等相继应用了三联供技术。作为严寒地区的哈尔滨冬夏温差大，应用冷热电三联供技术更有其独特性。

1. 能源综合利用率提高

大型发电厂的发电效率为35%~55%，而冷热电三联供可实现能源的梯级利用，使燃料的利用效率（冷、热、电综合利用效率）达到80%左右，有良好的经济效益。哈尔滨机场将分布式冷热电三联供作为机场扩建后新的用能方式，以燃气为能源，通过对其产生的热水和高温废气的利用，以达到冷、热、电需求的一个能源供应系统。三联供系统经过能源的梯级利用可以大幅度地提高能源利用效率，它首先利用天然气燃烧产生高品位电能，再将发电设备排放的低品位热能充分用于供热和制冷，实现了能量梯级利用。有资料显示可以从常规发电系统的40%左右提高到80%，从而大量节省一次能源。集中供电由于距离终端用户过远，能量很难充分利用，而三联供建在用户附近，不但可减少线损，还可充分利用电能，将中温废热加以回收利用于供热、供冷，综合利用率可达80%以上。另外从能量品质衡量，三联供系统中有35%左右的高品位电能产出，综合能源利用效率高。

2. 电力和燃气双重削峰填谷

冷热电三联供系统可缓解电力紧张，削峰填谷以实现能源消耗的季节平衡。目前城市天然气用气结构的不合理导致了天然气资源浪费以及输配管道、门站等天然气设施利用率的下降，引起供气成本增加和燃气价格上升。冷热电三联供系统夏季可以替代电空调制冷而节约大量电力，减小大电网负担。因此，以天然气为燃料的热电冷联产系统具有燃气系统、电力系统双重调峰的作用。冷热电三联供系统采用溴化锂冷水机组作为制冷设备，利用低品位热能驱动，夏季空调用电紧缺，可减少夏季的电耗，从而削减电力高峰，弥补季节能耗的不平衡。

3. 经济、社会及环保效益

哈尔滨目前实行的商业平均电价为1.0元/kWh左右，因此采用传统电制冷除了增加大电网的负担以外，还必须承担高额的运行费用，而采用三联供系统利用发电后的余热来供热供冷，由于整个系统能源效率的提高导致了能源供应成本的下降，在不断增长的能源价格体系下更具有良好的经济效益。

天然气是清洁燃料、洁净能源，天然气燃烧无粉尘，烟气中 NOx 等有害成分的排放仅为燃煤的 20% 左右，CO_2 的排放为燃煤的 42%，几乎不产生 SO_2，排放指标均可达到相关的环保标准。与煤、电相比天然气是清洁能源，而且燃气热气机在运行过程中低噪声、低振动，具有良好的环保效益和社会效益，更符合绿色建筑节能理念。

对于机场这种大型公共建筑，对电源的可靠性要求较高，三联供系统可大幅度提高机场用能的电力供应安全性和保障性。新能源站投入运行后，不仅可以减少原煤使用量，还可以大幅减少二氧化碳等废气排放从而减少大气污染。其具有节约能源、改善环境、增加电力供应等综合效益，是提高能源综合利用率的必要手段之一，符合国家可持续发展战略。建设绿色机场，分布式能源冷热电三联供是十分高效的能源利用方式，该技术应用于严寒地区机场建设中尚属首例，分布式冷热电三联系统更彰显绿色机场的建设意义。

二、分布式光伏发电系统节能分析

面对环境污染和一次能源面临枯竭的威胁，人们必须寻求可替代能源。从能源供给安全的角度看，能源结构从以煤炭和石油为主向可再生能源等清洁能源转移，国内乃至国际开始大量利用可再生能源。在诸多可再生能源中太阳能光伏作为一种重要的方向，近年来在国内、外得到了大力的发展。分布式光伏发电对优化能源结构、推动节能减排、实现经济可持续发展具有重要意义。作为一种新型的、具有广阔发展前景的发电和能源综合利用方式，它倡导就近发电、就近并网、就近转换、就近使用的原则，不仅能够有效提高同等规模光伏电站的发电量，同时还有效解决了电力在升压及长途运输中的损耗问题。分布式光伏发电遵循因地制宜，充分利用当地太阳能资源，替代和减少耗煤，具有显著的能源、环保和经济效益，是最优质的绿色能源之一。

（一）分布式光伏发电系统原理及特点

1. 分布式光伏发电系统的原理

分布式光伏发电是采用光伏组件，将太阳能直接转换为电能的分布式发电系统。目前应用最为广泛的分布式光伏发电系统，是建在城市建筑物屋顶的光伏发电项目。建筑屋顶光伏系统是在建筑建造完成后，充分利用屋顶空置区域的光照面积，以接收更多的太阳能辐射用于发电，是建造在建筑屋顶的独立光伏发电系统。首先根据工程所在地区的经纬度、太阳辐照情况等相关数据确定屋顶光伏组件的最优化倾斜角度和安装方向，安装系统设备采集太阳能资源，使系统的发电效率最大化。该系统设备与建筑物紧密结合、协调一致。分布式光伏发电系统的基本设备包括光伏电池组件、光伏方阵支架、直流汇流箱、直流配电柜、并网逆变器、交流配电柜等设备，另外还有供电系统监控装置和环境监测装置。太阳能电池板是太阳能发电系统中的核心部分，太阳能电池板的作用是将太阳的光能转化为电能后，输出直流电存入蓄电池中。太阳能电池板是太阳能发电系统中最重要的部件之一，其转换率和使用寿命是决定太阳电池是否具有使用价值的重要因素。其中逆变器为关键部件，可将光伏电池组件在光照下产生的直流电转化为可使用的交流电。其运行模式是在有太阳辐射的条件下，光伏发电系统的太阳能电池组件阵列将太阳能转换输出的电能，经过直流汇流箱集中送入直流配电柜，由并网逆变器逆变成交流电供给建筑自身负载，多余或不足的电力通过联结电网来调节。在日照充足时将太阳能电池发出的多余电能经逆变器逆变为符合电网电能质量要求的交流电上传电网；当夜晚或日照较弱系统发电量不足时，则由电网自动补充供电。

2. 分布式光伏发电系统的主要特点

（1）系统相互独立，输出功率相对较小，可自行控制，避免发生大规模停电事故，安全性高。

（2）可以发电、用电并存，弥补大电网稳定性的不足，在意外发生时继续供电，成为集中供电不可或缺的重要补充，并在一定程度上缓解局地的用电紧张状况。

（3）由于参与运行的系统较少，启停快速，便于实现全自动，可对区域电力的质量和性能进行实时监控。输配电损耗低，甚至没有，无需建配电站，可降低或避免附加的输配电成本。

（4）光伏组件安装在现有的建筑屋顶上，土建和安装成本低，可节省用地面积。

（5）分布式光伏发电项目在发电过程中，没有噪声，也不会对空气和水产生污染，可大大减小环保压力，环保效益突出。

（二）绿色机场分布式光伏发电系统的应用

1. 项目概况

哈尔滨机场污水处理厂分布式光伏电站，位于东经 126.77°，北纬 45.75°，水平面年均辐照度 1276kWh/m^2，属于太阳能资源较丰富地区，适于光伏系统安装使用。本工程采用分布式、380 V 低压侧并网、自发自用模式。通过对该区域电网、电力负荷、建筑物荷载、屋顶可供利用面积等情况进行了深入调研和统计分析，确定了污水处理厂建筑屋面建设自发自用的分布式光伏发电项目。本项目运营期为 25 年，预计每年约生产 6.34 万 kWh 电能质量安全可靠的绿色电力，全部电力就地消纳，能有效降低原污水处理厂网购常规电力的成本。

该系统光伏组件单块峰值功率 130Wp，共 430 块，总装机容量为 55.9kWp。组件安装为屋顶固定支架安装形式，安装位置为污水处理厂屋顶，组件安装朝向为沿建筑朝向，安装倾角为 30°。太阳能电池板表面超白玻璃的透射比远大于反射比，而且反射的光线主要以漫反射形式存在，造成的平行光反射导致的刺眼现象完全不存在。对于高空的观察者，无论阳光强度如何，从任何角度观察，地面上的光伏方阵都呈暗淡的深色，与普通深色建筑瓦片效果相当，本项目的光伏发电工程不会对上空造成炫光。

项目采用 0.4kV 低压并网方式，暂设 1 个并网点，使用 2 台 30kW 组串式光伏逆变器，60kVA 双分裂隔离变压器 1 台。通过对单晶硅、多晶硅及非晶硅光伏组件的对比，从经济效益、节约土地、实际应用经验等因素综合考虑，本项目最终选择国内并网电站应用中占据主流的多晶硅组件。多晶硅光伏组件的功率规格较多，本项目考虑供货稳定性及充足性，并结合业主意向，选定采用 250Wp 光伏组件。直流系统串、并联方案为光伏组串采用一级汇流方案，每 10 块光伏组件串联构成一个组串，组串经光伏汇流箱并联后构成一个光伏支路，接入光伏逆变器。光伏汇流箱内设有支路防反二极管、熔断器、浪涌保护器和主断路器。逆变器采用组串式逆变器，该类型逆变器支持多路 MPPT 接入，可有效减少阴影遮挡造成的发电效率损失。光伏组件负极接地，在逆变器输出侧加装隔离变压器，且逆变器加装了负极接地装置。

2. 节能分析

太阳能光伏发电是利用自然太阳能转变为电能，在生产过程中不消耗矿物燃料，不产生大气污染物，是一种清洁的能源，其环境效益见表 5-2。本项目运行过程中既不直接消耗资源，也不产生温室气体破坏大气环境，同时又不排放污染物、废料，也没有废渣的堆放、废水排放等问题，没有噪声，有利于保护周围环境，安全可靠，是真正的绿色可再生能源。此外，分布式光伏发电可充分利用城市建筑屋顶资源，降低建筑温升，安装架设十分方便，规模可大可小且稳定寿命长，它改变了人类的能源结构，可维持长远的可持续发展，对推动节能、减排具有重要意义。

太阳能光伏系统节能减排分析 表 5-2

节能减排项目	排放系数（kg/kWh）	年平均减耗、减排量（t）	25 年总减耗、减排量（t）
标准煤	0.4000	25.36	633.97
二氧化碳	0.9970	63.21	1580.17
二氧化硫	0.0300	1.90	47.55
氮氧化物	0.0150	0.95	23.77
碳粉尘	0.2720	17.24	431.10

（三）绿色机场分布式光伏发电系统经济、社会效益

屋顶光伏发电对优化能源结构、推动节能减排、实现经济可持续发展具有重要意义。

1. 经济效益

2016 年我国多晶硅产量达到 19.4 万 t，在技术进步和规模效应双重推动下，我国先进多晶硅企业生产成本已下降至 70 元 /kg 以下，晶体硅组件生产成本下降至 2.5 元 /W 以下。本项目选用多晶硅太阳电池组件，经济使用期 25 年，年发电量计算见表 5-3。

太阳能光伏系统发电量 表 5-3

年　份	发电量（万 kWh）	年　份	发电量（万 kWh）	年　份	发电量（万 kWh）
第 1 年	7.01	第 10 年	6.51	第 19 年	6.00
第 2 年	6.96	第 11 年	6.45	第 20 年	5.95
第 3 年	6.90	第 12 年	6.40	第 21 年	5.89
第 4 年	6.84	第 13 年	6.34	第 22 年	5.83
第 5 年	6.79	第 14 年	6.28	第 23 年	5.78
第 6 年	6.73	第 15 年	6.23	第 24 年	5.72
第 7 年	6.68	第 16 年	6.17	第 25 年	5.67
第 8 年	6.62	第 17 年	6.12	总发电量	158.49
第 9 年	6.56	第 18 年	6.06	平均发电量	6.34

本项目总投资 50.44 万元，其中固定资产投资为 49.94 万元，经营期平均电价（含增值税）0.90 元 /kWh，第一年发电量 7.01 万 kWh，项目投资回收期 9 年，项目投资财务内部收益率（所得税后）超过 8%，高于行业投资基准收益率，经济性较好。

2. 社会效益

哈尔滨机场污水处理厂电站项目采用分布式太阳能光伏发电系统，该技术带来的社会效益是一个长期的回报过程，特点就是用能量来回收能量、用资金来回收资金。充分利用现有的闲置屋顶资源，利用清洁电力进行污水处理，减少了产品的碳足迹，进一步提升了绿色机场的节能形象，提高了可再生能源在能源结构中的比例。太阳能光伏发电符合中国可持续性发展过程中对清洁能源充分利用的趋势要求，对缓解当前能源紧缺的局势及调整能源结构起着很大作用，其政治、经济、社会和环保等效益显著。

三、三银 Low-E 中空玻璃应用的节能分析

公共建筑的节能性和舒适性，是现代建筑理应具备的基本特性和要素。哈尔滨属于严寒地区，夏季日照充足、冬季取暖期长。机场航站楼的结构特点是空间高大、系统复杂、透明围护结构所占比例大，尤其是大面积的玻璃幕墙。对于机场这种大面积玻璃幕墙的公共建筑，降低采暖能耗应从增强采光能力、提高太阳热量的传入、减少室内热辐射向外传出等方面考虑。因此玻璃的性能显得尤为重要，对能耗的影响很大，是节能的核心。仅仅具有采光、遮风挡雨等基础功能的普通玻璃已经无法满足现代绿色建筑的要求，三银 Low-E 中空玻璃是目前技术难度最高、工艺最复杂、光热特性最优良的节能玻璃。哈尔滨机场航站楼扩建工程，选用可见光透过率高、传热系数低的高透型三银 Low-E 中空玻璃应用于透明围护结构大面玻璃幕墙中，有效地降低了采暖和空调能耗，为绿色公共建筑打造了节能舒适的空间，同时亦达到了节约能源、保护环境的目的，在严寒地区机场建设中尚属首创。

（一）国内、外发展现状

1. 国外发展及应用现状

Low-E 玻璃又称低辐射玻璃，是一种新型节能玻璃。在国际上，英国皮尔金顿有限公司于 1978 年采用在线热解镀膜工艺研制开发成功优异的低辐射玻璃，1985 年开始正式在德国浮法玻璃生产线上实施使用，并很快生产出世界上首批低辐射 K 玻璃（即 Low-E 玻璃），当时取名为“低辐射 K 玻璃”。英国皮尔金顿有限公司生产的在线节能低辐射玻璃于 1985 年成功投放市场。与此同时，英国皮尔金顿有限公司将使用低辐射玻璃生产技术许可证同时出售给了美国 PPG 公司和法国的圣戈班公司，从而大大提高了世界上低辐射玻璃的产量和用量，低辐射玻璃在欧洲、北美、日本和其他国家、地区镀膜玻璃中的市场占有率和竞争力有了很大提高。由于低辐射玻璃具有独特的使用功能，其市场销售量迅速增长。目前在美国，20% 的中空玻璃都装有低辐射玻璃。在欧洲、德国、英国等国家的建筑标准中也规定了窗玻璃必须安装使用低辐射玻璃。据统计资料显示，欧美日韩等发达地区 Low-E 玻璃的使用率已经达到 80% 左右。

2. 国内发展及应用现状

我国建筑能耗约占全国总能耗的 1/3 以上，民用建筑和公共建筑单位能耗水平是欧洲

的 4 倍、美国的 3 倍。20 世纪 90 年代中期，我国开始认识低辐射玻璃，部分高级建筑使用了低辐射玻璃，比如上海、长沙、沈阳、北京等都使用了低辐射玻璃。随着社会的发展，建筑能耗在社会总能耗中比例日渐增大，国家节能环保政策不断推出。由于建筑围护结构中窗的绝热性能是影响室内热环境和建筑节能的主要因素，以至于对建筑用玻璃的节能要求越来越高。目前国内的 Low-E 玻璃生产技术已经趋于成熟，南玻从国外引进 Low-E 玻璃镀膜生产线。2007 年南玻率先开始研发及定型生产三银 Low-E 玻璃，但中国节能玻璃的普及率仅为 20%，Low-E 玻璃的普及率则仅有 8% 左右，应用三银 Low-E 玻璃的节能建筑比例更少，仍然远远低于欧、美发达国家的水平。

（二）Low-E 玻璃的性能特点

1. 玻璃的热工性能对建筑能耗的影响

玻璃是建筑外围护结构重要的组成构件之一，是围护结构节能最为薄弱的环节，尤其是机场航站楼大面积使用的玻璃幕墙。在建筑用玻璃的诸多性能指标中，主要用传热系数（*K*）和太阳得热系数（*SHGC*）来衡量其节能的特性。在 *K* 值与 *SHGC* 值之间，*K* 值主要衡量的是由温差产生的传热量，*SHGC* 值是由太阳辐射产生的热量传递比率。*SHGC* 值增大时，意味着有更多的太阳直射热量进入室内，减小时则将更多的太阳直射热量被阻挡在室外。

按照《公共建筑节能设计标准》GB 50189-2015，我国分为 5 个气候区，哈尔滨属于严寒地区。资料显示，对不同气候区的建筑能耗进行模拟计算发现，不同气候区，玻璃的 *K* 值和 *SHGC* 值对节能效果的影响程度有所不同。不同气候区玻璃 *K* 值和 *SHGC* 值对建筑能耗的影响不同。

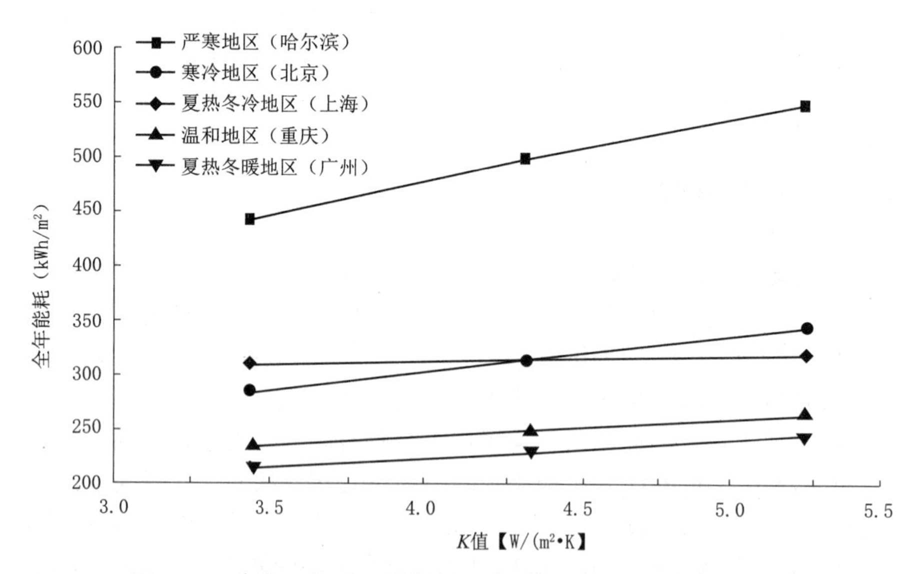

图 5-3　玻璃 *K* 值对不同气候区建筑物全年能耗影响示意图

由图 5-3 可见，不同的气候区玻璃 *K* 值对建筑能耗的影响均为 *K* 值越小能耗越低。但影响程度有所不同：从图中曲线斜率值可以看出，在严寒地区哈尔滨玻璃 *K* 值对建筑能耗的影响最大。

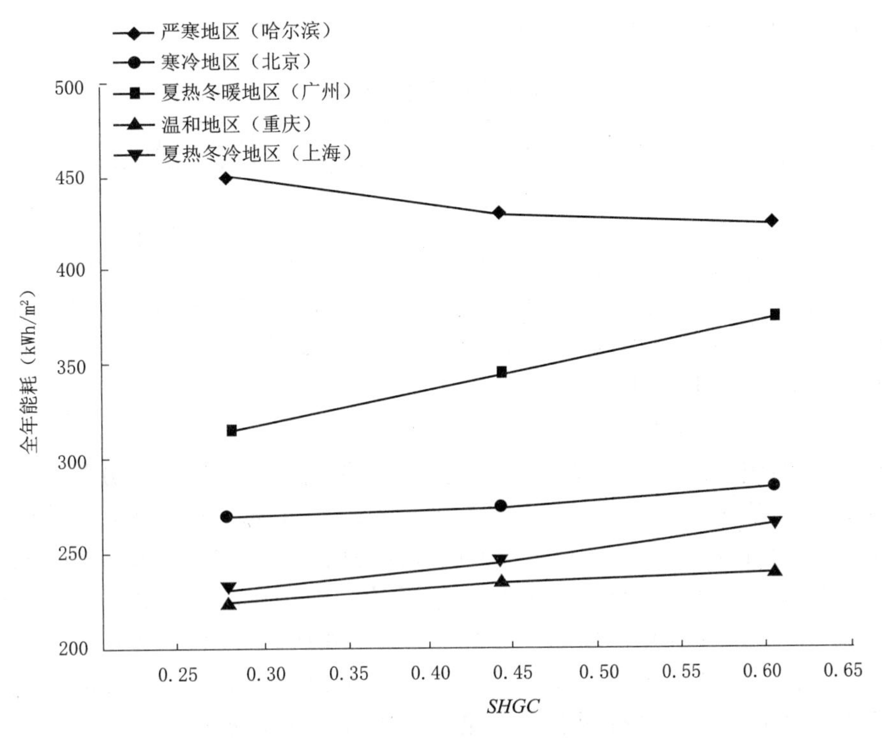

图 5-4　玻璃 *SHGC* 值对不同气候区建筑物全年能耗影响示意图

由图 5-4 可见，对于不同气候区玻璃的 *SHGC* 值对全年能耗影响程度有所不同，由曲线斜率值可见对严寒地区哈尔滨影响最大，全年能耗均随着 *SHGC* 值的增加而减少。

由于机场航站楼的特点是窗墙比大，有资料表明利用软件模拟体型系数相同的建筑，在窗墙比不同的情况下玻璃对建筑能耗的综合影响，如图 5-5 所示。

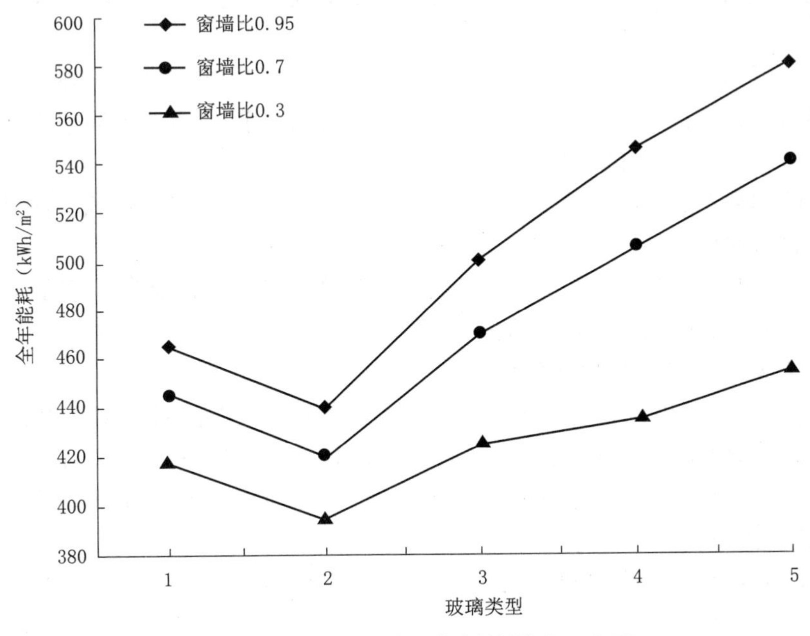

图 5-5　窗墙比对建筑能耗的影响示意图

图中五种玻璃的类型及相关参数见表 5–4。

玻璃类型及性能参数　　表 5–4

性能参数	1	2	3	4	5
K	3.309	3.309	4.309	5.309	5.309
SHGC	0.276	0.604	0.439	0.604	0.276

由图 5–5 可见，窗墙比越大，建筑能耗值越大，玻璃 *K* 值和 *SHGC* 值对建筑能耗影响也越大。因此，对于严寒地区哈尔滨机场大面积的玻璃幕墙，选择节能玻璃的种类非常重要，选择 Low–E 节能玻璃降低能耗显著。

2. Low–E 玻璃的分类及性能

Low–E 玻璃按生产工艺方法分为在线、离线两种；按所镀膜层分类，主要有单银 Low–E 玻璃、双银 Low–E 玻璃、三银 Low–E 玻璃。Low–E 玻璃是在玻璃表面镀上金属或其他化合物的膜系产品，具有极低的表面辐射率。目前几乎所有的低辐射节能玻璃都是以银基为主，银是自然界中辐射率最低的物质，在玻璃上镀一层 1~30nm 的金属银层，就可以使玻璃的热辐射率从 0.184 降低至 0.104~0.112，银层是离线低辐射玻璃的主要功能层。单银 Low–E 玻璃，只含有一层纯银功能层；双银 Low–E 玻璃，膜层总数达到 9 层以上，其中含有两层纯银层；三银 Low–E 玻璃共含有 13 层以上的膜层，其中包含三层纯银层。虽然辐射率越低要求金属膜层的厚度越厚，但如果单一增加膜层的厚度光反射就会增加，从而容易造成光污染，且室外反射颜色也不易满足建筑设计外观的要求。相对于单银、双银 Low–E 玻璃，三银 Low–E 镀膜玻璃是在玻璃表面上镀纳米级别的银层，可将 Low–E 玻璃的特性最大限度地发挥出来。三银 Low–E 玻璃可通过选择性地调节吸收及反射太阳热指标实现更多的应用功能，应用三银 Low–E 玻璃的建筑具有更好的舒适性，节能效果更佳，从而达到更节能、环保、美观的效果。其主要节能特性有：

（1）高的反射率：红外线反射率高（可达 98%），夏季有效阻止室外烈日及建筑物等发出的热辐射进入室内，具有阻止热辐射直接透过的作用；冬季有效阻止室内暖气和其他热辐射流向室外，使室内冬暖夏凉。

（2）低的辐射率：玻璃对热量的吸收和辐射决定于表面辐射率，辐射率低则吸热少，升温慢，再放出的热量少。

（3）遮阳系数范围广（0.2~0.7）：使用不同生产工艺、不同镀膜位置的 Low–E 玻璃，可以有不同的太阳能透过量，适应不同地区的需要。

3. Low–E 玻璃的节能效果比较

比较三种 Low–E 玻璃，三银 Low–E 玻璃节能性远优于普通玻璃和单、双银 Low–E 玻璃。可以阻挡更多的太阳辐射热能，从而将太阳光过滤成冷光源，既能够让室内拥有足够的阳光、满足自然采光要求，又因为红外热能透射比低，传热系数也更低，能够有效地隔热以保证舒适的室温。

普通镀膜玻璃和某三款可见光透过率相似的单银、双银、三银 Low–E 的透光性能和隔热性能比较如图 5–6 所示。

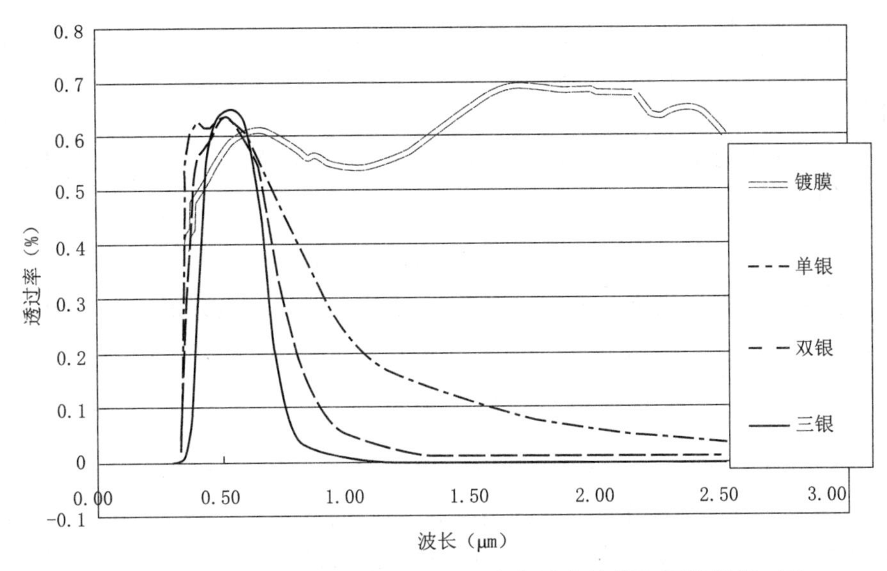

图 5-6　单银、双银、三银 Low-E 玻璃透光性能和隔热性能对比

由图 5-6 可见，380~780nm 范围内是可见光区域，该区域曲线的高低反映玻璃的透光率。高透三银 Low-E 玻璃虽镀有三层纯银层，但可见光透过率并不低于其他玻璃，依然可以有良好的采光性。而太阳光传递的热能分布在波长 780~2500nm 的红外线区域，曲线下包容的面积反映直接透过的太阳热能。这个区域三银 Low-E 的包容面积最小，透过率最低、隔热性能最好。

（三）绿色机场三银 Low-E 玻璃的应用及节能分析

1. 工程概况

哈尔滨机场玻璃幕墙饰面分区域采用三银 Low-E 和双银 Low-E 中空玻璃幕墙，集装饰美观、简洁大方、建筑节能于一体。幕墙采用明框设计，保证整体安全性，幕墙部分设有气动排烟窗，与消防联动相连接。幕墙龙骨采用钢材加型材的安装方式，方便安装施工的同时隔断冷热桥的存在，可开启部分采用断桥型材，大大提高保温节能性。

工程大面玻璃配置采用玻璃空腔中充惰性气体氩气的钢化三银 Low-E 中空玻璃（8 Low-E+12Ar+8+12Ar+8）mm。采用 6063-T5 隔热断桥铝型材降低结构传热系数 K、消除结构体系“热桥”、降低空气渗透热损失，通过多条三元乙丙胶条和胶缝提高其密封性来实现幕墙的热工设计，保证幕墙整体热工性能。目前计算按照玻璃中的较高配置 U=1.54W/（m^2·K）计算，透明幕墙的计算结果可计算到 U=2.9 W/（m^2·K）左右，符合《民用建筑热工设计规范》GB 50176-2016 及《建筑门窗玻璃幕墙热工计算规程》JGJ/T 151-2008 的规定，也符合其他相关幕墙热工设计标准。

2. 绿色机场三银 Low-E 中空玻璃的节能性分析

在公用建筑中，从节省经费和提高装饰功能的角度出发，外墙的装饰材料经过了水泥 - 瓷砖 - 玻璃幕墙 - 石材幕墙与玻璃幕墙共用的过程。其中玻璃幕墙自 20 世纪 80 年代开始在我国出现，在玻璃幕墙中，玻璃占了绝大部分，如果使用普通透明玻璃建造幕墙，其传热系数较高，对太阳辐射和远红外线热辐射限制能力差，夏季进入室内的热量和冬季室内散失的热量随着其面积的增大而增多。因此玻璃幕墙节能的关键在于玻璃。玻璃幕墙可以分为普通透明玻璃幕墙、吸热玻璃幕墙、热反射玻璃幕墙、低辐射玻璃幕墙等几种。中空玻璃由于其本身具有隔热、保温、防噪声、防结露等优良特性，大量应用在公共建筑玻璃幕墙上。哈尔滨机场采用三银 Low−E 玻璃制成的中空玻璃，大幅度减少了热传导和热对流，又显著地阻断了热辐射方式的传播，大幅提高保温隔热性能。三种 Low−E 中空玻璃相关系数比较见表 5−5。

三种 Low−E 中空玻璃相关系数比较 表 5−5

中空玻璃品种	透光率（%）	遮阳系数 S_c	太阳红外线热能总透射比（%）
单银	65	0.55	30
双银	63	0.40	12
三银	65	0.33	4

仅从 S_c 看，三银比双银 Low−E 玻璃的 S_c 值低的并不多，这是因为 S_c 中可见光能量占的比例远多于红外热能。但从“太阳红外热能总透射比”看，透过三银 Low−E 玻璃的太阳热能为 4%，而透过双银 Low−E 玻璃的太阳热能为 12%，两者相差 3 倍，三银 Low−E 玻璃的隔热节能效果远优于双银 Low−E 玻璃。

三银 Low−E 中空玻璃是优良的建筑节能材料，可根据不同地区不同采光、隔热和遮阳等要求进行选配，制成采光型或遮阳型。以简单的双玻中空玻璃为例，Low−E 中空玻璃的 Low−E 膜层可在（从室外算起的）中空玻璃第二面或第三面。Low−E 膜层对长波红外线的反射性能和辐射性能向两侧（室外侧和室内侧）是完全相同的，即来自两侧的辐射热 Low−E 膜层具备相同的反射率。但由于两侧介质的不同造成膜层在第二面或第三面时，对 Low−E 膜中空玻璃遮阳系数的影响却相去甚远。玻璃是具有较高热传导系数 [玻璃的热传导系数 1W/（m·K）] 的材料，其密度较大、能够蓄积较多热量，即热惯性较大；而空气反之，相对玻璃而言具有较低的热传导系数 [空气 0.024W/（m·K），氩气 0.016W/（m·K）]，密度较小、蓄积热量较少，即热惯性很小。正是由于两种物质不同的物理特性导致低辐射（Low−E）膜层向两侧反射出的红外线在不同介质上产生的效果不同。反射到玻璃一侧的红外线一部分透过玻璃向其外侧的环境空气传播，另外一部分则被玻璃吸收蓄积在玻璃体内，又迅速在玻璃体内传导以导致整片玻璃温度升高。热量以远红外线方式向两侧再次辐射为二次辐射热，反射到空气一侧的红外线大多直接通过空气进入环境而被其他物质吸收，很少被空气吸收蓄积。

三银中空玻璃可根据不同的需要，改变膜层的位置以调节遮阳系数 S_c。具备 Low−E 膜的中空玻璃，作为膜层载体的那片玻璃处于热的环境时，其自身温度将明显高于另一片玻璃；处于冷的环境时，其自身温度将明显低于另一片玻璃。如此存在两片玻璃间明显的温差，这是 Low−E 镀膜中空玻璃节能和提高居住舒适度的原因。因此，可根据外观效果、节能特性等要求合理地选用适当的 Low−E 中空玻璃镀膜面的位置。

哈尔滨机场扩建工程中大面玻璃幕墙使用的玻璃为高透型三银 Low−E 中空玻璃（8 三银 Low−E+12Ar+8+12Ar+8）mm，空腔厚度为 12mm，在 12 mm 厚的环境内形成了一层稳定的空气层。由于空腔中充有惰性气体氩气，其分子体积大运动缓慢，热传导系数非常低、热阻非常大，可以减缓空气层中由于温差产生的分子运动，减少由于对流传热造成的热量损失。另一方面，由于中空玻璃其内部气体处于一个封闭的空间，气体不产生对流，而且气体的导热系数很低，因而对流和传导在中空玻璃的能量传递中占的比例较小。辐射传热也是影响中空玻璃节能的重要因素，与普通玻璃0.84的辐射率相比，Low–E玻璃的辐射率只有0.15或更低，可以显著地降低玻璃的辐射传热，进而降低中空玻璃的传热系数。哈尔滨机场使用的高透型三银Low–E充氩气中空玻璃的传热系数K为1.1W/（m^2·K），可见光透射比为58%，遮阳系数S_c为0.366，在保证采光的同时最大限度地保证了室内温度的稳定。

哈尔滨机场在严寒的冬季日照较少，如何有效地阻止室内的热量泄向室外是降低能耗的关键。哈尔滨机场所使用的三银Low–E中空玻璃的镀银层在最里层，可起到控制热能流向室外的作用。太阳光短波透过窗玻璃后，照射到室内的物品上，这些物品被加热后，将以长波的形式再次辐射。这些长波被三银Low– E玻璃阻挡，返回到室内。事实上通过窗玻璃再次辐射被减少到85%，显著地改善了窗玻璃的绝热性能。对室内散热片及室内物体散发的远红外线，像一面热反射镜一样，将绝大部分热反射回室内，保证室内热量不向室外散失，从而降低采暖能耗。应用三银Low–E中空玻璃在冬季可维持相对较高的室内温度，使人倍感舒适。

夏季，由于其具有非常低的“太阳红外热能总透射比”，它可阻止室外远红外热辐射进入室内，红外线透过玻璃的这部分热能会导致室内温度上升，空调耗电量增大，能耗增加。三银Low–E玻璃的太阳红外热能透射比、传热系数更低，能够有效的隔热，以显著减少室内外环境透过玻璃进行的热量交换。透过太阳热能仅为单银Low–E玻璃的15%左右，高透型三银Low–E中空玻璃在保证采光的同时，当空调进行制冷时，室内温度达到设定温度后，可最大限度地保持适时温度，空调能够更长时间的处于待机状态，从而节省耗电量降低能耗，同时保证舒适感强的室内环境。

另外，三银Low–E玻璃的反射率低，从室外观看，可避免普通大面积玻璃幕墙光反射造成的光污染现象，营造出更为柔和舒适的光环境。

（四）本节小结

在现代化公共建筑中，大面积采用玻璃幕墙已成为趋势，公共建筑的全年能耗中，大约50%~60%消耗于空调制冷与采暖系统，而在这部分能耗中，大约20%~50%是由外围护结构传热所消耗。在整个围护结构中，通过玻璃传递的热量远高于其他围护结构。哈尔滨机场大面玻璃幕墙使用高性能三银Low–E玻璃符合节能环保、绿色机场理念。

四、严寒地区绿色机场电气节能技术研究

随着我国综合科技实力的不断提高，有越来越多的先进技术和设备被运用到机场航站楼中，电气技术正是其中的代表，航站楼是一个来往人员高度密集的场所，在航站楼的建设中电气的正常和安全运行对于机场的正常有序运行有着重要作用。本节通过调研分析国内外绿色建筑的相关技术研究，总结绿色建筑的概念、影响因素、原则以及设计方法，在此基础之上研究分析严寒地区绿色机场电气节能技术的应用。

（一）研究概况

民航是我国交通运输系统的重要组成部分，也是综合交通运输发展速度最快的领域，航空运输业由于其显著的全球化特性而受到更多的关注和约束。2012年7月8日，国务

院发布《国务院关于促进民航业发展的若干意见》。指出：切实打造绿色低碳航空。民航业提出了打造绿色民航、建设绿色机场的理念。作为航空业的重要一环，建设资源节约型、环境友好型和可持续发展的绿色机场系统成为全球机场的发展共识，国内外各机场对此进行了行之有效的探索，但仍缺乏全局的、完整的、可供全面参照的标杆式绿色机场建设基准。

绿色建筑正得到国家、建筑行业及社会各界的高度关注，然而严寒地区绿色机场建筑仍处于起步阶段，技术的落后致使绿色机场建筑实践中遇到很多困境。节约、环保和人性化可以说是绿色机场建设现阶段的共同宗旨，课题研究多个电气先进及节能技术在严寒地区绿色机场的应用，在国内外已有的理论研究的基础上，通过对严寒地区绿色建筑特点及其严寒地区绿色机场建设实践中的难题分析，将电气技术与严寒地区绿色机场建筑相结合探索更科学有效的绿色建筑实现途径。对严寒地区绿色机场建设的电气节能技术应用具有推动作用和指导意义。

（二）严寒地区绿色机场电气技术研究

1. 现阶段绿色机场电气技术应用基本情况

绿色建筑为人们提供健康、适用和高效的使用空间与环境，是与自然和谐共生的建筑。课题主要研究电气技能技术与绿色建筑的有机结合。机场在运营中需要消耗大量的水、电、气等资源，因此设法减少这些能源的消耗成为构建绿色机场最基本的任务。目前，在节约资源方面做的好的机场，例如新加坡樟宜机场和美国芝加哥奥黑尔国际机场。

新加坡樟宜机场采用候机楼节能设施，主打绿色建筑概念，并引进了智慧型运输系统。2010 年初，机场内廉航专属航站楼完成了 250kWp 太阳能系统的设置，太阳能板覆盖航站楼屋顶达 2500m^2，估计每年发电量达 28 万 kWh，并且碳排放量减少约 12 万 kg。

美国芝加哥奥黑尔国际机场于 2005 年起开始现代化扩建，在扩建过程中非常重视绿色原则，从选址、水资源使用效率、建材选择与回收、室内环境品质的监控到设备设置，全部纳入生态环保思考。在能源管理机制上，该机场亦整合了照明设备与建筑自动化系统（BAS），方便针对变动的乘客流量而实施有效的能源管控。

综合运用和展示国内外环境保护的先进技术，建立清洁优美、环境友好的绿色机场，能够为社会公众提供良好的工作和生活环境，减少或杜绝人类经济活动对环境所造成的影响。在这一方面，日本成条机场、韩国仁川机场和美国亚特兰大赫茨菲尔德机场的经验都值得我们借鉴。

机场的人性化，指在机场的规划设计、建设、运营中充分体现“以人为本”的理念，为社会公众提供多样性、个性化和快捷的服务。如今，国际各大机场在建设和使用中都十分重视提升对乘客的服务水准，务求使乘客在机场内每时每刻都拥有方便而舒适的体验。

新加坡樟宜机场的人性化细节包括登机口安检，规避了安检口“排长龙”现象；触摸式电子评价系统；铺设地毯、采用细语扬声器减少噪声；多种免费服务如上网、游戏、按摩、电影、躺椅、游泳、电话、带锁的电话充电设备；洗手间设置了触摸屏呼唤厕纸、小便池的苍蝇图画；设计了 7 个主题生态公园，使得室内绿化宜人。

2. 严寒地区机场用电负荷特点

机场是城市综合立体交通里面最为重要的组成部分，其电能消耗主要指的就是助航灯光照明、建筑照明、采暖、通风空调、办公以及导航、空管、气象、通信等工艺负荷设备的能耗。严寒地区机场用电负荷主要有以下几个特点：

首先就是一级负荷所占的比例比较大，机场主要用电负荷如候机楼、机场宾馆及旅客过夜用房等，站坪照明与机务用电等均为一级负荷。对于航空管制、导航、通信、气象、助航灯光系统设施以及三级以上的机场油库等为一级负荷中特别重要的环节。对于助航灯光系统的供电，要求恢复供电的切换时间是不应该超过15s的。

其次就是远距离的供电负荷比较多，机场飞行区域内用的电负荷主要是有助航灯光系统与导航站，助航灯光系统的供电回路长度一般为8~10km，使用恒流调光器自动调节输出电流并稳定在所要求的电流值上面。而指点标台与测距仪台甚至位于跑道延长线，距离跑道的尽头还有1.8~2km，这些台站都是一级负荷中特别重要的负荷，距离航站区内的机场中心变电站距离是很远的。

其三就是对于电能的质量要求较高，机场航空管制、通信与气象、航班预报、助航灯光等设备因为有关于飞行的安全，对于电能的质量要求是很高的。同时一、二次雷达设备、恒流调光器等在工作时会产生较大的谐波，再加上为了保证空管设备的不间断供电，用电设备末端一般都是具有UPS不间断电源，这些设备都会在运行的时候产生谐波电流，导致供电系统电流波形畸变，影响供电质量，增加电气设备的损耗。

3. 严寒地区机场的电气绿色节能措施

课题研究多个电气先进及节能技术在严寒地区绿色机场的应用，在国内外已有的理论研究的基础上，通过对严寒地区绿色建筑特点及其严寒地区绿色机场建设实践中的难题分析，将电气技术与严寒地区绿色机场建筑相结合探索更科学有效的绿色建筑实现途径。在保证安全与可靠性的同时，提高系统运行效率，采用多种节能减排措施，有效降低建设期和后期运营成本，达到节能、健康、绿色、舒适的目的。

哈尔滨机场的重要负荷比重大、远距离供电负荷多、电能质量要求高、用电负荷大，随着机场航站楼总面积的增加，机场新增了大量用电设备。根据国家有关节能的要求，以及民航提出的绿色民航、建设绿色机场的理念，哈尔滨机场在保证安全与可靠性的同时，采用多种节能减排措施，有效降低建设期和后期运营成本，并可提供节能、健康舒适、优质高效的服务。

（1）合理选择变压器及供配电设备

合理确定变压器容量，变压器均采用SCBII型低损耗、低噪声节能干式变压器，采用大干线配电的方式，减少线损，同时合理选用配电形式减少配电环节。机场变压器的负荷率不大于85%，在65%左右。

（2）无功补偿

机场内用电设备多，如照明灯具、通风机以及锅炉等，其均属于感性负荷，其在运行中供电电源会出现电压先于电流的现象，进而增大的无功功率，使得 电能被大量浪费。无功功率因数的补偿采用集中补偿和分散就地补偿相结合的方式，变电所低压处设置集中补偿，补偿后的功率因数不能小于0.9。荧光灯、金卤灯等采用就地补偿，选择电子镇流器或节能型高功率因数电感镇流器，荧光灯单灯功率因数不小于0.9；气体放电灯单灯功率因数不小于0.85。

（3）合理选择配电线缆及节能用电设备

根据机场负荷容量、供电距离及负荷分布，合理设置变配电所位置，合理配置配电线缆截面和配电路径。本工程所用线缆及设备均为CCC认证的节能产品。

配电干线采用网格桥架，其特点为：提高了系统升级和维护能力，为升级留有余地；综合布线系统可以灵活应用，适用于布线桥架的上下走线；线路和设备的检修非常快速安全；节省了二次重复投资的昂贵成本；自重仅是传统桥架的1/5；比传统桥架节省2/3的安装时间；布线系统和周边生产环境更清洁，卫生和美观；网状的机构使它的散热更好，有效地延长线缆的使用寿命。

LED光源是基于垫子在半导体能带间跃迁产生光子发光原理而工作的固体光源，目前已经在国内外各大机场中广泛使用。与传统光源相比具有功耗低、热辐射小、反应速度快、显色性好、光效高、寿命长、耐振动、体积小等特点，能效较高的LED光源光效可提高一倍以上，可节能约50%。

新扩建航站楼主要区域均大量采用LED高光效高效率节能灯具，使用飞利浦SM295C LED68/840 PSD BK高效LED紧凑型筒灯，光效高节能效果明显。

（4）谐波抑制

谐波可增加电力设施负荷，降低系统功率因数，降低发电、输电及用电设备的有效容量和效率，造成设备浪费、线路浪费和电能损失；引起无功补偿电容器谐振和谐波电流放大，导致电容器组因过电流或过电压而损坏或无法投入运行；由于涡流和集肤效应，使电机、变压器、输电线路等产生附加功率损耗而过热，浪费电能并加速绝缘老化；谐波电压以正比于其峰值电压的形式增强了绝缘介质的电场强度，降低设备使用寿命；零序（3的倍数次）谐波电流会导致三相四线系统的中线过载，并在三角形接法的变压器绕组内产生环流，使绕组电流超过额定 值，严重时甚至引发事故。谐波会改变保护继电器的动作特性，引起继电保护设施的误动作，造成继电保护等自动装置工作紊乱；干扰邻近的电力电子设备、工业控制设备和通信设备，影响设备的正常运行。

本工程在各变电站低压侧集中设置有源滤波装置，设备安装试运行期间，对谐波做实时监测，如达不到国家及行业标准要求或影响敏感设备正常运行时，加装就地谐波治理装置，以有效抑制谐波。

（5）智能照明

航站楼设照明KNX/EIB总线式照明控制系统，大空间、公共区照明回路配备照明控制模块，配电间等处设智能控制面板，可按照需求编程实现多种控制方式，同时实现在紧急情况下对公共区域应急照明灯具强制点亮的功能。此外，照明控制系统对楼控BA系统预留接口，通过楼控系统对智能照明系统实现监控。

采用智能照明控制系统，使照明系统工作在全自动状态，系统按预先设定的开关、值班、清扫、保安等照明模式进行工作，这些照明模式会按预先设定的时间相互自动地进行切换。

提高管理水平，减少维护费用，机场建筑面积较大，人工维护繁琐，智能照明控制系统的应用，将普通照明人为的开与关转换成智能化管理，使管理者能将其高素质的管理意识运用于照明控制系统中去，同时大幅减少了楼内的运行维护费用。

智能照明控制系统使用了先进的电力电子技术，能对控制区域内的灯具进行智能调光，当室外光较强时，室内照度自动调暗，室外光较弱时，室内照度则自动调亮，使室内的照度始终保持在恒定值附近，从而能够充分利用自然光实现节能的目的。此外，智能照明的管理系统采用设置照明工作状态等方式，通过智能化自动管理避免了照明区域“长明灯”等现象，根据照明的使用规律启动不同的灯光场景，通过对灯光的调光也可以让灯光不用满负荷使用，又达到好的照度效果，大幅度地节约用电。

智能照明系统通常能使灯具寿命延长2~4倍，不仅节省大量灯具，而且大大减少更换灯具的工作量，有效地降低了照明系统的运行费用。

（6）建筑设备监控系统

采用建筑设备监控（BA）系统对给水排水系统、采暖通风系统、冷却水系统、冷冻水系统等机电设备进行测量、监控，达到最优运行方式，取得节约电能的效果。

从统计数据来看，暖通空调系统占整个建筑物中的耗能在50%以上，而建筑物装有BAS系统以后，可节省能耗约25%，节省人力约50%。当前随着建筑物规模增大、档次标准提高，机电设备的数量也急剧增加，这些设备分散在建筑物的各个楼层和角落，若采用分散管理，就地监测和操作将占用大量人力资源，有时几乎难以实现。采用BAS系统，利用现代的计算机技术、控制技术和网络技术，便可实现对所有机电设备的集中管理和自动监控，确保所有机电设备的安全运行，提高人员的舒适感和工作效率，并长期保持设备的低成本运行。一旦设备出现故障，系统在第一时间能够及时知道何时何地出现何种故障，使事故消除在萌芽状态。

本工程采用自控系统对建筑物中的众多机电设备进行监控管理，工程采用SIEMENS最新版本的APOGEE INSIGHT系统。一方面将保证提供舒适、洁净的空气环境，另一方面将监控和保障各种设备的正常运行，并最大化地实现节能降耗。采用先进的楼宇自控系统集中监视、管理和控制建筑物内机电设备，有效地发挥设备的功能和潜力，提高设备利用率，根据使用需求优化设备的运行状态和时间，延长设备的服役寿命，降低能源消耗，减低维护人员的劳动强度和工时数量，最终实现降低设备的运行成本；自带优化的节能降耗控制管理应用程序，最大幅度降低能耗；系统遵循了集中监视管理、分散控制的原则。

综合现代信息网络技术，包括互联网络技术、综合信息集成技术、自动化控制技术以及数字化、智能化技术，选用国际领先的西门子APOGEE智能楼宇管理系统，对建筑群内的建筑设备（暖通空调、机电设备等）进行监控管理。通过集成优化协调各子系统，为哈尔滨机场运营、维护、管理创建一个安全、舒适、通信便捷、环境优雅的数字化、网络化、智能化的APOGEE智能化楼宇管理系统，为人员提供一个舒适、健康、安全、高效、低能耗的工作环境。

通过对通风空调系统的最佳控制、室内温湿度的自动调节、室内空气品质控制，保证建筑物内的人员享受到舒适的服务环境和为工作人员提供良好的工作环境。通过对楼内的建筑设备监控，提供全新的现代化管理手段，包括管理功能、显示功能、设备操作功能、实时控制功能、统计分析功能及故障诊断功能，并使这些功能自动化，从而实现管理现代化，降低人工成本。

节能控制手段：

1）按需求控制通风：按需求控制通风是一种通风控制策略，它提供正确的室外空气量供室内使用者。主动的通风系统控制可以提供室内空气质量控制的机会。按需求控制通风作为一种更为先进的控制策略，可以节约非常可观的能源。

2）变频泵改造：改造变频泵不仅降低了能源消耗，而且提供更好的控制，在各种流量条件的情况下保证换热器温差。

3）夜晚回设：夜间操作循环使 HVAC 设备在无人期间保持区域级管理实现能源节省，保护设施由于温度引起的损坏。为了在刚有人的时候能保持人员的舒适，夜晚回设和设置共同实现启动—停止的优化，使该区域温度精确地恢复到舒适的范围。

4）照明改造：可以进行照明系统审计，以确定提高能源效率的机会，并确定提高整体照明质量的优化的系统配置。

5）空冷技术：塔式空冷利用冷却塔作为主要的冷源补充或者完全抵消冷却器产生的冷来节约冷却器的能量。一个盘管式换热器允许冷却塔水回路与建筑的冷冻水回路进行热交换。

6）热水供水温度重设：根据室外温度传感器或被测量的载荷（直接或间接的），重设热水供给温度以符合预期的热载荷，可以实现可观的燃料节约。

7）最适宜的启动—停止控制：启动—停止时间优化控制可以自动调整设备预热或者根据天气条件冷却所需的时间。这个控制可以在即将来人的时候自动启动 HVAC 设备。例如，在夏天早晨为了满足 7 ： 30 冷却条件需要在 6 ： 00 启动冷却器、水泵和冷却塔，在春天的时候可能只需要在 7 ： 00 启动就可以了。

（7）电力监控系统及能耗检测系统

设置电力监控系统及能耗监测系统，对用电量做分项计量、在线监测和动态分析与诊断。燃气、水、冷热、其他能源消耗量监测在主机预留容量。

1）能源综合管理

能源综合管理平台是包含了与能源相关的多个子系统统一监管、统一调度的综合应用平台，BA 监控系统、能源站监控系统、现有供热计量系统等与能源相关系统按照系统层接入方式设计，以便进行统一管理，且避免重复计量；对于机场能源的消耗进行分类分项计量，方便管理人员对各类的用能进行统计，以便为节能提供数据依据。

机场用能单位较多，且位置分散，收费一项工作费时费力，进而将其统一到能源综合管理系统；系统平台可统一实时监控到机场能源类单元的实时状况，实现了统一监控、统一调度、统一管理，方便管理、保障用能安全的同时有效地节约人力、节约能源；对于用能单位的最大负荷限额管理的情况，系统可具备识别功能以及峰值组成分析功能；可根据机场需求进行与能耗相关的多因素分析，找出多因素相互之间的影响关系；可根据选择日期、区域对历史用能数据进行智能分析，作出相应的负荷预测，便于及时制定用能计划；对机场重要用能设备如“变压器”等重大用能设备进行能效分析，实时掌握重要用能设备的能效状况。

可根据子系统要求及其设备对象、数据点位等灵活进行功能模块扩展；并可与第三系统进行对接，提供 WebService 接口，可供 B/S 架构的程序访问系统的实时数据、历史数据、历史事件等数据；Modbus、电力 IEC 系统相关协议，如 IEC101、103、104 等、以太网协议等。

能源综合管理系统软件功能：

系统总览：在系统总览上可对整个机场的用能进行高度的概括，可以直观地了解到机场当日用电趋势、本月的能耗总览、本月的能源占比图、电能耗综合评价、当月能耗、单位面积能耗等机场关键 KPI 以及告警总览。

综合监控：综合监控功能包括“变配电监测”“中央空调监测”“三联供监测”等有关机场能源类单元的监测子项，系统平台可统一实时监控到机场能源类单元的实时状况，实现了统一监控、统一调度、统一管理，方便管理、保障用能安全的同时有效地节约人力、节约能源。

峰值分析：对于用能单位的最大负荷限额管理的情况，系统可具备识别功能以及峰值组成分析功能，通过时间段的选择可以快速查峰值出现时间段，包括峰值信息、最大值、最小值以及出现时间段。

综合报表：根据选择的报表对象、报表时间，即可生成对应的报表。支持报表的定制。

综合报告：可查看“变压器负载报告”“能耗差异管理报告”“告警信息分析报告”“能耗异常诊断报告”“节能量核算报告”，同时提供在线预览、导出 PDF/Word 格式供选择。

能耗分析：系统可根据选择日期、区域获取相应的能耗数据，了解选择对象的能耗状况，可以以柱状图、折线图或者表格形式展示各分类（维度）能耗（水、电）数据。

能耗对比：可根据选择日期、区域进行相应的能耗对比，支持不同对象同一时间段的能耗对比和同一对象不同时间段的能耗对比两种形式，同时支持表格形式进行呈现，包括选择对象的总能耗、最大值、最小值、平均值的能耗对比结果呈现。

能耗排名：可根据选择日期、区域进行相应的能耗排名，可选择升序或者降序，同时支持表格形式进行呈现；可以饼图方式展示各排名对象的能耗占比。

关联分析功能：系统按照日、周、月和自定义时间段选择分析时间段，可以对与机场能耗相关的因素进行分析，找出多因素相互之间的影响关系，计算关联度，给出关联度结果，便于机场运维人员制定合适的运维策略，满足机场能源的系统化、精细化管理。

负荷预测：可根据选择日期、区域对历史用能数据进行智能分析，作出相应的负荷预测，便于及时制定用能计划。

能效专家：对机场重要用能设备如“变压器”重大用能设备进行能效分析，包括平均负载率、损耗率、功率因数等进行实时分析，实时掌握重要用能设备的能效状况。

设备档案管理：通过设备管理单元对机场重要的用能设备建立设备档案，包括设备名称、设备型号、设备安装位置等。

设备维修保养记录：支持对设备的维修和保养记录进行录入和查询。

一键诊断：通过一键诊断界面可以对整个机场的用能情况进行实时诊断，对机场能源及相关设备的使用情况进行诊断，可以通过简单的操作实时了解机场能源及设备的当前状况，有无异常，以及异常分值、异常产生原因等信息。

转供收费：为商户开设用能计费的账户，提供账户销户，对账户信息编辑修改，提供对已开户账户的查询，提供所有房间的基本信息管理；展示账户所有用能表计的实时数据；提供对账户预付费电表的充值操作，对一户多表的情况支持合并充值，提供对账户房间供电的远程通断电控制；定期生成结算账单，提供自定义时间账单查询与结算账单查询，对未发布的后付费结算账单支持审核后正式发布；提供预付费余额不足预警、欠费告警的异常账户查询、充值快速入口功能；提供缴费（充值）记录查询与收据补打；提供面向商户的各类业务通知功能；提供计费表计的详细信息以及各种运行状态查询与展示，提供预付费电表的通断电控制（要求硬件仪表具备相应功能）；提供对账户后付费用能的缴费操作，对一户多表的情况支持合并缴费，提供账户零钱预存管理；提供对未发布的后付费结算账单的在线编辑功能；提供后付费逾期未缴费的异常账户查询、缴费快速入口功能。

GIS 地图展示：基于机场的效果图，系统可以进行 GIS 地图展示，可以在 GIS 界面上直观地了解到整个机场的各个建筑分布情况以及各建筑的整体能耗情况。

系统的可扩展性：可以根据子系统要求及其设备对象、数据点位等灵活进行功能模块扩展；并可与第三系统进行对接，提供 WebService 接口，可供 B/S 架构的程序访问系统的实时数据、历史数据、历史事件等数据；Modbus、电力 IEC 系统相关协议，如 IEC101、103、104 等、以太网协议等。

2）电力监控

系统实时反映配电系统的运行工况，实时监控各变配电站内高压系统及设备的运行状态记录，定时进行设备维护与故障处理，保证变配电站数据记录的准确性与及时性，减少值班人员的负担，满足用户对所有厂站实时监控的要求。

系统对控制操作具有操作权限等级管理，防止非法用户登录和未经授权的操作，所有控制都加入软件防误闭锁功能，提高系统操作的安全性；保证一次设备工作可靠性，加快对电力系统的故障和异常处理，提高对事故的反应能力；出现事故时，监控系统发出闪光报警，实时地显示在屏幕上，提醒值班人员及时做出处理，并存入历史事项库中，供操作员查询；系统面向终端用户配电站设计开发，其人机接口具有人性化和可操作性特点，监视界面直观简单、图符及说明简约标准，从而降低对运行人员的专业水平要求；提供报表管理功能，可根据用户选择打印不同时间段的电量参数及历史数据；监控变电所 / 开闭站的温湿度状态等功能，可通过网络实现远程监控，每个变电所的高压室、变压器室、低压室分别监控各自温湿度状态等信息；变电所 / 开闭站内的视频监控，采用 IP 网络摄像机，达到无人值守视频监控功能，并可通过网络实现远程监控；变电所 / 开闭站配置红外双鉴探测器，并可通过网络实现远程监控；变电所 / 开闭站内智能灯光控制，采用目前主流 KNX/EIB 灯光控制技术，实现手动开闭、远程开闭功能，并可通过网络实现远程联动。

本期项目中电力综合监控部分包含航站楼内和航站楼外（含场区、飞行区）两部分。航站楼内共包含 5 个变电站以及 32 个低压配电房，其中 2 号电站作为航站楼内的监控中心，按照有人值守设计，对本变电站以及 1 号、3 号、4 号、5 号变电站以及下辖低压配电房集中监控；其余 1 号、3 号、4 号、5 号变电站以及地下停车库变电站按照变电站无人值守设计，配置相应数量的环境监控设备、安防设备、消防监控设备、照明控制设备等实现变电站的无人值守，对于视频信息的存储统一存储至 2 号变电站（可满足至少存储 3 个月视频的硬盘空间），如图 5-7 所示。

变电站下辖的低压配电房根据表计数量配置相应的数据采集设备，实现低压配电房内的用电数据就近采集，便于后期维护以及降低线缆敷设成本，低压配电房数据采集设备通过单模光纤将数据传输至上级变电站进行集中整合。

航站楼外变电站包括：能源站变电站、信息楼变电站、3 号灯光站变电站、XB6 污水处理厂箱式变电站、XB1 试车坪箱式变电站、XB2 消防执勤点箱式变电站、XB5 场务用房箱式变电站、XB7 机务车库箱式变电站，共计 8 个场外变电站；场外变电站按照变电站无人值守设计，配置相应数量的环境监控设备、安防设备、消防监控设备、照明控制设备等实现变电站的无人值守。

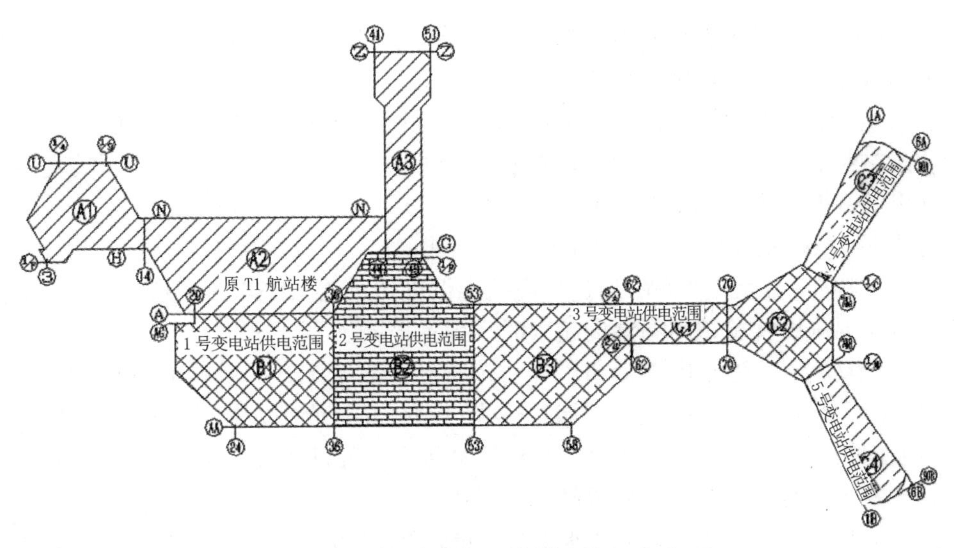

图 5–7　变电站供电区域划分平面示意图

对于所有变电站内（包含航站楼内的变电站以及航站楼外的变电站，共计 14 个变电站）的 0.4kV 低压回路监控，除实现对于电能质量参数如：电流、电压、有功、无功、电度、功率、频率等的监测外，需能够采集开关状态以及进线回路实现远程控制开关回路的开闭（除箱式变电站之外）。

对于变电站下辖的低压配电房的供电回路的监测，除实现基本的用电量监测外，需能够对电流、电压、频率、功率等的监测，同时配置的低压电力仪表需带有断路器功能，可实现远程对于低压配电回路的开闭，另外配置开关量输入模块，对于回路的状态可进行监测。

电力综合监控系统软件功能包括电力运行监控功能、数据采集与处理功能、故障录波功能、电能质量分析、五防功能、环境监控功能、安防监控功能。

电力运行监控功能：采用电力系统标准的图形画面实时显示现场设备的运行状态和各种测量值；显示现场断路器、接地刀状态，断路器小车的位置及相关故障、告警信号；实时监视各个回路的各种测量值和相关保护信号、参数；在回路单线图上对现场断路器进行遥控操作，并有安全的双重验证；可结合实际工作进行挂牌操作：如挂接地标、检修牌等；动态拓扑分析，按电压等级以标准颜色显示带电区域，表现整个电力系统运行状态；分层次显示，拓展了系统信息监测的空间；提供图形编辑平台及环境，用户可进行配置和编辑，使用灵活，表现形式多样。

数据采集与处理功能：各开关、刀闸、保护动作状态的实时采集；各通信设备通信主要辅助设备的工作状态的实时采集；各类电能表脉冲量的采集及智能电表其他信息的采集；对采集的模拟量进行处理，产生可供应用的 I、U、P、Q、有功电度、无功电度、$\cos\Phi$ 等实时数据，并实时更新数据库；采集各遥信和遥测量，并对负荷曲线进行跟踪和记录，对异常状态进行及时报警。

故障录波功能：系统发生故障时，按照一定的采样频率采集故障点前后的一段时间的各种电气量的变化情况，通过对这些电气量的分析、比较，分析处理事故，判断保护是否正确动作，提高电力系统安全运行水平；支持故障文件的打开、关闭，支持

COMTRADE91/99 标准；支持查看一次值、有效值、坐标点；故障录波功能可以显示、打印带时标的故障波形，供精确分析故障。

电能质量分析：支持频率偏差、电压偏差、电压不平衡、波动与闪变的分析；监测系统电能质量数据，可显示 2~25 次谐波电流、谐波电压、电流畸变率、电压畸变率等；支持对统计出的数据导出为 Excel 文件。

五防功能：系统软件具有五防电子操作票功能。

环境监控功能：温湿度监测：通过变电所温湿度传感器（RS485 接口），用户可远程实时监控变电所温湿度状况，当温湿度超限时，提示报警。

安防监控功能：安防监控中，当周界防范、红外双鉴（开关量转 RS485 接口）、门禁等发出报警时，视频自动切换报警区域，灯光自动打开，值班人员可远程实时查看报警区域状态，及时发现问题。视频监控（RJ45 以太网口）可以远程手动查看，亦可实现报警联动视频，发生报警时，对应区域视频实时弹出。

消防联动功能：当感温感烟探测器（开关量转换 RS485 接口）探测到温度异常或者有烟雾产生时，及时发出报警提醒远方集控室值班人员，同时联动启动排烟风机，开启变电所灯光，视频自动切换报警区域，便于值班人员查看状况。

（三）本节小结

根据严寒地区机场的用电特点，哈尔滨机场合理选择变压器及供配电设备、合理选择配电线缆及节能用电设备，采用集中补偿和分散就地补偿相结合无功补偿系统、有源滤波装置、电梯群控、扶梯自动启停节能控制系统、智能照明控制系统、建筑设备监控系统、电力监控系统及能耗检测系统等多项绿色节能电气措施，有效管理耗电设备、减少耗能、提高能源使用效率、充分利用日光、智能调节室内照度，平均节省耗电可达 20% 左右。在保持优质服务水平的基础上将“耗能大户”变为“节能大户”，绿色、节能也成为机场运营管理的重点，哈尔滨机场树立良好的社会形象，为社会节能减排作出了贡献。

五、严寒地区屋面 TPO 反射屋面节能技术研究

屋面热能传递的方式：辐射热量是从高温的表面传递到低温的表面，实际的现象是太阳向下放射它的热量时红外线光谱到达物体的表面，然后它就变成热，同样的结果，如图 5-8 所示。

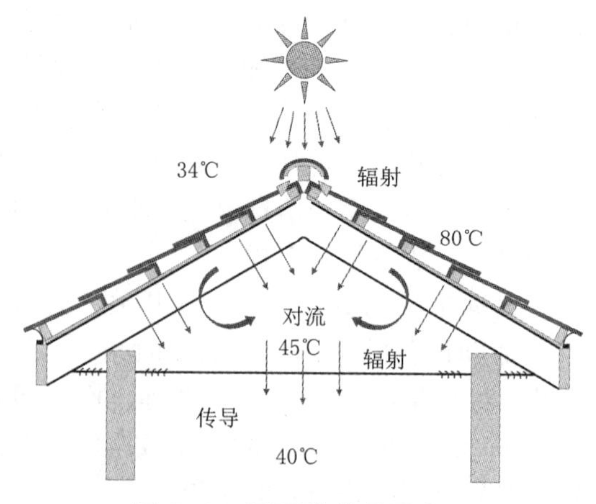

图 5-8　屋面热传递示意图

深色屋面上的温度能达到 80℃也就感觉到它非常热了。对流热能对流是空气的运动现象：实际情况是屋面受辐射变成热能，会向外部释放，也向下传导。导致顶棚上部的温度达到 50℃左右。热能是循环在阁楼的内部空间，在对流的作用下，阁楼空间变热。实际现象：当顶棚上表面吸热后，热量会向下表面传导和释放，空气在热能的作用下又开始产生对流。温度会上升，可能达到 40℃左右，如在这种温度下，没有空气调节器会感到很不舒服，有空气调节器的条件是舒服，但是会

产生大量的电能消耗，如图 5-9 所示。

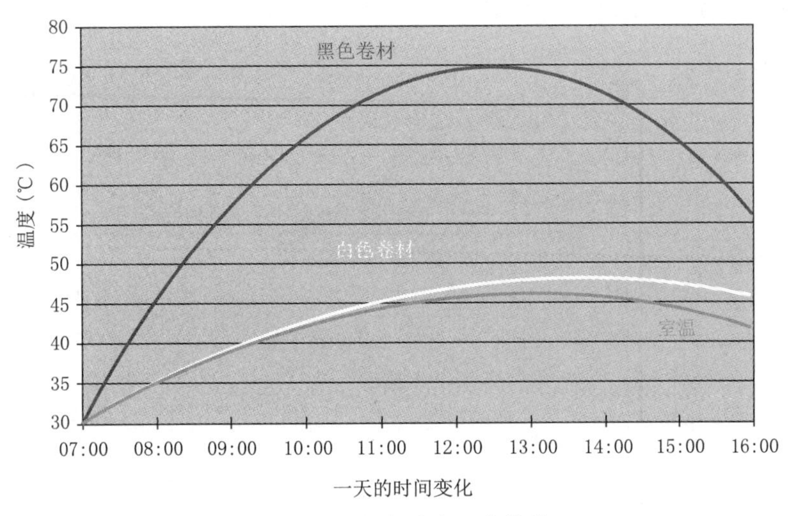

图 5-9 试验测试温度曲线

较亮屋面会反射较多的阳光，而较暗的则会吸收阳光。夏季白色反光屋面的建筑因减少空调消耗所节省的能量比冬季黑色或暗色屋面吸收热能的潜在节能是肯定的。在一个炎热的夏日，一个浅色的屋顶比起一个深色的屋顶，温差可达 30℃。浅色屋顶表面比起深色表面，可节约 40% 用来冷却的能源，如图 5-10 所示。

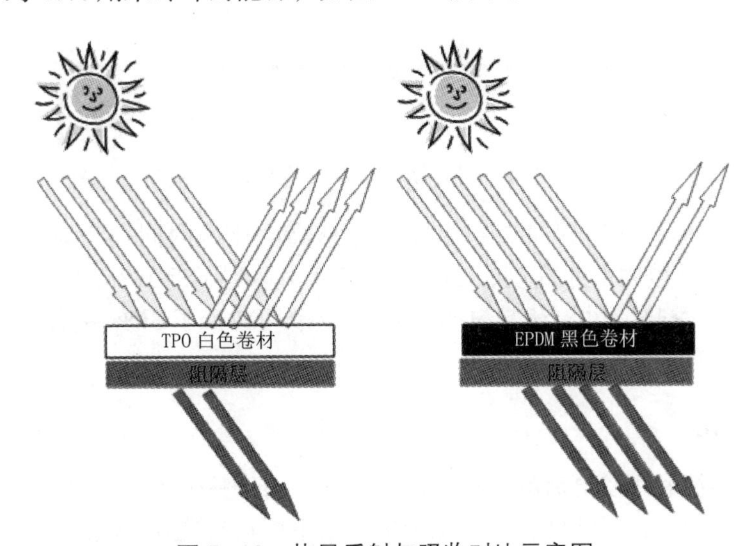

图 5-10 热量反射与吸收对比示意图

另外有研究表明，基于计算机信息分析系统的分析实验，以及以三个城市中近 10 万平方英尺（9290m^2）有空调的建筑物作为实验对象，将白色 TPO 屋面材料与常规的暗色系统进行空调加热 / 制冷比较，实验证明白色 TPO 浅色屋面节能 12%~18%。基于此，我们选用的 TPO 单层防水系统既实现了长期耐久少维护的防水功效又兼顾了高效节能。

平屋面形体减少净空间高度节能技术研究：

T2 航站楼所采用的屋面形式为空间钢网架平屋面，其檐口高度最高处仅为 34m，比国内国外同类型航站楼的建筑二层出发大厅的总高度降低了 1/3，在哈尔滨这种严寒地区具有较大的节能优势，如图 5-11 所示。

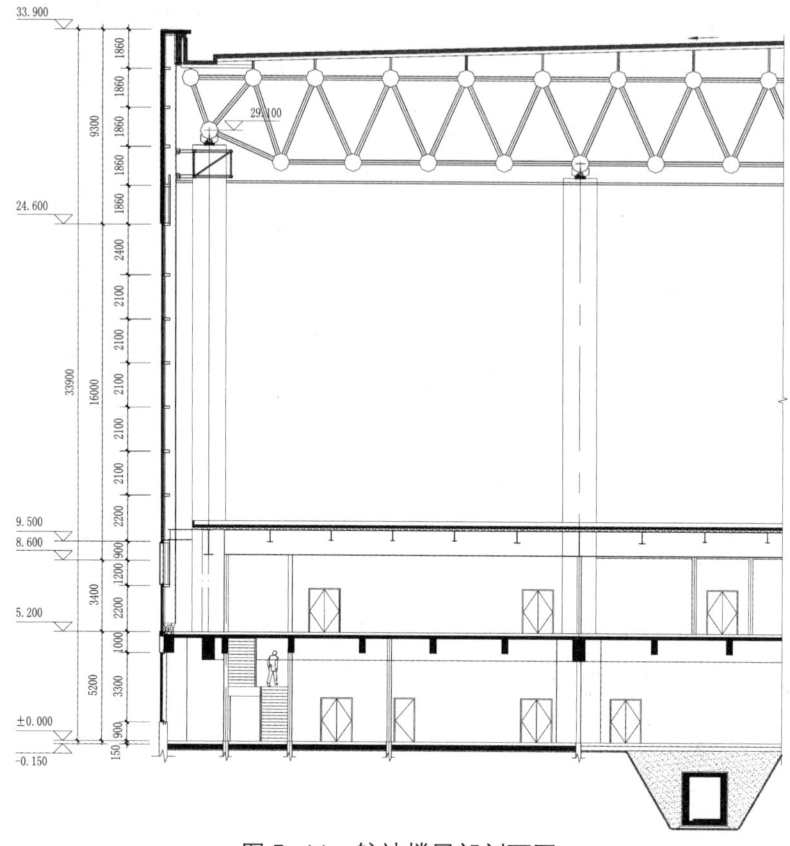

图 5-11　航站楼局部剖面图

采用此种结构形式使得建筑二层出发大厅总高度比国内同类型航站楼降低了 1/3，从而有效降低了航站楼内部净高度，二层空间降低率达到了近 30%，这部分空间的减少，使得无论冬季采暖季热能供应还是夏季空调制冷量均减少了 30% 左右，节能效果显著增加。

六、本节结论

（1）三联供系统利用发电后的余热来供热供冷，由于整个系统能源效率的提高导致了能源供应成本的下降，在不断增长的能源价格体系下更具有良好的经济效益，具有良好的环保效益和社会效益，符合绿色建筑节能理念。

（2）采用的分布式太阳能光伏发电系统，该技术带来的社会效益是一个长期的回报过程，特点就是用能量来回收能量、用资金来回收资金。充分利用现有的闲置屋顶资源，利用清洁电力进行污水处理，减少了产品的碳足迹，进一步提升了绿色机场的节能形象，提高了可再生能源在能源结构中的比例。

（3）公共建筑的全年能耗中，大约 50%~60% 消耗于空调制冷与采暖系统，而在这部分能耗中，大约 20%~50% 是由外围护结构传热所消耗。在整个围护结构中，通过玻璃传递的热量远高于其他围护结构。哈尔滨机场大面玻璃幕墙使用高性能三银Low-E玻璃符合节能环保、绿色机场理念。

（4）采取系列绿色节能电气措施，有效管理耗电设备、减少耗能、提高能源使用效率、智能调节室内照度、平均节省耗电可达20%左右。在保持优质服务水平的基础上将“耗能大户”变为“节能大户”。

（5）TPO白色屋顶较深色表面可节约40%的冷却能源，白色TPO屋面材料与常规的暗色系统进行空调加热/制冷比较，实验证明白色TPO浅色屋面节能12%~18%。采用的TPO单层防水系统既实现了长期耐久少维护的防水功效又兼顾了高效节能。

（6）采用平屋顶建筑形式使得建筑二层出发大厅总高度比国内同类型航站楼降低了1/3，达到了有效降低航站楼二层出发大厅内部净空高度8~12m左右，总体空间降低近30%，这部空间的减少，使得无论冬季采暖季热能供应还是夏季空调制冷量均大幅减少，节能效果显著增加。

第四节　节水与水资源综合利用关键技术研究

建设绿色机场，实现机场绿色低碳运行，已经成为全球机场发展的共同选择。开展绿色机场建设的研究与实践已经成为我国民航面临的一项重要任务，打造绿色机场也是一项系统长期的工程。哈尔滨机场扩建工程作为黑龙江省重点项目，在给水排水工程绿色设计中进行了诸多有益的探索。课题从绿色设计、节水、污水处理与中水综合利用等方面探讨了给水排水专业在哈尔滨机场扩建工程中践行“绿色机场”设计理念中的方法及要点。

一、绿色机场给水排水设计研究背景

（一）研究目的和意义

1. 研究目的

我国总体上水资源严重缺乏，节约水资源是机场建设管理者的社会责任和应尽义务。绿色机场建设应充分考虑区域水资源条件，充分利用雨水、中水等非传统水源；统筹规划供水系统、排水系统、雨水收集、污废水的循环、综合利用，最大限度减少市政水的使用量；根据用途不同合理分类，坚持高质高用、低质低用；全面推广采用节水器具和设备，实现水资源综合利用。

2. 研究意义

机场作为民用航空运输的重要基础设施，在规划、设计、施工、运行和发展过程中涉及大量的环境影响、资源消耗以及可持续发展问题，全世界、全行业都在关注绿色机场的研究和建设。目前，我国绿色机场建设尚处于初级阶段，普遍还有很多困惑和不足，缺乏相关的规范和标准，但是可以看到，无论是国家还是民航业本身对于绿色发展的认识日益提升，相关研究和标准的制定正在紧锣密鼓地进行当中，相信不远的将来，中国绿色机场建设工作必将向更加科学化、标准化、系统化的方向大步迈进。

（二）国内外在该方向的研究现状及分析

1. 国内外绿色机场的研究现状

最近20多年来，随着能源及环境危机的不断加剧，世界各国对于节能与环保都给予

了高度的重视，特别是发达国家，将节能与环保列为国家的基本发展战略，而处于社会先进技术行列的民航业更是积极行动，使得各国在机场建设与运营方面不断进行创新，努力实现机场业的可持续发展，也直接促进了企业的运行效益。

2006 年，中国民航业提出了“绿色机场”的理念。绿色机场是指在全寿命期内，实现资源节约、环境友好、运行高效和以人为本，为公众提供健康、便捷的使用空间，为飞机提供安全、高效的运行空间，与区域协同发展的机场。绿色应顺应自然，注重节能减排，减轻对环境的影响，应以人为本，注重高效运行，实现可持续发展。绿色机场理念强调综合效益的最大化，注重多领域、多专业的集成优化。绿色机场的内涵包含资源节约、环境友好、运行高效和以人为本四个方面。建设资源节约型、环境友好型和可持续发展的绿色机场系统成为全球机场的发展共识。

2. 国内外绿色机场水资源综合利用现状

总的来说，国外的绿色机场研究主要在节约、环保和人性化服务等方面开展工作并取得了一定的成果，但都没有形成一个全面（即从机场的选址、规划、设计、建设及运营维护等）和全局的、完整的绿色机场指标体系，缺乏可全面参照的标杆式的绿色机场建设基准。

例如，日本成田机场为减少对环境的负担，机场采取“3R”的新举措，即：减少（Reduce）、再使用（Reuse）、回收再利用（Recycle），对废弃物进行分类与处理，仅航站楼内废弃物每年的循环回收量即达 156t，循环使用率达 20% 以上；同时收集雨水用于绿化、景观用水、设备冷却和环卫清洁。

为建设“资源节约型、环境友好型”的机场，深圳机场全力推进雨洪利用项目，将飞行区外的 4 号调蓄水池扩建至 104.5 万 m^3，集雨面积达 8.75km^2，还增设了雨水处理系统。该项目全部投入使用后日均可利用雨水约 7000m^3，用于航站楼、地面交通中心、运管大楼、新货站楼、办公及酒店厕所用水和区域景观绿化用水。此举将减少市政用水 163 万 t/ 年，不仅实现雨水资源化、节约用水，而且能降低雨水污染直排量，有效改善水环境和减轻渠道洪涝压力。

二、研究内容

（一）给水排水系统节水关键技术研究

1. 水资源综合利用与节水方案

（1）节水系统

《绿色建筑评价标准》GB/T 50378−2014 中涉及“节水与水资源利用”的条文提出了对建筑节水设计的要求。首先，建筑节水应从“开源”开始，根据当地实际、用水习惯等考虑非传统水源的利用，降低用水定额。可以使用的非传统水源一般包括：中水和雨水等。其次，就是建筑“节流”手段，可以采取的措施有：设置完善的给水系统，优化设计给水系统方式和压力，保证水压的稳定、可靠；选用合理的节水器具及配套的节水附件和设备，防止跑、冒、滴、漏的现象；设置用水计量管理系统和采取其他节水措施进行有效地检测和管理。

因此，《民用建筑节水设计标准》GB 50555−2010 提出，可以建立一个节水的建筑给水系统：建筑节水系统。建筑节水系统是指采用城市节水用水定额、节水器具及相应的节水措施的建筑给水系统。也就是说，居民建筑节水系统设计需要从节水用水定额的确定、给水系统的节水、非传统水源水利用、节水设施的选用以及其他节水措施的采用等几个方面进行考虑，对给水系统的各个方面进行有效的节水设计，使得水资源得到高效地节约。

（2）节水用水定额

用水定额是在一定期限内、一定约束条件下、一定范围内，以一定核算单元所规定的用水水量限额。用水定额是一种人为制定的考核指标，通常反映的是平均先进水平。它取值的大小不仅直接影响给水系统工程规模的大小，还影响了对水资源的利用程度。

在《民用建筑节水设计标准》（以下简称《节水标准》）中增加了住宅、宿舍、旅馆和其他公共建筑的平均日生活用水节水定额，该定额参数为使用节水器具后的参数，该定额用于节水量计算和进行节水设计评价；而在工程设计时，建筑给水排水的设计中有关用水定额计算仍按《建筑给水排水设计规范》GB 50015−2003 标准执行，即按最高日用水定额计算。也就是说，在工程设计中计算的是最高日用水量，节水设计计算的是采用节水器具后平均日用水量。

《节水标准》中平均日生活用水节水定额虽不能用于设计计算，但它使节水用水量有了具体的量化指标，该指标是“节水设计专篇”中节水用水量计算的重要参数。《节水标准》中平均日生活用水节水定额也可作为评价绿色建筑的参数，在《绿色建筑评价标准》《绿色建筑评价技术细则》及其补充说明中，该参数可对非传统水源中水原水量进行计算和验算。

2. 高效节水器具

《节水型生活用水器具》CJ/T 164−2014 提出，节水型生活用水器具是指满足相同的引用、厨用、洁厕、洗浴、洗衣等功能，较同类常规产品用水量减少的器具。它们一般经过合理的设计，运用先进的技术，进行精密的制造，可以明显减少用水器具的耗水量，而在一段时间内可以免除维修，不会发生水流的跑、冒、滴、漏等无效耗损现象，可以表现出很显著的节水效果。

（1）节水型龙头

1）节水龙头原理一：阀心

水龙头的内置阀心大多采用钢球阀和陶瓷阀。钢球阀具备坚实耐用的钢球体、顽强的抗耐压能力，但缺点是起密封作用的橡胶圈易损耗，很快会老化。陶瓷阀本身就具有良好的密封性能，而且采用陶瓷阀心的龙头，从手感上说更舒适、顺滑，能达到很高的耐开启次数，且开启、关闭迅速，解决了跑、冒、滴、漏问题。

2）节水龙头原理二：起泡器

平日里，如果注意观察，会发现高档龙头水流如雾状柔缓舒适，还不会四处飞溅。这些龙头的秘密武器是加装了起泡器，它可以让流经的水和空气充分混合，让水流有发泡的效果，有了空气的加入，水的冲刷力提高不少，从而有效减少用水量。

3）节水龙头原理三：全自动

手伸向水龙头下面时，水龙头会自动打开，手离开后，水龙头则会自动关闭，这便是全自动节水龙头。目前，这类产品多用于公共洗手间，具有方便、卫生的优点。但并不是所有的全自动水龙头都具有节水功能，有的水龙头由于质量不过关而反应迟缓，手靠近时出水慢，手离开后关闭迟缓，反而白流掉不少水。因此，购买这类龙头时最好现场测试，严格把关。

4）节水龙头原理四：水力发电机

高档洁具品牌自动充电感应水龙头，可利用出水解决自身所需电能。这种水龙头内装电脑板和水力发电机，配有红外线感应器，形成一个完整系统。将手伸到水龙头下，感应器将信号传入水龙头内的电脑板，开通水源，水流时经水力发电机发电、充电，提供自身所需电力。这种水龙头还可自动限制水的流量，达到节水、省电的目的。

5）节水龙头原理五：材质

传统的老式水龙头、水管容易生锈且会污染水质，早起使用时需要先将管里存有的黄水流掉。而不锈钢、铜制水龙头、水管却不会生锈。另外，铜质水龙头还有杀菌、消毒作用，属于健康产品。

（2）节水型便器

节水型便器是在保证卫生要求、使用功能和管道输送能力的条件下，不泄漏，一次冲洗水量不大于 6L 的便器。节水型便器并不是单纯地降低冲洗的水量，而是从材质、结构、冲洗的水利条件和方式、管材管件、水箱及配件等整个便器配套系统在实现节水。首先，保证便器及其配件有足够的表面光滑度、精密度、硬度和良好的耐磨性、耐蚀性。便于污物被冲走，保证便器不漏水。其次，进行便器结构的改进和创新，如冲洗方式的创新等。最后，通过各种方式来提高水流的冲洗力度，来完成便器节水的目的。

1）节水型便器原理一：喷射虹吸式

借助水封下设有的喷射孔喷出水流加速污物排出。虹吸现象的产生是在大气压的情况下，迅速形成液柱高度差，从而产生压力差，使液体从受压力大的高水位流向压力小的低水位，并充满污管边才能产生虹吸现象，直至液体全部排出冲入空气中，虹吸形成越早，虹吸作用产生越迅速，有效水量流失就越少，虹吸作用持续时间越长，排污功能越好，越节水。

2）节水型便器原理二：漩涡虹吸式

利用冲洗水形成的漩涡将污物排出。

3. 节水仪表、管件等

在给水管道设置计量水表应符合《饮用冷水水表和热水水表》GB/T 778.1~3、《IC 卡冷水水表》CJ/T 133-2012、《电子远传水表》CJ/T 224-2012、《冷水水表检定规程》JJG 162-2009、《饮用水冷水水表安全规则》CJ 266-2008 的规定，安装位置应按照《节水标准》中规定执行。

在节水设备方面通过加压泵、叠压供水设备、水加热设备、冷却塔等设备的选择来达到节水的目的。

管材和管件的选用也是节水的重要一环，要防止水的跑、冒、滴、漏。在选择管材和管件时应选择同一材质，降低不同材质之间的腐蚀，减少漏水；直埋管、穿墙管、室内刻槽管等管道既要承受管内水压力，又要承受外部腐蚀，所以就要求做好管道内、外防腐，减少漏损。

建筑给水系统中另一种最常用的配件是阀门，其类型和质量的优劣对管网漏损量也有很大影响。通常情况下，截止阀比闸阀关的严，闸阀比蝶阀关的严。因此，应当选用更优质的阀门，避免阀门造成的漏水量，达到节水的目的。

4. 超压出流的控制

供水系统中以强条的形式规定当“设有市政或小区给水、中水供水管网的建筑，生活给水系统应充分利用城镇供水管网的水压直接供水”。并对供水点的压力作出规定，当市政管网供水压力不能满足供水要求的多层、高层建筑的给水，中水、热水系统应竖向分区，各分区最低卫生器具配水点处的静水压力不宜大于 0.45MPa，且分区内底层部分应设减压设施，保证各用水点处供水压力不大于 0.2MPa。合理限定配水点的水压能够在给水系统设计上减少超出的范围过大，使用减压阀、减压孔板、节流阀等可以降低水压。

（二）非传统水源利用技术研究

非传统水源是指不同于传统地表水供水和地下水供水的水源，包括再生水、雨水、海水等。

对于非传统水源的利用首先要考虑的是供水水质的安全可靠性，文中强条规定“民用建筑采用非传统水源时，处理出水必须保障用水终端的日常供水水质安全可靠，严禁对人体健康和室内卫生环境产生负面影响”。

对于非传统水源的利用分析如下。雨水和中水等非传统水源可用于景观用水、绿化用水、汽车冲洗用水、路面地面冲洗用水、冲厕用水、消防用水等非与人身接触的生活用水。设计时根据《建筑与小区雨水利用工程技术规范》GB 50400−2006 和《建筑中水设计规范》GB 50336−2002 的有关规定进行设计。对于水质要求，绿化用水、汽车冲洗用水、路面地面冲洗用水、冲厕用水、消防用水应符合《城市污水再生利用　城市杂用水水质》GB/T 18920−2002 的规定，用于环境用水，其水质应符合《城市污水再生利用景观环境用水水质》GB/T 18921−2002 的规定。

1. 中水系统工艺原理

《建筑中水设计规范》GB 50336−2002 根据中水水源的水质不同分别提出了相应的处理工艺：三种以优质杂排水、杂排水为水源的中水处理工艺以及四种以生活排水为水源的中水处理工艺。这七种处理工艺处理后的中水水质均能符合《城市污水再生利用　城市杂用水水质》标准，但有四个工艺几乎不具备脱氮处理功能，出水总氮无法满足《城市污水再生利用　景观环境用水水质》标准要求，其他三种处理工艺设计时，采用生物处理以及土地处理的工艺，出水水质才能满足《城市污水再生利用　景观环境用水水质》标准的总氮要求。因此，中水处理工艺除了要考虑中水水源水质外，还应考虑中水用途及水质要求进行确定。

中水处理工艺一般可分为：中水水源→前处理→主要处理→后处理→中水出水。以下根据中水用途及水质要求分别介绍几种典型的中水处理工艺。

（1）当中水作为建筑杂用水时，推荐采用以下几种处理工艺：

1）以物化处理为主要单元的处理工艺，其只适用于优质杂排水为中水水源的中水处理。基本工艺流程为：优质杂排水→预处理→物化处理→后处理→中水出水。

2）生物处理与物化处理相结合的处理工艺，它一般适用于优质杂排水或生活排水为中水水源的中水处理，基本工艺流程为：原水→预处理→普通生物处理→物化处理→后处理→中水出水。

3）以 MBR 为主要单元的处理工艺，它一般适用于优质杂排水或生活排水为中水水源的中水处理，基本工艺流程为：原水→预处理→ MBR →后处理→中水出水。

（2）当中水作为景观环境用水时，以下几种处理工艺的效果比较显著：

1）以脱氮生物处理与物化处理相结合的处理工艺，它一般适用于优质杂排水或生活排水为中水水源的中水处理，基本工艺流程为：原水→预处理→脱氮生物处理→物化处理→后处理→中水出水。

2）硝化生物处理与人工湿地相结合的处理工艺，它也适用于优质杂排水或生活排水为中水水源的中水处理，基本工艺流程为：原水→预处理→硝化生物处理→人工湿地→后处理→中水出水。

2. 中水系统水资源利用与利用率分析

中水回用在得到认可的同时，人们在关注中水的实际利用情况。而目前，我国中水回用利用水平偏低，平均利用率不到10%。

如何计算中水回用利用率更科学呢？科学的中水利用率应该是每年被处理回用的污水量占每年产生的总污水量的百分比。

在我国，中水回用应该得到更广泛的推广和支持。应综合考虑环境和经济因素，我国中水利用率的理想值应该在30%~50%，中水利用率过低会对环境产生不利影响，达不到通过再生利用节省水资源的初衷，过高会带来经济成本增加，社会难以承受。真正有效地提高中水利用率需要国家、社会的重视，这样才能推进中水回用系统的发展。另外，提高中水回用系统，配备中水回用的相应设施也是提高中水利用的有效手段。

三、本节结论

（一）给水系统的设计

1. 给水量的设计

以每人每日用水量或单位建筑面积表示的用水量标准，不适用于用水量较大的航站楼、客机维护设施和客机用餐加工厂的给水量设计。为此，根据调查统计结果，分别对航站楼以每名旅客、对客机维护设施以年飞机起降架次、对客机用餐加工厂以每餐为单位，确定用水量标准。因此，整个机场的给水量分别按年1800万人次的旅客人数、年飞机起降14.11万架次和客机用餐数及候机大楼工作人员数，乘上相应的用水量标准而确定。

哈尔滨机场本期扩建的目标年为2020年。根据哈尔滨机场原有资料及国内其他机场的用水量资料数据推算，2020年哈尔滨机场最大日用水量为6600m^3/d，按照使用时间18h，时变化系数2.0计，最高日最高时生活、生产设计用水量为733m^3/h。消防水量为室外45L/s，室内15L/s，室内外总流量216m^3/h，这能够满足大多数办公及辅助建筑的消防要求。对于航站楼、货运库、机库、食品配餐等消防用水量要求较大的建筑，由机场新建办公楼地下室的消防泵房和室外消防水池解决。给水及消防合用管网按最大时供水733m^3/h进行计算，并按最大时加消防时950m^3/h进行校核。

2. 给水水源的确定

经方案比较，机场水源最终确定为自建地下深井。为了保证该方案能够安全供水，需设置一旦发生事故和灾害时的备用水源，为此设置清水池，设计停水时间为8h，此期间内确保日平均用水量的46%。

水处理系统水源为自建地下深井，水质指标见哈尔滨卫生检验检测中心出具的《卫生检测报告书》（哈卫水检字 2015 第 0338 号）要求。现有给水处理站处理能力 3000m³/d，另有 1600m³/d 的备用系统，现有清水池的容积为 1050m³。原有给水泵房生活给水供水能力为 300 m³/h。由于现有供水站的水处理能力及供水能力无法满足扩建后机场的用水量需求，需要对供水站的水处理设备及水泵房进行扩建，同时需要新增水源井。考虑预留发展余地，场内新增地下水除铁除锰处理能力 5000 m³/d，新增供水能力 500m³/h，水泵房设于水处理车间的地下，采用自灌式吸水。新建清水池 2000 m³，为增加供水安全，清水池分为两个。原供水站位于航站楼的东北，基本位于整个场区的中心位置。新建给水处理车间及供水站在原供水站东侧贴临建造。清水池设在供水站的南侧。因扩建供水站与原有建筑相邻，统一管理，不再另外设置值班室和储药间。

3. 节水措施

（1）采用节水器具

航站楼卫生间的设计是航站楼设计中非常重要的部分，鉴于航站楼这一建筑的特殊性，在进行卫生间的设计时不仅需要美观，还要提升其实用性。由于机场人流量大，卫生间的使用率非常高，卫生间的用水量约占航站楼总用水量的 70%~75%，因此，作为建筑用水的主要终端设备卫生洁具的选择，对于建筑节水至关重要。

卫生间洁具的选择，应该主要以节水、卫生为前提，为了实现这两种目标，大便器和小便器选用感应式的冲洗装置，洗手盆采用冷热水恒温的感应式水龙头，但由于水质原因，感应式水龙头维修率过高，感应式水龙头反而浪费水，经试验对比分析，最终选用手动水龙头。应用感应式卫生洁具，不需要人体直接接触冲水设备，实现了节水的设计，同时防止了人接触的交叉传染，并且减少了人在操作时出现的设备损坏问题。

（2）减压限流措施

给水配件超压出流，不仅直接造成了水资源的浪费，还会产生噪声、造成接口磨损、影响水量正常分配。因超压出流量未产生使用效益，为无效用水，其在使用过程中流失，不易被人们察觉和认识，属“隐形”浪费，这种“隐形”浪费在各类建筑中不同程度的存在，其浪费的水量是十分可观的。本工程避免出现“超压出流”的方法为给水系统合理分区及设置支管减压阀，阀后压力为 0.15~0.25MPa。

（二）排水系统的设计

1. 设计水质与处理水量

2020 年哈尔滨机场最高日生活污水排放量为 5000m³/d。松花江上游污水排放要求增产不增排，故新增污水处理后不能排入松花江，必须进行中水回用。原有污水处理站污水处理能力为 3000m³/d，需要扩建污水处理站，同时需要加设中水回用系统。新建污水处理厂处理能力为 2000m³/d，中水处理量为 3000m³/d，新建污水处理厂在原有污水处理站南侧。

处理后排入自然水体的设计出水量为 2000m³/d，设计出水水质标准按《城镇污水处理厂污染物排放标准》GB 18918−2002 中一级 A 标准执行，见表 5−6。处理后达到中水标准的水量为 3000m³/d，中水水质须同时满足《城市污水再生利用 城市杂用水水质》GB/T 18920−2002 标准中冲厕、绿化、冲洗道路、洗车用水和《城市污水再生利用 景观环境用水水质》GB/T 18921−2002 标准中观赏性景观用水河道类标准。

污水处理指标 表 5-6

水质指标	一期污水处理站的排放污水（$3000m^3/d$）	进入新建污水处理站的污水（$2000m^3/d$）	处理后排入自然水体的出水（$2000m^3/d$）	中水（$3000m^3/d$）
化学需氧量（COD）	≤ 60	≤ 450	≤ 50	≤ 6
生化需氧量（BOD）	≤ 20	≤ 200	≤ 10	—
悬浮物（SS）	≤ 20	≤ 200	≤ 10	≤ 10
总氮（TN）	≤ 20	≤ 45	≤ 15	—
总磷（TP）	≤ 1	≤ 4	≤ 0.5	—
氨氮（NH_3-N）	≤ 8	≤ 35	≤ 5	≤ 10

2. 污水处理流程

松花江上游污水排放要求增产不增排，为防止机场污水对周围水体环境的污染和考虑污水的综合利用，所设定的污水排放标准较高。本工程的污水为生活污水，主要污染物为有机物、氨氮和磷。工艺流程为三级处理体制。其中一级是预处理、二级是主体生化处理、三级为深度处理。

3. 中水综合利用

绿色机场建设应充分考虑区域水资源条件，充分利用中水等非传统水源，最大限度减少市政水的使用量，根据用途不同合理分类，坚持高质高用、低质低用，实现水资源综合利用。

污水回用和雨水调蓄在一定程度上都能节约水资源，而污水回用经常作为首选方案，原因在于污水就近可得，水量稳定，不会发生与邻相争，不受气候影响。我国目前在中水回用中，由于管网建设不同步，运营经费不足，管理不统一等方面存在的问题，中水回用不够普及，仅在少数城市的个别项目中得到应用。

哈尔滨机场将场区生活污水排至污水处理站，生活污水经处理后，一部分排出，一部分经过深度处理后作为中水水源，用于场区绿化、洗车和卫生间冲厕用水。污水总处理水量为 $5000m^3/d$，中水处理量为 $3000m^3/d$，回用率高达 60%。

（三）本节小结

（1）哈尔滨机场扩建工程给水量的设计经济合理。

（2）哈尔滨机场扩建工程给水水源同时考虑节水与安全因素、现有情况和发展余地，设置合理。

（3）哈尔滨机场扩建工程采用节水龙头、节水便器等节水器具，采用减压限流等措施节约用水。

（4）哈尔滨机场扩建工程污水处理水质达标。污水处理后部分排入自然水体，水质标准达到《城镇污水处理厂污染物排放标准》GB 18918-2002 中一级 A 标准；部分作为中水回用，水质同时满足《城市污水再生利用 城市杂用水水质》GB/T 18920-2002 标准中冲厕、绿化、冲洗道路、洗车用水和《城市污水再生利用 景观环境用水水质》GB/T 18921-2002 标准中观赏性景观用水河道类标准。

（5）哈尔滨机场扩建工程污水处理流程稳定可靠、经济有效。

（6）哈尔滨机场扩建工程中水综合利用回用率高达 60%。

随着环境日益恶化、资源逐渐匮乏，绿色、环保越来越受到重视。哈尔滨机场积极响应国家和行业节能减排的号召，以建设“绿色机场”为目标，积极承担企业环保责任，用绿色设计理念、新技术和新方法开启建设“节能、环保、科技、人性化”新机场的绿色机场建设的新篇章。

第五节　节材与材料资源综合利用关键技术研究

总结绿色建筑结构设计的概念、原则以及设计方法，结合哈尔滨机场扩建工程 T2 航站楼的建筑结构设计方案，为今后同类型大型公共建筑的结构设计提供指导性建议。

一、研究概述

从建筑结构设计方面，也应符合绿色建筑的这些特点要求，采取合理技术手段，优化结构设计，最大程度地辅助绿色建筑本身达到节能减排、环保的目标。绿色建筑结构除了上述绿色建筑特点要求外，还应结合结构设计的两个重要特性——安全性和经济性。

绿色建筑结构设计相比一般建筑结构设计应有以下三个特点：

1. 节能性

据统计，全球能量的 50% 用于工业、交通和其他行业，45% 用于建筑物的采暖、空调和照明，5% 则用于建筑物的构造。可见，与建筑相关的能耗约占全球全部能耗的一半。因此，建筑节能研究在绿色建筑体系营造中占有突出的地位。绿色建筑结构必须具备节能特性。

2. 环保性

绿色一词表面意思就是生态环保，不对自然环境产生过多的污染。绿色建筑结构充分利用合理的结构类型、材料，在建筑物建成后，在较长的时期保持环保。

3. 经济可持续性

建筑如果过分追求外观，不考虑强制使用高成本的某种结构体系带来的经济问题，那么这样的建筑势必给社会和人民带来过重的负担，违背了绿色建筑的节能环保、经济适用的原则。为支持起绿色建筑的这一目标，绿色建筑结构也具备经济性和可持续性。

根据建设的实际需要和人们对绿色建筑的追求，设计理念随之不断提升，建筑的结构形式是复杂化、多样化的，绿色建筑结构概念更加清晰，结构形式也越发多样，其中绿色建筑结构的设计方式也逐步成熟。相比一般建筑结构设计，绿色建筑结构设计应遵循建筑结构整体性原则、合理适中原则、尊重自然原则等。

首先是结构整体性原则。绿色建筑设计应把自身当做一个开放的体系与自然界构成一个整体，应追求环境效益最大化，局部利益应当服从整体利益，暂时性利益应当服从长远利益。在绿色建筑结构设计中，应与建筑设计构成一有机整体，结构充分符合建筑的整体效应。绿色结构可以使绿色建筑达到设计的各项目标。

其次是合理适中原则。绿色建筑结构遵循合理适中的原则，合理的结构体系，适中的经济成本，这些要求也是对结构具备绿色特性的表现。如果结构体系富余度大，势必造成过多的建设成本，对社会形成了过多的资源浪费，无法达到节能的效果，就谈不上绿色了。所以绿色结构是在保证结构安全性的情况下合理地节省资源消耗，特别是对自然依赖性较强的资源。

最后是尊重自然原则。绿色建筑的显著特点就是能够与环境完美的相融合，使二者和谐统一。建筑结构设计中优先考量自然、生态，改变过去人类是自然中心的错误意识，尊重自然法则，维护生态平衡，注重生态环保。建筑结构设计中每一步都应力求做到与环境和谐统一，因为建筑本就取之于自然，所以最终必定会回归到自然中去，这也是第三代建筑思潮的核心。

（一）T2 航站楼的结构设计方案

哈尔滨机场 T2 航站楼主体结构为局部设夹层的两层现浇钢筋混凝土框架结构，为了保证外立面的美观，航站楼周边框架柱采用钢管混凝土柱的形式。大厅基本柱网为 18.0m × 15.0m，楼面主梁为后张无粘结预应力混凝土梁，楼面板为现浇钢筋混凝土板；指廊基本柱网为 9.0m × 12.0m，楼面主梁为现浇钢筋混凝土梁，楼面板为现浇钢筋混凝土板；为满足建筑丰富多彩的空间及立面造型要求，屋盖体系采用螺栓球节点空间钢网架结构。其中，主楼大厅结构形式为三角锥网架，跨度为 90m，网架厚度为 4m。指廊连廊结构形式为斜放四角锥网架，跨度为 35m，网架厚度为 2.5m。屋面檩条和吊顶龙骨冷弯矩形或方形管。钢管采用 Q235B 钢，螺栓球采用《优质碳素结构钢》GB/T 699−1999 规定的 45 号钢。承重柱基础采用柱下独立基础或混凝土灌注桩基础；砌体墙下采用钢筋混凝土条形基础。

为满足建筑表现与平面布置的需求，本工程尽量不设或少设永久性伸缩缝。超长混凝土结构采用微膨胀混凝土浇筑，并于超长建筑物中部设膨胀加强带（间距约 50m 以下），以较大的膨胀补偿混凝土的收缩，同时在混凝土结构中建立抗裂预压应力，达到超长混凝土结构无缝设计的目的。

（二）研究目的和意义

大量的工程实践经验表明，建筑的结构设计对建筑的生态和能源消耗影响重大。事实表明，科学合理的结构设计，建筑的形象能够得到很大的改观，同时建筑全周期成本能够有效的降低，结构的合理化还有效地提升了建筑的稳定性和建筑的使用寿命。从另一个角度思考，建筑的发展离不开建筑结构提升，新的结构的出现与应用，让人们对建筑的认识深度有了进一步的加深，对于绿色建筑而言，进行结构系统设计的目标在于“长寿、灵活和高效”的结构形态。从目前的技术能力和发展来看可以借助于以下两个方面来实现：一个是对结构方式进行科学合理的选择，总的来说从建筑的使用功能、空间要求来综合考虑，科学、合理的选择；另一个是对已经选择的结构形式进行设计上的优化，通过优化使得结构的灵活性和耐久度得到进一步的提升。

通过哈尔滨机场 T2 航站楼建筑结构方案的研究，探讨在机场航站楼建筑中采用各种结构形式对节能节材的影响。

二、T2 航站楼主体结构形式

（一）上部结构形式

哈尔滨机场 T2 航站楼主体结构为局部设夹层和地下室的两层现浇钢筋混凝土框架结

构，整个航站楼分为七个结构单元，分区方式如图 5-12 所示。

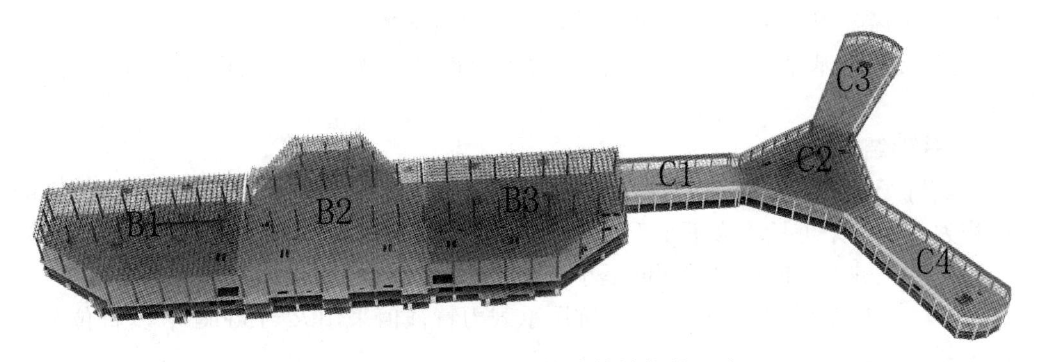

图 5-12　哈尔滨机场 T2 航站楼结构单元分区图

B1 区结构单元为地下局部一层，地上两层，局部设置夹层，地上两层顶屋面为螺栓球节点空间钢网架结构，其余各层为钢筋混凝土框架结构，模板图如图 5-13 所示。

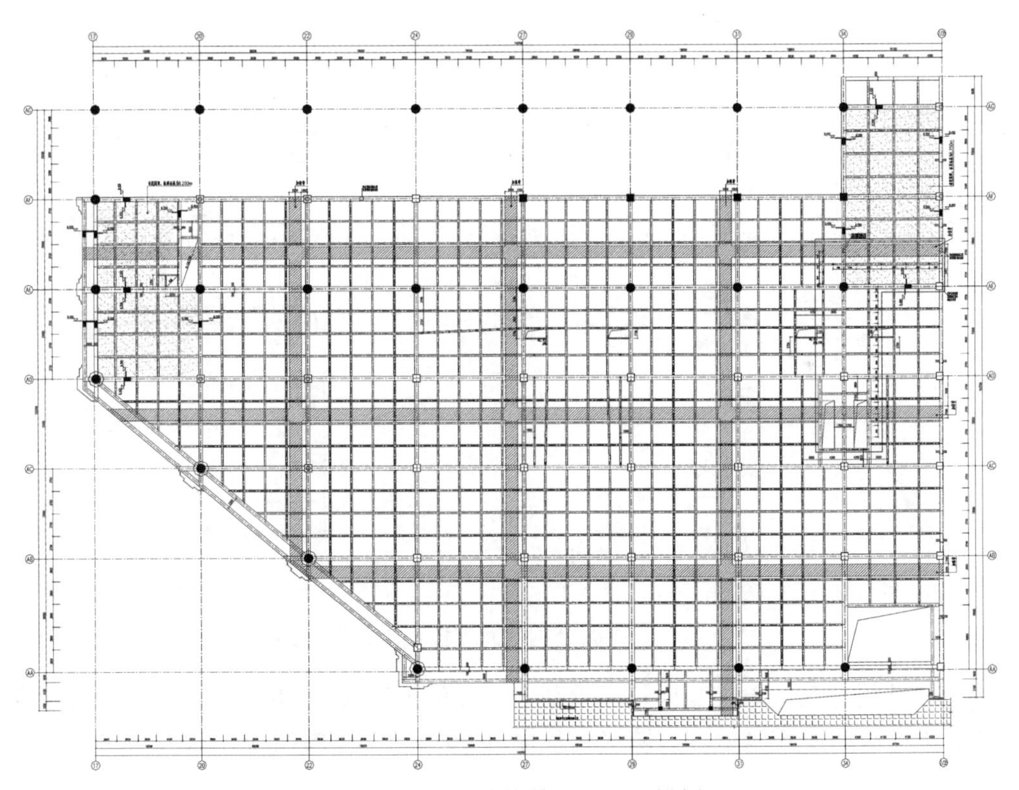

图 5-13　B1 区结构单元 1 层顶模板图

B2 区结构单元为地下局部一层，地上一层，局部设置夹层，地上一层顶屋面为螺栓球节点空间钢网架结构，其余各层为钢筋混凝土框架结构。

B3 区结构单元为地上二层，局部设置夹层，地上二层顶屋面为螺栓球节点空间钢网架结构，其余各层为钢筋混凝土框架结构。

框架结构具有空间分隔灵活、自重较轻、抗震好等优点，适用于各种大型公共类型建筑，尤其是机场航站楼类型建筑；所有混凝土结构构件（梁、板、柱）中所采用的纵向受力钢筋及横向钢筋强度等级均为 HRB400 级高强钢筋，经对比计算比使用 HRB335 级或 HPB300 级钢筋节省用钢量 10%~15%，具有较大的节材优势。

T2 航站楼对地基基础、结构构件进行过优化设计，优化后的结构施工图纸，达到节材效果。

（二）基础结构形式

哈尔滨机场 T2 航站楼基础结构为钻孔压灌超流态混凝土桩基础，各个结构分区的桩身直径均为 600mm，桩长均为不小于 28m，桩端持力层为第 6 层中砂层、第 6-2 层细砂层、第 7 层黏土层，桩端进入持力层深度不小于 1000mm。

B1、B2、B3 结构分区的单桩竖向抗压承载力特征值采用 R_a=1560kN，其桩位及承台布置图如图 5-14 所示。

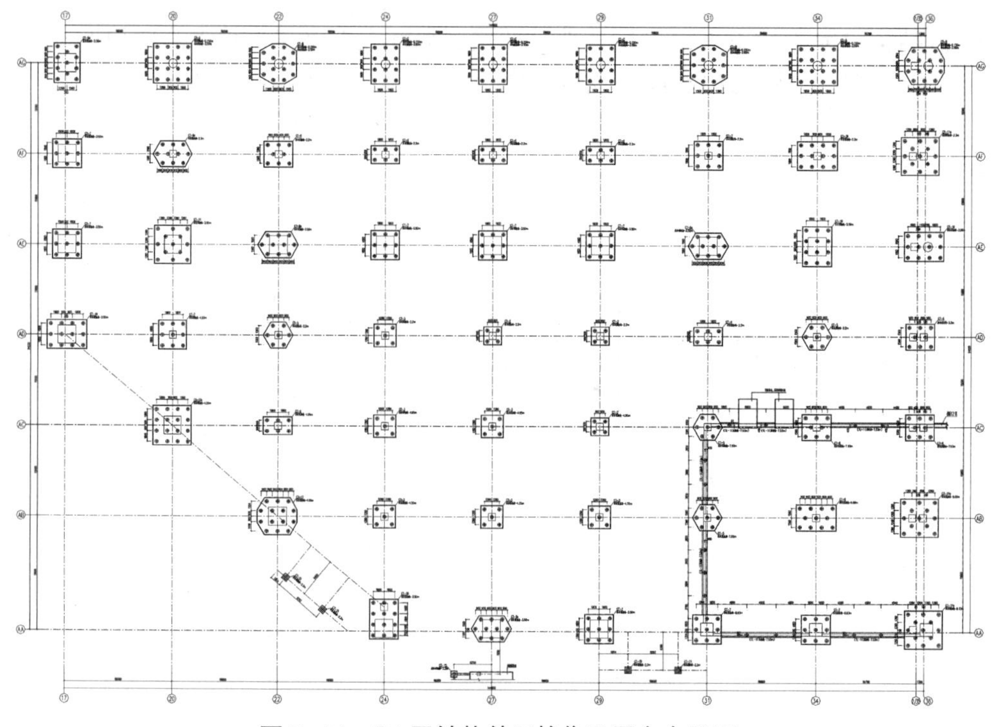

图 5-14　B1 区结构单元桩位及承台布置图

C1~C4 结构分区的单桩竖向抗压承载力特征值采用 R_a=1440kN，局部地下室区域采用桩基加防水板的方式来处理，防水板板厚为 500mm，板内配筋为双层双向 Φ16@150，板顶标高为 -6.630m。

航站楼基础结构采用钻孔压灌超流态混凝土桩基础，局部存在地下室部位桩基承台间设置防水底板，与钢筋混凝土筏板基础形式对比，混凝土、钢筋用量降低了 15% 左右，而且土方开挖量得到了较大程度的降低。

（三）小结

在航站楼主体结构设计过程中进行了优化设计，选用了钻孔压灌超流态混凝土桩基础形式，使土方开挖量得到了较大程度的降低，并且钢筋全部采用 HRB400 级高强钢筋，经对比计算比使用 HRB335 级或 HPB300 级钢筋节省用钢量 10%~15%，达到了节能、节材的效果。

三、航站楼屋面结构形式

（一）屋面结构设计方案概述

哈尔滨机场 T2 航站楼屋面结构形式采用的是平屋顶空间钢网架结构，其中 C1 结构分区采用的是螺栓球节点，其余各结构分区均采用的是焊接球节点。

空间钢网架结构是由多根杆件按照一定的网格形式通过球节点连接而成的空间结构，其力学性能清楚，具有空间受力、抗震性能良好、延性好、耐久性好、能充分利用钢材塑性变形耗能等优点。

空间钢网架结构的自重较轻，其用钢量约为 40~50kg/m^2，这种结构形式的用钢量比空间钢桁架节省钢材 30% 以上，网架整体提升如图 5-15 所示。

钢网架杆件和焊接球的材质均采用 Q345-B 级高强度钢材，仅檩条、支托等由截面刚度控制的次要构件采用的是 Q235-B 级钢材，高强度钢材用量占钢材总量的比例达到 70% 以上，与全部采用 Q235-B 级钢材对比节省钢材 10% 左右。

（二）屋面结构设计方案节能优势

T2 航站楼所采用的屋面形式为空间钢网架平屋面，其檐口高度最高处仅为 34m，二层出发大厅高度比国内同类型航站楼的建筑总高度降低了 1/3，在哈尔滨这种严寒地区具有较大的节能优势。

（三）本节小结

T2 航站楼的屋面结构采用平屋面空间钢网架结构，其用钢量比空间钢桁架节省钢材 30% 以上；其次，该网架主要受力构件均采用 Q345-B 级高强度钢材，比采用 Q235-B 级钢材节省钢材 10% 左右；最后，采用此种结构形式使得建筑二层总高度比国内同类型航站楼降低了 1/3，达到了较好的节能效果。

四、航站楼中可再生循环使用材料的运用

（一）室内空间分隔方式

哈尔滨机场 T2 航站楼中可变换功能的室内空间大量采用了可重复使用的隔断墙，仅仅在设备间以及有特殊使用要求的空间分隔上使用陶粒砌块围护墙体。

（二）其他可再生循环使用材料的大量运用

屋面防水材料选用了热塑性聚烯烃（TPO）防水卷材材料，这项技术运用在机场航站楼屋面防水中尚属首次，这种材料具有很好的耐久性，可以做到不需要大幅维修的情况下 30 年的使用寿命，同时，TPO 防水材料内部的聚酯纤维筋还可再生循环使用。

在航站楼工程中还使用了大量的可再生循环利用的高强度钢材、玻璃、铝塑型材和铝镁合金装饰板材，这些材料的运用可以减少生产加工新材料带来的资源、能源消耗和环境污染，具有良好的经济、社会和环境效益。

（三）小结

T2 航站楼中可再生循环使用材料的大量运用达到了较好的节能、节材和环境保护效果。

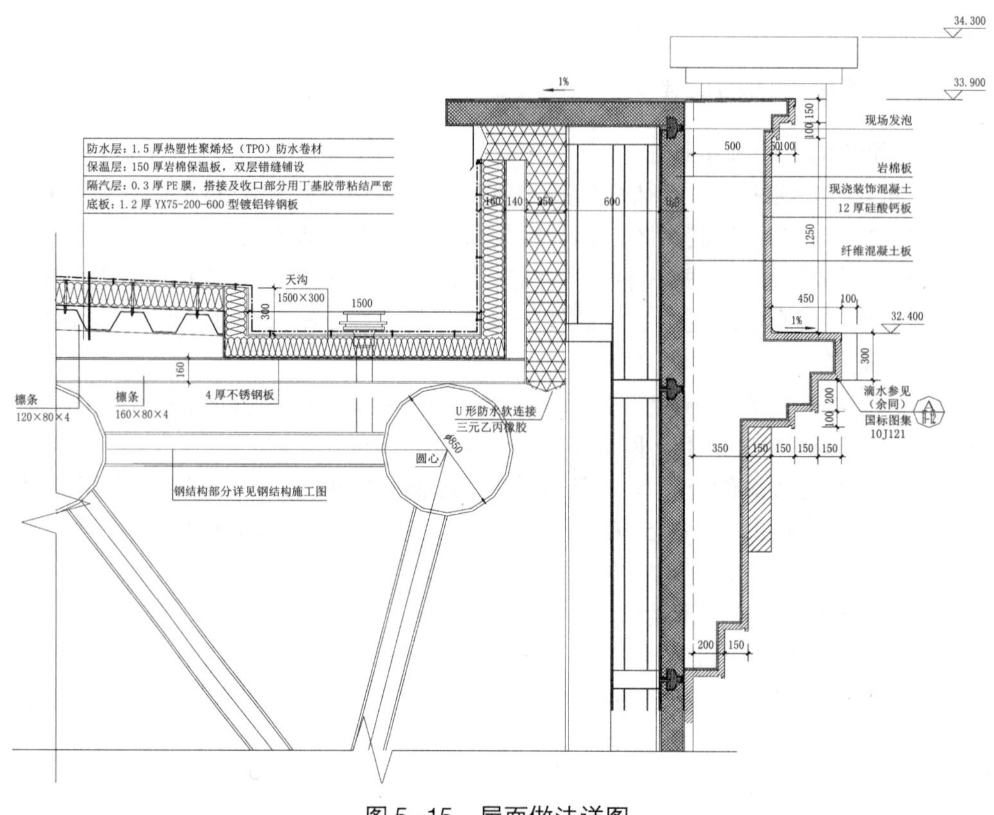

图 5-15　屋面做法详图

五、本节结论

（1）在航站楼主体结构设计过程中进行了优化设计，地基基础土方开挖量得到了一定程度的降低，受力钢筋全部采用 HRB400 级高强钢筋，节省用钢量 10%~15%，达到了较好的节材效果。

（2）航站楼的屋面结构采用平屋面空间钢网架结构，该网架主要受力构件均采用 Q345-B 级高强度钢材，比采用 Q235-B 级钢材节省钢材 10% 左右；采用平屋面形式使得建筑二层出发大厅总高度比国内同类型航站楼降低了 1/3，达到了较好的节能效果。

（3）航站楼中大量采用了可再生循环使用的隔断墙、高强度钢材、玻璃、铝塑型材、铝镁合金装饰板材，屋面防水材料选用了热塑性聚烯烃（TPO）防水卷材材料，这种材料具有很高的耐久性，可以做到不需要大幅维修的情况下达到 30 年的使用寿命，同时 TPO 防水材料还可再生循环使用。

第六节　绿色机场建设关键技术成果

严寒地区绿色机场建设关键技术研究项目完成的成果共分 5 大部分，依托哈尔滨机场扩建工程展开，从规划设计阶段开始到项目建造过程中贯穿绿色建设和可持续发展理念，通过在全寿命期内研究实施：（1）“贴临建设”的设计与建造技术，紧贴现有正在运行的航站楼建设新航站楼，最后合二为一，一体使用，实现了规划科学，用地节省，建成后节约运行成本，旅客便利出行。（2）采用大面积平屋顶形式，降低航站楼使用净空，实现了大幅节材与高效节能效果。（3）结合采用的三银 Low-E 玻璃、太阳能发电、冷热电三联供、中水回用实现节能与节水。（4）在严寒地区首次实施大型屋面 TPO 单层防水技术应用。具体成果如下：

（1）形成了严寒地区绿色机场建设节地规划与建筑设计关键技术

通过研究适宜严寒地区地域特色的绿色机场节地规划、新航站楼与原有建筑的有机结合（贴临建设，大幅节省土地）、交通设计等（节地与室外环境关键技术）获得适用于严寒地区绿色机场建设的节地规划与建筑设计关键技术。

（2）形成了严寒地区绿色机场建设节能与能源综合利用关键技术

通过研究围护结构节能技术、暖通空调系统节能降耗、可再生能源利用技术，具体研究了建筑物体型、围护结构、节能玻璃、三联供系统、太阳能利用、建筑电气设备与自控系统、分区分时控制系统的应用技术，获得适用于严寒地区绿色机场建设的节能与能源综合利用关键技术。

（3）形成了严寒地区绿色机场建设节水与水资源综合利用关键技术

通过研究机场节水系统、节水器具与设备、非传统水源利用的关键技术，其中包括中水系统、雨雪水综合利用、节水器具与系统技术的研究，获得适用于严寒地区绿色机场建设的节水与水资源综合利用关键技术。

（4）形成了严寒地区绿色机场建设节材与材料资源综合利用关键技术

通过研究适宜严寒地区绿色机场建设用结构体系与节材关键技术，具体研究航站楼结构体系、建筑形体（大型平屋顶结构形式，有效降低室内净空间高度，空间降低 1/3 左右，做到了高效节能与节材的完美统一）、屋面钢结构系统、屋面 TPO 排水系统、绿色建材与高强高耐久性建筑材料应用关键技术，获得适用于严寒地区绿色机场建设的节材与材料资源综合利用关键技术。

第六章　BIM信息技术的研究和应用

为充分发挥BIM技术的两大功能——辅助设计与辅助管理，以设计、施工两阶段为主线，解决机场建设过程中的传统技术瓶颈问题，提出相应BIM技术的应用策略，并通过哈尔滨机场扩建工程的实践案例论证，BIM技术方法具有独特优势与可行性。其中，BIM技术将几何模型和属性数据库融于一体，实现空间数据与属性数据的有机结合，利用其计算分析功能和仿真模拟功能，为项目参与方提供一种十分有效的性能分析工具与辅助决策工具。

在设计阶段，利用BIM技术模拟与分析，优化设计并有效地解决施工场地相关问题。基于BIM的精确设计构建了设计—模拟—分析一体化的框架。在施工阶段，BIM技术通过其强大的3D协调与4D模拟功能为施工碰撞检查与制定施工计划进行指导，解决了施工活动容错率低的问题，提供工效、节约施工经济成本，同时做到施工过程中的"四节一环保"。新建T2航站楼工程是哈尔滨机场扩建工程中的主要项目，本工程技术复杂、难度高，需要利用BIM技术解决如下技术难题。

（1）T2航站楼专业系统复杂，独立分包较多、协调管理难度大。需要BIM技术解决各专业系统布置密集、施工模拟、优化施工、完善施工方案、协调管理专业分包等问题。

（2）T2航站楼建筑造型独特，空间结构复杂，施工精度要求高、施工工期短，需要BIM技术解决快速、准确的测量放样难题。

（3）T2航站楼工程管廊内管线数量、种类繁多，分布密集，难度较大。需要BIM技术解决地下管廊内管线三维综合布控，利用管廊内有限空间，规避施工碰撞等问题。

（4）本工程不停航施工要求严格，需要对正运营建筑T1航站楼进行保护，不停航要求高，文明施工要求高，需要解决建设中的一系列难题。

（5）黑龙江省住建厅于2016年印发的《关于推进黑龙江省建筑信息模型应用的指导意见》中，首批计划启动哈尔滨机场为试点项目，开展BIM技术试点示范应用。

基于严寒地区下的大型机场建设工程的基础上，采用BIM、物联网、可视化技术、数字化施工系统、信息管理平台技术等，通过三维设计平台对工程进行精确深化设计和施工模拟，围绕着施工过程管理，建立互联协同、智能生产、科学管理的施工项目信息化生态圈，并将此数据在虚拟现实环境下与物联网采集到的工程信息进行数据挖掘分析，提供过程趋势预测及专家预案，实现工程可视化智能管理，以提高工程管理信息化水平，从而逐步实现绿色建造和生态建造。

依托哈尔滨机场扩建工程T2航站楼项目，通过BIM技术对施工过程中遇到的各种问题展开攻关，达到提高效率、降低成本的目的，主要应用如下：

（1）基于BIM技术智能自动放样及质量管理；

（2）BIM 技术航站楼工程综合管廊中的应用；
（3）BIM 技术辅助屋面网架整体提升施工技术（安全）；
（4）BIM 技术在机电安装中的应用；
（5）BIM 技术在枢纽工程交通导改中的应用；
（6）基于 BIM 技术的机场工程 4D、5D 管理；
（7）智慧工地基于 BIM 技术绿色环保应用。

第一节 BIM 技术在绿色建筑中的优势

（1）BIM 技术覆盖绿色建筑全生命周期

对于建筑的全生命周期来说，其是 BIM 和绿色建筑共同关注的重要内容。由于 BIM 的涵盖范围越来越广，因此在建筑生命周期这一部分，仅有建筑拆除这一环节没有对其进行涵盖。但是就建筑的发展看来，BIM 也会逐渐将生命周期全部纳入其研究范围，从而与绿色建筑相一致。由于将绿色建筑与 BIM 技术相互结合，因此使得在单一数据平台上不同专业可进行共同的设计以及数据的整合，这一举措得以在 BIM 模型中实现，并且在生命周期不同的阶段保证数据的准确性。通常 BIM 模型可以从设计阶段沿用至施工阶段，因此能够较为直接地对工程量进行统计计算，同时进行一些模拟的施工建造过程，研究施工组织方案。BIM 模型可以应用于建筑的运营管理中，这便使得管理人员能够对所维护的建筑具有较为全面的了解，并且在传递的过程中信息不会丢失。另外，因为 BIM 涵盖了建筑全信息，支持多专业方基于 BIM 进行性能模拟、绿色分析、空间论证等更深入的研究。

（2）BIM 技术提供性能模拟与分析

实际建筑物若缺乏 BIM 对其进行模拟分析，则其在实际发展中是缺乏关联性的，这实际上只是一种可视化效果。而只有随着建筑的变化，迅速地对其进行各专业的探究和分析，才可正确地反映出建筑的实际状态，也就是说需要将“设计—分析—模拟”进行一体化的动态表达，才能有力地支持决策。从大的范围讲，BIM 为绿色建筑提供的分析使不同阶段的工作均可以深化定量分析，基于此可以进行每个环节的自评估，在这样的情况下，计算机辅助模拟与建筑设计的整合更为直观与密切。并且也成为循环设计与信息反馈的过程；各阶段深入地创造与深化，则是建立在前面设计的基础上；由于各阶段具有不同的任务，所面对的问题也不尽相同，因此各阶段具有一定的相对独立性；针对不同阶段，要具有一定的侧重点，并根据评估分析的结果，整合信息的反馈意见，来对其进行阶段性的修改。因此这种以节能为最终目的的集成化设计过程的主要特点则为，将共性与个性、统一性与阶段性进行有效结合。

（3）BIM 阶段成果具有关联性与一致性

BIM 进行工作的模式分为两个属性，协同的方式与协同的主体。二者共同作用，决定了建筑项目的效率与科学性，在传统建筑项目中，主要成果为效果形象等 2D 图形文件，同时，逐渐被大家广泛认可的 BIM 模型也是该内容之一。然而对于建设项目的协同来说，则是一种跨度较大的行为，即需要不同企业、涉及不同地域、需要不同语言，因而，为了使不同内容相互协同，不但要基于互联网建立对其具有支持作用的管理平台，还要根据

BIM 模型所整合的建筑项目的几何、物理以及功能信息，来为各方参与人员提供较为准确、完整的信息，以方便其作出相应的判断决策，进而使整个项目得以高质量、高性价比地完成。就目前情况来说，将建立在网络平台基础上的，具有一定的设计沟通方式，以及对设计流程具有一定的组织管理形式的这样一种设计，可称之协同设计。而协同作业其核心就是“数据”，将数据作为主要核心，并通过对数据的创建、管理以及发布，来完成对信息化的基本定义。

（4）通过对 BIM 技术自身在建筑行业中的技术优势完成这一点。本节对其原理、功能特点、软件应用以及实践过程进行梳理与总结，BIM 技术针对建筑全生命周期各阶段的控制要点具有很强的实践意义。在传统项目流程的基础上，结合 BIM 的应用特点，提出 BIM 在建筑全生命周期中如何应用的总体框架，为进一步在哈尔滨机场建设过程中的应用实施提供理论基础。

第二节　哈尔滨机场 BIM 管理技术研究

一、基于 BIM 技术智能自动放样及质量管理

新建 T2 航站楼采用欧式建筑造型，新建的 T2 航站楼与运行的 T1 航站楼贴临建设。T2 航站楼工程为大型公共设施，专业系统复杂，独立分包较多、协调管理难度大。通过 BIM 技术应用，提前做好各专业深化设计及协调管理是本工程管理的重点之一。

由于建筑造型特异导致结构空间复杂、机电系统繁多、管线分布密集、施工精度要求高、施工工期短，传统的测量放样将面临许多难以解决的问题，如现场施工误差造成返工及设计变更；传统的三角测量和拉钢尺的放样方法无法满足精度与效率要求；传统的验收过程相对粗放，信息检查核准不够完善等。建筑工程施工过程中土建、机电、精装、幕墙等施工单位都要进行大量的放样定位和测量校核工作，任何错误和返工都是时间和成本浪费，如何快速、准确地进行放样定位已成为施工的最大挑战之一。工程利用全站仪实现深化设计与现场施工的无缝连接。

（一）施工方法

首先通过三维激光扫描仪，对现场实测实量，可直接得到扫描结果与设计模型的偏差，而无需先测量、后对照图纸、最后确认偏差。然后通过智能放线机器人，辅助机电管线定位，精确测定现场空间点位，辅助机电管线精确定位。

利用深化设计成果，将深化设计 BIM 或 CAD 数据经软件处理后导入到测量机器人手簿中实现设计数据到测量定位数据的转化，再通过现场定位放样实现指导现场施工。

复核完成，在电脑中预先制作出装配图纸，在工厂完成模型构件预制，运输到现场，把深化设计后的数据导入智能放样机器人的手簿中，在现场精确定位后直接安装，实现工厂与现场的无缝拼接。

（二）施工技术

1. 建立区域 BIM 模型

哈尔滨机场扩建工程基于二维的 CAD 图纸，搭建三维的 rvt 模型。哈尔滨机场扩建工程项目 BIM 团队在各专业图纸的基础上，利用 Revit 等系列软件创建 BIM 三维模型，

在构建模型时分别构建建筑模型、结构模型、机电模型、钢结构模型、幕墙模型、市政模型等。通过优化深化，向各分包提供施工模型，同时接收各分包专业模型，进行模型集成，完成 BIM 模型数据交换与传递。

在 BIM 模型数据交换与传递的基础上，技术部门完成深化设计，并得到深化后的 BIM 模型及加工图纸。

2. 利用三维扫描仪对土建结构进行复核

首先进行现场踏勘，选取适宜建筑物区域并进行清扫，在所选区域内选取四个点位，分别架设机械，进行扫描，得到点云数据模型，如图 6-1～图 6-3 所示。

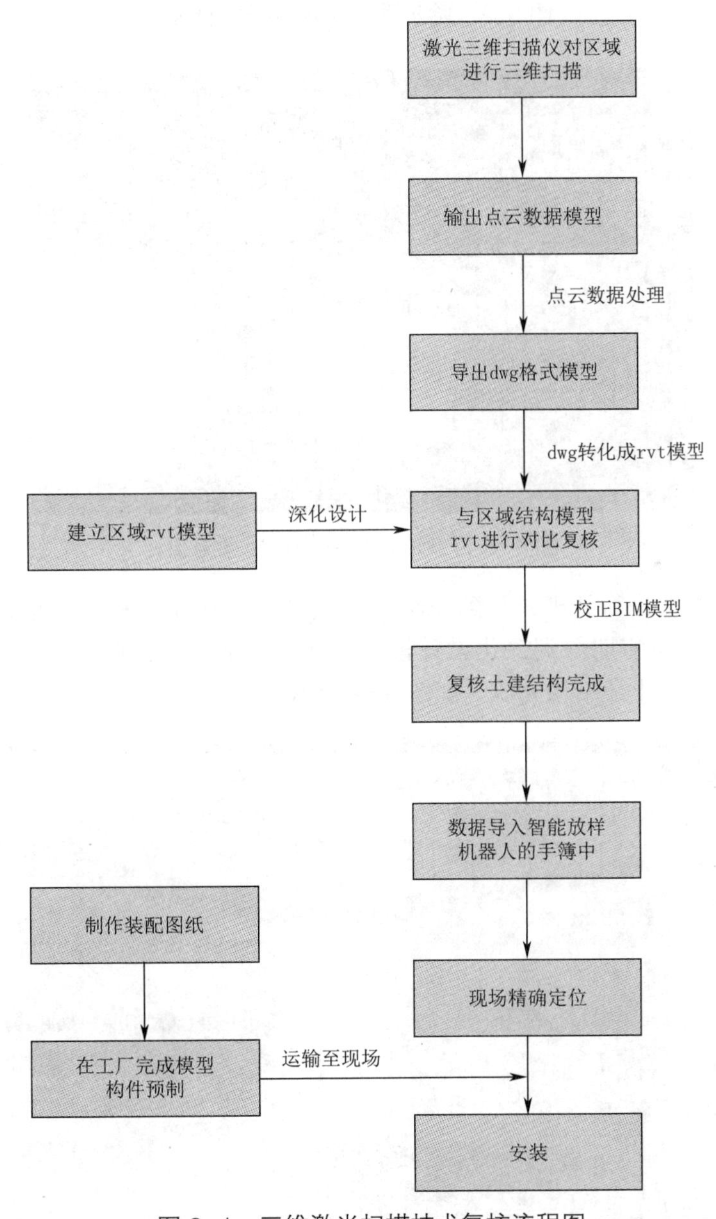

图 6-1 三维激光扫描技术复核流程图

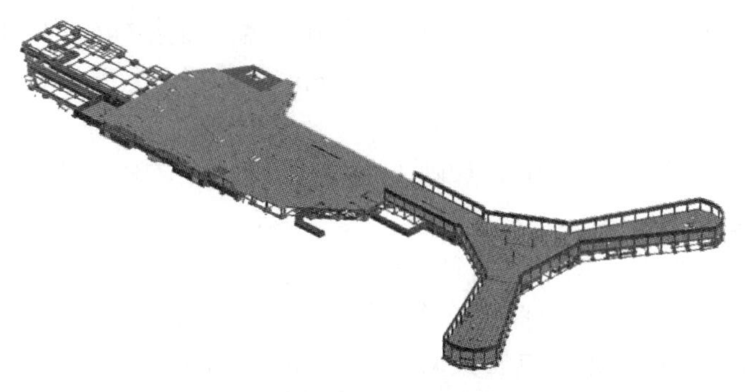

图 6-2　哈尔滨机场 BIM 结构模型

图 6-3　Focus 3D 扫描仪现场施工

其次将点云数据进行处理，得到 dwg 格式模型，再将 dwg 格式模型转化为 rvt 模型，将扫描得出的模型与前期得到深化设计模型区域结构 rvt 模型进行对比复核。最后矫正 BIM 模型，现场复核土建结构完成，如图 6-4 所示。

图 6-4　点云数据查看

3. 数据化智能自动放样指导施工

图 6–5　现场操作智能放样机器人

在已通过审批的机电 BIM 模型中，设置机电管线支吊架点位布置，并将所有的放样点经软件处理后导入到测量机器人手簿中，如图 6–5 所示。

进入扫描时选定区域，使用 BIM 放样机器人对现场放样控制点进行数据采集，即刻定位放样机器人的现场坐标。通过测量机器人手簿选取 BIM 模型中所需放样点，指挥机器人发射红外激光自动照准现实点位，实现“所见点即所得”，从而将 BIM 模型精确地反映到施工现场，如图 6–6、图 6–7 所示。

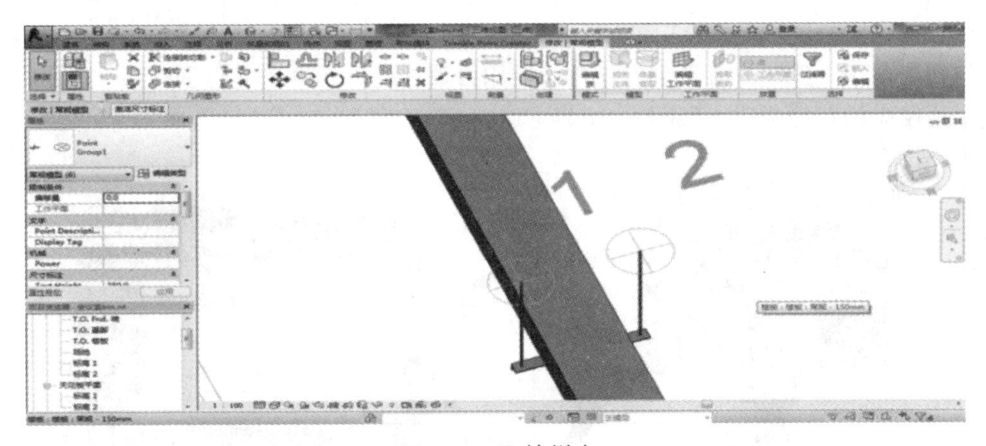

图 6–6　取放样点

图 6–7　导入手簿

4. 质量管理

数字化施工，本工程在施工现场使用精确的 BIM 数据，高效、高精度地完成管线及设备的定位放样，实现精确设计施工，如图 6–8 所示。

辅助施工验收，检查管线和设备安装的水平度、垂直度、直线度等情况，预留洞口的位置等，如图 6–9 所示。

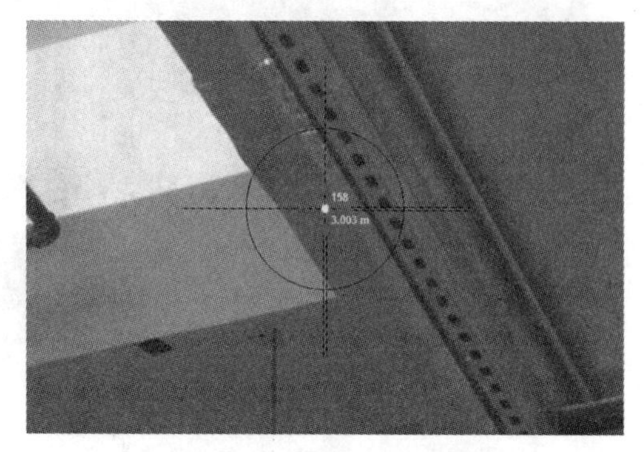

图 6–8　现场点位放样

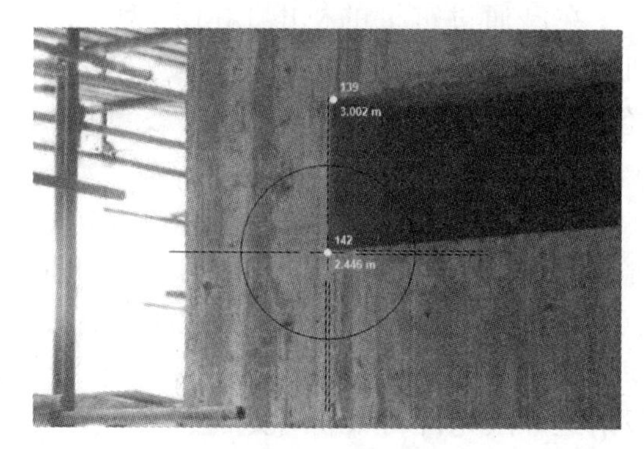

图 6–9　现场点位复核

全专业云点扫描，与 BIM 虚拟性模型进行对比分析，校正 BIM 虚拟模型，确保竣工模型与施工现场一致性，得到一份新技术应用价值报告。三维激光点云模型、BIM 创建模型及全站仪应用互补论证，如图 6–10 所示。

图 6–10　三维扫描仪与智能放线机器人的互补论证

（三）小结

利用数据化智能自动放样技术，及其快速、精准、智能、操作简便、劳动力需求少的优势，将 BIM 模型中的数据直接转化为现场的精准点位。哈尔滨机场扩建工程通过基于 BIM 技术智能自动放样及质量管理，提高测量效率，简化施工流程，提高生产效率和施工质量，节约人工成本 30%，提高质量管理，对同类工程具有一定的借鉴意义和价值。

二、BIM 技术航站楼工程综合管廊中的应用

BIM 技术在将来综合管网的应用将超出人们的想象，因为，BIM 技术不仅可以实现虚拟建造管廊的综合模型，实现管线的碰撞检查、管线空洞的预留。还可以对管线断面形式的选取作合理的对比分析，到底是选单仓综合管廊断面、双仓综合管廊断面还是三仓综合管廊断面，以及管廊建设尺寸套用都能有效地进行模拟。在 BIM 综合管廊的三维模型中可以提前规划入廊单位管线的预留位置，并且在模型中与实际建筑物中安装监测通风系统、照明系统、消防系统、有害气体检测系统、监控管理系统等，并实时收集整理数据上传到后台公司管理云平台。

（一）地下管廊概况

本工程设计有约 6910m^2 的地下管廊，管廊纵横交错，管廊与管廊、管廊与地梁及管廊与地下室间均有不同程度的交叉。同时，管廊内管线数量、种类繁多，布设密度、难度较大。设计有分仓独立存在的管廊，也有分仓连体的管廊，且管廊纵横交错，管廊内净空截面相对较小，对管线的综合排布要求较高，如图 6-11~ 图 6-17 所示。

图 6-11 地下综合管廊

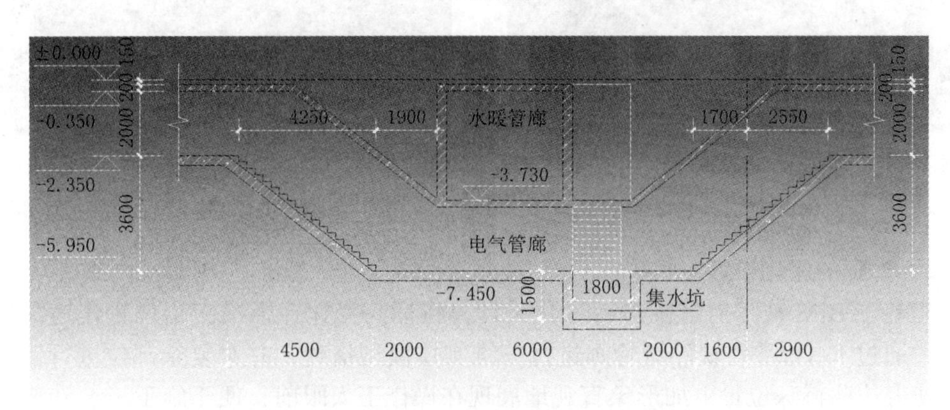

图 6-12 管廊纵横交错位置设计图纸

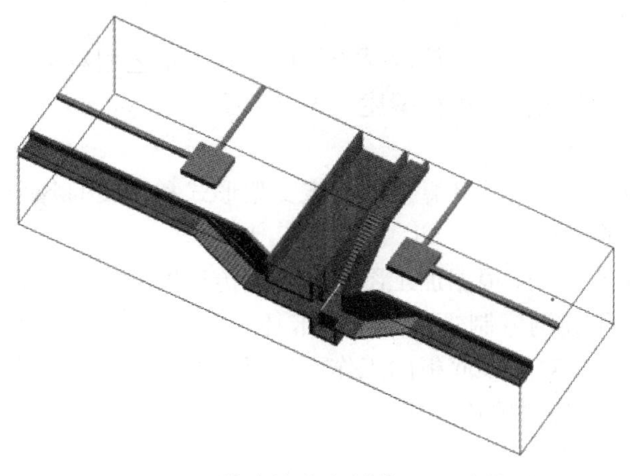

图 6-13 管廊综合交错位置土建模型

图 6-14　管廊内综合管线深化设计前示意图

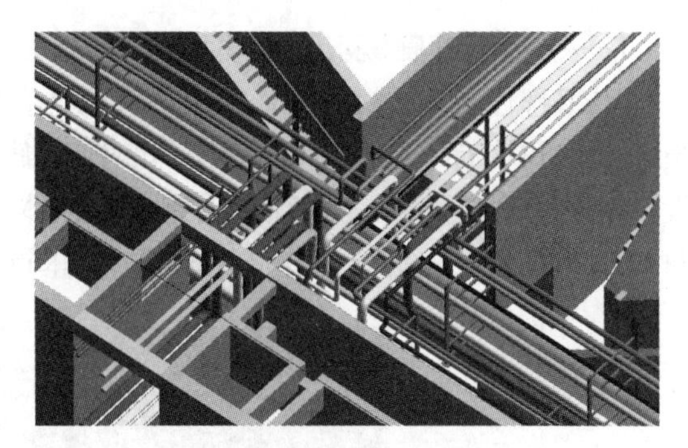

图 6-15　管廊内综合管线深化设计后示意图（1）

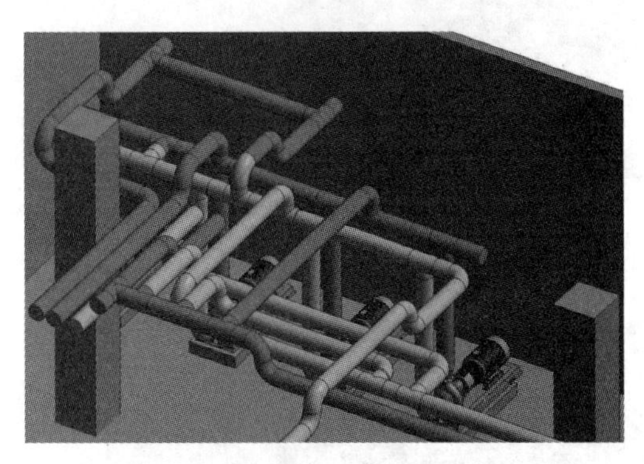

图 6-16　管廊内综合管线深化设计后示意图（2）

图 6-17　深化设计后管线与支架相对位置示意图

（二）管廊的深化设计

工程基于 BIM 技术对管廊进行深化设计，将标高变化、纵横交错位置作为深化设计的重点，通过 Revit 系列软件对管廊进行三维实体模型搭建，并对复杂部位进行三维施工交底，使得这些特殊位置更加形象直观地展现在操作工人眼前，便于施工。

其次基于软件的碰撞检查功能，对管廊内的管线进行综合排布，同时根据设计和计算确定管廊内联合支架的位置，并对预埋件进行定位。

（三）管廊的施工

本工程管廊主体部分为现浇钢筋混凝土结构，施工工艺相对常见，管廊的施工主要从管廊内部的支架施工及管线安装进行阐述。

1. 支架预制加工

根据设计要求和深化设计的计算复核确定支架形式和支架的各个零件的参数，根据设计需要量集中加工管道支架。

加工管道支架时，需考虑根据加工图画出管道传送器的安装位置。用钻床或手电钻加工支吊架的螺栓孔。用扁钢弯制管道支架的卡环（或 U 形卡），圆弧部分应光滑、均匀，尺寸应与管子外径相符。对支架底板的工作面进行平整处理。滑动或滚动支架的滑道加工后，应采取保护措施，防止划伤或碰损。

2. 支架施工

支架与固定板连接前应根据施工图纸、管道操作距离以及与其他专业或其他管道交叉规定的距离进行复核。

3. 管道的安装

本工程管廊内空间有限，管线相对密集，因此管线在管廊内的运输和就位是管廊管道施工的难点。

管线安装前对管廊内的管线安装顺序进行详细的组织，总体顺序从紧贴管廊侧壁一侧向管廊中间的方向进行管道安装。管道通过吊装孔运至管廊层，采用捯链将管道吊运至横担上，如图 6-18~ 图 6-23 所示。

（1）管道移到两道过梁之间，挂上捯链 1，调整管道水平位置，收紧捯链 1，先提起管道一端。

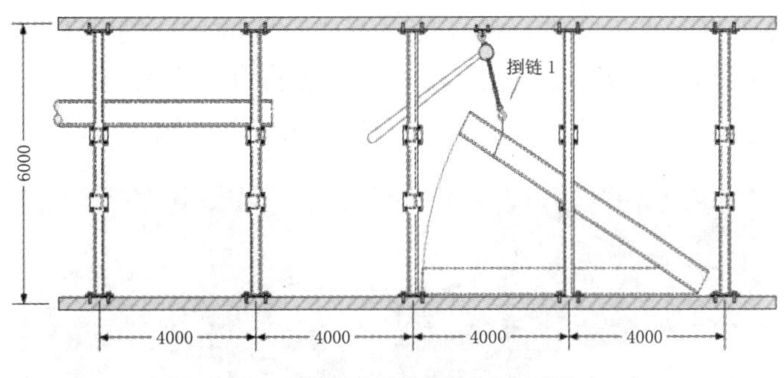

图 6-18　管道吊装及推进示例图（1）

（2）挂上捯链 2，同时收紧捯链 1、2，使管道慢慢向左上方移动，并慢慢转至水平位置。

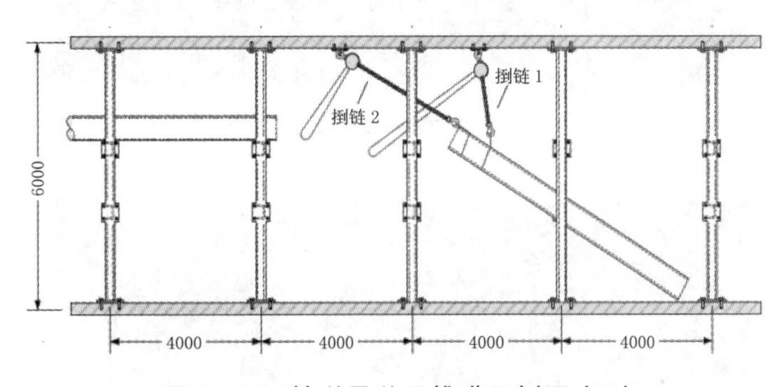

图 6-19　管道吊装及推进示例图（2）

（3）提供水平推力将管道向前推进。

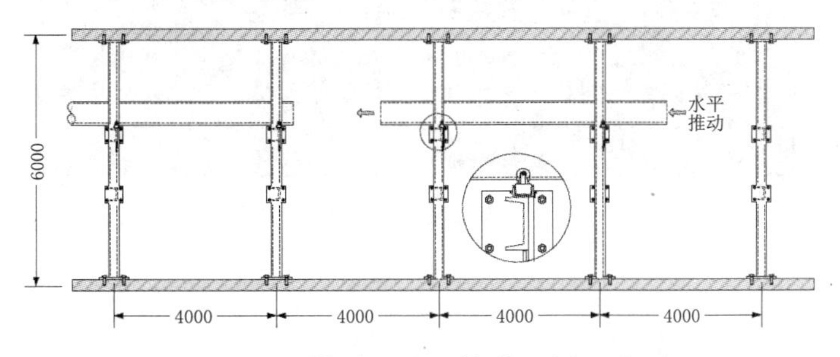

图 6-20　管道吊装及推进示例图（3）

（4）保持管道水平向左边移动，进行管道组对、焊接。

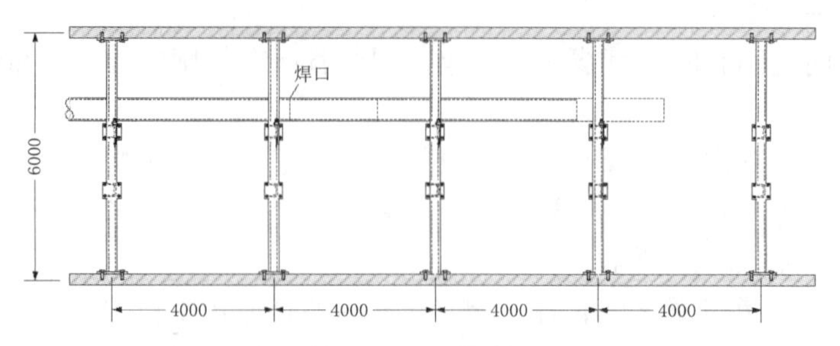

图 6-21　管道吊装及推进示例图（4）

管廊内的管线按照上述步骤进行循环即可完成管线的就位安装工作，后续的工作即可正常开展。对于复杂的管线部位，按照此前的 BIM 深化设计结果，进行下料，并在施工前反复核对支架位置、标高以及半成品管件。确保此位置的施工效果。

图 6-22　管廊内安装完成效果图

图 6-23　管廊内安装过程实景图

（四）小结

哈尔滨机场扩建工程新建 T2 航站楼工程项目，地下管廊在施工前依托 BIM 技术的三维可视及碰撞检查进行详细的深化设计，充分解决较小空间管廊内联合支架管线的施工，减少二维排布可能出现的问题，降低管线排布阶段的资源投入，并通过 BIM 技术的管线排布解决了管廊纵横交错位置的管线布设，使得管廊内管线排布在符合规范和设计的要求前提下，效果美观大方。

三、BIM 技术在机电安装中的应用

深化设计是指在工程实际施工过程中，对原设计图纸进行优化以达到可实施深度。深化设计是为了将设计师的设计理念、设计意图在施工过程中得到充分体现；是为了在满足甲方需求的前提下，使施工图纸更加符合现场实际情况，是施工单位的施工理念在设计阶段的延伸；是为了更好地为甲方服务，满足现场不断变化的需求，优化设计方案在现场实施的过程；是为了达到在满足功能的前提下降低成本，为企业创造更多利润。

近几年，BIM 技术应用已成为施工中举足轻重的一门技术，尤其是机电深化设计。机电工程项目深化设计分为专业工程深化设计和管线布置综合深化设计。本工程将 BIM 技术应用在机电工程深化设计中，优化和完善建筑工程系统设计，提高施工管理质量，增强可视化效果，节约成本，缩短工期，是为项目带来实际效益的先进技术手段。

（一）工程概况

T2 航站楼工程机电系统众多，机电系统包括：变配电系统、动力照明系统、给水排水系统、消防系统、中央空调及通风系统、防排烟系统、综合布线系统、保安监控、楼宇自控、有线电视、火灾报警系统等。各专业系统布置密集，各类管线分布错综复杂；机电工程专业分包多，施工协调与配合难度大。

（二）机电深化设计流程及原则

哈尔滨机场 T2 航站楼扩建工程的深化设计流程，如图 6–24 所示，其深化设计的原则为：

（1）尽量利用梁内空间

绝大部分管道在安装时均为贴梁底走管，梁与梁之间通常存在很大的空间，尤其是当梁高很大时。在管道十字交叉时，这些梁内空间可以被很好地利用起来。在满足转弯半径条件下，空调风管和有压水管均可以通过翻转到梁内空间的方法，避免与其他管道冲突，保持管路通顺，满足层高要求。

（2）有压管道避让无压管道

无压管道内介质仅受重力作用由高处往低处流，其主要特征是有坡度要求、管道杂质多、易堵塞，所以无压管道应保持直线，满足坡度，尽量避免过多转弯，以保证排水顺畅以及满足空间高度。有压管道是在压力作用下克服沿程阻力沿一定方向流动。一般来说，改变管道走向，上下翻飞，绕道走管不会对其供水效果产生影响。因此，当有压管道与无压管道碰撞时，应首先考虑更改有压管道。

（3）小管道避让大管道

通常来说，大管道由于造价高、尺寸重量大等原因，一般不会做过多的翻转和移动。应先确定大管道的位置，后布置小管道的位置。在两者发生冲突时，应调整小管道，因为小管道造价低且所占空间小，易于更改和移动安装。

（4）冷水管道避让热水管道

热水管道需要保温，造价较高，且保温后的管径较大。另外，热水管道翻转过于频繁会导致集气，因此在两者相遇时，一般调整冷水管道。

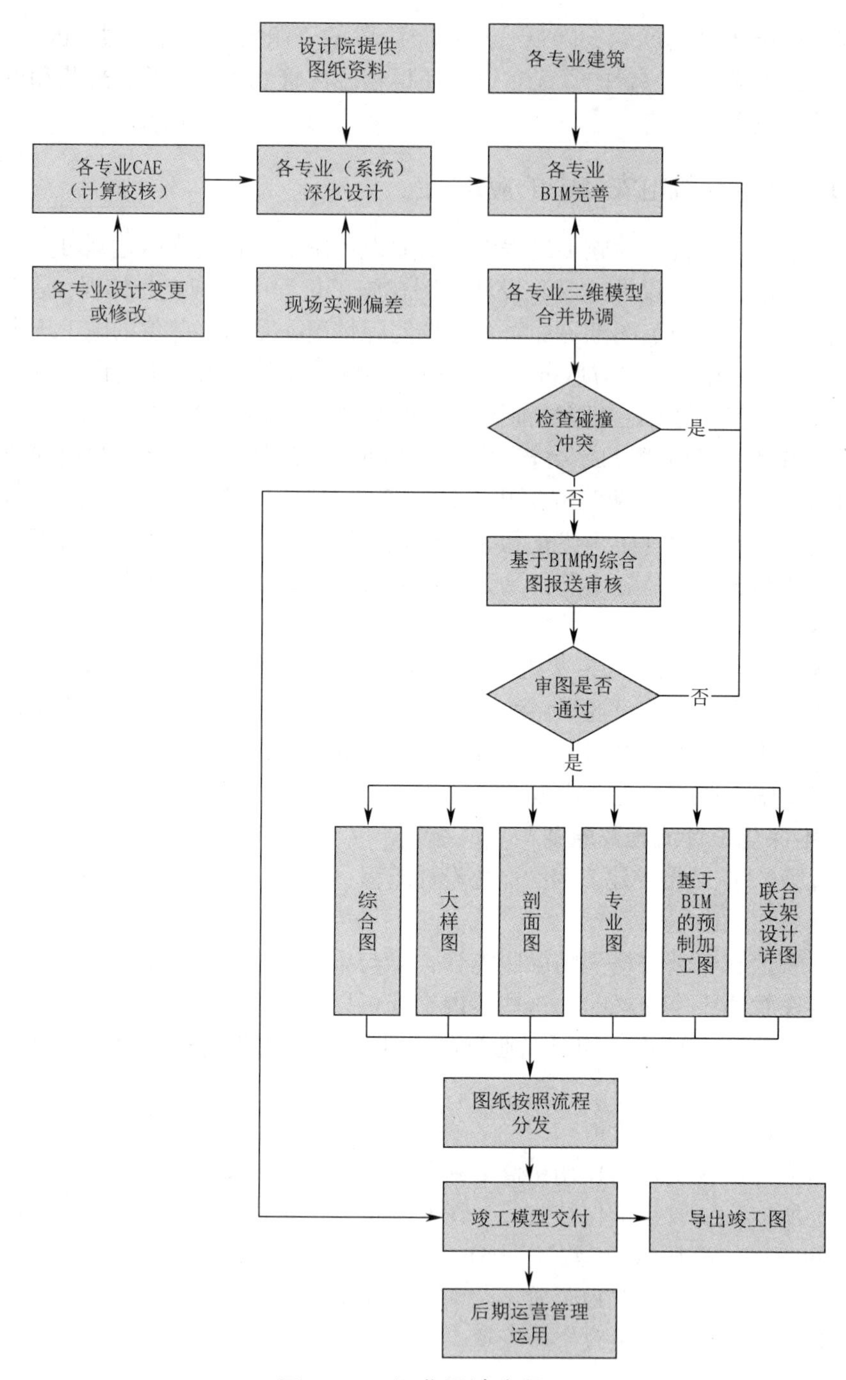

图 6-24　深化设计流程图

（5）附件少的管道避让附件多的管道

安装多附件管道时要注意管道之间留出足够的空间（需考虑法兰、阀等附件所占的位置），这样有利于施工操作以及今后的检修、更换管件。

（6）临时管道避让永久管道；新建管道避让原有管道；低压管道避让高压管道；空气管道避让水管道。

（三）机电深化设计内容

（1）对设计院提供的设计图纸进行全面复核、验算，根据图纸及BIM实施规划建立BIM模型。

（2）结合结构、建筑、装饰等专业图纸，综合协调、平衡各专业机电管线，合理布置，精确定位，建立BIM模型，并进行碰撞检查，绘制出机电管线综合平面图、机电综合点位图、剖面图及详图、设备基础图等综合协调布置图纸。

（3）根据批准的综合机电管线布置图，绘制深化施工图，同时根据需要绘制节点详图、机房大样图等专业图纸，作为项目施工的依据。

（4）负责与室内装修综合协调，确保机电设备管线满足室内精装修要求。

（5）在施工过程中，根据协调需要或收到业主的指令、设计院的设计变更等，须定期对施工图作一次总修改，并将以往的修改、变更、洽商等反映在最新的施工图及BIM模型中，然后以光盘、图纸及BIM模型的形式向业主/设计院等各相关单位送呈以作施工参照及记录。

（四）应用研究及效果

1. 各专业碰撞检查

碰撞检查是施工管理过程中BIM实施的最常用的功能，可以检查出各个专业之间以及各个专业内部的碰撞问题。所谓的碰撞一般分为硬碰撞和间隙碰撞，硬碰撞指构件或元素之间无间隙的碰撞，一般是指两个元素交叉或紧挨；间隙碰撞指构件或元素之间有间隙的碰撞，这个间隙的值满足规范要求和施工需求最小间距，这种碰撞构件或元素之间没有交叉或解除。

利用Autodesk软件的碰撞检查功能，对机电、土建、幕墙、专业设备系统、钢结构等各专业进行相互碰撞检视，对碰撞点进行信息导出和协调解决。项目通过此项功能，规避及解决图纸问题1600余条，提升施工效率和返工风险，如图6-25、图6-26所示。

图6-25 管线与主体结构碰撞检查

图6-26 管线调整后避开主体结构

2. 换热机房深化设计

换热机房空间较小，设备多，管线错综复杂。根据建好的三维模型对机房的设备与管线进行深化设计，完成整个机房的设备位置确定、管线走向、标高等一系列深化设计工作，如图6-27、图6-28所示。

图 6-27　换热机房示意图（1）

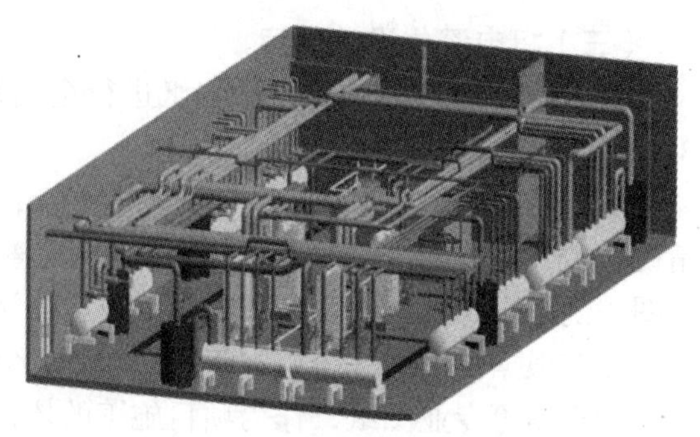

图 6-28　换热机房示意图（2）

3. 仿真模拟

利用 Autodesk 软件的漫游功能，对模型进行仿真模拟检视碰撞情况，如图 6-29~ 图 6-34 所示。

图 6-29　仿真模拟检视碰撞情况（1）

图 6-30　仿真模拟检视碰撞情况（2）

本工程夹层结构净空 3.15m，为保证 2.9m 的通道净高要求，项目应用 BIM 技术，对土建结构、设备系统及精装修面层进行施工模拟。

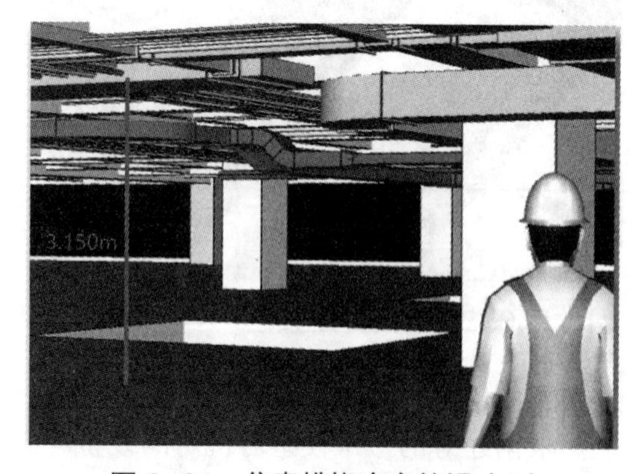

图 6-31　仿真模拟净高检视（1）

图 6-32　仿真模拟净高检视（2）

针对夹层管线为避让高大主梁而在次梁位置采用同一标高的设计做法，对管线区域进行标高调整和深化设计，将次梁下的风管和电线平行排布，并提高标高至次梁底部；对局部不满足要求的位置，通过风通量模拟计算，将风管尺寸进行降低加宽，整体提升机电完成标高 300mm，有效提升了装饰吊顶空间。

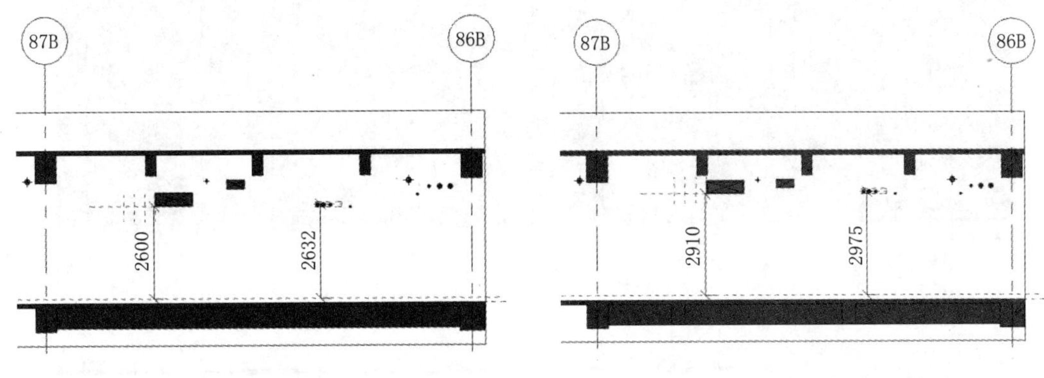

图 6-33 夹层标高调整前　　图 6-34 夹层标高调整后

4. 深化设计出图

从机电深化设计内容上分，一份完整综合图包括综合管线平面图、图例、施工说明、剖面图、大样图。BIM 模型可以辅助导出平面图、剖面图和部分的大样图。

（五）小结

BIM 技术作为三维信息化建模深化设计的工具，较好地解决了在实际施工之前对机电管线综合和碰撞检测，其三维可视化功能可直观有效地指导机电管线安装，有效地实现了各专业之间的协调配合，降低了成本投入与资源浪费。BIM 技术在机电深化设计方面相比传统的方法具有明显的优势。

四、基于 BIM—4D 与 BIM—5D 技术的机场工程管理初探

哈尔滨机场 T2 航站楼扩建工程东西向长约 700m，南北向长约 340m。航站楼建筑高度 34.05m，指廊建筑高度 20.5m。航站楼为混凝土大跨度框架结构，指廊为混凝土框架结构，楼面结构采用井字梁，屋面采用网架结构。

随着科学技术的发展，工程管理日渐趋于精细化。建筑信息模型（BIM）技术为模拟精细化管理提供了新的可能。应用 BIM 技术，可模拟工程的运营状态，优化和调整项目的管理方式和重心，大大减少了工程管理的难度和风险。

（一）BIM 技术辅助 4D 动态总平面部署管理

基于 BIM 技术的进度计划管理，将建筑信息模型与进度计划联立，原本虚拟的二维进度计划，直观地反映在项目管理人员的视线中。

工程 BIM 模型基于 Revit 软件建立，通过 Navisworks 软件管理，并应用其与 Project 软件的接口，将进度计划与分区分段后的模型联立，输出为可供观阅、讲解和数据分析、动态调整的 4D 动态模型。并可通过软件，导出视频格式，以供宣讲或交底。

工程应用领域主要为场地平面配合工程进度的部署。在工程主体施工阶段布设的塔吊、加工厂等暂设构件，配合工程进度，进行实时调整，如图 6-35 所示。

工程后续施工阶段，如装饰装修施工阶段，对主体施工阶段的临时堆场、大型机械进行调整和管理。装饰装修阶段拆除塔吊，安装施工升降机，同时对堆场类型及位置进行实

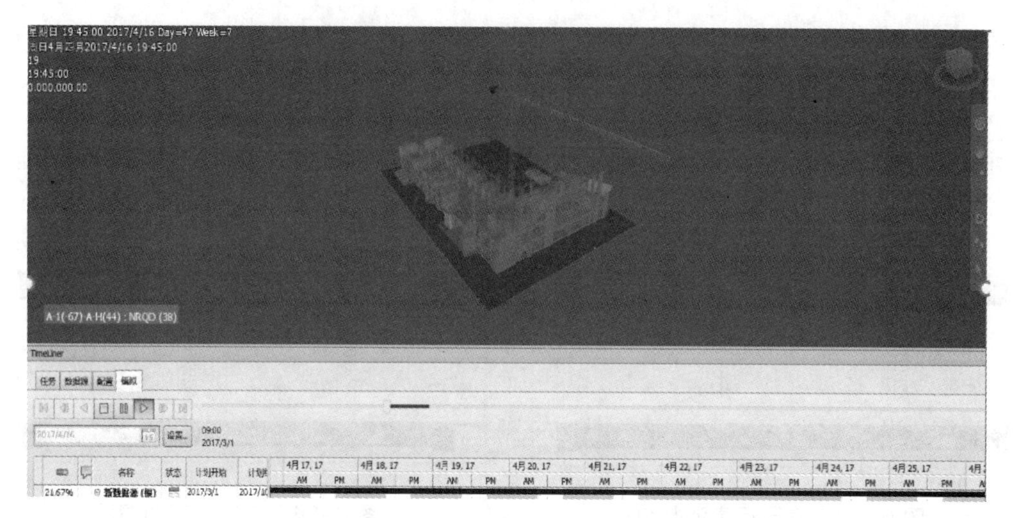

图 6-35　主体施工阶段暂设布置

时调整管理。

同时，可在输出文件的左上角，实时标记日期、堆场数量、大型机械数量等信息，辅助项目人员进行实时管理。

项目管理人员可以通过此技术直观清晰地确定整个工程的难点、重点及节点部位，更容易作出合理可行的进度计划。同时，可以保证整个项目过程中劳动力、材料、机械等方面计划的可行性与合理性，对于节约成本、节约工期以及绿色施工都有着较大帮助。

（二）BIM 技术辅助 5D 工程管理

基于广联达 BIM 5D 平台，应用 BIM 空间模型（3D）+ 进度计划（4D）+ 资金计划（5D）的 5D 管理思路，将模型与进度计划和成本预算计划进行联动，进行项目施工周期内的 BIM 5D 管理。

（1）管理流程，如图 6-36 所示。

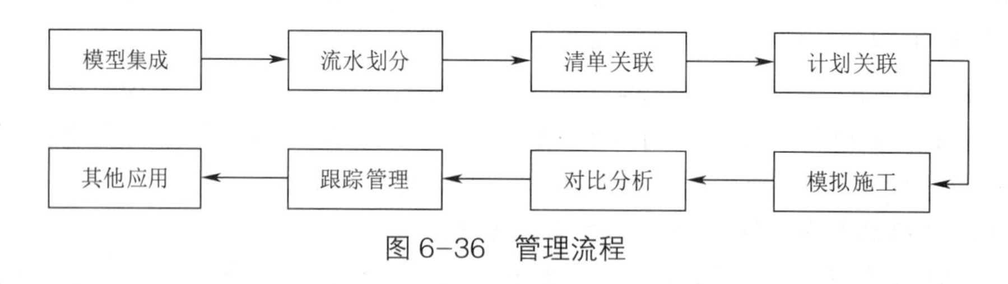

图 6-36　管理流程

（2）模型集成

应用 BIM 5D 插件，将各专业模型进行整合，录入相关建筑信息，实现信息模型的数据集成和数据交换。相对施工计划进度和实际进度，自动计算整个工程、任意施工段或构件的工程量，包括单位时间工程量和指定时间段内的累计工程量，并以统计图和统计列表的形式进行工程量完成情况的统计和分析。

利用该功能，还可统计工程量，尤其针对异型构件，比传统工程量计算更为准确。同时可将模型量与商务预算量进行对比，作为检查之用，以避免单一方法算量容易出错的问题。Revit 明细表中的混凝土量可以方便有效地指导现场，辅助商务管理。

（3）流水划分

BIM 5D软件对工程流水段进行划分，拆分段内的工程量。应用该技术，可随时查看分段内的工程量调整值，并从三维视角确认区段划分的详细程度，以确保区段划分的合理性。

（4）清单关联

通过导入工程量清单，可将建筑信息模型与其清单成本相关联，进一步丰富模型在施工周期内的建设信息。

（5）进度关联

在模型中建筑信息关联Project进度计划信息，模拟各区段的施工部署。输出成果可用于部署优化、区段分析、工况汇报和过程查看。联动云平台，项目管理人员可在移动端实时查看工程计划。四维模型的生成，使施工人员不仅可以查看自己施工区域的计划，还可实时了解其他区段的工作进展，为项目的精细化管理提供更好的建议。

（6）基于BIM技术的工程成本过程跟踪

利用广联达BIM 5D软件的成本分析功能，对工程成本信息进行分析。实时录入项目变更信息和工程实际进程，处理工程实时资金趋势图及资金、清单、人材机等对比分析表，为管理人员提供最新、最真实的可靠数据，协助管理人员制定科学合理的成本管理方案。

（三）小结

应用BIM 4D技术，工程能够直观地进行项目平面部署的模拟管理和动态调整，规避了施工部署中的很多问题，降低了工程施工中的暂设部署风险，减少了措施成本的投入。工程前对项目管理人员的直观交底，有利于前期部署策划的实施和过程变化的调整。

应用BIM 5D技术，通过模型集成、流水划分、清单关联、计划关联等手段，实现项目精细化模拟辅助管理。可细致梳理工程量表，计算异型构件，制定进度计划与资金计划，并结合现场实际，进行数据统计和动态调整。该技术可有效减少项目的管理成本，降低工期和成本风险，较少返工率，提高工程效率，是具有推广价值的智慧建造技术。

五、智慧工地基于BIM技术绿色环保应用

2005年我国就提出建设节约型社会，以缓解资源供需矛盾，及落实科学发展观、走新型工业化道路。建筑能耗约占全社会总能耗的33%。为了最大限度地节约资源、保护环境和减少污染，我国已推出了一系列的政策措施以支持绿色建筑的施工和建造。

绿色建筑是指在建筑的全寿命周期内，最大限度地节约资源（节能、节地、节水、节材）、保护环境和减少污染，为人们提供健康、适用和高效的使用空间，与自然和谐共生的建筑。同样，BIM技术的出现也打破了业主、设计、施工、运营之间的隔阂和界限，实现对建筑全生命周期管理。绿色建筑目标的实现离不开各个环节的绿色，而BIM技术则是助推各个环节向绿色指标靠得更近的先进技术手段。本工程运用BIM技术助力构建节约型社会，减少建筑能耗，推广绿色建筑和绿色施工，并于2016年4月获得第五批全国建筑业绿色施工示范工程。

本工程利用BIM技术在绿色施工方面的应用主要在以下几个方面，见表6-1。

智慧建造和绿色施工效能矩阵管理　　表 6-1

序　号	项　目	节　材	节　水	节　地	节　能	环　保
1	玻璃幕墙深化设计	√			√	√
2	机电深化设计	√				
3	合理规划平面	√		√	√	√
4	自动放线技术	√				
5	临时设施灯光模拟				√	
6	大型机械布设			√		√
7	安全文明防护	√		√		

（一）绿色施工效能矩阵管理分项应用

1. 利用 BIM 技术进行玻璃幕墙深化设计

玻璃受到光照产生的光污染，会对周围环境和人体造成很大的损害。玻璃幕墙的大量使用，会形成巨大的光反射环境，有较高的反射系数，造成人的视觉比较单一，对人的眼睛造成较大的伤害，若玻璃幕墙规模比较小，但是形成闭合的中心环境，同样会在强烈的阳光照射中对周围建筑、居民和过往车辆、行人造成一定的伤害。当太阳光射到玻璃幕墙上的时候，则会形成炫光，而这种炫光摄入人眼之后则会使人视物不清晰，射到地面会增大光照度，从而形成了光污染。

玻璃幕墙对人的身体健康有很严重的危害，长期被玻璃幕墙的光污染影响，身体会产生心动过速、头晕目眩、心脑血管疾病和神经衰弱等病状，在强烈辐射的光污染状况下，还会诱发皮肤癌症。不仅如此，玻璃幕墙还对交通和环境产生了影响。玻璃幕墙产生的幻光污染导致行人无法清晰地看清交通情况，容易导致车辆驾驶员产生错觉或判断失误，危害交通秩序，造成交通事故。玻璃幕墙产生的光可反射到室内，造成室内环境温度的上升。

本工程通过 BIM 辅助玻璃幕墙深化设计，充分考虑城市的气候、功能、环境及规划要求，严格控制玻璃幕墙的使用。首先通过 BIM 技术保证玻璃幕墙的均匀分布，其次严格控制安装面积，在大面积的玻璃幕墙中加入了水平和垂直的分隔，如图 6-37 所示。

本工程通过 Revit 及 Archicad 等软件，进行幕墙龙骨及幕墙玻璃深化设计，首先合理设计立面形状及建筑朝向，减少光污染，通过 BIM 技术模拟光照，改变反射面来改变反射光与人视线的夹角，从而降低炫光等级。增加遮阳措施，通过 BIM 深化设计，合理增设百叶窗及雨棚，降低玻璃反射光的有效面积，使立面有效玻璃面积比值小于 40%，如图 6-38 所示。

其次通过 Archicad 等软件，优化幕墙龙骨，减少幕墙用钢量。

图 6-37　窗立面图

在材质选用上，采用Low-E中空玻璃，既响应了节能减排的政策，又降低了玻璃对周围的光污染影响，如图6-39所示。

图6-38　窗立面效果图

图6-39　窗立面模拟效果图

2. 利用BIM技术进行机电深化设计

本工程设计有约6910m²的地下管廊，管廊纵横交错，管廊与管廊、管廊与地梁及管廊与地下室间均有不同程度的交叉。同时，管廊内管线数量、种类繁多，布设密度、难度较大。项目通过应用BIM技术，对地下管廊内管线进行三维综合布控，缩短了深化设计的时间，减少了二维排布可能出现的问题，降低了管线排布阶段的资源投入。同时三维综合布控技术有效利用了管廊内空间，规避施工碰撞，减少管材投入，缩短了施工周期，为管廊内管线的维护提供了精确数据，如图6-40、图6-41所示。

图6-40　深化前机电管线布置图

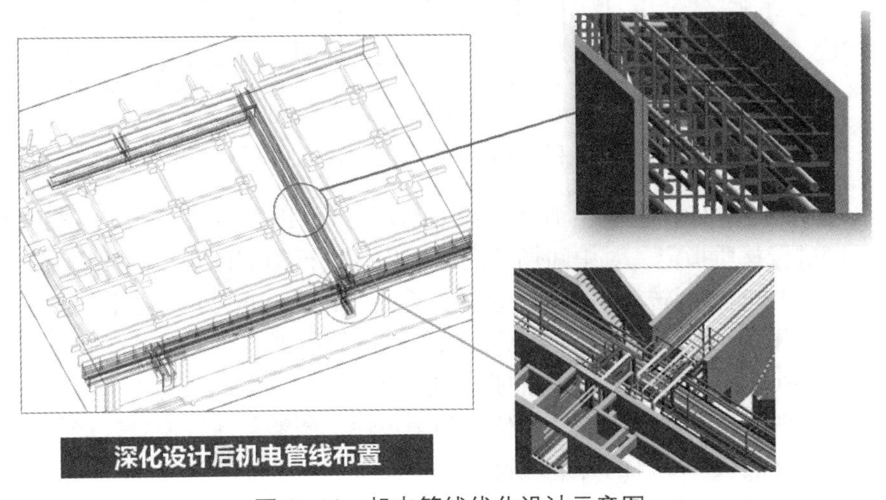

图6-41　机电管线优化设计示意图

3. 合理规划平面

本工程项目专业分包多，作业交叉面广，工序穿插困难，应用 BIM 技术模拟施工平面部署及工况模拟，协助不同施工场地布置方案的优化，合理规划施工现场中的临时用房、各生产操作区域、大型设备安装等位置。解决场地狭小、塔吊覆盖范围不足等问题，同时节约了现场施工用地确保人流通道。

4. 临时设施灯光模拟

本工程应用 BIM 技术分别对生活区场中的灯照情况及塔吊镝灯布设位置进行模拟，优化 LED 灯具布置以及对灯具数量。

应用 BIM 技术，对镝灯平台的布设位置、灯具数量和照射角度进行模拟。镝灯平台位于塔吊 20m 高位置，每个平台设置 4 台镝灯（贴临既有建筑一侧不布置镝灯），分布在四个角落。镝灯采用 2kW 的镝灯，灯头向下与地面保持 60° 夹角。现场共计 9 台塔吊，共布设 21 部镝灯，可满足夜间施工对光源的需求。

项目管理人员生活区共计 2471.39m^2，采用“回”形设计，中间场地设有晾衣架、绿化带、休息区和运动区，用于员工下班时间的生活和休息。场区内拟设置太阳能 LED 草坪灯，在夜晚开启，为步行道路照明。本工程应用 BIM 技术，对生活区场中的灯照情况进行模拟，优化 LED 灯具布置，如图 6-42 所示。

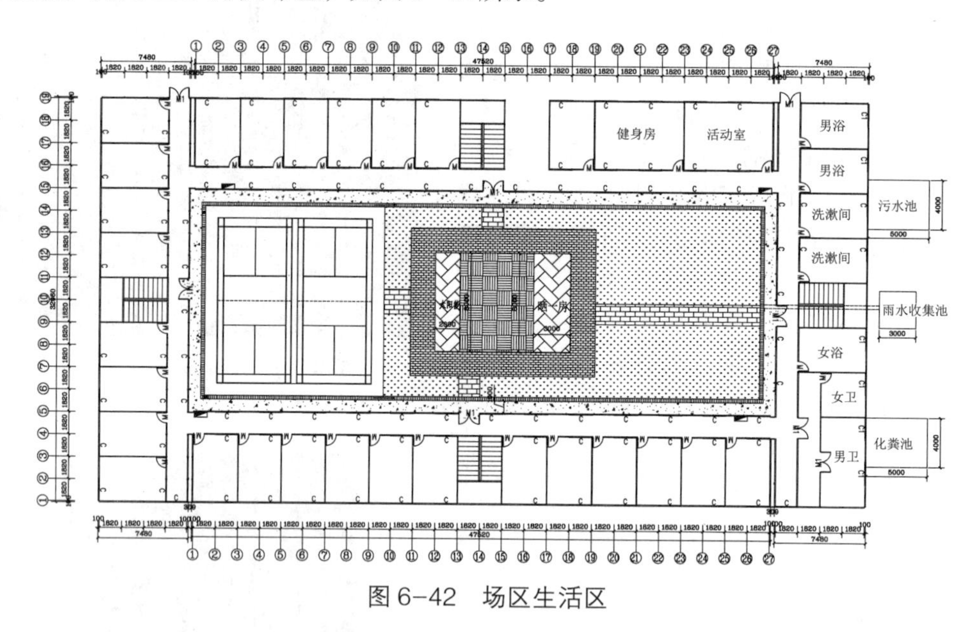

图 6-42　场区生活区

应用 Revit 2015 软件，基于生活区平面 CAD 图纸，进行模型建立。对临建彩钢板房的侧墙和顶棚进行材质指定，对中间场地的场区构件进行细部创建，以使后期灯照模拟尽量趋近真实。将 RVT 模型转存为 NWC 模型，导入 Navisworks 2015 软件进行灯照模拟。

拟采用的太阳能 LED 草坪灯符合项目绿色建造的原则。对 LED 灯的点位进行设置，并按照 LED 灯说明书对灯光模拟的灯照强度进行设定。

考虑草坪灯的布设高度的合理性和位置的美观性，调整草坪灯位置。运行渲染进行光照模拟分析。最终确认草坪灯的合适位置。

项目最终采用灯照模拟分析的结果，按照设计位置布设了 8 盏草坪灯，相对于最初方案的 16 盏大大减少了灯具的用量。草坪灯采用太阳能源，内部灯具为高效能的 LED 灯具，符合项目绿色施工的原则。在保证经济和绿色施工的同时，保证了场地内夜晚能见度。草坪灯的布设位置和高度美观合理，具有良好的社会效益和推广价值。

5. 大型机械布设

哈尔滨机场新建 T2 航站楼工程与既有 T1 航站楼近临建设，施工工程需满足民航净空管制要求且保证施工现场安全覆盖。传统运用 CAD 绘制塔吊放样方式无法满足施工现场碰撞检测、安全模拟等要求，而借助 BIM 建模软件搭设建筑模型，可解决近邻施工、限高施工等施工难点。

（1）施工难点

1）本工程为近邻施工方式，新建 T2 航站楼与原 T1 航站楼无缝对接，在 T2 航站楼施工过程中需维护既有航站楼及周边设施的正常运营。因此塔吊必须与既有建筑及设施保持足够的安全距离，对塔吊的覆盖范围有极其严格的控制要求，如图 6–43 所示。

图 6–43　T1 航站楼与 T2 航站楼分区图

2）本工程综合管线布设在地下综合管廊内。地下除综合管廊外，仍有承台、基础梁、拉梁等结构构件，且地上为井字梁结构，塔吊布设需充分考虑避开相关关键节点位置，避免影响结构施工，如图 6–44 所示。

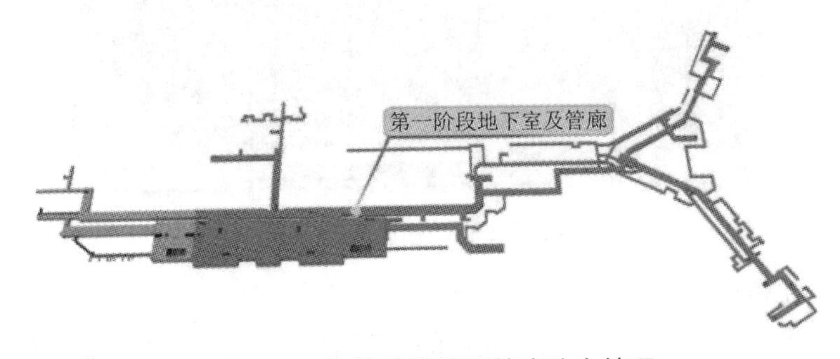

图 6–44　T1 航站楼地下管廊分布情况

3）根据民航净空管理规定，所有建筑、临时建筑均不得超过 45m。因此塔吊高出 ± 0.00 的高度必须控制在 45m 以内。而 T2 航站楼建筑高度即达到 34.05m，故对相邻塔吊高度设置、群塔作业要求极其严格，如图 6–45 所示。

图 6-45　T2 航站楼及指廊立面效果图

（2）引用 BIM 进行塔吊精确定位

利用平面设计图纸，在 Revit 三维建模软件中确立建筑整体模型，对其有一个可视化、直观化认知。根据已建立各模型完善塔吊布设。塔吊布置基本流程：建立建筑模型→施工区段划分→塔吊基础设计→塔吊初步布设→碰撞检查、安全模拟→塔吊精确定位。

（3）三维模型搭建

对于传统 CAD 二维图纸，一个结构构件需要通过平面、立面、剖面等图纸才能完成表示出来。而基于 BIM 的建模软件中，通过搭建三维模型来表现完整的建筑和结构，这种模型不仅包含了构件几何信息，还包括了空间位置、搭接关系等多种数据信息。

在哈尔滨机场项目中，依据设计单位提供的施工图纸，使用 Revit 软件对航站楼项目建模。可充分展现工程外观及构件细部。从建立三维模型可直观表现地下管廊、承台、地梁等构件精确位置。

（4）施工区段划分

根据 T2 航站楼引桥区域、地下室及施工缝设置情况，航站楼划分 3 个施工区 13 个施工段，指廊划分 4 个施工区 18 个施工段，如图 6-46 所示。

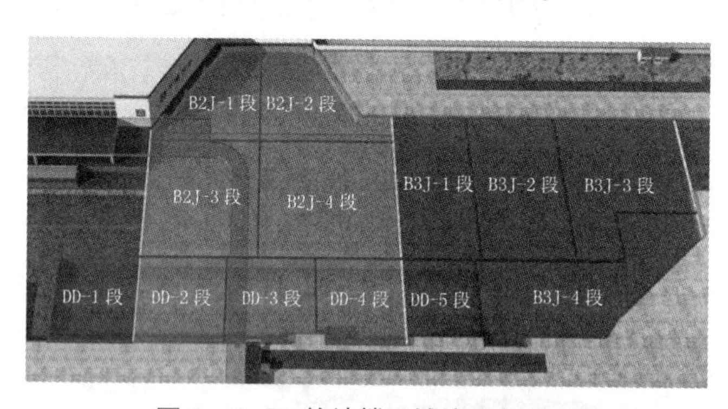

图 6-46　T2 航站楼区域施工段划分

（5）塔吊初步设置

1）满足使用功能，同时结合施工现场的实际情况，尽可能覆盖整个施工平面及各种材料堆场，起吊重量与工作半径满足施工要求。

2）塔吊对地上结构梁进行避让，并保证足够的安全距离。且塔吊出 ±0.00 高度必须控制在 45m 以内。

3）不得与桩承台相交。不穿越管廊、地下室，不与管廊、地下室连接。

4）塔吊起重臂不得进入机场正在使用的机坪，不得覆盖既有航站楼。

5）满足塔吊的各种性能，确保塔吊安装和拆除方便。

6）对现场既有的变压器和高压输电线进行最大程度避让，规避风险，减少措施投资。

综上考虑现场布设 9 台塔吊可满足施工生产需求。

（6）塔吊工况模拟

1）碰撞检查

通过对塔吊进行定位模拟，确保在满足使用要求的情况下，避开桩基础、承台、结构梁等主要结构构件。塔身标准设计阶段应充分考虑地上井字梁区域，尽量设置在通风井、采光天窗等无结构楼板区域，减少对结构的影响，如图 6-47、图 6-48 所示。

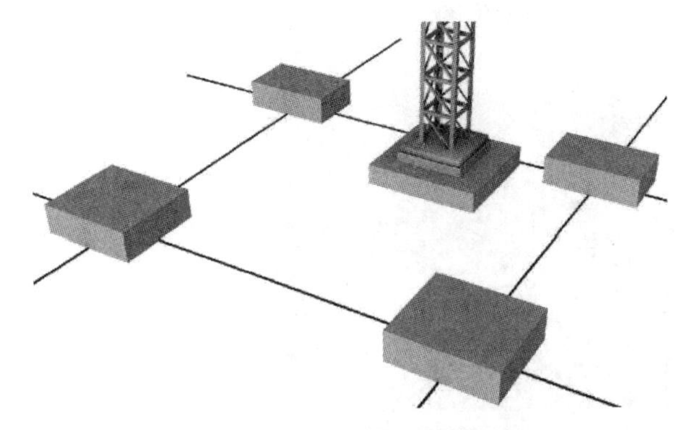

图 6-47　塔吊基础碰撞模拟

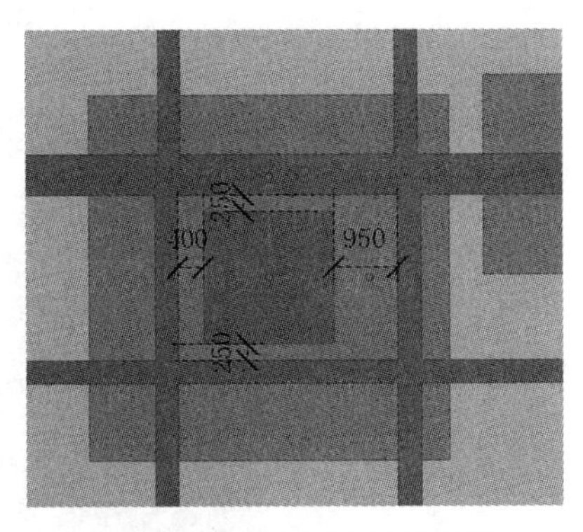

图 6-48　塔吊标准节模拟

2）安全模拟

通过对搭设高度及覆盖范围模拟，确保群塔作业安全，符合《塔式起重机安全规程》GB 5144-2006 要求。模拟施工环境对高压线进行覆盖，符合对覆盖范围内高压线及变压器的防护，杜绝安全隐患（图 6-49）。

图 6-49　群塔布置图

（7）塔吊精确定位

在上述步骤完成后，即对塔吊进行精准定位工作。结合地质及水文情况，通过结构计算在满足承载力要求的持力层设置塔吊基础（图 6-50、图 6-51）。

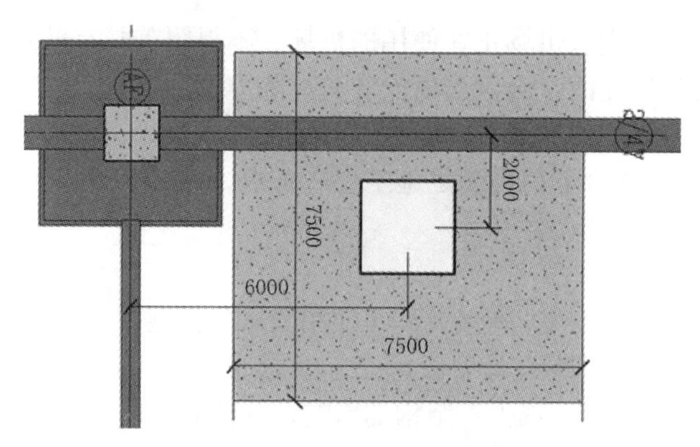

图 6-50　塔吊平面定位图

图 6-51　塔吊平面布置图

6. 安全文明防护

（1）本工程高压线架体体量较大，宣传价值较重，难于设计，架体须综合设计，如图 6-52 所示。

图 6-52　实施完成图

高压线内部利用 BIM 技术排杆及外部装饰方案选型步骤：

1）通过 BIM 技术，模拟高压线防护的架体排杆，确保排杆可行。

2）通过 BIM 技术，模拟外装饰，进行方案比选和选型。

3）通过 BIM 技术，进行方案交底，使交底直观，确保现场施工准确。

（2）本工程外架工程水平跨度 18m/12m，层高 8m，须设计用于外架拉结的格构柱或支撑架。基于 BIM 技术，对施工架体进行模拟排杆，确保复杂节点的杆件有效连接，规避杆件的空间冲突。对安全防护的宣传效果进行模拟和比选，确定最为合适的方案。

（3）为保证高架桥上部结构施工不影响 6 条通道的通行，结合 BIM 技术，特设计 6 跨贝雷梁式支架—通道。上部作为高架桥结构施工的支架，下部作为旅客通行的通道。同时应用 Midas 软件进行结构分析模拟，确保支架结构稳定安全，如图 6–53 所示。

图 6–53　贝雷梁支架—通道交通导改现场图

（二）智慧工地基于 BIM 技术绿色环保应用实施效果

见表 6–2，图 6–54~ 图 6–57。

BIM 技术绿色环保应用实施效果　　表 6–2

序号	项目	节材	节水	节地	节能	环保	实施效果
1	玻璃幕墙深化设计	√			√	√	通过 BIM 技术模拟光照，通过改变反射面来改变反射光与人视线的夹角，从而降低炫光等级。增加遮阳措施，通过 BIM 深化设计，合理增设百叶窗及雨棚，降低玻璃反射光的有效面积，使立面有效玻璃面积比值小于 40%。达到节省钢材、节约能源、环境保护等绿色施工效果
2	机电深化设计	√					项目通过应用 BIM 技术，通过投标建模、施工模型复核，本工程目前 BIM 发现碰撞问题 1638 个，累计解决各类图纸问题 1600 余处，完成项目三维交底 10 余次，对于现场施工质量管理和安全管理有较好的促进。减少返工 30 余种，减少管材浪费约 2500 延长米，减少钢材浪费 30 余 t，降低措施成本投入 200 余万元，缩短工期 32 日历天
3	合理规划平面	√		√	√	√	通过可视化的总平面管理，减少了现场材料转运次数，提升了施工现场的面貌。优化使用施工资源以及科学地进行场地布置，节省了用地
4	自动放线技术	√					通过智能机器人的使用，提升了测量效率和精度，克服了有些复杂曲面难以测量等问题，减少错误和返工，节约了时间和避免了材料浪费

续表

序号	项目	节材	节水	节地	节能	环保	实施效果
5	临时设施灯光模拟				√		项目最终采用灯照模拟分析的结果，按照设计位置布设了8盏草坪灯，相对于最初方案的16盏大大减少了灯具的用量。草坪灯采用太阳能源，内部灯具为高效能的LED灯具，符合项目绿色施工的原则。在保证经济和绿色施工的同时，保证了场地内夜晚能见度。草坪灯的布设位置和高度美观合理，具有良好的社会效益和推广价值
6	大型机械布设			√		√	统筹安排施工现场大型起重设备，对项目履约具有极为重要的作用，通过对现场环境模型进行施工模拟，使管理人员能够全面分析复杂施工环境，对现场布置方案合理性作出快速评估，为项目平面布置决策提供科学的技术支持，有效减少由于布置不合理情况的发生，从而加快施工进度，提高项目科技进步效益
7	安全文明防护	√		√			应用BIM辅助贝雷梁设计、高压线防护等安全文明防护，确保工程施工优质、准确，避免结构碰撞引起的返工等，有效地节省了材料，合理规划使得节省用地

图6-54　玻璃幕墙

图6-55　合理规划平面

图6-56　自动布线技术

图6-57　大型机械布设

（三）小结

BIM 技术是助推降本增效和绿色施工的重要手段之一，机场扩建工程智慧工地基于 BIM 技术应用收到了较好的效果，项目通过 BIM 技术助推绿色施工，得到了经济效益和社会效益，同时节约了项目成本。哈尔滨机场扩建工程通过智慧工地基于 BIM 技术应用，在节材、节水、节地、节能和环保中得到显著体现，对同类工程具有一定的借鉴意义和价值。

第三节　研究结论

哈尔滨机场扩建工程 BIM 技术的应用以工程建设法律法规、技术标准为依据，坚持科技进步和管理创新相结合，实施精细化管理，提高工程项目全生命期各参与方的工作质量和效率，保障工程建设优质、安全、环保、节能，达到绿色施工的管理目标。通过 BIM 技术在哈尔滨机场扩建工程项目中的应用，搭建 BIM 模型，进行基于 BIM 模型的深化设计、重难点工程实施，主要施工工艺及专项方案模拟等，达到工程设计碰撞检查、优化设计、完善施工方案、施工进度模拟、施工资源配置管理等目的。

（1）利用数据化智能自动放样技术，具有快速、精准、智能、操作简便、劳动力需求少的优势，将 BIM 模型中的数据直接转化为现场的精准点位。哈尔滨机场扩建工程通过基于 BIM 技术智能自动放样及质量管理，提高测量效率，简化施工流程，提高生产效率和施工质量，节约人工成本 30%，提高质量管理。

（2）地下管廊在施工前依托 BIM 技术的三维可视及碰撞检查进行详细的深化设计，充分解决较小空间管廊内联合支架管线的施工，减少二维排布可能出现的问题，工程目前 BIM 发现碰撞问题 1638 个，累计解决各类图纸问题 1600 余处。降低管线排布阶段的资源投入，并通过 BIM 技术的管线排布解决了管廊纵横交错位置的管线布设，使得管廊内管线排布在符合规范和设计的要求前提下，效果美观大方。

（3）BIM 技术辅助钢结构深化设计和安装过程模拟，有效地提高钢结构的加工质量和精度，避免返工，钢结构的工厂预制加工进场，模拟网架整体提升，有效提升了钢结构施工质量，加快了整个过程的施工速度，节约工期。

（4）BIM 技术投标建模，施工模型复核，对于现场施工质量管理和安全管理有较好的促进，减少返工 30 余种，减少管材浪费约 2500 延长米，减少钢材浪费 30 余 t，降低措施成本投入 200 余万元，缩短工期 32 日历天。

（5）BIM 技术数据集成、四维分析、仿真模拟、三维交底等手段，顺利解决了机场外交通网络改扩建工程建设中“信息杂、部署繁、讲解难”的交通导改难题。BIM 技术的应用科学便捷地优化了施工部署和交通导改设计，降低对既有机场运营的影响，保障旅客平安出行，同时提升施工效率，保障合同工期。

（6）BIM 4D 技术，工程能够直观地进行项目平面部署的模拟管理和动态调整，规避了施工过程中部署难的问题，降低了工程施工中的暂设部署风险，减少了措施成本的投入。工程前对项目管理人员的直观交底，有利于前期部署策划的实施和过程变化的调整。

（7）BIM 5D 技术，通过模型集成、流水划分、清单关联、计划关联等手段，实现项目精细化模拟辅助管理。可细致梳理工程量表，计算异型构件，制定进度计划与资金计划，并结合现场实际，进行数据统计和动态调整。该技术可有效减少项目的管理成本，降低工期和成本风险，加大较少返工率，提高工程效率。

（8）BIM 技术是助推降本增效和绿色施工的重要手段之一，智慧工地基于 BIM 技术的绿色环保应用，收到了良好的效果，项目通过 BIM 技术助推绿色施工，得到了经济效益和社会效益，同时节约了项目成本，在节材、节水、节地、节能和环保中得到显著体现。

第七章　贴临建设交通导改技术研究

为了同时保障机场运行和工程建设，哈尔滨机场扩建工程陆侧交通导改伴随着整个扩建工程的建设，按照机场发展规划，结合机场工程建设和未来陆侧交通运营管理要求，对陆侧交通阶段性导改中遇到的各种问题进行全面、系统、深入的研究、组织、实施，在工程建设期间，使机场道路能够正常运行。哈尔滨机场 T2 航站楼工程采用贴临建设方案，该方案导致施工区域与旅客运行高度交叉，对文明施工和施工管理提出更高要求，特别是航站楼前高架桥、停车场施工需要占用已经紧张的运行资源等因素，结合扩建工程建设和场区配套建设工程进度安排，制订相应的陆侧交通运营计划，明确责任单位和完成时限，有计划、分阶段地实施并完成阶段调整交通流线，实现航站区高架桥及停车场的建设运营相结合，确保原 T1 航站楼停车场与新建停车场分阶段的具备运行条件，不断调整新的陆侧交通线路。

第一节　工程建设内容

航站区交通设施建设规模：总用地面积 23.32 万 m^2，共由三部分组成，分别为航站区道路工程、航站区桥梁工程、航站区停车场工程。

一、航站区道路工程

新建 T2 航站楼位于现有 T1 航站楼西南侧。扩建期间需重新规划、建设航站区内道路交通系统，并拆除现有交通设施。工程内容共包含 9 条道路，分别为原迎宾路拓宽改造、新建 A 线、B 线、C 线、D 线、E 线、F 线、G 线、到达层道路，如图 7-1 所示。

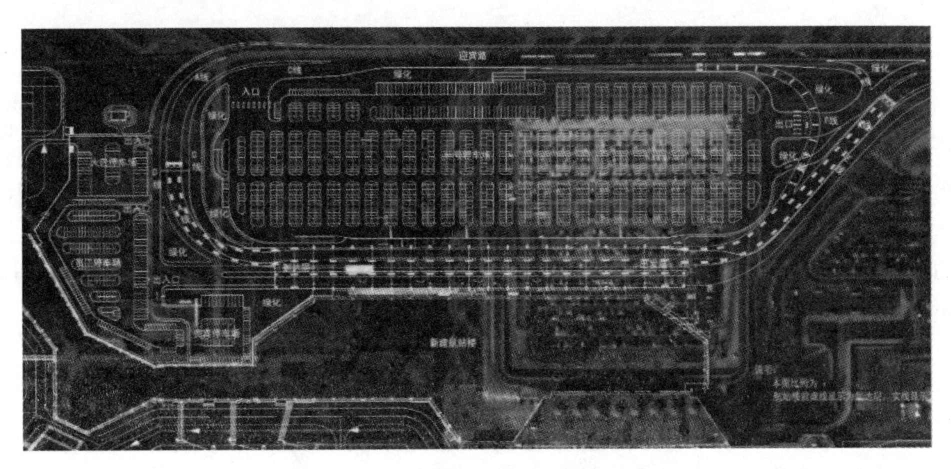

图 7-1　航站区陆侧交通道路示意图

（1）迎宾路：现状进出场道路双向五车道，扩建期间改造为双向六车道，工程起点与现状空港一路相接，工程终点与 A 线道路相接，建设长度 1329m。

（2）A 线道路：出发层专用服务道路，供车辆驶入、驶离出发层使用。工程起点连接迎宾路进场方向，工程终点连接迎宾路出场方向，全线共设置 4 个交点，圆曲线最小半径为 80m。路面宽 8m，单向双车道（0.5m+2 × 3.5m+0.5m），建设长度 1121m 。

（3）B 线道路：出发层回场匝道，工程起点位于 A 线出场方向，工程终点位于迎宾路进场方向；全线共设置 3 个交点，圆曲线最小半径为 60m。路面宽度为 15m，单向四车道（0.5m+4 × 3.5m+0.5m），建设长度 290m。

（4）C 线道路：通往新建社会停车场、出租车排队区、到达层通道（仅到达航站楼一层出租车上客区），工程起点位于迎宾路进场方向，工程终点位于到达层道路出租车上客区通道。全线共设置 3 个交点，圆曲线最小半径为 50m。单向三车道，路面宽度 11.5m（0.5m+3 × 3.5m+0.5m）；建设长度 346m。

（5）D 线道路：通往员工停车场、贵宾停车场、巴士停车场和到达层（航站楼一层）通道，工程起点位于 A 线进场方向，工程终点至到达层道路；全线共设置 1 个交点，圆曲线半径为 90m。单向两车道，路面宽度 8m；建设长度 260m。

（6）E 线道路：由到达层驶出机场的通道，工程起点位于到达层道路，工程终点位于迎宾路出场方向；全线共设置 2 个交点，圆曲线最小半径 90m。单向两车道，路面宽度 8m；建设长度 353m。

（7）F 线道路：新建社会停车场的出场通道，工程起点位于新建社会车辆停车场出口，工程终点位于迎宾路出场方向。全线共设置 2 个交点，圆曲线最小半径为 60m，建设长度 130m。

（8）G 线道路：新建社会停车场车辆回场通道，工程起点位于 F 线道路，工程终点位于迎宾路进场方向。全线共设置 1 个交点，圆曲线半径为 20m。单向单车道，路面宽度 7m。建设长度 66m。

（9）到达层道路：总宽 35.5m，左侧（车辆行驶方向）与社会车辆流动停车场相接，右侧与航站楼前人行步道相接。横向布置：7m 人行步道 +9.5m 机动车道 +5.5m 人行步道 +13.5m 机动车道 =35.5m 道路总宽，面积 1.89 万 m^2（含人行步道面积）。

二、航站区桥梁工程

为保证航站区交通组织顺畅，实现旅客出发和到达交通组织分离设置，在航站区 A 线道路和 B 线道路中分别建设两座桥梁（A 线桥梁、B 线桥梁），如图 7-2 所示。桥梁总面积 26144.2m^2。A 线桥梁：由上引桥、主桥（出发层平台）和下引桥组成，全长 814m。其中主桥长 378m、宽 45m、单向 8 车道；上引桥长 164m、宽 14.6m、单向 3 车道；下引桥长 272m、宽 14.6m、单向 3 车道。B 线桥梁（匝道桥）：起点与 A 线桥梁下引桥相连，全长 196m、宽 8.9m、单向 1 车道。

三、航站区停车场工程

在 T2 航站楼前新建五个停车场，分为社会停车场、贵宾停车场、大巴停车场、工作车辆停车场和长途车辆停车场。社会停车场设置入口 1 处（8 座收费岛）、出口 2 处

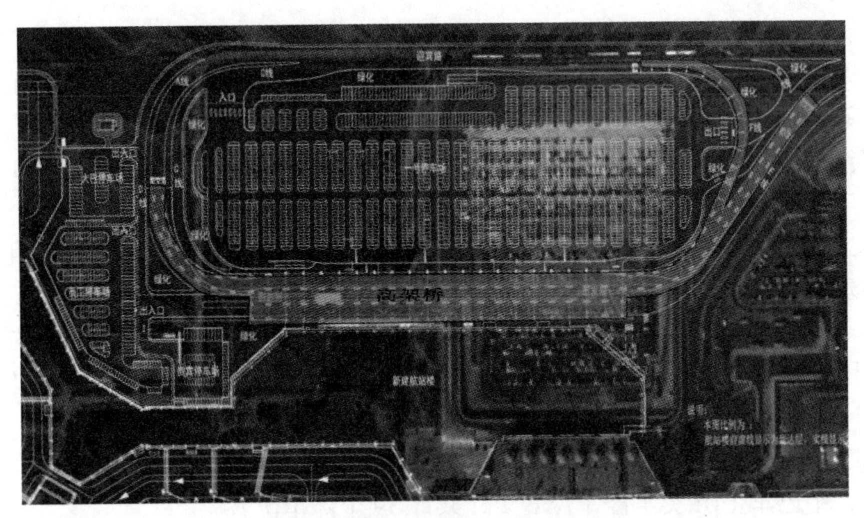

图 7-2　航站区桥梁工程示意图

（出口一设置收费岛 6 座，出口二设置收费岛 2 座）；同时在社会停车场内新建地下停车库，设置入口 2 处，出口 1 处。用地面积 15.4 万 m^2（含停车场周边绿化面积），如图 7-3 所示。

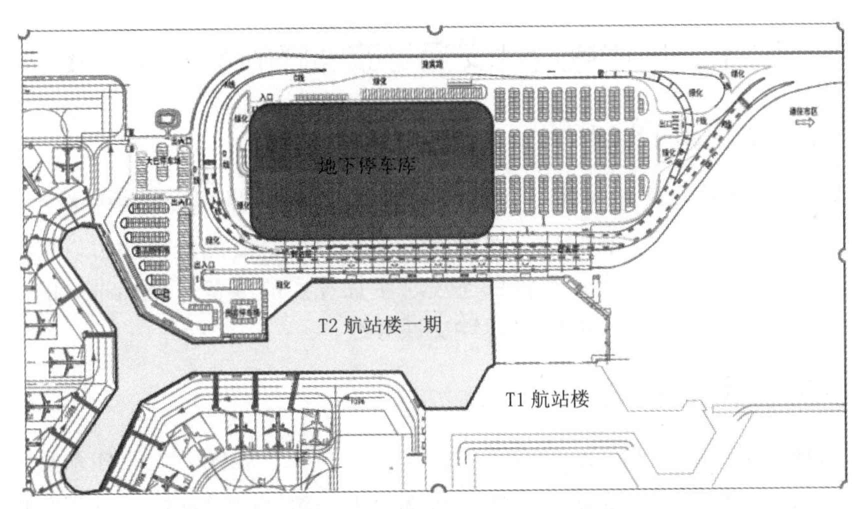

图 7-3　航站区停车场分布示意图

图 7-4　新建地下停车库

（1）社会停车场：位于T2航站楼正前方，供社会车辆临时存放使用；入口与C线道路相接，出口与F线道路及F1线道路相接并汇入A线道路出场方向。社会停车场地上部分提供小客车（I类）停车位2095个，无障碍停车位40个，大客车（IV类）停车位86个；在社会停车场内新建地下停车库35261 m^2，如图7-4所示，提供小客车（I类）停车位882个，无障碍停车位23个。社会停车场共计3126个停车位。

（2）大巴停车场：位于T2航站楼西北角，出入口与D线相接，仅供机场内部巴士使用，大巴停车场提供大客车（IV类）停车位37个。

（3）工作车辆停车场：位于航站楼西北角，出入口与D线相接，停车场内与航站楼间设置员工出入口，员工停车后可直接进入新建航站楼，员工停车场提供小客车（II类）停车位279个。

（4）贵宾停车场：位于航站楼西北角，出入口位于D线终点，提供小客车（II类）停车位33个，中巴车（III类）停车位6个，共计39个停车位。

（5）长途车辆停车场位于T2航站楼东南角，出入口位于E线起点，提供大客车（IV类）停车位30个。

五个停车场共可提供车位3511个，其中小客车（I类和II类）停车位3289个，中巴车（III类）停车位6个，大客车（IV类）停车位153个，无障碍停车位63个。

第二节　阶段性陆侧交通导改面临的困难与挑战

一、贴临建设、国内首例

哈尔滨机场扩建工程是国内首个在运行航站楼正立面贴临建设航站楼的4E级机场，在国内民航业没有参考案例，各阶段导改情况复杂，尚没有成熟的经验可以借鉴。这需要建设单位以更加创新的思维、更加严谨的态度、更加扎实的准备、更加系统的组织，把握各阶段建设及运行特点，实现无差错阶段性交通导改。

二、持续时间长、规模庞大

哈尔滨机场扩建工程陆侧交通阶段性导改持续时间长、规模庞大、体系复杂、协调面广，以什么样的方式来完成这项系统工作，实现整个体系的有效运作，直接影响到各阶段陆侧交通的运行。从扩建前期的反复论证到扩建期间解决陆侧交通导改的建设难题，从核心系统风险的防范到内外各单位的组织协调，共分三期，开展了20余次导改，建设运行双线作战、双重压力，各阶段无差错、均一次性导改成功，这一系列的挑战和难题，是对省机场集团管理能力、创新能力、执行能力的全面考验。

三、组织难度高、实施难度大

扩建工程施工区域遍布整个场区，点多面广，与机场运行、保障高度交织，特别是在机场运输生产快速增长（2015年以来，年均超过15%的速度）的情况下，建设、运行压力更大。航站楼、高架桥、停车场施工、管网没有施工场地，需要占用现有资源，施工场地和运行资源都很紧张，需合理制定施工计划及运行调整方案。

四、系统融合复杂

为最终实现建设运营一体化，要在最大限度减少影响运行的前提下，进行航站楼两阶段之间、新老航站楼之间各系统的融合，以及生产运营、安防、停车场收费等各系统的对接、调试、融合。

五、安全文明施工要求高

航站楼工程为贴临建设，施工难度高，对安全文明施工、不停航施工组织要求更高。分阶段建设需要较长建设周期，不确定因素较多，运行保障压力较大，同时需要采取多次流程调整及导改、原有设施保护、建设临时上引桥等措施。

第三节　阶段性陆侧交通导改的基本原则

机场的建设和运营是2015年以来省机场集团两项齐头并重的工作，机场有限的资源难以满足两项工作的同时开展，贴临建设的特点，二者不可避免地存在冲突与矛盾。在工程建设的全过程中注重建设与运营的协调推进，互相提供有限资源，实现无缝衔接，是保证陆侧交通各阶段成功转场的重要保证。

一、组建统一的指挥体系

在组织机制上，把建设和运营保障统一纳入一个指挥体系。由省机场集团副总经理担任建设单位总经理，抽调各运营保障单位相关负责人担任各工程部经理，统筹建设和运营事宜，将建设和运营有机结合，在指挥体系上确保建设和运营的平衡。

二、建立沟通渠道

在运营准备过程中，建设单位深入践行建设运营一体化理念，成立建设运营一体化领导小组，研究建设方案、施工时序等技术难点，统筹协调建设运营工作。建设运营一体化领导小组下设一体化办公室，与省机场集团公司各运营保障部门保持密切的沟通交流；与一线运行保障单位充分沟通协调，克服建设自身困难，想方设法为运行增加资源，运行保障单位理解配合各参建单位工作；运行保障单位做到支持理解工程建设，与建设单位形成合力，形成建设运行协调一致的总体方案。同时建设单位通过联席会议、协调会议、专题会议等方式，与运行保障单位和参建单位面对面研究解决问题，确保协调顺畅、决策高效。

三、实现科学管理需求

在需求管理方面，建设单位对涉及交通导改方面设施、设备及工程建设的需求严格审核把关，确保需求与运营保障是密切相关的；以尽量满足运营单位功能需求为原则，对交通导改必需的设施、设备及工程建设，分阶段逐一落实。

四、形成闭环管理体系

一是建立安全、质量、进度管理体系；二是形成建设单位、监理单位、施工单位间的三级管控模式；三是形成从方案制订、风险识别和评估、现场管理、应急处置、实施效果评价、方案优化调整的全过程闭环管理。

五、注重设计工作

一是要求设计方案必须符合现场实际情况，例如调整交通流程；二是要求设计方案必须充分考虑运行及不停航施工要求，节约建设时间，降低对运行的影响，例如在可以使用预制结构的区域（高架桥桥面等）尽量不要现场浇筑；三是要求设计方委派设计代表驻场。

六、招标中明确不停航施工相关要求

在招标前，对前期制定方案进行细化，并纳入招标文件中，便于投标方充分了解现场实际情况并精准投标，利于后期实施与管理。

第四节　陆侧交通导改各阶段的具体实施

根据 T2 航站楼分期建设方案的要求，第一阶段建设 T2 航站楼部分主体，T1 航站楼及现楼前高架桥仍旧使用。但由于该阶段建设的 T2 主体占据现有高架桥上行引桥及部分主桥，因此须对现有高架桥进行改造，于 T2 航站楼施工前新建临时上引桥，拆除现有上行引桥及部分主桥，下行引桥不作改变，如图 7-5、图 7-6 所示。

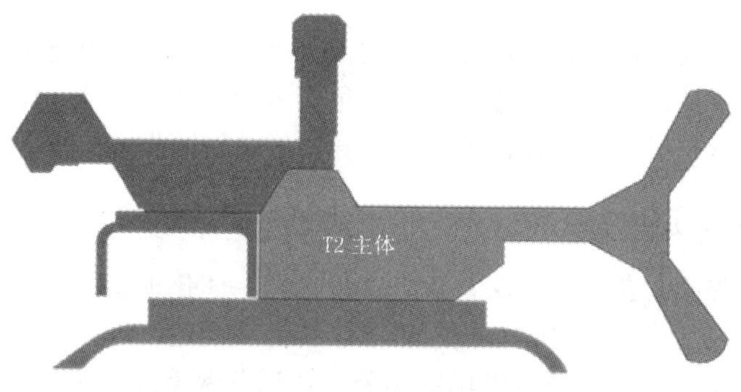

图 7-5　第一阶段扩建示意图

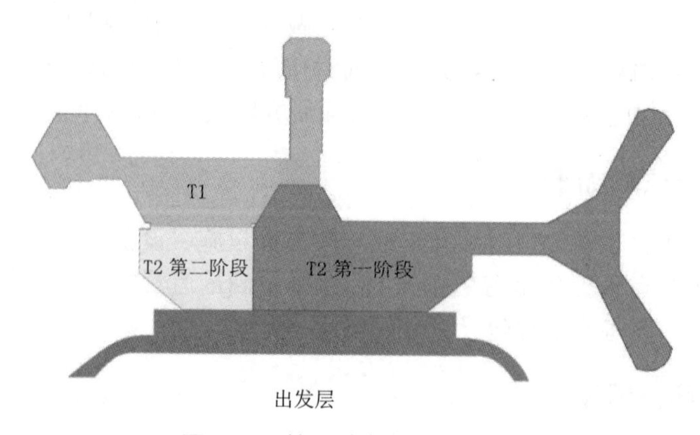

图 7-6　第二阶段扩建示意图

鉴于项目施工现场受不停航施工、贴临于现有 T1 航站楼及周边环境复杂等因素影响，建设单位在施工现场交通平面布置时，本着“安全运营、安全施工、以人为本”的原则，紧凑合理布置场地，合理考虑施工期间的交通流线和利用原有场内施工道路，合理利用飞行区临时隔离围界，合理布置材料堆放场地，减少场内二次搬运和运输费用，减少临时设施的拆改，尽量避免干扰现有航站楼及旅客正常出行。

一、第一期交通导改

（一）本期分阶段交通导改的步骤

1. 步骤 1（2015.5.9~2015.8.15）

总承包单位 2015 年 5 月 9 日开工，进场后在 T1 航站楼前一号停车场内搭设施工围挡。于 2015 年 5 月 19 日完成钢制围栏搭设，预留旅客通道，调整车辆流程，于 2015 年 5 月 9 日 ~2015 年 8 月 15 日对 T2 航站楼 17~27 轴地下管廊及 B1 区承台桩基础施工。交通导改平面示意图如图 7-7 所示。

在图 7-7 中，左侧阴影部分为在施第一阶段工地，右侧阴影封闭框内为地下采暖、电气主管廊，范围在第二阶段建设的 B1 区中，但第一阶段建设成的 T2 航站楼需要投入使用，故需要在本期中实施，中间为预留 35m 旅客临时通道。

管廊两侧的小方框代表二阶段建设的 B1 区基础承台，因贴临管廊，且第二阶段施工时，桩机已无法进入，故本期建设时须完成该部分承台桩基础的施工。

2. 步骤 2（2015.5.9~2015.8.15）

2015 年 5 月 9 日 ~2015 年 8 月 15 日新建 T1 航站楼前临时上引桥，如图 7-8 所示斜线部分。

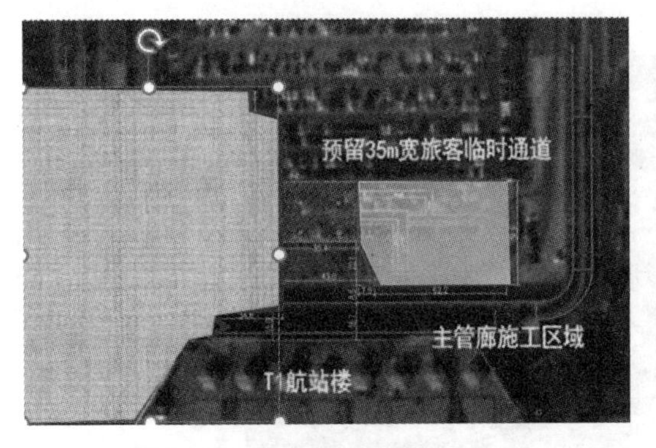

图 7-7　交通导改平面示意图

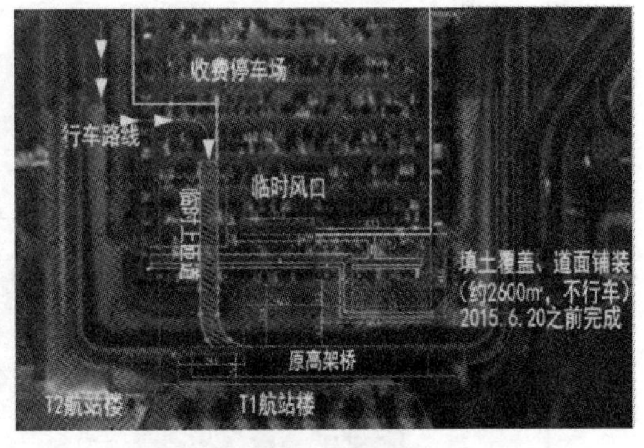

图 7-8　临时上引桥位置

T1 高架桥呈环状流线，T2 主体施工前需新建 T1 航站楼临时上引桥。临时上引桥建成通车，作为第一阶段建设期间维持 T1 航站楼运营的临时措施。临时上引桥为钢结构。为避开其下部地下室和管廊施工，临时上引桥最大一跨为 64.5m。为保证运营安全和节约成本，建设中在最大跨中增加了 2 道结构柱。图中管廊工程施工完毕后填土覆盖，设置混凝土人行踏步和坡道，作为第一阶段建设期间的旅客临时通道。

2015 年 8 月 15 日，临时上引桥建设完成，如图 7-9 所示，并正式通车。拆除现有上行引桥及部分主桥，下行引桥不作改变。

图 7-9　临时上引桥建设完成

3. 步骤 3（2015.5.18~2015.9.16）

于 2015 年 5 月 18 日 ~2015 年 9 月 16 日打通高架桥的下引桥左侧 1、2 号停车场旅客临时通道，迁移 1 号停车场原内部专用停车场旁绿篱及部分树木，硬化路面，扩容 1 号停车场面积。在 1 号停车场西北角新建 1 号停车场入口以备第二期交通导改使用。

4. 步骤 4（2015.8.15~2015.11.15）

于 2015 年 8 月 15 日至 2015 年 11 月 15 日对 B1 区管廊施工区域进行 $3200m^2$ 硬化道面铺装恢复；新建接站通道车行桥一座（6m 宽）及人行桥两座（各 7.5m 宽）；铺设周边广场排水管线 650 延长米；美化管廊人造草坪铺装 $910m^2$；完善标志、标识 16 块，如图 7-10 所示。

图 7-10　T1 航站楼前道面恢复铺装方案

于 2015 年 11 月 12 日实现航站楼前接站专用通道车行桥通行，恢复 T1 航站楼前停车场接站专用通道。

（二）配合第一期导改的交通组织

1. 导改初期的交通组织

2015 年 5 月 9 日施工单位进场后，搭设施工围挡，预先留出 40m 进港通道供到达旅客从 T1 航站楼至停车场。出港旅客沿用现有高架桥流程。此阶段交通组织至 2015 年 11

月 15 日止。

2. 导改结束的交通组织

完成临时上引桥的建设并通车后，拆除部分原有高架桥，新建施工区域内地下室、管廊、接站通道车行桥及人行桥，恢复施工区域道面铺装，迁移施工围界释放原停车场运行资源，调整 T1 航站楼前进出港交通组织。2015 年 11 月 15 日前后交通组织流程如图 7-11、图 7-12 所示。

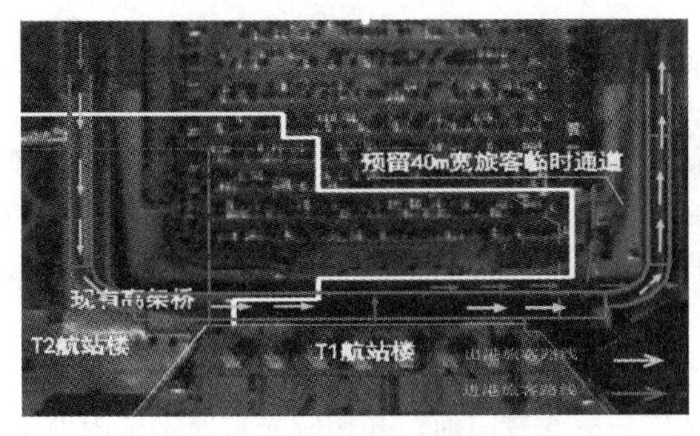

图 7-11　交通组织流程（1）

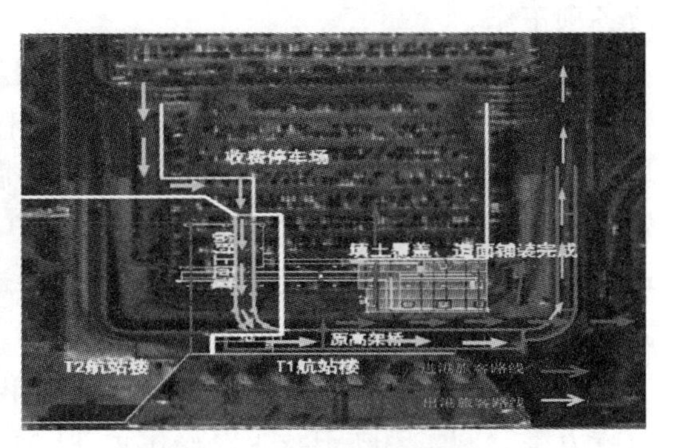

图 7-12　交通组织流程（2）

（三）第一期交通导改的保障措施

自 2015 年 5 月 9 日哈尔滨机场扩建工程开工以来，按照省机场集团提出的“建设运营一体化”理念，建设单位通过对扩建施工给机场交通带来的影响进行分析研判，确定以“保障机场正常运营”为主线，以“交通流线给扩建带来的难题”为重点，全力以赴，提前谋划，精心准备，周密部署，多措并举，最大限度地减少扩建施工对机场交通的影响，保障出行旅客安全顺畅抵离哈尔滨机场。作为每日进出港航班近 4 万人次、日车流量达到 2 万余辆的国际机场，运行和施工都面临着极大的困难。省机场集团公司高度重视，要求公司领导及各级管理人员在值班期间要深入现场进行检查指导；建设单位严格施工管理、加强运行保障；高度关注“旅客出行的感受”，实施多项措施方案，想方设法为旅客提供方便和保障。

为积极推进哈尔滨机场扩建航站楼工程建设，确保扩建期间车辆和进出港旅客的安全顺畅，统筹机场扩建期间的建设与运营工作，省机场集团领导自 2015 年 5 月 9 日哈尔滨机场扩建工程全面开工以来先后多次召开专题会议，明确会议内容，充分研究和讨论，广泛听取不同意见，制定方案，确定时间节点、措施内容和任务分工，做到全面、系统、有机整体地推动各项工作落地。扩建初期共制订交通导改保证措施 27 项，并分期逐一得到了有效落实，赢得了 T2 航站楼陆侧交通导改的首场胜利。

1. 措施一

打通高架桥的下引桥左侧旅客临时通道和扩容一号停车场。迁移原内部专用停车场旁绿篱及部分树木，硬化路面，增扩旅客临时通道及停车面积。

由机场建设部负责对国内航站楼前 1 号停车场内部分绿地硬化改造。为配合 T2 航站楼施工区域围挡搭设及降低对 1 号停车场旅客车辆的影响，优化施工顺序。先进行存车场旗杆附近及上引桥左侧绿化带改造，后进行迎宾路与存车场间绿化带扩容改造。为缩短工程周期，对 1 号停车场内先期硬化的道面面层采取沥青混凝土材料，满足尽早通车投入使用。

由机场建设部完成了高架桥下引桥右侧挡墙的后移，调整到达旅客乘坐出租车流程和拓展旅客出行空间。由机场公安局、空港服务公司负责清理施工区域停车场内存放的车辆。由公共区管理部负责迁移施工区域内的部分绿植；由机场公安局根据施工进度和封围情况及时调整、增设交通标志、标线，保证了施工期间及投入使用后的道路交通顺畅。

2. 措施二

发挥省机场集团联动机制，各建设、运行保障部门群力群策，积极配合第一期交通导改各项工作。

由建设单位在施工现场封围前，对旅客进出航站楼临时通道前后分别设置安装两块指引标识。一块用于 1 号、2 号停车场的指引；另一块指示“航站楼入口”，满足旅客在停车场内通视的效果。实施中发现 1 号停车场旅客临时通道设立的“航站楼方向”指示牌不够醒目，经研究在此处再加设一面约 6m 高的红旗，为旅客提供指引。由空港服务公司负责安排停车场入口收费员对进入车辆逐一进行提示，告知车辆和旅客设红旗处为航站楼方向。

由航站楼管理部牵头，旅客服务部等单位参加，进一步实地踏勘调整和优化旅客进出流程方案。调整国际中转车停靠位至 T1 航站楼一层 5 号门前，并相应完善航站楼内外 15 块指引标识的调整工作。

由空港服务公司在迎宾路进场始端完成“进场路 LED 引导牌”设置，保证交通导改信息的提前告知；并针对高架桥下各类指示标识比较杂乱的情况，集中进行清理和规范。

由公安局本着“长短结合”的原则制定系统的交通组织方案；施工期间在高架桥上桥口处设交通执勤岗，确保施工车辆和社会车辆的运行安全，上岗时间为早 6 时至晚 22 时，加强对第一期交通导改期间停车场的管理工作，做好维序疏导，防止各通道发生拥堵等情况。

由旅客服务部于 2015 年 5 月 19 日起组织红马甲引导员上岗工作，每日安排 4 人于早 7 时至晚 8 时，在现场做好第一期交通导改旅客的维序疏导等相关服务工作；并制订航班大面积延误期间大巴车靠近航站楼接送旅客方案。

由公共区管理部负责改进对高架桥上下的公共环境管理。一是对高架桥上栏杆等进行粉刷；二是请保洁公司对高架桥下相关设施进行了彻底清洁；三是加强日常的卫生清洁工作，特别是对桥下积水做到及时清理。

关注施工现场噪声和扬尘对周边环境和旅客出行的影响。由施工单位、公共区管理部分别增加购置洒水车 4 台，做到及时降尘，对场区内施工车辆通行的道路增加清洁的频次。

发挥集团总值班室和建设与运营一体化办公室的职能作用。由人力资源部负责理顺职责任务，充实必要的人员，确保机场扩建期间在日常监督、检查和相关工作的办理等方面发挥重要作用。

3. 措施三

增设哈尔滨机场接站专用通道。由机场公安局在高架桥的上桥口恢复空车禁行标志，强化管理，禁止空车上桥；在进场路加设接站专用通道标志，在高架桥下增设综合引导标志。

空港服务公司加强 1、2 号停车场管理工作，确保停车场内停车及交通秩序正常、规范。在各停车场入口增派专人指引车辆使用接站专用通道。

加大机场启用接站专用通道的宣传力度，增加社会受众覆盖面。由党群工作部在微博、微信等方面进行宣传，并与龙广交通台联系，做好进场公安局与龙广交通台对接。

由机场建设部完成接站专用通道及收费岛岗亭的建设工作。由质量安全部对接站专用通道的运行和服务管理进行重点督查落实。由飞行区管理部做好恢复区特别是上下桥段冬季除冰雪准备工作。由运行指挥中心根据 1 号停车场内功能区域使用部位的改变及新交通流程，调整大面积航班延误等应急预案。

4. 措施四

筹划哈尔滨机场 T1 航站楼前临时上引桥正式投入使用准备工作。

2015 年 8 月 13 日，临时上引桥沥青混凝土路面铺装完成后，当日进行大客车试车运行试验。8 月 15 日早，临时上引桥正式投入使用。T1 航站楼二层出港 7 号、9 号门不封闭，交警部门用围栏进行引导封围，围栏上设置禁行警示标识。在封闭现有上引桥和开放临时上引桥时间段内，公安局在两处上引桥入口及临时上引桥上方主桥口位置增设警力，加强交通管理。

公安局、飞行区管理部、空港服务公司、航站区工程部等单位在临时上引桥开放使用前，完成相关围挡封围、交通标志标识的迁移、施划、设立等相关工作。

8 月份正值机场暑运旺季，临时上引桥投入使用后，高架桥有效长度缩短，由公安局加强上引桥、主桥上等重要位置和重要部位的管理工作，确保停车场及高架桥交通运行顺畅。

现有上引桥及部分主桥拆除后，T2 航站楼地下室施工面将整体贯通，相关车道将无法通行。运行指挥中心组织航站楼管理部、消防护卫部等单位，按照机场实际建设运行状态，实时调整相关应急预案和方案，包括大面积航班延误等紧急事件的处置方案。

垃圾储运工作由公共区管理部拿出垃圾装车区位置及围挡搭设方案，机场建设部抓紧实施。公共区管理部要保证好临时上引桥投入使用后清洁、卫生等方面的管理工作。在机场建设的特殊时期航站楼管理部和公共区管理部要在垃圾储运上采用特殊措施和特殊办法，包括垃圾车的车辆状态、垃圾密封、现场卫生等相关措施。

党群工作部、公安局做好宣传引导工作，充分利用龙广交通台、报纸以及自媒体，包括机场官方微博、微信等宣传渠道，加强宣传力度，保证重要信息持续播报，使广大旅客了解机场运行的调整情况。

（四）第一期交通导改取得的经验

自 2012 年哈尔滨机场扩建工程立项以来，哈尔滨机场的客流和车流每年都以 20% 增速增长。2015 年，哈尔滨机场年旅客吞吐量为 1400 万余人次，比 2014 年增长 200 万余人次；进出机场车辆 870 万余台次，比 2014 年增加 140 万余台次。面对客流逐年攀升，车流逐年增多，扩建施工开始后的公共交通资源被严重挤占，交通多次导改，部分道路封闭，一号停车场车位由 1400 个停车位减少至 450 个等实际困难，建设单位多次召开专题会议对人员进行思想动员，要求全体人员发扬“不怕疲劳、连续作战”的优良作风，以积极的心态和扎实的工作，做好迎接扩建施工带来的挑战。并在第一阶段交通导改中得到了充分的印证。一是扩建施工开始前，建设单位主动与机场公安局交警支队进行对接，把交通标志标识是否清晰明确作为本次交通导改的重中之重，对有关交通导改的交通标志标识进行提前规划、设计。同时要求机场公安局交警支队积极协调交通设施厂家，加班加点制作标志，随时根据交通导改进度，提前将交通标志安装完毕。二是在迎宾路与空港一路交叉口安装

LED 显示屏，循环播放机场施工期间交通导改措施及车辆行进路线；在车流最大的迎宾路施工路段和道口设立提示、警示标志，对司机和旅客进行事前提示。为配合本次交通导改，建设单位在场区新增交通指示标志 156 块，更改交通指示标志 47 块，位置迁移 18 处；施划交通标线 5000 余延长米，最大限度为驾驶员和旅客提供清晰明确的指引。三是为机场公安局及时增加警力，增设岗位。施工开始后，省机场集团及时为交巡支队补充警力，使支队总警力达到 73 名。人员增加后，机场公安局及时调整警力部署，在重点时段、重点路段增加执勤警力，延长执勤时间，最晚下副班时间为当日 22 时。根据客流、车流量状况，及时调整国内航站楼高架桥上执勤警力，明确每班岗警力最少 3 人。迎宾路是机场交通的主动脉，是旅客进出机场的唯一通道。为了确保该处交通时刻保持安全顺畅，每日在此处增设 2 名警力，专门负责指挥疏导施工车辆，防止与旅客车辆发生冲突，预防重特大道路交通事故的发生，保证了旅客出行和航班正点率。在本次交通导改期间，机场公安局共出动警力 600 余人次，疏导施工车辆 2 万余台次。该路段在每天 2 万余台旅客车辆与 900 余台施工车辆交差混行的情况下，没有发生一起重特大道路交通事故。四是规划、开通两条接站车专用通道，为进港旅客提供了便捷条件；并采取多种手段，提高对外宣传频次和力度。为了取得旅客和驾驶员对机场扩建施工期间的交通管理工作的理解和支持，省机场集团扩大对外宣传的广度和深度，自 2015 年 4 月开始，通过民航报、首都机场网、黑龙江省内各大报纸、广播、电视、微博、微信等媒体发布提示信息 68 条。尤其是与黑龙江省内听众最多的龙广交通台电话连线 19 次，及时发布机场交通信息，对旅客和驾驶员起到了积极提示和引导作用，在社会上引起了良好反响，如图 7-13 所示。

图 7-13　第一期交通导改竣工

二、第二期交通导改

2016 年哈尔滨机场扩建工程进入攻坚克难的关键时期。位于 T2 航站楼陆侧的高架桥工程、地面停车场、地下停车库、航站区管网等工程全面开工建设，与机场运营严重交叉，对现有停车场及 T1 航站楼楼前正常交通组织构成极大的影响。2015 年机场扩建期间，在建设与运行的相互交织中，旅客吞吐量高速增长，已达 1405 万人次，是设计容量的 2.1 倍；2016 年，旅客吞吐量继续增长，高架桥、停车场、地下车库、道路、综合管网全面开工还要占用现有运行资源，使航站楼前运行资源再一次缩小，建设和运行的矛盾进一步凸显，各方面工作开展异常严峻。

为保障新建高架桥、地下停车库和综合管网等扩建项目的顺利实施，减少对机场运行的影响，2016 年春节刚过，省机场集团总经理即主持召开由省机场集团领导、各有关职能部门、运行保障单位和建设单位负责人出席的专题会议，会议听取了扩建工程实施方案的专题汇报，与会各单位针对建设与运行的矛盾，集思广益，进行了全面、细致的讨论；深刻认识到本期扩建工程的难度大、困难多。会议要求建设单位要设计好、安排好、组织好各项目建设，要统筹兼顾，合理安排施工时间、空间和地点；同时做好施工方案优化，对不停航施工和不良天气等影响因素在招投标、合同签订等环节充分考虑，最大限度减少对机场正常运行产生的影响，确保旅客出行安全；同时要求各运行保障单位要有大局观念和全局意识，与建设单位密切配合，提前做好衔接，确保机场运行安全有序。

为此建设单位根据本次会议精神，在充分考虑旅客出行的便利性的基础上，对交通组织方面深化实施方案，并根据工程进展情况在各个阶段及时修正，保证了交通导改措施方案得到有效落实。

（1）第二期交通导改总平面概况，如图 7–14 所示。

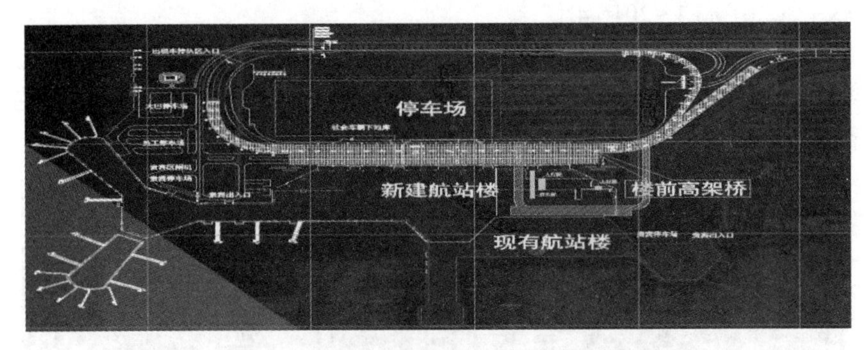

图 7–14　第二期交通导改总平面概况

（2）第二期拟建项目现场情况，如图 7–15 所示。

图 7–15　第二期拟建项目现场

（3）第二期分阶段交通导改区间划分

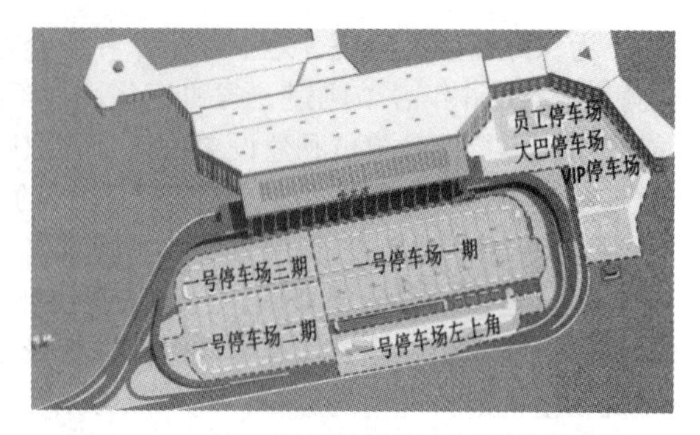

图 7-16　第二期交通导改区间划分示意图

因为第二期陆侧交通工程均在 T1 航站楼前实施，与机场运营严重交叉，对现有停车场及 T1 航站楼楼前正常交通组织构成极大的影响，所以建设单位在制订实施方案前期即会同运行保障单位多次现场实地踏勘，了解情况，对实施方案反复论证、深入研究，在保障工程进度的基础上，合理安排施工时序，以“保障旅客优先”为原则，对本期交通导改分期分段实施，避免集中拆改对旅客出行造成的影响；实施中做到“道路施工先通后断”，最大限度地降低扩建施工对机场运营的影响，如图 7-16 所示。

（4）第二期分阶段交通导改的步骤

1）步骤一（2016.3.1~2016.4.1）

于 2016 年 3 月 1 日至 2016 年 4 月 1 日对新建高架桥西段桩基础进行施工。此阶段维持第一期交通导改现状不变。施工车辆通过北侧乡道进入西部高架桥桩基础施工现场，如图 7-17 所示。

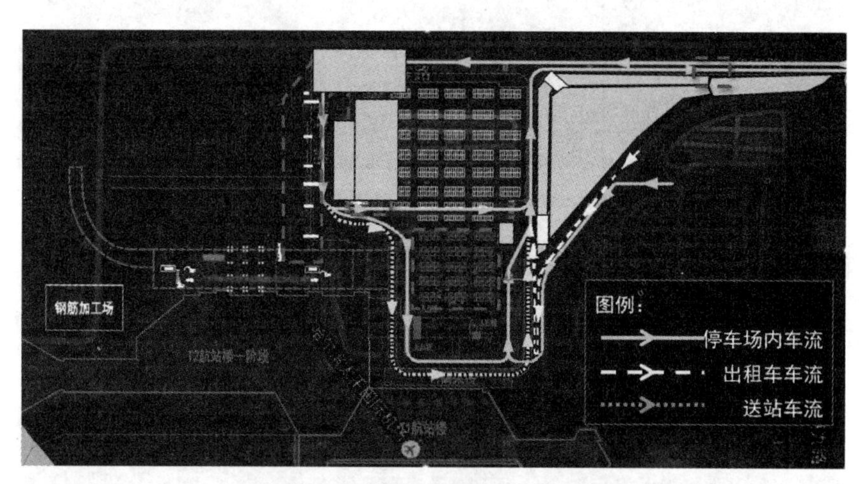

图 7-17　新建高架桥基础施工图

为保证工程如期开工，于 2016 年 4 月 1 日前对施工区域的地表障碍物进行了拆除、迁移。此阶段对施工区域内的地表障碍物清单见表 7-1。

地表障碍物统计　　表 7-1

地表障碍物清单					
地表障碍物	数量	影响区域	解决方案	清离开始时间	场地移交时间
广告牌	4 个	一号停车场左上角	拆除	2016.3.20	2016.4.1
极地馆广告牌	1 个	A 线下引桥	拆除	2016.3.20	2016.4.1
广告牌	2 个	F 线道路	拆除	2016.5.25	2016.6.1

续表

地表障碍物清单					
地表障碍物	数量	影响区域	解决方案	清离开始时间	场地移交时间
路灯	2盏	一号停车场左上角	拆除	2016.3.20	2016.4.1
高杆灯	1盏	一号停车场一期	拆除	2016.3.20	2016.4.1
监控器	2台	一号停车场一期	拆除	2016.3.20	2016.4.1
交通指示牌	1个	一号停车场一期	拆除	2016.3.20	2016.4.1
停车场闸机	1处	一号停车场一期	拆除	2016.3.20	2016.4.1
停车位	152个	一号停车场一期	拆除	2016.3.20	2016.4.1
停车位	300个	高架桥主桥	拆除	2016.3.20	2016.4.1
杨树 / 柳树	60棵	一号停车场一期	迁移	2016.3.20	2016.4.1
杨树	659棵	A线下引桥、F、G线	迁移	2016.3.20	2016.4.1
松树	12棵	一号停车场一期	迁移	2016.3.20	2016.4.1
松树	11棵	高架桥主桥	迁移	2016.3.20	2016.4.1
松树	55棵	A、F、G线道路	迁移	2016.3.20	2016.4.1
迎春树	10丛	一号停车场一期	迁移	2016.3.20	2016.4.1
迎春树	30丛	A线引桥、B线引桥	迁移	2016.3.20	2016.4.1
迎春树	117丛	F、G线道路	迁移	2016.3.20	2016.4.1

航站楼前导改区域的施工围挡定于2016年3月25日夜间开始搭设。实施期间，施工单位设专人做好现场施工的组织和安全保障工作，建设单位协调空港服务公司和机场公安局做好导改期间运行工作；2016年3月26日开始搭设一号停车场与地下车库重合区域的施工围挡立杆。空港服务公司配合驱离此区域旅客车辆工作，并对旅客做好宣传、解释、引导工作。

2）步骤二（2016.4.1~2016.5.1），如图7-18所示。

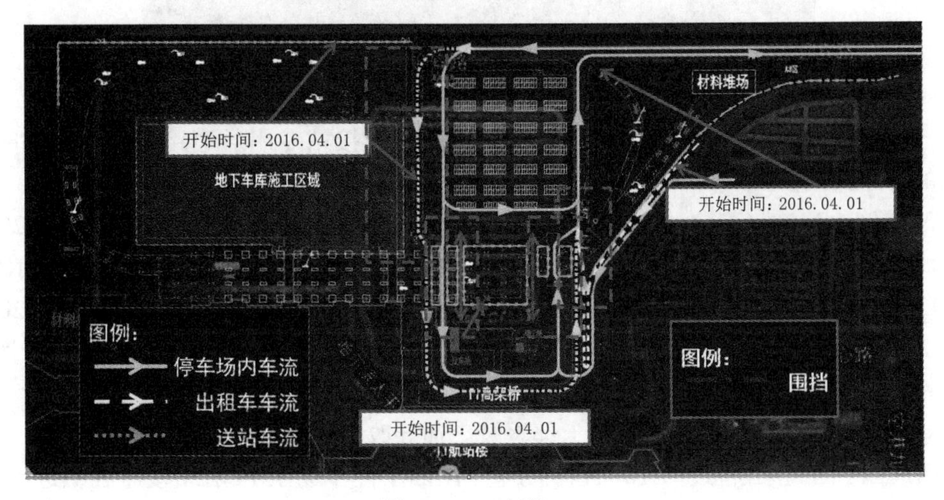

图7-18 步骤二

2016 年 4 月 1 日 ~2016 年 5 年 1 日分阶段对施工区域进行围挡封围及桩基施工。此阶段 1 号停车场进场车流调整至第一期交通导改期间新建的北侧停车场入口进入，送站车道向停车场东侧内移后至临时上引桥，从而保证为地下车库工程提供施工区域。现场采用 3m、2m 高围挡封围，具体区域如上。停车场内的施工区域交通导改及下引桥封围区域的施工车流在此期间按以下方案逐项实施。

①导改详图（桩基 Z16、Z17 施工部署及交通导改）如图 7-19、图 7-20 所示。

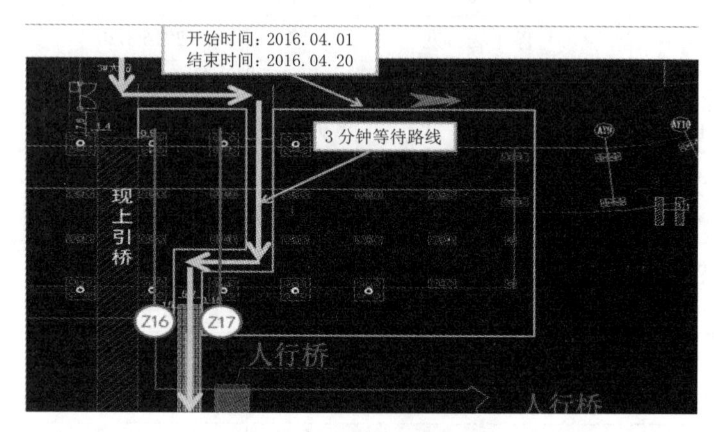

图 7-19　导改详图（1）

图 7-20　导改详图（2）

导改起因：因高架桥桩基 Z16、Z17 的施工阻断了接站专用通道路线，故需临时调整此期间的行车路线。

导改措施：于 2016 年 4 月 1 日完成桩基 Z16、Z17 施工区域围挡封围，并于 2016 年 4 月 20 日完成 Z16、Z17 的桩基础工程施工。此阶段接站专用通道路线调整至图示位置，绕行 Z17 上桥，并沿导改区域围挡设置导向标识及温馨提示标语。于 2016 年 4 月 20 日完成桩基 Z16、Z17 之间的竖向两排围挡，并拆除两端封头处围挡，桩基础施工机械撤出此区域；恢复接站专用通道原路线，如图 7-21、图 7-22 所示。

②导改详图（桩基 Z18~AY9 施工部署及交通导改）如图 7-23 所示。

导改起因：因高架桥桩基 Z18~AY9 的施工阻断了停车场至 T1 航站楼旅客的进出路线，故需临时调整此期间的人流路线。

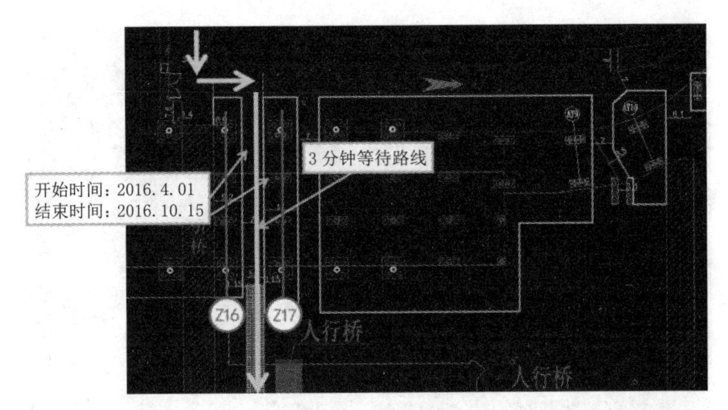

图 7-21　导改措施（1）

图 7-22　导改措施（2）

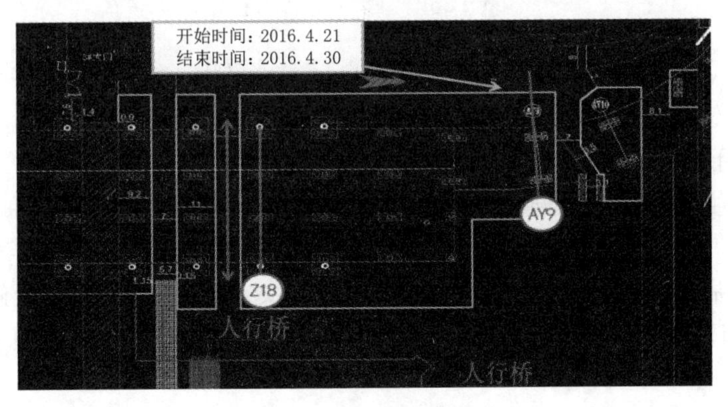

图 7-23　导改详图（3）

导改措施：于 2016 年 4 月 20 日完成对桩基 Z18~AY9 施工区域的封围，并于 2016 年 4 月 30 日完成 Z18~AY9 桩基础施工内容。施工期间人流通过 Z17、Z18 之间搭建的临时通道通行，如图 7-24 所示。

Z18~AY9 桩基础施工完成后，于 2016 年 4 月 30 日打开 Z21 与 AY9 之间水平围挡，增加 Z21 与 AY9 之间旅客通道。

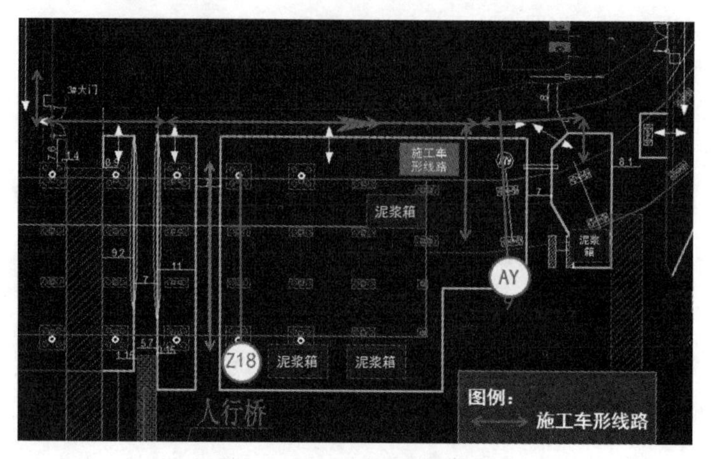

图 7-24　人行临时通道图

③导改详图（桩基 AY9~AY10 施工部署及交通导改）如图 7-25 所示。

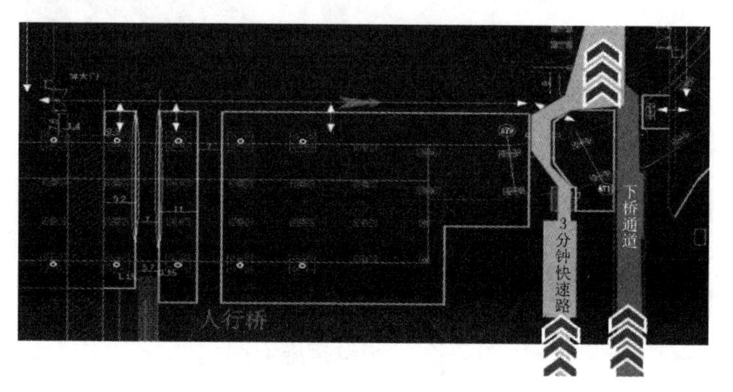

图 7-25　导改详图（4）

导改起因：因高架桥桩基 AY10 的施工阻断了接站专用通道的出场路线，故需临时调整此期间的接站专用通道的出场路线。

导改措施：于 2016 年 4 月 1 日至 2016 年 4 月 20 日完成 AY9~AY10 之间的土面区进行道面硬化、养生，满足道面通车条件，将此道面作为接站专用通道的临时出场车道；并于 2016 年 4 月 21 日完成对桩基 AY10 施工区域的围挡封围。导改后旅客车辆通过接站专用通道出口闸机后，向左侧转弯，通过 AY9~AY10 之间的通道驶出 1 号停车场。此期间接站专用通道出口闸机由两个减为一个，空港服务公司提前做好相关闸机系统的迁移改造及收费工作。

④导改详图（桩基 AY11 施工部署及交通导改）如图 7-26~ 图 7-28 所示。

导改起因：2016 年 4 月 20 日至 2016 年 5 月 20 日施工高架桥桩基 AY11 期间，桩基 AY11 施工区域局部占用出租车通道的出场路线，故需临时调整此期间出租车通道的出场路线。

导改措施：为避免此路段出租车通道与下引桥通道相互干扰，在两条线路间设置交通栏杆分隔，保证此路段汇集的车辆顺畅通过。出租车驶近 AY11 围挡时，需左转与高架桥下行线路并行出场。

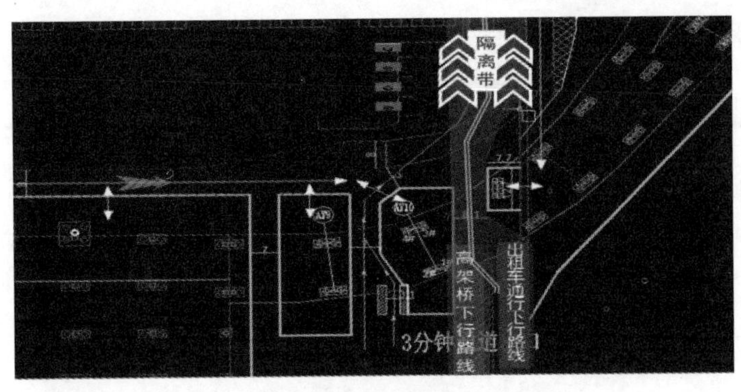

图 7-26　导改详图（5）

图 7-27　导改详图（6）

图 7-28　导改详图（7）

⑤导改期间施工道路的布设

第二期导改均位于 T1 航站楼前 1 号停车场范围，为避免施工车辆与社会车辆严重交织，经建设单位组织施工、监理及各运行保障单位反复研究论证，规划各施工区域进场施工车辆路线，设置各类交通警示标示。各施工区域进场施工车辆路线布设如图 7-29 所示。航站楼前导改期间，针对施工车辆进场路线与临时上引桥及接站专用通道入口垂直交叉的情况，机场公安局在此区域布设警力协调相关交通管制工作。并设置 3 分钟通道出口，如图 7-30 所示。

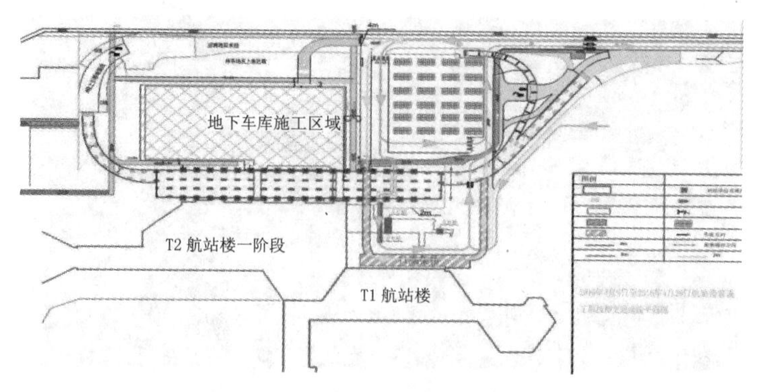

图 7-29　施工车辆路线图（1）

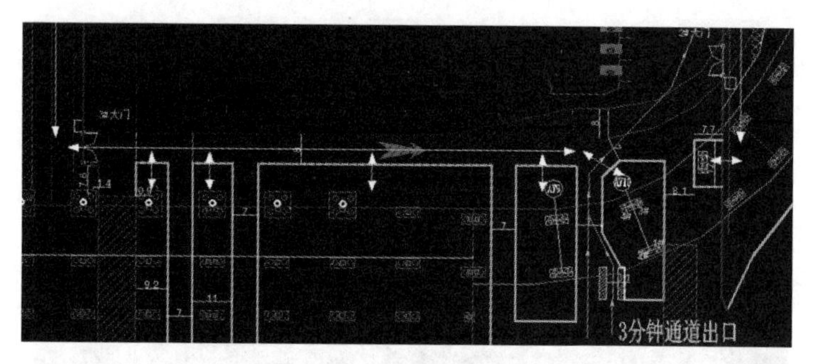

图 7-30 3 分钟通道出口

该施工运输通道道宽 8m，用于高架桥主桥第四联、第五联、A 引第四联施工区域的材料运输以及下引桥区域的钢筋笼运输。由于施工车辆进场路线和临时上引桥及接站专用通道入口垂直交叉，故暂定为夜间出港航班结束后使用；特殊时段由施工单位派专人配合交警协调车流。在垂直交叉口设置可移动（带轮）栏杆和防撞墩，正对人行通道的位置设置无障碍通道，图 7-31 所示。

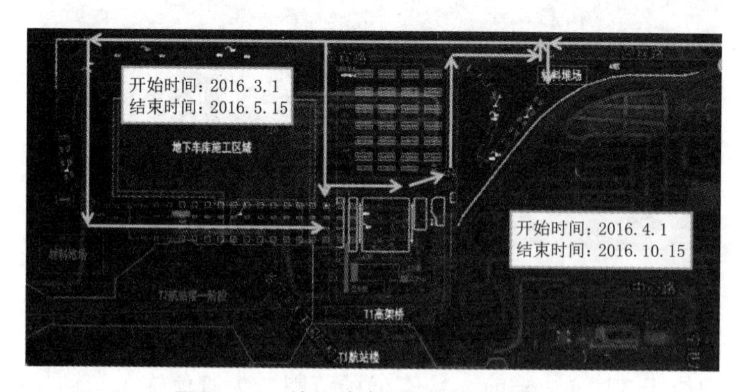

图 7-31　施工车辆进场路线图（2）

在 F 线道路对侧乡道和迎宾路间设置通道口。施工车辆在迎宾路侧乡道进出，在 F、G 线设置一处通道，道口设置岗亭，进出均使用通行证，用于施工车辆进出及施工人员上班通行。道口处设置交通指示灯。对侧围挡处设置 8m 宽车行大门。此通道西侧围挡处设置标示牌，用于社会人群指引，如图 7-32、图 7-33 所示。

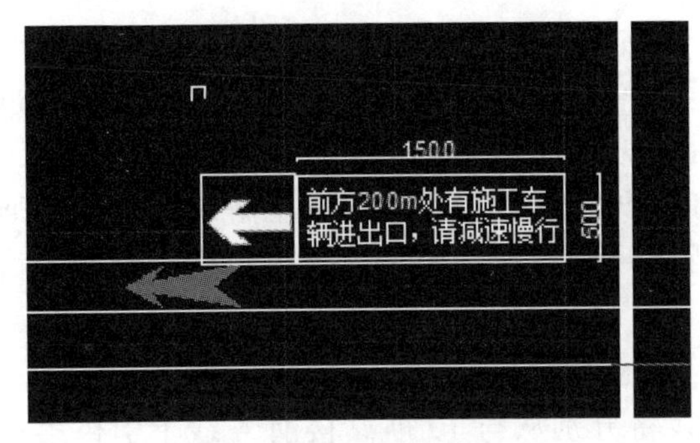

图 7-32 标示牌（1）

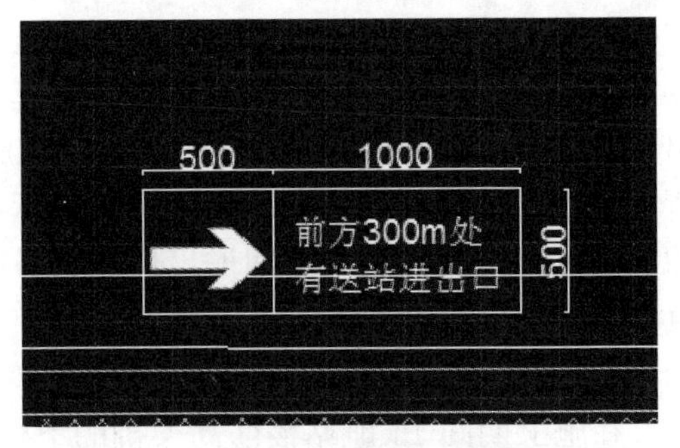

图 7-33 标示牌（2）

3）步骤三（2016.5.1~2016.10.1）如图 7-34 所示。

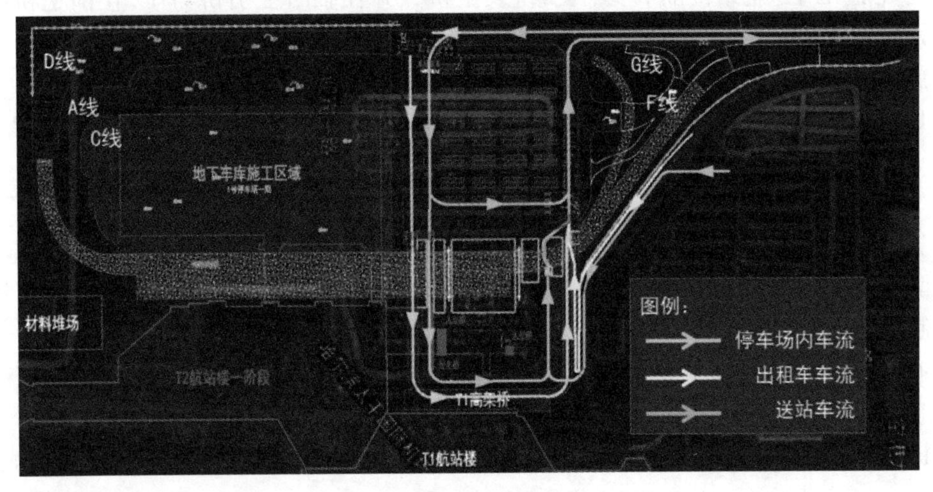

图 7-34 步骤三

于 2016 年 5 月 1 日至 2016 年 9 月 30 日，实施高架桥主体、一号停车场左上角、A、C、D、F、G 线道路、迎宾路延长段及其配套管线工程施工。此阶段交通组织与上阶段末相同。进行桥梁上部结构施工时，在通道处搭设贝雷梁，梁上作业，梁下保证人（车）通行。

①贝雷梁配合疏导

进入高架桥施工阶段后，交通疏导的主要工作即施工作业同旅客出行之间的矛盾。本期工程的施工作业均位于现有航站楼的正前方，施工时首先要确保旅客的出行道路通畅，故高架桥施工时需现场搭设贝雷梁，如图 7-35 所示。贝雷梁是施工中应用广泛的一种桥梁，它具有结构简单、运输方便、架设快速、分解容易的特点。同时具备承载能力大、结构刚性强、疲劳寿命长等优点。它能根据实际需要的不同跨径组成各种类型和各种用途的临时桥、应急桥和固定桥，具有构件少、重量轻、成本低的特点。贝雷梁在高架桥施工中的应用，

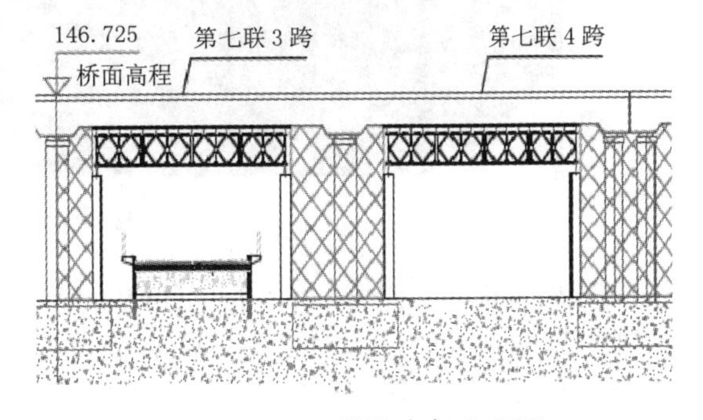

图 7-35 贝雷梁支架立面图

有效地解决了高架桥施工作业与停车场至 T1 航站楼旅客通道垂直交叉相互干扰的问题。贝雷梁的通道将贯穿整个高架桥施工过程，直至高架桥桥体落架。期间，该通道将是进出航站楼旅客和车辆的主要通道，搭设完成后，现场的所有工程施工均与该位置无交叉，所有交叉部位均可在新建高架桥通车之后施工。贝雷梁的搭设从根本上解决了现场交通的空间协调问题。施工期间增设保洁人员确保各通道的干净整洁，通道口安排专职人员负责交通疏导。

②高架桥的施工顺序

在施工期间 T1 航站楼前高架桥的下行路线将分别从与 T2 航站楼前 A 线下引桥第一联第四孔、B 线引桥第三联第一孔中穿行。为尽量减少高架桥施工对现状交通的影响，合理安排高架桥的施工顺序如下：

A. 首先施工 T2 航站楼前 A 线上引桥及主桥，并在临时上引桥与 T2 楼前主桥相交位置采用贝雷梁支架以使桥下道路畅通。

B. 施工除 A 线下引桥第一联、B 线引桥第三联外的其他桥跨。

C. B 线引桥第一联和第三联箱梁拆除满堂支架后，在保证现状道路畅通的基础上，实施 G 线、F 线道路以及地面停车场出口位置的施工。

D. 下行交通路线改为从建好的地面停车场出口经 F 线离场。

E. 施工 B 线引桥第三联箱梁及 B 线引桥桥台。

F. 最后施工 A 线下行引桥第一联箱梁，并在现状下行引桥与之相交位置采用贝雷梁支架以使桥下道路畅通。

G. 待全桥各联箱梁施工完成后，实施全桥附属设施。

4）步骤四（2016.10.1~2016.11.15），如图 7-36 所示。

2016 年 11 月 1 日一号停车场一期及其配套管线工程、B 线第三联施工初步完成。

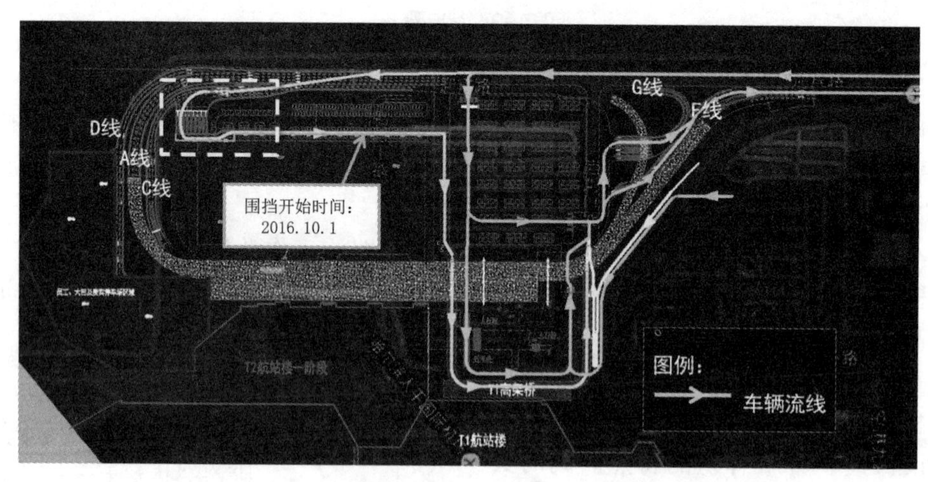

图 7-36　步骤四

保证左上角区域优先完成，以满足一号停车场左上角区域交通导改需求。进入停车场车辆仍从原闸机口进入停车场，送站车辆通过一号停车场左上角绕行上桥，上桥路线与停车场之间设置隔离带。释放一部分车位供停车场使用。

一号停车场新建入口闸机位置交通导改，如图 7-37 所示。

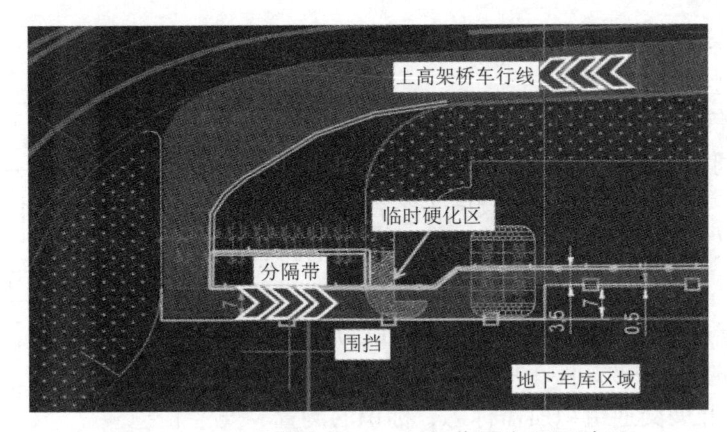

图 7-37 一号停车场入口闸机位置交通导改图

2016 年 10 月 1 日优先施工一号停车场一期左上角，作为上高架车行路线。围挡内留 3.5m 单排车道，作为上高架行车路线。草地位置临时硬化。

5）步骤五（2016.11.21~2016.12.20），如图 7-38 所示。

为了保障 2017 年春运工作，一号停车场一期临时投入使用。

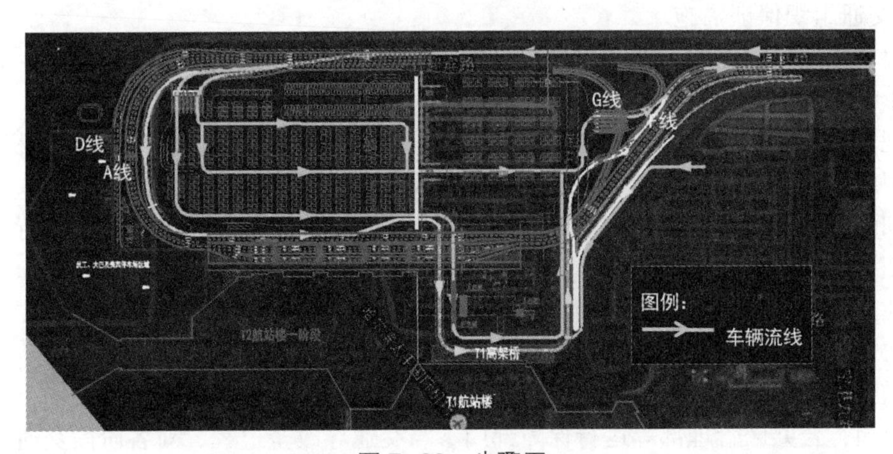

图 7-38 步骤五

2016 年哈尔滨机场旅客吞吐量迅猛增长，经 11 月份预测，2016 年年底即将达到 1600 万人次；且 2017 年春运保障工作即将开始，日趋紧张的运行资源进一步凸显。为了保证 2017 年春运保障工作安全、平稳、有序进行，经建设单位总经理办公会议研究决定，将尚待竣工的一号停车场一期临时投入使用。在春运工作来临前，临时施划道路标线、车位；增设交通围栏及交通标识，释放车位资源，成功地保障了哈尔滨机场 2017 年春运工作。

（5）本期分阶段交通导改的交通组织措施

1）建立交通组织保证体系

鉴于本期交通导改是扩建期间规模最大、节点最多、时间最长的交通导改，为保证各阶段导改措施得到有效落实，建设单位要求航站楼工程部和承建单位组建交通组织保证体系，如图 7-39 所示，由承建单位成立现场交通组织部，安排交通组织员，统归协调经理领导。专门负责交通疏解工作，24 小时值班，并协调机场公安局交警队对交通组织员进行交通规则和疏导技巧的培训，协助交警进行交通疏解工作。同时制订科学合理的交通疏解方案和应急措施，建立交通疏解管理制度，实行专人负责制和奖罚制度。

2）交通宣传

①施工期间，省机场集团党群工作部和机场公安局做好宣传工作，充分利用媒体、微信等平台，及时向社会媒体传递建设、运行等相关信息。做好旅客出行提示，确保服务质量。

②机场公安局从交通管理上，结合扩建的施工情况，研究交通组织方案，并做好停车场与施工区域的交通隔离栅栏设置；提前开展交通组织所需标志、标识的购置、安装等有关工作。及时做好标志标识布设和调整工作。标志、标识做到了规范、醒目、清晰准确；转弯、限速、爆闪警示均按交通组织方案设置到位，同时时刻关注导改后的交通状况，及时调整和补充交通标识。

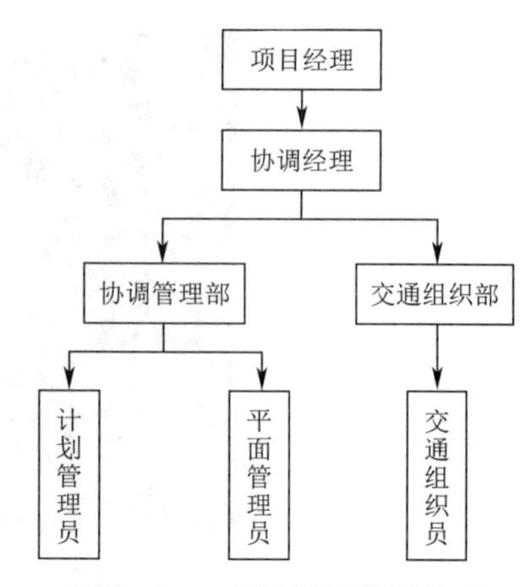

图 7-39　交通组织保证体系

③由承建单位在机场迎宾路沿线路口设置警示牌及路线指引图，提醒司机施工区域绕行。

3）交通组织保证措施

①要求承建单位在施工期间尽量减少施工车辆占用交通道路的频次与时间。对交通道路造成影响的土方工程错开作业时段，尽量选择在航班结束的夜间施工。

②现场施工材料设在指定的临时场地内堆放，严禁在交通道路堆放材料和机械设备，做到文明施工，保证旅客车辆顺利通过，避免因施工作业原因造成交通阻塞。

③加强施工围挡的巡视检查及维修加固工作，重要路段加设防撞墩，确保行车和施工安全。

④建立施工现场与机场公安局交警队联动机制，及时反馈现场交通状况，在机场运行高峰期协调交警到现场帮助指挥疏导。

⑤做到各阶段交通导改事前分析研究，事后跟踪维护。积极组织协调机场公安局、空港服务公司，公共区管理部等运行保障部门参与交通导改全过程，对各阶段交通导改做到规范有序。

⑥对施工现场周围划定警戒区，设置路障、标识，严禁非施工人员和车辆进入施工现场，避免旅客车辆误入造成安全隐患。

⑦增加夜间施工照明及交通警示照明，以利施工和警戒，防止无关人员穿越施工现场。

⑧加强各临时封闭道口与施工现场的联系，配备对讲机等必要的通信器材，做到发生交通严重堵塞或突发交通事故时及时开放临时封闭的道口。

⑨对施工区域围挡外各道口车辆转弯处，在施工围挡上部安装交通警示灯，下部设置交通反光锥筒，提示车辆减速慢行、注意瞭望。在车辆绕道处设置大型醒目的绕道行驶标识牌，指导车辆渠化分流。当需要临时占用车道施工时，需在实施前积极协调机场公安局、公共区管理部，设定施工作业起止时间，并保证按时开放道路；同时在施工区域外布设交通标志牌，做好交通指引，如图 7-40 所示。

4）安全保证措施

为了保证施工现场安全文明施工的有效落实，结合本期交通导改的特点制定安全保证

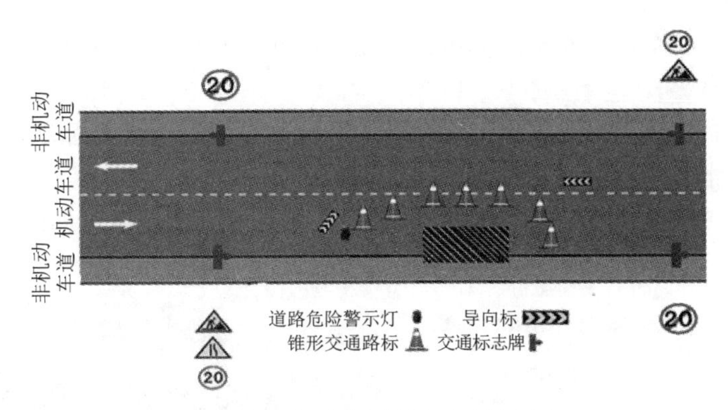

图 7-40　临时占用道路布置示意图

措施具体如下：

①对从事施工管理和生产的人员，未经安全及交通安全教育培训的不准上岗；新入场未进行三级教育的不准上岗。

②特殊工种操作人员的安全教育、考核、复验必须达标后方能上岗施工。

③交通组织员上班时按要求穿反光马甲，佩戴袖章，装备指挥旗和对讲机，按交通指示牌和交警部门批准的疏解方案引导车辆行驶。

④在围挡内侧张贴施工图桩位标志、安全文明施工标志、施工生产信息等，在围挡外侧结合哈尔滨市建设行政主管部门要求张贴承建单位 CI 形象标志、告示、通知、宣传图片等。

⑤在施工过程中如发现因土方开挖作业造成路基松动、道面裂缝等存在安全隐患的围挡区域，做到及时加固处理。

5）交通导改标识

①安全提示标语

由承建单位对 CI 设计进行招标，确认专业 CI 厂家，对工程的整体 CI、交通导语、交通指示牌进行设计，并按照上述位置进行现场布设。具体样式如图 7-41、图 7-42 所示。

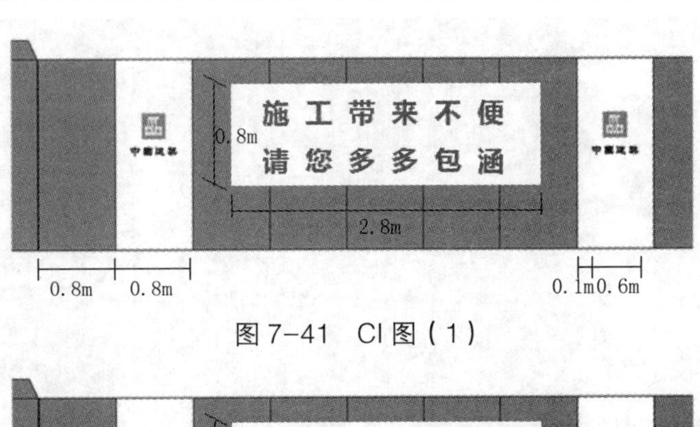

图 7-41　CI 图（1）

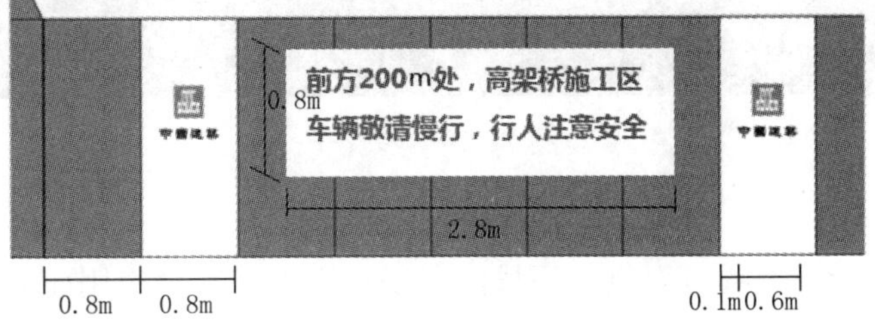

图 7-42　CI 图（2）

在道口位置重点设置交通导向标识，为便于夜间行车标识具有反光功能。

②安全警示牌

道口位置、临时施工位置、施工安全外扩区域，设置安全警示标识。

③贝雷梁设计

贝雷架通道在两侧及上部制作交通导向牌及宣传板，两端设置如图 7-43 所示的限高限速警示牌。

1. 通道两端各设限高架，限制车辆通行高度、宽度。
2. 梁下通道内限速通行，行驶速度不得超过 20km/h。
3. 限高架采用 φ200 钢管，涂刷黄黑相间警示漆，间距 500mm；混凝土基座尺寸为 400mm×400mm×400mm。外刷黄黑相间警示漆，间距 200mm。
4. 通道内每 30m 设置一座临时安全低压照明路灯，照明路灯应顺车辆行驶方向照射。
5. 梁式支架的水平防护采用硬质不小于 15mm 厚的模板满铺于型钢梁（或贝雷梁）上，不得有探头板，所有接缝均应在型钢梁（或贝雷梁）上。
6. 对于长度大于 100m 的支架通道，要配备消防设施。

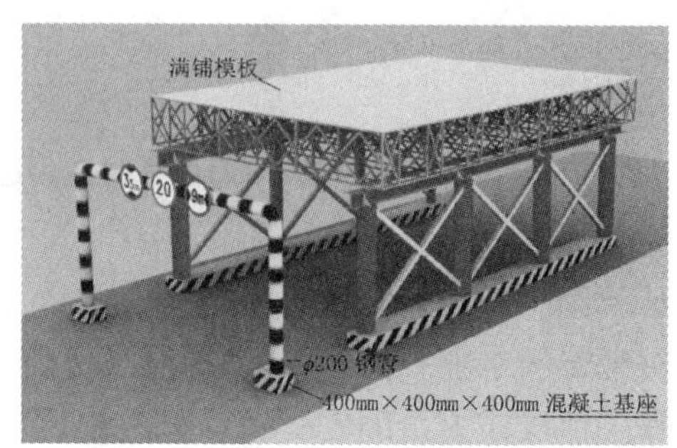

图 7-43　贝雷架通道

④长围挡间通道宣传设计

50m 围挡通道处设置彩绘宣传布和标语。同时根据地域特点设计具有冰雪特色主题的大美龙江及哈尔滨机场宣传栏，如图 7-44 所示。

图 7-44　宣传栏

三、第三期交通导改

（1）步骤一（2017.4.29~2017.6.10），如图 7-45 所示。

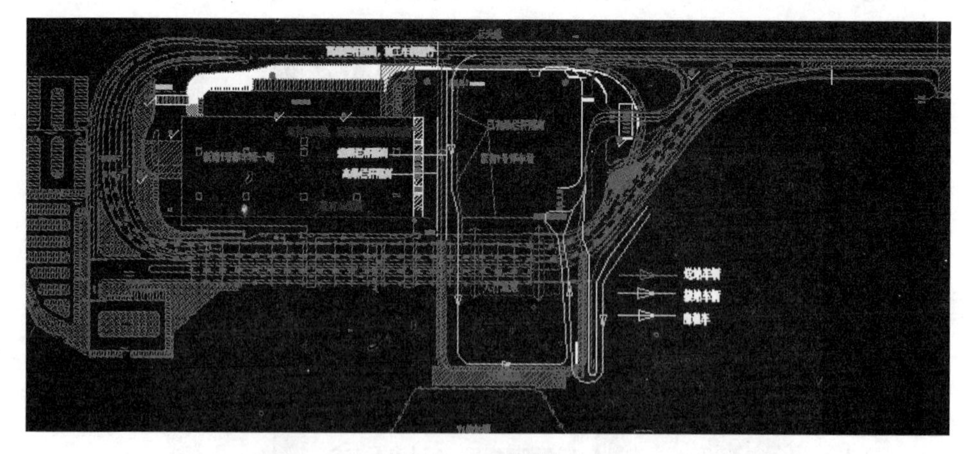

图 7-45　步骤一

1）导改起因

春运结束后，为了将临时提供的一号停车场一期正式交付使用而需要进行上面层沥青和配套附属设施施工。

2）导改措施

根据扩建工期安排，2016年临时投入使用的新建一号停车场一期工程及迎宾路延长线等区域的剩余沥青面层等工作需在气候条件允许后及时展开，为做好相关导改工作，2017年4月28日，扩建总经理组织集团各相关部门、各参建单位召开高架桥桥体及地面停车场工程导改工作专题会，会议听取了航站区工程部沥青混凝土盖被前施工区域封围、交通改线等相关导改方案的汇报，参会人员进行了深入交流讨论。制定导改措施如下：

①本次导改工作定于4月29日23：00出港航班基本结束后开始实施，各项目实施单位要在前期做好准备工作，确保本次导改顺利完成。同时在实施过程中须抓紧有效时间，大力推进现场施工，确保新建一号停车场一期工程及迎宾路延长线区域在6月10日前正式投入使用。

②施工、监理单位要确保施工质量，做好现场安全文明施工管理，施工围挡做到整洁、美观、牢固，同时要进一步加强进出口车辆的通行管理，确保安全、有序。

③机场公安局同步做好标志标识布设和调整工作，标志标识做到清晰准确。转弯、限速、爆闪警示等交通设施设置完善，同时时刻关注导改后的交通状况，及时调整和补充交通标识。

④各运行保障单位密切配合本次交通导改工作以及现场施工，共同努力，尽早释放机场运行资源。

⑤省机场集团党群工作部和机场公安局做好宣传工作，充分利用媒体、微信等平台，做好旅客出行提示，保证服务质量。

⑥省机场集团质量安全部在此期间重点关注交通导改工作，做好日常检查和督导。

⑦对于需要拆除的交通隔离等设施，拆除时注意保持原状，避免损坏，拆除后交由各权属单位保管。

⑧为适应本期航站楼前停车场运行流程，本阶段导改后停车场入口设置5个闸机口作为停车场入口，2个闸机口作为国内出发通道入口，1个闸机口作为新建地库入口。停车场出口设置2个闸机口作为国内出发通道出口，其余4个闸机口作为停车场出口。

⑨在迎宾路延长线设置3处临时标识，位置一为迎宾路延长线首端龙门架；位置二为A线与C线分叉口；位置三为停车场入口闸机边。

⑩在国内出发通道与停车场间设置交通围栏隔离。做好地面标线的核查和规划，避免给旅客出行造成困扰。搭设施工围挡将新建地库1号坡道施工区域与停车场隔离，避免建设和运行交叉。施工围挡保持整洁、美观；交通围栏牢固、整齐，高低一致。

⑪停车场入口位置设置4.2m限高牌。

⑫停车场入口电源采用正式电，动力能源工程部协调承建单位确保6月5日正式电可以使用；停车场出口电源正式电需要在导改后才能形成，故暂采用临时电源，待导改完成后尽快形成正式电源。

⑬信息机电工程部负责联系民航院，确认停车场闸机口使用状态指示系统的相关事宜，并负责落实实施，确保闸机口功能齐全。同时完善收费岛的安装工作，于6月6日前交由空港服务公司进行试运行。

3）导改后运行照片，如图7-46所示。

图 7-46 步骤一导改后运行图

（2）步骤二（2017.6.13~2017.8.10）

1）导改起因

2017 年 6 月 13 日至 2017 年 8 月 10 日实施一号停车场二期施工。

2）导改措施

①为了实施一号停车场二期施工，需在一号停车场二期和三期围挡间设置 8m 宽停车场内部通道至停车场出口。一号停车场二期建设期间车辆可由一号停车场一期通过 8m 内部通道至停车场出口后沿 F 线驶出停车场。接站车辆经接站专用通道由 F 线驶出停车场；送站车辆与出租车可经高架桥下引桥沿 F 辅线驶入迎宾路，如图 7-47 所示。

图 7-47 F 线驶出停车场

②为保证 T1 航站楼前停车场正常运营，一号停车场二期施工均利用夜间实施。施工车辆通过迎宾路进出二期现场，迅速完成基层铣刨及面层摊铺施工。

（3）步骤三（2017.8.11~2017.8.25）

1）导改起因

2017 年 8 月 11 日至 2017 年 8 月 25 日实施一号停车场二期剩余的既有下引桥车行部分。

2）导改后交通运行图，如图 7-48 所示。

3）导改措施

拆除 8m 通道，停车场一期内车辆沿停车场二期围挡外侧经高架桥前停车场三期处驶出停车场。停车场内部车辆及接站车辆经接站专用通道 3 分钟等待区域驶出后需经过设置

图 7-48　步骤三导改后交通运行图

于停车场三期处的临时岗亭，然后由 F 线驶出停车场，送站车辆及出租车也由 F 线驶出，无需经过临时岗亭，如图 7-49 所示。

图 7-49　步骤三导改措施

（4）步骤四（2017.8.17~2017.10.31）

1）导改起因

2017 年 8 月 17 日至 2017 年 10 月 31 日实施 F 辅线区域施工、既有下引桥三合一管线施工及既有下引桥至 F 线道面施工。

2）导改措施

将迎宾路围挡与一号停车场二期西侧围挡拆除，1 号停车场二期高架桥前方围挡翻面移至停车场沥青路面上，架腿与旗杆在同一直线上，在此围挡中人行通道至既有上引桥所对应区域设置出口，以便停车场内车辆驶出及行人出入。接站专用通道行车路线恢复原位置，将人行通道与接站专用通道行车路线中间区域全部围起。停车场东侧围挡翻面，移至停车场沥青路面上，架腿距离沥青边缘 50cm。既有下引桥出口东侧围挡与停车场东侧围挡靠近航站楼端相连，将既有下引桥至 F 线段施工区用围挡围起。接站专用通道、上引桥通道、行人通道分开，中间设置隔离栏杆。接站专用通道与下引桥车辆及出租车分开，中间设置隔离栏杆，行人通道为双向通道。出租车、接站专用通道车辆及下引桥车辆沿导改后线路驶出收费口，停车场一期车辆垂直从一期穿过二期驶出收费口。

（5）步骤五（2017.8.31~2017.10.31）

1）导改起因

2017 年 8 月 31 日至 2017 年 10 月 31 日实施一号停车场一期南侧剩余部分沥青道面铺装（该区域贴临新建高架桥）。

2）导改期间运行图，如图 7-50 所示。

3）导改措施

停车场二期已交付使用，停车场内部车辆及接站车辆由 F 线驶出停车场；F 辅线开通，送站车辆与出租车经 T1 航站楼高架桥由 F 辅线驶出停车场。拆除新建高架桥施工围挡，在 1 号停车场一期南侧设置交通围栏，将停车场一期剩余部分让出，以便施工，如图 7-51 所示。

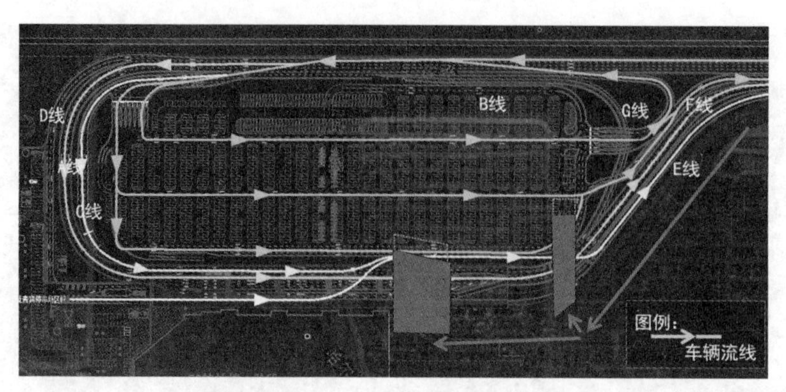

图 7-50　步骤五导改期间运行图

图 7-51　步骤五导改措施

（6）步骤六（2017.10.27~2017.10.28）

1）导改起因

2017 年 10 月 27 日至 2017 年 10 月 28 日实施新建一号停车场出口区域及 F 线沥青道面铺装。

2）导改期间运行图（导改第一日），如图 7-52 所示。

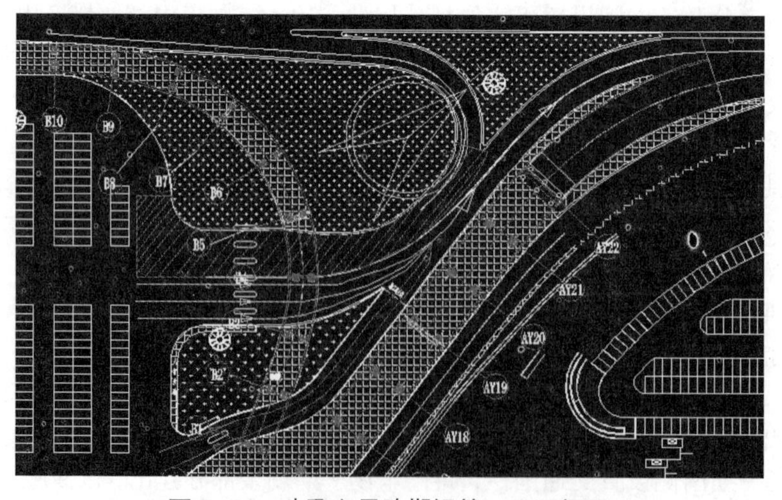

图 7-52　步骤六导改期间第一日运行图

3）导改措施

将新建 1 号停车场 6 个闸机出口分为南北两幅，每幅三车道。第一日进行 F 线北半幅的施工，施工区域为图 7-52 中的阴影区域（1 号停车场出口区域 +F 线北半幅）。停车场车辆由 F 线南半幅三车道闸机口驶出，高架桥下引桥车辆及出租车由 F 辅线闸机口驶出。将第一日已完成的北侧 3 个闸机出口用交通围栏隔离为南北两幅，设定北半幅两车道供停车场内车辆驶出出口；南半幅一车道供高架桥下引桥车辆及出租车驶出出口。施工区域为 1 号停车场出口区域 +F 线南半幅 +F 辅线。所有车辆驶出闸机口后走 G 线道逆行迎宾路至空港七路交通岗后驶入正常行驶车道，逆行段设置交通围栏，并由专职交通协调员现场指挥、疏导交通。

四、交通导改期间停车场车位状况

2015 年 5 月 9 日哈尔滨机场扩建工程开工前，T1 航站楼 1 号停车场原有车位 1500 个。由于扩建工程为贴临建设，故需在 T1 航站楼 1 号停车场分期占有部分车位及行车道。为减小扩建工程对本已日趋紧张的停车场车位资源的影响，建设单位深入研究、周密谋划扩建实施方案，在保证完成扩建各期目标的前提下制定最佳的进度计划，并事前预判扩建各阶段施工对停车场车位资源造成的影响，编制详尽交通导改方案及保证措施，施工期间最大限度地满足停车场车位资源，保证了 2015 年 5 月至 2017 年底扩建期间哈尔滨机场停车场的正常运营。

（1）第一期交通导改停车场车位状况，如图 7-53 所示。

2015 年 5 月 9 日至 2016 年 4 月 1 日 T1 航站楼前 1 号停车场车位控制在 1470 个，对机场运营未造成影响。具体做法如下：

1）在开工前硬化 1 号停车场北侧区域绿地，新增车位 230 个。

2）停车场原有车位 1500 个，扩建施工需占用车位 260 个，剩余车位 1240 个，加上新增车位 230 个，共计 1470 个。

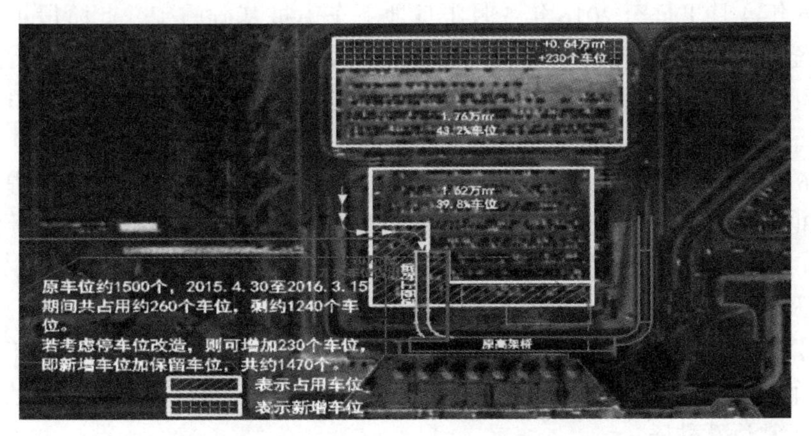

图 7-53　第一期交通导改停车场车位状况

（2）第二期交通导改停车场车位状况，如图 7-54、图 7-55 所示。

2016 年，哈尔滨机场扩建工程进入攻坚克难的关键时期。

位于 T2 航站楼陆侧的高架桥工程、地面停车场、地下停车库、航站区管网等工程全

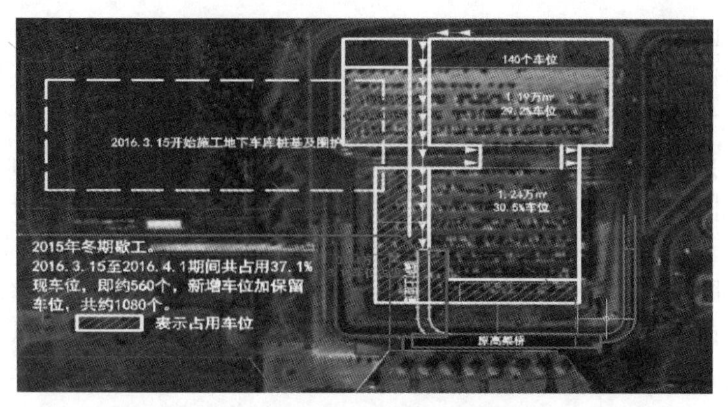

图 7-54　第二期交通导改停车场车位状况（1）

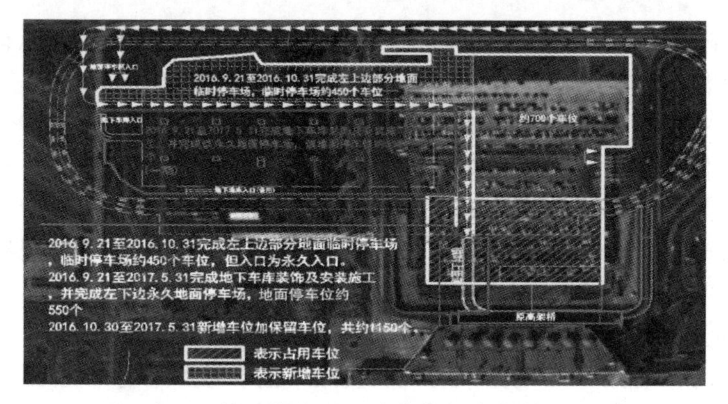

图 7-55　第二期交通导改停车场车位状况（2）

面开工建设，对现有停车场及 T1 航站楼楼前正常交通组织构成极大的影响。各阶段控制停车场车位如下：

1）2016 年 4 月 1 日至 2016 年 5 月 1 日地下车库桩基础施工，此阶段 1 号停车场进场车流调整至第一期交通导改期间新建的北侧停车场入口进入，送站车道向停车场东侧内移后至临时上引桥，从而保证为地下车库工程提供施工区域。需占用车位 560 个，此阶段可保证运营车位 1080 个。

2）2016 年 5 月 1 日至 2016 年 10 月 1 日高架桥工程、航站区管网等工程全面开工需占用车位 230 个。此阶段是开展交通导改最为艰难的时期，停车场车位数量极度缩减到 850 个，施工难度和机场运行压力巨大。在此期间，省机场集团和建设单位充分利用媒体、微信等平台及时向社会媒体传递建设、运行等相关信息；通报机场交通状况，告知乘机旅客尽量乘坐公共交通工具至机场出行。机场公安局、空港服务公司、航站区工程部加强进场道路、停车场、施工现场的交通疏导及现场管理工作，在条件极度艰难的情况下有效地保证了机场正常运营秩序。

3）2016 年 10 月 1 日至 2016 年 10 月 31 日完成新建 1 号停车场一期西北侧部分道面，及时释放车位资源，缓解运行压力，共提供临时车位 450 个，此阶段停车场可保证运营车位 1300 个。

同时，为了保障 2017 年机场春运工作，于 2016 年 11 月 21 日至 2016 年 12 月 20 日对尚待竣工的一号停车场一期道面临时施划交通标线、车位，增设交通围栏及交通标识，提前释放车位资源，临时投入使用一号停车场一期至 2017 年春运工作结束。通过本次交通导改共释放车位 550 个，1 号停车场车位数量达到了 1700 个，有效地缓解了春运期间停车场车位资源紧张的状况，成功地保障了哈尔滨机场 2017 年春运工作。

（3）第三期交通导改停车场车位状况，如图 7-56 所示。

2017 年随着扩建工程的逐步推进，已完项目不断释放运行资源，停车场车位紧张状况得到有效地缓解。2017 年 8 月 22 日一号停车场二期正式投入使用，停车场车位数量达到 1650 个。

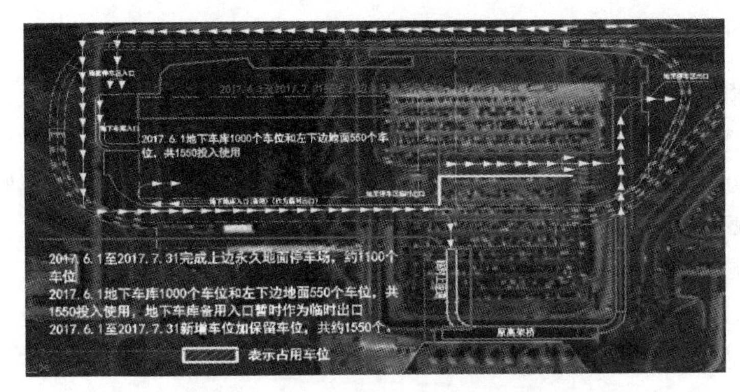

图 7-56　第三期交通导改停车场车位状况

2017 年 10 月 30 日一号停车场地下车库通过竣工验收，新增车位 935 个，停车场可随时投入运营使用，如图 7-57 所示。

图 7-57　停车场实景图

第五节　经验与体会

经过 1085 个日日夜夜艰苦努力，2018 年 4 月 30 日，哈尔滨机场以超乎外界想象的优异表现，顺利地完成第一阶段扩建任务，并通过行业验收，实现阶段性转场。转场后，机场运行持续平稳，服务品质稳步提升。回过头来看，在面对航站楼陆侧交通导改这个庞大的系统工程时，哈尔滨机场缺少可以借鉴的经验，摸着石头过河，边探索，边创新，形成了诸多工作经验。总结经验，思考启示，是哈尔滨机场深入推进转型发展的客观要求，也可为机场建设发展提供借鉴。

一、工程体会

（1）尽早成立组织机构，明确职责，开展相关工作。启动项目时，尽快成立相应推进机构，并随进度逐步配备专职人员，明确职责，快速、细致推进前期工作；如管理人员或技术人员力量不足，可以引入外脑，保障前期工作高效、高质完成。

（2）尽早开展方案征集及专项研究工作。在立项报批前完成方案征集工作，防止后期方案变化多带来的不断调整。在总体规划和可研阶段，应同步开展相应机场陆侧交通规划、机场排水规划、能源供给规划、附属建筑位置规划以及地下管网规划等详细规划。

二、工程难点

（1）组织难度高。施工区域遍布整个场区，点多面广，与机场运行、保障高度交织，特别是在机场运输生产快速增长的情况下，建设、运行压力巨大。

（2）实施难度大。航站楼工程为贴临建设，施工难度大。航站楼、高架桥、停车场施工、管网占用现有资源，施工场地和运行资源都很紧张；飞行区点多面广、与航空器运行核心区域直接相关。需合理制定施工计划及运行调整方案。

（3）系统融合复杂。为最终实现一体化运营，要在不影响运行的前提下进行两期航站楼之间、新老航站楼之间各系统的融合，以及能源供给、生产运营、安保等各系统的对接、调试、融合。

（4）有效施工周期短。由于北方气候特点，又要分阶段施工，故有效施工周期短。

三、航站楼贴临设计与分阶段建设的利弊分析

1. 有利的方面

（1）贴临式建设能够践行集约、节约原则，降低土地成本，方便旅客出行，降低运营成本。

（2）由于本身航站楼位于跑道端一侧，从总体规划的角度考虑，贴临建设能够节约空间，且为后期飞行区、航站区形成比较好的构型创造有利条件。

（3）分期建设能够最大限度地保障建设期机场的正常运营，缓解建设、运营矛盾。

2. 不利的方面

（1）贴临建设施工难度高，对文明施工要求高、不停航施工组织要求高。

（2）贴临建设形成的总体构型，相较于两个分体航站楼建筑，近机位较少。

（3）分阶段建设需要较长建设周期，不确定因素较多，运行保障压力较大，同时需要采取多次流程调整及导改、原有设施保护、建设临时上引桥等措施，建设成本较高。

哈尔滨机场扩建所实施的方案是统筹远期规划和近期发展，兼顾建设和运营的综合选择。本次扩建航站楼工程采用贴临式建设方案，对我们来说是一次尝试和挑战。目前，T2航站楼第一阶段施工已进入竣工验收和转场阶段，仅以本次课题研究与实践作为亲历哈尔滨扩建工程陆侧交通导改的见证。

第八章　机场飞行区不停航施工关键技术

第一节　飞行区不停航施工概况

哈尔滨机场于1974年按一级机场设计建设，1979年建成投入使用，至今已运行30多年，经多次改扩建，现飞行区技术指标为4E，目前有一条正在运行的跑道，跑道长3200m，宽45m，两侧各设有7.5m宽的道肩，跑道的道面及道肩总宽度为60m。跑道两端各500m的水泥混凝土道面厚33cm，中部水泥混凝土厚31cm，后盖被沥青混凝土厚13~18cm。盖被后跑道PCN值：78/F/B/W/T。

本期工程新建水泥混凝土道面529590m^2，水泥混凝土道肩86554m^2；新建沥青混凝土道面77473m^2，沥青混凝土道肩30982m^2；新建沥青混凝土服务车道56394m^2，路肩772m^2，水泥混凝土服务车道29863m^2，路肩423m^2，围场路25346m^2，路肩6663m^2。铺筑面面积共计844060m^2。飞行区G滑至机库机坪范围工程数量：水泥混凝土道面面积55573m^2，水泥混凝土道肩面积12156m^2，水泥混凝土服务车道面积844m^2。G滑至机库机坪范围2013年10月已完成竣工验收并投入使用。工程建设内容处于正在运行的繁忙的飞行区，不停航施工难度大，如图8-1所示。

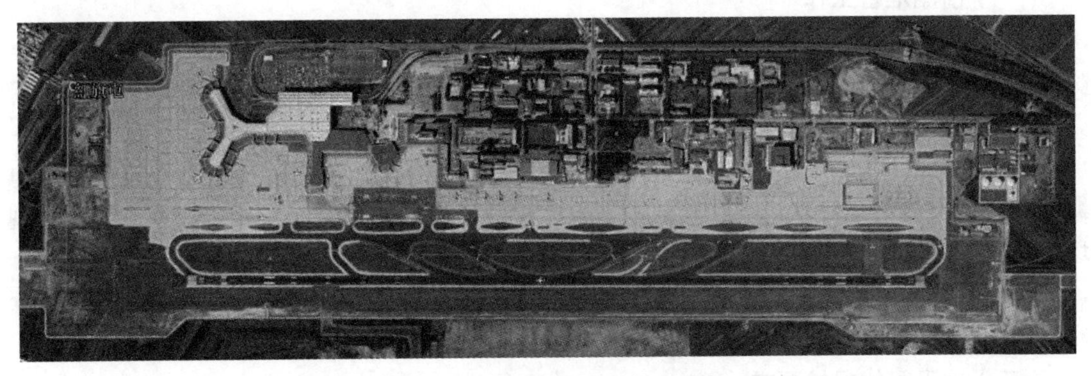

图8-1　哈尔滨机场飞行区工程

哈尔滨机场飞行区工程不停航施工项目多，包含：土石方、水稳基层、水泥混凝土道面、沥青混凝土铣刨灯槽恢复、“跑道盖被”、现浇钢筋混凝土箱涵、预制钢筋混凝土箱涵、管涵、消防管网、助航灯光改造等一系列施工内容。由于哈尔滨当地气候原因，飞行区扩建工程采用分期分阶段施工，有效地降低不停航施工对机场运行的影响。

第二节 飞行区不停航施工相关规定

一、一般规定

进入飞行区从事施工作业的人员、机具和车辆，必须事先取得塔台管制人员的同意。在航空器起飞或者着陆前 1h，施工单位应当清理恢复现场，填平、夯实沟坑，将施工人员、机具、车辆撤离施工现场，由机场现场指挥部门或场务维护部门检查合格后通知塔台。建设单位应当与机场现场指挥机构建立可靠的通信联系，施工期间应当设人值守。

在机场有飞行任务期间，禁止在跑道端之外 300m 以内、跑道中心线两侧 60m 以内的区域进行任何施工作业。在跑道端 300m 以外、跑道中心线两侧 60m 以外区域施工的，机具、车辆的高度不得穿透障碍物限制面。除特别批准外，在滑行道、机坪道面边线以外施工的，应当与道（坪）边线保持 7.5m 加上使用最大机型翼展宽度 0.5 倍的距离。施工期间，未经机场公安消防管理部门检查批准，不得使用明火，不得使用电、气进行焊接和切割作业。

在施工区域开挖的明沟和施工材料堆放处，必须用橘黄色小旗标示以示警告；在低能见度天气和夜间，应当加设红色恒定灯光。材料和临时堆放的施工垃圾应当采取防止被风或飞机尾流吹散的措施。对临时关闭的跑道和滑行道或其部分，应当按照《民用机场飞行区技术标准》的要求设置关闭标志，并同时关闭该跑道、滑行道或其部分的助航灯光。对于各种机坪上关闭的区域，应当按照《民用机场飞行区技术标准》的要求，设置关闭标志。

二、工程内容、分阶段和分区域的实施方案

（一）前期准备工作

施工单位须完成施工区域内土面区管网调查、探沟挖掘、管网保护、测量定位、放线、临时围界搭建及排水管线迁移等工作，做好前期各项交底工作。

（二）地下管线调查要求

（1）建设单位组织施工单位进行现场勘查，勘查内容包括但不限于：开挖施工区域电缆、输油管道、给水排水管线和其他地下设施位置等，建设单位应与相关产权管理单位现场确认施工区域地下管线、设施位置，并做好处理方案保护原有管线。

（2）如地下管线管理单位不能明确时，由飞行区工程部负责聘请具有地下管网相应探测资质的单位，对管线位置进行明确，并与管线设施产权及维护单位进行现场确认。

（三）地下管线保护要求

（1）飞行区工程部与相关产权管理单位，明确地下管线保护措施，报不停航施工管理领导小组办公室备案。

（2）如施工开挖区域、开挖方式变化，应在日常例行不停航施工协调会中提出，商讨开挖方案，组织相关产权管理单位完成现场勘查确认。

（3）动力能源工程部负责机坪区域高压电缆迁移工作。

（4）开工前施工单位对施工区域内原有的施工垃圾、地面建筑进行清除、迁移，完成拌合站搭建，水电接驳，堆料场地及施工驻地搭建，施工材料供应考察，飞行区内外临时

道路铺筑等前期工作。

（5）施工现场输油管、电缆、光纤等管线如无法迁移出施工区域，需在管线上方现场浇筑拱形混凝土保护套管，防止施工时被破坏。

（四）全天（24h）施工方案

（1）该部分的施工区域设立临时围界封闭，与飞行区运行部分机坪隔离，并设红色警示灯。施工人员及设备由围界外侧施工通道直接进入施工区域。

（2）该部分施工不涉及与航空器运行冲突，飞行区工程部与现场监管人员对其进行24h不间断巡视检查。

（五）航班结束后部分施工方案

（1）在距离跑道中心线75m及距滑行道中心线47.5m施工范围内搭建临时围界，装设红色警示灯。夜间航班结束后施工单位进入施工区域进行施工作业，开航前1h对现场进行清理，按适航标准恢复，经场务保障队检查合格后，车辆、设备、人员撤出施工区域。

（2）提前制定每日施工计划，严格控制每日施工量，保证每天开挖多少回填多少，不得在该区域产生坑洞。若产生无法当日回填的坑洞，采用沙袋填充顺坡。

（3）为保证工程的顺利进行及避免影响飞行器正常运行，飞行区工程部与现场监管人员将对其进行不间断巡视检查。

第三节 飞行区不停航施工关键技术

一、土石方、地基处理不停航施工

土（石）方不停航施工。不停航施工范围内（滑行道47.5m范围内），道槽部分若有填方优先施工填方，土面区接坡部分，同时施工不设台阶；飞行区地势较为平坦，高差小，挖方区挖方量较小，道面结构层厚度1.68m。土面区压实度要求：设计面以下0~0.8m范围内，压实度要求不小于90%；设计面以下超过0.8m范围，压实度要求不小于88%。

道面结构层中山皮石垫层：最大粒径应不大于20cm，山皮石（粒径2~20cm）的质量大于总质量的50%，含泥量10%~15%，不均匀系数$C_u \geq 5$，曲率系数C_c=1~3，固体体积率不小于83%。山皮石垫层设计厚度为压实厚度，在进行垫层铺设时，考虑压实沉降量，根据现场试验确定虚铺厚度，如图8-2所示。

图8-2 地基处理及试验检测示意图

距离跑道75m及滑行道47.5m范围内道槽土（石）方可分两步施工：第一步先分层挖至土面地区设计高程和道槽设计高程。道槽进行整形后采用滚填方式开始分层回填碾压，一般情况回填碾压三层至山皮石顶面高程。每晚撤场前，用推土机推成不大于5%接坡；第二步至少上三台挖掘机集中力量挖道槽土方，测量人员跟班作业用小于10 m的方格网控制高程，边挖边用推土机、平地机平整，用重型振动压路机压实。开挖道槽土方的同时，另一个作业队用挖掘机或推土机平地机向外侧修成不大于 5% 的接坡，如图 8–3 所示。

图 8–3　接坡

不停航土（石）方施工遇到石方。视石质情况采用控制爆破、破碎锤或用 D8R 以上重型推土机、挖掘机改装一个钩子的机械只适合石质较软的砂岩、泥岩或风化石。边破松边外运，退场前用松散料向内不大于 5% 的接坡平整压实。道槽区压实度要求：填方区土基顶面以下 0~0.8m 范围内，压实度要求不小于 96%；填方区土基顶面以下 0.8m 范围内，压实度要求不小于 95%；填方区原地面以下 0~0.3m 范围内，压实度要求不小于 95%。挖方区土基顶面以下 0~0.3m 范围内，压实度要求不小于 95%。

针对机场不停航施工有效时间短的特点，不停航施工区域质量检测采取施工、监理、检测单位在场外试验段确定试验参数，场内联合检测，及时计算出实时数据以指导下一步工序。待山皮石垫层距跑道 75m 范围或距滑行道 47.5m 范围内完成后，就可以准备水稳基层施工。

二、水泥稳定碎石基层不停航施工

水泥稳定基层不停航施工。道面为水泥混凝土道面时，基层设计一般采用 38~40cm 厚水泥稳定碎（砾）石，不停航施工尽可能结合航班计划，选择当晚与次日航班间隔时间较长的日期施工，为了减少接坡土的工作量，应采用道槽土方、水泥稳定碎石基层、接坡流水作业施工。例如：道面结构设计水泥稳定碎石基层（两层共 40cm），水泥混凝土道面厚 40cm，若从 0.8m 深道槽台阶按 5% 的坡度接坡，工作量比做完水泥碎石后再接坡约增加 70%。

水泥稳定碎石所用原材料预先要备齐，拌合必须厂拌机拌合。机械设备检查性能良好。水泥稳定碎石施工只能用机动性快的推土机或装载机推平，平地机平整，根据预先试验，将每车拌合料应摊铺的面积分成方格，一格一车料平整后高程适中。40cm 泥稳定基层可分两层摊铺也可一次摊铺平整，用 40t 振动压路机压实，并配有 12t 以上胶轮压路机边喷水边交叉碾压达到设计要求压实度为止。施工中专业测量人员跟班作业，用混凝土分块尺寸四角为格网控制高程，对平整后的虚高、压两遍后的高程都要严加控制，有误差及时修补。压实后局部偏高用重型振动压路机强震或平地机刮掉达到合格。为防止基层超高影响道面施工高程控制，应避免出现正值。施工结束退场前按 5% 的坡度用未拌合的水稳混合料或者水稳料堆筑接坡，如图 8–4 所示。

图 8–4　水稳料堆筑接坡

水泥稳定基层养护，用洒水车洒水养

护，除利用不停航施工时向前后洒水两次，中午利用航班间隙向塔台申请 10~20min 加洒一次水，不宜盖无纺布等易飞物养护，以免危害飞行安全。

三、水泥混凝土道面不停航施工

混凝土道面不停航施工。水泥稳定碎石基层可钻取出较完整芯体时，即可承受轻型载重 5t 以上自卸汽车时开始不停航道面混凝土施工。测量放线按混凝土分块尺寸用钢钉钉入水泥稳定碎石中为混凝土板底高程，亦为支放模板时板底高程。周围用水泥砂饼抹平，并再次检查道槽是否完全以保证混凝土道面设计厚度。准备砂袋接坡。

对模板的固定，可采用三角拉杆支撑法。浇筑混凝土时，中心先浇筑一仓，两侧各浇筑一仓，以后支立半幅靠仓施工。模板外与基层之间用级配碎石堆筑 5% 坡度的接坡，并用平地机平整，压路机压实。针对当地气候特点，水泥混凝土道面是本期飞行区扩建项目重点控制的工程，从原材料检测、配合比的验证、施工、滑模摊铺、维护总结了丰富的经验，解决了道面掉皮、麻面等一些严寒地区机场的质量通病。

（一）水泥混凝土配合比设计

（1）试验室将对用于混凝土混合料的原材料进行标准试验，合格后，按《民用机场水泥混凝土道面设计规范》MH/T 5004-2010 的规定进行混合料配合比的组成设计，见表 8-1。

（2）将确定的现场施工实际配合比进行试拌，检验混凝土混合料的配合比，报监理工程师核查批准使用。

（3）水泥混凝土混合料的水灰比不大于 0.42。混合料中应掺加适量引气剂以提高混凝土的施工和易性和耐久性，引气量为 3.5%~4.5%；28d 抗折强度 5.0MPa，抗冻强度等级不低于 F300。

施工配合比　　　　表 8-1

<table>
<tr><td rowspan="7">配合比</td><td>试配强度（MPa）</td><td>配合比（质量比）</td><td>水灰比</td><td>坍落度（mm）</td><td>砂率（%）</td><td>含气量（%）</td></tr>
<tr><td>5.75</td><td>1 ： 2.07 ： 4.83</td><td>0.39</td><td>15</td><td>32</td><td>4.6</td></tr>
<tr><td>材料名称</td><td>水泥</td><td>砂子</td><td>碎石</td><td>水</td><td>外加剂</td></tr>
<tr><td>品种规格</td><td>P・O42.5（低碱）</td><td>中砂</td><td>5~31.5mm</td><td>自来水</td><td>引气减水剂</td></tr>
<tr><td>产地</td><td>黑龙江宾州</td><td>阿城双跃</td><td>长城采石厂</td><td>施工现场</td><td>北京中航</td></tr>
<tr><td>用量（kg）</td><td>330</td><td>635</td><td>1349</td><td>129</td><td>6.6</td></tr>
<tr><td>外加剂品种、数量</td><td colspan="5">北京中航明星防水建材有限公司生产的引气减水剂，掺量为水泥用量的 2.0%</td></tr>
</table>

（二）测量放样

在验收通过后的水泥稳定碎石基层上，使用全站仪，采用极坐标法根据道面分块尺寸和位置测定出各分块交点，并用墨斗在实地弹线连接作为模板平面位置的依据，模板的高程使用水准仪按三等水准进行全过程控制。

（三）模板制作、安装

模板采用钢模板，并加工成阴企口形式。模板企口的四角做成 R=10mm 的圆弧。钢模板采用 5mm 厚冷轧钢板冲压制成，模板长度以 5m 为主，模板支撑为 8 个焊接角钢三脚架。

模板支撑及接头夹板如图 8-5 所示。

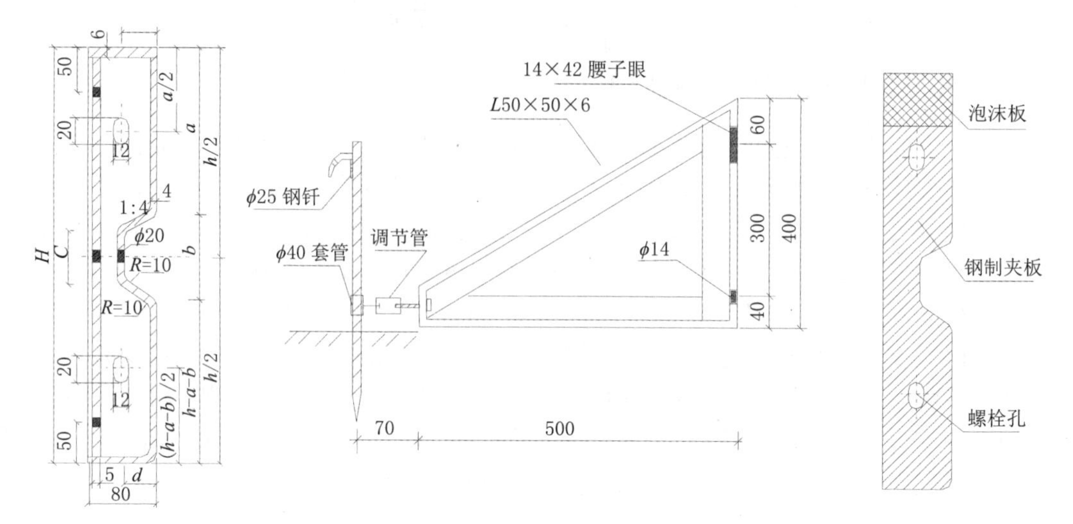

图 8-5　钢模板、三脚架支撑及夹板示意图

支好后的模板平面位置最大允许偏差 ±5mm，高程最大允许偏差 ±2mm，直线性用 20m 直线检查，最大偏差 ±5mm。

（四）混凝土拌合

为保证混合料半成品的质量，试验室监督混合料的生产全过程，使生产出的混合料半成品质量符合设计和规范要求。投入搅拌机每罐的材料数量，严格按施工配合比和搅拌机的容量计算确定。

（五）混凝土运输

（1）采用自卸汽车运输混合料到现场摊铺点。

（2）混凝土从搅拌到成型的时间不超过测定的混凝土初凝时间。

（3）本工程所用搅拌站距离浇筑现场距离 1km 以内。

（4）车辆进入摊铺地段及卸料时，听从指挥，不得碰撞模板、钢筋及板边角，不得将混合料卸倒在模板上。

（六）混凝土卸料、布料及摊铺

（1）摊铺混凝土前，做好以下检查工作：

1）两布一膜土工布铺设平整，消除褶皱，边角整齐。

2）模板的平面位置、高程及稳固程度符合施工要求。

3）模板内侧满刷隔离剂，浇筑填挡混凝土板时，已浇筑混凝土板侧按设计要求涂刷沥青隔离层。

（2）混凝土摊铺

采用人工进行混凝土摊铺。摊铺按板边、边角、板中的顺序进行。中间用锹随料拉、耙摊铺，不抛掷，以免引起离析；周边采用翻锹扣料。摊铺高度为考虑混凝土的沉落值松铺后的高度。

（3）混凝土混合料从搅拌机出料后，运至铺筑地点进行摊铺、振捣、做面（不包括拉毛）允许的最长时间，由工地试验室根据混凝土初凝时间及施工时的气温确定，应符合表

8–2 的规定。

混凝土混合料从搅拌机出料至做面允许的最长时间　　表 8–2

施工气温（℃）	出料至做面允许的最长时间（min）
5 ≤ T<10	120
10 ≤ T<20	90
20 ≤ T<30	75
30 ≤ T<35	60

（七）钢筋安设

道面交接、交叉及弯道处的非规格板中的锐角处，以及对道面下有管（沟）穿过的混凝土道面，进行钢筋补强。此部分钢筋在加工房下好料后，按设计要求焊接成型，汽车运输到施工现场。传力杆钢筋在加工房进行锯短，断口垂直、光圆，用砂轮进行打毛并加工成 2~3mm 圆倒角加工，在使用前 2d 按设计要求涂刷沥青。

（八）混凝土振捣

道面采用自行式高频排式振动器，自行式高频排式振动器振捣后，采用 1.1kW 平板振动器压石和初平，在钢筋补强边侧模板及施工缝端模部位采用插入式振动器辅振。

（九）混凝土整平、揉浆

（1）排式振动机振捣完毕后，用 1.1kW 小平板拖振 1~2 遍进行压石、提浆和初步整平，对经过振实的混凝土表面，用单根木制、底面镶有钢板的全幅式振动行夯（整平机）在混凝土表面上缓缓移动，往返整平、揉浆，直至平整。

（2）整平完毕后采用特制的钢滚筒来回滚动揉浆，同时应检查模板的位置与高程，在混合料仍处于塑性状态时，应用铝合金直尺测试表面的平整度，最后用特制的铝合金进行找平，将表面上多余的水和浮浆予以清除。

（十）做面

根据施工单位的施工经验，采用 3~4 遍手工抹面来完成，其抹面的工具为木抹和塑料抹。第一遍以揉压泛浆、压下露石、消除明显的凹凸为主；第二遍以挤出气泡，将砂子压入板面、消除砂眼、使板面密实为主，同时挂线找平，检查平整度；第三遍着重于消除板面残留的各种不平整的印痕，同时还能加快板面水分蒸发，便于提早拉毛。

（十一）拉毛

（1）在混凝土表面收浆压光之后，采用尼龙刷绳做成的拉毛刷进行拉毛，其表面平均纹理深度粗糙度≥ 0.4mm。

（2）拉毛的纹理垂直于道面的中线或纵向施工缝，拉毛后的混凝土道面虽粗糙，但仍坚实，无泛砂、松散现象。

（3）毛刷示意图如图 8–6 所示。

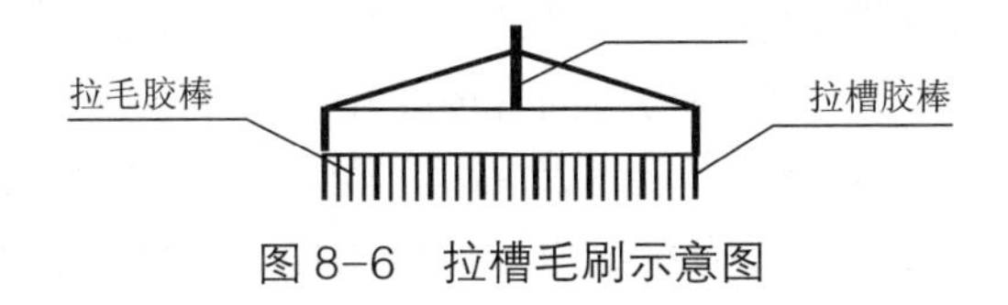

图 8–6　拉槽毛刷示意图

（十二）养护、拆模

（1）混凝土面层终凝后（用手指轻压道面不显痕迹）及时进行养护，养护采用覆盖养生用土工布配合洒水养护。养护时间不得少于 14d。

（2）拆模时间以不损坏混凝土道面的边、角、企口为准。

（3）拆模时间应符合表 8–3 规定。

钢、木模板质量标准 表 8–3

昼夜平均气温（℃）	混凝土道面成型后最早拆模时间（h）
$5 \leqslant T<10$	72
$10 \leqslant T<15$	54
$15 \leqslant T<20$	36
$20 \leqslant T<25$	24
$25 \leqslant T<30$	18
$T \geqslant 30$	12

（十三）接缝

道面纵向施工缝采用企口缝，滑行道中间的三条纵向施工缝在板厚中央设置拉杆；横向缩缝采用假缝形式，横向施工缝采用传力杆平缝。

（十四）切缝

（1）采用切缝机进行切缝，在切割各种假缝时，精确测定缝位，并用墨线弹出标记，作为切缝导向。

（2）切缝后用清水冲洗干净，及时用塑料条嵌入缝中，防止砂石或其他杂质落入缝中。来不及每块板都切缝时，每隔三块板切一条缝，过后及时补切。

（十五）灌缝

考虑不停航施工，两条新建端联络道水泥混凝土道面填缝料采用预成型道面密封材料，其他部位水泥混凝土道面填缝料采用有机硅。经验证预成型道面密封材料在严寒地区抗冻性并不理想，冬季除冰雪过程中容易脱离机坪道面形成 FOD。

（十六）混凝土面层质量检查和验收

混凝土道面养生期满后，对道面进行初步清扫，各个项目进行质量检查，加强对道面的管理与成品保护。

（十七）混凝土面层其他工序施工

1. 道面硅烷浸渍施工

我国北方机场冬季经常积雪、结冰，养护部门在保通的过程中，被迫大量使用除冰盐、融雪液，因此造成路面大面积严重剥蚀。分析原因，主要是混凝土表面的防水、抗渗、抗盐蚀能力不足。首先，混凝土本身的多孔结构致使其具有一定的吸水能力，而水又能通过冻融循环的应力作用，对混凝土结构造成持续性的破坏。其次，除冰盐、融雪液中的氯离子及酸性雪水的长期接触，这些有害物质向混凝土中迁移和渗透，与水共同作用，产生盐冻、盐蚀，酸蚀协同破坏混凝土表面，造成混凝土表面大面积剥蚀，主要破坏形式为表面砂浆起壳、粉化、剥落或脱落。并随盐水渗透深度增加，砂浆呈粉酥化并向混凝土内部发展，破坏坑穴最深可达 10cm，使道面平整度彻底损失，严重影响停机坪的使用寿命和机场运行安全，如图 8-7、图 8-8 所示。

图 8-7　混凝土路面侵蚀

图 8-8　硅烷浸渍

（1）本工程硅烷浸渍施工面积约 40 万 m^2。

（2）使用喷雾器对混凝土进行硅烷浸渍施工，喷涂硅烷时，喷雾器垂直于混凝土面，被喷涂部位至少有 5s 保持目测是湿的状态，每遍硅烷喷涂量为 180~240mL/m^2，共喷涂两遍。两遍之间的时间间隔至少为 4h。

（3）硅烷浸渍施工过程中应做好详细的记录，记录施工面积和硅烷使用量，确保硅烷使用量在规范要求的范围内。

（4）浸渍施工后，应用黑色记号笔标明已喷涂区域与未喷涂区域分界线，便于监理工程师目测检验，同时避免下次漏涂或重涂。

混凝土处于饱水状态和冻融循环交替作用是发生冻融破坏的必要条件。混凝土的冻融破坏作用主要有冻胀开裂和表面剥蚀两个方面。硅烷浸渍混凝土表面后，通过改变水与混凝土界面的接触角使得混凝土成为憎水性材料，经过硅烷浸渍技术保护的混凝土结构其自身吸水量非常小，避免了因冻融产生的混凝土破坏，可解决冻融及盐冻引起的混凝土剥落和风化，提供长久的耐候和防水保护。

2. 乳化沥青及两布一膜土工布

微表处理施工流程如图 8-9 所示。

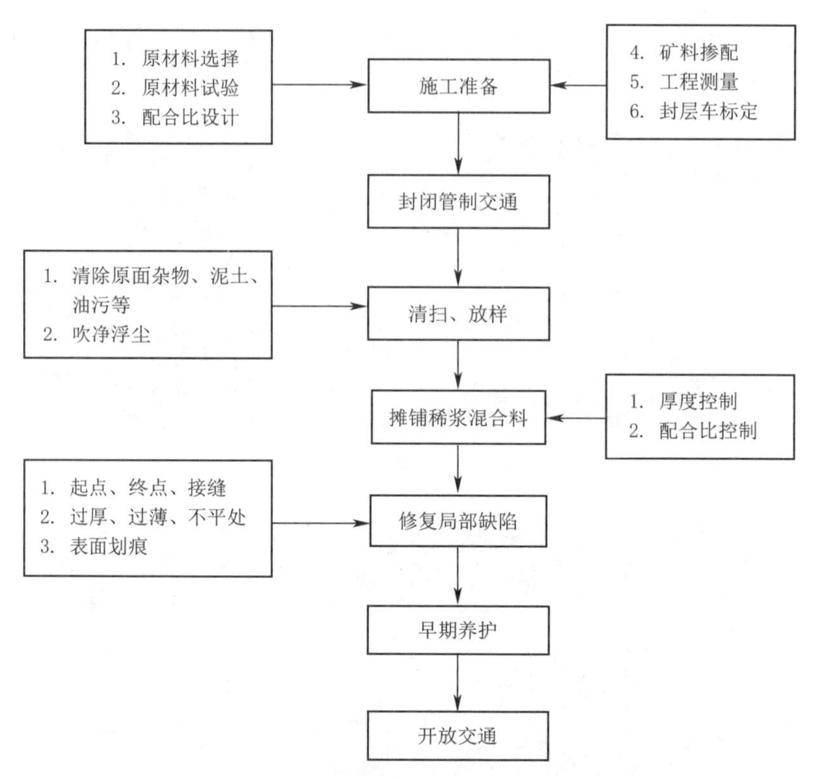

图 8-9　微表处理施工流程

喷洒乳化沥青透层油如图 8-10 所示。

图 8-10 喷洒乳化沥青透层油

3. 立模滑模道面施工技术

2015 年 8 月 11 日进行水泥混凝土面层滑模立模施工（面积约 5000m²），通过首件施工，为正式铺筑水泥混凝土面层施工提供适宜的操作程序与参数，提供较为完整的技术参数，施工过程中，将在此基础上进行深化，用以指导工程施工与管理，确保优质、高效、安全、文明地完成该工程的建设任务。

（1）施工目的

首件施工主要确定以下项目：

1）确定符合设计要求的施工配合比。

2）优化施工方案，确定拌合方法、拌合时间，最优水灰比控制。

3）拌合、运输、摊铺和各种工序的协调、配合。

4）立模滑模摊铺的工艺优化。

（2）施工位置

本次施工将在道槽区进行，结构层为水泥混凝土面层，水泥混凝土混合料的水灰比不大于0.42。混合料中应掺加适量引气剂以提高混凝土的施工和易性和耐久性，引气量为4.5%~5.5%；28d抗折强度5.0MPa，抗冻强度等级不低于F300。

（3）施工工艺

施工工艺流程：选料并确定配合比→材料机具准备→平面高程测量→支设模板→喷洒乳化沥青透层油→铺设土工布隔离层→混凝土配料及拌合→制取试件→混凝土的运输→混凝土的摊铺→切缝、灌缝→养护→质量检测。

（4）施工要求

1）准备工作

熟悉设计要求、验收标准及施工规范，组织全体施工人员进行工艺操作和质量标准的技术交底，调试和熟悉前台和后台的各种机械操作。

按照设计和规范要求选择合格的碎石和水泥，及时取样做相关的原材料试验和配合比试验，并通过监理及第三方检测验证。

根据坐标控制网，用仪器放出施工边线，并弹出墨线，确定模板支立位置、引导线架设位置。

2）材料要求

水泥：采用了黑龙江省宾州水泥有限公司生产的虎鼎牌P.O 42.5（低碱）普通硅酸盐水泥。

细骨料：采用拉林河中砂。筛分结果属于Ⅱ区粗砂；细度模数：μ_x=2.77，表观密度2.677g/cm³，含泥量1.1%。

粗骨料采用哈尔滨市恒泰石材有限公司生产的碎石，5~20mm碎石：20~40mm碎石=40：60，符合5~40mm连续级配。

拌合用水：采用饮用水，水质符合标准要求。

外加剂：选用北京安建世纪科技发展有限公司生产的“AJF-6”型高效引气减水剂。

（5）混凝土配合比见表8-4。

混凝土配合比　　表8-4

配合比编号	水灰比	水（kg）	水泥（kg）	砂（kg）	大石（kg）	小石（kg）	外加剂
C	0.39	129	330	621	792	528	8.28

（6）水泥混凝土面层施工方案

1）测量放样、土工布隔离层铺设、模板制作、安装、混凝土拌合、混凝土运输、混凝土卸料、布料及摊铺同人工铺筑无差别。

2）混凝土摊铺、振捣、成型

本次混凝土摊铺采用滑模摊铺机进行，如图8-11所示，水泥混凝土倾倒在摊铺机前，由挖掘机进行初步布料，此时需要安排专人负责，使摊铺机前的待铺混凝土分布尽可能均匀。

图 8-11　滑模摊铺机（1）

3）混凝土布料

螺旋布料器或布料犁对摊铺机前的混合料进行均匀二次布料，如图 8-12 所示，使摊铺机前推料阻力均匀。

布料完成后，通过滑模摊铺机自行振捣、整平，即可做面。

其中道面的抹平修复是通过搓平梁和超级抹平器共同完成的，由于搓平梁与超级抹平器直接与道面接触，所以表面是否平整直接影响道面平整度。

图 8-12　滑模摊铺机（2）

4）做面

摊铺完成的混凝土，人工补充收面，采用铁抹收面一遍（图 8-13）。

5）拉毛、养护、拆模、接缝、切缝、灌缝、混凝土面层质量检查和验收同人工铺筑无异。

图 8-13　混凝土道面收面

混凝土道面养生期满后，对道面进行初步清扫，各个项目进行质量检查，加强对道面的管理与成品保护。

四、沥青混凝土道面不停航施工关键技术

哈尔滨机场跑道原道面为 2002 年加铺沥青道面，至今已使用 15 年，达到设计使用年限，沥青混合料性能开始进入衰减阶段。随着航班起降架次的不断增长，道面病害愈加严重，机场的运行安全保障压力持续增大，道面整修工作已迫在眉睫。

哈尔滨机场仅有一条跑道，每天要保障 400 余架次航班起降，整修工程只能进行不停航施工，施工时段为每天 1 ： 15~7 ： 15。不停航施工存在时间短、气象条件和照明条件较差、质量和安全保障要求高、施工后须短时间内开放使用的问题，对整修工程的施工组织和施工技术提出了严苛的要求。此次跑道整修面积总计超过 18 万 m^2，每天有 300 余名施工人员、100 余台作业车辆进场作业，历经 37d 奋战，提前计划 15d 完工。同时，还完成了配套助航灯光设施改造，包括更新、重装跑道中线灯、边灯、隔离变压器等设备共计千余套等。

（一）铣刨道面

1. 选用的设备

本工程铣刨面积 183771m^2，配备 7 台维特根 W2000 型铣刨机（1 台备用）。20 台自

卸汽车，2 台道面专用清扫车、2 台“山猫”和 2 台热吹车，如图 8-14 所示。

图 8-14　道面铣刨机械排布及铣刨效果

2. 铣刨深度的确定

根据本工程施工图纸，建设单位、监理、施工单位对改造区域高程复测，按照不同铣刨厚度分区铣刨。

实际铣刨厚度的确定：为了保证一次铣刨到位，要求铣刨机操作员在铣刨过程中根据现场实际情况随时调整铣刨刀头。不得将原水泥混凝土道面铣刨。对只进行表层铣刨的区域，严格按照 6cm（部分为 7cm）厚度铣刨。

3. 工艺流程及技术要求

（1）严格按照铣刨专项施工方案施工，确保施工安全。

（2）认真测量，科学确定铣刨范围及铣刨深度。

（3）铣刨时，铣刨机匀速前进，根据不同的铣刨厚度，确定铣刨速度，每次铣刨宽度 2m。

（4）为加快铣刨速度，节约时间，不管铣刨厚度为多少，均一次铣刨到底，不分层。

（5）进行铣刨面的清扫，采用人工配合清扫车进行遗留铣刨料的清扫，清扫不留死角，彻底清除表面浮石、浮尘。

（6）铣刨料的运输和堆放。根据现场情况，配备 20m³ 运输车辆 20 辆。铣刨机铣刨时，通过传输皮带将废弃铣刨料装上运输车辆，运至指定地点堆放。

4. 铣刨机布置

铣刨机铣刨幅宽 2m，每隔两幅（4m）布置 1 台铣刨机。每台铣刨机前停放 1 台自卸车，为防止铣刨料洒出车厢，在车厢后侧设置观察员 1 名，随时通知自卸车司机移动车位。跟随铣刨机清扫的人员随时注意铣刨机履带下有无堆料，若有及时清除，避免铣刨厚度不均匀（对于夜间停航区域 SMA-13 面层施工尤为重要），如图 8-15 所示。

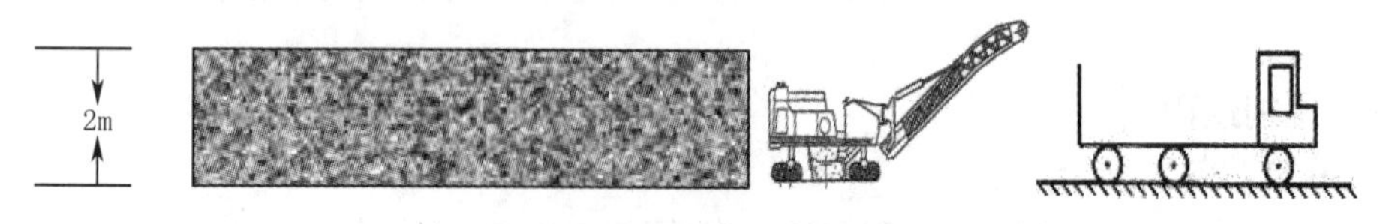

图 8-15　铣刨示意图

（二）同步橡胶沥青碎石封层施工

1. 施工机械准备

使用同步碎石封层车2台，胶轮压路机2台，设备状态良好。洒布设备在施工前应进行认真清理，将储油罐中的残油清除干净，严禁洒布车轮将污染物带上施工断面。施工前橡胶沥青洒布量的标定和检测方法：

（1）将洒布车的洒布耙调整到适宜高度，喷嘴无堵塞，保证洒布时有喷嘴在同时洒布材料。

（2）洒布车的流量：静态洒布橡胶沥青到合适的容器，检查洒布的均匀性，在一个确定的测量时间内计算喷洒到容器中的橡胶沥青重量，计算单位时间洒布的橡胶沥青重量，校正洒布车的流量。

（3）当洒布车匀速前进时，将4~5个已知重量、面积（$0.1m^2$左右）的金属盘放在洒布车经过的地方，洒布车过后，称取金属盘、橡胶沥青和碎石的重量，然后利用沥青燃烧炉进行燃烧法检测计算橡胶沥青及碎石洒布量。不同速度时重复上述过程，绘出要求洒布量和洒布速度关系曲线。

2. 材料准备

所用材料现场准备充足，原材料技术指标按施工图说明原材料技术要求执行。

3. 铣刨面准备

铣刨面应经过认真清理，表面洁净、干燥、无浮尘。对铣刨边缘旧道面，用土工布进行覆盖，防止沥青污染。封闭交通，在施工段落的起止点设置施工标志并派专人疏导交通，禁止非施工人员和设备进入。测量放样并在铣刨面上标记起止线和边线。

4. 施工方案

（1）起止点施工

预热洒布耙，调整洒布车喷洒宽度，在起止点放置宽于洒布宽度50~100cm、长度不小于2m的土工布，以保证起止位置边线垂直，不发生重叠洒布。将装好的洒布车开至施工起点，调整洒布车喷嘴，按照规定的路线洒布量进行喷洒。对于洒布车不均匀的地方和洒布检测点，应人工及时补洒。

（2）碎石封层施工

根据试验段得到的洒布参数，调整洒布车仪表，进行正常洒布，应保证匀速直线行驶。对于局部碎石洒布量不足的地方，应人工弥补。在靠近边缘10~20cm左右的宽度，在不影响摊铺机械运行的位置可以不洒碎石，便于层间的粘结。在洒布碎石施工中，为了保证洒布的均匀性，应注意洒布车辆的启动阶段、纵横向交接的位置，不能出现重叠和漏洒现象，如造成局部重叠，应在胶轮碾压前，采用人工清理的方法将多余的碎石清扫干净，如图8-16所示。

（3）碾压成型

碾压采用洛阳产LRS1626胶轮压路机（自重26t）碾压。在洒布后立即进行碾压，碾压的速度控制在2~2.5km/h，胶轮压路机来回碾压2~3遍，碾压过程中压路机不得随意刹车或掉头。碾压成型后，用清扫车清扫表面的浮石，以防止飞石。

（4）接缝

横向接缝：对横向接缝，放置宽于洒布宽度50~100cm、长度不小于2m的土工布，

图 8-16 碎石封层施工

待洒布完成后，将其取走，保证横向接缝垂直。在保证不漏洒的情况下尽量不使接缝重叠过长。避免横缝处出现不平整或油包。

纵向接缝：对于纵向接缝在不漏洒的前提下，尽可能地少重叠。沥青洒布重叠部分控制在 5~10cm，对于纵向接缝，应在先做封层一侧暂留 10cm 左右宽度不洒布碎石，待另一侧封层时沿预留沥青边缘进行同步碎石洒布。

5. 质量要求

（1）封层洒布宽度为铣刨宽度。

（2）表面平整、密实，无松散现象，无轮迹。

（3）纵横缝衔接平顺，外观色泽均匀一致。

（4）与其他构造物衔接平顺，无污染。

（5）表面粗糙，无光滑现象。

6. 注意事项

（1）铣刨层处理必须彻底，施工前必须干燥洁净。

（2）碎石达到除尘效果，多余碎石及时清理。

（3）橡胶沥青质量和洒布量必须保证。

（4）橡胶沥青的加工和施工温度必须严格控制。

（三）改性沥青混凝土施工

1. 沥青混凝土试验段施工

在正式改性沥青混凝土施工前，必须进行试验段施工，由试验段总结出各项数据，来指导大面积施工。计划将试验段位置定在防吹坪上。

沥青混合料拌合时间控制在 30~45s，在试拌时找出最佳拌合时间，要求拌合的混合料均匀、无花白、无结团现象。每车混合料出场时由试验室指定专人对温度检测，并做好记录；温度过高或过低的坚决废除。油石比偏差控制在 ±0.3% 以内。

运输车辆的车厢必须刷油水混合物（1 ∶ 3），以防混合料粘车；每辆车都加盖棚布，并且每半小时检测一次温度变化情况，每车、每次检测部位不少于 5 点，以便汇总分析降温速度并制定车辆储料时间。

通过试验段主要确定以下施工参数和施工工艺：

（1）确定合理的施工机械配置及组合方式。

（2）通过试拌确定拌合机的各种规格材料上料速度、每锅拌合数量、拌合时间、拌合温度及操作工艺，监测成品仓保温性能及降温梯度和车辆降温情况。

（3）验证、调整目标配合比以及生产配合比，确定最佳油石比、改性沥青的生产工艺及储备方式、储备时间（防止离析）。

（4）确定喷洒石油沥青的方式和喷洒量并检测施工效率。

（5）确定摊铺温度、摊铺速度、自动找平方式、碾压顺序、碾压速度、碾压遍数及振动压路机的振幅、频率等施工工艺。

（6）确定每层虚铺系数和接缝施工工艺。

（7）根据生产能力，经计算、分析，调整每天开始拌合时间、生产量及作业段的长度，调整进度计划，确保总体施工进度计划。

（8）确定平整度、压实度、标高等施工质量的控制方法。

（9）经试铺确定合理的人员组成、撤离时间。

（10）确定架设基准梁的人员配备情况、所用时间。

2. 测量

施工人员进场后，首先对各控制点进行复测和加密。加密控制桩设置于跑道土面区，控制点全部采用预制水泥桩埋设并进行加固，沿跑道纵向每 100m 设一个高程控制点（跨联络道处适当加密），建立覆盖机场跑道的测量平面控制网，控制点高程精度按国家标准《工程测量规范》GB 50026-2007 二等水准精度控制。标高测量仪器采用 S1 级精密水准仪。平面精度按一级或 d 级 GPS 网进行布设。

在建立的测量控制网下对机场道面进行摊铺前的复测工作，采用 gps-rtk 及 leazerzoom（空域激光器）对道面进行数字化测量，复核高程是否与设计一致，上报监理单位、建设单位，同时对设计面进行数字化，为摊铺工作准备摊铺数据。

3. 喷洒粘层油

粘层油应采用热沥青，与沥青混凝土各层所用品种相同。用量为 0.5~0.7kg/m^2（通过试洒确定）。配备专门沥青洒布车，数字控制喷洒量，保证了喷洒的均匀性和连续性。喷洒粘层油后不允许无关车辆行人通行。为确保飞行安全，防止在接缝处飞机打滑，喷洒粘层油时，在原有道面上铺设一条土工布，喷洒完成后，立即撤走土工布。

4. 拌合

在施工前，首先给建设单位和监理工程师提供正式材料检验报告，所有施工用的材料都必须经监理工程师批准方可使用。

试验室在整个工程进行期间，每天应取样检查现场使用的拌合材料和混合料，试验分析、核实材性、级配、填料和含量是否与本技术要求中规定的指标相符，若不符应停止发送拌合混合料，严格控制质量。

（1）取样要求：应在拌合地点或现场摊铺地点取样，每台运转的拌合机的取样频率为每台班应不少于一次。

（2）若由于供应的材料不均匀或有变化，或因不符合建设单位原来所批准的混合料的成分与配合比，建设单位有权指示暂停工作。

（3）在工程进行中，无论材料的料源或加工方法，施工单位都不得擅自改变，以致影响沥青混合料的均匀性。如有改变，须事先征得建设单位同意。

最终根据试验段数据确定的沥青混合料拌合与压实、施工工艺、沥青混凝土施工温度，并据此局部调整施工工艺，以确保良好的施工质量和施工的顺利进行。具体措施：配合比设计全部采用现场计划使用的材料来做，保证配合比的可靠性，目标配合比设计已提前完成。生产配合比设计在试验段开铺前3d内完成，从筛分后的各热料仓中直接取料进行配合比设计，以此确定各热料仓进料比例和最佳沥青用量。生产配合比通过试验段验证后，上报建设单位及监理工程师，待建设单位及监理工程师认可后再投入生产，确定的配合比在施工中不得随意改变，但材料发生变化时及时通知现场试验室进行调整。

必须严格按照最佳油石比控制混合料中沥青的含量，每批料的油石比允许误差按 −0.1%~+0.3% 控制，且各批料的油石比均值应不小于最佳油石比。

在正式拌合生产前，对拌合设备进行全面检查，使各部分处于良好的配合状态，重点校验计量搅拌和温度控制部分，以保证生产的混合料符合设计要求。施工期间定时校验测温装置，绝对保证其测温的准确性。

出厂时混合料应颗粒均匀、色泽一致、无花白、粗细料均匀分布，无结块成团等现象。

成品 AC−20 改性沥青混凝土技术指标满足表 8−5 的要求。

沥青混凝土技术指标要求　　表 8−5

技术指标项目 \ 混合料种类	改性沥青 AC−20
击实次数（次）	75
稳定度（N）不小于	9000
动稳定度不小于（次 /mm）	8000（6000）
流值（1/100cm）	20~40
空隙率（%）	3~6
饱和率（%）	70~85
残留稳定度（%）	> 80
压实度（%）	≥ 98

5. 混合料的储存

在运送之前，沥青混凝土可以存储在一个隔热的储料仓内，储料仓的制造和运转方式，应使离析现象减小到最低限度，并避免局部的过热。存储料温度不得低于规定的最低温度，存储料不得出现离析现象。超过规定的最低温度以及出现离析现象的沥青混凝土不得使用。

具有自记设备的拌合机应逐盘打印沥青和各种矿料的用量及拌合温度，混合料的品质每一品种每台班应抽查测定一次油石比、马歇尔稳定度、流值、空隙率及级配筛分，矿料级配应在规定曲线之内。油石比用油量变动误差应在 −0.1%~+0.3% 之间，矿料重量的精确度应在指示重量的 ±1% 以内。做好记录作为竣工验收资料。

6. 温度控制

沥青加热容器存储罐及拌合机集料烘干筒安装有控制测试温度的仪具，可直接读数。混合料出厂前及到场后，应量测每辆汽车上的混合料温度，读数精确到 ±1℃之内，量程至少为 0~200℃的杆式温度计，温度计插入混合料的深度约为 200mm，插入部位至少距车厢的侧壁 300mm，被采用的混合料的温度，应至少为两个读数的平均值。测定碾压温度用钢钎预先插入留孔，然后用温度计量得，应至少为两个读数的平均值。在施工过程中，各程序的温度控制十分重要，是保证质量的重要因素，施工单位派人专人负责检测上述各项温度，应做到每车测定。温度控制见表 8–6。

沥青混合料温度要求（掺加温拌剂）（℃） 表 8–6

沥青品种	改性沥青 SMA–13	改性沥青 AC–20
沥青加热温度	160~170	160~170
集料加热温度	155~180	150~175
沥青混合料出料温度	150~165	145~165
混合料到达施工现场温度	≥ 150	≥ 145
摊铺温度	≥ 145	≥ 135
初压温度	≥ 140	≥ 130
开放交通时道面温度	<50	<50

7. 运输

本工程沥青混凝土运输采用 50t 保温自卸汽车运输，如图 8–17 所示。车厢保持清洁干净，以防止混合料粘着于卡车车厢，车厢侧板和底板可涂以薄层油水（柴油与水比例 1 ∶ 3）混合液，但不得有余液积聚在车厢底部。

当远距离运送时，沥青混凝土宜以帆布或其他适宜的覆盖物牢固地覆盖保温。尽量缩短运送混合料时间以减少沥青混凝土的降温。

已经离析或形成硬壳及不能整平的团块或在卸车后仍残留在车厢内的部分混合料都应废弃。低于规定摊铺温度的或已被雨淋湿的混合料不得使用，都应废弃。

图 8–17　沥青混合料运输

沥青拌合应按工地用料速度及数量组织车辆，运送沥青混合料。避免因沥青混合料运送脱节而造成摊铺机待料，影响施工连续性及道面平整度。应适应摊铺与压实设备的工作能力，以均匀的速率运送混合料。

8. 摊铺

施工作业前，根据设计图纸和长度、宽度、厚度等要求做出分段摊铺方案，计算混合料数量。为保证道面平整度与优良的接缝质量，采用6台戴纳派克履带式摊铺机，其性能良好。全厚度31.5m宽摊铺段落及表层置换45m宽摊铺段落平面布置图如图8-18、图8-19所示。

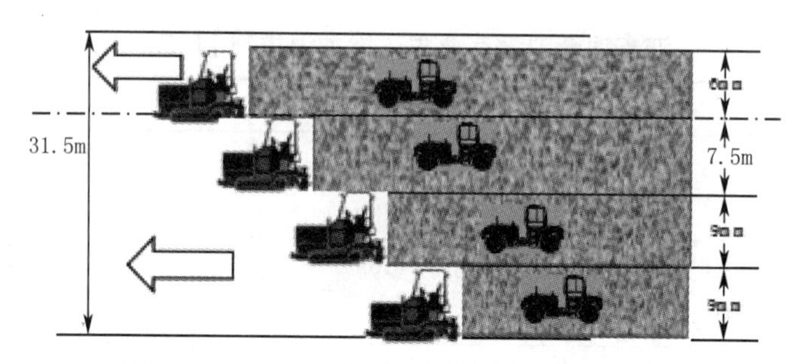

图8-18　31.5m宽度摊铺机平面布置示意图

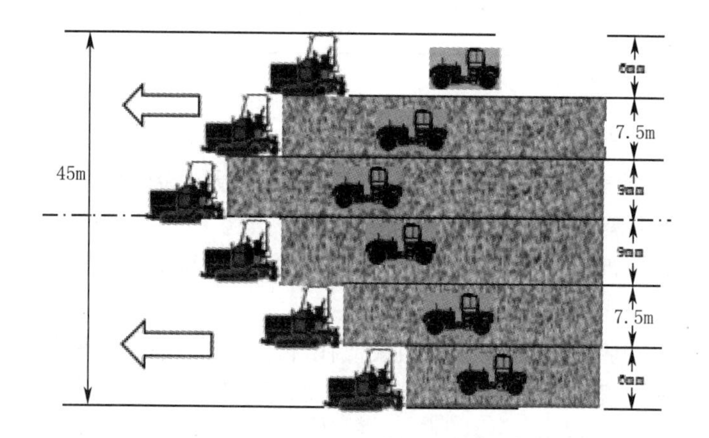

图8-19　45m宽摊铺机平面布置示意图

确定松铺系数，松铺系数一般控制在1.15~1.30之间，摊铺机就位后熨平板预热时间不低于30min，方可启动螺旋输运器使熨平板下充满混合料，此项工作由专人监控。

摊铺沥青混合料应预先测量每一设计高程点下原混凝土板高程，计算工作高度。施工时纵向以5m为最大间距设置标高标志，设置一条固定的导线板控制尺。以此为据，由摊铺机的传感器和自动刮板控制道面各层的高程和厚度。

摊铺机就位后，施工测量组在半小时内架好基准梁，纵向每10m放样一设计高程点；因不停航的夜间施工，为确保对基准梁的放样准确，采用gps-rtk及leazerzoom（空域激光器）进行数字化作业，在每个基准梁中间增加一个支架，基准梁总量不少于200m，避免因架梁延时而造成摊铺中途停机。基准梁必须经常用柴油清洗，防止因表面粘附沥青或砂粒而影响摊铺平整度。

基准线测放好后摊铺机就位，检查刮平板与幅宽是否一致，与振动器底部是否涂油，进行预热调试。摊铺机起步10m内人工细致找补及调整，这是保证质量的重要环节之一。每天工作开始时，摊铺机处于冷状态，自动控制部分不十分正常，而且起步时电脑控制的调整也需要一些时间和距离，在这段调整距离内测量人员要每 5m 测量高程及左右两点的高差，以掌握横坡及高程是否符合要求。当摊铺机进入正常工作后，每 10m 测一次纵横断面的高程，以便控制纵横坡度与设计是否相符。

混合料摊铺后用 3m 直尺及时随机检查平整度，当出现表面局部不平整、接缝边缘部位缺料、混合料明显离析、变色、油团、杂物等采用人工局部找平或更换混合料。人工找补或更换混合料时，应在现场主管人员指导下进行，由熟练工人操作。

混合料缓慢、均匀、连续不断地摊铺，速度宜小于 5m/min。摊铺过程不得中途停顿或随意变换速度，螺旋送料器应不停转动，两侧保持有不少于送料器高度 2/3 的混合料。

连续摊铺时，摊铺机履带下必须清理干净，不得有废料垫在履带下面。摊铺过程中，运料车应在摊铺机前 10~30cm 处停放，不得撞击机械设备。应有专人持小红旗或其他标志牌进行指挥。卸料过程中运料车挂空挡，靠摊铺机推动前进。

在摊铺过程中，送料系统应不停地工作，熨平板两侧应保持有螺旋布料器高度 2/3 的混合料，并确保在熨平板全宽度内不产生离析。应特别注意布料器连接处混合料不产生离析。

摊铺好的混合料，如图 8-20 所示，不应用人工反复修整。

图 8-20　混合料摊铺过程

在摊铺过程中驾驶员要随时观察自动找平系统是否正常工作。技术人员应随时抽检标高、厚度、横坡，不符合时及时找出原因并调整。技术人员应做好摊铺工作的详细原始记录。

平整度控制采用双侧自动找平系统（电子传感系统），第一台摊铺机平整度基准：双侧采用 4m 长铝合金方管基准梁（带可调支架），每 4m 一个标高基准点。架设基准梁时，支架采用自行设计的特殊可调支架，调整范围大、调整速度快、控制准确、支撑稳定，适应于加盖厚度不均匀的现场条件。

标高用 gps-rtk 及 leazerzoom（空域激光器）控制并提前标在道面上（施工过程中同时用水准仪监控），其余摊铺机与前一台摊铺机相临侧不架设基准梁，直接用小滑靴在新铺、未压实道面上行走。

9. 碾压

碾压选用 12 台德国“宝马 BW202AD-4”双钢轮振动压路机。

（1）设备配有速度控制系统，可保证不在原位或局部振动碾压，可杜绝因压路机操作不当而引起的表面拥包、起棱等影响道面平整度的可能因素。

（2）为防止过压或压实度不足（压实遍数不够），在“宝马 BW220AD-4”压路机上配置了压实度随机检测系统，严格控制压实遍数，保证罩面层碾压密实、均匀。

（3）其中 1 台压路机配置了压斜边的滚轴和切边刀轮，可以保证道边放坡碾压密实，当三层摊铺、碾压完成后，可顺利完成切边工序，整齐、方便、省时。

（4）该压路机前后钢轮铰接，转向灵活，而且前后钢轮可相互错开 25cm，可以很方便地碾压转弯弧线区域。

（5）采用 3m 直尺进行平整度检测，中下面层≤ 5mm，上面层≤ 3mm。

（6）碾压速度：暂定初压 1.5~2.0km/h、复压 2.5~4.0km/h、终压 2.5~4.0km/h，初压和终压时严禁打开振动系统，复压时振动采用高频低振幅。碾压时压路机进入摊铺层前，前后钢轮要充分喷水湿润，防止粘连，连续碾压一段时间后，钢轮温度达到一定温度时，适当控制喷水量，减少沥青混合料降温速度。禁止压路机在摊铺面上转弯、调头或急刹车，压实度不小于 98%，同时用水准仪控制标高，用 3m 直尺监控平整度，上面层控制指标为 3m。本次施工，为防止过压或压实度不足（压实遍数不够），严格控制各段压实遍数，如图 8-21 所示。

（7）碾压温度控制：初压温度控制在 140℃以上，复压温度 135℃以上，终压温度 100~135℃，最低温度不低于 100℃，当有风时，摊铺温度提高 5℃。

（8）碾压作业顺序为：先边后中，由低向高，先静后振。碾压时驱动轮在前匀速前进，后退时沿已压部分行驶，禁止压路机在摊铺面上转弯、调头或急刹车。

（9）在水泥混凝土道面上加铺 4cm 薄层时，严禁用振动压路机振动碾压。

图 8-21　双钢轮振动压路碾压

10. 接缝处理

热接缝处理：前一幅边上预留 30cm 不碾压，在后一幅摊铺后一并碾压，但前一幅边上预留的 30cm 碾压时温度一定要大于 150℃。

冷接缝（横向接缝）处理：

（1）对铣刨机铣出的范围，首先将铣刨面处理好，处理方法为：用吹雪车将铣刨面吹干、吹净，吹雪车必须纵向行驶，向两侧吹，严禁对着横向接缝吹，以防将已铺层吹起。

（2）横向接缝处理，在接缝处涂刷粘结油，根据试验数据确定虚铺系数，然后在已铺道面上加垫木并进行预热处理，温度达到要求后再向前摊铺。碾压采用横向碾压方式，开始时吃进新铺道面 15~20cm，第二遍吃进新铺道面 50~80cm，并不得打开振动，然后纵向碾压。

（四）道面标志标线工程

（1）道面标志施工应满足《民用机场飞行区技术标准》MH5001-2013 的有关要求。

（2）施工前，应先将道面上的杂物清除，用鼓风机吹干净并晾干。

（3）测量定位准确。测量放样后，由监理工程师复核认可后才允许涂刷油漆，杜绝发生因定位不准而引起的返工现象。

（4）标志涂料采用单组分标志漆，至少涂刷两遍。

（5）要求涂料厚薄均匀，第一遍涂刷晾干后方可涂刷第二遍。

（6）油漆涂刷应平面线型清晰，要求涂层无流挂、无起泡现象，如图 8-22、图 8-23 所示。

图 8-22　涂刷标志线

图 8-23　标志线

五、快速出口滑行道

（一）山皮石分层碾压法施工

1. 作业准备工作

对施工图纸认真进行审核，组织技术人员认真学习实施性施工组织设计，澄清有关的技术问题，熟悉规范、技术标准。制定施工安全保证措施及应急预案，对施工人员进行技术交底和上岗前的技术培训，考核合格后持证上岗。

2. 施工技术要求

（1）基坑底面若有未填密实的洞穴等应开挖后分层回填处理。

（2）整平基坑底面，用压路机将表面压实。坑底土的含水率不适宜时，应适当晾晒或洒水。

（3）回填山皮石无超大粒径，粒径超过 20cm 的应及时破碎。

（4）分层回填山皮石的虚铺厚度和碾压遍数，按施工碾压机具的性能现场确定。

（5）山皮石固体体积率 83%。

（二）碾压混凝土

碾压混凝土施工结束后与山皮石层形成的台阶用混合料填平，如当天碾压混凝土不能按原计划全部铺筑时，未铺筑碾压混凝土区域用提前备好的砂袋填平，当天施工结束退场前安排专业清扫队伍将施工工作面清扫干净，保证无石子、垃圾等威胁飞行安全的杂物。

（三）快滑出口结构层施工技术

（1）施工顺序为：拆除道肩结构层→土开挖至山皮石垫层底标高→分层回填碾压两层总厚度 0.8m 的山皮石→铺设 0.2m 厚碾压混凝土→混合料或砂袋临时顺坡。

（2）施工前测量人员根据施工图对拆除位置进行放样，并用红色油漆做出标记。施工采用液压破碎锤破碎、人工配合的方法进行道面结构层拆除工作，装载机装车，自卸汽车运输至指定弃土场，再挖除原道肩的水稳结构层，至新建道面结构层底面标高，对槽底进行整平碾压、检测，符合设计要求后进入下道工序。

（3）道槽碾压验收后开始山皮石层施工，分两层施工，每层虚铺厚度 0.4m，虚铺系数 1.25，不应含有大于 20cm 的石块；并应使混合料的组成达到规定的要求。

（4）山皮石铺筑采用人工配合挖掘机、推土机铺筑、胶轮压路机碾压的方法进行施工，测量人员用 GPS 现场跟踪测量，确保平面及高程准确，实验室及时检测压实度，自检达到设计标准后及时通知监理及第三方实验室人员进行复测验收，合格后进行下道工序施工。

（5）两层山皮石施工结束且验收合格后进行碾压混凝土施工，施工方法后续内容介绍。

（6）碾压混凝土施工完毕后，与原道面形成的台阶采用顺坡处理。

（7）在道面板拆除前，和灯光施工单位联系，先把道面边灯移至本次施工的范围以外，并且在每个灯具前放置一个锥形反光标志桶，以警示车辆及人员不得靠近灯具。在第二天施工结束后及时恢复灯具至原位置，并对灯具进行固定、调试，确保灯具满足机场运行要求后方可退场。

（8）土方施工工序多，机械车辆调动频繁。要果断处理一些不良情况，如：遇到土基翻浆、重型机械陷车等。需严格把握好每道工序的时间，尤其是控制停止开挖和开始回填的时间节点，保证在早航前 1h 安全退场。

1. 碾压混凝土技术要求

（1）碾压水泥混凝土是一种水灰比小、通过振动碾压成型的水泥混凝土。本次施工的碾压混凝土位于新建滑行道及新建联络道。

（2）碾压混凝土 7d 饱水无侧限抗压强度不小于 15MPa，28d 弯拉强度不小于 4.5kPa，压实度不小于 98%（重型击实标准）。

（3）水泥强度不小于 32.5MPa，其他各项指标符合国家现行标准，最小单位水泥用量 $255kg/m^3$。

（4）集料公称最大粒径不超过 19mm，砂的细度模数不小于 2.5。

（5）碾压混凝土应切缝、灌缝，切缝尺寸 10m × 10m，缝宽 8mm，深度 30mm，采用 AB−70 基质沥青灌缝。

2. 混合料的拌合

先由试验室通过试验确定碾压混凝土施工配合比。碾压混凝土的拌合采用间歇式搅拌楼拌合，并按混凝土配合比控制拌料各组分的准确性。搅拌楼在投入生产前，必须进行标定和试拌，施工中应每 15d 校验一次搅拌楼计量精确度。 根据拌合物的黏聚性、均质性及强度稳定性试拌确定最佳拌合时间。拌合物应均匀一致，有生料、干料、离析或成团现象的非均质拌合物严禁用于路面摊铺。严禁雨天拌合碾压混凝土。拌合时，应精确检测砂石料的含水率，根据砂石料含水率变化，快速反馈并严格控制加水量和砂石料用量。碾压混凝土的最短纯拌合时间应比普通混凝土延长 15~20s。

3. 摊铺

（1）摊铺采用 2 台德国 ABG423 摊铺机进行摊铺。

（2）在准备摊铺混合料的路槽经过高程检查后，方可进行摊铺。摊铺时严格控制高程和平整度。

（3）摊铺前将准备铺筑范围全面洒水湿润；摊铺机行进速度初步确定为 2.0m/min。

（4）混合料摊铺严禁进行薄层贴补找平，以免产生脱壳。

（5）施工组织和工作面安排应合理，尽量减少纵横施工缝，施工缝必须顺直平整。

（6）摊铺机拼装宽度为 7.5m，道面、道肩碾压混凝土分部施工，作业行走线路按施工方案实施。

4. 碾压

压实使用振动压路机确保压实效果。压实机械组合由试验段确定。初步碾压组合及要点如下：

静压：单钢轮振动压路机静压一遍，静压的终点不要停留在一个断面上。强振碾压：采用低频大振幅振动压路机碾压 1~2 遍；再用高频小振幅碾压 1 遍。检测密实度，如达到要求即碾压结束；如碾压密实度不够，则再进行弱振碾压直至密实度达到 98% 以上。碾压长度与摊铺速度和碾压能力相适，尽量在拌合后 2h 内成型。碾压要及时、密实，不能过振碾压，以防表面开裂和局部振撒。施工控制压实度要求为 98%。碾压要出浆，表面水分不足时，应适当用雾状水喷洒表面。

5. 养生、切缝、灌缝

混凝土碾压完成后，对水分明显比较少的地方，用喷壶补洒水，然后喷洒养护剂养生，养护时间不少于 14d。当强度达到 6~9MPa 时，即可切缝，切缝时横向每 10m 切一条缝，缝宽 8mm，深 30mm。沥青混凝土施工前完成清缝、灌缝工作，用道面混凝土切缝机配清理刀片进行清理旧缝作业，用钢丝刷片清理缝中杂物后再用空压机进行吹扫。吹扫干净后用灌缝机将 AB−70 基质沥青灌入缝内，灌缝料未干前严禁一切车辆及人员在其上行驶。

（四）快滑出口沥青混凝土施工技术

全部沥青混凝土拌合料由1台2000型、1台4000型拌合站拌合，具有独立控制操作室、自动化操控系统、逐盘打印记录的计算机自动系统，纤维增加系统的拌合站生产。2台拌合站最大生产能力350t/h。主要施工机械有：摊铺机8台，脚轮压路机4台，单钢轮压路机12台，自卸车25辆，50t装载机4辆，沥青撒布车2辆，铣刨机1辆，清扫车1辆，平板车2辆，水车2辆，50t汽车吊1辆，其他施工用小型车辆10辆。

所有施工用的材料都必须经监理工程师批准方可使用。在正式拌合生产前，沥青拌合站计量系统须经当地技术监督部门计量检验，计量精度满足要求。并对拌合设备进行全面检查，使各部分处于良好的配合状态，重点控制搅拌计量精度、温度、产能等部分，以保证生产的混合料符合设计、工艺要求。施工期间定时校验测温装置，绝对保证其测温的准确性，如图8-24所示。

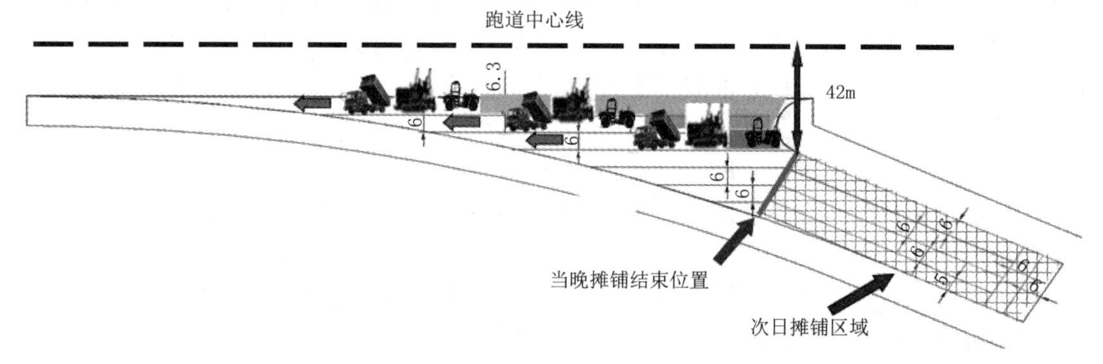

图8-24　滑行道、联络道沥青混凝土摊铺作业方法示意图

拌制混合料应符合下列要求：

（1）每台班工作前，应对拌合设备及附属设施进行检查，确保设备正常运转。

（2）间歇式拌合机热集料二次筛分用的振动筛的筛孔应根据集料级配要求选用，其安装角度应根据集料的可筛分性、振动能力等由试验确定。

（3）根据现场试验室确定的配合比用量，输入计算机。

（4）严格控制各种材料和混合料的加热温度。

（5）拌合好的沥青混合料应均匀一致，无花白或焦黄色、无粗细集料分离、结团以及干散等现象。不合格的沥青混合料，禁止使用。

（6）每次拌合结束，应清理拌合设备的各个部位，清除多余积存物。管道中的沥青也必须放尽，清理油泵。

（7）出厂的沥青混凝土混合料，应逐车测温并用地磅称重，现场签发的运料单应一式三份，分别交司机、现场和拌合厂的质检人员。

（8）拌好的混合料因故无法立即出厂时，应放入储料仓储存。有保温设施的储料仓，储料时间不宜超过1d；无保温设施的储料仓，储料时间应以符合混合料摊铺温度要求为准。

（9）沥青混合料运输过程中，须对自卸车车厢涂抹一薄层油水混合液；须对运输路线进行洒水，防止扬尘；须对沥青混合料进行遮盖，防止污染及降温；运输速度应符合摊铺机要求。

（五）沥青混凝土道面接坡土方施工技术

机械设备配置：配备 4 台装载机、1 台平地机、12 台自卸车、4 台双向平板振动夯（用于道肩边压实）、4 台压路机和 2 台洒水车作为接坡土方的施工机械。

施工方法和技术安全要求：

（1）接坡土方必须在道肩施工完成后再进行施工作业，首先用平地机配合人工清理填土区的表面杂草，用装载机装运至场外垃圾场。施工中要注意保护好道边的管线及灯光等标志设备。

（2）每日施工进场前准备好运输的料源，提前装入运输车辆中。运输车辆上覆盖篷布，防止在运输中吹落到道面上。进场前对车上的土方表面洒水，以防止粉尘飞扬。

（3）按计算卸土点位卸下土方，同时用洒水车在卸土时洒水，防止大风吹起粉尘污染道面。当天卸下的土方要立即摊铺平整，并完成碾压。防止飞机尾气吹动造成污染。

（4）靠道肩边 20cm 处的土方不易用压路机碾压，用人工拖动双向平板振动夯进行夯实。与道肩相接处高度应比道肩边低 1~2cm。

（5）土方平整洒水后要当天完成土方碾压和密实度的检测。

（6）不停航施工时应提前 30min 完成全部工作，由专职安全员进行飞机复飞前的安全检查，合格后报请机场安全部门验收合格后方可交付机场使用。

六、排水箱涵、管涵不停航施工关键技术

机场现有飞行区排水采用自流方式。排水沟主要沿平行于跑道方向布置，分别位于跑道外侧、跑滑之间、平滑与机坪之间以及机坪区，通过多个出水口排出飞行区。机场现有排水系统运行正常。飞行区排水系统设计依据地势设计采用重力流方式，与现有排水系统紧密结合，布置新的排水系统，使飞行区地表雨水能够迅速汇集和排除。

涉及快滑等道口铺筑面改造部分，仅仅将相应排水沟段的结构形式改变，上下游沟底标高顺接。为快速完成排水箱涵工作，本工程将部分现浇钢筋混凝土箱涵调整为预制钢筋混凝土箱涵，如图 8-25 所示。

图 8-25　预制钢筋混凝土箱涵

（一）拆除旧盖板沟，整理沟槽

（1）拆除施工采用挖掘机配破碎锤进行。

（2）为保证场区排水沟的排水功能，拆除旧排水后，在沟槽底部预留 50cm 宽临时排水沟，水量较大时，采用水泵强排。

（3）拆除完成后，对沟槽进行修正，保留 10cm 左右的深度用人工清挖。

（4）质量标准：中心线：30mm，每 20m 检查一处；

槽底高程：+20mm，−30mm，每 20m 测量一处；

长度：不小于设计要求；

土基密实度：不低于设计要求。

（二）垫层施工

1. 碎石垫层

碎石垫层在土基验收合格后铺筑，铺筑前打桩放线，测定虚铺厚度，控制高程及宽度，保证垫层位置准确、高程和压实度符合要求。

质量要求：中心线：20mm，每 20m 检查一处；

厚度：± 20mm，每 20m 检查三处；

宽度：不小于设计宽度，每 20m 检查三处；

高程：+10mm，−20mm，每 20m 检查 3 点。

2. 水泥混凝土基础

碎石垫层验收合格后，进行水泥混凝土基础施工，采用木模板，支模牢固，振捣密实。

质量要求：中心线：20mm，每 20m 检查一处；

厚度：± 20mm，每 20m 检查三处；

宽度：不小于设计宽度，每 20m 检查三处；

高程：+10mm，−20mm，每 20m 检查 3 点；

外观：表面平整，边缘稳固，无松散现象。

（三）拼装及回填

预制箱涵经养护期满并经检验合格，采用运输车辆将构件运输至现场，采用 2 台吊车及人工进行拼装，吊装顺序由快滑中段向两侧进行吊装，快滑道槽部位拼装完成后及早回填，为道槽施工提供作业面。

预制箱涵连接：箱涵吊装对接时，将衬垫埋入承口，承口外侧 100mm × 10mm 的钢带包裹，箱涵每面加 2 块 100mm × 100mm × 10mm 的预埋件钢板，安装时用捯链拉紧，并用 20mm × 500mm 的螺纹钢焊接加固，然后进行聚氨酯密封膏填注。

全部拼装完成后，经检查高程合格后，进行回填，回填前排干槽内积水，清除槽内木屑、垃圾等杂物，自上游向下游进行，分层回填、分层夯实，回填的虚铺厚度通过夯实工具和压实度要求确定。

回填时，按两侧对称等速填筑夯实，高差不大于 25cm，回填搭接处形成阶梯状，过程中确保沟体的安全，接缝不受破坏。

（四）预制箱涵的质量控制

预制箱涵由专用厂家预制也可以现场预制，质量控制如下：

（1）本标段项目部进驻厂家进行监管。

（2）所有原材料由驻场专员协同厂家试验室委托有资质的检测机构进行检测，并出具相应报告。

（3）项目部上报原材料的检测报告及原材料上报监理，并进行三检验证。

（4）由于工期限制，混凝土抗冻要求由厂家提出承诺配合比，施工单位认可后，再由施工单位上报监理，同时将原材料及承诺配合比上报监理，进行配合比验证。

七、助航灯光二类改造不停航施工关键技术

（一）灯槽铣刨

灯槽铣刨如图 8-26 所示。

1. 每日施工工序

道面区域：

测量取点、拆灯→道面铣刨→混凝土老道面切槽→穿管放线→沥青道面恢复。

道肩区域：

道肩破碎→碎石渣土清运→灯坑开挖→灯箱安装 → 道肩恢复。

土面区电缆沟开挖 →穿管放线 → 道肩恢复。

图 8-26　灯槽铣刨

2. 施工准备

（1）灯光二次线保护管施工单位组建，因场道施工标段多，沥青施工将大面积同时开工。为了在沥青施工之前，助航灯光二次线保护管要全部敷设完毕。这就要求助航灯光二次线保护管施工单位投入充足的人力和机械设备。

（2）测量准备。测量组按照施工图纸分析计算出每一个灯的位置坐标及二次线保护管的走向。测量前测量仪器要校验，性能良好。

（3）切槽设备的准备。沥青切缝机 2 台，移动式空压机（双轮）2 台，运输车辆 3 台，三相五线制配电箱 2 面。

（4）二次线保护管加工制作。保护管选材、采购，二次线保护管加工制作（搣弯、套丝、管口毛刺打磨、管内扫管等）。

3. 工艺流程

测量定位→保护管加工制作→切槽→保护管敷设→混凝土包封。

4. 主要施工方法

（1）灯位及二次线保护管测量定位。测量前认真研究吃透施工图纸。要反复计算出每一个灯位准确位置，再进行测量放线。特别是在弯道处灯位密集，是隔离变压器箱最集中

的地方，要求二次线保护管在测量放线时要充分考虑隔离变压器箱在弯道土面的摆放，以免造成灯位及二次线保护管与隔离变压器箱对应不上，造成二次线保护管交叉。

（2）道面层铣刨开槽。首先对面层沥青进行铣刨，根据需要处理的二次线保护管的密集情况确定铣刨或剔槽方案。

（3）保护管加工制作。保护管摵弯无压扁，套丝要均匀适度，管子切割不歪斜，管口毛刺打磨光滑，焊接后管内无焊刺。

（4）二次线保护管敷设。根据道面开槽的长度，合理配管，用管箍连接，上丝要到位；管内穿带线，余线预留在管内。保护管两端用堵丝封口，防止水泥浆及杂物进入管内影响二次线穿管。为便于场道沥青施工和防止二次线保护管损坏，保护管灯位一端的弯头在道面沥青施工前要逆时针方向平放在沟槽内，待沥青浇筑时再顺时针搬起。二次线保护管接变压器箱一端要留有 50cm 左右长度能够伸出道肩，便于与隔离变压器箱连接，防止二次线保护管在沥青浇筑时浇筑在道面内。

（5）碾压混凝土包封。二次线保护管敷设完毕后，要反复检查核对灯位一端是否在灯位的测量点上，二次线保护管连接处牢固、可靠，无误后用碾压混凝土包封固定。

（6）沥青混凝土应急面层修复。为了不影响机场正常开航，二次线保护管敷设完毕后，立刻进行碾压混凝土包封，然后进行沥青混凝土修复。在大面积铣刨时再按照设计要求进行处理。

5. 施工重点及采取措施

本工序把握重点：水泥混凝土层切槽直线性要好，二次线管沟槽包封密实平整。采取的措施：

（1）本次工程的钢管敷设主要用于二次线的保护。钢管敷设的路由和质量直接关系灯具和隔离变压器箱安装的质量。施工中严格按照测量放线的位置切槽和敷设钢管，跑道直线段的钢管敷设侧重保证灯具、二次线保护管、灯箱的直线性，在弯道处、地域狭小地方，保护管路由依据道面弯曲度合理布局，保证施工和维护使用的方便。

（2）钢管摵弯处出现凹扁过大或弯曲半径不够的现象。其原因及解决的办法有：使用扳手弯管器时，用力不要过猛，移动适度。使用油压弯管器时，模具配套，管里的焊缝保持在侧面。

（3）电缆保护钢管在焊接地线和套管时，如果操作不当，容易出现管壁焊漏、焊接不牢、漏焊等问题。主要是加强操作者的责任心和技术培训，严格按照操作规范要求进行焊接，保证施工质量。

6. 质量记录

（1）管道敷设隐蔽工程检验报告；

（2）管孔试通记录；

（3）设计变更、洽商记录、管线竣工图；

（4）质量检验评定记录。

哈尔滨机场跑道Ⅱ类改造灯光项目及快滑入口灯均采取灯槽铣刨的方案实施，在有场道单位沥青混凝土作业的前提下进行该项工作能够有利于工程的推进，若灯光单位单独采取该方案，对人员技术力量、现场实际操作不利，而且会产生较高的投资。

（二）灯具安装

铸铁灯箱和隔离变压器安装试验：隔离变压器箱距离道肩 1.5m 设置。升降带范围内隔离变压器箱基础按消除直立面形式制作。

1. 工序流程

箱体定位→模具 / 箱体安装→穿线管安装→基础制作→接地极安装。

2. 施工方法

（1）铸铁灯箱定位。一般采用单个灯具与单个铸铁灯箱配套分体安装方式，根据二次线管位置，确定安装位置。

（2）穿线管安装。一次线孔采用箱底进出线方式，二次线则是侧进线方式，安装时要保证管线与箱体连接牢固。

（3）基础制作。C20 混凝土，振捣密实，同时注意检查箱体高程、水平位置是否有偏差。铸铁灯箱安装如图 8-27 所示。

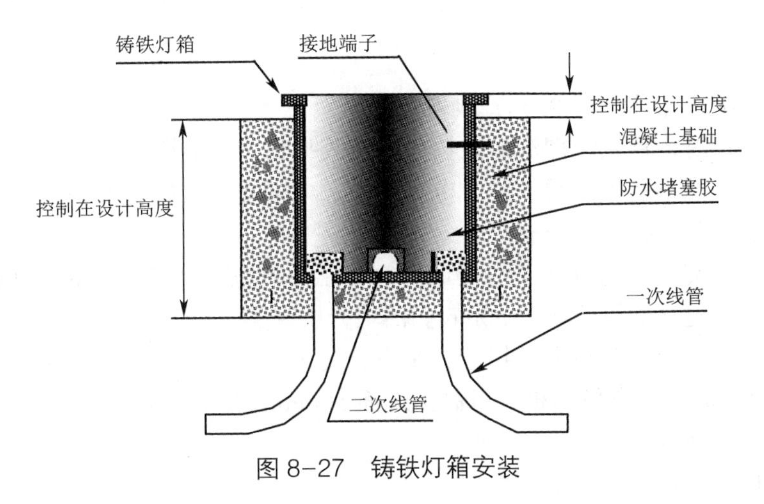

图 8-27　铸铁灯箱安装

（4）灯箱盖、管口和电缆接头处封堵在隔离变压器安装后进行，具体施工方法见隔变安装部分。

（三）隔离变压器安装

1. 工序流程

箱内清洁→变压器安装→线孔封端→箱内刷漆→安装箱盖。

2. 施工方法

（1）灯箱内清洁。安装前对箱内杂物、淤土进行清理，将穿入箱内的灯光电缆头擦拭干净。

（2）隔离变压器安装。核对隔离变压器规格、型号，使其与灯具规格相匹配，测量绝缘电阻，插好插接头，旋紧紧固螺母，接好接地线。

（3）进出线孔灌胶封端。按照密封胶使用说明进行操作，使箱体缆线孔严密封堵。

（4）箱体内刷防锈漆。用稀释后的防锈漆涂刷。

（5）安装铸铁灯箱箱盖。箱体封端后按总数的 5% 进行水密性试验，合格后，放好密封胶圈，安装箱盖，紧固螺栓时应用力矩扳手对称紧固，以使密封胶圈受力均匀，箱体密封良好不进水。

（四）施工中把握的重点、难点和对策

（1）铸铁灯箱进出线孔封端是工程的难点，铸铁灯箱内一旦进水，会造成灯光回路绝缘下降的严重后果。应加强箱体检查和水密性试验。

（2）深桶式灯箱定点及高差要求高，施工中保持测量定位。

（五）灯光电缆敷设与接续

一次电缆敷设在土面区时采用直埋敷设，埋深 0.8m。由于本地区冻土层较深，电缆周围的细砂保护层厚度增加到 20cm，过路面 / 道面时部分钢管排管敷设；二次电缆穿镀锌钢管敷设在道面下。在原有飞行区内施工，要先采用人工探槽方式，探明地下管线情况，采取保护措施后，方可机械开挖，并安排专人负责抢修。

（六）直埋电缆敷设

1. 工序流程

定位放线→开挖电缆沟→铺放电缆→全程测试→铺砂盖砖→土方回填→管口做防水→埋设标示牌。

2. 施工方法

（1）直埋电缆埋深不小于 0.7m，放坡开挖。

（2）电缆敷设时，首先清理沟内杂物保持沟底平整，防电缆硌伤。

（3）电缆的长度不能控制得太紧，电缆两端、中间接头、电缆井内、电缆过管处均应留有适当的余度，并做波浪式摆放。

（4）电缆敷设完，进行隐蔽工程验收。合格后再覆盖不少于 200mm 的细砂，盖上保护砖，覆盖宽度应超过电缆两侧各 50mm。回填分层夯实。

（5）做好电缆记录，并在电缆拐弯、接头、交叉、进出建筑物等处设置明显的方位标桩，直线段每隔 100m 设方位标桩，且高出地面 50mm。

（七）管道电缆敷设

1. 工序流程

配孔定位→电缆敷设→调整余留度→全程测试→管口做防水→挂设标示牌。

2. 施工方法

（1）检查管道。清理管道，检查是否有杂物，管口是否平整光滑。

（2）试牵引。经过清理检查的管道，可用一段（长约 5m）的同样电缆做模拟牵引，观察电缆表面，检查磨损是否属于许可范围。

（3）敷设电缆。先用安装有电缆牵引头并涂有电缆润滑油的钢丝绳与电缆的一端连接，钢丝绳的另一端穿过电缆管道，拖拉电缆的力度要均匀适度，防止损坏电缆。

（4）电缆挂标志牌。在电缆两端、人孔井内应挂标志牌。标志牌规格一致，并有防腐性能，挂装应牢固。

（八）电缆敷设重点、难点和措施

（1）对于直埋电缆，电缆敷设完，平放到沟底后，需做精确的平面测绘丈量，测绘的基准点应是较永久性的固定点，然后才能回填土。

（2）管道电缆敷设时，应装防捻器，最大牵引强度符合规范规定。

（九）电缆接续施工方案

1. 工序流程

开箱检查→去除保护层→清理接头芯线→加套热缩管→压接连接管→做绝缘处理→热缩接头制作→绝缘测试。

2. 施工方法

灯光电缆接头制作采用的干包热缩工艺，可有效提高回路绝缘和电缆接头在运行中的可靠性。制作工艺如下：

第一步，剥除外护套，剥下屏蔽层，去除半导体层和 3cm 绝缘层。

第二步，将绝缘层削成平滑的锥状，按上述顺序再将电缆另一端如法操作，注意不伤屏蔽层、绝缘层和芯线，并保持接头处清洁（图 8-28）。

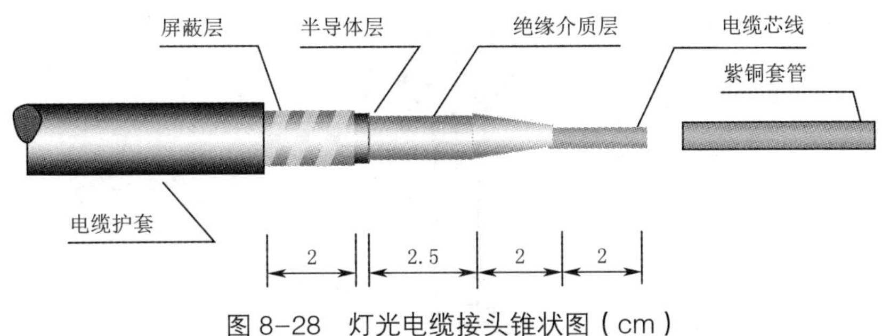

图 8-28　灯光电缆接头锥状图（cm）

第三步，套好热缩套管然后压接铜管、包聚四氟绝缘带、绝缘自粘胶带、包 PVC 胶带、连接屏蔽层、包热溶胶、套好热缩管。

第四步，最后进行热缩。从热缩管中间向两边紧缩，把管中空气挤出，直至有胶从热缩管两端微微渗出为好。接头时注意铜管压接牢靠；缠胶带不得有气隙；加热均匀使胶充分溶化，并使热缩管在收缩的同时将管内气体排出；作业时避开阴雨天和相对空气湿度较大的天气。操作如图 8-29 所示。

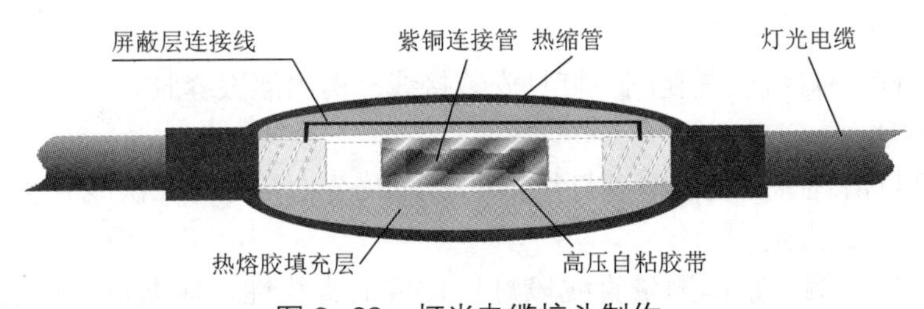

图 8-29　灯光电缆接头制作

3. 把握的重点、难点和措施

（1）制作电缆接头，应连续操作，缩短绝缘暴露时间。剥切电缆时不损伤线芯和保留的绝缘层。附加绝缘的包绕、装配、热缩等应清洁。

（2）电缆接头应加强绝缘、机械保护。

（十）灯具、标记牌安装

1. 立式灯具安装

（1）工序流程

复测定位→二次线穿管→灯具安装→灯具调整。

（2）施工方法

1）灯具定位。核对直线段灯具二次线管预留位置，整体测量其灯光中心轴线，然后在每个灯位处划出中心线标志，打好固定螺栓孔。

2）二次电缆穿管敷设。拧掉二次线管丝堵，使其长度高出道面约 20mm，管口磨光无毛刺，穿二次线。

3）灯具安装固定。将灯具组装好，连接二次线，并将余线盘留在灯盘下方，灯盘固定时在道面坡度的低侧加垫块，保证灯具垂直度（图 8-30）。

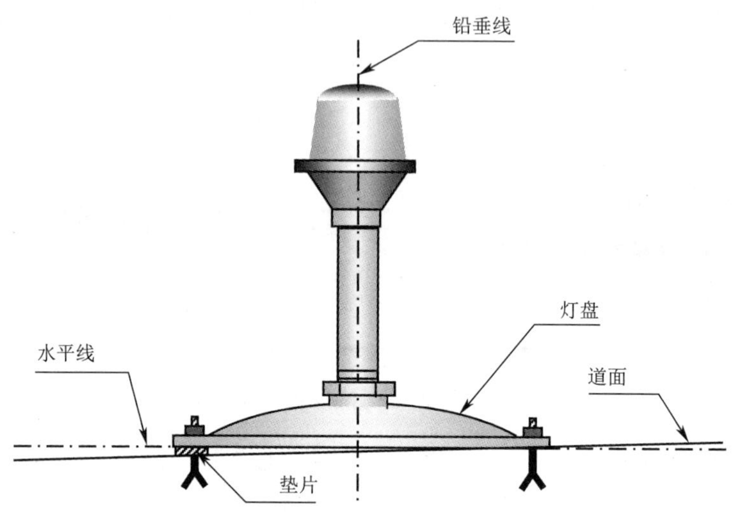

图 8-30　立式灯具安装示意图

4）灯具整体调整。调整内容包括灯具的灯光投向、光学镜片以及发光颜色等，符合灯光系统技术要求，最后调整灯具的配件、紧固件。

2. 嵌入式灯具安装

（1）工序流程

道面灯坑清理→灯坑位置复测→灯具安装接线→槽内灌嵌缝胶。

（2）施工方法

1）道面灯坑清理。安装前清理灯坑内的淤泥及杂物，并对二次线管头进行处理，使管口光滑无毛刺，长度适中。

2）灯坑位置复测。整体测量直线段灯坑位置的直线性，根据每个灯坑的误差情况，确定直线段灯坑的中心轴线，然后在每个灯坑上口表面划出中心线标志。

3）灯具安装。检查灯具外观、灯具尾线、发光颜色和密封圈等。然后修整灯坑，保持干燥，坑底用 1 ∶ 1 膨胀水泥砂浆作垫层，灯体就位，使灯具窗口中心标志与灯坑中心线标志一致，调整好灯座水平度及高程，然后在灯座周围用砂浆捣密实，上口留约 25mm 槽，以备灌嵌缝胶。连接好二次线并严密包封，余线盘入坑底，插好连接插头，放好密封圈，上好灯盖。紧固螺栓要用力矩扳手，保持各螺栓力矩平衡，使灯具密封良好。

4）槽内灌嵌缝胶。待水泥砂浆凝固，在预留槽内灌嵌缝胶，高度略低于周围道面。

3. 标志牌安装

（1）滑行引导标记牌安装

安装前要对标记牌进行逐个检查。根据设计图纸及单双面显示规格，确定安装位置和牌面尺寸、字符颜色、朝向和角度。

安装在刚性道面上的标记牌直接固定在道面上，要保证标记牌顶面水平，侧面垂直于地面。

安装在土面区的标记牌固定在水泥基础上。基础高于地面 10mm，法兰盘螺栓与基础连接牢固。组合标记牌安装时，顶部要做到同高，相邻牌顶高度不大于 ±2mm，总高差不大于 ±5mm，牌面平整度不大于 1mm。

（2）机位标记牌安装

① 工艺流程

机位标记牌检查→机位标记牌安装→机位标记牌试运行。

② 施工方法及技术措施

A. 机位标记牌检查

检查标记牌的出厂合格证，检查牌面内容、字符大小，立柱的电缆进线孔位置、大小，标记牌内的灯具，以及牌面、立柱是否与牌内的接地端子电气连接牢固。

B. 机位标记牌的安装

将一面机位标记牌在地面上拼装，牌面与立柱用螺栓连接牢固。然后用铅笔划出地脚螺栓的位置，并用电锤配合安装 M22×250 的金属膨胀螺栓。将立柱安装在标记牌基础上，有电缆穿入的一根立柱不要固定得太紧，以利于牌面的安装及电缆从立柱穿入牌内。将牌面用螺栓与已安装就位的立柱固定牢固，电缆从立柱内穿入牌内后拧紧立柱上螺栓并用垫铁调整水平度。将穿入牌内的电缆压接在牌内的端子上，用扎带绑扎固定。

C. 机位标记牌试运行

电缆的绝缘测试合格，电缆在配电亭内压接完整。投上配电亭内的机位标记牌断路器，检查标记牌内的灯管发光是否正常，用万用表测量电缆线路上的电压电流是否正常。

（3）把握的重点

1）立式灯具直线性、灯与灯之间的距离及水平度控制；

2）嵌入式灯具的高程及直线段灯具的直线性控制。

4. 防雷接地施工

本工程接地极采用镀锌扁钢（L=2.5mm，50mm×50mm×5mm），接地母线采用镀锌扁钢 40mm×4mm。

（1）施工顺序

隔离变压器箱安装→定位、挖填方→接地网制安→接地引线安装→接地电阻测试→电缆头制安。

（2）施工方法

1）接地极制安

铜包钢接地棒长度满足规范要求，埋入地下的深度不小于 0.8m。

2）隔离变压器箱接地线安装

接地线两端压接铜鼻子，连接螺栓采用镀锌件和弹簧垫片。

3）接地线安装

采用铜包钢或铜绞线做接地支线，焊接连接。焊接时，专用模具紧固夹住焊接的接地支线，必要时可以在模具的缝隙处抹上密封腻子，火药放置适量，保证焊接面、缝长满足规范要求；焊后进行防腐处理。测试效果如图 8-31 所示。

图 8-31　防雷接地测试效果

第四节　措施与总结

哈尔滨机场扩建工程飞行区工程划分为 18 个标段，1 个监理单位，18 个施工单位，主要包括飞行区场道工程、助航灯光工程、三号灯光变电站工程、飞行区除冰坪工程、防吹篱工程、主降端改造Ⅱ类运行工程、场内导航工程、场外导航台站工程、消防执勤点及气象观测站工程、消防工程等。

一、工程完成情况

飞行区工程于 2013 年 8 月实施，经历 5 年的建设现已进入收尾阶段。五年间，哈尔滨机场机坪面积扩大近三倍，飞行区占地面积已由 2013 年初的 240 万 m^2 变为如今的 350 万 m^2，机位数量由 2013 年的 33 个机位增至 2018 年初的 74 个机位。41 个机位分年度投用，提升了哈尔滨机场的运行保障能力，助推哈尔滨机场旅客吞吐量跃居东北地区第一名。

同时，飞行区工程部负责排水改造工程、南扩机坪规划远机位工程、飞行区 1 号排水口新建排水管涵工程等集团项目的管理工作，排水工程完工后，将彻底排除机场排水不畅的安全隐患。

二、工作亮点

（一）优化设计方案，加快施工进展

为了缩短跑道、滑行道间高风险区域施工工期，在设计阶段，积极与设计单位协调进行设计优化，提出采用预制箱涵的施工工艺，提前将排水箱涵浇筑完成，箱涵吊装至施工区域后即可进行回填，缩短钢筋绑扎、浇筑养生时间，节省了工期，加快了施工进度，减少施工风险。

（二）缩减控制区内施工范围，降低施工难度

为了改变点多面广的局面，缩减飞行区内不停航施工区域，工程建设过程中按照正式围界标准，搭建了具备围界安防系统的临时围界，铺设临时巡场路，尽可能在不影响运行

的情况下，将施工区域完全隔离到飞行区外，减少飞行区内的施工内容，提高施工效率，减少安全隐患。

（三）逐年释放机位资源，提升机场保障能力

根据机位设置位置提前规划标段划分，分年度投用41个机位。2016年度实施南扩机坪规划远机位工程，在航站楼、服务车道未实施的情况下，在近机位区域规划并投用11个临时远机位。2018年初转场前夕，在6天内分四阶段完成30~48共19个机位标志线导改工作，按照近机位标志线作为远机位使用，在对现有机位影响最小的前提下释放全部19个机位资源，在春运高峰来临前极大地提升哈尔滨机场的运行保障能力，缓解了运行资源紧张、机位数量不足等问题。

（四）严寒地区机场从“源头”保证质量

在飞行区扩建项目开始，会同监理单位、检测单位、施工单位从原材料的源头把控施工质量，在《民用机场水泥混凝土面层施工技术规范》MH 5006–2015没有执行前，经商议在施工过程中对水泥混凝土道面冻融次数及含气量进行了预控和严格要求，并在维护上采用硅烷浸渍工艺进行保养，从而近几年机坪未发生大面积掉皮、麻面现象。

三、经验

（一）设计阶段

（1）概算管理：扩建工程飞行区扩建项目概算批复为一个整体，由于项目分年度、分标段拆开进行招标，为保证整体投资不超概算，委托设计单位、咨询单位协助对每标段进行概算拆分，后期经过严格管控，目前飞行区工程概算控制较好。

（2）工程建设之处应充分征求使用单位、运行单位意见。

1）设计单位在设计初期通过座谈会方式征求过各使用单位意见，减少后期提出不同需求的变化。已通过变更会的36个设计变更中，有12项是考虑使用单位意见而进行的变更。

2）南、北除冰液回收池于2015年建设完成，由于机场未采用集中除冰作业方式，设计与运行方式不一致，导致除冰液回收系统一直未正常使用。

（3）应给设计单位合理设计时间，避免仓促提交设计内容。

2015年度进行了南、北扩机坪的施工建设，场道工程于当年3月进行资格预审、4月进行招标工作、4月末签订合同正式开工。但排水工程在开工一个月后才下发施工图纸。设计单位短时间内递交设计成果以及仓促招标的后果就是工程量与实际出入较大、产生大量变更、各专业图纸有冲突。已通过变更会的36个变更中，有10项与设计单位存在直接关系。

（4）增强管理人员能力，提高施工科技水平。

随着近些年民航工程建设存在风险加大、技术难度加大、工程规模变大、建设主体多样等问题的出现，而工程管理方式却是墨守成规，现场管理、质量管控、投资控制效率低下。信息化手段在民航工程建设领域得到初步应用，北京新机场等率先在场道施工中采用“机场数字化施工质量监控平台”，哈尔滨机场飞行区工程施工管理方面，信息化程度有很大差距。

同时，哈尔滨机场作为高寒地区极具代表性的机场，本身就带着“寒区第一”“北方首创”等天然条件，也为我们在工程建设中提供了实践空间。在2016年的建设中，场道工程道面板间灌缝材料首次采用预成型灌缝料，总结出一些使用经验，后期为机场设计提供了借鉴。

（二）招、投标阶段

1.招标文件中部分条款执行不易

对合同中所设置的“施工单位对下拨材料款、民工工资达到合同约定比例”这一情况，设置这一条款的初衷是避免出现拖欠农民工工资、保障弱势群体权利，但施工单位与材料商、劳务队之间也有对应的付款条款，与建设单位合同比例不一致，劳务单位每月仅拨付工人小部分工资，年底才集中发放，此条款不易执行。

2.及时拨付进度款

工程进度与施工单位资金供给情况息息相关，而扩建项目进度款支付周期较长，从进度款申请到拨付至少在六周以上，有的甚至几个月或更长时间，进度款周期长原因较多，涉及单位多，环节多，各参建单位都应共同努力，确保在规定时间拨付工程款。

3.合同条款设置应公平公正合理

从合同相对方角度来讲，建设单位与施工单位为平等关系，对于土地平整、临时围界设置、临时道路等措施项目不能让施工单位无偿承担，应实事求是列入措施费清单项中。

4.合理设置工期

自2015年以来，共有11个飞行区扩建项目开工建设，由于征地原因、导航敏感区限制、灯光站拆除滞后、增加施工内容、与航站楼建设交叉等原因，仅有1个工程在合同约定工期内完工并投入使用，其余工程存在工期滞后，个别工程由1年工期延期至第4年尚未结束。充分考虑工程的多变性、复杂性，合理设置工期。

（三）工程实施阶段

1.建立应急保障队伍

对于工程实施过程中的各种突发情况，缺乏处置手段，不安全事件发生后常常不知所措，错过事件最佳补救时机。应由建设、运行和施工单位共同成立专业应急抢修小组，针对各种管线破坏事件、意外情况具备处置能力。

2.综合利用与效率并行

在场道工程施工任务中存在诸多拆除工作，大多位于新老站坪交接处，为避免资源浪费，清单项要求将破除材料与山皮石混合后用做新建站坪垫层使用。设置此清单项的初衷为节省投资，但在项目实施阶段发现，由于拆除范围均在飞行控制区内、靠近运行区域，每日不停航施工时间短，重新对拆除料进行筛选、加工、混合等操作极其费时、费力，降低工作效率。且部分工程拆除施工内容在工程末期，拆除后已无处使用，导致破除料无法清运、工程量计量困难。根据实际情况、操作难易程度在扩建整体工程中综合利用。

第九章　严寒地区冬期施工关键技术研究

根据《建筑工程冬期施工规程》JGJ/T 104-2011 规定：当室外日平均气温连续 5d 稳定低于 5℃ 即进入冬期施工，当室外日平均气温连续 5d 稳定高于 5℃ 即解除冬期施工。

哈尔滨机场每年 10 月中下旬温度开始进入零下，11 月份日平均气温降到 0℃以下，最低气温出现于 12 月份或者 1 月份，最低气温在 -32℃左右，极端最低气温达到 -37.7℃。每年 3 月份气温开始回升，3 月下旬日均气温回升至 0℃以上。根据哈尔滨市近 5 年气象资料统计，冬期施工阶段为当年 10 月 25 日至次年 4 月 15 日。

哈尔滨机场扩建工程体量大，且工期紧、任务重，前后跨越三个冬期，不同冬期施工的内容和标准要求皆不相同。2015 年冬期主要施工主体结构，并进行主体结构越冬防护；2016 年冬期主要是完成 T2 航站楼暖封闭，为 T2 航站楼内部精装修和机电设备安装提供施工环境；2017 年冬期施工主要是 T2 航站楼外围幕墙施工。针对本工程的特点和难点，结合上述冬期施工的条件和目标，分别编制专项冬期施工方案，确保冬期施工的安全和质量。

第一节　主体结构冬期施工方案

一、编制依据

与本工程有关的法律法规、技术规范、合同文件、施工组织设计等。

二、冬期施工工程概况

（一）冬期施工时间

2015 年 10 月 25 日开始至 2015 年 11 月 20 日进行冬期施工，11 月 20 日后全面停工（11 月 20 日气温将降至 -15℃以下）。2016 年 4 月 5 日复工，采取冬期施工措施至 4 月 15 日冬期施工解除，合计冬期施工日期 43 个日历天。

（二）冬期施工部位

主要进行主体结构的施工，施工区域是 B2 区一层结构 S2、S3、S4、S6-1 区段，B3 区一层结构 S7-2 区段，合计建筑面积约 10000m^2。

（三）冬期施工内容

冬期施工内容包括：土方回填、防水工程、保温工程、模板工程、钢筋工程、混凝土工程、钢结构吊装工程、机电安装工程（主要为地下管廊施工）。

三、施工部署

（一）冬期施工组织机构及岗位职责

冬期施工组织机构设置及冬期施工岗位职责见表 9-1。

项目管理层组织及职责 表 9-1

序号	职务	职责
1	项目经理	全面负责项目的冬期施工领导工作
2	项目总工程师	全面负责冬期施工期间的技术、试验、测量、资料管理工作
3	建造总监	负责冬期施工生产管理，协调钢结构、机电安装工程施工管理
4	安全总监	全面负责冬期施工期间现场的安全管理
5	土建施工组	负责组织现场施工，各项冬期施工措施的交底、落实、检查
6	钢结构组	负责冬期施工期间现场的钢结构工程管理
7	机电组	负责冬期施工期间现场的机电安装工程管理
8	技术质量组	冬期施工期间现场技术问题的处理，配合进行混凝土测温工作，冬期施工方案编制、方案交底；主管现场冬期施工的质量、进度、保温管理工作；负责混凝土测温以及施工中的取样送检工作
9	后勤保障组	负责材料进场及验收工作；管理现场的临时水电线路的冬期保温、检查与维修，安全用电的检查、监管

（二）技术准备

（1）根据总体工期计划确定冬期施工期间所要进行的分项工程，编制冬期施工方案，方案确定后组织相关人员学习，并向班组交底。

（2）进入冬期施工前，对掺外加剂人员、测温保温人员，专门组织技术业务培训，学习本工作范围内的有关知识，明确职责。

（3）及时关注天气情况及天气预报，防止寒流突然袭击。

（4）安排专人测量施工期间的室外气温、混凝土温度并做好测温记录。

（5）及时完成图纸复核，确保施工内容满足冬期施工条件。

（三）现场准备

（1）根据现场实际工程量提前组织有关机具和保温材料进场。

（2）做好临时用水的水管及消防管的保温防冻工作，管线暴露在室外的外包橡塑，并用防水丝布缠紧（包括降水井、水管和水箱）。

（3）冬期施工前，组织各部门有关人员对现场脚手架进行检查，查看脚手架各节点连接是否牢靠，支架部分是否稳定可靠。各种通道及上人马道要钉好防滑条。

（4）对各种机械，如塔吊、焊机等进行检查，查看运转是否正常，保温是否到位。

（5）做好现场的排水坡度，严格控制临时用水量，避免地面结冰。

（四）劳动力、材料、机具准备

根据计划工期、工程量，做好冬期施工阶段拟投入劳动力、主要材料需用量。

（五）施工进度计划

制定严密的冬期主体结构施工进度计划。

四、施工方法

（一）土方回填

哈尔滨市地区季节冻土标准冻深 2.0m，依据岩土工程报告，②层粉质黏土属冻胀，冻胀等级为Ⅲ类。本工程进入冬期施工阶段后，不再进行土方开挖作业，主要施工内容为土方回填。

本工程冬期施工土方回填主要集中在管廊和地下室区域，土方回填采用中粗砂，中粗砂不能含有冻块，回填时 −2.0m 以下需夯实至设计要求，即压实系数达 0.94；−2.0m 以上受冻土影响区域采用中粗砂临时回填（有利于防冻胀），待明年天气转暖后再夯实至设计要求。

（二）保温及防水工程

根据施工图纸及工期计划，进入冬期施工后，还存在 B 区管廊的防水和保温施工、地下室侧墙的防水和保温施工。施工内容包括水泥基渗透结晶、聚氨酯防水涂料、SBS 改性沥青防水卷材。

（1）保温工程、防水工程冬期施工应选择在晴朗天气进行，不得在雨雪天和五级风及其以上或基层潮湿、结冰、霜冻条件下进行。

（2）保温工程应依据材料性能确定施工气温界限。其中粘结保温板有机胶粘剂施工环境气温不得低于 −10℃，无机胶粘剂不得低于 5℃。

（3）防水工程应依据材料性能确定施工气温界限。其中高聚物改性沥青防水卷材热熔法施工时环境气温不得低于 −10℃；水泥基渗透结晶不得在施工环境低于 0℃时施工。涂料防水层不得在施工环境低于 5℃时施工。

（4）聚氨酯防水涂料施工完成后，及时使用彩条布遮挡覆盖，防止雨雪和大风侵蚀。注意：彩条布不能触碰刚刚施工完成的防水层。待防水层强度符合质量要求后，及时进行保温和回填施工。若施工过程中突遇雨雪天气，可采用 PE 膜直接覆盖，并做好保温。

（三）模板工程

进入冬期施工后，模板工程将是制约工程进度的重要因素，尤其当气温降低，且伴随有霜冻天气时，模板工程的测量放线和施工安全将成为工程施工的重大问题。

（1）立杆采用 Φ48.3、壁厚 3.6mm 支架立杆，立杆纵向间距（跨距）1.2m，立杆横向间距 1.2m，步距 1.2m（存在一步 1.5m）；扫地杆距离地面不大于 0.35m，自由端不大于 0.65m，冬期施工期间风力较大，需加强水平剪刀撑和竖向剪刀撑的布置情况的检查。

（2）在支设模板前先清理脚手架上积雪，确保脚手架干燥。遇有雨雪霜冻天气即停止施工，模板支设施工宜在晴朗天气进行。

（3）冬期施工浇筑混凝土前，认真检查模板，清理模板内的冰雪，若遭遇大雪冰冻天气，需采用工业热风机进行化雪化冰冻处理。

（4）冬期施工阶段浇筑的混凝土，其模板在冬期不拆除，待春季气温回暖冬期施工结束后再行拆除。

（5）本工程冬期施工期间有大量模板（冬期施工前浇筑及养护的混凝土构件）拆除施工，尤其 C 区更是大面积拆模，应加强现场安全交底频次，确保工人对模板施工安全问题不懈怠，不放松。

（四）钢筋工程

进入冬期施工后，本工程还有大量钢筋绑扎作业，钢筋绑扎较为集中，做好钢筋加工和绑扎作业是冬期施工的要点。

（1）钢筋调直冷拉温度不宜低于 −20℃。当环境温度低于 −20℃时，不得对 HRB335、

HRB400 级钢筋进行冷弯加工。施工现场的钢筋加工应在白天进行。

（2）负温条件下使用的钢筋，施工过程中应加强管理和检验，钢筋在运输和加工过程中应防止撞击和刻痕。

（3）钢筋负温焊接，主要以电弧焊为主，当环境温度低于 −20℃时，不宜进行施焊。雪天或施焊现场风速超过三级时，应采取遮蔽措施（如：四周布设防火布），焊接后未冷却的接头应避免碰到冰雪。本工程现场应尽量选择晴朗天气施工，避免负温焊接作业，确保钢筋焊接质量，焊接前可根据现场情况对钢筋进行预热（如采用热风机吹拂）。

（4）钢筋焊接时，除满足图集焊接要求外，搭接接头的焊缝厚度不应小于钢筋直径的 30%，焊缝宽度不应小于钢筋直径的 70%。

（五）混凝土工程

本工程冬期施工期间主要进行 B2 区 S2、S3、S4、S6-1 区域的施工，混凝土浇筑时间在 10 月 28 日 ~11 月 8 日，日最低气温约 −6℃（2015 年 10 月 26 日查询，使用 −10℃防冻剂即可）。混凝土全部采用商品混凝土，冬期施工前同搅拌站预先确定混凝土拌制要求及运输过程中保暖要求，现场浇筑时注意入模温度及养护过程的质量控制。

（1）本工程冬期施工期间混凝土工程采用综合蓄热法，即在混凝土中掺早强剂，利用原材料加热以及水泥水化放热，并采取适当保温措施延缓混凝土的冷却，在混凝土温度降到 0℃以前达到受冻临界强度（冬期浇筑的混凝土在受冻之前必须达到的最低强度）的施工方法。

（2）考虑本工程冬期施工时间较长，期间温度变化较大，为应对极端严寒天气影响，混凝土施工时补充负温养护法保证施工质量。即在混凝土中掺入防冻剂，使其在负温条件下能够不断硬化，在混凝土温度降到防冻剂规定温度前达到受冻临界强度的施工方法。

（3）当室外最低气温不低于 −15℃时，采用综合蓄热法、负温养护法施工的混凝土受冻临界强度不应小于 4.0MPa；当室外最低气温不低于 −30℃时，采用负温养护法施工的混凝土受冻临界强度不应小于 5.0MPa。

（4）依据工程施工环境明确混凝土外加剂类型，并要求搅拌站提前进行试配，确保混凝土质量。现场工程师需根据混凝土浇筑前后 5d 的气温状况确定防冻剂等级，并及时通知搅拌站。

（5）混凝土原材料加热宜采用加热水的方法，当加热水仍不能满足要求时，可对骨料进行加热，水、骨料加热的最高温度应符合规范要求。

（6）冬期施工期间，混凝土在运输、浇筑过程中的温度和覆盖的保温材料均通过热工计算确定（详见后文），且入模温度不应低于 5℃。当不符合要求时，应立即退场并要求商品混凝土站加强保温措施，严控混凝土温度要求。

（7）混凝土运输与输送机具应进行保温或具有加热装置。泵送混凝土在浇筑前应对泵管进行保温，并应采用与施工混凝土同配合比砂浆进行预热。

（8）混凝土浇筑完毕后，由专职测温员根据事先绘好的测温点图定期测温，为混凝土的养护及拆模提供依据。其中，S4、S3、S6-1、S2 分区布置测温点。

（9）水平混凝土构件养护采用铺一层塑料膜覆盖，再加两层 10mm 厚草帘被的方式，根据气温情况增减，进行蓄热养护，保证混凝土质量。竖向构件养护采用在模板外包 40mm 厚岩棉毡进行保温的养护方法，柱头采用双层岩棉毡加强保温。尤其注意模板接槎处、墙柱上口等位置的保温。

（10）冬期保温热工计算

1）混凝土拌合物出机温度的确定

$$T_1=T_0-0.16（T_0-T_p）$$

式中 T_0——混凝土拌合物温度（℃）；

T_1——混凝土拌合物出机温度（℃）；

T_p——搅拌机棚内温度（℃）。

由于本工程采用商品混凝土，经搅拌站确认，可假定混凝土的出机温度为 T_1=20℃。

2）混凝土拌合物运输与输送至浇筑地点时的温度确定

$$T_2=T_1-\Delta T_y-\Delta T_b$$

式中 T_1——混凝土拌合物的出机温度（℃），取 T_1=20℃；

T_2——混凝土拌合物运输与输送至浇筑地点时的温度（入模温度）（℃）；

ΔT_y——采用装卸式运输工具混凝土时的温度降低（℃），ΔT_y=（$a\,t_1$ +0.032n)（T_1-T_a）；

ΔT_b——采用泵管输送混凝土时的温度降低（℃）；

ΔT_1——泵管内混凝土的温度与环境气温差（℃），$\Delta T_1=T_1-T_y-T_a$；

T_a——室外环境气温（℃），本工程取最不利环境温度 −15℃；

t_1——混凝土拌合物运输的时间（h），取 1.5；

n——混凝土拌合物运转次数，采用泵送 n=1；

a——温度损失系数，当用混凝土搅拌车时 a=0.25。

本工程虽采用商品混凝土泵送施工，但浇筑时全程采用汽车泵，未用到混凝土泵管，故仍按照装卸式运输工具计算：

经计算 $T_2=T_1-\Delta T_y$=20−14.25=5.75℃。

柱子使用木模，围裹岩棉毡保温；楼板使用木模板，覆盖 1 层塑料薄膜、2 层草帘被保温。

3）混凝土浇筑完成时的温度 T_3

$$T_3=（C_cm_cT_2+C_fm_fT_f+C_sm_sT_s）/（C_cm_c+C_fm_f+C_sm_s）$$

式中 C_f——模板的比热容 [J/（m^3 · K）]，取 0.48；

C_s——钢筋的比热容 [J/（m^3 · K）]，取 0.46；

m_c——每立方米混凝土的重量（kg），取 2400；

m_f——每立方米混凝土相接触的模板重量（kg），取 70；

m_s——每立方米混凝土相接触的钢筋重量（kg），取 55；

T_f——模板的温度，未预热时可采用当时的环境温度（℃），取 −15℃；

T_s——钢筋的温度，未预热时可采用当时的环境温度（℃），取 −15℃。

经计算，T_3=12364/2363=5.23℃。

4）柱子的 $\omega\cdot K\cdot M$ 计算

结构的表面系数 M

$$M=A_c（结构的冷却表面积）\div V_c（结构的体积）$$

模板及温度的总热阻 [（m^2 · K）/W]：

$R=d_1/\lambda_1+d_2/\lambda_2$+0.043（$d_1$，$d_2$ 分别为模板、保温层的厚度；λ_1、λ_2 为其导热系数）

模板总传热系数 [W/（m^2·K）]：

$$K=1/R$$

保温材料的透风系数 ω，查表 9-2 可得。

ω 透风系数　　表 9-2

围护层种类	透风系数		
	小风	中风	大风
围护层由易透风材料组成	2	2.5	3
易透风保温材料外包不易透风材料	1.5	1.8	2
围护层由不易透风材料组成	1.3	1.45	1.6

注：小风风速 v_w<3m/s；中风风速 3m/s ≤ v_w ≤ 5m/s；大风风速 v_w>5m/s。

对于框架柱：

M_2=40.56/12.17=3.3

模板外覆盖一层岩棉毡：

ω 为透风系数，ω=2.5。

R=0.014/0.047+0.04/0.16+0.043=0.591

K=1/R=1/0.591=1.69

考虑钢材冷桥作用，为安全起见，取 K 值为 3W/（m^2·K）。

柱子：$\omega \cdot K \cdot M$=2.5×3×3.3=25

5）楼板的 $\omega \cdot K \cdot M$ 计算

对于楼板：

M_3=2/0.12=16.7

木模板：R=0.014/0.16+0.043=0.131

K=1/R=1/0.131=7.63

考虑钢材冷桥作用，为安全起见，取 K 值为 8W/（m^2·K）

草帘被：R=0.1/0.06+0.043=1.71

K=1/R=1/1.71=0.58

考虑钢材冷桥作用，为安全起见，取 K 值为 1 W/（m^2·K）。

保温材料的透风系数 ω 及楼板的保温性：ω·K

木模：ω=1.3，$\omega \cdot K$=1.3×8=10.4

草帘被：ω=1.3，$\omega \cdot K$=1.3×1=1.3

取平均值，楼板的保温性 $\omega \cdot K$=5.85

楼板：$\omega \cdot K \cdot M$=5.85×16.7=97.695

6）计算三个参数

$\theta=\omega \cdot K \cdot M/(V\mathrm{ce} \cdot C_c \cdot P_c)$

$\Psi=(V\mathrm{ce} \cdot Q_{ce} \cdot M_{ce})/(V_{ce} \cdot C_c \cdot P_c-\omega \cdot k \cdot M)$

$\eta=T_3-T_{m,a}+\Psi$

式中　V_{ce}——水泥水化热速度（h^{-1}），取 0.0092；

C_c——混凝土的比热容 [J/（m^3·K）]，取 0.96；

P_c——混凝土的质量密度（Kg/m^3），取 2500；

Q_{ce}——水化热积累的最终放热量（kJ/kg），取 250；

M_{ce}——每立方米混凝土中的水泥用量（kg），取 340；

T_3——混凝土浇筑完成时的温度（℃），为 5.23；

$T_{m,a}$——混凝土蓄热养护开始至任一时刻 t 的平均气温（℃），取 −5.0。

因此，

θ=4.42，Ψ=−10.34，η=−0.11。

7）混凝土冷却时间为 t，则混凝土的温度 T 与时间 t 的函数关系式为：

$$T=\eta e^{-\theta V_{ce}t}-\Psi_{e}^{-V_{ce}t}+T_{m,a}$$

当时间 t=72h 时，

$$\begin{aligned}T&=-0.11\times e^{-4.42\times 0.0092t}+10.34\times e^{-0.0092t}-5\\&=-0.006+5.34-5\\&=0.334>0℃\end{aligned}$$

采用成熟度法估算早期强度。

成熟度 $M=\Sigma(T+15)\Delta t$，依经验数据，当养护时间为 72h 时成熟度为 2520。

因此，养护 72h 后混凝土的强度为：

$f=0.8\times a\times e^{-b/m}=0.8\times 58.63\times e^{-2251.354/2520}$

=19.2MPa>4MPa（a、b 为参数，依据混凝土标准养护试块各龄期强度及成熟度确定，该处为经验值）

经计算柱子模围裹一层岩棉毡保温，柱头采用双层岩棉毡加强保温；楼板使用木模板，覆盖 1 层塑料薄膜、2 层草帘被保温，可以满足保温要求。

考虑机场附近较空旷，冬期施工受大风天气影响较大，在混凝土草帘被上需使用重物压实，做好防风措施。

（六）钢结构工程

本工程冬期施工包含钢管柱吊装和钢管混凝土施工。依施工部署要求，必须待钢管混凝土施工完成后才能进行相关楼板混凝土工程。

（1）参加负温钢结构施工的电焊工应经过负温焊接工艺培训，并应取得合格证，方能参加钢结构的负温焊接工作。定位点焊工作应由取得定位点焊合格证的电焊工来担任。

（2）焊剂及碱性焊条的焊药易潮，特别在负温度时，所以它们在使用前必须按照质量说明书的规定进行烘焙。使用时取出放在保温筒内，做到随用随取。焊剂及碱性焊条的焊药外露 2h 后必须要重新烘焙。所使用的焊条、焊丝要贮存在通风干燥的地方，保证焊条的良好性能。

（3）焊接作业区环境温度低于 0℃时，应将构件焊接区各方向大于或等于 2 倍钢板厚度且不小于 100mm 范围内母材，采用烤枪，将构件加热到 20℃以上方可施焊，且在焊接过程中均不得低于 20℃。本工程钢管柱壁厚 25mm，依据规范要求，采用烤枪预热温度应达到 36℃。

（4）在负温下露天焊接钢结构时，应考虑雨、雪和风的影响。当焊接场地环境温度低于 −10℃时，应在焊接区域采取相应保温措施，严禁雨水、雪花飘落在尚未冷却的焊缝上。

本工程钢结构冬期施工主要围绕钢管柱焊接展开，施工时，应在钢管柱四周布设防风棚，防止大风影响。

当二氧化碳气体保护焊环境风力大于 2m/s 及手工焊环境风力大于 3m/s 时，在未设防风棚或没有防风措施的施焊部位，严禁进行二氧化碳气体保护焊和手工电弧焊。防风棚必须达到以下要求：上部稍透风、但不渗漏，兼具防一般物体击打的功能；中部宽松，能抵抗强风的倾覆，不致使大股冷空气透入；下部承载力足够 4 名以上作业人员同时进行相关作业，需稳定、无晃动，可以存放必需的作业器具和预备材料且不给作业造成障碍，无可造成器具材料坠落的缝隙，中部及下部防护采用阻燃材料遮蔽。

（5）焊接时，应做好中层间温度控制。低温焊接因焊接区域温度冷却散失较常温快，易产生脆硬组织，不利于焊缝质量。焊接时，焊缝间的层间温度应始终控制在 90~130℃之间，每个焊接接头应一次性焊完。

（6）在负温下厚钢板焊接完成后，在焊缝两侧板厚的 2~3 倍范围内，应立即采用烤枪进行焊后热处理，加热温度宜为 150~300℃，并宜保持 1~2h。焊缝焊完或焊后热处理完毕后，应采取覆盖一层 40mm 厚岩棉毡的保温措施，使焊缝缓慢冷却，冷却速度不应大于 10℃ /min。

（7）低于 0℃的钢构件上涂刷防腐或防火涂层前，应进行涂刷工艺试验。雨雪天气或构件上有薄冰时不得进行涂刷工作。

（8）钢管混凝土属大体积混凝土，冬期施工主要矛盾是内外温差较大，导致混凝土裂缝，施工时不能掺加早强剂，可根据天气状况掺加少量防冻剂，确保管口混凝土在浇筑后不致立即受冻即可。钢管混凝土水化热较大，在浇筑完成后，及时于钢管壁外围包裹一层岩棉毡保温，并覆盖塑料布挡风，避免热量过快散失，管口混凝土覆盖两层岩棉毡保温，并严密封闭。本工程依现场实际，冬期施工期间 3、4 节钢管混凝土均采用自密实混凝土浇筑，减少振捣，避免工人高处作业的危害。

（9）由于钢管混凝土质量要求较高，当气温低于 −15℃时，不宜浇筑混凝土，根据本工程施工组织设计，冬期施工期间的 3、4 节钢管混凝土浇筑均不在关键线路上，故可不浇筑混凝土，待冬期施工结束后再浇筑，但一定要做好管口封闭工作。

（七）机电安装工程

本工程冬期施工期间，机电安装主要施工内容为支架安装、管道吊装、管道安装等，施工地点主要集中在管廊内。

（1）冬期施工前，对所管辖的劳务工人，进行“四防”教育，即防冻、防滑、防火、防中毒教育。

（2）地下管廊密闭性较好，空气不流通，冬期施工期间，应采取必要的送风措施（如工业用送风机），确保管廊内施工作业人员安全。

（3）地下管廊内的机电安装施工，包含焊接作业，动焊部位温度低于 −5℃时，需将焊接部位进行预热处理，保证管道焊接质量。

（4）冬期在零下温度焊接时，应调节焊接工艺参数，焊后要用石棉带（布）覆盖，使焊缝和热影响区缓慢冷却。

（5）现场电动工具要检查电缆、电线有无风裂破坏情况，要及时更换或包缠。

（6）手持电动工具要按规定安装好漏电开关，专机专用，一切手动电动工具要检查接地接零情况良好。

（7）冬期要安装的材料提前备好，物料提前运至安装位置旁边，减少在冬期吊运。

（8）按要求对焊接所用的焊条进行烘焙，焊条存放在保温罐里。

（9）风雪天气，用电设备、电气开关箱等放在防风雪棚内，以免风雪使电气部分受潮。

（八）临水、临电管理

（1）现场办公室使用水暖器采暖，需安装电暖器的要采用电专线。现场施工人员宿舍窗扇加密封条，严禁私自使用电热器或明火取暖。

（2）场内搭设的各类加工棚及物料堆场四周应加设彩钢板围挡防风。

（3）物料堆场采用彩条布和塑料布双层覆盖，必要时还应对地面进行修整，截断流入污水源，做好排水措施。

（4）现场临水分为施工用水、消防用水和生活用水，主管埋入土层2100mm，确保管线不受冻，外露给水管、排水管、阀门用橡塑管进行包裹。

（5）整个现场确保排水通畅，避免地面沟槽积水。

（6）排除现场积水，对施工现场进行必要的修整，截断流入现场的水源，做好排水措施，消除现场施工用水造成场地结冻现象。

五、质量保证措施

（一）冬期施工材料存放要求

保温与防水材料进场后，应存放于通风、干燥的暖棚内，并严禁接火源和热源，棚内温度不宜低于0℃。

（二）混凝土质量控制及检查

（1）混凝土工程的冬期施工，除按常温施工的要求进行质量检查外，尚应检查以下项目：

1）外加剂的质量和掺量：外加剂进入施工现场后应进行抽样检查，合格后方准使用。

2）应根据方案要求检查水、骨料、外加剂溶液和混凝土出机、浇筑、起始养护时的温度，并检查混凝土从入模到拆除保温层期间的温度。

3）混凝土温度降至0℃时的强度（负温混凝土则为温度低于外加剂规定温度时的强度）。

4）混凝土搅拌站根据现场实际及我方要求，配置具备冬期施工条件的混凝土，并上报配合比。

（2）施工期间的测温项目与频次

按照现场实际情况和规范要求，制定测温项目与测温频次，具体见表9-3。

测温项目与频次 表9-3

测温项目	频　次
室外气温	测量最高、最低气温
环境温度	每昼夜不少于4次
搅拌机棚温度	每一工作班不少于4次
水、水泥、矿物掺合料、砂、石及外加剂溶液温度	每一工作班不少于4次
混凝土出机、浇筑、入模温度	每一工作班不少于4次

（3）混凝土养护期间的温度测量

1）采用综合蓄热法时，在达到受冻临界强度之前应每隔 4~6h 测量一次。

2）采用负温养护法时，在达到受冻临界强度之前应每隔 2h 测量一次。

3）混凝土在达到受冻临界强度后，可停止测温。

（4）混凝土养护温度的测量方法

1）全部测温孔、点均应编号，并绘制测温孔布置图，现场应设置明显标识。测温数据统一整理，并形成记录。

2）测温孔、点设在有代表性的结构部位和温度变化大、易冷却部位，测温原件测量位置应处于结构表面下 20mm 处。

3）测温时，应将温度计与外界气温做妥善隔离，可在孔口四周用保温材料塞住，温度计在测温孔内应留置 3min 以上，方可读数。

4）测温时，对梁、柱等截面较大、测温孔埋置较深的结构，可采用后置测温导线的方法，即在浇筑混凝土后植入测温导线，通过测温仪器读取温度值，精度较高且方便快捷。

（5）测温人员应同时检查覆盖保温情况，并应了解结构物的浇筑日期、要求温度、养护期限等。若发现混凝土温度有过高或过低现象，应立即通知有关人员，及时采取有效措施。

（6）在混凝土施工过程中，要在浇筑地点随机取样制作试件，混凝土抗压强度试件的留置除应按现行国家标准《混凝土结构工程施工质量验收规范》规定进行外，尚应增设不少于 2 组同条件养护试件，作为拆模依据。同时，采用工程实际使用的混凝土原材料和配合比，制作不少于 5 组混凝土立方体标准试件在标准条件下养护，测试 1d、2d、3d、7d、28d 的强度值。

（7）测温人员应及时反馈温度信息，现场工程师依据温度变化增加保温材料，若出现极端天气，需采取增温措施（如加设挡风围挡、布置工业热风机等）。

（三）外加剂的选择及使用

（1）外加剂厂生产的防冻剂，必须符合行业标准《混凝土防冻剂》JC 475−2004 的要求。防冻剂按规定温度分为 −5℃、−10℃和 −15℃三种。规定温度是指掺有防冻剂的混凝土拌合物，成型后在恒定的负温条件下的硬化温度。

（2）应根据混凝土浇筑后 5d 内的预计日最低气温来选用防冻剂。当预计日最低气温为 −5~0℃、−10~−5℃、−15~−10℃时，宜分别采用规定温度为 −5℃、−10℃和 −15℃的防冻剂，并用保温材料覆盖。

（四）混凝土的搅拌、运输及浇灌

（1）混凝土搅拌站监视人员密切注意混凝土搅拌及运输过程中混凝土的温度，不满足要求时，及时采用措施。

（2）根据施工进度需要，编制混凝土供应计划，安排好混凝土泵车及混凝土运输车辆。在施工过程中，加强联络和调度。

（3）现场施工人员在浇筑过程中密切观测罐车中混凝土的温度，保证混凝土的入模温度不低于 5.75℃。混凝土坍落度宜控制在 180 ± 20mm，终凝时间控制在 6~8h。

（4）现场浇筑混凝土前做好充足的施工准备，采用快铺料快振捣及时覆盖的快速施工方法，混凝土浇筑时间应适当调整到中午气温较高时，进行混凝土浇筑。

（5）混凝土浇筑前，要清除浇筑部位模板和钢筋上的冰雪。

（6）掌握气温动态，浇筑混凝土时应避免最低气温。当气温低于 −15 ℃时，停止混凝土浇筑。

（7）对于支好模板且绑完钢筋，但未浇筑混凝土遇到下雪情况时，应先用彩条布覆盖好，待雪停后再进行浇筑。

（8）现场要合理组织罐车进场时间，以减少罐车在现场等待浇筑的时间。

（9）泵管须进行保温，以减少在混凝土泵送过程中的温度损失。

（五）保温覆盖要求

（1）混凝土的覆盖保温是冬期蓄热法施工的关键，要求保温材料对混凝土的覆盖要均匀，边角接槎部位要严密并压实。

（2）岩棉毡、草帘被要包裹严实，防止混凝土表面裸露，确保混凝土不受冻。

（3）后浇带处在其防污染保护层上覆盖保温材料。

（4）保温完毕，相关工长要认真检查，遇有大风天气，挂挡风布，设专职人员检查保温覆盖情况，并负责修复被风吹坏的覆盖层。

（5）考虑机场禁空要求的特殊性，所有保温覆盖层均应使用重物压实。

（六）钢结构冬期施工要求

在负温下制作的钢构件在进行外形尺寸检查验收时，应考虑检查当时的温度影响。焊缝外观检查应全部合格，等强接头和要求焊透的焊缝应 100% 超声波检查，其余焊缝可按 30%~50% 超声波抽样检查。

六、安全保证措施

（1）冬期施工各分项工程，应选择晴朗天气进行，不得在雨、雪天和五级风及其以上或基层潮湿、结冰、霜冻条件下进行。

（2）混凝土浇筑前，应清除模板和钢筋上的冰雪和污垢。

（3）冬期运输、堆存钢结构时，应采取防滑措施，构件堆放场地应平整坚实并无水坑，地面无结冰。同一型号构件叠放时，构件应保持水平，垫块应在同一垂直线上，并应防止构件溜滑。

（4）开展冬期施工前的安全综合检查。对各分项施工项目、机械设备使用等情况逐一进行全面检查，重点检查职工宿舍、现场临时用电、施工防火、防冻、防滑、防中毒和临边高处作业防护措施。对存在安全隐患的部位和安全防护措施不到位的场所，按“三定”措施（定人、定整改措施、定隐患整改时间）整改后，由项目工程主管领导、施工技术人员和专职安全员复检合格后，才能实施施工。

（5）开展班组冬期安全生产教育培训活动。对冬期施工的班组和机械设备操作人员，按工作性质开展安全技术交底、操作规程和安全知识教育活动。要求各班组长，严格按冬期施工安全技术措施要求，合理安排组员日常工作安排，不违章作业。

（6）明确各级管理人员安全生产责任制度，对在施工现场发生违章作业、违章指挥现象，严格按照规章制度处罚。

（7）现场内的各种材料按材质分类堆码到指定地点，堆放高度不得高于 1.5m，并有防止倾倒保护措施和防火、防盗措施。冬期施工工程施工材料都堆放在施工场地内，夜间安排两名人员值班巡视。

（8）加强季节施工劳动保护工作。按工作性质，发放劳保用品（手套和安全防护用品）。霜、雪过后要及时清扫作业面，对使用的临时操作架体和临边防护设施必须有安全管理人员检查合格后才能使用，防止高处坠落事故的发生。

（9）室内临边和洞口防护必须按规范要求设置到位。在施工现场危险场所、通道口和临边醒目位置，设置相应的安全警示标志牌，提示作业人员加强自我安全保护意识，防止意外事故发生。

（10）混凝土浇筑前由施工技术和安全管理人员提前对施工作业面和工作环境检查，符合施工条件才能实施。

（11）用电管理和机械设备使用管理

1）现场设两名专业电工负责安装、维护和管理用电设备，严禁无关人员随意拆、改用电线路。

2）在使用的设备就近设置移动开关箱，浇筑混凝土时，电工必须在作业现场值班，负责振动设备移动后，接、拆电源作业，避免发生漏触电伤害事故。

3）严禁使用裸线，电缆线破皮三处以上，不得投入使用，霜、雪天气，电缆线破皮处必须用防水绝缘胶布处理，电缆线铺设要防砸、防碾压、防止电线冻结在冰雪之中，大风雪后，应对用点线路进行检查，防止断线造成触电事故。

4）机械设备每星期检修一次，特种设备的安全防护装置和起重索具、承重钢丝绳检查，必须在开机前由司机试开机，确认设备使用正常，才能使用，安全员每星期对现场的所有设备全面检查，发现存在的隐患，必须立即指定专人整改，安全隐患整改复检合格后，才能使用。

5）停用的设备，必须及时切断电源，避免无关人员误操作。

（12）冬期取暖使用的取暖设备，由项目提供和安装，在集体宿舍内居住的职员工，不得擅自移动或改动取暖设备及线路地点，不得在宿舍内使用电炉或采取明火取暖。

七、文明施工及消防安全措施

（一）文明施工

（1）严格执行国家及哈尔滨市关于安全文明施工的有关规定，按照业主要求合理组织施工流水，确保安全生产、文明施工。

（2）按现场各部位使用功能划分区域，建立文明施工责任制，明确管理责任人，实行挂牌制，所辖区域有关人员须健全岗位责任制。

（3）工人操作地点和周围必须清洁整齐，做到活完脚下清，工完脚下清。

（4）保证各种机械设备的标志明显，统一编号。现场机械管理实行挂牌制，标牌内容应包括设备名称及基本参数、验收合格标记、管理责任人及安全管理规定和操作规程。

（5）临时用电设施的各种电箱试样标准统一，摆放位置合理便于施工和保持厂容整洁。各种线路铺设符合规范规定，并做到整齐简洁，严禁乱扯乱拉。

（6）冬期施工期间的混凝土养护覆盖有塑料薄膜、草帘被和岩棉毡，因冬期风力较大，应确保覆盖物压实牢固，禁止出现任何形式的材料漂浮，确保机场 FOD 管理，实现不停航施工。

（7）冬期施工期间存在大量的拆模作业，拆除的模板、脚手架应及时分类整理，码放整齐，并组织车辆运送出场。

（二）消防安全措施

（1）入冬前对施工现场进行一次清理，做好道路平整，保证道路畅通。

（2）组织职工进行安全生产的学习，严格贯彻安全责任制；各项施工必须做到有项目、有措施、有交底、有检查、有解决，不留隐患，一丝不苟地做好安全消防工作。

（3）冬期施工用的易燃易爆物品和压力容器瓶应设专用仓库分类隔离存放；草帘被、岩棉毡等保温物品要在安全地点码放，应保持干燥通风，有防风雪措施，堆放地要符合防火要求。

（4）电、气焊操作必须经申请同意，并设专人看火，配备好消防器材和消防用水。

（5）所有易燃保温材料应按生产需要控制进场，专人调配防止积压。

（6）定期检查各类消防器材，保持灵敏有效。

（7）冬期要对消防管道和其他消防设备做好保温防冻，消防水管要埋入冰冻线以下。地面上消防管道要有保温措施，消火栓要进行保温。

（8）冬期施工中加热使用的热源要按安全人员指定的地点设置并有防火措施，所用材料必须是非易燃材料。

（9）严格电、气用火审批制度，用火人申请明火作业后，审批人必须到用火地点实地查看，用火作业现场设专人看火，配备一定数量的消防器材，在施工过程中看火人不得离开岗位，用火作业完毕后，要确认无火种后方可离开现场。

（10）木工棚的刨花、锯末每天要打扫干净，杜绝火源。

（11）严禁用灯泡取暖、乱拉电线和使用电炉。

注：冬期施工防火是关键，一定要确保消防安全。

冬期施工期间 FOD 管理是基本，一定要确保不停航施工。

八、应急预案

（一）应急响应责任划分

针对冬期施工过程中可能出现的各类紧急情况，项目成立应急救援小组，负责紧急情况的预判、预防、处理、上报、调查、总结工作。具体应急救援组织机构及岗位职责见表9-4。

应急救援组织机构及职责　　表9-4

序　号	岗　位	职　务	职　责
1	组长	项目经理	全面负责应急救援小组的各项工作
2	副组长	项目总工程师	负责组织潜在风险源的分析和风险化解方案、事故救援方案提出
3	副组长	建造总监	负责组织应急救援、应急采用调拨协调及事故现场处理
4	副组长	安全总监	负责组织落实各项安全措施。事故发生后负责组织事故原因调查、整改情况督促及相关责任人的追究工作
5	组员	技术组	负责编制风险化解方案、事故救援方案
6	组员	现场组	负责应急救援、事故现场处理

续表

序　号	岗　位	职　务	职　责
7	组员	监督组	负责监督安全生产及事故后整改落实
8	组员	后勤组经理	负责救援材料设备的保障

（二）应急响应流程

应急救援处理流程如图 9-1 所示。

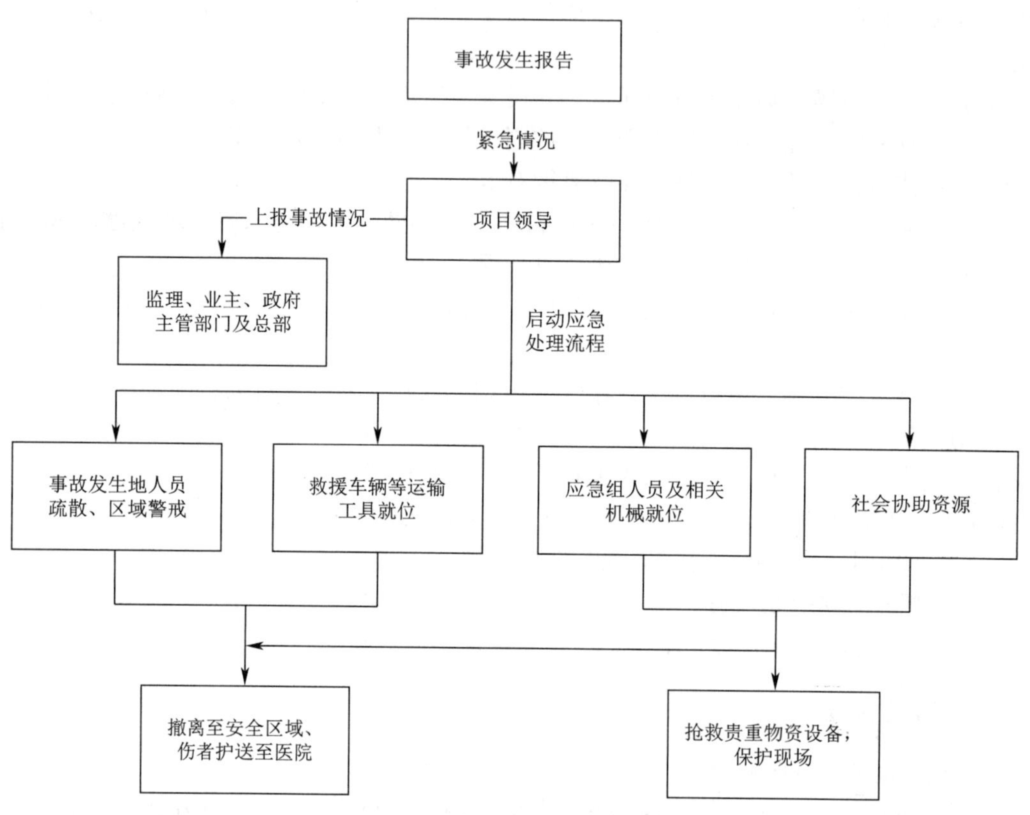

图 9-1　应急救援处理流程

（三）风险预测

（1）异常极端天气影响（温度突降至 −15℃以下，且出现雨夹雪、大雪、大风等）

应急措施：组织试验人员做好气温测量工作，如现场正在浇筑混凝土，联系搅拌站停止发送混凝土，现场尽快停止浇筑，留置施工缝。对已浇筑的混凝土进行加厚覆盖保温，增加取暖设备，提高混凝土养护温度，确保混凝土浇筑质量。

（2）现场保温材料、模板等易燃物出现火灾

应急措施：现场出现火险时，要根据火情的大小立即报警。向内部报警时，报警人员应简述：出事地点、情况、报警人姓名；向外部报警时，报警人应详细准确报告：出事地点、单位、电话、事态现状及报告人姓名、单位、地址、电话；报警完毕报警人应到路口迎接消防车及急救人员的到来。

在报警的同时切断电源，组织义务消防队按消防应急救援预案立即进行自救，力争在

火灾初起阶段，将火扑灭。若事态严重，难以控制和处理，应在自救的同时向专业消防队伍求助。在消防队到现场后，要及时而准确地向消防人员提供电器、易燃、易爆物的情况。火灾区内如有人时，要尽快组织力量，设法先将人救出，然后再全面组织灭火。

在组织扑救的同时，组织人员清理、疏散现场人员和易燃易爆、可燃材料。如有物资仓库起火，应首先抢救易爆物品，防止人员伤害和污染环境。在急救过程中，遇有威胁人身安全情况时，应首先确保人身安全，迅速疏散人群至安全地带，以减少不必要的伤亡。设立警戒线，禁止无关人员进入危险区域；组织脱离危险区域或场所后，再采取紧急措施；对因火灾事故造成的人身伤害要及时进行抢救。密切配合专业救援队伍进行急救工作。

疏通事故发生现场的道路，保持消防通道的畅通，保证消防车辆通行及救援工作顺利进行。消防车由消防机构统一指挥，火场根据需要调动义务消防队及其他人员。

灭火以后，要保护火灾现场，并设专人巡视，以防死灰复燃。保护火灾现场又是查找火灾原因的重要措施。

（3）遇大风天气

应急措施：组织外脚手架及高空作业人员迅速撤离，防止出现人员伤亡事故。混凝土保温层上再加盖一层挡风塑料布并压牢。立即对保温材料堆场进行覆盖，加设防风围挡，防止被大风吹走。

第二节　越冬维护方案

一、编制依据

与本工程有关的法律法规、技术规范、合同文件、施工组织设计等。

二、越冬维护工程概况

（一）气候概况

哈尔滨每年 10 月中下旬温度开始进入零下，11 月份日平均气温降到 0℃以下，最低气温出现于 12 月份或者 1 月份，最低气温在 −32℃左右，极端最低气温达到 −37.7℃，2017 年哈尔滨机场温度达到 −37℃。每年 3 月份气温开始回升，3 月下旬日均气温回升至 0℃以上。

根据 2014 年冬期气温和降水变化对 2015 年冬期施工进行预测，具体如图 9-2 所示。

（二）越冬维护工程内容

地下室顶板表面、地下室洞口、管廊、地沟、基础梁、最后浇筑完成的混凝土板、钢结构、施工机械设备，施工现场和生活区临水、临电及消防管线，施工现场材料。

三、施工部署

（一）越冬维护组织机构及岗位职责

越冬维护管理组织机构及其岗位职责具体见表 9-5。

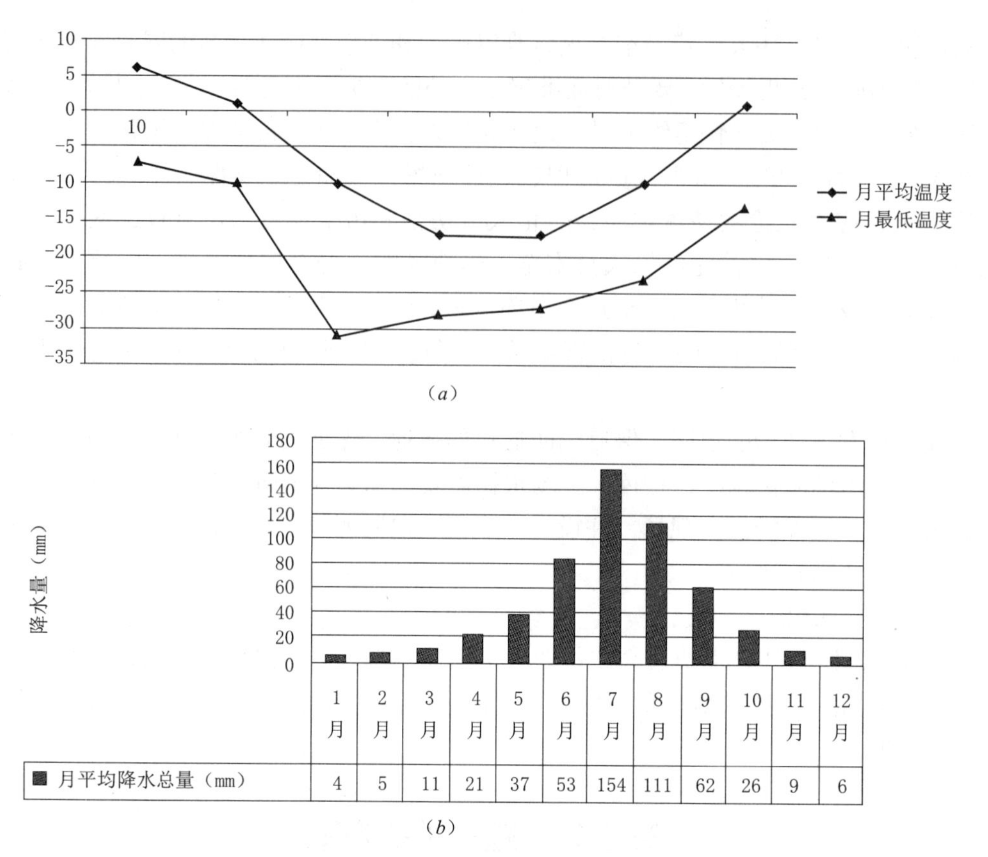

图 9-2　气温、降水变化分布图

（*a*）2014 年 10 月 ~2015 年 4 月气温变化图；（*b*）哈尔滨市月平均降水总量曲线图

越冬维护组织机构及岗位职责　　　　表 9-5

序　号	职　务	职　责
1	项目经理	全面领导、组织、协调冬期维护期间的一切事宜
2	项目总工程师	负责组织检查越冬维护措施的实施
3	建造总监	负责组织现场越冬维护措施的实施
4	安全总监	负责组织现场越冬维护措施安全检查
5	现场组	负责各区越冬维护措施的落实
6	技术质量组	负责地下室越冬维护期间测温工作，负责地下室底板标高控制、越冬维护期间混凝土试件的送检、收集试验报告
7	监督组	负责现场越冬维护措施安全检查
8	后勤保障组	负责越冬维护所需材料进场及验收，确保冬期维护期间生活用水的正常，测温

（二）越冬维护材料计划

越冬维护材料准备情况见表 9-6。

越冬维护材料计划　表 9-6

序　号	材料名称	规　格	数　量	用　途
1	珍珠岩（顶板）		9130m³（约 40 万袋）	地下室（洞口）顶板覆盖
2	干粉灭火器		200 个	消防
3	彩条布		20000m^2	覆盖珍珠岩，防风防雪
4	暖风机	30kW	10 个	地下室升温
5	防寒毡		200m^2	地下室洞口门帘
6	温度计	−30~50℃	100 支	地下室室温测量及大气温度测量
7	电子温度计		5 个	地下室底板温度测量

（三）技术准备

编制越冬维护专项施工方案，编写冬期维护所需的材料计划，根据审批方案进行越冬维护措施的技术、安全交底。

（四）现场准备

安排各有关工种进行越冬维护措施的落实，经验收合格后，移交越冬维护小组负责。

四、施工方法

（一）地下室顶板越冬维护

（1）地下室外墙：地下室外墙按照设计要求需做 80mm 厚挤塑板保温层。因此在越冬维护之前只需将基坑回填至挡土墙顶即可满足保温要求。

（2）地下室顶板：铺设 4 层（保证 500mm）厚袋装珍珠岩保温层，要求：拼铺严密，上下层之间错缝铺放；珍珠岩上铺设一层彩条布，防止因雨水、积雪融化后浸泡保温层，降低保温效果。且可防止珍珠岩袋子因风化导致复工时珍珠岩难以回收。

彩条布顺一个方向铺设，搭接宽度不小于 300mm，在遇到框架柱、剪力墙时，用木枋反裹压边。塑料布边缘及搭接部位用跳板压实，防止因大风掀起。

注意事项：所有预留在地下室顶板留洞全部封闭。

（3）地下室顶板维护热工计算

1）最小传热阻

$$R_{\mathrm{o,min}}=\frac{(t_i-t_{\mathrm{e}})n}{[\Delta t]}R_i$$

式中　$R_{\mathrm{o,min}}$——维护结构最小传热阻 [（m^2·K）/W]；

t_i——冬期室内计算温度（℃），t_i=5℃；

t_{e}——维护结构冬期室外计算温度（℃），

热惰性指标 $D=R_1\cdot S_1+R_2\cdot S_2=8.62\times0.63+0.086\times17.20=6.9098>6$，

$t_{\mathrm{e}}=t_{\mathrm{w}}=-31$℃；

n——温度差修正系数，$n=1$；

R_i——围护结构内表面换热阻 [（m^2·K）/W]，$R_i=0.11$；

[Δt]——室内空气与围护结构内表面之间的允许温差（℃），[Δt]=5℃。

求解 $R_{0,\mathrm{min}}=0.792$。

2）多层维护结构热阻计算

$R=R_1+R_2+R_3\cdots\cdots+R_n$

单一材料层热阻计算公式：

$$R=\frac{\delta}{\lambda}$$

式中　δ——材料层的厚度（m^2）；

λ——材料的导热系数 [W/（m^2·K）]。

由于地下室顶板有 500mm 珍珠岩以及 150mm 混凝土结构，珍珠岩导热系数 λ_1=0.058，混凝土结构导热系数 λ_2=1.74，因此：

R_1=8.62，R_2=0.086，R=8.706

维护结构传热阻：

$$R_0=R_i+R+R_e$$

式中　R_i——内表面换热阻 [（m^2·K）/W]；

R——围护结构热阻 [（m^2·K）/W]；

R_e——外表面换热阻 [（m^2·K）/W]。

$$R_0=8.706+0.11+0.04=8.856$$

计算结果 $R_0>R_{0,min}$，因此铺设 500mm 厚珍珠岩可以起到越冬维护效果。

（4）支模架计算书

1）计算参数

钢管强度为 205N/mm^2，钢管强度折减系数取 1.00。

模板支架搭设高度为 7.0m，立杆的纵距 b=1.2m，立杆的横距 l=1.2m，立杆的步距 h=1.8m。

面板厚度 14mm，剪切强度 1.4N/mm^2，抗弯强度 15N/mm^2，弹性模量 6000N/mm^2。

内龙骨采用 40mm × 80mm 木方，间距 500mm，木方剪切强度 1.4N/mm^2，抗弯强度 15N/mm^2，弹性模量 9000N/mm^2。

梁顶托采用 40mm × 80mm 木方。

模板自重 0.2kN/m^2，珍珠岩自重 0.8kN/m^3。

越冬维护均布荷载标准值 2.5kN/m^2。

采用的钢管类型为 ϕ48 × 3。

钢管惯性矩计算采用 $I=\pi（D_4-d_4）/64$，抵抗距计算采用 $W=\pi（D_4-d_4）/32D$。

2）模板面板计算

面板为受弯结构，需要验算其抗弯强度和刚度。模板面板按照三跨连续梁计算。

静荷载标准值 q_1 = 0.800 × 0.540 × 1.200+0.200 × 1.200=0.758kN/m

活荷载标准值 q_2 =（0.000+2.500）× 1.200=3.000kN/m

面板的截面惯性矩 I 和截面抵抗矩 W 分别为：

截面抵抗矩 W=39.20cm^3

截面惯性矩 I=27.44cm^4

①抗弯强度计算

$$f=M/W<[f]$$

式中　f——面板的抗弯强度计算值（N/mm^2）；

M——面板的最大弯矩（N·mm）；

W——面板的净截面抵抗矩（mm^3）；

$[f]$——面板的抗弯强度设计值（N/mm^2），取 15.00；

$$M=0.100ql^2$$

式中　q——荷载设计值（kN/m）。

经计算得到 $M=0.100\times(1.20\times0.758+1.40\times3.000)\times0.500\times0.500=0.128$kN·m

经计算得到面板抗弯强度计算值 $f=0.128\times1000\times1000/39200=3.259N/mm^2$

面板的抗弯强度验算 $f<[f]$，满足要求。

②抗剪计算

$$T=3Q/2bh<[T]$$

其中最大剪力 $Q=0.600\times(1.20\times0.758+1.40\times3.000)\times0.500=1.533$kN

截面抗剪强度计算值 $T=3\times1533.0/(2\times1200.000\times14.000)=0.137N/mm^2$

截面抗剪强度设计值 $[T]=1.40N/mm^2$

面板抗剪强度验算 $T<[T]$，满足要求。

③挠度计算

$$v=0.677ql^4/100EI<[v]=l/250$$

面板最大挠度计算值 $v=0.677\times0.758\times5004/(100\times6000\times274400)=0.195$mm

面板的最大挠度小于 500/250，满足要求。

3）模板支撑龙骨的计算

龙骨按照均布荷载计算。

①荷载的计算

钢筋混凝土板自重（kN/m）：

$$ql_1=0.800\times0.540\times0.500=0.216kN/m$$

模板的自重线荷载（kN/m）：

$$ql_2=0.200\times0.500=0.100kN/m$$

活荷载为施工荷载标准值与振捣混凝土时产生的荷载（kN/m）：

经计算得到，活荷载标准值 $q_2=(2.500+0.000)\times0.500=1.250$kN/m

静荷载：$q_1=1.20\times0.216+1.20\times0.100=0.379$kN/m

活荷载：$q_2=1.40\times1.250=1.750$kN/m

计算单元内的龙骨集中力为（1.750+0.379）×1.200=2.555kN

②龙骨的计算

按照三跨连续梁计算，计算公式如下：

均布荷载：$q=P/l=2.555/1.200=2.129$kN/m

最大弯矩：$M=0.1ql^2=0.1\times2.13\times1.20\times1.20=0.307$kN·m

最大剪力：$Q=0.6ql=0.6\times1.200\times2.129=1.533$kN

最大支座力：$N=1.1ql=1.1\times1.200\times2.129=2.811$kN

龙骨的截面力学参数为：

本算例中，截面惯性矩 I 和截面抵抗矩 W 分别为：

截面抵抗矩：W=42.67cm^3

截面惯性矩：I=170.67cm^4

龙骨抗弯强度计算：

抗弯计算强度：f=M/W=0.307 × 106/42666.7=7.19N/mm^2

龙骨的抗弯计算强度小于 15N/mm^2，满足要求。

龙骨抗剪计算：

最大剪力的计算公式如下：

$$Q=0.6ql$$

截面抗剪强度必须满足：

$$T=3Q/2bh<[T]$$

截面抗剪强度计算值：T=3 × 1533/（2 × 40 × 80）=0.719N/mm^2

截面抗剪强度设计值：[T]=1.40N/mm^2

龙骨的抗剪强度计算满足要求。

龙骨挠度计算：

挠度计算按照规范要求采用静荷载标准值，均布荷载通过变形受力计算的最大支座力除以龙骨计算跨度（即龙骨下小横杆间距）得到：

q=0.316kN/m

最大变形 v=0.677ql_4/100EI=0.677 × 0.316 × 1200.04/（100 × 9000.00 × 1706667.0）=0.289mm

龙骨的最大挠度小于 1200/400（木方时取 250），满足要求。

③托梁的计算

托梁按照集中与均布荷载下多跨连续梁计算。其应力分布图如图 9-3 所示。

集中荷载取次龙骨的支座力 P=2.811kN。

均布荷载取托梁的自重 q= 0.061kN/m。

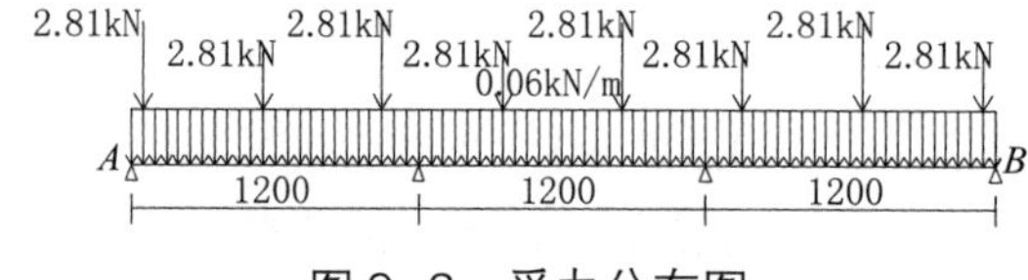

图 9-3 受力分布图

变形的计算按照规范要求采用静荷载标准值，受力图与计算结果如下：

经过计算得到最大弯矩：M= 0.837kN · m

经过计算得到最大支座：F= 7.447kN

经过计算得到最大变形：V= 0.394mm

顶托梁的截面力学参数为：

本算例中，截面惯性矩 I 和截面抵抗矩 W 分别为：

截面抵抗矩：W = 85.33cm^3

截面惯性矩 I = 341.33cm^4

顶托梁抗弯强度计算：

抗弯计算强度：f = M/W =0.837 × 106/85333.3=9.81N/mm^2

顶托梁的抗弯计算强度小于 15N/mm^2，满足要求。

顶托梁抗剪计算：

截面抗剪强度必须满足：

$$T = 3Q/2bh < [T]$$

截面抗剪强度计算值：$T=3\times4599/(2\times80\times80)=1.078\text{N/mm}^2$

截面抗剪强度设计值：$[T]=1.40\text{N/mm}^2$

顶托梁的抗剪强度计算满足要求。

顶托梁挠度计算：

最大变形：$v=0.394\text{mm}$

顶托梁的最大挠度小于 1200/250，满足要求。

④模板支架荷载标准值（立杆轴力）

作用于模板支架的荷载包括静荷载、活荷载和风荷载。

静荷载标准值包括以下内容：

脚手架的自重（kN）：$NG_1 = 0.138\times7.000=0.968\text{kN}$

模板的自重（kN）：$NG_2 = 0.200\times1.200\times1.200=0.288\text{kN}$

钢筋混凝土楼板自重（kN）：$NG_3 = 0.800\times0.540\times1.200\times1.200=0.622\text{kN}$

经计算得到，静荷载标准值 $NG = (NG_1+NG_2+NG_3)=1.878\text{kN}$

活荷载为施工荷载标准值与振捣混凝土时产生的荷载。

经计算得到，活荷载标准值 $NQ = (2.500+0.000)\times1.200\times1.200=3.600\text{kN}$

不考虑风荷载时，立杆的轴向压力设计值计算公式：$N=1.20NG+1.40NQ$

⑤立杆的稳定性计算

不考虑风荷载时，立杆的稳定性计算公式为：

$$\sigma=N/(\phi A)\leqslant[f]$$

式中 N——立杆的轴心压力设计值（kN），$N=7.29$；

A——立杆净截面面积（cm^2），$A=4.239$；

$[f]$——钢管立杆抗压强度设计值（N/mm^2），$[f]=205$；

ϕ——轴心受压立杆的稳定系数，由长细比 l_0/i 查表得到 $\lambda=0.287$。

经计算得到 $\sigma=7294/(0.287\times424)=59.883\text{N/mm}^2$。

不考虑风荷载时立杆的稳定性 $\sigma<[f]$，满足要求。

（二）地下室洞口越冬维护

地下室洞口进行越冬维护之前首先对其进行封堵。其中水平洞口封堵后，洞口上铺设5层袋装珍珠岩，要求：拼铺严密，上下层之间错缝铺放；珍珠岩上铺设一层彩条布，防止因雨水、积雪融化后浸泡保温层，降低保温效果；竖向洞口封堵后，按照设计要求做80mm厚挤塑板保温层，将基坑回填至挡土墙顶。地下室洞口采取以下方式进行封堵维护。

1. 水平洞口

当洞口宽度小于2m时，采用双面模板中间固定木枋制作盖板进行封堵，木枋每隔500mm铺设一根，模板尺寸根据现场洞口实际尺寸进行调整，四周各留置半米盖板，上铺5层袋装珍珠岩保温层，铺设要求同地下室顶板铺设要求，珍珠岩上铺设一层彩条布，用跳板压住，防止因雨水、积雪融化后浸泡保温层，降低保温效果。其洞口小于2m的覆盖设计如图9–4所示。

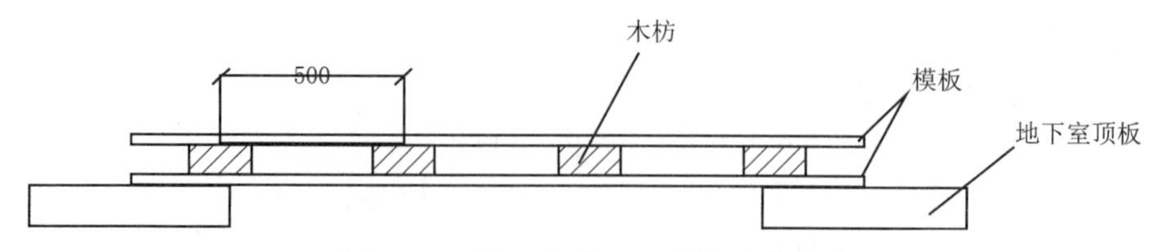

图 9-4　洞口小于 2m 覆盖示意图

当洞口宽度大于 2m 时，从地下室底板搭设脚手架，立杆的纵距 b=1.20m，立杆的横距 l=1.20m，立杆的步距 h=1.80m，内龙骨采用 40mm×80mm 木枋，间距 500mm，梁顶托采用 80mm×80mm 木枋，顶托上安置模板，模板底部与地下室顶板表面平齐。模板上方铺设 5 层珍珠岩，铺设要求同地下室顶板铺设要求，珍珠岩上铺设一层彩条布，用跳板压实，其洞口大于 2m 的覆盖设计。

对地下室顶板通往地下室的楼梯口封堵，现场留出一个楼梯口（9 号楼梯口）供人员进出测温，具体措施如下：

地下室顶板洞口上铺设跳板，铺设密闭严实，上铺 5 层珍珠岩，距洞口 0.5m 处开始搭设双排脚手架，架体高度 2.1m，扫地杆距地 0.3m，立杆的纵距 b=1.20m，立杆的横距 l=1.20m，立杆的步距 h=0.9m，架体之间铺设 3 层珍珠岩；架体外侧、顶部安装模板，与地下室顶板构成一个密闭空间，模板外侧顶部覆盖防寒毡；在距地下室顶板 0.6m 处设置一道推拉门，供行人进出，其楼梯洞口临时封堵设计。

2. 竖向洞口

地下室连廊洞口封堵如图 9-5~ 图 9-8 所示。

第一步：按照图 9-5 所示砌筑 370mm 厚的挡土墙，砌筑时注意搓缝，避免出现假缝、通缝、透明缝等，砌筑时高度每增加 0.5m 增设 2ϕ12 贯通筋一道。

第二步：按照图 9-6 所示在墙体中部设置墙垛。墙垛尺寸为 600mm×600mm，砌筑墙采用马牙槎的形式与墙垛咬接。

第三步：按照图 9-7 所示在墙体内侧砌筑 370mm 厚三角状支撑墙，墙高 2800mm，底边长 2000m。支撑墙与挡土墙马牙槎咬接。

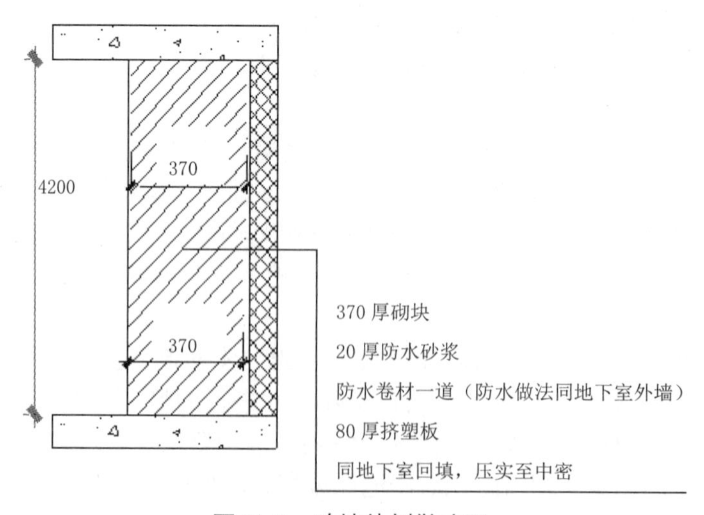

图 9-5　砖墙外侧做法图

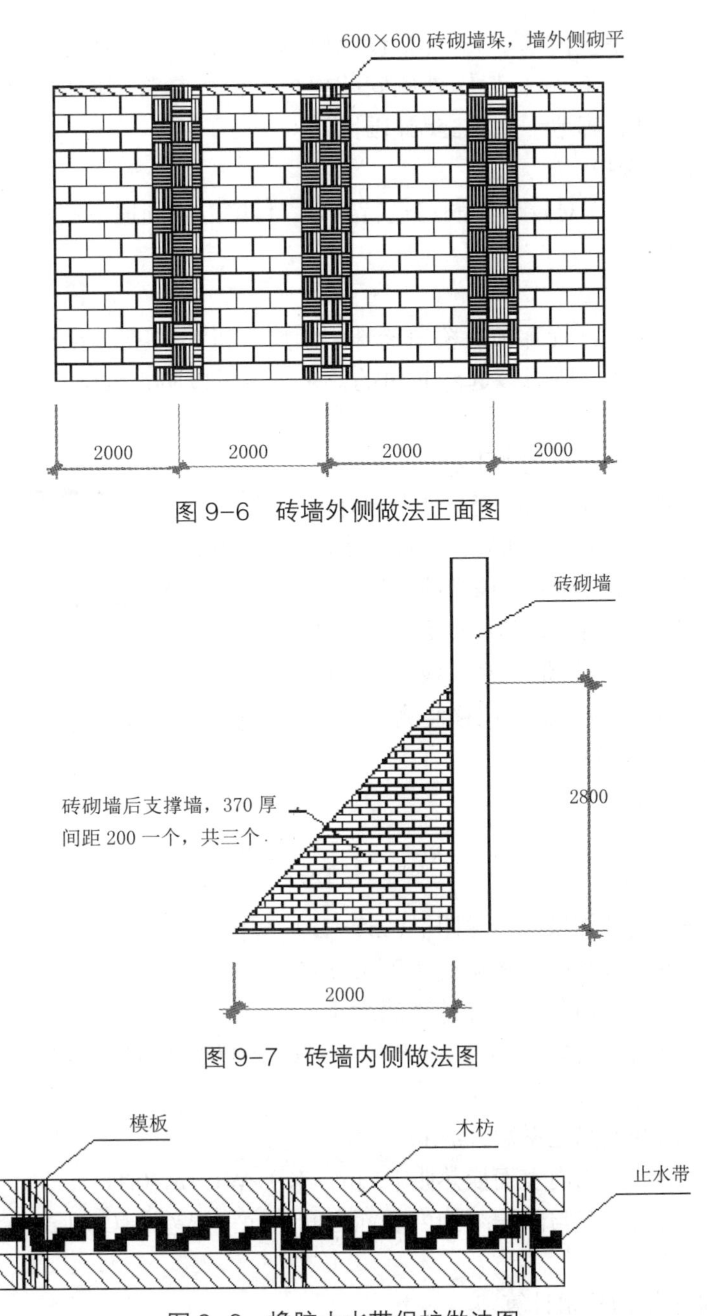

图 9-6　砖墙外侧做法正面图

图 9-7　砖墙内侧做法图

图 9-8　橡胶止水带保护做法图

第四步：按照图 9-8 所示在 370mm 厚的挡土墙上抹 20mm 厚水泥砂浆（掺防水剂），再进行防水施工，防水施工工艺同地下室防水（对伸缩缝处橡胶止水带进行维护，先刷水泥浆，再用木枋夹紧固定）。

第五步：粘贴 80mm 厚聚苯板。

第六步：分层回填压实。压实系数不宜太高，达到中密即可。

同地下室外墙粘贴 80mm 厚聚苯板，将基坑回填至洞口顶部即可满足保温要求。

管廊与地下室相交处洞口封堵：

在管廊洞口距地下室内墙 0.5m 处搭设双层脚手架，立杆的纵距 b=0.6m，立杆的横距 l=0.6m，立杆的步距 h=0.6m，架体外侧安装模板，模板与管廊内墙紧密结合，模板外侧铺设一层防寒毡，其管廊地下室相交洞口封堵。

（三）管廊越冬维护

越冬维护之前，首先对管廊的洞口进行封堵，封堵方式同地下室顶板。对于管廊部位，分为以下两部分考虑：

1. 一般管廊部位

对于一般管廊部位，管廊顶板覆盖珍珠岩 3 层，拼铺严密，上下层之间错缝铺放；珍珠岩上铺设一层彩条布，既可以起到防风的效果，也可以防止因雨水、积雪融化后浸泡保温层，降低保温效果。

2. 电气管廊与水暖管廊交叉下卧部位

对于电气管廊与水暖管廊交叉下卧部位，需在下卧管廊底板铺设 3 层珍珠岩，铺设要求同管廊顶板，其中管廊交叉部位珍珠岩铺设设计如图 9-9 所示。同时需在上部管廊顶板铺设珍珠岩，铺设要求同上，并按照地下室底板位移监测的方法和频次做好该位置底板的位移监测。

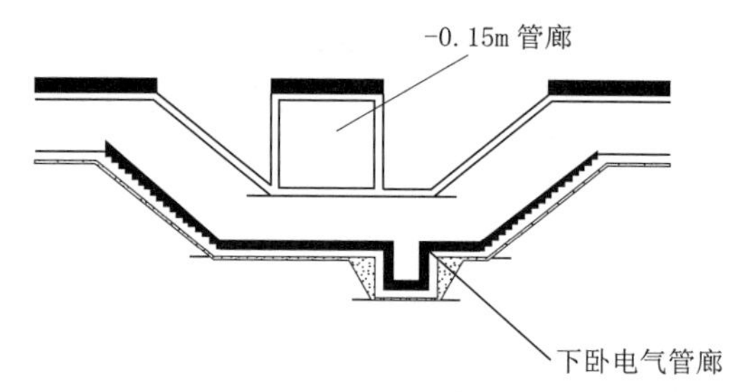

图 9-9 管廊交叉部位珍珠岩铺设示意图

3. 管廊顶板热工计算

（1）最小传热阻

$$R_{\mathrm{o,min}}=\frac{(t_i-t_{\mathrm{e}})n}{[\Delta t]}R_i$$

式中 $R_{\mathrm{o,min}}$——维护结构最小传热阻 [（$\mathrm{m^2}$·K）/W]；

t_i——冬期管廊内计算温度（℃），t_i=5；

t_{e}——维护结构冬期室外计算温度（℃），

热惰性指标 $D=R_1\cdot S_1+R_2\cdot S_2=8.62\times0.63+0.115\times17.20=7.4086>6$，

$t_{\mathrm{e}}=t_{\mathrm{w}}=31$；

n——温度差修正系数，n=1；

R_i——围护结构内表面换热阻 [（$\mathrm{m^2}$·K）/W]，R_i=0.11；

[Δt]——室内空气与围护结构内表面之间的允许温差（℃）[Δt]=5。

求解 $R_{\mathrm{o,min}}$=0.792。

（2）多层维护结构热阻计算

$R=R_1+R_2+R_3\cdots\cdots+R_n$

单一材料层热阻计算公式：

$$R=\frac{\delta}{\lambda}$$

式中 δ——材料层的厚度（m）；

λ——材料的导热系数 [W/（$\mathrm{m^2}$·K）]。

由于管廊顶板有 500mm 珍珠岩以及 200mm 混凝土结构，珍珠岩导热系数 λ_1=0.058，混凝土结构导热系数 λ_2=1.74，因此：

R_1=8.62，R_2=0.115，R=8.736

维护结构传热阻：

$$R_0=R_i+R+R_e$$

式中　R_i——内表面换热阻 [（m²·K）/W]；

R——围护结构热阻 [（m²·K）/W]；

R_e——外表面换热阻 [（m²·K）/W]。

R_0=8.736+0.11+0.04=8.886

计算结果 $R_0>R_{o,min}$，因此铺设 3 层厚珍珠岩可以起到越冬维护效果。

（四）地沟越冬维护

对于地沟部位，分为以下两部分考虑：

1. 与管廊不平行的地沟

对于与管廊不平行的地沟，即与管廊没有共用侧墙的地沟，在地沟底板覆盖 3 层珍珠岩，铺设要求同地下室顶板，铺设完成，上铺彩条布进行覆盖，并用木枋压实，防止大风吹起。

2. 与管廊平行的地沟

对于与管廊平行的地沟，在越冬维护期间，管廊地沟共用侧墙靠近地沟墙面覆一层厚塑料布，厚塑料布于管廊顶板、地沟底板处各延伸 1m。在地沟底板覆盖 3 层厚珍珠岩，管廊顶板也覆盖 3 层珍珠岩将塑料布压实，珍珠岩上铺彩条布，并用木枋压实。其管廊地沟平行位置越冬维护设计如图 9-10 所示。

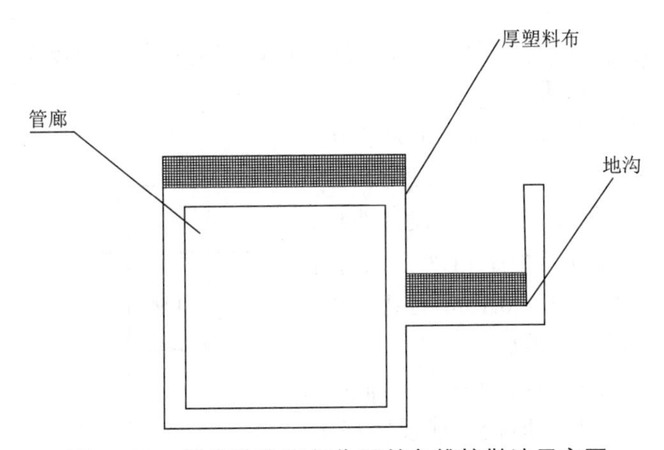

图 9-10　管廊地沟平行位置越冬维护做法示意图

3. 地沟部位热工计算

（1）最小传热阻

$$R_{o,min}=\frac{(t_i-t_e)n}{[\Delta t]}R_i$$

式中　$R_{o,min}$——维护结构最小传热阻 [（m²·K）/W]；

t_i——冬期地沟底板下土层计算温度（℃），t_i=5；

t_e——维护结构冬期室外计算温度（℃），

热惰性指标 $D=R_1\cdot S_1+R_2\cdot S_2=8.62\times0.63+0.172\times17.20=8.389>6$，

$t_e=t_w=-31$；

n——温度差修正系数，$n=1$；

R_i——围护结构内表面换热阻[（$m^2\cdot K$）/W]，$R_i=0.11$；

$[\Delta t]$——室内空气与围护结构内表面之间的允许温差（℃），$[\Delta t]=5$。

求解$R_{o,min}=0.792$。

（2）多层维护结构热阻计算

$$R=R_1+R_2+R_3\cdots\cdots+R_n$$

单一材料层热阻计算公式：

$$R=\frac{\delta}{\lambda}$$

式中 δ——材料层的厚度（m）；

λ——材料的导热系数[W/（$m^2\cdot K$）]。

由于地沟底板有3层珍珠岩以及300mm混凝土结构，珍珠岩导热系数$\lambda_1=0.058$，混凝土结构导热系数$\lambda_2=1.74$，因此

$R_1=8.62$，$R_2=0.172$，$R=8.793$

$$R_0=R_i+R+R_e$$

式中 R_i——内表面换热阻[（$m^2\cdot K$）/W]；

R——围护结构热阻[（$m^2\cdot K$）/W]；

R_e——外表面换热阻[（$m^2\cdot K$）/W]。

$R_0=8.793+0.11+0.04=8.94$

计算结果$R_0>R_{o,min}$，因此铺设3层厚珍珠岩可以起到越冬维护效果。

（五）基础梁部分越冬维护

（1）基础梁底以黏性土为主，属Ⅲ类土，冻胀。施工现场基础梁底全部位于抗浮设计水位以上。施工现场最外圈基础梁按照设计要求，在基础梁两侧及梁底部分回填中粗砂，无需进行越冬维护。对于顶标高为-0.15m的基础梁，顶面裸露在外，需进行越冬维护。

（2）基础梁顶及两侧各1m范围内上铺3层珍珠岩，铺设要求同地下室顶板，铺设完毕上铺彩条布进行覆盖，彩条布上用木枋压实，防止大风吹起。其基础梁越冬维护设计如图9-11所示。

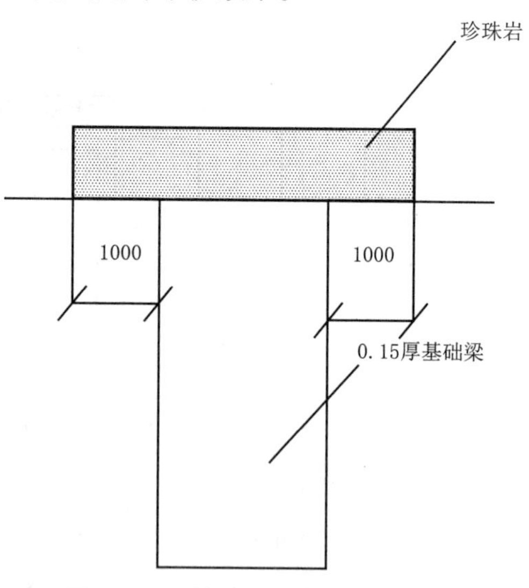

图9-11 基础梁越冬维护示意图

（3）基础梁热工计算

1）最小传热阻

$$R_{o,min}=\frac{(t_i-t_e)n}{[\Delta t]}R_i$$

式中 $R_{o,min}$——维护结构最小传热阻[（$m^2\cdot K$）/W]；

t_i——冬期基础梁底部土层计算温度（℃），$t_i=5$；

t_e ——维护结构冬期室外计算温度（℃），

热惰性指标 $D=R_1 \cdot S_1+R_2 \cdot S_2=8.62 \times 0.63+0.23 \times 17.20=9.3866>6$，

$t_e=t_w=-31$；

n ——温度差修正系数，$n=1$；

R_i ——围护结构内表面换热阻 [（m²·K）/W]，$R_i=0.11$；

[Δt] ——室内空气与围护结构内表面之间的允许温差（℃），[Δt]=5。

求解 $R_{o,min}=0.792$。

2）多层维护结构热阻计算

$$R=R_1+R_2+R_3\cdots\cdots+R_n$$

单一材料层热阻计算公式：

$$R=\frac{\delta}{\lambda}$$

式中　δ ——材料层的厚度（m）;

λ ——材料的导热系数 [W/（m²·K）]。

由于基础梁顶部有3层珍珠岩，基础梁高度按400mm算，珍珠岩导热系数 $\lambda_1=0.058$，混凝土结构导热系数 $\lambda_2=1.74$，因此：

$R_1=8.62$，$R_2=0.23$，$R=9.54$

维护结构传热阻：

$$R_0=R_i+R+R_e$$

R_i——内表面换热阻 [（m²·K）/W]；

R——围护结构热阻 [（m²·K）/W]；

R_e——外表面换热阻 [（m²·K）/W]。

$R_0=8.62+0.11+0.04=8.77$

计算结果 $R_0>R_{o,min}$，因此铺设3层厚珍珠岩可以起到越冬维护效果。

（4）基础梁计算书

已知：C区某基础梁 B=0.4m，H=0.8m，轴线跨度12m，其下卧土层为III类土，η=6%。哈尔滨地区冻土深度 Z_0=2.0m，工程冬期不采暖。

计算依据：《冻土工程地质勘察规范》GB 50324−2014；

《冻土地区建筑地基基础设计规范》JGJ 118−2011。

计算书按《冻土地区建筑地基基础设计规范》JGJ 118−2011。

$$z_d=z_0\Phi_{zs}\Phi_{zw}\Phi_{zc}\Phi_{zt0} \tag{5.1.2}$$

式中　z_0 ——标准冻深（m）；无当地实测资料，除山区外，应按图5.1.2中国季节冻土标准冻深线图查取；

Φ_{zs} ——土的类别对冻深的影响系数，按表5.1.2−1的规定取值；

Φ_{zw} ——冻胀性对冻深的影响系数，按表5.1.2−2的规定取值；

Φ_{zc} ——周围环境对冻深的影响系数，按表5.1.2−3的规定取值；

Φ_{zt0} ——地形对冻深的影响系数，按表5.1.2−4的规定取值。

查表，得到：z_0=2.0m；$\Phi_{zs}=1.0$；$\Phi_{zw}=0.9$；$\Phi_{zc}=1.0$；$\Phi_{zt0}=1.0$

$z_d=z_0\Phi_{zw}\Phi_{zc}\Phi_{zc}\Phi_t=2\times0.9\times1\times1=1.8$m

上部传下的力 F_k=1000kN

基础自重及上部土重 G_k=（1.873×1.873/2×1.2+0.4×10.127×0.8）×25.5+（1.873×1.873/2×1+0.4×10.127×1.2）×20=270kN

基础底面积 A=1.873×1.873/2×1+0.4×10.127×1.2=6.6m³

P_0=（F_k+G_k）/A=192kN/m³

1）产生切向冻胀力部分的冻胀应力

基础埋深范围内的切向冻胀力 $\tau_{dk}A$[式中 τ_{dk} 为切向冻胀力的特征值，按《冻土地区建筑地基基础设计规范》JGJ 118−2011 中表 C.1.1 取值 τ_{dk} =40kPa，Φ_t=1.1，A 为埋深范围内基侧表面积]。

τ_{dk} A =40×1.1×0.8×12×2=845kN

将平衡切向冻胀力部分的附加荷载看成是作用在基础上的外荷载 F_t，F_t 作用在切向冻胀力沿埋深合力作用位置的同一高度上（即 H/2）。该断面与冻结界面的距离 h=1.8−0.4=1.4m，基础的横截面积 A_d=6.6m²。

由 F_t 引起在所作用断面的平均附加压力：

$$p_{vt}=\frac{\tau_d\times A_t}{A_d}=845/6.6=128.03\text{kPa}\approx 128\text{kPa}$$

根据 h 和 d 按《冻土地区建筑地基基础设计规范》JGJ 118−2011 中图 C.1.2−2 取值，应力系数 α_d=0.09。冻结界面上的附加应力 $p_{vt}\alpha_d$=0.09×128=11.52kPa。该附加应力即为产生切向冻胀力部分的冻胀应力σ_{fh}^{t}。

2）冻结界面上的冻胀应力

根据 η=6% 查《冻土地区建筑地基基础设计规范》JGJ 118−2011 图 C.1.2−1 中 z^t 最大值所对应的冻胀应力，σ_{fh}=22kPa。

3）产生法向冻胀力的剩余冻胀应力$\sigma_{fh}^{\sigma},\sigma_{fh}^{\sigma}=\sigma_{fh}-\sigma_{fh}^{r}$=22.0−11.5=10.5kPa。

4）冻结界面上的剩余附加应力

基础底面的剩余附加压力 $p_{0\sigma}$=p_0−p_{0t}=192−128=64kPa

5）满足 $p_{b\sigma}>\sigma_{fh}^{\sigma}$即是稳定的。由于基础梁上部覆土自重远小于上部结构传下的力，此处不考虑厚度变化的影响，令 $p_{b\sigma}=\sigma_{fh}^{\sigma}$，10.5=$\alpha_d$×64，$\alpha_d$=0.164。即令 α_d>0.165 即可满足稳定条件。

根据《冻土地区建筑地基基础设计规范》JGJ 118−2011，和基础梁宽度 0.4m：

基础下冻层厚度须控制在 0.6m 以下。

验算结果如下：

考虑基础梁上不覆土的极限情况，计算结果如图 9−13~ 图 9−16 所示。

①竖向位移结果

由图可知，在自重及荷载作用下，梁产生向下的位移，梁的中部位移最大，约为 1mm。

在竖向冻胀力作用下，梁产生向上的位移，梁的中部位移最大，约为 1mm。

②应力结果

由图可知，在冻胀力作用后，最大应力由 2.127MPa 变为 2.319MPa，差值不超过 0.2MPa，可以认为安全。

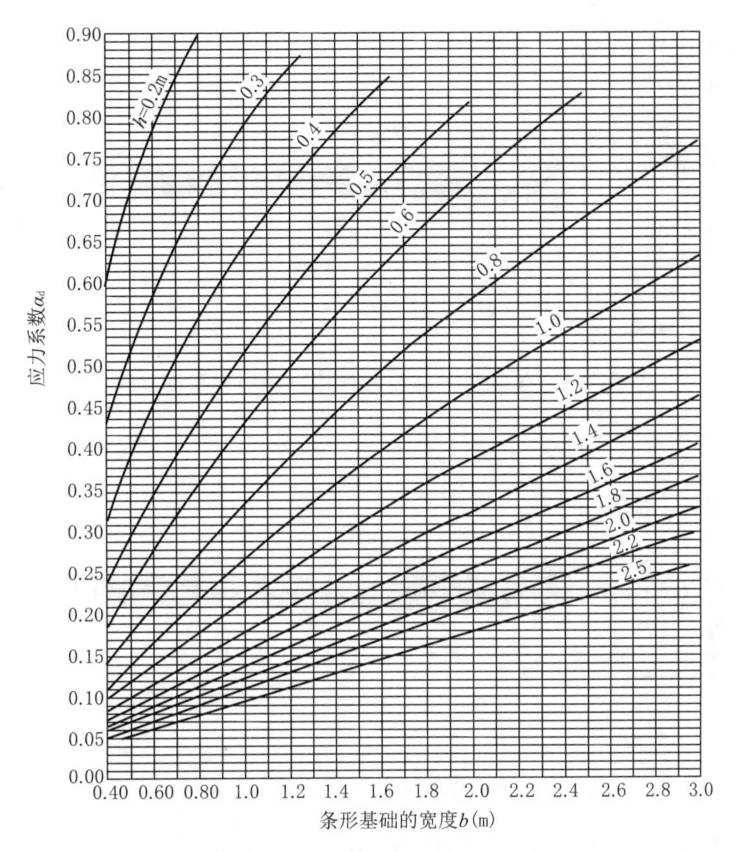

图 9-12 条形基础双层地基应力系数曲线

图 9-13 自重及上部荷载作用下的竖向位移云图（m）

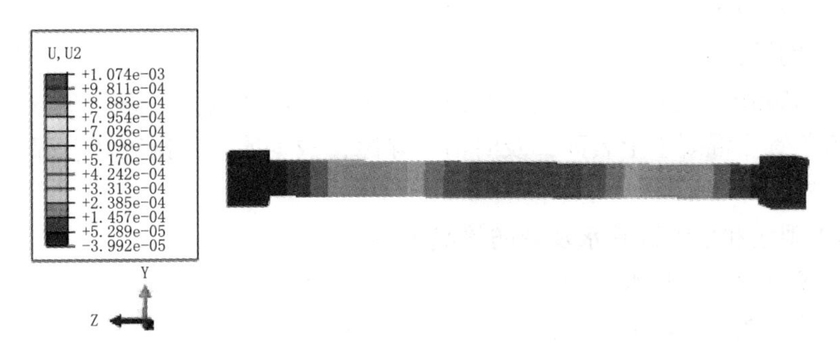

图 9-14 加载竖向冻胀力之后的竖向位移云图（m）

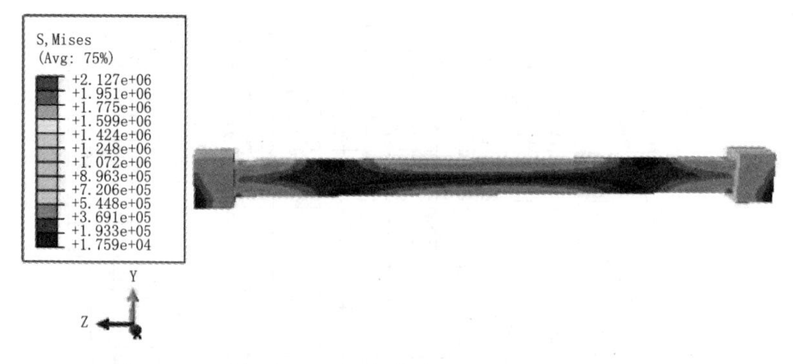

图 9-15　自重及上部荷载作用下的应力云图（Pa）

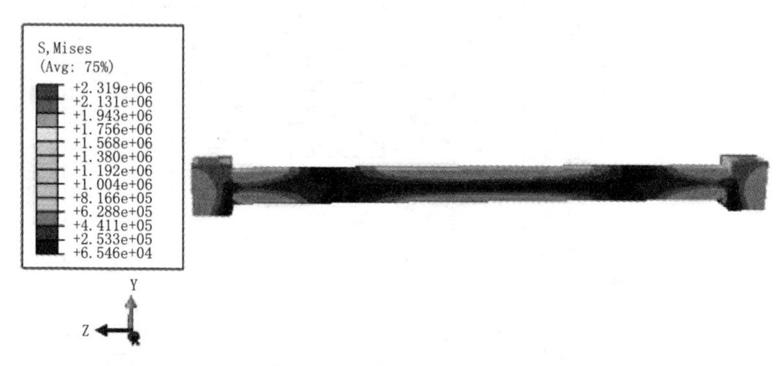

图 9-16　考虑冻胀力之后的应力云图（Pa）

考虑到越冬维护的质量、安全，我们对 −0.15m 的基础梁进行维护。

（六）最后浇筑完成的混凝土板

对于 B2 区新浇筑混凝土的一层顶板，此次越冬不采取维护措施，但是必须加强对该顶板及该顶板垂直投影位置地表的标高观测。

（七）施工机械设备维护

（1）小型施工机械：钢筋、木工机械拆除电机，拆除相应的开关箱及配电线路，其他小型施工机械集中堆放于钢筋操作棚下，用彩条布苫盖，并用木坊或跳板压实。

（2）塔吊维护：撤掉电源，将塔吊电线收在塔吊上面；收起吊钩，封闭驾驶室，将电机封闭好，用彩条布覆盖，防止进水。封闭露在结构外第一层标准节，采用大块模板将四周封闭，禁止上人；对于塔吊基础，塔吊基础及向外扩散 1m 范围上铺 3 层珍珠岩，并用彩条布覆盖，用木枋压实。

（八）钢结构维护

钢管柱为 Q345B，混凝土达到规定强度，不需进行越冬维护。因此在越冬维护期间只需用塑料布覆盖管内混凝土上表面，及时清雪除冰，减少冰雪在钢管柱上部堆积，防止坠落发生安全事故。

（九）施工现场和生活区临水及消防管线维护

1. 施工现场及生活区临水维护措施

（1）位于地下 2m 以下管线位于冻土层以下，无需处理。

（2）位于地下 2m 到地面之间的临水管线用加热带进行保温。

（3）位于地表的临水管线采用保温棉缠绕并用空调扎带绑扎。

（4）埋地部分与明设管道交叉处的立管露出地面部分维护措施同地表管线维护措施。

（5）阀门及检查井需盖好井盖。在井盖上平铺膨胀珍珠岩保温层，厚度540mm，宽度为每边超出井周边不小于2000mm。

2. 消防水管维护措施

消防水管冬维期间停止使用，管内积水抽干净，用灭火器代替消防水管起到消防作用。

（十）施工现场材料维护

1. 模板、木枋、跳板的越冬维护

施工现场的模板、木坊、跳板分类堆放，用钢丝捆扎，并用彩条布覆盖好，防止因雨雪浸泡变形导致第二年无法使用。严禁堆放在楼层临边及绑扎不牢区域。对于无法周转使用的短木枋及废旧模板应及时处理，为大量材料的堆放腾出场地。

2. 钢筋原材料、半成品的维护

将现场原材及半成品钢筋按规格、型号分别码放整齐。对无法使用的废钢筋头集中处理。

钢筋堆场的下面码砌不低于500mm的架空层，钢筋上面覆盖彩条布，彩条布必须覆盖严密，周边用跳板或木枋压实，防止钢筋锈蚀。

3. 外脚手架的维护

项目冬休前，由项目部经理、技术负责人、专职安全员等组成检查小组，对外悬挑脚手架进行专项检查。

特别指出架体上（包括水平安全网上）的建筑垃圾、模板等材料必须清理干净，防止高空坠落发生安全事故。

五、越冬维护保障措施

（一）技术管理措施

进入越冬维护后，首先，由项目技术、资料人员对2015年度的技术资料（包括图纸、设计变更、技术联系单等设计文件，签证等经济文件，施工组织设计、隐蔽验收、实验报告等所有的内业资料）进行整理、归档、填写目录等，并集中保存在项目部资料室。

按照项目试验台账，由项目试验员在冬休期间按时送检试件，收集试验报告。

（二）安全保卫措施

1. 现场照明

因进入越冬维护阶段基本无夜间施工，因此施工现场每台塔吊仅保留一个地灯来提供冬维期间现场的夜间照明。

2. 安全保卫制度

越冬维护安全保卫组成员严格遵守项目部的有关安全制度，应做好现场一切保卫工作，加强值班和巡逻，防止材料及财物的丢失，防止现场出现安全事故，及时巡逻现场，工作期间不得喝酒，不准擅自离开工作岗位。不得留宿无关人员，无关人员严禁进入工地，做好交接班记录。

3. 积雪清除

考虑到哈尔滨地区冬期气温较低，降雪频繁，容易造成积雪，因此施工现场及生活区内的积雪、积水要及时清理，特别是加强对外露结构的清雪除冰工作，有冰路面及时刨除，防止春季冻融对结构带来侵蚀破坏。

（三）地下室温度控制措施

1. 测温

在地下室挡土墙、地下室中间部位每隔一定距离悬挂一支温度计，温度计的悬挂高度为离地 1500mm。同时提前埋设测温导线，对地下室底板温度进行监控。

安排专人（4 人），每天间隔 8h 进行测温，填写测温记录，测温记录须填写室外温度、地下室的温度以及地下室底板温度。

当有大风、降温天气，应增加测温的次数。

2. 测标高

在地下室底板选取监测点进行标高测量，定时对监测点标高进行监测，绘制标高变化曲线，及时发现冻胀问题。测量频率为一周 1~2 次。

3. 升温取暖

当出现如下情况时：

（1）地下室温度低于 0℃；

（2）地下室底板温度低于 1 ℃；

（3）地下水位超过地下室底板底标高时。

需采用暖风机取暖升温。哈尔滨地区气温较低，冬期室外温度为 −35℃，取暖升温后达到 5℃。暖风机周边严禁有易燃物品，每个暖风机附近至少放置 1 个干粉灭火器。必须做好电暖器管线的布置和分配，由于冬期用电量大，一定注意防火防电安全。

4. 暖风机计算

$$需要热量（kcal）=V\cdot \Delta t\cdot K$$

式中　V——加热空间的总体积（m^3）；

Δt——室内需要的目标温度与室外温度之差（℃）；

K——保温系数。

良好的保温：K=0.6~0.9；

一般的保温：K=1.0~1.9；

较差的保温：K=2.0~2.9。

本工程地下室目标温度 5℃，令 Δt=2℃，考虑到地下室洞口并不能完全封堵密实，因此保温系数 K 选取最大值取 1.9，V=7500 × 6.3=47250m^3。

需要热量（kcal）=$V\cdot \Delta t\cdot K$ =47250 × 2 × 1.9 =179550cal。

热量换算系数：861.27

179550 ÷ 861.27=208kW，即至少需要准备 30kW 的暖风机 7 台。考虑到温度流失及热功率效率问题，因此，需采用 30kW 暖风机 10 台。

5. 安全措施

（1）加强检查，避免发生火灾。

（2）严禁一人单独进入地下室进行测温和检查。

（3）电暖器周边严禁有易燃易爆物品。

（四）越冬维护检查

1. 第一次越冬维护检查

时间：越冬维护措施全部按照方案落实后，11 月 20 日左右。

检查内容：根据建设单位、监理单位批准的越冬维护专项施工方案，会同建设单位、监理单位对越冬维护专项施工方案落实的情况检查。

2. 越冬维护期间的检查

时间：越冬维护期间每隔两周左右检查一次。

检查内容：越冬维护措施是否有效，是否满足规范、规程的规定，及时发现问题、及时处理越冬维护中出现的异常情况。

3. 开工前的检查

时间：明年开工前。

检查内容：基础底板、主体结构是否受冻害影响，质量是否满足设计、规范的要求。

（五）现场保护措施

1. 材料保证措施

（1）做好材料计划工作，考虑到工程现场珍珠岩堆码较紧张，提前 1 个月做好珍珠岩需求计划，计划要经过计算，要求准确。

（2）鉴于珍珠岩的需求量较大，提前摸清市场行情，组织落实好货源。避免出现因材料不到位而延误越冬维护的现象。

（3）进场的材料应确保质量，避免因材料不合格退场而延误越冬维护。

2. 机械设备保证措施

为保证施工机械在施工过程中运行的可靠性，我们还将加强管理协调，同时采取以下措施：

（1）加强对设备的维修保养，对机械易损件的采购储存。

（2）落实钢筋加工机械、木工机械、焊接设备的定期检查制度。

3. 外围保障保证措施

设专人专职负责，加强消防、文明施工、环保与防止扰民、治安保卫工作以及与政府有关部门的联系，减少由于外围保障不周而对施工造成的干扰，从而创造良好的施工环境和条件。

（六）冬期安全用电措施

1. 施工现场的用电安全

（1）施工现场架设的用电线路应绝缘良好，悬挂高度及线间距必须符合电力部门的安全规定，不得将电线缠绕在钢筋、树木或脚手架上。

（2）施工现场的临时照明应符合下列规定：

1）供电线路应采用防水绝缘电缆 。

2）灯具固定在绝缘物体上，不得摇摆、晃动。

3）电线接头应牢固，并用防水绝缘胶带包扎。

（3）各电器设备应配有专用配电箱，配电箱必须牢固、防雨，箱内禁止存放杂物，箱内电器开关、元件设置合理、匹配、完好，并装有漏电保护装置，漏电保护装置动作灵敏有效。严禁露天摆放使用各种用电开关。用电线路不得有虚接及外皮破损现象。用电设备一机一闸。

（4）施工用电线路布设合理，三相平衡。备有灭火器材及高压安全用具，维护、检修线路断电停电时，应在操作手柄上悬挂指示牌。

（5）施工现场使用高温灯具，其与易燃物的距离不得小于 1m，一般照明灯具距离易燃物不得小于 50cm。

（6）用电设备负荷与用电线路相匹配，严禁超负荷用电，露天使用的电气设备，应有良好的防雨性能或有可靠的防雨设施。

（7）电工作业时，必须遵守安全操作规程，严禁违章作业。电气设备的设置、安装、防护、使用、维修必须符合相关的技术规范及标准。

（8）不定期地对用电线路、用电设备进行检测、维修，发现隐患，及时消除。

2. 生活区的用电安全

（1）要求职工宿舍要确保电表的完好。

（2）坚决禁止私拉、乱接盗电现象的发生，保证线路的简单畅通。

（3）对电磁炉、空调、电热水器等大功率用电设备要控制适量使用，尽量避免大功率电器同时使用。

（4）严禁在宿舍区使用“三无”（无中文标识、无厂名、无厂址）产品、不合格产品、劣质产品和自制的用电设备，消除安全隐患。

（5）床边的固定式插座仅供小功率电器使用，严禁在床上拉电线、放置移动式插座及使用台灯或其他用电设备。其他固定式插座只能接一个移动式插座，严禁多个互接；移动式插座必须放在安全的地方，不得靠近蚊帐、被褥、衣服、书本等易燃物品。

（6）切实做到人离关灯、关电源，各种用电设备（电脑、收录音机、充电器等）使用完毕后及时关闭电源，不得长时间通电。

（7）严禁私自更换宿舍内电路设备上的任何装置，破坏生活区的供电线槽（盒）和供电电缆；电线与电线之间不要交叉使用，不超负荷用电，避免电线发热引起短路而导致火灾的发生。

六、消防安全管理

（1）由项目经理领导，各项目班子成员组织在越冬维护之前进行消防演练，熟练消防设施的应用，建立一支以保安为主体、以项目管理人员为补充的消防队伍负责日常消防工作。

（2）贯彻“以防为主，防消结合”的消防方针，加强领导，组织落实，建立逐级防火责任制，确保施工现场安全。组织职工进行安全生产的学习，严格贯彻安全责任制；各项工作必须做到有项目、有措施、有交底、有检查、有解决，不留隐患，一丝不苟地做好安全消防工作。做好施工现场平面管理，对易燃材料的存放要设管理专人负责保管，远离火源。

（3）易燃易爆物品和压力容器瓶应设专用仓库分类隔离存放；保温棉毡、岩棉毡等保温物品要在安全地点码放，应保持干燥通风，有防风雪措施，堆放地要符合防火要求。

（4）安排专人每天进入施工现场，查看现场安全隐患，并且进行日常消防设施的检查，保持消防设施的完好性。

（5）按照规范布置消火栓，现场配备干粉灭火器、消防锹、消防桶等器具。

（6）在木工加工房、地下室、生活区等地均匀布置消防器材和消火栓，并由专人负责，定期检查，保证完整。冬期应对消火栓、灭火器等采取防冻措施。

（7）建立现场用火审批制度，现场内未经允许不得生明火。

（8）越冬维护时，注意暖风机作业和其他电气设备，严禁失火。

（9）越冬维护期间，由于消防水管停止使用，因此需要配备消防砂箱进行消防工作。

（10）越冬维护防火是关键，一定要确保消防安全。越冬维护 FOD 管理是基本，一定要确保不停航施工。

七、越冬维护应急预案

1. 应急响应责任划分

越冬维护应急响应组织机构和岗位职责与主体结构冬期施工相同，不再详述。

2. 应急响应流程

应急响应流程与主体结构冬期施工相同，不再详述。

3. 应急处理措施

鉴于本工程的特殊性，在越冬维护过程中，可能存在暴雪低温、火险、高空坠落、机械伤害等问题，为确保整个施工安全，特制订以下应急处理措施：

（1）暴雪低温：鉴于哈尔滨地区冬期温度极低，降雪频繁，因此当哈尔滨地区发生暴雪预警时，需立即启动应急预案，组织人员对现场清雪除冰，避免积雪过多，防止春季冰雪冻融对结构带来的侵蚀破坏。冬期需对道路进行定期清雪除冰，保证道路能够顺利通行，避免因为路面不通畅导致应急救援不及时而耽误救援的正常进行。

（2）火险：现场消防应遵守国家、地方法律法规、标准规范和消防章节的相关规定。增大施工现场夜间的检查力度，对现场易发生火情的位置进行重点排查；现场严禁明火。做好消防抢险的应急准备，一旦发生火情，迅速扑灭，防止火势扩大。对于必要的火险情况，应及时向业主单位汇报。

（3）高空坠落：高空作业、检查配好“三宝”，现场“四口、五临边”防护应稳固可靠。冬期对洞口、临边的积雪及时进行清理，防止结冰。一旦发生高空坠落事故，受伤人员立即进行处理或就近送往医院救治。应急小组维护现场秩序，阻止无关人员进入事故现场，同时引导救援车辆进入现场，使之正常开展工作。

（4）机械伤害：发生机械伤害事故后，由应急救援小组组长负责现场总指挥，发现事故发生人员首先高声呼喊，通知现场安全员，由安全员打事故抢救电话，向上级有关部门或医院打电话抢救，同时通知生产负责人组织紧急应变小组进行可行的应急抢救，如现场包扎、止血等措施。防止受伤人员流血过多造成死亡事故发生。

八、越冬维护测温布置

结合航站楼平面和薄弱部位，布置测温点。

第三节　暖封闭专项施工方案

一、编制依据

与本工程有关的法律法规、技术规范、合同文件、施工组织设计等。

二、暖封闭工程概况

（一）临时暖封闭概况

根据总进度计划安排，2017 年冬期需插入精装修等施工，为确保精装修等具备施工作业环境，根据经验，室内温度需达到 5℃以上，具备伸手操作条件。

为保证冬期室内精装修施工气温要求，首先对门洞口进行临时性封堵，预留满足人员出入、材料运输及消防要求的通道口。临时性封堵包括航站楼外围一周所有出入口（含门洞口、登机口、通道口）的保温封闭及与 B1 相交接位置管廊洞口的封堵（尽量使用正式门对门洞口进行封闭，如果不能以久代临的可采取保温封闭），供暖系统启动需提前供暖。

在供暖期间，采用正式散热器、地热和热风幕及空调系统备用。本方案对四种供暖进行计算，个别房间或区域不能满足冬期施工需要的，需采取措施达到冬期施工条件。

（二）临时门洞口封堵概况

门洞口主要尺寸为 1500mm × 2100mm、2000mm × 1400mm、2000mm × 1000mm、7400mm × 3350mm（B2 区外室外通道口）、7400mm × 5550mm（B2 区外室外通道口）等，门洞口概况见表 9-7 和表 9-8。

门临时性封堵概况表 表 9-7

门（个）	一　层	夹层（登机口）	二层（登机口）	小　计
B2 区	2	/	/	2
B3 区	8	1	1	10
C1 区	2	2	2	6
C2 区	12	1	1	14
C3 区	12	8	6	25
C4 区	11	7	3	20
B2 区室外通道	2			
合计	49	19	13	79

门斗临时性封堵概况表 表 9-8

门斗（个）	一　层	二　层	小　计
B2 区	3	3	6
B3 区	1	/	1
C1 区	2	/	2
C2 区	1	/	1
C3、C4 区	/	/	/
合计	7	3	10

（三）供暖设备和系统概况

冬期供暖热源计划为能源站热力管网提供采暖热水，通过地下室换热站，经板式换热器交换后为各采暖设备提供热源，冬期供暖期间外管网具备正常运营的条件。现场采用正式散热器、地热和热风幕及临时散热器为航站楼提供冬期供暖，空调系统作为备用。采暖水由地下室管廊敷设至各分层区域，将热源提供给散热器、地热或暖风机。参与采暖系统为：一层、夹层和二层所有散热器、地热和热风幕。

（四）无采暖房间概况

此外，设计说明中要求弱电中心、UPS 间、安检信息机房、行李机房、广播机房、运营商机房、停车场管理用房设置恒温恒湿机房专用空调。空调机房、风机房、配线间、配电间、卫生间、气瓶间、仓库、其他设备机房无采暖设备。建议上述类型房间由有施工内容的分包单位自行加装临时电采暖器。无采暖房间如图 9-17 所示。

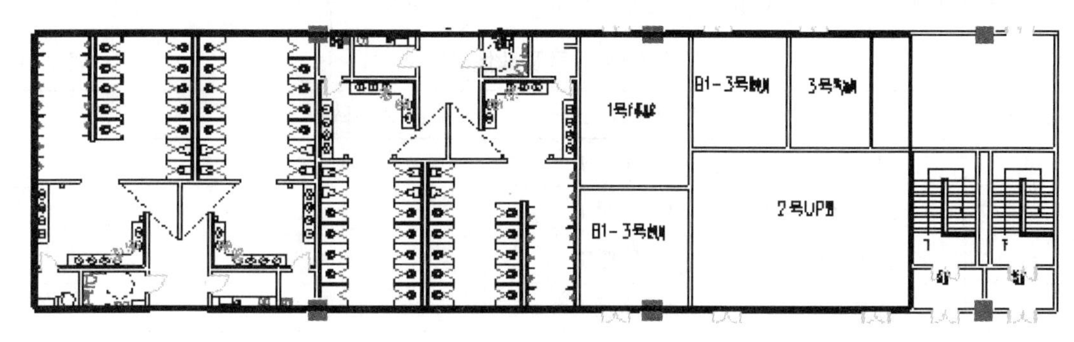

图 9-17　无采暖房布置图

三、施工部署

（一）供暖小组成员

组长：项目经理；副组长：项目总工程师、建造总监；组员：机电、钢结构、幕墙专业负责人。

（二）供暖小组职责

（1）协调与指挥部、供热公司之间的关系。

（2）按照供暖要求，对航站楼进行 24h 供暖。

（3）每日对供暖设备和管线进行操作、维护和保养。

（4）每天检查、监测现场各个区域供暖温度和围护结构封闭情况，发现异常情况向监理和指挥部汇报，督促相关单位进行调整、整改。

（5）及时更换设备和管路系统易损配件附件。

（6）做好设备运行值班记录。

（三）人员准备

1. 临时封堵人员准备

在指挥部、监理公司的统一协调领导下，我单位成立航站楼临时封堵及维护小组，保证航站楼各出入口 24h 有人值班（8h 轮换），建立《门卫管理制度》。现场有专业管理人员进行指导，电工、力工等人数满足施工要求，其中临时封堵人员需求见表 9-9。

临时封堵人员需求表　　表 9-9

序　号	工　种	人员数量	职　责	备　注
1	现场管理人员	6	监管现场按方案进行	
2	测量人员	4	放线、测量标高	
3	电工	6	焊接	
4	力工	20	洞口封堵、材料搬运、清扫	
5	瓦工	5	B2 区与 T1 航站楼交接处封堵	

2. 供暖及运行维护人员准备

在指挥部、监理公司的统一协调领导下，我单位成立航站楼供暖小组，保证每个航站楼各楼层 24h 有人值班（8h 轮换），其中专业人员及数量见表 9-10。

专业人员及数量表　　表 9-10

序　号	区　域	专业类别	人　数	备　注
1	B2、B3	水暖工	2 × 3	
2	C1、C2、C3、C4	水暖工	3 × 3	
3	热力站	水暖工	2	
4	水暖管廊	水暖工	4	
5	B、C 区	电工	3	
6	热力站	电工	2	
7	2 号、3 号配电室	电工	2	
8	合计		28	

（四）临时封堵机械准备

临时封堵机械准备见表 9-11。

临时封堵机械准备表　　表 9-11

序　号	设备名称	数　量	用　途	备　注
1	小推车	6 辆	材料运输	
2	20t 吊车	4 台	吊运材料	
3	电焊机	4 台	焊接	
4	门禁系统	2 套	实名制管理人员	

（五）临时封堵材料准备

材料主要包括彩钢龙骨、防锈漆、密封胶带、岩棉彩钢夹心板、岩棉。

（六）应急设备及通信设备准备

应急设备需求见表 9-12。

应急设备列表　　表 9-12

序　号	材料种类	型　号	材料计划量	备　注
1	空压机	BJ-10A，7.5kW	2 台	
2	空压机	BJ-40A，30kW	2 台	
3	电焊机	WS-400A	2 台	
4	套丝机	ZH-D301S	2 台	
5	管钳	—	5 把	
6	剪叉式移动升降平台	MX750	2 台	
7	门式脚手架	3.8m	4 副	
8	空气加热器	master/ BV290E	12 台	
9	柔性软管	ϕ400	1500m	
10	焊接钢管	*DN*100	498m	
11	离心玻璃棉	70mm 厚	30m^3	
12	柴油	0 号	9000L	
13	对讲机		24 台	
14	灭火器		772 个	

（七）门洞口封堵布置

一层门洞口、夹层门洞口、二层门洞口、临时性洞口全部封堵，共封闭洞口 91 个。

（八）与 T1 航站楼交接处墙体封堵布置图

二层贴临处墙体封堵布置如图 9-18 所示。

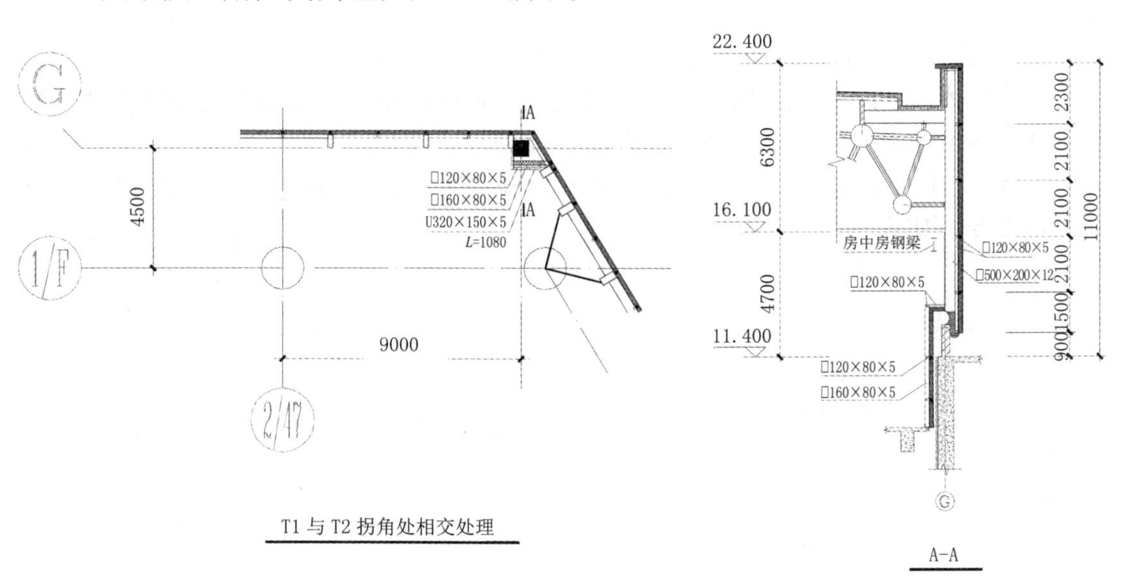

图 9-18　二层贴临处墙体封堵

（九）地热区域

临时性封堵施工时，附近地暖部位应制作临时格挡，防止地暖局部受冻。临时性封堵龙骨预埋件提前预埋，禁止破坏地暖。

四、暖封闭施工方法

（一）预留通道

现场门窗应在暖封闭之前尽量安装完成，如不能则进行临时封堵。在各主入口中间预留通道门，见表 9-13。其中，B 区二层预留通道将利用高架桥运送材料。材料通道、人员通道进出口处设置暖风幕，暖风幕处于常开状态，以减少因冷空气入侵导致的热量损耗，满足暖封闭要求。其他已封闭门口处暖风幕材料应具备开启条件，当室内温度不足时应全部开启补充热量，空调系统作为应急设备也应具备开启条件。由于材料进出通道易导致室内热量散失，现场建立严格的《材料进出场管理制度》，所有单位按制度进行材料的进出场。

预留通道情况表　　表 9-13

序　号	预留通道门位置	门斗尺寸	层　数	备　注
1	⓵⁄⑸¹~52轴/AA轴	9m × 8m × 3m	一层 B2 区	人员通道
2	55~56轴/AA轴	9m × 8m × 3m	一层 B3 区	材料通道
3	1/51~52轴/AA轴	9m × 8m × 3m	二层 B2 区	人员通道
4	55~56轴/AA轴	9m × 3m × 3m	二层 B3 区	材料通道

若其他分包单位因施工原因需单独开设通道，需以书面形式报总承包单位审批，根据热工计算确定是否具备开启条件，且新增通道的防寒门斗、人员进出实名制管理及防寒措施等均由提出申请的分包单位自行解决，经总承包单位、监理单位验收通过后方可投入使用。

人员通道在门斗里侧内门设置门禁系统，保证现场工人实名制进场。预留通道件如图 9-19 所示。

（二）临时门洞口封堵施工方法

封堵具体做法：在幕墙门框里侧采用钢龙骨 80mm × 80mm × 5mm 做龙骨（龙骨与地面 100mm × 100mm × 6mm 的预埋钢板焊接）+100mm 厚岩棉彩钢夹芯板将首层各出入口封堵，幕墙门框与彩钢龙骨之间的缝隙，采用填塞岩棉，保证热量不散失，加固不牢靠的采用钢管支架固定，如图 9-20 所示。

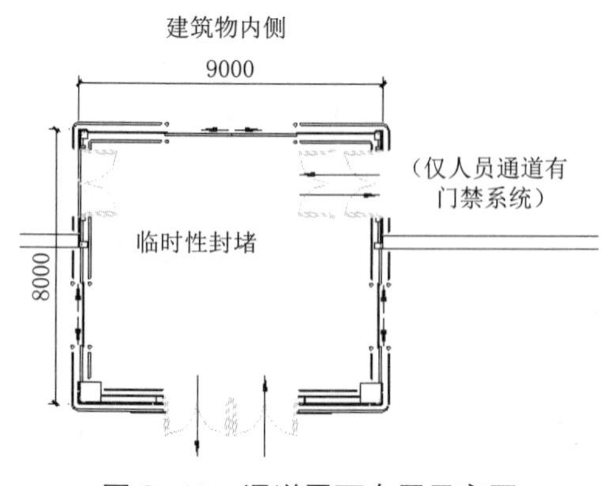

图 9-19　通道平面布置示意图

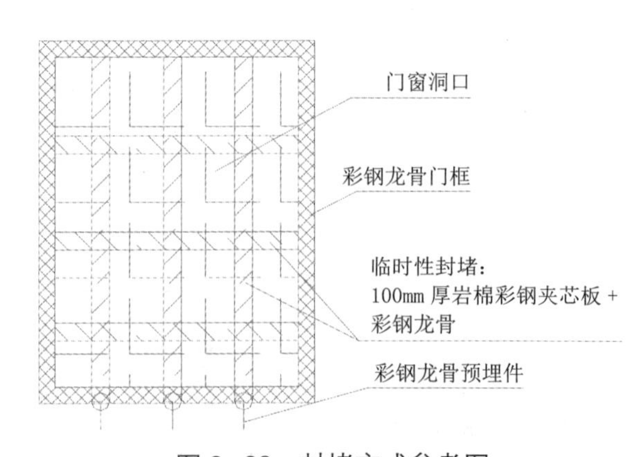

图 9-20　封堵方式参考图

（三）贴临位置墙体封堵施工方法

封堵具体做法：待幕墙龙骨安装完成且彩色混凝土 CCA 板等安装后，最后进行剩余空隙的临时封堵，临时封堵采用高保温砌块，砌筑高度同设计要求。砌筑完成后进行交接处伸缩缝安装，实现节点处的封闭。

由于该位置工程施工与 T1 航站楼紧密相连，施工时可能需对现有航站楼结构进行拆改，因此对现场文明施工要求高，进行贴临处墙体封堵时需加强作业人员管理，禁止工人随意进入航站楼楼顶。

待后期精装修单位进场，T1 航站楼改造方法确认后，再按照业主要求完成节点处的永久封闭，届时一次性完成现有屋面防水的破坏（施工会对现有防水产生破坏）和再修复。

五、室内冬期供暖

（一）供暖设备及供暖系统

冬期供暖要求为 5℃，根据航站楼实际围护结构，鉴于一层与夹层在空间上连通成一个整体，由空气自然流通可保持冬期施工最低温度要求。按照设计室外温度为 −24.2℃计算一层、夹层无 B1 区供暖负荷需要 1569kW，二层无 B1 区供暖负荷需要 2944kW。按照设计室外温度极寒天气 −31℃考虑，计算一层、夹层无 B1 区供暖负荷需要 1934kW，二层无 B1 区供暖负荷需要 3630kW。散热器、地热系统可提供热负荷见表 9−14。

散热器、地热系统可提供热负荷表　　表 9−14

类　型	一层散热器	一层地热	夹层散热器	小　计	二层散热器	二层地热	小　计
热负荷（kW）	751	1555	90	2396	1775	902.45	2677.45

1. 二层供暖负荷

（1）二层去除 B1 区地面辐射供暖系统供暖热负荷

3007+1821+1031+517+（4776−1318）+519+544+1034+（1730−162）+506+784=14789m^2

在供回水温度为 60/50 ℃情况下，二层地面辐射供暖系统供暖热负荷 14789 × 120=1626790W=1775kW。

（2）二层去除 B1 区散热器供暖系统供暖热负荷

1）钢芯压铸铝散热器：25 片共 235 组，供回水温度为 85/60 ℃；可提供热负荷：120 × 235 × 25=705000W=705kW。

2）铜铝复合型辐射散热器：14+14 柱 2 组，25 柱 39 组，21 柱 4 组，20 柱 13 组，19 柱 15 组，18 柱 3 组，16 柱 3 组。供回水温度为 85/60℃；可提供热负荷：104 ×（28 × 2+25 × 39+21 × 4+20 × 13+19 × 15+18 × 3+16 × 3）=183248W=183.25kW。

3）高频翅片散热器：GLGC4−3000 共 1 组，GLGC4−2500 共 1 组，GLGC4−2000 共 1 组，GLGC4−1800 共 1 组。供回水温度为 85/60 ℃，可提供热负荷：（3+2.5+2+1.8）× 1526=14192W=14.2kW。

4）二层散热器供暖系统供暖热负荷共为：705+183.25+14.2=902.45kW。

（3）二层去除 B1 区供暖系统供暖热负荷为：1775+902.45=2677.45kW。

（4）通过设计软件：鸿业负荷计算软件：

哈尔滨机场航站楼冬期室外 −24.2℃，室内 5℃，航站楼二层去除 B1 区需提供 2944kW 热量。冬期室外 −31℃，室内 5℃，航站楼二层去除 B1 区需提供 3630kW 热量（鉴定情况：建设部科技成果评估证书建科评 [2004]019 号）。

（5）通过设计软件：鸿业负荷计算软件：

哈尔滨机场航站楼冬期室外 −31℃，室内 5℃，航站楼二层去除 B1 区需提供 3630kW 热量（鉴定情况：建设部科技成果评估证书建科评 [2004]019 号）。

2. 一层供暖负荷

（1）一层地面辐射供暖系统供暖热负荷

$3664+1437+1160=6261m^2$

在供回水温度为 60/50℃情况下，一层地面辐射供暖系统供暖热负荷：6261 × 120 =751320W=751kW。

（2）一层散热器供暖系统供暖热负荷

1）钢芯压铸铝散热器：25 片共 207 组，22 片共 96 组，20 片共 7 组，18 片共 10 组，13 片共 1 组，供回水温度为 85/60℃，可提供热负荷：120 ×（25 × 207+22 × 96+20 × 7+18 × 10+13 × 1）× 120=914400W=914kW。

2）铜铝复合型辐射散热器：25 柱 77 组，24 柱 16 组，23 柱 36 组，22 柱 39 组，19 柱 3 组，18 柱 3 组，17 柱 11 组，15 柱 4 组。供回水温度为 85/60℃，可提供热负荷：104 ×（25 × 77+24 × 16+23 × 36+22 × 39+19 × 3+18 × 3+17 × 11+15 × 4）× 104=452712W=453kW。

3）高频翅片散热器：GLGC4−2000 共 3 组，GLGC4−3 共 2 组，GLGC4−2.8 共 13 组，GLGC4−2.7 共 4 组，GLGC4−2.5 共 3 组，GLGC4−2.4 共 13 组，GLGC4−2.3 共 5 组，GLGC4−2.0 共 1 组，GLGC4−1.9 共 1 组，GLGC4−1.8 共 2 组，GLGC4−1.7 共 4 组，GLGC4−1.5 共 3 组。供回水温度为 85/60℃，可提供热负荷：（3 × 2+3 × 2+2.8 × 13+2.7 × 4 +2.5 × 3+2.4 × 13+2.3 × 5+2 × 1+1.9 × 1+1.8 × 2+1.7 × 4）× 1526=188766.2W=189kW。

4）一层散热器供暖系统供暖热负荷共为：914+453+189=1556kW。

（3）一层供暖系统供暖热负荷为：751+1556=2307kW。

（4）通过设计软件：鸿业负荷计算软件：

哈尔滨机场航站楼一层及夹层冬期室外 −24.2℃，室内 5℃，需提供 1569kW 热量。冬期室外 −31℃，室内 5℃，需提供 1934kW 热量鉴定情况（建设部科技成果评估证书建科评 [2004]019 号）。

3. 夹层散热器供暖系统供暖热负荷

（1）钢芯压铸铝散热器：25 片共 162 组，18+18 片共 12 组，供回水温度为 85/60℃，可提供热负荷：（25 × 162+36 × 12）× 120=537840W=54kW。

（2）铜铝复合型辐射散热器：25 柱 11 组，20 柱 2 组，15 柱 2 组。供回水温度为 85/60℃，可提供热负荷：（25 × 11+20 × 2+15 × 2）× 104=35880W=36kW。

（3）夹层散热器供暖系统供暖热负荷共为：54+36=90kW。

4. 一层、二层 B1 区散热器可供暖热负荷

（1）钢芯压铸铝散热器：22 片共 33 组，25 片共 31+42 组，供回水温度为 85/60℃，可提供热负荷：（22 × 33+25 × 73）× 120=306W=306kW。

（2）一层、二层 B1 区散热器可供暖热负荷共为：306kW。

各系统可提供热量计算，地热每平方米提供热量 120W，钢芯压铸铝散热器每片提供热量 120W，铜铝复合散热器每片提供热量 104W，高频翅片每米提供 1526W。依据：920 版图纸设计说明及《民用建筑供暖通风与空气调节设计规范》GB 50736-2012。

根据以上计算，在设计理论情况下，航站楼一层在散热器、地热全部开启使用的情况下，可以满足冬期室内 5℃室温。航站楼二层在散热器、地热全部开启使用的情况下，无法满足冬期室内 5℃室温。在室外温度 -31℃情况下需 953kW，在设计理论室外温度 -24.2℃情况下，还需 267kW。不足的热负荷由热风幕热负荷进行补充，每组热风幕按照 70kW 考虑。按照室外温度 -24.2℃，补充 267kW 热负荷考虑，可开启二层热风幕 5 组。在极寒天气室外温度 -31℃时，需开启二层热风幕 17 组。但考虑施工现场的环境及航站楼第一次供暖，除正式的地热、散热器、热风幕全部投入使用外，部分空调系统备用。

空调系统备用位置、型号、功率等情况见表 9-15。

空调系统备用表　　表 9-15

序　号	层　数	区　域	型　号	热　量
1	一层	B2	B-0.0-2	45kW
2	一层	B3	B-0.0-3	37kW
3	一层	B3	B-0.0-4	45kW
4	夹层	C1	C-0.0-1	22kW
5	夹层	C3	C-（-1.2）-1	18.5kW
6	夹层	C3	C-4.3-1	18.5kW
7	夹层	C4	C-（-1.2）-2	22kW
8	二层	B2	B-8.6-1	37kW
9	二层	B3	B-8.6-2	45kW

采暖所需要的设备集中在换热站内，包括板式换热器、供热一次二次循环水泵、热水补水系统等，必须保证供热设备及其配套附件安装完成、调试合格的情况下运转管道系统，将热水送至系统末端。

（二）临时供暖条件与协调

根据暖封闭目标节点，所有有关冬期供暖的工作在此之前需要完成，关联单位均在此节点之前完成本单位施工内容。

总承包单位完成外围护结构的封闭，包括航站楼内所有进出口（包括门、登机口、行李车通道）的保温封闭。屋面完成保温和屋面板封闭安装，上下屋面通道做好防护门和遮挡，天窗关闭严密。幕墙玻璃和铝板安装完成，做好玻璃嵌缝，缺少的局部异型玻璃采用保温板封闭。采暖设备和管道安装调试完成，供电容量足够，供电设备调试合格。

航站楼内供电、供暖设备值班、维护人员保障到位，航站楼进出管理人员和措施到位，各单位维护保障人员齐全。航站楼内排水、供电等应急方案完成，操作人员培训完成。

板式换热器、水泵等安装调试完成，值班人员到位。室外供电、排水管道系统安装完成。

管理人员、值班人员、热力站操作人员联系通畅。

（三）供电需求

临时供暖设备负荷需求见表 9-16。

临时供暖设备负荷需求表　　表 9-16

序　号	设备名称	功率负荷（kW）
1	电热风幕	444（37×12）
2	水热风幕	109（57×1.2+4×10）
3	板式换热器	112（30+30+37+15）
4	换热站水泵	90（45+45）
5	空调机组	630（70×9）
合计		1385

六、暖封闭供暖保障措施

（一）现场实测、调试

（1）外网热源进入换热站后，开启分水器供暖干管阀门，逐个系统启动二次水循环泵，检查分集水器、循环水泵各阀部件开关是否正常。

（2）打开地下室主管道上的总阀，让水进入集水器，再依次各系统，在各立管顶端放气，使系统满水。

（3）按照从上往下、自近及远的顺序逐步地打开立管处分集水器阀门和各机房分支阀门，让水进入采暖系统；对各层分集水器进行放气，使得水路系统满水。

（4）对发现有渗水和漏水及跑水的按照紧急预案进行处理，并有记录以备核查。

（5）确定系统水满的情况下，利用温度仪测试末端供回水温度及室内温度，现场实测实量，每层分别取 20 个点，检查是否达到供暖要求。

（6）根据所测得的温度进行平衡阀的调试工作，关小或开大平衡阀，达到各系统水力平衡。

（二）检查和改进

根据我方经验，供暖初期，温度上升十分缓慢，机组供回水温差偏大。可能出现下述问题：环境温度已经很低，整个 T2 航站楼需要热负荷巨大；热力站供水温度偏低，不能满足设计热负荷要求；围护结构封闭不很完善和彻底，大面封闭完成，但缝隙太多，热损失偏大；热力站未封闭，机组运行环境温度低，有受冻损伤的隐患。

如果出现以上情况，应立即进行有针对性的改进措施。

（1）按照确定的供暖方案，将计划使用的换热机组、散热器、地热、热风幕等全部投入运行，保证总负荷满足现场需求。

（2）设计要求的一次水温度为 60~85℃，换热站刚开始运行时，可能出现进换热站的一次水温低（如为 70℃左右），对供暖效果影响很大。航站楼内换热站值班人员发现后要及时与总包沟通，并请热力站值班人员安排专人进驻换热站，共同对一次、二次水温进行监控，密切双方的联系，每 30min 采用对讲机就一次水温进行核实，无误后双方在各自的值班本上做好记录。板式换热器需要维护或检修时，提前 1h 告知航站楼做好准备和预案，防止设备发生冻裂损伤。经过调整，使换热站一次水温基本稳定，保证 85℃左右，满足散热器、地热运行要求。

（3）航站楼内暖封闭完成后，受温度影响，幕墙与土建结构之间、土建二次结构砌筑、进出口、伸缩缝等无法抹灰收口，存在大量的缝隙，寒冬阶段室外温度极低，可能出现航站楼热负荷损失太大，温度难以保证。如果出现上述情况我方将组织力量按区域进行分工，进行地毯式排查缝隙和封堵。幕墙与土建结构之间请幕墙专业施工单位采用发泡剂封堵，土建外围二层结构采用发泡剂和玻璃棉堵塞，航站楼进出口增加电热风幕和双层门帘，并安排专人值班看守。主楼和指廊之间的结构伸缩缝制作双层钢板，内衬玻璃棉保温进行固定式封堵，与T2相交的连廊增加一道木板隔断。对所有登机口和不使用的门窗洞口全部进行完善，确保没有漏风现象。同时我方将安排日常检查维护人员，确保封堵有效可靠。

（4）供暖必须保证散热器、地热安全。采暖运行初期，由于装饰单位材料需总包留门才能材料运输到位，机房进出口安装门帘，开始阶段采用热源（如：临时点焦炭炉）对机房进行升温。通过这些措施，机房内的温度将会上升，可确保机组安全。

（5）由于换热机房在地下室，现场的空气环境恶劣，施工期间采用散热器、地热进行供暖，其中对换热板是一个巨大的考验。为了保证板换、水泵安全，值班人员需要随时观察机组运行状况、噪声、供回水温差，发生偏差时需要立即进行检查。

七、应急预案

（一）应急响应责任划分

暖封闭应急响应组织机构和岗位职责与主体结构冬期施工相同，不再详述。

（二）应急响应流程

应急响应流程与主体结构冬期施工相同，不再详述。

（三）消防应急管理

现场出现火险时，要根据火情的大小立即报警。向内部报警时，报警人员应简述：出事地点、情况、报警人姓名；向外部报警时，报警人应详细准确报告：出事地点、单位、电话、事态现状及报告人姓名、单位、地址、电话；报警完毕报警人应到路口迎接消防车及急救人员的到来。

在报警的同时切断电源，组织义务消防队按消防应急救援预案立即进行自救，力争在火灾初起阶段，将火扑灭。若事态严重，难以控制和处理，应在自救的同时向专业消防队伍求助。在消防队到现场后，要及时而准确地向消防人员提供电器、易燃、易爆物的情况。火灾区内如有人时，要尽快组织力量，设法先将人救出，然后再全面组织灭火。

在组织扑救的同时，组织人员清理、疏散现场人员和易燃易爆、可燃材料。如有物资仓库起火，应首先抢救易爆物品，防止人员伤害和污染环境。在急救过程中，遇有威胁人身安全情况时，应首先确保人身安全，迅速疏散人群至安全地带，以减少不必要的伤亡。设立警戒线，禁止无关人员进入危险区域；组织脱离危险区域或场所后，再采取紧急措施；对因火灾事故造成的人身伤害要及时进行抢救。密切配合专业救援队伍进行急救工作。

疏通事故发生现场的道路，保持消防通道的畅通，保证消防车辆通行及救援工作顺利进行。消防车由消防机构统一指挥，火场根据需要调动义务消防队及其他人员。

灭火以后，要保护火灾现场，并设专人巡视，以防死灰复燃。保护火灾现场又是查找火灾原因的重要措施。

（四）消防疏散通道布置

冬期供暖期间，现场应设置消防疏散标志，消防疏散通道布置满足规范要求；现场灭火器布置按照设计图纸中消防箱位置进行摆放，每处布置 2 个灭火器，一层合计布置灭火器 360 个，夹层合计布置灭火器 140 个，二层合计布置灭火器 272 个。

（五）成品保护

为保证所有设备在施工中不被弄污受损，保护已完工作成果，必须加强成品保护工作。对全体施工人员进行教育，讲清成品的重要性，责任到人，并采取一些必要的防护保护措施、设置护栏等，并安排专人看护、检查、监督，确保已完工作的完好。供暖期间管道中有热水，在其他专业施工时要明确告知，严防不清楚的工人对管道进行随意拆改，而造成跑水现象。

热管道敷设结束，混凝土保护层浇筑完毕后，涉及地热区域不允许有剪刀车，移动升降平台等机械在地面上操作。若需要使用，涉及地热区域地面必须有保护措施，在涉及地热区域地面铺设一层 10mm 厚钢板。

所有设备和管线做好标示、警示。

由于一次水温是高温热水，为保证施工和维护人员安全，并减少热损失，所有一次水管道均需做好保温。

（六）紧急情况应急措施

（1）紧急情况：管道滴水、渗水的应急措施。

将该系统干管主阀门关闭，利用管廊内、机房内泄水管进行放水，放到集水坑内，不具备条件的使用水桶进行接水。放水完成后，使水压力降低，检查的工人随身带有管钳、麻丝、管件等常用工具，进行维修。

（2）紧急情况：管道跑水的应急措施。

停止其他工作，将跑水管道所在的立管主阀门关闭，同时打开阀门后面的临时泄水口，利用临时泄水管将立管系统的水排到地下一层的集水坑内，同时通知水专业的人员进行排水工作。当水压力降低后进行跑水部位的维修工作。对上述紧急情况，项目部管理人员在现场指挥。

（3）紧急情况：热力站内设备问题而造成的热水无法供出或外围护结构不能封闭，或者供暖设备停电故障的应急措施。

通知相关专业进行补救处理，及时关闭换热机组，如果估计在短期内（1d 时间）无法进行处理完毕的，为了保护机组和管道，就要采取非常措施，将管道的水排出至地下室集水坑内，对该房间内管道进行吹扫，防止冻裂。

具体方法：关闭机组进出水阀门，打开机组泄水阀，若 60min 内不能确保电源供应，打开与设备机组相连的橡胶软接头，将设备及进出口管道内余水泄尽，协调机场供应临时电源（或者租小型发电机），启动空气压缩机，通过压力表管道接口，采用压缩空气将设备内的积水吹出，同时启动空气加热器。

第四节　幕墙冬期施工专项方案

一、编制依据

与本工程有关的法律法规、技术规范、合同文件、施工组织设计等。

二、工程概况

（一）幕墙冬期施工内容

预埋件安装、龙骨安装、龙骨焊接、干挂板安装、铝板（蜂窝铝板）安装。

（二）幕墙冬期施工特点

（1）冬期施工技术较为复杂，而且费用高，应根据工程实际情况，采用不同的措施和方法，达到保证质量、保证工期与减少成本支出的目的。

（2）冬期施工易发生质量事故和质量隐患，而且有明显的滞后性，由于事故发现晚，处理难度大，因此冬期施工应以预防为主。

（3）冬期施工材料必须有出厂质量证明、说明书等资料。如保温覆盖的材料要具有阻燃性等特殊要求。

三、施工部署

（一）冬期施工辅助材料准备

对于本项目的冬期施工，须做好人员冬期防寒防滑劳动用品，及时在冬期施工前将所需物资用品运至现场，冬期施工所需物资见表 9-17。

冬期施工物资表　　表 9-17

序　号	物资名称	数　量	备　注
1	温度计	200 根	测温
2	加厚手套	500 付	施工人员
3	电暖风	50 台	热源、备用
4	防寒服	300 件	施工人员
5	防滑棉鞋	300 双	施工人员
6	高级塑料布	$10000m^2$	隔断、材料遮盖
7	防火阻燃被	$10000m^2$	保温、备用
8	毛毡	$10000m^2$	平台防滑、材料遮盖
9	防火石棉布	$1000m^2$	焊件保温
10	焊条保温桶	20 件	焊条保温
11	采光灯	15 台	采光

另外，还有暖炉、煤炭、射灯（2000W）、焊条保温箱、焊条烘干箱等取暖设备。

（二）劳动力安排

安排 4 个班组同时进行施工航站楼 B 区、C 区各一个班组，高架桥两个班组，合计平均每天 260 人。因冬期施工工人工作效率仍受一定程度的影响。为保证施工进度，采取两班工作制，尽量延长总工作时间，在工作效率减低的情况下尽可能保证工程进度，完成进入冬歇期前的施工任务。

四、幕墙冬期施工方法

（一）航站楼 C 区空侧冬期施工

（1）施工内容：C 区空侧檐板剩余修补工作。

（2）施工方法：采用两台 ST-85 型号高空车，高空车栏体规格为 2.5m×1m，外围满挂防火布外加棉被加强防风保温，在栏体内部设置一台 2000W 小太阳加热器用于施工人员取暖。

（二）航站楼 C 区路侧冬期施工

（1）施工内容：窗间墙部位化学锚栓施工。

（2）施工方法：搭设吊篮 20 部及移动平台 8 部。采用 2000W 吹风机用于化学锚栓的提前预热及锚栓孔周边的加热，以保证化学锚栓药剂的正常埋设。针对化学锚拴的后期养护采用局部搭设棉被保温，内设热风机加热提高养护温度。且养护温度不低于 5℃，保养时间满足 48h。

针对此部位 8 部施工平台，对其周围满挂防火布外加保温棉被的方式做保温措施，平台内部设置 2 台 1200W 小太阳取暖器用于施工人员取暖。

针对此部位 20 台吊篮，预购 20 块 1.5m×8m 防火布及保温棉被进行外围封闭，另预备 1m×1m 保温棉被用于吊篮的保温。对于正常施工部位，吊篮内部放置一台 1200W 小太阳用于施工人员取暖。

（三）贵宾厅门斗冬期施工

（1）施工内容：墩柱挂板和注胶、地面石材铺装。

（2）施工方法：贵宾厅施工外围搭设双排脚手架，外排满挂防火布外履保温棉被，搭设一个将门头包裹在内的温棚，温棚设置 3 部暖炉，暖炉应采取离地面 500mm 架高设置，暖炉应采用无烟煤以保证暖棚内温度不低于 5℃，用以满足门头地面石材湿贴，保证施工质量。

安排专人每天进行现场巡视并对暖棚四周及中心不同位置距地面 1000mm 与 7500mm 处分别挂设温度计，温度计应各自编号，每天不同时间检测温度计读数并做好测温记录。

（四）航站楼 B 区空侧冬期施工

（1）施工内容：航站楼 B 区空侧石材挂板已完成，高低跨正在进行檐口挂板施工。

（2）施工方法：T1 航站楼上部高低跨部位搭设双排脚手架 115m×11.28m，脚手架外围满挂防火布加保温棉被，在施工部位每组施工人员加充一台 1200W 小太阳取暖器，B 区现有吊篮 44 台，项目购置相应数量 1.5m×8m 防火布及保温棉被对吊篮进行外围封闭，另预备 1m×1m 保温棉被用于吊复电机的保温。对于正常施工部位，吊篮内部放置一台 1200W 小太阳用于施工人员取暖。

（五）航站楼 B 区路侧冬期施工

（1）施工内容：B 区陆侧斜面及 B、C 交接部位、高低跨部位正常安装石材龙骨。

（2）施工方法：焊接作业较多，此部位施工需配备足量钢材预热装备，钢材焊接施工前应使用电加热器或喷灯进行加热，焊接作业时焊条应提前在焊条烘干箱内进行加热烘干处理，并放置于保温筒内随用随取。焊接完成后用防火石棉石对焊接部位进行覆盖处理，避免钢件降温过快。

1）㊿轴阳角位置进行龙骨焊接和干挂板施工之前，对外帷满堂脚手架满挂棉被和防火布，棉被上下、左右之间搭接 300mm，脚手架内放置一个煤炭火炉，每天持续烧煤。钢材焊接施工前应使用电加热器或喷灯进行加热，焊接作业时焊条应提前在焊条烘干箱内进行加热烘干处理，并放置于保温筒内随用随取。焊接完成后用防火石棉石对焊接部位进行覆盖处理，避免钢件降温过快。

2）B 区陆侧一层剩余部分石材安装工作，此部位施工需借助脚手架进行石材安装，脚手架外围需满挂防火布及保温棉被进行防火保温，对施工部位工作面配备 1200W 小太阳取暖器，用于施工人员取暖，对于光线不足处架设 2000W 射灯进行采光。

3）B 区陆侧二层铝板安装需借助高空车进行施工，此部位施工高空车采用 1250AJP 型号，高空车栏体规格为 2.5m × 1m，外围满挂防火布外加棉被加强防风保温，在栏体内部设置一台 2000W 小太阳加热器用于施工人员取暖。焊接作业应符合焊接要求。

（六）高架桥部位冬期施工

（1）施工内容：高架桥剩余工作量主要为主桥一层两侧吊顶铝板部位造型柱石材铁艺栏杆安装及上下引桥圆柱安装。

（2）施工方法：主桥两侧铝板吊顶安装借助于此部位脚手架进行施工，此部位脚手架为满堂脚手架，外围总长度约 1000m，高度 7.5m，内部空间较大，可用防火布及保温棉被对此部位脚手架全部包围满挂，形成一个保温棚，施工人员在内部进行施工，施工部位配备小太阳取暖器，每个施工部位加设 1000W 射灯用于采光，配备灭火器。焊接作业配备焊条烘干箱、焊条保温筒，钢材加热用电热器（喷灯）对焊件进行加温处理，并对焊接完成部位钢件采用防火石棉布覆盖等。

高架桥一层独立造型柱约 120 根，对独立造型柱部位脚手架四周满挂防火布保温棉被遮盖，化学锚栓打设时应提前对化学锚栓、药剂、锚栓孔进行加热清理，对已打设完成的化学锚栓进行加温养护，加热方式为对在造型柱周围脚手架覆盖的范围内设置加热器，保持空间温度在 0℃以上。

五、幕墙冬期施工质量保证措施

（一）材料保存保护措施

1. 焊条的保护

在一般情况下焊条由塑料袋和纸盒包装，为了防止吸潮，在焊条使用前，不能随意拆开，尽量做到现拆现用，如果不使用，尽可能将焊条密封保存起来。采用塑料布及毛毡布进行遮盖保存。

各类焊条必须分类、分牌号堆放，避免混乱。焊条必须存放在较干燥的仓库内，建议室温在 10℃以下，相对湿度小于 60%。各类焊条储存时，必须离地面高 300mm，离墙壁 300mm 以上存放，以免受潮。一般焊条一次出库量不超过 2d 的用量，已经出库的焊条，必须要保管好。

2. 其他成品及半成品的存放保护

（1）应对不同材料、机具进行分区存放管理，码放整齐。

（2）五金件、配件、铝料、电动工具等材料工具，必须入库保存，并保持防雨、防潮、干燥、通风。每个施工分区布置一个仓库。

（3）各类胶的存放地点必须具备恒温、防雨、防潮、干燥、通风等环境条件，胶的存放仓库，安置保温器，以保证胶的各项指标符合使用条件。

（4）对预制纤维（彩石）混凝土板块及钢材等无法入库保存的材料应堆放在规定临时场所，码放整齐，下垫枕木混凝土板块应尽量靠墙堆放，堆放位置应干燥通风，尽量避免雨雪，并用防雨塑料布进行遮盖。对不同材料分别进行挂牌标识，定期巡视，并做好记录。

（二）龙骨焊接保护措施

冬期施工前将所用到的材料准备齐全，主要包括：温度计、焊条烘干箱、焊条保温桶、喷灯（电暖风）、石棉布等。材料进场后设专人保管。

（1）焊条使用前的烘干与保管。

（2）酸性焊条对水分不敏感，而有机物金红石焊条能容许有更高的含水量。所以要根据受潮的具体情况进行烘干处理，储存时间短且包装良好，一般使用前可不烘干。一般酸性焊条：结 422（E4303）、结 502（E5003）的烘干温度为 150~200℃，时间 1h；烘干后放在 100~150℃的保温箱内，随用随取。

（3）碱性低氢型焊条在使用前必须烘干，以降低焊条的含氢量，防止气孔、裂纹等缺陷产生，一般烘干温度为 350℃，1h。不可将焊条在高温炉中突然放入或突然冷却，一面表皮干裂。对含氢量有特殊要求的，烘干温度应提高到 50~100℃低温烘干箱中保存，并随取随用。

（4）烘干焊条时，每层焊条不能堆积太厚（一般 1~3 层）以免焊条烘干时受热不均和潮气不易排除。

（5）露天操作时，隔夜必须将焊条妥善保管、不允许露天存放，应该在低温箱中恒温存放，否则次日使用前必须重新烘干。焊条外露不得超过 2h，超过 2h 重新烘焙，焊条烘焙次数不超过 3 次。

（6）焊接时间尽量选择在白天作业。

（7）为了减缓焊件焊后的冷却速度，防止产生冷裂纹。当温度低于 0℃时，焊前要预热，采用焊前预热、焊后还冷来降低焊接残余应力的变形。在需要焊接的构件两侧各 80~100mm 范围内进行预热，焊接预热温度控制在 30℃左右。焊接完后用防火石棉布进行包裹保温，使构件缓慢冷却。

（8）钢材焊接时做好准备：焊条烘焙，设电弧引入、引出板和钢垫板并点焊固定，清除焊接周边的杂物，焊接口预热。柱与柱的对接焊接，采用二人同时对称焊接，以减少焊接变形和残余应力。

（9）较大构件正温制作负温安装时，应根据环境温度的差异考虑构件收缩量，并在施工中将偏差进行调整。

（10）在负温度下露天焊接钢结构时，搭设临时防护棚。雨水、雪花不得飘落在炽热的焊缝上。

（11）参加负温施工的电焊工应经过负温度焊接工艺培训，考试合格，并取得相应的合格证。

（12）构件组装时，清除接缝 50mm 内存留的铁锈、毛刺、泥土油污、冰雪等杂物，保持接缝干燥无残留水分。

（13）负温下对 9mm 以上钢板焊接时应采用多层焊接，焊缝由下向上逐层堆焊，每条焊缝一次焊完，如焊接中断，在再次施焊之前先清除焊接缺陷后重新预热。严禁在焊接母材上引弧。

（14）现场焊接安装时，如遇雪天或刮风天气，搭设防护棚。不合格的焊缝铲除重焊。

（15）为保证冬期施工焊接质量，根据现场实际施工情况对焊缝宽度及高度按原标准高度及宽度的 30% 进行增大，提高焊接强度。

（16）环境温度低于 0℃时，在涂刷防腐涂料前进行涂刷工艺试验，涂刷时必须将构件表面的焊渣、铁锈、油污、毛刺等物清理干净，并保持表面干燥。雪天或构件上有薄冰时不得进行涂刷工作。

（17）冬期运输、堆放钢材时采取防滑措施，构件堆放场地平整坚实无水坑，地面无结冰。同一型号构件叠放时，构件应保持水平，垫铁放在同一垂直线上，并防止构件溜滑。

（18）使用钢丝绳吊装钢构件时应加防滑隔垫，安装人员需用卡具等物将绳索绑扎牢固。

（19）编制钢结构安装焊接工艺，一个钢构件两端不得同时进行焊接。

（20）安装前清除构件表面冰、雪、霜，但不得损坏涂层。

（21）负温安装的立柱、主梁立即进行矫正，位置校正正确立即永久固定，当天安装的构件要形成稳定的空间体系。

（22）坚固螺栓安装时构件摩擦面不得有积雪结冰，不得接触泥土、油污等脏物。

（23）负温下钢构件安装质量除遵守《钢结构工程施工质量验收规范》要求外，还应按设计要求进行检查验收。

现场制作同条件化学锚栓实验试块如图 9-21 所示，现场焊接、防腐试验试件在室外条件下放置观察如图 9-22 所示。

图 9-21　现场制作同条件化学锚栓实验试块

经对三种不同工况下的事件，在进行焊缝探伤试验的同时进行外观质量检查，结果无起皮粉化现象，冬期施工质量满足设计规范要求。

（三）注胶施工保护措施

（1）幕墙冬期施工，最应解决的是硅酮结构胶的注胶工序。硅酮结构胶施工温度范围是 5~48℃，过低的温度，将影响耐候胶的固化质量。因此，应避免在温度较低的夜间、早晨和傍晚进行注胶。需选择中午（北京时间 14 ： 00~16 ： 00）的时间进行。

（2）注胶时应由主管施工的项目生产经理委托专职质检人员，对粘结材料的表面进行

图 9-22　现场焊接、防腐试验试件在室外条件下放置观察

检查后，方可进行注胶工序。质检人员应对施工当天的温度进行详细的记录，并及时抽查固化后的质量，出现问题，立即返工。

（四）其他质量保证措施

（1）对现场所有后置锚栓作业、焊接作业、防腐作业等所有在冬期施工范围内的施工项目待第二年天气回暖后都进行全面检查，并按要求对所有项目需进行第三方检测的施工项目进行二遍检测，确保施工质量不留死角。

（2）对冬期施工范围内的焊接作业，需进行探伤实验，确保焊接质量。

六、幕墙冬期施工安全保证措施

（一）脚手架施工保护措施

（1）冬期施工时，脚手架要采取防滑措施，对作业层脚手架跳板及上下马道进行满铺毛毡以起防滑作用；雪、雨、雾、霜冻过后，脚手架及脚手架材料上要及时清理干净；并注意防护各种火源及危险品的存放和保管。

（2）不得在未经处理的冻结土上架设脚手架，必要时冻结土要经过处理。脚手架基础周围必须设置排水沟。

（3）建筑工程外架、立杆基础要垫稳垫牢。

（4）作业区域应设置警示带等警示标志，并有专人监护。

（5）上下脚手架应走斜道或梯子，不得沿绳、脚手立杆或栏杆等攀爬，也不得任意攀登高层构筑物。上下行走人员应系安全带并与可靠物（水平绳、扶手、护栏等）挂牢后才能前进。

（6）遇有六级以上大风、大雨、雪、强霜冻、浓雾等，应立即停止露天搭设工作，雨雪后作业还应有防滑措施。

（7）在脚手架使用过程中，应定期对脚手架及地基基础进行检查和维护。

（8）为保证冬期施工的正常进行，确保外墙施工作业条件对作业区域脚手架及操作平台外围进行满挂防火布及防火保温被内衬防火布处理，保温棉被用钢丝绑扎到脚手架钢管上，棉被之间用钢丝串联。

（9）如遇雨雪天气应采用防火布对脚手架上部露天部分进行遮盖，并绑扎牢固，避免被风吹起，进入飞行区。

（10）在作业区域加设小太阳做加温措施，并加设灯具以提高可见度。避免因光线不足而影响施工。

（11）施工部位如进行动火作业时应设置专业看火人及灭火器。

（二）吊篮施工保护措施

（1）在吊篮安装完毕使用以前，每台吊篮必须从屋面垂下一根独立的安全绳，在安全绳上安装一个自锁器，施工人员在施工中必须将安全带挂在安全绳上的自锁器上。在屋面采光窗之间拉设一条主绳，主绳必须张拉绷紧，每台吊篮设置一条分绳，分绳绑设在主绳上，安全绳与结构及其他硬质材料接触部位需加设保护措施，防止安全绳磨损，并定期检查。

（2）由于本工程的特殊性，屋面防水为TPO结构，为防止对屋面保温防水造成破坏及增加吊篮整体稳定性，吊篮后支架配重下方需铺设模板和木跳板进行保护及分散吊篮整体对屋面的压力，保护垫层铺设范围为3m×4m规格，最下层铺设柔性防火布，中间铺设一层12mm厚木质模板，上铺一层与支架相垂直的木跳板，最上层一块跳板铺设于支架正下方，与中层跳板垂直摆放。如此把后支架整体压力分散到周围，避免应力过于集中。前支架搭设于女儿墙部位，置于钢结构350mm×150mm或300mm×150mm钢梁正上方，吊篮支架底部铺垫木跳板。

（3）B区屋面女儿墙为钢结构，为保整体抗倾覆性，前支架支撑用80mm方管焊接而成，支架需与主梁焊接固定，并用角铁将吊篮支架主梁整体连接形成整体以提高支架的抗倾覆能力。

（4）C区女儿墙为钢筋混凝土结构，前支架采用在女儿墙顶部搭设后置埋板，将支撑方管焊接固定在后置埋板上。

（5）冬期施工安全注意事项

1）雨雪天气，应将吊篮的左右提升机用防水油布包裹住，并在电缆的接口处用防水胶布密封住以便尽可能的防止雨水进入电机内。

2）电缆的所有接头都用防水胶布缠绕，电控箱的各个承插接口在雨期施工中也必须用防水胶布粘结。

3）吊篮内的操作人员必须穿防滑和绝缘电工鞋。

4）雷雨天及大风天绝对禁止施工，并在雷雨到来之前彻底检查吊篮的接地情况。

5）五级以上大风天气里，必须将吊篮下降到地面或施工面的最低点。

6）冬期施工应注意不可以将施工用水到处飞溅，以免结冰而导致施工人员摔倒而出现事故。

7）在冬期雾天施工时，应等大雾散去并在日照比较充足的情况下，才可以使用电动吊篮，否则，容易出现打滑并可能出现设备事故。

8）冬期施工人员必须穿防滑绝缘鞋，并将棉衣和棉裤穿好并系好袖口和裤脚。

9）冬期采用吊篮施工时，在吊篮内底面满铺毛毡布以起防滑作用，雨、雪、结霜等天气后应及时对吊篮内进行清理。

10）冬期施工采用吊篮时，当天工作结束后应对吊篮电机部位采取包裹棉被处理，以确保电机不因低温受潮而影响正常使用。

11）为减小作业吊篮部位的冷风，对作业吊篮篮框除靠工作面一侧外的其他三面进行防火保温被内衬防火布遮挡处理，防火保温被规格为 1.5m × 8m，采用钢丝绑扎固定。并在每台吊篮内加设一台小太阳取暖设备，小太阳取暖器用电应单独拉设，电源线使用三芯线缆，小太阳必须设置接地。

12）在吊篮作业区 3m 以内周围应设立围栏或防护措施，并应附加醒目的标志，以防止坠落发生时造成其他人员的伤害。

13）吊篮作业进行动火作业时应设置专业看火人并配备灭火器。

14）每日上班前或下班时对吊篮加强检查，做好检查记录。

（三）消防安全保护措施

（1）施工现场配有临时消防系统，随时检查防止消防设施受冻，保证可以随时使用。

（2）库房各设一组消防器材，易燃材料隔离放置，其附近严禁烟火，设专人值班；现场共配备 200 个干粉灭火器。

（3）施工用火要有用火许可证方可用火（包括钢材焊接、气割等），电工、电焊工在从事用火工种前应申请用火证，由专职保卫干部签发。用火证只在指定地点和限定时间内有效。用火点要有专人看火，防止火星落在易燃物上，并配备干式灭火器。作业层配备连接消防水管的胶皮管，以防万一。

（4）消防器材和设施不得埋压、圈占或挪做他用。冬期施工时需对消防设施采取防冻保温措施。

（5）现场严禁吸烟，吸烟时到吸烟室或指定的吸烟区域吸烟。

（6）工人进入施工现场前必须由专业消防负责人进行消防教育。

（7）现场所有易燃物应专门存放，并设置消防器材。

（8）现场保温材料一律采用阻燃草帘，设专人检查消防场内易燃杂物，保证安全生产。有毒物品及油料等易燃物品，设专库存放，专人管理并建立严格的领取制度。保温材料的碎渣及时清理，运出现场。

（9）办公室、职工宿舍、施工地点严禁使用电炉及明火取暖设备，使用非明火取暖设备必须做到“人离开，电源闭”，对检查出的隐患定人、定时、定措施及时整改，做出整改通知并检查整改结果，未整改的除罚款外还将通报批评。

（10）冬期施工前由项目电气、安全负责人组织对项目水电线路、消防器具、机电设备等进行一次全面大检查，对违反规定的限期整改完毕。

（四）其他安全保证措施

（1）对施工人员进行冬期施工教育，时刻提醒施工人员冬期施工的注意事项，同时应做好施工人员的防寒工作。

（2）遇有六级及六级以上大风时，停止作业。

（3）安全部门在冬期施工前要组织各工种施工人员进行安全教育，提高冬期施工安全意识。每天班前 10min，进行安全交底，班后 5min 检查避免安全隐患，并做好记录。

（4）加强安全检查，严禁施工现场材料乱堆乱放。发现易燃、易爆、危险品存在隐患的，责令及时整改并及时复查。

（5）做好安全防护工作，修好生活区与施工区的出入通道，做好防冻、防滑、防煤气中毒、防爆等工作。及时处理地面的积水，防冰面滑倒伤人。

（6）大雪后必须将架子上的积雪清扫干净，并检查马道平台，如有松动下沉现象，务必及时报告项目领导，并及时处理。

（7）各种机械要有专人管理，上机操作者要有考试合格证，并严格按操作规程要求进行操作，禁止违章作业。

（8）室外温度低于 0℃时的焊接作业，应增加对焊缝质量的检测。外温度低于 −20℃时，严禁测量作业。

（9）冬期施工所使用的机械设备，进行冬期使用维护，添加防冻剂，以保证机械设备及车辆的正常运转。

（10）采用热熔法进行防水施工时，溶剂基层处理剂未充分挥发前不得使用喷灯（或热熔喷枪）操作；操作时必须保持火焰与卷材的喷距，严防火灾发生。

（11）冬期施工人员，应配备好冬期施工专业手套、鞋帽、衣物等防寒劳保用品，并定期发放，以保证施工人员正常施工。避免冻伤。

七、冬期施工应急预案

（一）应急响应责任划分

幕墙冬期施工应急响应组织机构和岗位职责与主体结构冬期施工相同，不再详述。

（二）应急响应流程

应急响应流程与主体结构冬期施工相同，不再详述。

（三）脚手架坍塌应急措施

（1）发生坍塌事故时，事故发现人员应立即高呼，现场管理人员应立即按照以下程序进行应急处理。

（2）立即停止施工，立即把施工人员从操作面上有组织地疏散到安全部位。

（3）立即把架体有可能再次坍塌影响的范围内的地面人员疏散到安全地带，并画出危险区域，拉起警戒线，派安保人员，负责看管，禁止人员靠近。

（4）在坍塌后的安全区域立即组织抢救从脚手架坠落的施工人员。

（5）立即指挥通信组人员通知应急小组组长，说明坍塌部位、坍塌面积、有无伤员情况，目前采取的应急措施，是否需要派救护车、消防队、警力支援到现场实施救援。

（6）立即通知医生赶到事故现场，拨打 120 急救电话。

（7）维持现场持序，特别注意有亲人被埋、被压的人员的情绪，防止不当救援引起二次坍塌伤人伤己。

（8）清点现场人数，确定被埋、压人员的数量和位置。

（四）高空坠落安全应急措施

（1）紧急事故发生后，发现人应立即报警。一旦启动本预案，相关责任人要以处置重大紧急情况为压倒一切的首要任务，绝不能以任何理由推诿拖延。各部门之间、各单位之间必须服从指挥、协调配合，共同做好工作。因工作不到位或玩忽职守造成严重后果的，要追究有关人员的责任。

（2）项目在接到报警后，应立即组织由现场医生带领的自救队伍，按事先制定的应急方案立即进行自救；简单处理伤者后，立即送附近医院进行进一步抢救。

（3）疏通事发现场道路，保证救援工作顺利进行。

（4）安全总监为紧急事务联络员，负责紧急事物的联络工作。

（5）紧急事故处理结束后，安全总监应填写记录，并召集相关人员研究防止事故再次发生的对策。

（6）平日里加强对施工人员的高空作业安全教育，工人每日上岗前，应在现场穿衣镜前检查自身佩戴的安全用具是否齐整、牢固。

（五）吊篮事故应急措施

（1）当吊篮上升或下降过程中，发生升、降按钮在松手情况下吊篮仍不停止或其他紧急情况时，马上按住急停按钮，关上电源。通知专业人员检查、解决。

（2）停电导致无法正常作业时（包括因电源、电缆断线造成的停电），如是电缆线挂断所引起，则可通知电工拉闸接驳。停电时，可通过手动操作使作业平台下降。

（3）当吊篮在空中作业中断电时，通过手动操纵平台下降步骤（两台提升机构同时操作）：

1）切断控制箱电源（将漏电断路器开关拨至 OFF），将电源电缆的插头拔下。

2）降至所需位置时，必须将电磁马达制动器拧紧（还原），拆下手柄。

（4）钢丝绳出现异常时

如主钢丝绳发生扭曲、乱丝而卡在提升机中，或有塑料纸等异物卷入提升机，提升马达将发出杂音，并且上升下降变得不规则，甚至会突然停止。此时必须立刻停止运行设备（包括手动运行），立刻通知技术人员进行维修。

（5）当一侧工作钢丝绳发生断裂时，吊篮安全锁会自动抱紧同侧安全钢丝绳。其间吊篮内操作人员应抓住安全绳或幕墙窗口等部位，如有窗口可安全离开吊篮，迅速撤离现场。通知吊篮技术人员处理。

（6）当吊篮或人员发生坠落下，应立刻停止所有吊篮运作，人员撤离吊篮到安全地带，并马上对受伤人员进行急救。

（六）触电事故应急救援预案

（1）截断电源，关上插座上的开关或拔除插头。如果够不着插座开关，就关上总开关。切勿试图关上那件电器用具的开关，因为可能正是该开关漏电。

（2）若无法关上开关，可站在绝缘物上，如一叠厚报纸、塑料布、木板之类，用扫帚或木椅等将伤者拨离电源，或是用绳子、裤子或任何干布条绕过伤者腋下或腿部，把伤者拖离电源。切勿用手触及伤者，也不要用潮湿的工具或金属物质把伤者拔开，也千万不要使用潮湿的物件拖动伤者，例如湿毛巾，这样会导致您也遭到电击。

（3）如果患者呼吸心跳停止，开始人工呼吸和胸外心脏按压。切记不能给触电的人注射强心针。若伤者昏迷，则将其身体放置成卧式。

（4）若伤者曾经昏迷、身体遭烧伤，或感到不适，必须打电话叫救护车，或立即送伤者往医院急救。告诉院方人员伤者触电的时间有多久。

（5）高空出现触电事故时，应立即截断电源，把伤者抬到附近平坦的地方，立即对伤者进行急救。

（七）坍塌事故应急救援预案

（1）坍塌事故发生时，安排专人及时切断有关闸门，并对现场进行声像资料的收集。发生后立即组织抢险人员在半小时内到达现场。根据具体情况，采取人工和机械相结合的方法，对坍塌现场进行处理。抢救中如遇到坍塌巨物，人工搬运有困难时，可调集大型吊车进行调运。在接近边坡处时，必须停止机械作业，全部改用人工扒物，防止误伤被埋人员。现场抢救中，还要安排专人对边坡、架料进行监护和清理，防止事故扩大。

（2）事故现场周围应设警戒线。

（3）统一指挥、密切协同的原则。坍塌事故发生后，参战力量多，现场情况复杂，各种力量需在现场总指挥部的统一指挥下，积极配合、密切协同，共同完成。

（4）以快制快、行动果断的原则。鉴于坍塌事故具有突发性，在短时间内不易处理，处置行动必须做到接警调度快、到达快、准备快、疏散救人快，达到以快制快的目的。

（5）讲究科学、稳妥可靠的原则。解决坍塌事故要讲科学，避免急躁行动引发连续坍塌事故的发生。

（6）救人第一的原则。当现场遇有人员受到威胁时，首要任务是抢救人员。

（7）伤员抢救立即与急救中心和医院联系，请求出动急救车辆并做好急救准备，确保伤员得到及时医治。

（8）事故现场取证救助行动中，安排人员同时做好事故调查取证工作，以利于事故处理，防止证据遗失。

（9）自我保护，在救助行动中，抢救机械设备和救助人员应严格执行安全操作规程，配齐安全设施和防护工具，加强自我保护，确保抢救行动过程中的人身安全和财产安全。

（八）火灾、爆炸事故应急救援预案

（1）紧急事故发生后，发现人应立即报警。一旦启动本预案，相关责任人要以处置重大紧急情况为压倒一切的首要任务，绝不能以任何理由推诿拖延。各部门之间、各单位之间必须服从指挥、协调配合，共同做好工作。因工作不到位或玩忽职守造成严重后果的，要追究有关人员的责任。

（2）项目在接到报警后，应立即组织自救队伍，按事先制定的应急方案立即进行自救；若事态情况严重，难以控制和处理，应立即在自救的同时向专业救援队伍求救，并密切配合救援队伍。

（3）疏通事发现场道路，保证救援工作顺利进行；疏散人群至安全地带。

（4）在急救过程中，遇有威胁人身安全情况时，应首先确保人身安全，迅速组织脱离危险区域或场所后，再采取急救措施。

（5）截断电源、可燃气体（液体）的输送，防止事态扩大。

（6）安全总监为紧急事务联络员，负责紧急事物的联络工作。

（7）紧急事故处理结束后，安全总监应填写记录，并召集相关人员研究防止事故再次发生的对策。

（九）机械伤害事故应急救援预案

（1）现场固定的加工机械的电源线必须加塑料套管埋地保护，以防止被加工件压破发生触电。

（2）按照《施工现场临时用电安全技术规范》要求，做好各类电动机械和手持电动工具的接地或接零保护，防止发生漏电。

（3）各种机械的传动部分必须要有防护罩和防护套。

（4）现场使用的圆锯应相应固定。有连续两个断齿和裂纹长度超过 2cm 的不能使用，短于 50cm 的木料要用推棍，锯片上方要安装安全挡板。

（5）切割机、角磨机、云石机要有安全装置。木板厚度小于 3cm，严禁使用平刨。平刨、圆锯、切割机不准使用倒顺开关。

（6）使用台钻等，严禁戴手套。

（7）机械在运转中不得进行维修、保养、紧固、调整等作业。

（8）机械运转中操作人员不得擅离岗位或把机械交给别人操作，严禁无关人员进入作业区和操作室。作业时思想要集中，严禁酒后作业。

（9）切割机操作时，操作人员必须戴防护眼镜。严禁用砂轮切割 22 号钢筋扎丝。

（10）操作起重机械、吊篮、物料提升机械、砂浆机等必须经专业安全技术培训，持证上岗，坚持“十不吊”。

（11）加工机械周围的废料必须随时清理，保持脚下清，防止被废料绊倒，发生事故。

（十）物体打击应急救援预案

1. 物体打击应急程序

施工区发生物体打击事故，最早发现事故的人迅速向应急领导小组报告，通信组立即召集所有成员赶赴事故现场，了解事故伤害程度；警戒组和疏散组负责组织保卫人员疏散现场闲杂人员，警戒组保护事故现场，同时避免其他人员靠近现场；急救员立即通知现场应急小组组长，说明伤者受伤情况，并根据现场实际施行必要的医疗处理，在伤情允许情况下，抢救组负责组织人员搬运受伤人员，转移到安全地方；由组长根据汇报，决定是否拨打“120”医疗急救电话，并说明伤员情况、行车路线；通信联络组值班车到场，随时待命；通信组安排人员到入场道口指挥救护车的行车路线；警戒组应迅速对周围环境进行确认，仍存在危险因素时，立即组织人员防护，并禁止人员进出。

2. 受伤人员的急救

当施工人员发生物体打击时，急救人员应尽快赶往出事地点，并呼叫周围人员及时通知医疗部门，尽可能不要移动患者，尽量当场施救。如果处在不宜施救的场所时必须将患者搬运到能够安全施救的地方，搬运时应尽量多找一些人来搬运，观察患者呼吸和脸色的变化，如果是脊柱骨折，不要弯曲、扭动患者的颈部和身体，不要接触患者的伤口，要使患者身体放松，尽量将患者放到担架或平板上进行搬运。

第五节　冬期施工效果总结

一、主体结构冬期施工

（1）土方回填将冬期施工范围内，原设计素土回填改为不易受冻的中粗砂回填，同时降低地下水位，回填完成后采用彩条布覆盖，防止冰雪进入。冬期施工结束后进行二次压实度抽检，质量全部合格。

（2）选择适宜的温度进行防水保温施工，对于冬期不隐蔽防水保温工程，采用彩条布覆盖，防止冰雪和大风腐蚀，冬期施工结束后隐蔽施工前进行复检，合格后进行下道工序。

（3）对于混凝土工程冬期施工，采用综合蓄热法进行施工和养护，定期对保温结构内进行测温，确保蓄热温度不低于 5℃。温度不够时采用增加热源和保温层厚度，确保混凝土不受冻。经过冬期温度控制，冬期期间混凝土质量在冬期结束后，进行回弹检测全部合格。

（4）钢结构、机电工程施工通过对焊条进行烘焙和对焊件进行提前预热，同时在焊接时，进行防风措施，焊接完成后对焊缝进行防风保温措施，在冬期施工结束后，对焊缝进行探伤复检，经检测质量合格率为 100%。

二、越冬维护施工

越冬维护主要是对已施工的地下室顶板、地下室洞口、管廊、地沟、基础梁等混凝土结构进行覆盖保温防护，确保混凝土结构不出现裂缝、鼓包等质量缺陷。

针对每一个需要防护的主体结构和机电设备，都事前进行热工计算，理论满足要求后，按照专项施工方案要求做保温防护施工，并定期进行温度测设，确保结构不被冻坏。经测温每一个维护结构体里最低温度都不低于 5℃。

经过一个冬期的维护，冬期结束后对混凝土结构进行复查，没有出现裂缝、起皮、鼓包等现象，机电设备管线也都没有被冻坏。

三、暖封闭施工

暖封闭主要是为了冬期进行室内装修和防止已安装设备在冬期冻坏。

主要包括临边洞口、预留通道和与 T1 航站楼贴临位置的开口临时保温封闭。根据每个独立空间的大小进行热工计算，计算出理论供暖负荷，然后确定供暖系统的方式、数量和位置。

现场开口全部封闭完成且供暖设备启用后，对每个封闭空间进行每天独立测温，实测温度每天平均最低能达到 10℃，最高能达到 17℃，满足冬期室内精装修和设施防护最低 5℃的要求。为 T2 航站楼来年转场运行做好坚实的基础。

四、幕墙冬期施工

幕墙冬期施工主要是龙骨焊接、化学锚栓和防腐漆涂刷。在冬期施工结束后，对冬期施工的项目（化学锚栓、焊缝、防腐等）进行复检，对需封闭的部位，在每个区域的屋面盖板处留置预留孔洞供检查人员进入，检查及修复完成后再进行封闭。

（一）对化学锚栓的检验

选取与主体结构混凝土强度等级相同在标准条件下养护好的混凝土试块四组，每组 3 个。第一组在室外最不利条件下按正常锚栓安装步骤进行锚栓安装，安装完成后放置室外与现场施工环境同条件进行养护，48h 后移至室内放置 48h 后进行拉拔试验并记录数据。

第二组在室外最不利条件下按正常锚栓安装步骤进行锚栓安装，放置室外与现场施工环境同条件进行养护满一个月后进行第二次拉拔试验。

第三组在室外最不利温度条件下按正常锚栓安装步骤安装，并在室外条件下留置至冬期施工结束后进行第三次拉拔实验。

第四组在室外最不利温度条件下按正常锚栓安装步骤安装，在室外条件下留置 24h 转入室内放置 10h 再移至室外放置 24h，如此反复 10 次后在室内静置 24h 进行拉拔实验查看结果。

经对四种不同工况下的事件进行拉拔试验，结果全部合格，冬期施工质量满足设计规范要求。

（二）对焊缝检验

龙骨焊缝检测实验分三组进行，每组 3 个。

第一组在室外最不利条件下按现场实际焊接情况完成 3 个试件，检查外观焊接情况并记录，并在室外条件下进行悬挂重物实验，重物质量为幕墙设计受力载荷的 2 倍，悬挂满 48h 后观察焊缝外观做好记录。

第二组在室外最不利条件下按现场实际焊接情况完成 3 个试件，检查外观焊接情况并记录，在室外条件下放置一个月后进行悬挂重物试验，重物质量为幕墙设计受力载荷的 2 倍，悬挂满 48h 后观察焊缝外观做好记录。

第三组在室外最不利条件下按现场实际焊接情况完成 3 个试件，检查外观焊接情况并记录，在室外条件下放置至冬期施工结束后进行悬挂重物试验，重物质量为幕墙设计受力载荷的 2 倍，悬挂满 48h 后观察焊缝外观做好记录。

经对三种不同工况下的事件进行焊缝探伤试验，结果全部合格，冬期施工质量满足设计规范要求。

（三）对防腐涂刷的检验

防腐涂刷检测与焊缝试验同时进行，实验分三组。在焊缝检测试件焊接完成后对试件焊缝按现场同条件涂刷防腐涂料，在试件进行悬挂试验时同时观察防腐涂料涂层有无起皮、粉化等现象并做好记录。

第十章　哈尔滨机场 T2 航站楼工程监理规划

第一节　工程项目概况

一、监理工程概况

工程基本情况见表 10-1。

工程基本情况表　　表 10-1

序　号	内　容	说　明
1	工程名称	哈尔滨机场扩建工程 （T2 航站楼及高架桥项目）T2 航站楼施工总承包
2	工程地点	哈尔滨机场内
3	建筑面积	16.25 万 m^2
4	工程投资	约 12 亿元（华城监理内容）
5	结构类型	框架结构
6	地上、地下层数	地上 2 层（局部 3 层）、地下 1 层
7	计划开工日期	2015 年 5 月 10 日
8	计划竣工日期	2017 年 8 月 31 日
9	工程质量要求	合格（争创鲁班奖）

二、工程建设各方情况

工程建设各方情况见表 10-2。

工程项目建设实施各方情况一览表　　表 10-2

参建单位	单位名称	现场负责人
建设单位	黑龙江省机场管理集团有限公司	韩向阳
勘察单位	黑龙江省建筑设计研究院	***
设计单位	中国民航机场建设集团公司、黑龙江省建筑设计研究院	***
承包单位	中建三局集团有限公司	赵川
监理单位	华城建设监理有限责任公司	彭跃军
质量监督部门	哈尔滨市质量监督站	***

三、工程勘察情况

水文、地质情况：见第二章第一节。

四、工程设计简介

（1）建筑设计总概况、结构设计概况：见第二章第一节。

（2）设备安装专业设计

本工程设备安装专业齐全，除具有一般的办公、商业工程所应有的设备（强电、弱电、通风、给水排水、消防、楼宇自控、通用机电系统）外，还具有民航专业工程，主要有：登机桥、行李处理系统、行李安检系统、泊位引导系统、引导标识系统、民航专业弱电、信息、通信系统等工程。

（3）本工程的难点与重点

1）本工程单层面积大，场内运输量大，场地布置复杂。

2）本工程 B1、B2 区与原有 T1 航站楼相接，根据建设单位安排两阶段施工，建设周期长。做好 B 区的施工策划与安排是监理关注的重点。

3）一阶段施工期间由于必须保证 T1 航站楼的正常使用，在 B1 区需搭设临时钢制栈桥，以解决一阶段 B2 区施工期间的交通问题，使 B 区施工必须分段进行，给施工组织和施工进度带来影响。

4）B1 和 B2 区设有地下室，在地下水位以下（本工程地下水位为 −4.2m），且持力层为塑性土质，给施工带来难度，基坑支护安全是关键。

5）B 区周边及中部设计为钢管混凝土。中部的钢管柱吊装困难较大。

6）屋面采用球形网架，有焊接球、螺栓球，网架施工方法对工期影响较大，监理要关注施工方案的选择以及拼装场地的预留。

7）建设单位要求 2016 年完成暖封闭，本工程在 2015 年 5 月 10 日开工，结构施工期间在雨季和冬季进行，季节性气候对施工进度影响较大，根据施工工期推算，完成节点计划目标十分困难。

8）本工程外墙设计为玻璃幕墙和大面积现浇彩石装饰混凝土饰面，其装饰混凝土的施工和质量管理难度大。外墙面，特别是幕墙周边保温填塞施工严密性是监理质量控制工作的重点。

9）本工程监理合同中对监理的要求比较严格，特别是关于造价控制方面尤为突出，监理对造价工作十分重视。

10）地下管廊多，标高复杂，标高控制要作为监理控制的重点。

11）设备专业系统较多，安装施工比较复杂。管线综合深化设计以及装饰施工前进行顶棚设备、管线位置叠图应作为监理关注的重点，力求减少返工。

12）第二阶段（B1 区）施工虽然面积小，但难点较多，具体有以下难点和重点：

①施工场地制约因素大。新建 B1 区航站楼在 T1 航站楼、高架桥以及 T2 航站楼一阶段工程的三面围合下施工场地受限。

②工期制约因素多。本工程基础打桩受多种因素影响。B1 区有 278 颗桩要打，受到原有高架桥、临时钢桥拆除的影响；同时，由于与 T1 航站楼无缝连接，而 T1 航站楼外墙

有 6m 宽、120m 长悬挑雨棚为预应力结构，必须先拆雨棚；要拆除高架桥须先对雨棚拆除，要拆除雨棚必须先对 T1 航站楼室内的部分预应力混凝土梁先加固处理。

③严寒地区结构施工受季节影响大。本工程施工将跨越 2 个冬期，严寒地区冬期必须对地下结构采取安全越冬措施，2016 年要实现冬季暖封闭，TPO 屋面防水、二次结构、机电、装修等施工工期压力大。

④ B1 区施工期间与高架桥、T2 航站楼一阶段工程无缝连接，而该部分已投入使用，不停航施工对周边运营安全是重点关注点。

⑤钢管柱、球形网架钢结构焊接质量要求严，网架提升过程控制必须到位，应作为监理质量控制的重点。

⑥室外的幕墙形式多样，欧式建筑立面复杂，装修单位现场管理人员质量管理能力较差，过程控制和节点处理将作为监理质量控制的重点。

⑦ B 区周边及中部设计为钢管柱混凝土，由于有地下室和地下管廊，钢管柱吊装时要避开难度较大，吊装过程安全问题比较突出。

⑧本工程结构标高复杂，与 T1 航站楼原有的标高、B2 区投入使用的地面标高以及室外的高架桥和道路的标高各不相同，标高的控制与检查要作为监理控制的重点。

⑨ B1 区施工时为 T2 航站楼投入使用的地下设施正在运行中，地下设施的保护十分重要。

第二节 监理工作范围

T2 航站楼新建工程和 T1 航站楼改造工程（批复概算内）的施工全过程及保修阶段的监理（民航专业工程除外）。

第三节 监理工作内容

根据建设单位与监理单位签订的监理合同约定，监理工作的主要内容如下：

监理人承担哈尔滨机场扩建工程 T2 航站楼新建工程和 T1 航站楼改造工程（批复概算内）的施工全过程及保修阶段的监理（民航专业工程除外），符合监理规范。具体包括但不限于：

一、施工准备阶段主要内容

（1）施工现场周围环境的调查。

（2）检查设计文件是否符合设计规范及标准，检查施工图纸是否能满足施工需求。

（3）协助建设单位做好设计管理。

（4）监督检查施工单位质量保证体系及安全技术措施，完善质量管理程序与制度。

（5）工程项目开工前，参加建设单位主持召开的第一次工地会议。

（6）组织向建设单位和施工方进行施工监理交底。

（7）参加设计单位向施工单位进行的设计技术交底，总监理工程师应组织专业监理工程师对设计技术交底会议纪要进行签认。

（8）审定施工单位报审的实施性施工组织设计（施工方案）。重点对施工方案、劳动力、材料、机械设备的组织及保证工程质量、安全、工期和控制造价等方面的措施进行审核，并提出审核意见。

1）必须符合《建设工程监理规程》要求。

2）内部审批手续是否符合要求（含施工组织设计重新修订后）。

3）应达到的标准：齐全、层次分明、严密。

4）必须有针对性、指导性。

5）有完整的质量管理体系、技术管理体系和质量保证体系、安全保障体系，各体系应包括有：

①合理的组织机构；

②健全的管理制度；

③专职管理人员和特种作业人员的资格证、上岗证；

④施工总进度计划是否满足施工合同的规定；

⑤工程质量符合施工工艺和现行质量验收标准；

⑥施工安全符合现行国家和地方标准要求。

（9）审查施工单位选择的专业承包单位资质。

（10）开工前查验施工单位的施工测量成果。

（11）核查工程开工条件，核准工程开工。

（12）监督施工单位按批准的施工组织设计组织施工。

二、施工阶段监理工作的主要内容

工程质量、进度、造价控制，合同、信息管理，组织协调参建各方关系，安全生产管理法定监理职责。检验进场材料、构配件和设备，组织隐蔽工程、检验批及分部分项工程验收、工程阶段性验收及竣工预验收。

三、工程保修期监理工作的主要内容

（1）监理单位应定期进行回访。

（2）监理单位应有专人检查承包单位保修期施工质量。

（3）调查确认质量缺陷原因及责任单位并协助建设单位处理。

（4）做好保修期监理工作记录。

第四节　监理工作目标

一、监理服务总目标

（1）以达到建设单位满意、履行监理合同职责为监理服务的总目标。

（2）以建设单位与承包单位签订的《建设工程施工合同》约定，采取技术、管理、组织、合同措施，通过对工程施工全过程进行有效的目标控制，以保证本工程项目的“质量、进度、投资”三大目标始终在受控状态之下。

二、监理控制目标

本工程监理服务的目标是从施工准备、施工、竣工验收移交及保修期的全过程。具体包括：工程造价控制目标、工程工期控制目标、工程质量控制目标、安全管理目标、合同信息管理目标及环保绿色施工管理目标。

1. 工程造价目标

本次合同方式为固定单价合同。以建设单位与承包单位签订的施工合同中的造价及招投标文件为控制依据，按合同审核工程款计量支付及结算。

2. 工程工期目标

达到施工合同规定的工期要求。工程进度目标：计划开工日期2015年5月10日，计划竣工日期2017年8月31日，计划工期845日历天。在保证工程质量和施工安全的前提下，严格控制网络计划中关键线路的进展，督促承包单位保证合同工期的实现。

3. 工程质量目标

必须符合设计图纸、现行工程施工质量验收统一标准以及相关专业验收规范，保证工程质量达到合格标准，并实现施工合同约定的质量创优目标，争创建筑鲁班奖。

三、监理管理目标

（1）安全管理目标：确保工程施工现场全过程不发生重大安全责任事故；不发生重大人身伤亡事故；不发生重大机械设备事故；不发生重大污染环境事故；不发生重大消防、卫生责任事故。杜绝重大火灾、爆炸事故。

（2）合同管理目标：在工程施工全过程中，以贯彻本工程建设合同管理为主线，监督各方合同的履行，达到建设单位满意。

（3）协调管理目标：做好有关内外组织、协调工作，当好建设单位参谋。

（4）环保、绿色施工管理目标：确保实现环保、绿色施工规范化、标准化、制度化。争创“三A”工地。

（5）信息管理目标：运用现代管理模式，建设监理信息计算机管理辅助系统，确保参建各方能够及时、准确地获取所需的信息。

（6）廉政建设监理目标：严格遵守监理职业道德和监理工作纪律，确保工作中无违法、违纪现象。

第五节　监理工作依据

一、一般依据

（1）国家和黑龙江省有关工程建设的法律、法规、规范、规程、工程建设标准强制性条文；

（2）国家和黑龙江省有关工程建设的技术标准、规范及规程；

（3）有关部门批准的工程项目文件和设计文件；

（4）建设单位和监理单位签订的工程建设监理合同及监理招投标文件；

（5）建设单位与承包单位签订的建设工程施工合同及施工招投标文件；
（6）根据建设单位合同约定的监理依据；
（7）经审批同意的承包单位编制的施工组织设计；
（8）经审批的本工程设计图纸、工程建设计划及其他文件；
（9）委托人认可的监理实施大纲。

二、政策法规（略）

第六节　监理组织机构

一、组织机构形式

为保证本次工程监理服务满足建设单位要求，项目监理部机构组织结构为直线制结构，实行总监理工程师负责制。组织结构框图如图 10-1 所示。

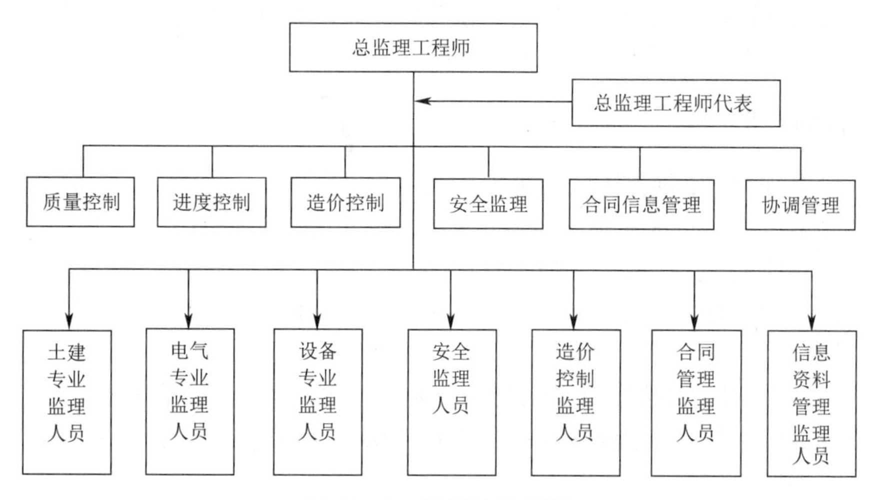

图 10-1　组织结构框图

二、监理人员配备

总监理工程师根据工程特点、工程进展和监理服务需要提出人员配备调整计划，公司人力资源部将予以支持，以保证监理服务质量。

（1）人员设置基本原则：全面覆盖建设单位委托的监理工作范围，充分满足现场监理工作的需要，确保监理目标的实现。

（2）本工程人员设置考虑的因素

1）监理合同：按照建设单位与我方签订的监理合同的要求，我方应配备监理人员不少于 12 人。其中包括总监理工程师、土建监理工程师、暖通工程师、给水排水工程师、强弱电工程师、测量试验工程师、合约工程师等。

2）工程进度和现场实际需要：本工程结构施工阶段将进行 24h 施工，按总包施工组织设计分为两个大施工段，混凝土结构施工期间土建人员需安排 4 人可满足现场日夜施工巡查与验收的需要；在混凝土结构施工期间有钢结构栈桥施工、钢管柱混凝土的钢结构施工，安排钢结构专业工程师 1 人驻钢结构加工厂进行材料验收和加工过程的隐蔽工程验收，配合试验单位进行原材料见证取样和焊缝检查，现场施工安排 1 人进行检查验收；在球形网架施工阶段安排 1~2 人进行现场检查与验收。装饰装修阶段对土建人员进行调整，安排装修专业人员进场，人数按建设单位划分的施工段确定。电梯和步梯共 50 部，安排 1 名电梯监理专业人员；水专业主要施工项目是卫生间和厨房用水，工程量不大，安排 1 人，暖通工程师根据施工单位及施工情况安排 1~2 人；强电施工安排 1~2 人；弱电工程由于民航专业不在本公司范围内仅涉及消防部分，由电气专业兼职；安排测量监理工程师 1 人；合约工程师日常阶段安排 1 人，进入后期将根据工程需要增加人员；设安全监理工程师 1~2 人。人员总人数安排 13~15 人左右；根据现场施工实际进度和需要，对人员随时进行增减调整。

三、监理机构基本人员一览表

本工程监理机构人员配备、专业分工及进退场计划表（略）。

第七节　监理人员岗位职责

一、总监理工程师

（1）由公司法定代表人书面授权，全面负责建设工程监理合同的履行、主持项目监理机构工作。

（2）确定项目监理机构人员的分工和岗位职责。

（3）主持编写工程项目《监理规划》、审批《监理实施细则》。

（4）检查和监督项目监理机构人员的工作，根据工程项目的进展情况可进行人员调配，对不称职的人员应调换其工作。

（5）主持监理工作会议。

（6）组织审查专业承包单位的资质，并提出审查意见。

（7）组织审查施工组织设计、（专项）施工方案、进度计划。

（8）审查工程开复工报审表，签发工程开工令、暂停令和复工令，以及其他项目监理机构发出的文件和指令。

（9）组织检查承包单位现场质量、安全生产管理体系的建立及运行情况。

（10）组织审核并签署承包单位的付款申请、工程款支付证书和竣工结算。

（11）组织审查和处理工程变更。

（12）调解建设单位与承包单位的合同争议，处理工程索赔，审核工程延期。

（13）组织验收分部工程，组织审查单位工程的质量检验资料。

（14）审查承包单位的竣工申请，组织工程竣工预验收，组织编写工程质量评估报告，参与工程项目的竣工验收。

（15）参与或配合工程质量安全事故的调查和处理。

（16）组织编写并签发监理月报、监理工作阶段报告、专题报告和项目监理工作总结。

（17）主持整理工程项目的监理文件资料。

（18）指定一名或多名专业监理工程师负责记录工程项目监理日志。

二、总监理工程师代表

（1）按总监理工程师书面授权，代为行使总监理工程师的部分职责和权利。

（2）总监理工程师不得将下列工作委托总监理工程师代表：

1）主持编写工程项目《监理规划》、审批《监理实施细则》。

2）根据工程项目的进展及监理工作情况进行人员的调配，调换不称职的人员。

3）组织审查施工组织设计、（专项）施工方案。

4）签发工程开/复工报审表和工程开工令、暂停令、复工令。

5）签发工程款支付证书，组织审核签认竣工结算。

6）调解建设单位与承包单位的合同争议，处理工程索赔，审核工程延期。

7）审查承包单位的竣工申请，组织工程竣工预验收，组织编写工程质量评估报告。

8）以总监理工程师名义参与工程项目的竣工验收。

9）以总监理工程师名义参与或配合工程质量安全事故的调查和处理。

三、专业监理工程师

（1）根据项目监理岗位职责分工和总监理工程师的指令，负责实施某一专业或某一方面的监理工作，具有相应的监理文件签发权。

（2）参与编制监理规划，负责编制本专业《监理实施细则》。

（3）组织、指导、检查和监督本专业监理员的工作，当人员需要调整时，向总监理工程师提出建议。

（4）参与审核本专业的专业承包单位资格。

（5）负责审查承包单位提交的涉及本专业的报审文件（包括计划、方案、申请等），并向总监理工程师报告。

（6）检查进场的工程材料、设备、构配件的质量（包括原始凭证、合格证、试验报告等质量证明文件），根据实际情况对进场材料、构配件、设备进行必要的平行检验，合格时予以签认。

（7）组织实施见证取样和旁站监理工作。

（8）负责组织本专业的检验批、隐蔽工程、分项工程验收，参与分部工程验收。

（9）参与本专业工程变更的审查和处理。

（10）处置发现的本专业的质量问题和安全事故隐患。

（11）负责本专业的工程计量，审核工程计量的数据和原始凭证。

（12）定期向总监理工程师提交本专业监理工作实施情况报告，对重大问题应及时向总监理工程师汇报和请示。

（13）组织编写本专业施工及监理工作实施情况的监理日志，参与编写监理月报。

（14）负责本专业监理文件资料的收集、汇总和整理，参与整理、归档项目监理文件资料。

（15）参与工程竣工预验收和竣工验收。

第八节　监理工作制度

一、监理会议制度

（1）第一次工地会议：第一次工地会由建设单位主持，在工程正式开工前进行。会议主要内容：建设、监理、承包单位介绍各方组织机构，人员及专业、职务分工；确定监理例会的时间、地点、参加人员；承包单位汇报现场施工准备情况。

（2）施工监理交底会：施工监理交底会由总监主持，在第一次工地会议后进行，中心内容为贯彻项目监理规划。

（3）监理例会：在施工合同实施过程中，项目监理部总监理工程师应定期组织与主持由合同有关各方代表参加的监理例会。监理例会是履约各方沟通情况，交流信息、协调处理，研究解决施工中存在的工程进度、质量、投资、材料供应、技术等各方面问题的会议。监理例会应定期召开，每周一次，由总监理工程师或总监理工程师代表主持。

（4）专题工地会议：专题工地会议是为解决专门问题而召开的会议。由总监理工程师、总监理工程师代表主持或授权监理工程师主持，应根据需要不定期召开。

二、重大危险源安全监理监控制度

（1）监理项目部应根据工程实际情况要求承包单位编制“重大危险源工程表”以及重大危险源施工方案上报监理部，对重大危险源工程监理实施过程进行监控。

（2）重大危险源工程施工方案编制后，应监督承包单位检查落实情况并对检查验收情况和结论留有书面的记录。其中涉及塔吊、人货电梯、附着式升降脚手架、吊篮等必须经检测单位检测，经发放合格证或准用证和挂牌后才能准许使用。

（3）安全监理应按有关规定对重大危险源工程在实施过程中进行巡视、旁站和检查工作，对关键部位、关键工序应按照施工方案及工程建设强制性标准执行，一旦在实施过程中发现有违规情况应立即阻止，发出安全监理工作通知单，并对整改意见进行复核。

三、图纸会审与变更设计工作制度

（一）施工图会审

（1）明确目的、做好准备。图纸会审的目的是澄清疑点，消除设计缺陷，提出优化建议，达到改善方案，使其经济合理。

（2）由建设单位主持，召集施工、设计、监理等有关单位，接管、使用单位派人参加，必要时请主管部门、公安、消防、环保部门参加，首先由设计人员介绍设计意图、工艺流程、技术标准，解答到会人员对施工图的质疑。

（3）会审要点是工程设计是否符合经济合理、先进可靠原则；设计图纸能否满足需要；各部尺寸、标高是否明确无误；工种间，与既有构筑物间在施工中是否有矛盾。会审时要做好记录，会审后形成纪要或会审文件，经到会人员签字或盖章发给有关单位。监理单位派人参加会议，了解情况，表明态度，督促会议纪要或文件的贯彻执行。

（二）变更设计

（1）严格掌握变更设计范围。变更设计指：经审定后的设计文件，自施工图起到工程竣工止，在施工过程中发生的变更与增、减。

（2）变更设计的程序和分工。凡需变更设计应提出变更理由、技术经济比较资料，并填写变更设计申请，由提议单位项目总工或相关人员审查盖章后，报相关部门处理。由提议单位项目总工审查同意后，报监理部及建设单位驻工地代表，由建设单位驻工地代表会同原设计单位、监理单位、承包单位，必要时请第三方有关单位共同研究后决定。

四、旁站监理制度

（1）审核检查相关单位现场项目部的质量管理体系。

（2）审核检查相关单位现场项目部质量保证体系及到岗情况。

（3）检查大型施工机械及设施的合格证、安检报告和年检记录。

（4）审核检查施工组织设计、施工方案。

（5）审核专业承包单位的资质及营业范围。

（6）审核专业承包单位现场项目部的质量管理体系及质量保证体系。

（7）审核、检查承包单位委托的试验室资质、试验设备。

（8）核查进场材料、建筑构配件、设备和商品的混凝土的质量保证资料和报告。

五、原材料见证取样及送检制度

（1）按国家和地方规范、规程要求需进行监理见证取样的材料、构配件、设备必须按规定进行监理见证取样。

（2）总监理工程师应安排项目监理部专人负责见证取样工作，并按规定将见证取样人员书面告知相关单位。

（3）见证取样过程中应按相关规定的方法进行，取样数量应符合相关规定。

（4）见证取样完成后应对样品妥善保管、做好标识。为确保见证取样的样品真实性，如果试验单位来工地取样，见证取样人员要看到取样人员将样品装车过程。如果由承包单位送样，监理单位见证取样人员应参加送样到交付试验室。

（5）项目监理部应要求承包单位在收到施工图纸后 1 个月内编制完成施工试验计划，项目监理部应根据施工图纸和工程清单工作量同时编制完成见证试验计划。

六、主要建筑材料、构配件、设备进场的质量检验制度

（一）材料申报

承包单位材料、构配件进场时，向监理工程师报送《工程物资进场地报验表》并附材料相关证明材料（出厂合格证、材质试验报告、进口材料商检证明等），经监理工程师核定到现场进行观感、尺量检查合格后方可用于工程。

（二）材料复验

按照国家规定需进行见证取样复试的材料应按规定进行。监理工程师核查出厂合格证、试验报告后如发现疑问时，承包单位应解释。监理工程师认为确有必要进行复验时，由专业工程师填写材料复验单，经项目总监理工程师审批后，到指定的试验单位复验。另

外，监理工程师还要对施工材料进行不定期的抽样检查。

（三）设备进场验收

主要设备订货前，承包单位向监理工程师申报《工程物资进场地报验表》，经监理、设计、建设单位三方同意后方可订货。设备到货后应及时向监理工程师报送出厂合格证及有关设备技术资料，经监理核定符合设计和建设单位招标文件规定要求后方可用于工程。

（四）核定有关“施工试验报告”

承包单位应及时向专业监理工程师报送施工部位相应的“施工试验报告”，专业监理工程师负责核定。如发现问题，应及时向承包单位提出，予以纠正。对已造成事实者，按质量问题处理程序办理。

七、隐蔽工程检查验收及质量记录制度

（1）凡涉及上道工序被下道工序遮盖无法进行观察的均需进行隐蔽工程验收。

（2）专业工程师对本专业的隐蔽工程进行验收，必要时总监理工程师或总监理工程师代表参加隐蔽工程验收。

（3）隐蔽工程验收要求：隐蔽工程验收应在承包单位自检合格的基础上进行，专业承包单位自检合格后，由总包承包单位复检。施工单位在隐蔽和中间验收24h前，将自检资料报送监理项目部，专业监理工程师收到自检资料后进行抽检，合格后方可进行下道工序。隐蔽工程验收合格后应及时进行签字确认。如果验收时出现不合格问题，承包单位应及时进行整改，整改自检合格后再次向监理报验，如果问题未整改或出现不合格问题，专业监理工程应发出不合格项目通知书，由承包单位再次进行整改达到合格；如果验收中反复出现隐蔽工程不合格现象，专业工程师应及时向总监报告，在监理例会上总监要作为质量管理问题予以提出，督促施工方加强质量管理。

（4）混凝土工程的钢筋工程隐蔽、装饰装修工程墙、地、顶做面层施工前应进行隐蔽工程验收，水电设备工程应按相关要求进行隐蔽工程验收。验收合格后各方应及时签字确认。

（5）试压记录

由承包单位组织试压，并做好记录，专业监理工程师参加并签字认证。

（6）调试记录

由承包单位填写，报专业监理工程师审核签字。

八、工程进度控制报审制度

（1）总监理工程师应督促承包单位进场后一个月内编制完成施工总进度计划。监理应根据施工合同约定的时间进行审查，审批后报建设单位进行批准。

（2）监理应根据批准的总施工进度计划，制定节点控制进度里程碑计划。

（3）总体网络计划、年度计划由项目监理部协助建设单位编制。

（4）分块承包综合网络计划（包括年度计划）由总包承包单位组织，分包编制，报项目监理部查审、建设单位审批。

（5）季度计划由专业承包单位编制、总承包单位审核、项目监理部协助建设单位批准下达。

（6）月计划由总包单位编制、各承包单位审核、项目监理部协助建设单位批准下达，项目监理部督促实施。

（7）周计划每周监理例会上承包单位上报，下周监理例会上监理进行检查。没有完成的要找出原因并由施工方提出下周赶工措施。

九、工程造价控制报审制度

（1）项目合约管理工程师应认真学习施工招标和投标文件，以及施工图纸。

（2）在第二次（或第三次）监理例会上监理应及时提醒施工方立即组织进行工程量清单核量工作。项目监理部应安排专人负责清单核量。

（3）监理工程师清单核量应按照施工图纸实事求是进行，严格按相关规范、建设单位施工招标文件实施。对出现与施工方不一致的意见应进行解释，双方意见不一致的报告给总监理工程师。由总监理工程师听取各方意见后给出建议。

（4）项目合约监理工程师应在规定时间内进行施工进度款核量，进度款核量前应先检查相关资料（检验批验收单），发现资料不全的应要求施工方进行补报，资料不全的不得拨付工程进度款。施工进度核量完成后向总监理工程师汇报。经总监理工程师批准后签发工程进度款通知书。项目合约监理工程师应根据进度款拨付情况及时建立施工进度款拨付台账。

（5）对于工程变更，承包单位应及时办理费用变更相关手续，相关支持性资料应齐全有效。项目合约监理工程师应在承包单位上报后及时按施工合同、建设单位招标文件、施工方投标文件、相关定额文件约定的条款进行审查。对发现资料或支持性文件不全的应及时提出，要求施工方予以补全。在资料齐全后方可出具审批意见，并报总监理工程师审批。项目合约监理工程师应随时建立工程变更台账，并及时调整合同金额。

（6）设计变更如果有拆除后无法看到原貌的事宜，施工方应有变更前、实施过程以及完成后的照片；实施前应通知建设单位、审计单位到现场进行见证确认。

十、监理文件审核工作制度

为完成本项目监理任务，应制定明确的监理文件审核工作制度。本项目主要监理文件的编制审核审批制度见表 10-3。

主要监理文件的编制审核审批表　　表 10-3

序　号	监理文件名称	编　写	审　核	审批 / 签发
1	监理规划	总监组织编写	总监理工程师	总监理工程师
2	监理实施细则	专业监理负责人	总监代表	总监理工程师
3	质量评估报告	专业监理负责人	总监代表	总监理工程师
4	质量事故处理报告	专业监理负责人	总监代表	总监理工程师
5	监理通知单	专业监理工程师	总监或代表	总监或代表
6	监理工作联系单	总监或代表	总监或代表	总监或代表
7	监理月报	专业监理负责人	总监代表	总监理工程师
8	项目监理工作总结	总监组织编写		总监理工程师

十一、监理实施细则编制执行制度

（一）监理实施细则的编制

（1）本项目的监理实施细则将按专业及关键工序进行编制。

（2）监理实施细则应在相应工程施工开始前由专业监理组组长负责编制完成，并交总监理工程师审批。

（3）监理实施细则在实施前须经总监理工程师批准。

（4）监理实施细则的编制依据：已批准的监理规划；与专业工程相关的规范、标准、设计文件和技术资料；施工组织设计。

（二）监理实施细则的执行

（1）监理实施细则经总监理工程师批准后下发到相应专业监理组，作为监理过程中的一个指导性文件。监理人员在监理过程中应按照监理实施细则的要求开展相应的监理工作。

（2）监理实施细则在实施之前视需要向承包单位就细则主要内容进行交底，以明确检验的划分、监理工作的程序及监理工作的停止点和见证点。

（3）监理实施细则应根据实际情况进行补充、修改和完善。

十二、质量监控管理制度

（一）质量问题通知单

监理工程师在现场巡视过程中发现一般质量通病，应随时口头通知承包单位有关人员及时进行整改，并做好整改记录。较大质量问题或工程隐患，由专业监理工程师及时填写质量问题联系单或监理通知单，经总监理工程师或总监代表审批后及时发往有关单位。事后专业监理工程师要检查落实整改情况。

（二）质量问题处理

由责任方提出处理方案，一般质量问题由监理项目部组织承包单位、设计单位、建设单位讨论后签发，重大质量问题由总监理工程师组织上述单位讨论签发。并对处理过程及结果进行督促验收，做好记录。另对重大质量问题，亦可以监理、质监站双重名义进行处理。

（三）工程质量鉴定

分部、分项工程质量是由专业承包单位进行检查评定，总承包单位复核，专业监理工程师抽检认证；单位工程由承包单位在工程竣工后组织综合鉴定，监理评估核定。

（四）关于测量放线

承包单位用建设单位指定的控制点放线并填写放线及复核记录，填写《施工测量放线报验表》报监理复核，复测确认后方可施工。

十三、监理通知管理制度

监理工程师利用口头或书面通知，对任何事项发出指示，并督促承包单位严格遵守和执行监理工程师的指示。

（1）口头通知：对一般工程质量问题，口头通知承包单位整改或执行。

（2）监理工作联系单：提醒承包单位注意的事项，用备忘录形式。

（3）监理通知单：监理工程师在巡视旁站等各种检查时发现的重大质量和安全问题，用监理通知单书面通知承包单位，并要求承包单位整改后再报监理工程师复查。

（4）工程停工通知单：对承包单位违规施工监理工程师预见到会发生重大隐患，应及时下达全部或局部停工通知单（一般情况下宜事先与建设单位沟通）。

十四、监理工作报审制度

（1）施工过程中的施工组织设计（方案），需经专业监理工程师审查后报总监理工程师审批签字，对于本项目超高大模板、钢结构的施工组织设计（施工方案），还需报公司技术部门审查。

（2）对于隐蔽工程验收，专业监理工程师验收签字后需报总监代表审核。

（3）对于项目建设过程中的中间验收，专业监理组组长签证后，需报总监理工程师（或总监代表）审核签证。

（4）凡涉及工程造价、合同变更、工程延期、费用及工期索赔等事宜，需由合同与造价管理组组长审核报总监理工程师审批。

十五、总监理工程师对项目监理机构监理人员的工作检查与考核制度

（1）总监理工程师应对项目监理机构监理人员的工作情况进行检查与考核。

（2）监理工作检查应随工程实施进展情况总监将不定期进行。检查的主要内容有：现场安全、分管专业施工质量情况、监理资料情况、监理日志和相关记录情况、遵守公司各项规章制度情况。监理日志原则上每月进行一次，并在监理日志上签字。对检查中发现的问题要及时要求专业监理工程师进行纠正，纠正完毕专业监理工程师应向总监理工程师报告。

（3）监理人员考核原则上每季度进行一次。考核依据公司相关文件进行。对于连续 3 次考核不达标的专业工程师，总监理工程师应向公司主管部门报告，必要时建议公司予以辞退。

（4）对于考核中表现较好的总监理工程师在内部会议上要予以表扬，在年终评选先进员工时予以提名表扬。

第九节 监理工作程序

监理工作程序见本章第十六节。

第十节 监理方法措施

一、工程质量控制

（一）质量控制原则

（1）坚持以工程质量验收统一标准及验收规范为依据，督促承包单位全面实现施工合同约定的质量目标。

（2）坚持对工程施工全过程实施以质量预控为重点的质量控制。

（3）坚持对工程项目的人、机、料、法、环等因素进行全面的质量控制，监督承包单位的质量管理体系、技术管理体系和质量保证体系落实到位。

（4）严格要求承包单位执行有关材料、施工试验制度和设备的检验制度。

（5）坚持不合格的建筑材料、构配件和设备不准在本工程上使用。

（6）坚持本工序质量不合格或未进行验收不予确认，下一道工序不得施工。

（二）质量控制目标

（1）材料质量控制目标：不合格的产品不在现场使用；经监理验收的材料符合设计要求及国家规范要求，符合合同的约定品牌。

（2）设备质量控制目标：不合格的产品不在现场使用；设备及内部机电符合合同约定的品牌。

（3）施工质量控制目标：符合相关专业验收规范，符合合同的约定，达到验收合格标准，争创鲁班奖。

（4）质量验收控制目标：监理对工程质量的验收达到100%，经验收的产品达到国家验收规范的规定。

（5）质量控制目标风险分析

1）人员：总包施工管理人员大部分为新人，机场施工管理经验不足。

2）机械：结构施工期间直螺纹接头套丝易发生套丝长度不足或过长。

3）材料：屋面球形网架球体、杆件型号多，易发生错用现象。装修材料墙面金属板采用薄钢板，平整度不易控制；地面大面积大，采用橡胶地板，地板基层容易产生开裂起鼓；外装修为全现浇彩石混凝土，适合于小面积外墙装修，但本工程外墙施工面积大、工期紧张，质量不易保证（后改为干挂彩石预制板，在冬期进行施工，焊接质量不易保证）；屋面采用单层TPO卷材，哈尔滨当地风力大，可能出现被大风揭开，同时由于屋面上承包单位多，易产生成品破坏。

4）方法：屋面球形网架球体、杆件以及钢管柱焊接有的采用仰焊，质量不易保证；室内装修金属板采用弹簧夹形式，平整度不易控制。

5）环境：本工程工期紧，与T1航站楼相接且在不停航施工情况下进行，质量不易保证；特别是部分位置需要与既有建筑无缝连接，其连接部位施工质量控制不易保证。

（三）质量控制监理工作的程序

详见本章第十六节。

（四）质量控制要点和重点

1. 钢筋工程质量控制要点

（1）钢筋材料的进场验收应执行公司进场验收流程的规定。

（2）专业监理工程师应重点审查钢筋施工方案：审查解决钢筋过密、钢筋定位防止位移的措施，钢筋锚固长度、接头长度，接头的位置要符合规范要求。

（3）严格控制钢筋原材质量，查验进场材料的合格证、原材试验报告、复试报告，核对材料规格，并现场见证取样，验收合格后方准许使用。

（4）严格控制钢筋接头质量，专业监理工程师对直螺纹加工接头用量规、止规检查套丝质量，对接头质量按规定现场见证取样。对钢筋直螺纹接头（用力矩扳手）、焊接接头按 10% 进行平行检验。

（5）专业监理工程师现场检查，重点检查施工方案制定的各项措施是否得到落实，钢筋保护层的厚度、钢筋绑扎、钢筋焊接等操作质量；严格控制竖向受力筋的位移、节点部位受力钢筋位置、规格、数量及间距，特别是柱、梁、板接头位置钢筋较密区的钢筋排列顺序；严禁钢筋在接头处搭接。

2. 模板工程质量控制要点

（1）审核模板施工方案。本工程二层模板为高大模板，需经专家论证，审查时应注重是否按专家意见进行修改。模板施工方案应有以下措施：支撑稳定、牢固措施，防止变形、跑位、胀模、漏浆措施，保证支模时轴线位置准确、楼角方正、同心、角度等措施，阳角、梁柱接头防止混凝土的错台措施。方案中应有计算书，计算书中取值正确。

（2）现场周转使用模板须经专业监理工程师验收。

（3）梁与柱交接处是支模难点，作为重点控制。

3. 混凝土工程质量控制要点

（1）专业监理工程师审核混凝土施工方案主要内容包括：混凝土分层浇筑厚度、初凝时间及控制，施工缝和接头处的处理，混凝土浇筑起始点，防雨养护措施、振捣方法及混凝土试块制作。

（2）严格审查施工方案，充分考虑施工现场情况，确保商品混凝土的运输通畅。

（3）检查各等级混凝土的配合比、坍落度、开盘鉴定资料，认真检查核对每次进场商品混凝土的等级，按规定的方量现场见证取样；监督施工方严格按混凝土等级进行浇筑，对梁、板、柱等重点部位的混凝土的浇筑实施旁站监控。

（4）专业监理工程师不定期对商品混凝土搅拌站施工质量进行抽查。

（5）严格控制施工缝的设置位置和施工处理措施；监督检查各工种间的配合，严禁在结构中随意凿洞，以免破坏主体结构。

（6）混凝土进场应对外观进行检查，有离析现象应退场；应检查混凝土出厂时间，时间过长、出现初凝结块的应退场；应检查混凝土等级是否与设计图纸相符；应进行现场坍落度检测；冬期施工应进行混凝土出罐温度和入模温度检查。

4. 基础桩工程

本工程设计采用螺旋钻孔压灌桩，前期由建设单位招标完成了 1752 根，对该部分桩，监理将要求施工方对其进行桩位偏移、标高、桩钢筋外露部分质量进行检查；审查原有技术资料，发现问题及时报告建设单位请设计方处理。新打桩监理将编制专项监理实施细则，对施工质量进行控制。

5. 砌体工程

本工程二次结构部分为外墙陶粒高保温砖砌体结构，砌体工程的砌筑质量作为本工程的质量控制重点，监理将结合图纸编制《砌体工程监理实施细则》，对施工质量进行控制。

6. 回填土工程质量控制要点

（1）依据设计图纸要求，审核承包单位回填土施工方案。

（2）督促施工方按施工方案进行施工，检查回填土虚铺高度和夯实质量，对施工过程中关键工序（虚铺厚度）进行旁站监控，按照规范要求对回填夯实质量进行检查验收。

7. 屋面钢结构网架及 TPO 屋面工程

（1）钢结构制作阶段，监理将安排驻厂监理工程师，对材料、加工过程、运输过程进行监控。

（2）由于现场拼装、吊装具体施工方法不详，在承包单位进场后根据施工方案再编制专项监理实施细则。

（3）TPO 屋面工程：本工程为 TPO 单层板保温屋面，编制专项监理实施细则。

8. 装饰工程

本工程室外主要为玻璃幕墙、现浇装饰混凝土饰面，室内主要为石材地面、瓷砖地面、墙面涂料墙面，吊顶主要为铝板、纸面石膏板、矿棉石膏板等。合同约定为“合格”工程，在合格的基础上争创“鲁班奖”工程，为确保目标的实现，必须按照设计文件，并且必须保证建筑物的结构安全和主要使用功能的完整，符合城市规划、消防、环境、节能的有关规定，符合国家关于装修材料有害物质限量标准的规定。装饰施工前，监理将督促施工方进行深化设计并经设计方认可；要求施工方进行吊顶综合布置图设计以及各专业叠图并经各专业签认；装修工程所使用的饰面材料必须经设计和建设单位签认；各施工工艺均应按照“样板先行”的原则进行操作，先做样板（样板间、墙、样板块），经各方联合审定验收认可后进行大面积施工。吊顶面板施工前，监理要要求设备施工方将检修口挂牌，在装修工程的吊顶、墙面、出发大厅地面隐蔽前，监理将组织各专业监理工程师进行联合检查。由于目前具体做法不详，待确定后再编制监理实施细则。

9. 防水工程

本工程地下防水涉及几个关键施工项目，即：地下室防水混凝土、地下室防水、地下室施工缝处理（钢板止水带）、各施工段连接处后浇带处理、地下管廊施工段以及地下连廊连接处橡胶止水带。

（1）地下防水工程必须由相应资质的专业防水队伍进行施工，主要施工人员应持有建设行政主管部门或指定单位颁发的执业资格证书。

（2）防水混凝土的配合比应符合相关规定。

（3）渗透结晶防水涂料加聚氨酯防水涂膜做法，重点检查涂膜厚度；SBS 卷材防水重点检查两幅卷材短边和长边的搭接宽度均不应小于 100mm；采用多层卷材时，上下两层和相邻两幅卷材的接缝应错开 1/3 幅宽，且两层卷材不得相互垂直铺贴，附加层不得漏做。

（4）施工缝钢板止水带重点控制：钢板厚度、钢板宽度、连接部位焊接质量。

（5）后浇带处理应重点控制：施工中后浇带应采用模板进行覆盖，后浇带施工前必须将垃圾、水和泥浆清理干净；将原有钢筋整理到位；对钢板止水带进行检查，有破损的要进行修理补焊。抗渗混凝土浇筑应高于原混凝土一个等级。

（6）橡胶止水带施工重点控制两端搭接部位，应在洞口的上部且粘结长度要符合材料产品说明书要求、粘结要牢固平整、搭接面均要粘结到位；施工中要放到混凝土墙（板）的中间且要平整、直顺、居中，并要采取措施注意成品保护，防止成品破坏；在与下段施工连接前要检查成品情况，有破损的必须提前进行修理或采取有效措施。

（7）室内防水为涂料防水，涂料防水层的施工重点是检查涂膜厚度。

防水工程监理将编制《防水监理实施细则》。

10. 电气工程质量控制要点

（1）严格执行材料检验、试验制度和设备检验制度，严格执行工程材料、构配件和设备质量控制基本程序。坚持不合格的材料、设备不得在工程上使用。

（2）电气设备、材料必须按黑龙江当地要求的检验试验相关规定进行，进行见证取样试验。

（3）电气设备材料的检验内容

1）电气设备器材合格证、电气设备铭牌、电工产品合格证；

2）材料设备进场检验及安装前的相关电气测试；

3）电工产品的认证（3C认证）和电工产品的商检；

4）按当地规定，对电线、电缆、开关、插座等进行见证取样送有资质的检测单位进行检测，合格方可使用。

（4）对电线电缆材料监理实行“双控”要求。承包单位选用的电线电缆品牌首要提供生产厂家相关资料，经建设单位批准认可后方可采购。电线电缆进场监理进行外径检查，不得有负偏差；电线电缆进场后按规定进行见证取样复试，不合格的不得使用。

（5）电气工程施工质量控制要点

1）本工程严格坚持工程质量检验制度，严格坚持分部分项工程签认基本程序，严格坚持本工序质量不合格，或未进行验收不予签认，下一道工序不得施工。

2）结构施工阶段重点控制预留预埋管线、预留洞不得漏留，预埋穿外墙管的位置、标高、防水环必须符合设计要求。实行专业签字（填写《专业验收签字单》）后方可进行钢筋工程验收，防止遗漏。

（6）预检工程检验要点

1）预检项目：明配管、配电装置的位置、低压电源进出户方向、电缆位置、标高等，开关、插座、灯具的位置。

2）预检内容：变配电装置，交流系统插座及照明开关的位置标高，设备灯具的位置标高等，弱电系统插座位置、标高，明配管等。

（7）隐蔽工程检验要点

1）隐蔽工程主要检查项目：埋在结构内的各种电线导管；接地极埋设与接地带连接处焊接。

2）隐蔽工程主要检查内容：品种、规格、位置、标高、弯扁度、连接跨接地线、防腐、需焊接部位的焊接质量、管盒固定、管口处理、敷设情况、保护层及其他管线的位置关系。

（8）电气安装工程质量检验评定：施工中严格执行《建筑电气工程施工质量验收规范》，电气工程作为分部工程，其所含分项工程质量全部合格。

11. 给水排水与通风工程质量控制要点

（1）在预留预埋阶段，实行专业签字（填写《专业验收签字单》）后方可进行钢筋工程验收，防止遗漏。

（2）审定承包单位施工方案所采取的施工方法是否符合规范要求，施工工序是否合理。

（3）检查质量保证体系建立是否完善。对于分项工程的检查，要划分若干个检验批进行。

（4）对主要设备和材料供应商进行资质审查，进行必要考察。

（5）材料及设备进场，由承包单位进行检验后报监理核查。进场材料、设备必须有合格证或质量检测证明、说明书。认真核实品种、规格、外观、包装等项，坚决不允许不合格产品用在工程上。特别是用于人防与消防等材料的检验，要符合消防、人防等安全规定。要按规定进行各项试验检验。包括阀门、风机盘管等承压设备压力试验，带电设备绝缘测试及单机试运转等。

（6）进场材料、设备按规定程序报验。主要设备要开箱检查，须四方签字验收，检查设备的技术参数、外观、附件是否齐全，符合设计要求。

（7）管道安装严格执行规范和施工工艺标准要求，并按规定进行强度试验、通水、试水、冲洗和无压管道灌水试验。

（8）对设备基础要求报预检记录，并与土建有交接记录。设备安装，要求找正、找平，安装牢固，并按要求采取减振措施。

（9）风管及其部件安装要求制作美观，支、吊、托架间距、型式符合规范要求。

（10）风管、水管保温材料，按设计要求，得到厂家说明书后再行施工。保证厚度，切割整齐，绕缠搭接规范，防火涂料粉刷均匀。

（11）进行全负荷调试，直至符合设计要求。

（12）管道安装严格执行规范和施工工艺标准要求，并按规定进行强度试验、通水、试水、冲洗和无压管道灌水试验。

（13）卫生洁具及配件必须符合技术、使用节能产品及配件，并有合格证及使用说明等资料。

（14）分项工程质量验收，特别是隐蔽工程及各类预埋件，必须经过承包单位自检，监理核查，做到真实可靠，不留后患，不经监理检查不得进行下道工序。

（15）承包单位区分各种管道穿越不同墙体时，安装不同型式的预埋件，按标准图制作套管，做自检、预检填表，随土建施工进行预埋，避免剔凿。

（16）各种管道临时甩口要封堵严实，以防杂物进入。

（17）按设计要求热水管道安装伸缩接头和固定支架并进行预拉伸。

（18）排水横干管及水平干管必须做通球试验，通球率100%。

（19）凡热镀管法兰连接或卡套连接，镀锌管与法兰连接处要做二次镀锌，套丝时被破坏的镀锌表面及外露螺纹要做防腐处理。

（20）各种管道除锈防腐，必须清除灰尘、污垢、锈斑、焊渣，涂刷油漆厚度均匀，无起泡、脱皮、流淌和漏刷现象出现。并按图纸要求做好各种管道标记油漆的涂刷，以利物业管理及检修。排水管内外均刷防锈漆两遍。

（21）按设计要求做好各种管道的保温，防结露、防冻，外观要求平整规范。

（22）管道固定方法符合规范要求。按规定设置防晃支架。

（23）排水管和地漏安装要平正牢固，低于排水表面，周边无渗漏，地漏水封高度不小于50mm。

（24）地热管线在地面工程未完成之前，管内必须带水压。

12. 建筑节能工程（见本章第十三节）

13. 不停航施工控制要点

（1）要求施工单位重点控制地下管线的开挖，按不停航施工要求进行施工活动，实行地下挖土申请制度。

（2）要求施工方在施工过程中严格执行“三不挖、两严管、一不侵”。即：管线不明确不挖、建设单位不在现场不挖、没有应急措施不挖；严管文明施工防止扬尘、严管施工与旅客的距离；不侵空管区域（包括：夜间电焊往飞行区方向要有遮挡措施、夜间照明灯的方向不得朝向飞行区、塔吊和汽车吊的高度要报建设单位批准、塔吊和汽车吊的顶部要有航空照明灯，并在夜间有专人进行检查）。

（五）质量控制方法

（1）对关键工序和重点部位的施工过程实施旁站监督。

（2）采用必要的检查、测量和试验手段进行平行检验。

（3）利用工程实体检测。

（4）采用事前、事中、事后控制方法。

（六）质量控制手段

（1）监理质量控制手段主要有：监理口头指令、《工作联系单》《监理通知》《不合格项处置记录》《工程部分暂停令》、利用监理例会和专题会议、按规定项目进行平行检验。

（2）为保证工程质量，项目监理部将对本工程的钢筋直螺纹连接、钢筋焊接、结构主要构件的混凝土强度（进行回弹及计算）、承重结构的砌体等涉及结构安全、建筑使用功能的隐蔽及其关键内容，根据国家验收规范按照 10% 的比例自行进行检查、检测，作为平行检验项。同时，本工程钢结构及屋面球形网架焊接过程中请第三方对焊缝进行检测，项目监理部同时将安排专人到钢结构加工厂进行见证取样和抽查加工情况。项目监理部将保证工程实体质量，检验数量符合验收规范中约定的监理验收抽检数量要求。

（七）质量控制措施

1. 组织措施

（1）分级控制：根据项目特点采取分级管理质量控制。监理公司的质量部门对项目监理机构定期进行质量检查，指导项目监理机构提高业务水平；项目监理部内按需要配备专业监理工程师；有特殊需求时还可聘请社会专家力量作为技术支持。

（2）检查承包单位各级专职质量检查人员的配备资格、数量必须满足工程需要。

（3）检查承包单位质量管理制度必须健全。

（4）调换人员：施工过程中，项目监理机构对承包单位中不称职的管理人员（责任心不强、不能严格执行规范、不按图纸严格组织施工以致造成指导失误和不与各方密切配合的有关人员）、不合格的专业承包单位，经监督、教育仍不符合要求，项目监理机构可以利用书面形式，及时与建设单位或承包单位的上级主管领导沟通，提出撤换建议，确保质量保证体系健康有效的运行。

2. 技术措施

对出现的质量偏差进行纠正，提出多种技术方案，并对这些方案进行技术经济分析，从技术角度选定优化方案，同时重视对其经济效果的论证。

（1）对工程项目施工全过程实施质量控制，以质量预控为重点。

（2）对工程项目的人、机、料、法、环等因素进行全面的质量控制，监督承包单位的质量保证体系落实到位。

（3）设置工序活动的质量控制点。

（4）坚持样板引路。每一工序均要先确定一个样板块（段），项目监理机构按该样板的标准进行监督、检查和验收。

（5）做好图纸会审，参加设计交底。

（6）有见证取样送检。根据相关文件规定监理对本工程涉及结构安全的试块、试件和材料实行 100% 见证取样和送检。项目监理部将编制见证取样计划，按见证取样计划执行。

（7）凡使用新材料、新产品、新工艺、新技术的项目，应有鉴定证明、产品质量标准、使用说明和工艺要求，监理工程师按质量标准进行检验。

（8）地基基础和主体工程完工后，承包单位首先组织验收（包括技术资料），经总监理工程师组织验收合格后，办理中间验收手续后，方可进行下一阶段施工。

（9）装饰工程开工前必须先做样板间，各方认可后再大面积施工。

（10）工程项目竣工验收：按照《建筑工程质量验收统一标准》的要求，承包单位应先行组织有关人员进行检查评定合格后，向监理提交预验收申请，监理组织进行预验收，对预验收发现的问题监理发出整改通知，承包单位整改合格后报监理进行消项，消项完成后监理向建设单位提交验收申请，由建设单位项目负责人组织施工（含专业承包单位）、设计、监理等单位项目负责人进行单位工程验收。

3. 经济措施

（1）充分利用支付手段作为经济杠杆进行质量监控，对承包单位不按监理指令处理质量问题、不满足质量要求标准时，项目监理机构有权拒绝工程量计量和拒绝开具支付证书。

（2）发生质量事故造成建设单位的经济损失时，按合同约定由承包单位支付违约金。

4. 合同措施

（1）在协助建设单位签订施工承包合同、专业分包合同或甲供材料设备采购合同时，注重加强拟定工程质量约束条款。

（2）提醒施工承包单位在签订分包、供货合同时，加大对质量的约束条件。

（八）施工旁站监理工作方案

详见本章第十二节。

（九）建筑节能工程监理工作方案

由于节能监理工作的重要性，且统一验收标准，需单独进行编制，详见本章第十三节。

二、工程进度控制

（一）进度控制原则

（1）实施施工阶段全过程、全方位监理，有监理人员常驻现场，及时对工程进行检查验收。

（2）在确保工程质量和安全并符合控制工程造价的原则下，控制进度。

（3）采用动态的控制方法。项目监理机构应监督、跟踪掌握施工现场的实际进展情况，检查、比较、纠偏、甚至调整进度计划。

（4）对工程进度进行主动控制。必须在明确工期目标的前提下，进行工期目标分解和分线分析评价，并采取控制风险的措施。

（二）进度控制目标

（1）年度、季度进度控制目标：2015 年度主体结构完成。

（2）各阶段进度控制目标

根据合同约定：一阶段计划开工日期：2015 年 5 月 10 日，计划竣工日期：2018 年 8 月 31 日。具体进度控制目标要以建设单位制定的大节点目标为控制目标。其中：桩基础完成时间为 2015 年 6 月 30 日；地下室完成 ±0.00 时间为 2015 年 8 月 31 日；主体结构完成时间为 2016 年 5 月 15 日；暖封闭完成时间为 2016 年 10 月 30 日。

（3）进度控制目标风险分析

1）二阶段工程打桩涉及原有 T1 航站楼外预应力挑檐的拆除，要拆除挑檐须先对 T1 航站楼内梁的加固；楼前高架桥须拆除。一阶段转场时间决定二阶段工程开工时间。

2）如果二阶段不能按期开工，也将影响二阶段的竣工验收时间。

3）由于上述原因将导致总工期拖延。

（三）进度控制监理工作的程序

详见本章第十六节。

（四）进度控制要点和重点

1. 审批进度计划

（1）应要求承包单位根据建设工程施工合同的约定，按时编制施工总进度计划、阶段性施工进度计划，并按时填写《施工进度计划报审表》，报监理机构审批。

（2）应根据工程的实施条件全面分析承包单位编制的施工总进度计划的合理性、可行性；对阶段性进度计划，应要求承包单位同时编写劳动力、工程材料、设备的采购及进场、分包进场等计划。

（3）施工进度计划经总监理工程师批准实施，并报送建设单位。需要重新修改，应限时要求承包单位重新申报。

2. 监督进度计划的实施

（1）依据施工总进度计划，对承包单位实际进度进行跟踪监督检查，及时收集、整理、分析进度信息，发现问题及时按照施工合同规定和已审批的进度计划要求纠正，实施动态控制。项目监理机构应对进度目标进行风险分析，制定防范性对策，确定进度控制措施。

（2）按月检查月实际进度，并将与月计划进度比较的结果进行分析、评价，发现实际进度严重滞后于计划进度且影响合同工期应签发《监理通知单》，要求承包单位及时采取措施，实现计划进度目标。

（3）在监理月报中向建设单位报告工程实际进展情况，比较分析工程施工实际进度与计划进度偏差，预测实际进度对工程总工期的影响，报告可能出现的工期延误风险。

（4）对由建设单位原因可能导致的工程延期及其相关费用索赔的风险，可向建设单位提出预防建议。

3. 项目监理机构应按下列要求纠正施工进度的偏差：

（1）发现工程进度严重偏离计划时，总监理工程师组织专业监理工程师分析原因，召开各方协调会议，研究应对措施，并应指令承包单位进行调整，保证合同约定目标的实现。

（2）总监理工程师在监理月报中向建设单位报告工程进度和所采取的纠正偏离措施的执行情况。

（3）由于承包单位自身原因造成工程进度延误，在总监理工程师签发监理通知后，承包单位未有明显改进，致使工程在合同工期内难以完成时，项目监理机构应及时向建设单位提交书面报告，并按合同规定处理。

（4）对于工程延期，项目监理机构审查承包单位报送的《工程延期审批表》，总监理工程师依据施工合同的约定，与建设单位共同签署《工程延期审批表》。

（五）进度控制方法

（1）加强施工进度计划的审查，督促承包单位制定和履行切实可行的施工计划。

（2）建立进度监测系统对进度计划执行情况进行跟踪检查，发现问题。

（3）运用动态控制原理，建立进度调整系统对偏离的进度进行调整控制。

（4）利用综合进度控制管理软件进行进度控制。

（5）采取事前、事中和事后控制方法实施进度控制。

（六）进度控制手段

综合运用监理手段实施进度控制：包括加强现场巡视、下达监理指令、召开监理例会、召开专题协调会、及时签署相关报表、协调好参建各方及外围相关单位的关系，对照进度计划处理工期问题等手段对工程施工进度实施控制。

（七）进度控制措施

（1）组织措施：落实进度控制责任，建立进度控制协调制度，项目监理部安排专人定期进行分析检查，发现问题及时沟通找出原因进行纠偏。

（2）技术措施：建立多级网络计划体系，监控承包单位的实施作业计划，定期用横道图进行对比分析。

（3）经济措施：对按期完成计划的在资金拨付上进行优先拨付，确保及时按合同拨付工程款与变更款。

（4）合同措施：按合同要求及时协调有关各方的进度以确保工程的形象进度，定期分析对比实际进度与合同要求工期。对延期现象及时按合同要求在监理例会上提示，严重拖期的采取发文提出要求。

三、工程造价控制

（一）造价控制原则

（1）造价控制必须兼顾质量和安全目标：必须在保证建设项目功能目标、质量目标和安全目标的前提下对工程造价进行控制。

（2）公平合法计量和计价：严格贯彻国家规定的工程计价规范，遵循公平、合法和诚实信用的原则，处理承包单位和建设单位之间的价款事宜，如工程变更和违约索赔引起的费用增减；对有争议的计量工程款支付，采取协商的办法确定，在协商无效时，由总监理工程师与建设单位协商处理决定。

（3）严格遵守合同约定：执行建设工程施工合同中所约定的合同价、单价、工程量计算规则和工程款支付办法；对工程量和工程款的审核应满足建设工程施工合同中所约定的时限。

（4）严格支付程序：坚持对报验资料不全、与合同文件约定不符、未经专业监理工程师质量验收合格或有违约的工程量不予计量和审核，拒绝该部分工程款的支付。

（二）造价控制目标分解

（1）按建设工程费用分解：一阶段工程总包费用大约占 80%；二阶段费用大约占工程合同额的 20%。

（2）按年度、季度分解

按总包计划在 2015 年度完成一阶段混凝土工程的主体结构，设备专业将在 2016 年度完成部分安装。装修单位将于 2016~2017 年初全部完成。其相应费用按清单报价分解到相应年度。

（3）按实施阶段分解：总包一阶段将完成 3.2 亿元；二阶段将完成 8000 万元。

（4）造价控制目标风险分析

1）本工程为单价合同，由于二阶段开工距签订工程合同时间三年以上，三年内材料价格可能出现上涨、人工费用也可能出现变化，对原投标报价将造成影响；装修工程也存在类似问题。而合同中对于材料调价、人工调价方面要求严苛，工程造价控制目标风险较大。

2）由于功能调整、设计等原因，工程变更较多，对造价控制目标也影响较大。

（三）造价控制监理工作的程序

详见本章第十六节。

（四）造价控制要点和重点

（1）项目监理机构依据工程特点、施工合同的有关条款、施工图，对工程项目投资目标进行风险分析，并制定防范性对策。

（2）总监理工程师从造价、项目的功能要求、质量和工期等方面审查工程变更的方案，并宜在工程变更实施前与建设单位、承包单位协商确定工程变更价款。

（3）专业监理工程师及时收集、整理有关的施工和监理文件资料，为处理争议、费用索赔提供证据。

（4）项目监理机构按施工合同约定的工程计量规则和支付条款进行工程计量和工程款支付。

（5）专业监理工程师及时建立月完成工程量和工作量统计，对实际完成量与计划完成量进行比较、分析，制定调整措施，并在监理月报中向建设单位报告，依据建设单位方关于工程变更文件和工程量增减事宜相关规定及流程要求，严格监督和跟踪工程量变更增减事宜。

（6）专业监理工程师进行现场计量，按施工合同的约定审核工程量清单和工程款支付申请表，并报总监理工程师审定。

（7）承包单位统计经专业监理工程师质检验收合格的工程量，按施工合同约定填报工程量清单和工程款支付申请表。

（8）未经监理人员质量验收合格的工程量，或不符合施工合同规定的工程量，监理人员将拒绝对该部分进行计量和不批准该部分的工程款支付申请。

（9）总监理工程师签署工程款支付证书。

（10）项目监理机构及时按施工合同的有关规定进行竣工结算，并对竣工结算的价款总额与建设单位和承包单位协商。当无法协商一致时，按合同争议的解决办法处理。

（11）根据工程进展的需要，按照标段划分及时进行清单核量，以更好地进行投资控制。

（五）造价控制方法

（1）采取事前、事中、事后控制方法

1）事前要对合同中有关条款进行深入学习，理解合同、熟悉合同。对施工方的工程量清单报价进行分析，对可能出现的问题做到心中有数。

2）实施过程中要严格执行合同，按合同的约定拨付工程款，监理要建立付款台账；对于工程变更，严格按建设单位规定的程序，事前应有设计变更通知书；建设单位提出的更改，应先由建设单位下达指令，过程中应留下相关资料（变更应有专项施工方案并经监理和建设单位审批、事前照片、实施中照片、完成后照片）。监理要建立工程变更台账。

3）事后控制方法：对于变更，严格审查施工方提供的相关资料计算依据、计算书、套用子目、取费标准。

（2）对工程造价实施主动控制：对于清单中的工程数量、单价合约，监理工程师要进行分析，对可能出现问题的要及时报告建设单位及早进行补救。

（3）对工程造价实施动态控制：掌握工程变更情况、工期进度、工程的分包情况，对工程质量、工期、款项支付有关签证文件单据及时填写并保存，预计各类索赔事件的发生，并做好准备以降低工程风险。对合同的执行情况定期进行全面检查和评审，并做出报告。

（六）造价控制手段

（1）总监和造价工程师认真学习施工招标文件、合同文件，做到心中有数。

（2）进行清单核量。

（3）变更前、中、后要求施工方留下照片或音像资料。

（4）对变更签证安排责任心强的人员进行跟踪，留下证据资料。

（5）对设计变更费用严格按合同约定进行审查。

（七）造价控制措施

1. 经济措施

（1）工程进度款计量支付，严守进度款计量支付相关要求，坚持做到验工计价。

（2）审核承包单位工程进度款支付，监理投资控制负责人、经办人在审核后签署意见，总监理工程师签发《进度款支付证书》。

（3）客观、科学、合理、准确审核承包单位提出的工程变更、工程洽商等索赔文件，签署监理审核意见或建议。

（4）做好项目实施过程中的投资分析、评估、预测等监理投资控制工作，不定期向建设单位汇报监理投资控制工作中发现的问题。发现影响投资控制目标实现的重大相关事件，及时向建设单位提出书面报告。

（5）对于工程变更（含设计、洽商等），在不影响工程进度、质量、安全的情况下，坚持做到先算后做。及时优化实施方案，力争损失最小化、功能目标最大化。

2. 技术措施

在审核承包单位编制的施工组织设计、施工方案以及专项施工方案等报审文件过程中，投资控制工程师、现场专业监理工程师以及监理部分管领导着重对其影响造价的部分进行审核，按照技术经济相结合的原则，努力实现投资效益最大化、功能目标实现最大化。

3. 合同措施

（1）做好工程施工记录，特别是现场实际施工变更情况的内容，收集现场第一手投资控制资料，为准确、合理处理潜在的索赔事件提供原始资料。

（2）从其对投资控制的影响及项目顺利实施的方面着手，积极向建设单位献计献策，尽可能减少索赔事件发生。

4. 工程变更投资控制措施

（1）监理部造价工程师及时、全面地收集工程变更的有关资料。

（2）现场监理部根据工程变更要求监督承包单位实施。

严格遵守建设单位制定的变更流程，严禁承包单位缩短办理流程或后补确认手续；每一份变更下发至监理部，按要求检查其手续完整性、有效性，总监负责牵头进行工程变更专项的进度、质量、投资、安全评估。设计变更下发后，及时督促承包单位进行费用索赔申请，力争在实施前，协商相关方对新增项目的费用、工期、质量方面问题达成一致。在相关方未能就工程变更的费用、工期、质量等方面达成协议时，监理部造价组应提出一个暂定的价格，作为支付进度款主要依据。

5. 费用索赔处理措施

（1）投资控制工程师处理双方提出的索赔以合同为主要依据。

（2）投资控制工程师必须及时、合理地处理索赔。

（3）监理主动投资控制，减少工程索赔。

（4）做好日常资料收集工作，协助建设单位进行反索赔。

（5）结合工程特点，监理投资控制计划采取的一些措施：

投资控制监理除采用上述一些常规投资控制措施以外，为确保监理投资控制工作有针对性、有效性，结合类似机场项目经验，投资控制监理对本项目投资控制特点加以分析，并计划增加一些特殊投资措施。

四、合同管理

（一）合同管理原则

（1）全面履行原则：合同当事人按照合同约定的标的、数量、质量、价款或报酬等，在适当的履行期限、履行地点，以适当的履行方式，全面完成合同义务。

（2）诚实信用原则：合同当事人应诚实、信用、善意地根据合同性质、目的和交易习惯履行通知、协助保密等义务。

（3）充分协商履行原则：在合同履行过程中，认真听取有关各方意见，互相提供条件和方便，与合同有关方充分协商，以利于合同履行。

（4）经济合理原则。

（二）合同管理监理工作的程序

详见本章第十六节。

（三）合同管理要点和重点

（1）处理工程变更。（2）处理工程暂停及复工。（3）处理工程延期。（4）处理违约、索赔。（5）处理施工合同争议、解除、终止。

（四）合同管理方法

（1）熟悉合同文件。（2）制定合同管理工作规定。（3）进行合同风险分析及防范。（4）建立合同台账。（5）及时纠正合同执行偏差。（6）公正处理合同分歧。（7）合同策划管理。（8）合同评审管理。（9）合同谈判管理。（10）合同监督管理。（11）合同跟踪管理。

（五）合同管理手段

（1）在建立合同管理电子文档系统的同时，由专职人员对工程监理业务范围内施工合同、设备材料采供合同、第三方工程检测合同等，分类收集、管理，便于相关人员准确、快速地查阅。

（2）对工程监理业务范围内各类合同进行学习、分析，最大限度地使合同相关责任方履约过程及结果符合法律法规的要求和合同约定。

（3）规范合同管理工作程序，使合同管理工作满足合法化、规范化、标准化、程序化四化要求。监理项目部采用合同交底制度，落实监理合同管理责任，把合同管理工作贯穿于项目实施的全过程中。

（4）根据合同约定工程变更相关条款、结合工程变更处理惯例、考虑项目特点，开展工程变更管理工作。制定工程变更管理台账，管理台账的主要内容有工程变更内容、监理处理意见、现流转状态、最终处理结果等信息。工程监理对工程变更从其真实性、时效性、有效性、合理性的角度出发，提出处理意见或建议。

（5）对于承包单位提出的工程延期要求，工程监理根据合同有关条款，就工期延误情况和影响工期因素进行调查、取证，并进行全面评估。在征得建设单位同意后，签署工程临时延期审批表或工程最终延期审批表并报建设单位批准。

（6）据合同约定处理违约事件，及时、准确、全面收集争议的有关情况，在争议双方同意的前提下，与合同争议双方磋商。提出初步协调方案。

（六）合同动态管理监理工作措施

监理依据合同中相关工程监理条款，给予监理工程师定位、管理权限及协调关系的内容，开展合同动态管理工作。

1. 工程前期合同管理工作措施

配合建设单位拟定适合项目的合同类型；配合起草与本工程项目有关的各类合同（包括施工、材料和设备订货合同）。

2. 实施过程合同管理工作措施

（1）合同管理主要内容

1）检查、督促合同中采用的规范、标准和管理程序施工。

2）审查工程设备和工程材料，确保满足设计文件及规范要求。

3）验收工程质量和检查工程进度，根据合同进度计量支付相关条款约定，按现场形象进度开展进度款计量支付工作。

4）根据合同约定及规范要求组织或参加工程验收。

（2）合同管理资料收集

合同监理人员应及时收集有关签证方面的文件和资料，一般情况下主要有：

1）甲供的工程设备、材料规格、数量有关资料；2）甲方同意或设计批准的材料代用相关资料；3）经设计院代表确认批准的设计变更资料；4）隐蔽工程检查验收记录；5）安全质量事故鉴定书及其采取的处理措施；6）合理化建议内容及节约分成协议书；7）工程中间交接的有关资料；8）赶工协议及提前竣工收益分配协议；9）与工程质量、与决算和工期等有关的资料和数据；10）相关会谈记录、真实有效函件等各种相关资料。

（3）合同变更管理

1）建设合同变更的提出方可能是建设单位、监理方或承包单位。

2）工程变更的指令必须是书面的，如因某种特殊原因，监理工程师可口头下达变更令，但必须在 48h 内予以书面确认。项目总监在决定批准工程变更前，必须征得建设单位的书面同意，变更必须对项目目标实现是有利的。

（4）合同延期管理

1）由于增加合同外工作与附加工作、异常恶劣的气候条件或由于非承包单位的过失、违约或其责任范围内的特殊情况，造成工程不能按原定工期完工。以该事件是否处关键节点位置为基本。

2）当监理收到承包单位提交书面的工期延长申请要求，要积极收集资料、分析情况、提出初步处理意见，按程序提交建设单位审定。

（5）合同违约管理

1）合同违约处理关键是确认违约责任方及违约责任。

2）除非双方协议将合同终止，或因一方违约使合同无法履行，否则在违约处理完毕前，工程监理应督促及协助双方继续履行合同。

3）因一方违约使合同不能履行，另一方欲中止或解除全部合同，按合同约定提前通知违约方。监理按合同条款规定，对建设单位及承包单位进行适当的协商工作，配合建设单位确定有关费用的支付工作及善后处理事宜。

（6）审查分包合同

1）在承包合同订立后，承包单位应根据其分包计划，向工程监理提出分包申请，并填报《专业承包单位资格报审表》。

2）工程监理可从分包商的技术力量、管理水平、机械配备等和业绩情况，与拟分包工作内容、分包合同及是否满足总包及建设单位的需求等方面进行审核，并报请建设单位批准。

五、信息资料管理

（一）信息资料管理原则

（1）有效性原则；（2）定量化原则；（3）时效性原则；（4）高效处理原则；（5）可预见原则。

（二）信息资料管理监理工作的程序

详见本章第十六节。

（三）信息资料管理要点和重点

1. 建设单位提供的文件资料

（1）施工类招投标文件、建设工程施工合同、分包合同、各类订货合同等；

（2）勘察、设计文件；

（3）地上、地下管线及建（构）筑物资料移交单（表）；

（4）建设工程竣工结算资料；

（5）其他应提供的文件。

2. 承包单位报审的施工资料

（1）施工组织设计、施工方案及专项施工方案等；

（2）专业承包单位报审文件资料；
（3）施工控制测量成果报验资料；
（4）施工进度计划报审文件资料，工程开复工及工程延期文件资料；
（5）工程材料、设备、构配件报验文件资料；
（6）工程质量检查报验资料及工程有关验收资料；
（7）图纸会审记录、工程变更、费用索赔文件资料；
（8）工程款报审文件资料；
（9）施工现场安全报审文件资料；
（10）监理通知回复单、工作联系单；
（11）其他应报审的文件资料。

3. 监理单位形成的监理文件资料

（1）建设工程监理合同、监理单位监督检查记录；
（2）法定代表人授权书、工程质量终身责任承诺书；
（3）监理规划、监理实施细则、监理月报、监理会议纪要；
（4）工程开工令、暂停令、复工令、监理通知、工作联系单；
（5）监理日志、旁站记录、见证取样文件资料、监理文件资料台账；
（6）工程款支付证书，安全防护、文明措施费用支付证书；
（7）工程质量或生产安全事故处理文件资料；
（8）工程质量评估报告、监理工作总结。

4. 监理文件资料的归档管理

（1）应按单位工程及时整理、分类汇总，并按规定组卷，形成监理档案。

（2）应根据工程特点和有关规定，保存监理档案，并应及时向有关单位、部门移交需要存档的监理文件资料。

（四）信息资料管理方法和手段

（1）选定有效信息；
（2）合理进行信息的分类；
（3）建立监理机构内部责任制和工作制度；
（4）加强与建设单位的沟通，争取建设单位的理解和支持。

（五）信息资料管理措施

1. 项目监理部文件资料台账

为了对项目监理部的文件资料进行有效的管理，应设立文件资料台账，对程序文件的质量记录分成六大部分，其具体的分类及要求参照本公司有关文件要求确定。

（1）文件清单（技术性文件、法规性文件、管理性文件、外部性文件，同时包括监理服务过程中形成的如监理合同、监理规划、细则、监理月报、工程质量评估报告等文件）；

（2）收发文登记表（包括建设单位提供的设计图纸及有关文件、工作联系单，承包单位报送的工作联系单和各种技术文件，监理方发出的各种文件）；

（3）文件发放登记表；
（4）文件更改通知单；
（5）文件资料借阅申请表；

（6）文件销毁登记表；

（7）监理月报、监理日记等记录的控制；

（8）监理实施过程控制中发出、编制的文件（包括不限于：工作联系单、监理通知、停工令、编制的监理规划、实施细则、见证取样文件、平行检验文件等）。

2. 信息资料管理措施

根据建设单位委托的监理工作范围和内容，将建立以项目监理部为处理核心的信息资料管理中心，协调建设单位、承包单位、监理三者之间信息流通，收集来自外部环境各类信息，全面、系统处理后，供参建各方处理造价、进度、质量事务时使用，为整个项目建设服务。信息资料的传递采用口头、工作联系单、会议等形式。

六、协调管理

（一）协调管理原则

（1）守法是组织协调的第一原则：项目监理机构要在国家和地方有关工程建设的法律、法规的规定范围开展协调工作。

（2）在监理的职权范围内工作，以委托监理合同所赋予监理的职权范围内行使权力，不得越级和超过范围。

（3）坚持公正立场：公正、客观、实事求是是监理工作的基本准则。

（4）以合同为依据：监理组织协调应以双方签订的合同为依据。对合同条款未约定的，遵循合情合理和参照行业规则的办法进行协调。对于明显不合理的合同条款，监理提出建设性的补充或修改意见，以维护双方的权益。

（5）以事实为根据：监理组织协调应以事实为根据，才能正确地分析矛盾产生的症结，寻求可行的解决方案，以事实和数据说话，可使当事人心服口服。

（6）协调与控制目标一致原则：监理组织协调要依据合同进行，合同规定的质量、工期、投资建设目标，就是监理协调要力争实现的目标。

（7）总监理工程师是协调的核心。

（8）主动服务原则。

（二）协调管理要点和重点

（1）项目监理机构内部的协调；

（2）与建设单位之间的协调；

（3）与设计单位之间的协调；

（4）与承包单位之间的协调；

（5）与专业承包单位、材料设备供应单位之间的协调；

（6）与政府有关部门、工程毗邻单位之间的协调。

（三）协调管理方法和手段

（1）会议协调：监理例会、专题会议等方式；

（2）交谈协调：面谈、电话、网络等方式；

（3）书面协调：通知书、联系单、月报等方式；

（4）访问协调：主要用于外部协调，有走访或约见、邀访等方式；

（5）现场协调：质量、进度、造价控制有时需要进行现场协调，特点是直观、准确、快捷，但现场协调后要形成文字意见。

（四）协调管理措施

（1）用行政手段协调；

（2）用技术手段协调。

第十一节　安全生产管理的监理工作方案

建筑工程现场安全施工的主体是项目建设的承包单位，但对工地现场安全施工的监督是监理工作目标的重要组成部分之一。作为监理单位受建设单位的委托，对工程项目实施全面监督管理，只有在项目实施过程中确保安全施工的前提下，才能保证工程施工的正常进行，以及工程质量、进度、投资控制目标的圆满实现。

一、监理工作目标

（一）施工安全管理目标

符合国家和黑龙江省地方有关建设工程安全管理强制性规定，杜绝重大伤亡事故，减少轻伤事故，工作事故率控制在国家和黑龙江省地方规定的范围内。

（二）监理管理目标

履行法律法规赋予工程监理单位的法定职责，做到管理制度完善、控制措施得力，方案审查细致，过程检查到位，督促整改到底，尽可能防止和避免施工安全事故的发生。

二、危险性较大的专项施工方案审查流程

详见本章第十六节。

三、监理工作依据

（一）相关法律法规

《中华人民共和国建筑法》《中华人民共和国安全生产法》《建设工程安全生产管理条例》。

（二）国家颁布的现行相关标准、文件

略。

四、安全生产管理的监理工作计划

安全生产管理的监理工作计划见表10-4。

安全生产管理的监理工作计划　　表10-4

阶　段	控制内容	主责人
监理准备阶段	建立机构，确定人员分工和岗位职责，健全管理制度，制定实施细则，进行监理工作交底	总监理工程师
施工准备阶段	审查施组（方案），检查承包单位的安全管理体系、人员到位情况，核查开工条件，签署工程开工令	总监理工程师

续表

阶　段	控制内容	主责人
施工阶段	组织三方联合检查（每周一次）	总监理工程师（总代）
	现场巡视检查（每天）	安全监理员
	监理例会上核查现场安全措施落实情况	总监理工程师（总代）

五、监理组织保证体系

（一）安全监理组织机构

现场项目监理机构成立“现场施工安全监控管理机构”的安全监理保证体系。由项目总监理工程师任组长，专职安全监理员任副组长，各专业监理工程师任组员。

（二）监理人员安全监理的岗位职责

（1）总监理工程师负全面监督管理责任

1）确定项目监理机构的安全监理员，明确其工作职责。

2）主持编写监理规划中的安全监理方案，审批项目监理机构编制的安全监理实施细则，审核并签发有关安全监理方面的监理通知和专题报告。

3）组织项目监理机构审核承包单位报送的《施工组织总设计》和专项施工方案、生产安全事故应急救援预案，对其中的编审程序、审批手续、安全管理体系、安全防护措施进行审查，提出监理的意见和建议。

4）审查开工条件，在现场其他条件具备的同时，施工许可证、安全生产许可证具备后，方可批准工程开工。

5）定期检查安全监理人员的工作。

6）定期组织建设单位、承包单位、监理单位对工地施工安全情况进行联合检查，对存在的安全问题和安全隐患，要求承包单位限期进行整改，情况严重的，要求承包单位停工整改，并及时报告建设单位；承包单位拒不整改的或不停止施工的，及时向有关部门报告。

7）检查承包单位安全防护、文明施工措施费使用情况。

（2）总监理工程师代表按总监理工程师的授权，行使总监理工程师的部分职责。但下列内容不在授权范围：

1）确定项目监理机构的安全监理员，明确其工作职责。

2）审批项目监理机构编制的安全监理实施细则。

3）审批承包单位报送的《施工组织总设计》和专项施工方案、生产安全事故应急救援预案等。

4）审查、批准工程开工。

（3）专职安全监理员负日常监督管理责任

1）编制安全监理方案和安全监理实施细则。

2）审查承包单位的安全生产许可证，审核承包单位安全管理体系是否建立，有关安全管理人员的岗位证书、培训证书以及是否到位。

3）审核施工组织设计中的安全技术措施和专项施工方案是否符合工程建设强制性

标准。

4）核查承包单位的安全生产责任制、安全管理规章制度、安全操作规程是否建立和健全，有关安防措施是否落实。

5）检查施工机械、安全设施的验收手续，并签署监理意见。

6）核查承包单位安全培训教育记录和技术措施的交底情况。

7）对施工现场的安全施工进行巡视、检查，填写安全监理日记；对发现的安全问题和安全隐患，立即要求承包单位进行整改，并对整改结果进行复查，直到彻底解决为止。

8）搜集现场安全承建方面的信息，及时向总监理工程师反馈。

9）负责主持召开安全生产专题监理会议。

10）专业监理工程师负责本专业安全监督方面的管理。

11）审核本施工组织设计中本专业的安全技术措施。

12）审核本专业中有关的危险性较大的分部分项工程的专项施工方案和安全技术措施，如土方护坡工程、模板工程、钢筋工程、混凝土工程、钢结构吊装工程、垂直运输设备安装工程、脚手架工程、临时用电工程、临时用水工程、冬雨期施工等施工方案。

13）结合本专业的监理业务范围，检查施工安全状况。

六、确定施工过程中安全生产管理的监理工作重点内容和部位

本项目中对以下危险性较大的分部分项工程进行重点监控：

（1）降水、土方开挖工程；

（2）护坡工程施工及护坡安全监测；

（3）塔吊基础施工、塔吊安装和安全运行监测；

（4）脚手架工程安装及使用过程中的安全检查；

（5）模板工程；

（6）高处作业安全防护；

（7）现场施工临时用电安全及消防安全。

七、本工程将结合现场实际情况编制安全监理专项方案

略。

第十二节　施工旁站监理工作方案

一、旁站监理依据

（1）监理合同、施工合同，以及工程设计文件。

（2）《房屋建筑工程施工旁站监理管理办法（试行）》（建设部建市 [2002] 189 号）。

二、旁站监理人员的主要职责

（1）检查承包单位现场质检人员到岗、特殊工种人员持证上岗及施工机械、建筑材料准备情况。

（2）在现场跟班监督关键部位、关键工序施工时执行施工方案及执行工程建设强制性标准情况。

（3）检查进场材料、建筑构配件、设备和商品混凝土的质量检验报告等；并可在监督之下进行检验或委托有资格的试验单位进行复验。

（4）做好旁站监理记录和监理日记。

三、旁站监理时对承包单位的要求

（1）本方案中所确定的旁站监理的关键部位、关键工序，承包单位在编制施工方案时应加以细化，以适应旁站监理工作；同时要求将方案报监理机构审核，批准后方可实施。

（2）本方案中所确定的旁站监理的关键部位、关键工序，承包单位在施工前24h，以书面形式通知项目监理机构，以便及时安排现场旁站监理人员。

（3）在实施旁站监理时，承包单位的质检系统应正常进行自检。

（4）在实施旁站监理时，承包单位的质检人员或质量管理人员应与现场监理旁站人员相互协作、相互配合，共同做好这项工作，不得擅自离岗。

四、对旁站监理工作的要求

（1）旁站监理人员必须认真履行职责，对关键部位、关键工序的旁站监理，要跟踪监督，及时发现和处理旁站监理过程中出现的质量问题，如实准确地做好旁站监理记录。凡旁站监理人员未在旁站记录上签字的，不得进行下一道工序施工。

（2）旁站监理人员实施旁站监理时，发现承包单位有违反工程建设强制性标准和施工方案行为的，有权责令整改；发现施工活动已经或可能危及工程质量的，应及时向专业监理工程师或总监理工程师报告，由总监理工程师下达局部暂停施工指令或采取其他应急措施。

（3）旁站监理记录的内容应据实填写，要求在旁站监理结束后及时填写，双方签字。

（4）凡已确定旁站监理的关键部位、关键工序，而未实施旁站监理或无旁站监理记录的，专业监理工程师或总监理工程师不得在相应文件上签字。

（5）旁站监理记录作为监理文件资料归档备查，归入分部分项工程施工报验资料内。

五、关键工序的旁站监理要点

地基基础工程：土方回填、防水工程、混凝土浇筑、后浇带。

主体结构工程：梁柱节点钢筋、混凝土浇筑、后浇带。

建筑装饰装修工程：外墙保温、室内防水。

建筑屋面工程：屋面保温、屋面防水。

（一）地基基础工程

1. 土方回填

（1）旁站监理工程部位：各栋号的房心回填土（不含室外的肥槽填土）。

（2）旁站监理要点

1）所用土质是否符合设计要求；

2）回填土施工中如何控制最佳含水率；

3）施工中分层厚度是否符合有关工艺标准（方案、交底）要求；

4）每层夯实遍数；

5）分层试验结果（压实系数或干密度）。

2. 地下卷材防水

旁站监理工程部位：基础底板、地下结构外墙的细部构造。

3. 旁站监理要点

（1）基层清理情况、表面平整度、基层含水率；

（2）卷材外观质量、合格证、复试报告等情况及品种规格、性能是否符合国标和设计要求；

（3）卷材铺设平直度及纵横搭接尺寸；

（4）施工中天气变化时的处理措施；

（5）穿板管、螺栓的细部处理情况；

（6）热铺、冷铺法的禁忌问题。

4. 防水混凝土

（1）旁站监理工程部位：地下室外墙及底板。

（2）旁站监理要点

1）设计防水等级及设计防水措施、施工缝要求，水泥品种、配合比、混凝土坍落度等；

2）混凝土保护层厚度及试块制作；

3）施工缝、变形缝、后浇带、埋设件留置及混凝土接槎时间（按规范检查量大的混凝土浇筑时是否违反初凝时间）；

4）外加剂的种类及掺量。

5. 后浇带

（1）旁站监理工程部位：地下室管廊顶板。

（2）旁站监理要点

1）位置是否符合设计要求；

2）主体混凝土浇筑时间及后浇带的浇筑时间；

3）基层清理情况；

4）混凝土浇筑全过程情况（混凝土强度等级、坍落度、配合比及试块留置情况按规范要求监理）。

（二）主体结构

1. 梁、柱节点钢筋

（1）旁站监理的工程部位：顶板的梁、柱节点的钢筋绑扎及混凝土浇灌。

（2）旁站监理的要点

1）检查钢筋绑扎、连接接头情况；

2）核查主筋、箍筋间距、接头试验报告；

3）梁、板混凝土保护层情况；

4）钢筋接头现场见证取样。

2. 混凝土浇筑：梁、柱、墙

（1）旁站监理的工程部位：柱、梁、板混凝土。

（2）旁站监理要点

1）核查混凝土出厂资料（混凝土强度等级、合格证、开盘鉴定、配合比、试验报告、出厂时间等）；

2）抽测混凝土坍落度、出罐温度等；

3）混凝土布料情况（施工顺序）、振捣情况；

4）施工缝、变形缝的设置情况；

5）试块留置、见证取样；

6）混凝土分层及接头部位，保证混凝土在初凝时间内施工的措施；

7）现场出现或发生的问题及处理情况。

（三）其他

本工程旁站监理控制点见表10-5。

本工程旁站监理主要项目表　　表10-5

关键部位、工序	检查内容及控制重点
有见证取样、送检	按规定部位截取，按规定数量提取，按规定要求标识，按规定要求送达试验室
原材料进场的复试抽样	按规定要求进行几何尺寸量度、按规定要求部位截取
混凝土灌注桩浇筑	桩位、钻孔深度、直径、位置、桩垂直度；混凝土灌注、坍落度、混凝土强度等级；钢筋直径、间距、数量、搭接（焊接）长度；压桩笼过程、下钢筋笼深度；混凝土充盈系数
土方回填	土质、含水率、分层厚度、环刀取样
抗渗混凝土浇筑	抗渗等级、试块留置、与非抗渗混凝土分隔措施、分层浇捣
混凝土浇筑	分层厚度、是否连续浇筑、浇筑地点，坍落度抽查，试块取样，施工缝的位置、混凝土品种、强度等级必须符合设计要求，核查商品混凝土发货单（小票），冬施必须按冬施方案施工
防水混凝土浇筑	查验防水混凝土有关技术资料、配合比开盘鉴定是否符合要求、查验混凝土坍落度、检查现场混凝土振捣情况、施工缝留置情况
混凝土后浇带	后浇带清理情况、钢筋修理情况、止水带交圈情况；查验防水混凝土有关技术资料；混凝土强度等级
梁柱钢筋复杂节点隐蔽过程	检查清理情况、观察振捣过程、有无漏振或过振现象、观察施工缝处理情况
网架结构安装	检查有关材料的技术资料、进场材料的外观及几何尺寸、安装过程、构件安装的牢固性、吊装提升过程机械设备使用情况
卷材防水细部构造处理	基层清理情况、涂刷搭接、基层结合层涂刷均匀情况、阴阳角、后浇带及管根部细部处理是否正确、加层处是否符合设计要求；变形缝、后浇带、阴阳角、穿墙管等处是否按规范做附加层
电气工程	电线电缆的线路摇测、避雷摇测
冷热水管线消防水管	检查打压设备标定情况、管道打压过程
其他	幕墙三性试验，现场拉拔试验过程、材料见证取样过程

第十三节　建筑节能工程监理工作方案

项目监理机构进场后应制定建筑节能施工监理方案，严格按照审查合格的设计文件和建筑节能标准的要求实施监理。

一、建筑节能施工监理依据

施工合同文件、工程设计技术文件、《建筑节能工程施工质量验收规范》《建筑工程施工质量验收统一标准》及有关专业工程验收规范和国家标准。

二、建筑节能施工监理要求

（1）在工程施工过程中，项目监理机构将节能工程作为施工质量监控重点之一。

（2）在送审的《施工组织设计》中必须明确规定建筑节能分部工程施工方案及工艺标准和材料试（检）验计划。

（3）严格按规范要求，严把节能工程材料进场质量验收和复试关，严格进行节能工程施工重要环节及隐蔽工程的验收。要求承包单位必须认真执行并配合监理部的工作。

（4）建筑节能工程施工完成后应进行实体检验。

（5）建筑节能分部工程验收合格后能进行单位工程竣工预验收。

三、建筑节能施工监理内容

（一）材料与设备的管理

（1）确认承包单位采购的材料、设备符合设计要求和国家有关标准的规定，严禁使用国家明令禁止使用与淘汰的材料和设备。

（2）对进场材料和设备的品种、规格、包装、外观和尺寸等进行检查验收，对相应的质量证明文件进行核查，并经专业监理工程师（建设单位代表）确认，形成验收记录。同时在施工现场进行抽样复验，复验项目中按照国家和地方有关要求进行见证取样送检。

（3）节能工程使用的材料燃烧性能等级和阻燃处理，应符合设计要求和现行国家、地方标准。

（4）节能工程使用的材料应符合国家现行有关标准对材料有害物质限量的规定，不得对室内外环境造成污染。

（5）现场配制的材料如保温浆料、聚合物砂浆等，应按设计要求或试验室给出的配合比配制。当未给出要求时，应按施工方案和产品说明书配制。

（6）节能保温材料在施工使用时的含水率应符合设计要求、工艺要求及施工技术方案的要求。当无上述要求时，其含水率不应大于正常施工环境湿度下的自然含水率，否则应采取降低含水率的措施。

（二）建筑节能施工管理

（1）监督承包单位加强有关建筑节能的教育和培训，掌握国家有关施工规范和标准，熟悉国家有关绿色建筑的政策规定。

（2）审查承包单位建筑节能工程施工资质，以及相应的质量管理体系、施工质量控制和检验制度、施工技术标准。

（3）建筑节能工程应按审查合格的设计文件和经审查批准的施工方案进行施工，不得擅自修改设计文件。工程设计变更不得降低建筑节能效果。

（4）审批承包单位编制的施工组织设计中的建筑节能工程施工内容，审查批准建筑节能专项施工技术方案。

（5）如本工程采用的新技术、新设备、新材料、新工艺按有关规定进行评审、鉴定及备案。施工前应对新的或首次采用的施工工艺进行评价，并制定专门的施工技术方案。

（6）监督承包单位对从事建筑节能工程施工作业的相关人员进行技术交底和必要的实际操作培训。

（7）对于采用相同建筑节能设计的房间和构造做法，应在现场采用相同材料和工艺制作样板间或样板构件，经有关方确认后方可进行施工。

（三）节能工程验收管理

（1）项目监理机构根据《建筑节能工程施工质量验收规范》对本工程的节能分部工程进行逐层验收。

1）承包单位应对节能分项工程按检验批进行验收，全部合格后进行分项工程验收。对设备分项工程的性能必要时应进行见证抽样现场检验，出具检验报告或评价报告。

2）专业监理工程师对上述验收结果进行复核，合格后予以签认。

3）各节能分项工程经专业监理工程师复检并全部验收合格后，总监理工程师对节能分部工程组织竣工预验收，合格后由承包单位申报竣工验收。

（2）对建筑节能分部工程的验收资料，应划分建筑节能分部、分项工程验收表，独立验收，独立组卷。

（3）按规定，应由具备资质的检测机构承担建筑节能工程的质量检验。

项目监理机构确认建筑单位委托具有相应资质的检测机构对围护结构节能性能和系统功能进行检验。检验合格出具检验报告或评价报告。

四、建筑节能施工监理措施

（1）施工准备阶段的监理措施

1）建筑节能工程施工前，总监理工程师应组织监理人员熟悉设计文件、国家和本市有关建筑节能法规文件与本工程相关的建筑节能强制性标准，参加施工图会审和设计交底。

2）建筑节能工程施工前，总监理工程师应组织编制建筑节能监理实施细则。按照建筑节能强制性标准和设计文件，编制符合建筑节能特点的、具有针对性的监理实施细则。

3）建筑节能工程开工前，总监理工程师应组织专业监理工程师审查承包单位报送建筑节能专项施工方案和技术措施，提出审查意见。

4）项目监理机构对涉及建筑节能的材料、构配件进行100%有见证取样。

（2）施工阶段的监理措施

1）专业监理工程师应按规定审核承包单位报送的拟进场的建筑节能工程材料 / 构配件 / 设备报审表（包括墙体材料、保温材料、门窗部品、采暖空调系统、照明设备等）及其质量证明资料，应合格、齐全。

①质量证明资料是否与设计和产品标准的要求相符。产品说明书和产品标识上注明的性能指标是否符合建筑节能标准。

②严禁使用国家明令禁止、淘汰的材料、构配件、设备。

③应具有建筑材料备案证明及相应验证要求资料。

④严格原材料进厂检验。

按照委托监理合同约定及建筑节能标准有关规定的比例，进行见证取样、送样检测。对未经监理人员验收或验收不合格的建筑节能工程材料、构配件、设备，不得在工程上使用或安装。

2）当承包单位采用建筑节能新材料、新工艺、新技术、新设备时，应要求承包单位报送相应的施工工艺措施和证明材料，组织专题论证，经审定后予以签认。

3）督促检查承包单位按照建筑节能设计文件和施工方案进行施工。总监理工程师审查建设单位或承包单位提出的工程变更，发现有违反建筑节能标准的，应提出书面意见加以制止。

4）对建筑节能施工过程进行巡视检查。对建筑节能施工中墙体、屋面等隐蔽工程的隐蔽过程进行旁站或现场检查，符合要求予以签认。对未经监理人员验收或验收不合格的工序，不得进行下一道工序的施工。

5）对墙体、屋面等保温工程隐蔽前的施工，专业监理工程师应适当增加巡视检查密度实施监理，以确保符合设计要求和有关节能标准规定。

6）对建筑节能施工过程中出现的质量问题，应及时下达监理通知单，要求承包单位整改，并检查整改结果。

（3）竣工验收阶段的监理措施

1）对承包单位报送的建筑节能隐蔽工程、检验批和分项工程质量验评资料进行审核和现场检查，符合要求后予以签认。

2）审查承包单位报送的建筑节能工程竣工资料。

3）参与建设单位委托建筑节能测评单位进行的建筑节能能效测评。

4）组织对包括建筑节能工程在内的预验收，对预验收中存在的问题，督促承包单位进行整改，整改完毕后签署建筑节能工程竣工报验单。

5）出具监理质量评估报告。工程监理单位在监理质量评估报告中必须明确执行建筑节能标准和设计要求的情况。

6）签署建筑节能实施情况意见。工程监理单位在《建筑节能备案登记表》上签署建筑节能实施情况意见，并加盖监理单位印章。

（4）项目监理机构协助建设单位签订保修合同时，明确若保温工程等在保修范围和保修期限内发生质量问题，承包单位应当履行保修义务，并对造成的损失承担赔偿责任。

第十四节　监理设施

一、制定监理设施管理制度

二、主要设备设施配制

根据本工程的建设规模、技术复杂程度、所在地环境条件，按照监理合同约定配备满足监理工作需要的常规检测设备和工具。落实场地、办公交通、通信生活等设施，配备必要的影像设备。

第十五节　监理实施细则编制计划

监理实施细则编制计划见表 10−6。

监理实施细则编制计划表　　表 10−6

序　号	监理实施细则名称	编制人	审批人	编制时间	备　注
1	基坑开挖及支护监理实施细则	丁卫国	彭跃军	2015 年 5 月	
2	桩基工程监理工作细则	丁卫国	彭跃军	2015 年 5 月	
3	安全监理实施细则	于衍新	彭跃军	2015 年 5 月	
4	钢筋工程监理实施细则	尚朝红	彭跃军	2015 年 6 月	
5	模板监理实施细则	尚朝红	彭跃军	2015 年 6 月	
6	混凝土工程监理实施细则	刘文柱	彭跃军	2015 年 6 月	
7	电气工程监理实施细则	李品道	彭跃军	2015 年 6 月	
8	安全监理交底	于衍新	彭跃军	2015 年 5 月	
9	钢结构工程监理实施细则	王远成	彭跃军	2015 年 6 月	
10	地下防水工程监理实施细则	刘文柱	彭跃军	2015 年 6 月	
11	旁站监理实施细则	王　军	彭跃军	2015 年 6 月	
12	见证试验计划	罗亚杰	彭跃军	2015 年 6 月	
13	给水排水工程监理实施细则	于　娟	彭跃军	2015 年 6 月	
14	通风与空调工程监理实施细则	柯贵国	彭跃军	2015 年 6 月	
15	平行检验方案	王　军	彭跃军	2015 年 6 月	
16	合约管理监理实施细则	李茵那	彭跃军	2015 年 6 月	
17	室外装修工程监理实施细则（含幕墙）	伊　焘	彭跃军	2016 年 3 月	
18	屋面 TPO 防水监理实施细则	王远成	彭跃军	2016 年 3 月	
19	二次结构监理实施细则	刘文柱	彭跃军	2016 年 3 月	
20	节能工程监理实施细则	王学兵	彭跃军	2016 年 8 月	
21	装饰装修工程监理实施细则	王　军	彭跃军	2016 年 12 月	
22	拆除工程监理实施细则	张德军	彭跃军	2017 年 2 月	
23	二阶段（B1）区监理规划	各专业工程师	徐秀初	2017 年 8 月	

第十六节　监理工作流程框图

一、监理工作总流程

监理工作总流程如图 10-2 所示。

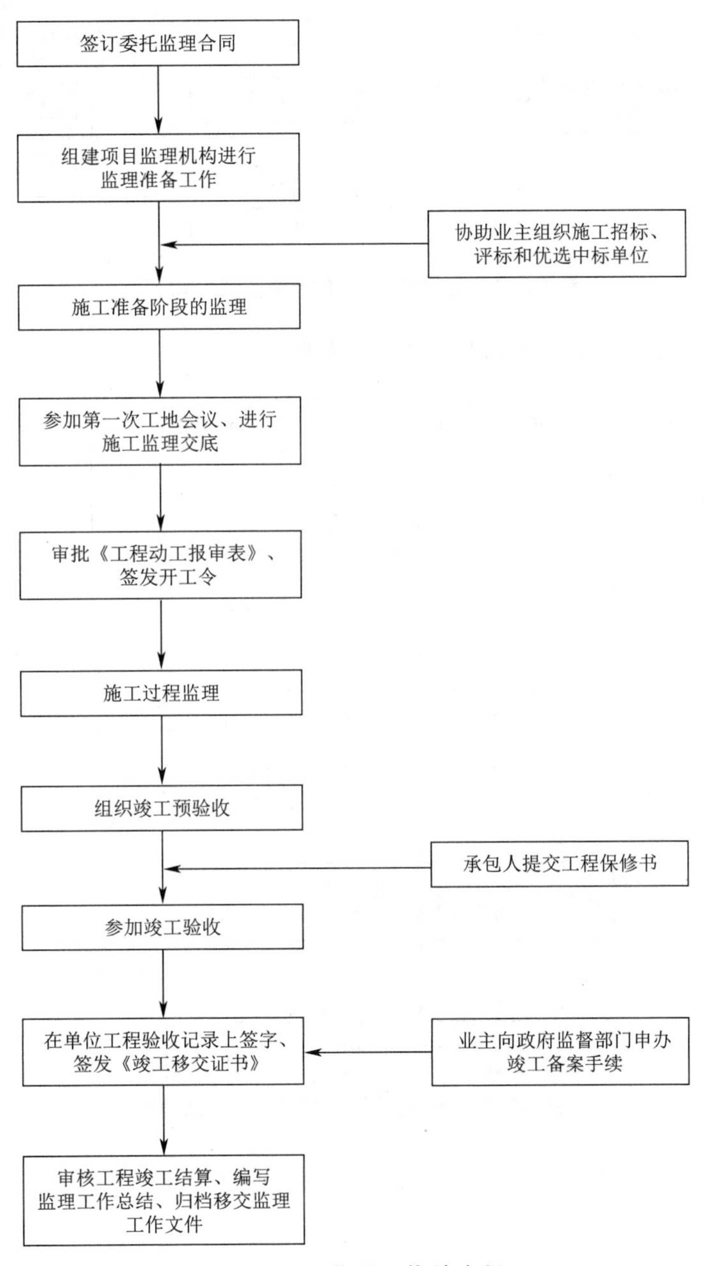

图 10-2　监理工作总流程

二、工程质量控制工作流程

（1）工程材料、构配件质量检验流程如图 10-3 所示。

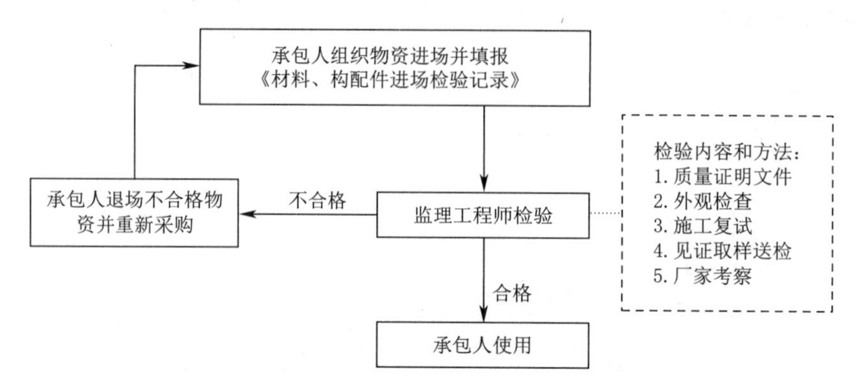

图 10-3　工程材料、构配件质量检验流程

（2）专业承包单位资质审查流程如图 10-4 所示。

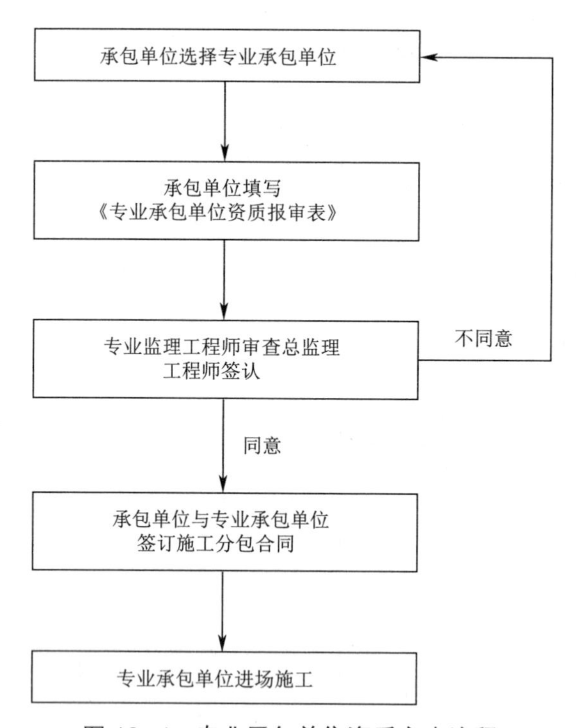

图 10-4　专业承包单位资质审查流程

（3）检验批（隐蔽工程）质量验收流程如图 10-5 所示。

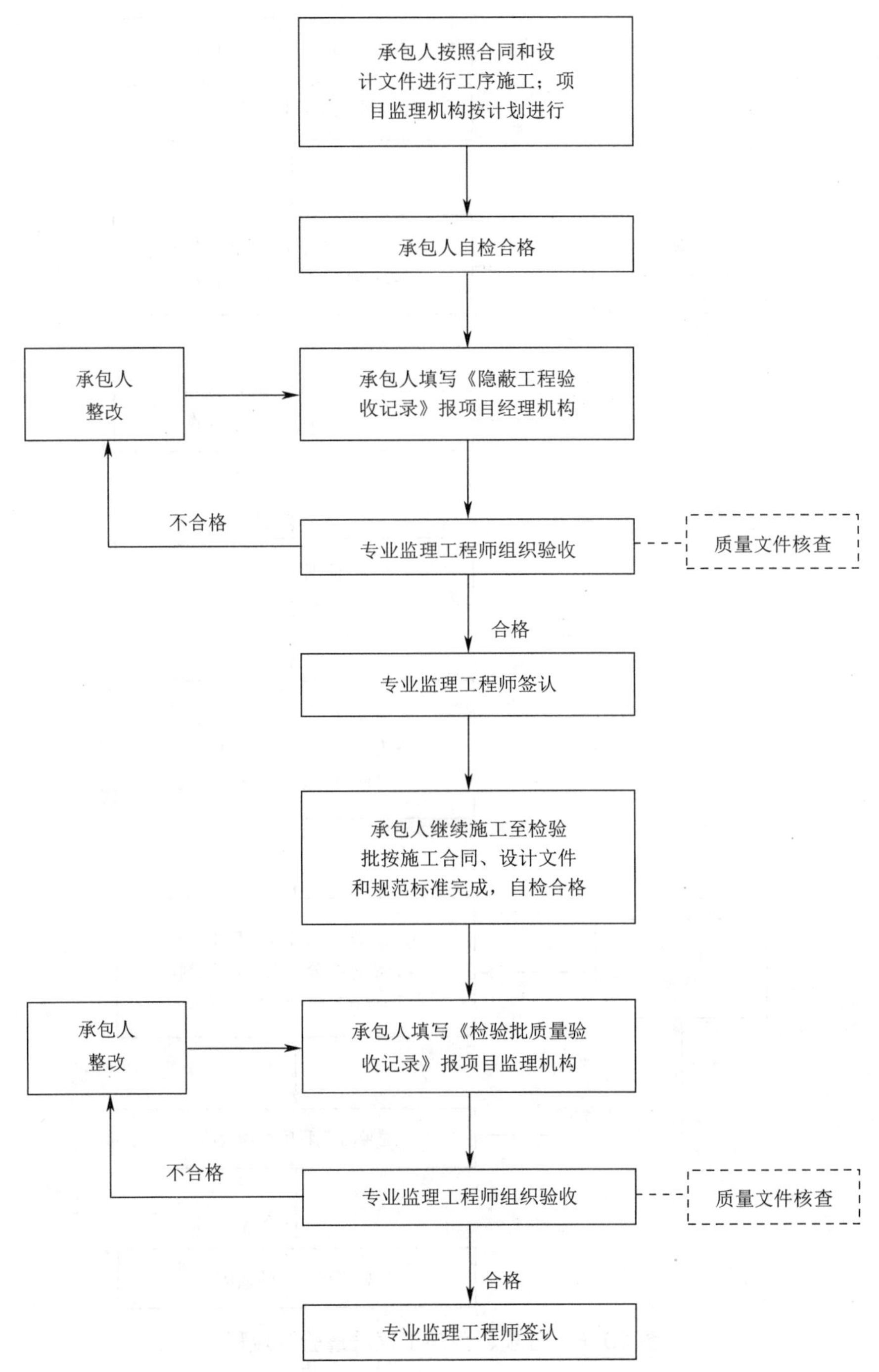

图 10-5　检验批（隐蔽工程）质量验收流程

（4）分项、分部工程质量验收流程如图 10-6 所示。

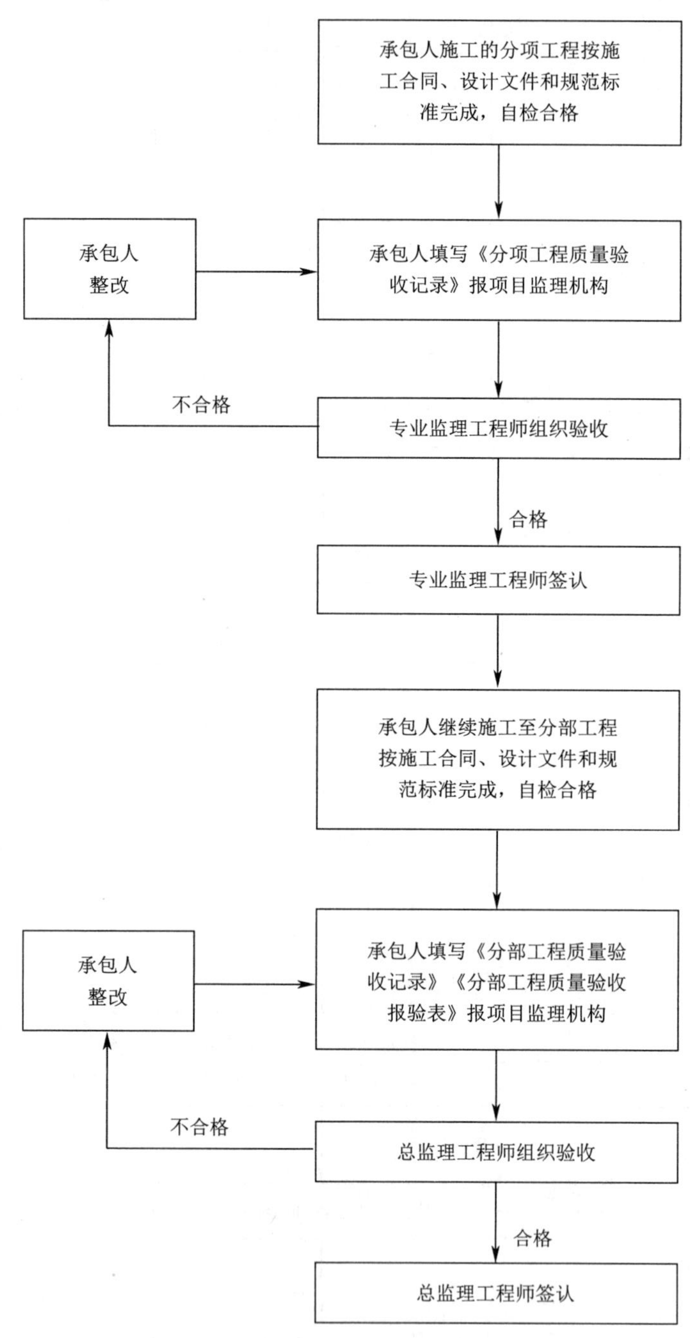

图 10-6　分项、分部工程质量验收流程

（5）单位工程质量验收流程如图 10-7 所示。

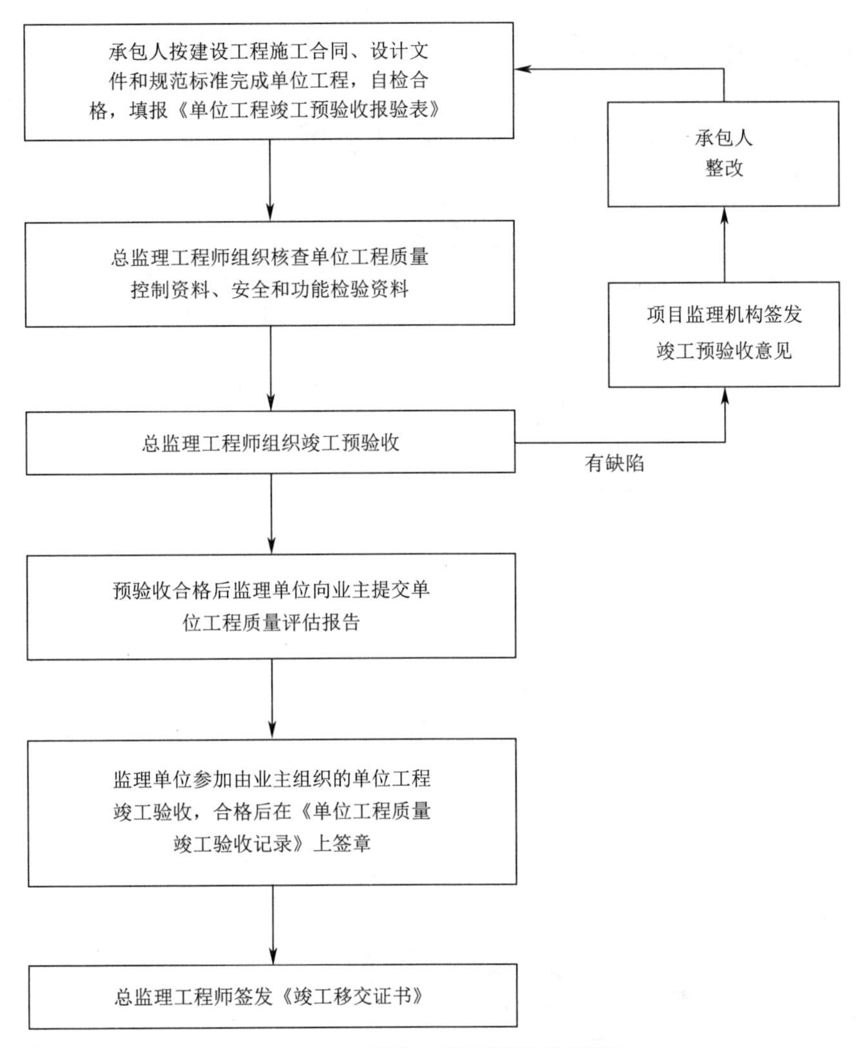

图 10-7　单位工程质量验收流程

三、工程进度控制流程

（1）工程进度控制总流程如图10-8所示。

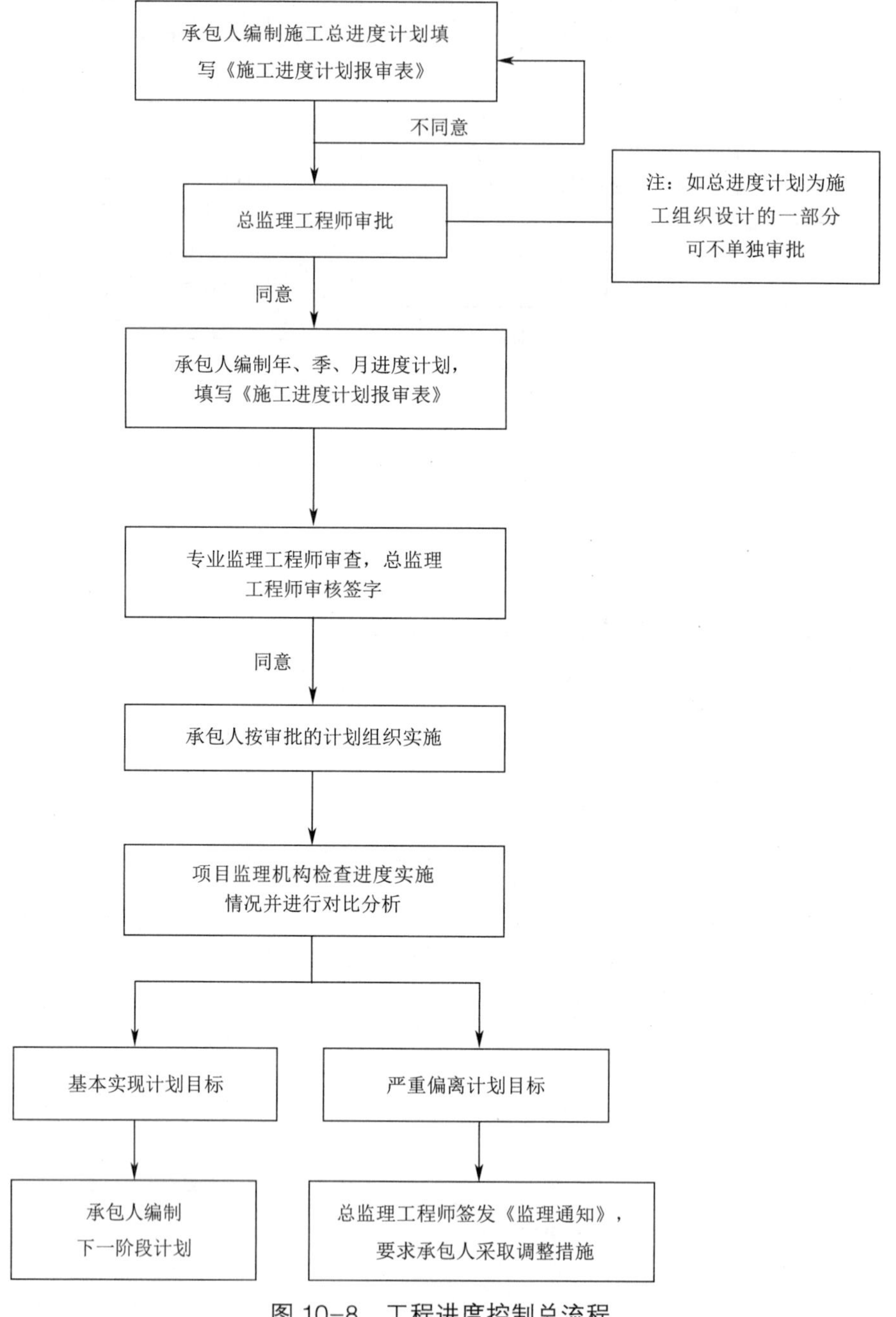

图10-8 工程进度控制总流程

（2）工程延期管理流程如图 10–9 所示。

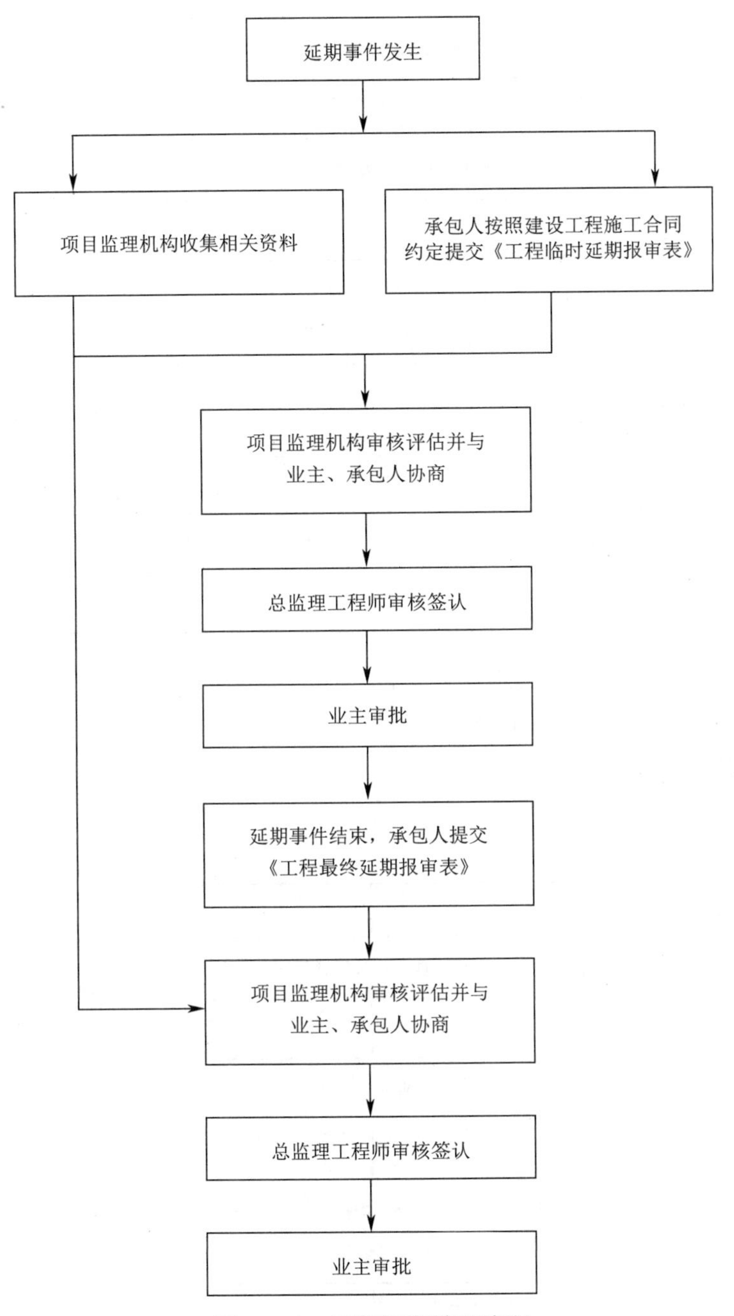

图 10–9　工程延期管理流程

（3）工程暂停及复工管理流程如图 10-10 所示。

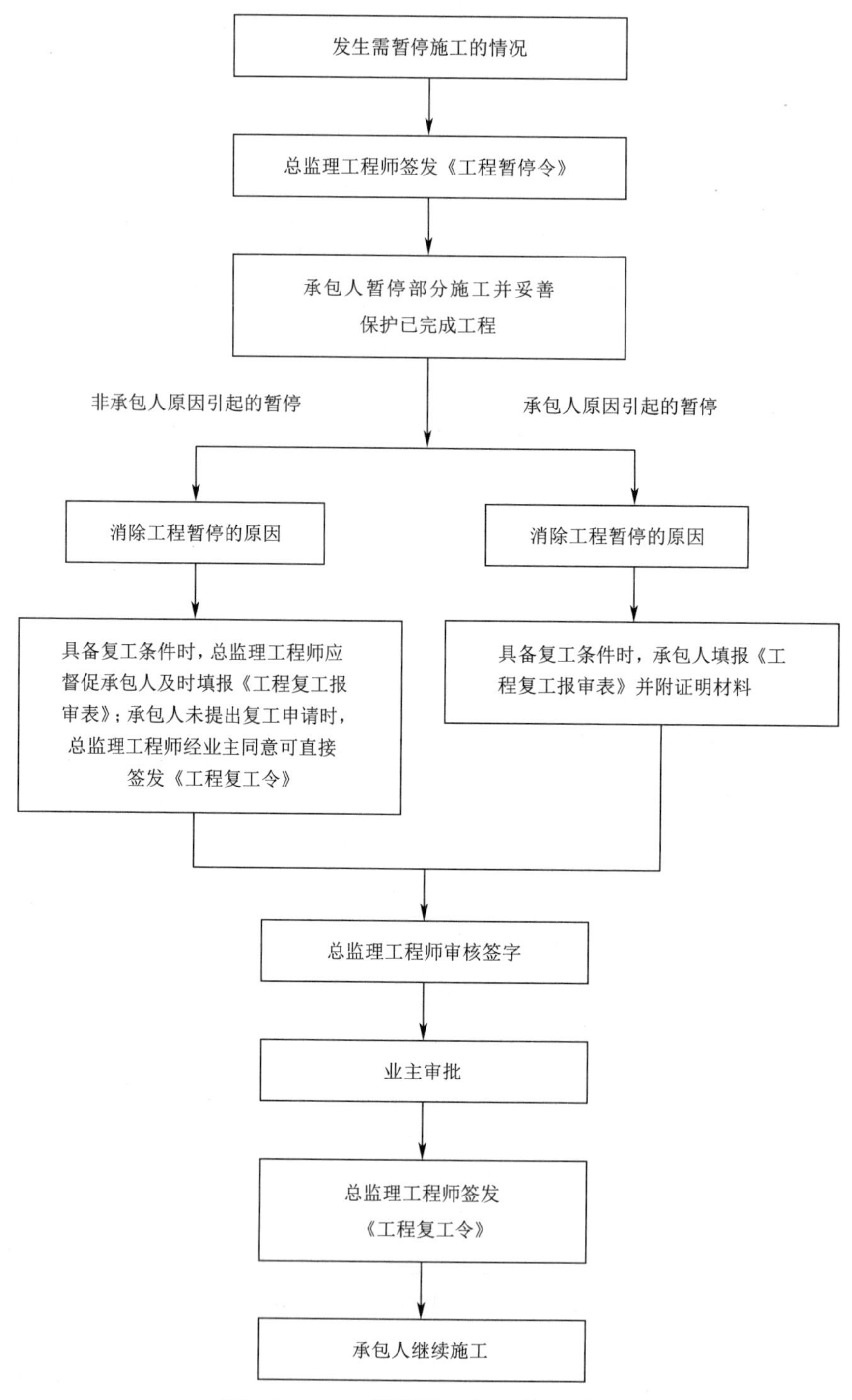

图 10-10 工程暂停及复工管理流程

四、工程造价控制流程

（1）工程预付款流程如图 10-11 所示。

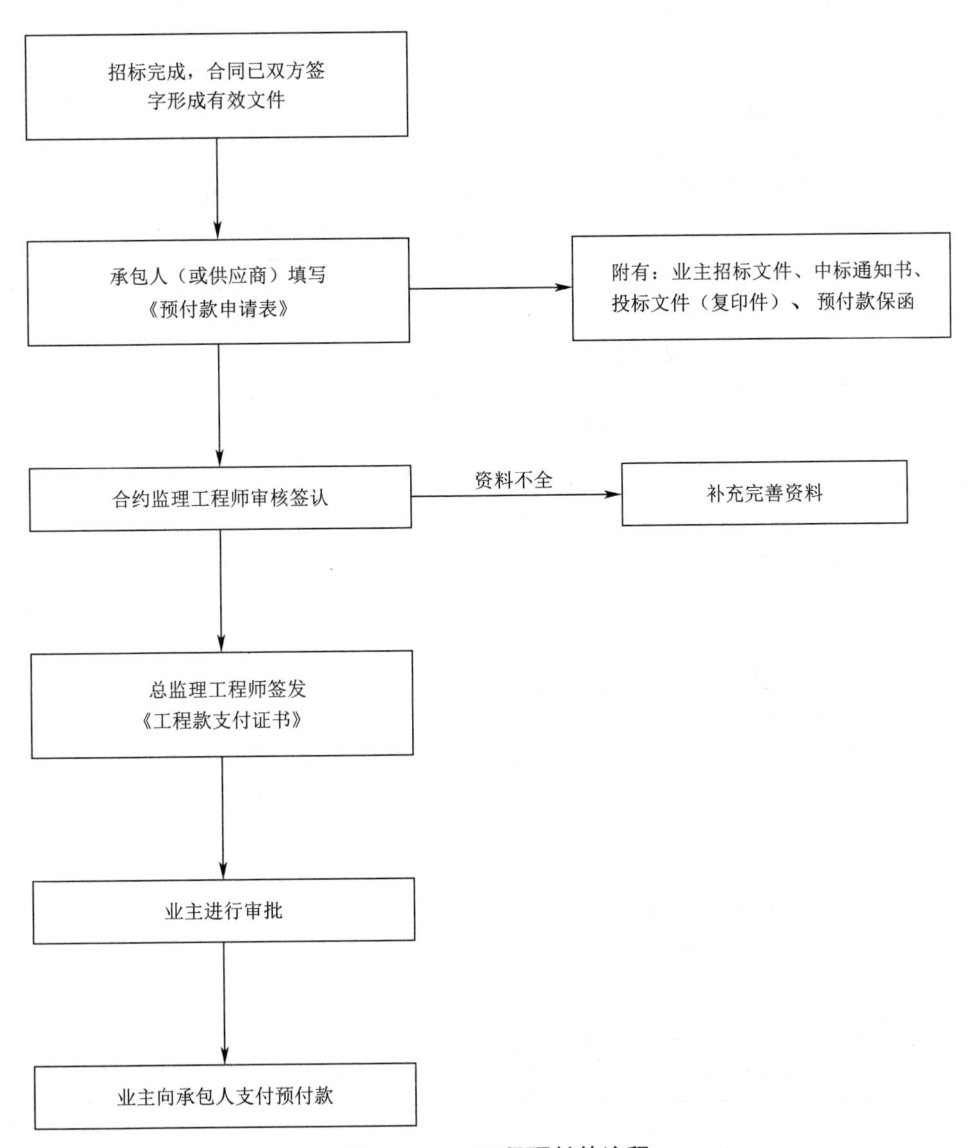

图 10-11　工程预付款流程

（2）工程进度款支付流程如图10-12所示。

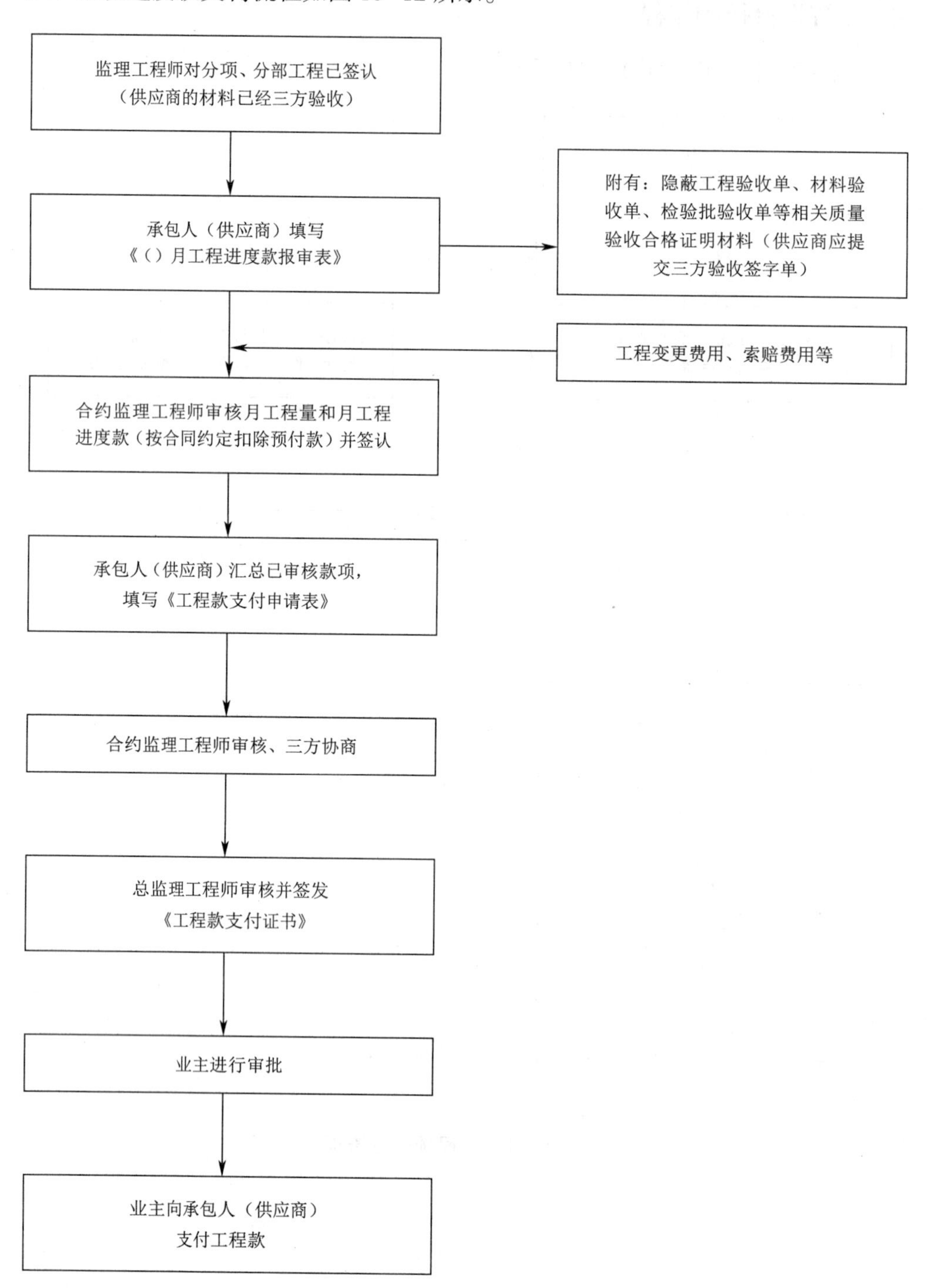

图10-12 工程进度款支付流程

（3）工程款竣工结算流程如图 10-13 所示。

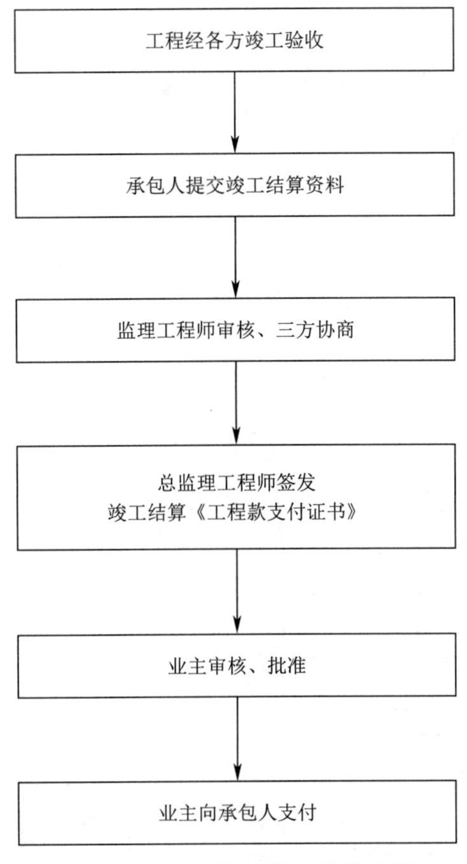

图 10-13 工程款竣工结算流程

（4）工程变更（费用）流程如图 10-14 所示。

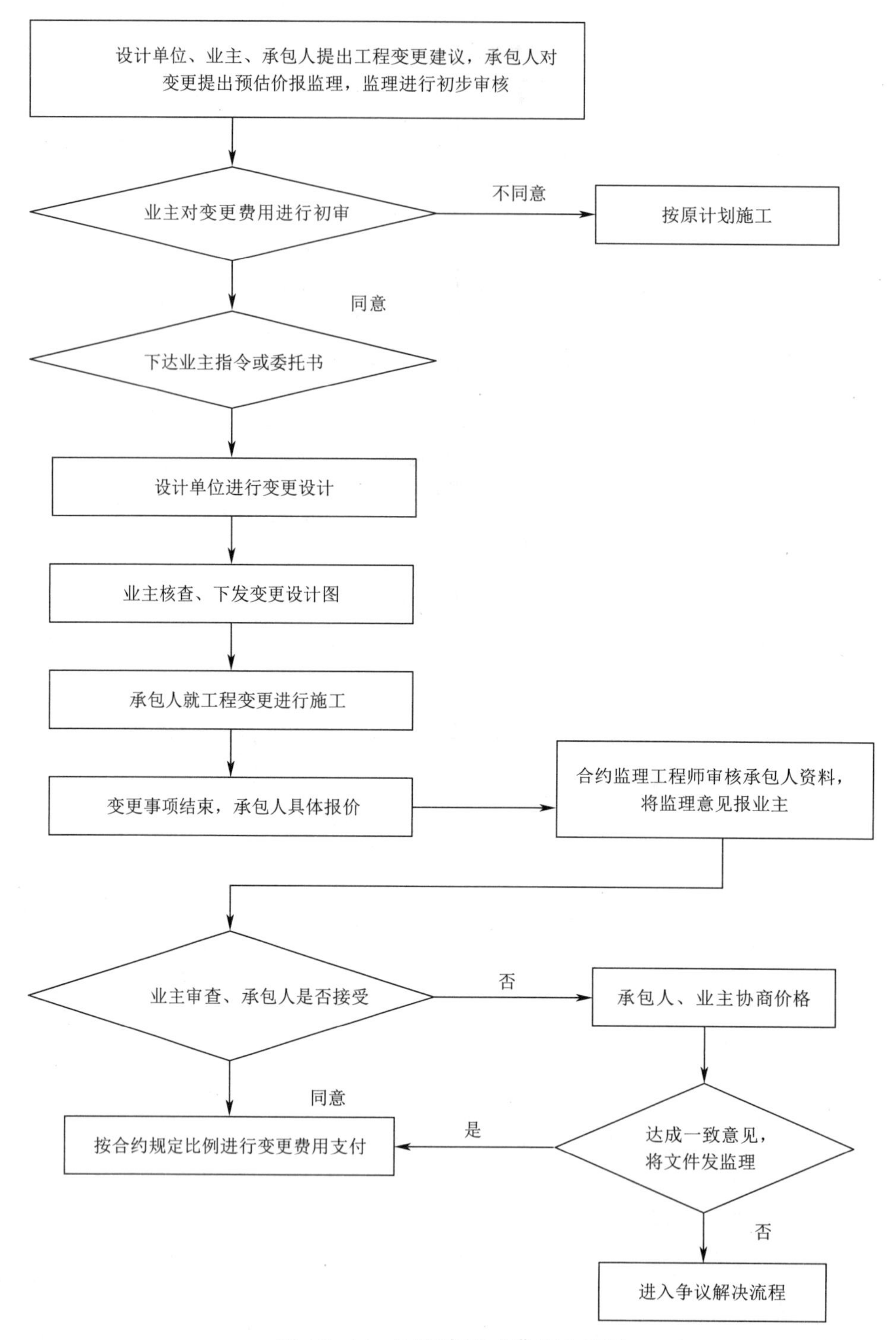

图 10-14 工程变更（费用）流程

（5）施工费用索赔管理流程如图 10-15 所示。

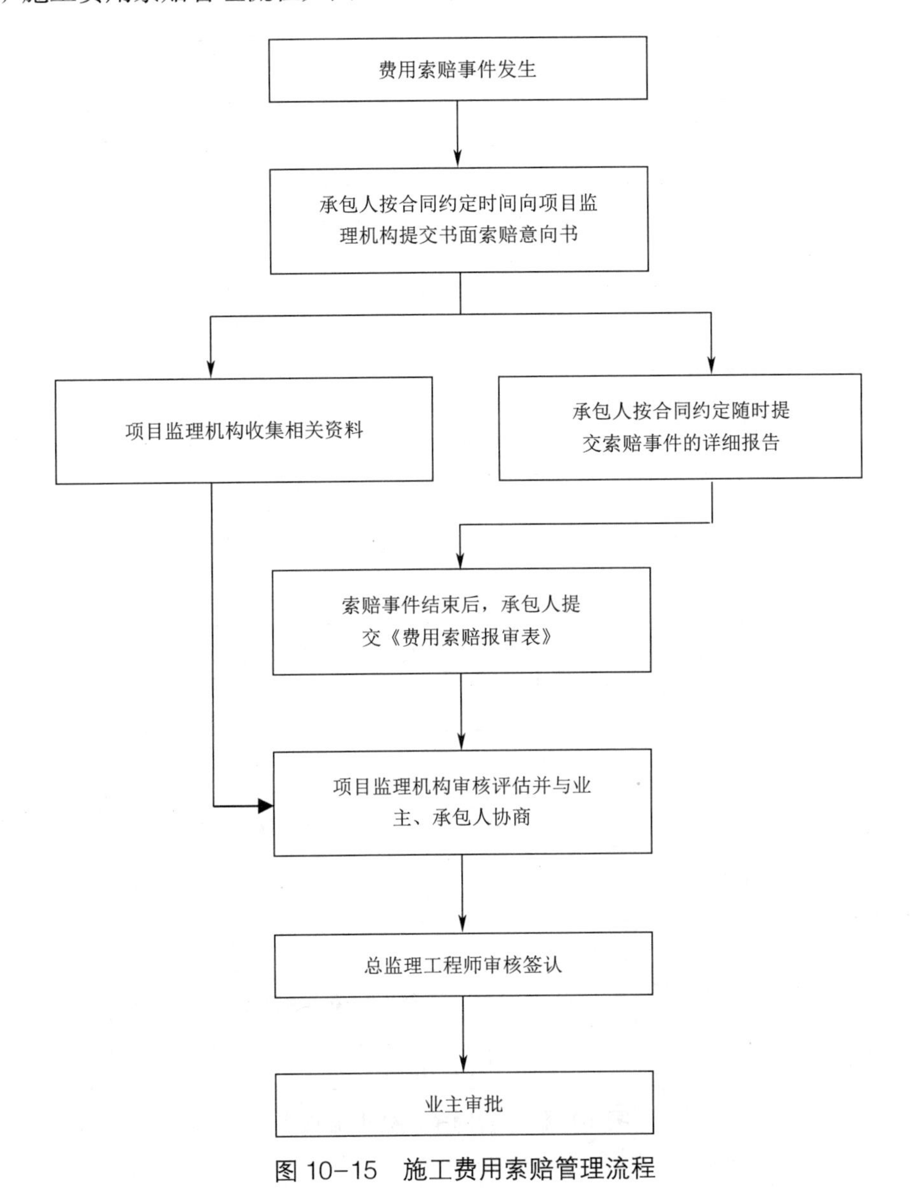

图 10-15　施工费用索赔管理流程

（6）合同争议处理流程如图 10-16 所示。

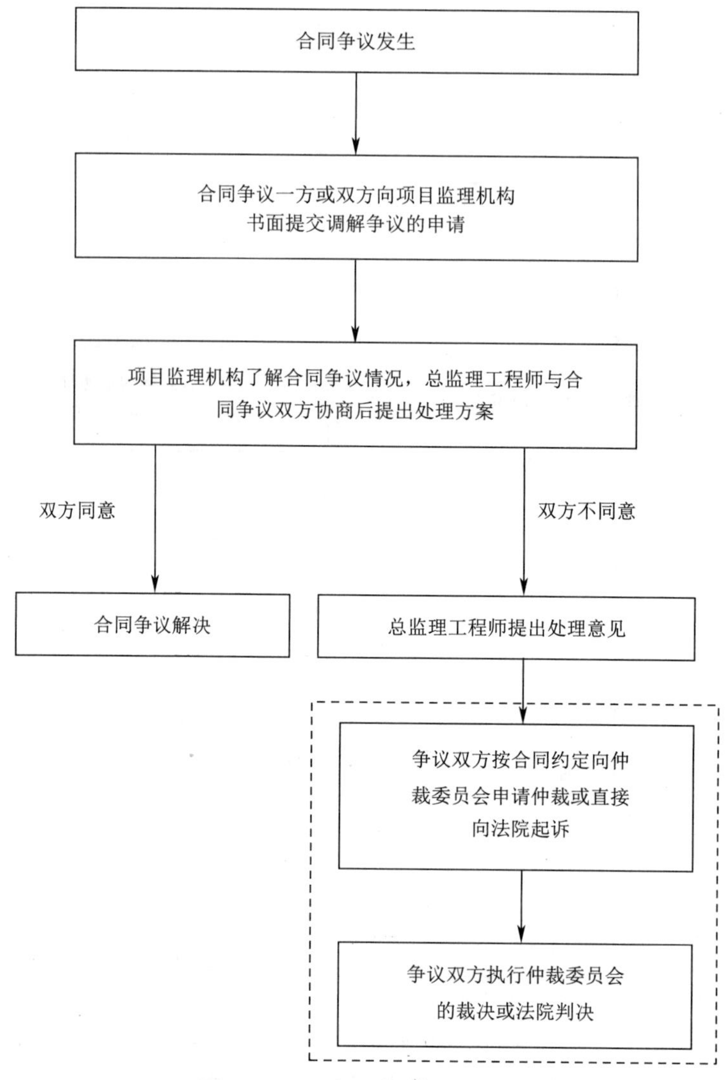

图 10-16　合同争议处理流程

五、监理资料管理流程

监理资料管理流程如图 10-17 所示。

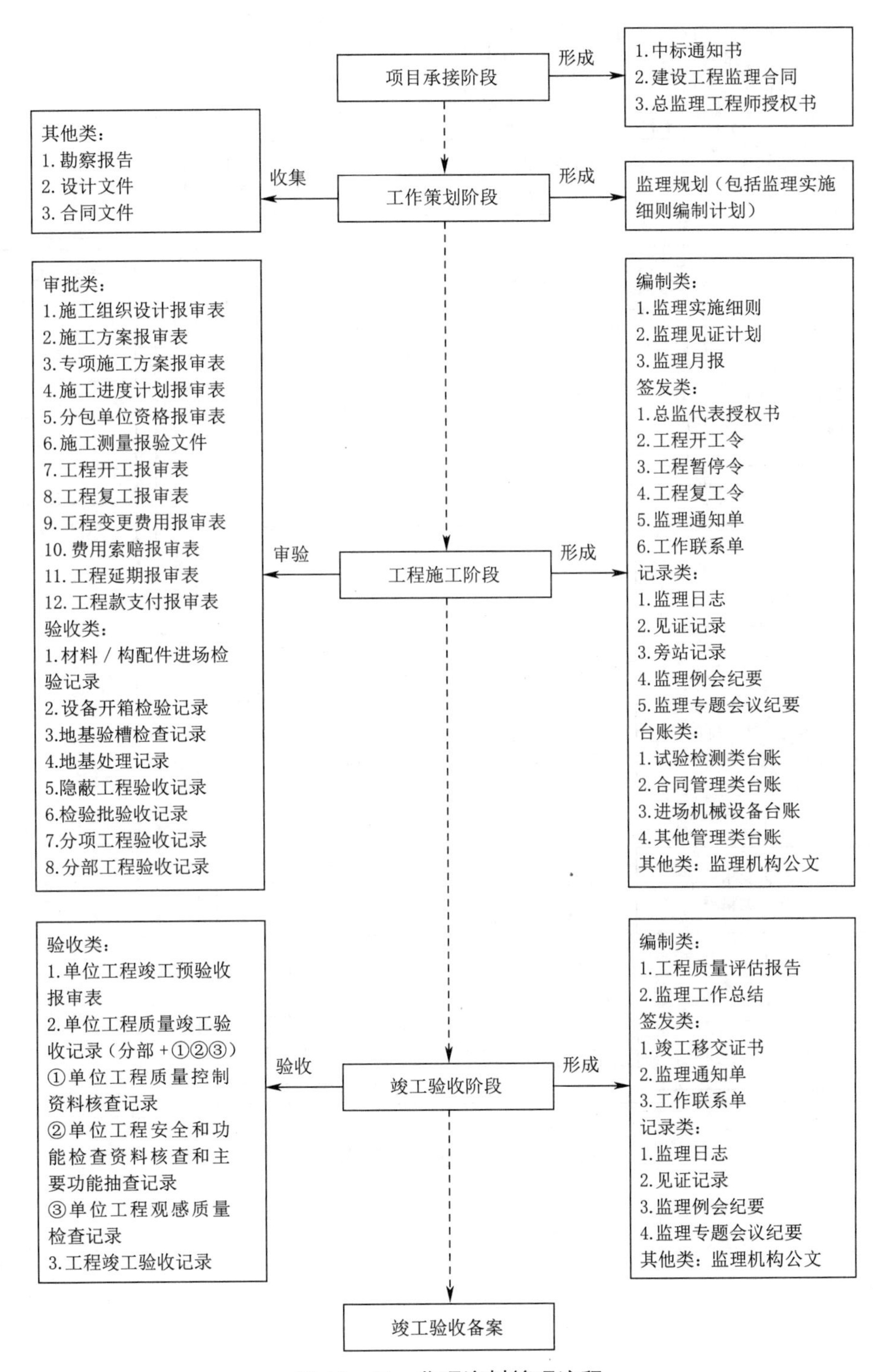

图 10-17 监理资料管理流程

六、信息管理工作流程

信息管理工作流程如图 10-18 所示。

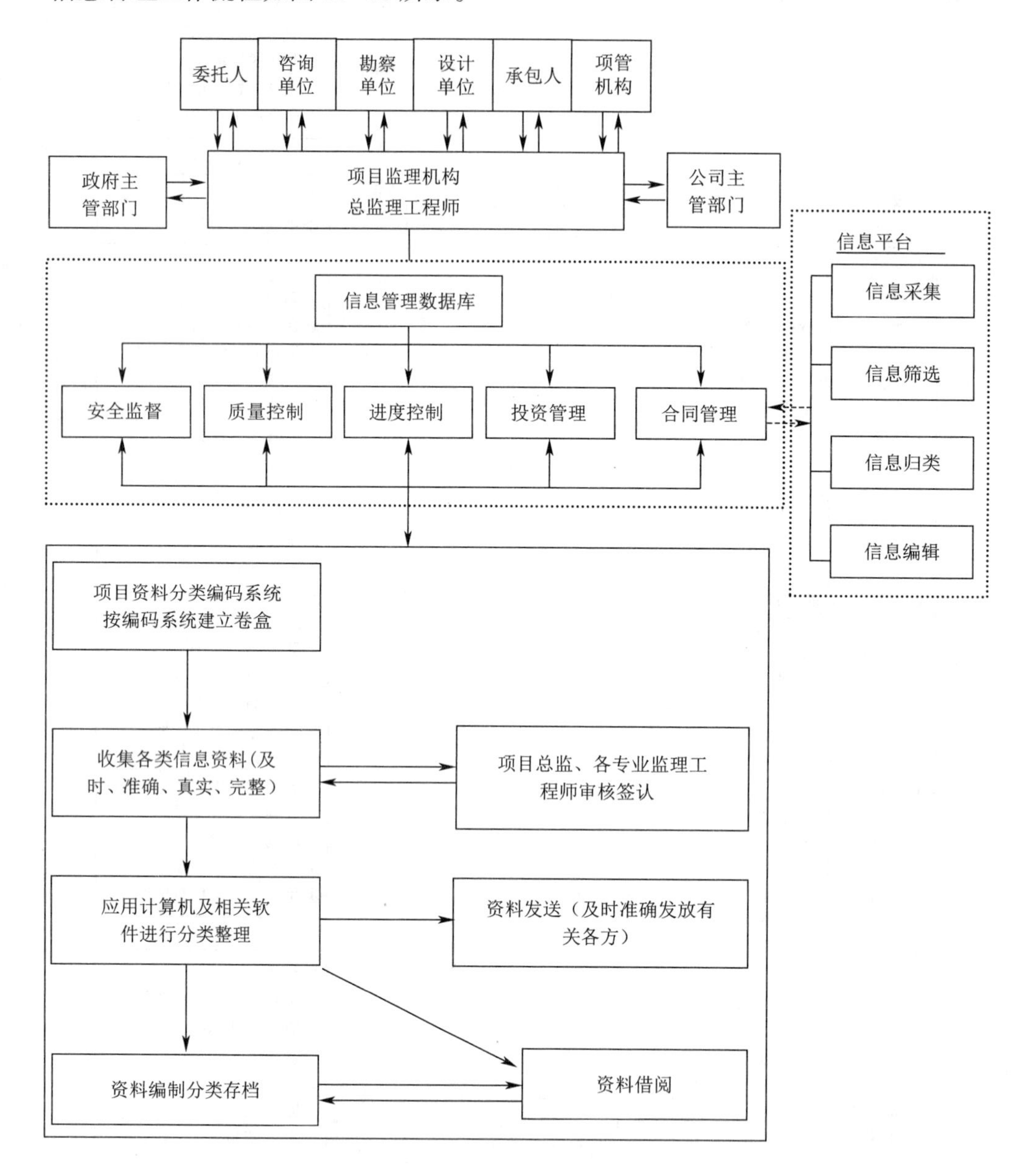

图 10-18　信息管理工作流程

七、危险性较大的专项施工方案审查流程

危险性较大的专项施工方案审查流程如图 10-19 所示。

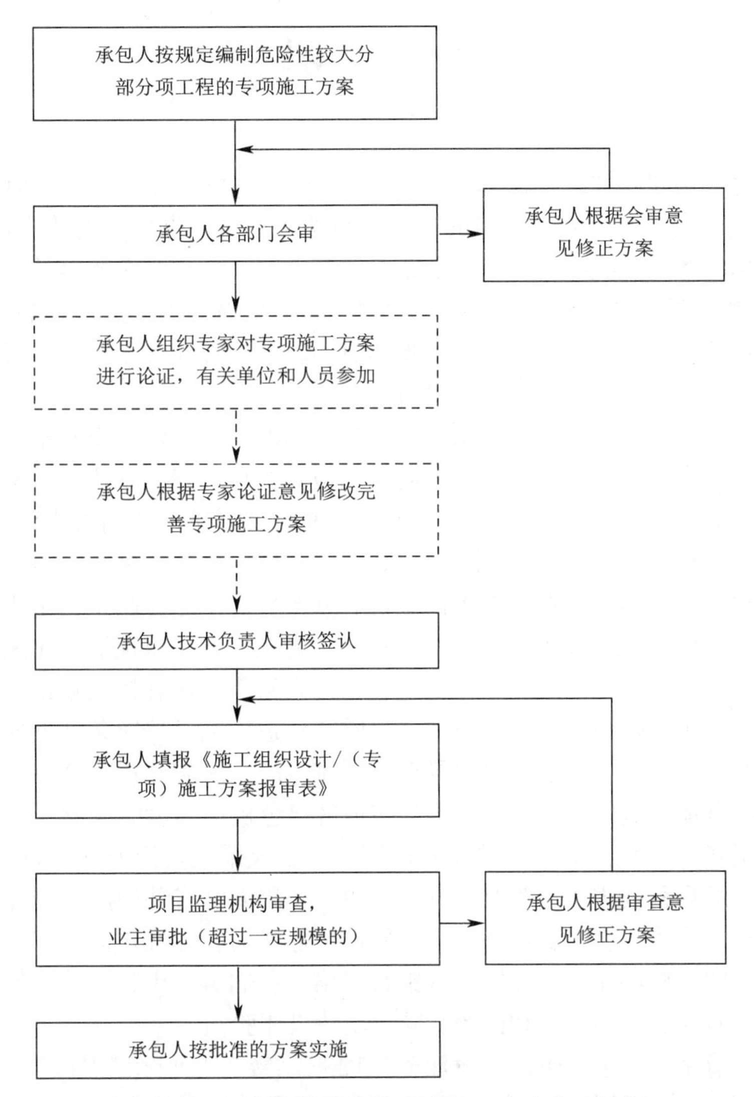

图 10-19　危险性较大的专项施工方案审查流程

注：虚线框图流程部分仅适用于超过一定规模的危险性较大的分部分项工程。

后　记

哈尔滨太平国际机场T2航站楼已经投入使用已经整整一年零一个月时间了，各系统平稳运行，衔接顺畅。这座欧式风格的现代化航站楼正在为世界各地的旅客提供着安全、便捷、愉悦的出行体验。我经常往返于北京哈尔滨之间，常以一名旅客的身份和其他旅客交流新建航站楼的情况，常常听到旅客赞美她温馨大气、宽敞明亮、独具特色，自成风格。也常常收到机场工作人员和机场客户的反馈信息，新航站楼流程便捷、运行高效，作为机场的建设者，听到赞美之词感到十分荣耀与自豪。

黑龙江是一片富饶美丽的土地，这里有风光秀丽的山川大河，也有银装素裹的冰天雪地，哈尔滨是一个在特定历史条件下发展起来的极具特色的新兴现代化城市，四通八达的水陆空立体交通网络，已成为城市经济文化发展的重要支撑。哈尔滨因“水”而兴、因“路”而城、因“航”而腾飞——“水”是松花江，“路”是中东铁路，“航”是民航机场，民航作为现代化的交通运输行业，在国民经济和社会发展中起着越来越重要的作用。这座城市的特殊历史造就了她汇聚东西方各种建筑艺术流派，为了将地域文化融入到这座被国家战略定位为国际航空枢纽的大型繁忙机场，为往来密集的旅客提供顺畅快捷安全的出行体验，建设者们经历了贴临建设、分段建设、欧式建造工艺、严寒条件下冬期施工、运行与建设严重交织、立体交叉作业、交通导改等艰难挑战，顺利建成了这座国内首个大型欧式风格的建筑综合体，航站楼工程成为了严寒地区绿色机场建设的典范。

哈尔滨机场扩建工程开展了相关课题研究，二项成果获得黑龙江省科技进步三等奖，一项成果获得民航局科技进步三等奖，五项成果获得黑龙江省住建厅和首都机场集团公司科技进步一等奖二等奖。哈尔滨机场扩建工程在统筹规划、建筑方案、绿色设计、BIM施工、管理创新、四型机场建设等方面具有独特风格。我们编写出版了《哈尔滨机场扩建工程建造关键技术研究》一书，来和读者共同分享建设体验。

今天，这座航站楼的第二阶段建设任务，T2航站楼3万平米的B1段以及与她衔接的T1航站楼，正在紧锣密鼓的进行着施工和改造，建设的脚步从未停歇，管理创新、技术创新仍在继续，通过建设者们的攻坚克难、科研创新，哈尔滨机场必将成为“平安机场、绿色机场、智慧机场、人文机场”建设的典范。

高志斌

2019年5月30日于北京首都国际机场五经路一号